机械设计

主　编　王进戈
副主编　张国海　张均富　贾吉林

重庆大学出版社

内容提要

本书是根据国家教育部颁发的“机械设计课程教学基本要求”，并参考各高校近年来在“21世纪高等工程教育改革”中关于机械设计课程的讨论意见，在李靖华、王进戈、唐良宝主编的，由重庆大学出版社于2001年出版的《机械设计》教材的基础上重新组织编写的。在教材体系方面，本书以“传动”为主线来组织内容，即在绪论中，从机器的组成提出传动的概念之后，首先介绍各类传动件，然后介绍轴系件、联接件和其他零件。本书尽可能将最新的标准引入教材。此外，为了弥补学生工程实践经验的不足，本书在各类零部件的设计中，增加了设计技巧与禁忌等内容。全书共15章。第1章绪论，第2章机械设计概论，第3章摩擦、磨损及润滑概论，第4章传动，第5章链传动，第6章螺旋传动，第7章齿轮传动，第8章蜗杆传动，第9章轴及轴毂联接，第10章滑动轴承，第11章滚动轴承，第12章联轴器、离合器及制动器，第13章螺纹联接及销联接，第14章弹簧，第15章机器的传动系统。

本书可作为高等学校机械类专业机械设计课程的教材，也可供有关专业师生和工程技术人员参考。

图书在版编目(CIP)数据

机械设计/王进戈主编.—重庆:重庆大学出版社,2013.8(2023.2重印)

ISBN 978-7-5624-7442-5

Ⅰ.①机… Ⅱ.①王… Ⅲ.①机械设计—高等学校—教材 Ⅳ.①TH122

中国版本图书馆CIP数据核字(2013)第125007号

机械设计

主 编 王进戈

副主编 张国海 张均富 贾吉林

策划编辑:鲁 黎

责任编辑:李定群 高鸿宽 版式设计:鲁 黎

责任校对:陈 力 责任印制:张 策

*

重庆大学出版社出版发行

出版人:饶帮华

社址:重庆市沙坪坝区大学城西路21号

邮编:401331

电话:(023) 88617190 88617185(中小学)

传真:(023) 88617186 88617166

网址:http://www.cqup.com.cn

邮箱:fxk@cqup.com.cn (营销中心)

全国新华书店经销

POD:重庆新生代彩印技术有限公司

*

开本:787mm×1092mm 1/16 印张:24.5 字数:612千

2013年8月第1版 2023年2月第4次印刷

ISBN 978-7-5624-7442-5 定价:49.00元

前言

本书是根据国家教育部颁发的“机械设计课程教学基本要求”，并参考各高校近年来在“21世纪高等工程教育改革”中关于机械设计课程的讨论意见，在李靖华、王进戈、唐良宝主编的由重庆大学出版社于2001年出版的《机械设计》教材的基础上重新组织编写的。

在教材体系方面，本书仍然以“传动”为主线来组织内容，即在绪论中，从机器的组成提出传动的概念之后，首先介绍各类传动件，然后介绍轴系件、联接件和其他零件。这样编写能较清晰地揭示零件与零件、零件与机器之间的联系，从而增强教材的系统性，并适当拓宽教学的总体针对性。

在内容取舍方面，由于课程学时减少，本书在保证课程基本知识、基本理论和基本内容的前提下，适当精简了零件失效的描述以及一些次要的数学推导等内容。与此同时，出于教学改革中各门课程整合的需要，本书增加“极限与配合”一节。为了反映零件设计的工程背景，充实了“标准和标准化”一节的内容。并尽可能将最新的标准引入本教材。此外，为了弥补学生工程实践经验的不足，本书在各类零部件的设计中，增加了设计技巧与禁忌等内容。

借鉴西方国家的同类教材，本书将齿轮啮合原理的基本内容纳入第7章，将螺旋副的受力分析纳入第6章，将制动器纳入第12章，从而加强了有关各章内容的完整性。

本书中比较大型的例题，均同时列出两种设计方案，以供分析和比较。各章均附有思考题和习题。

全书共15章，由王进戈任主编，张国海、张均富、贾吉林任副主编。其中，第1,2,3,7,8,15章由西华大学王进戈编写；第9,10,11章由陕西理工学院张国海编写；第5,6章由西华大学张均富编写；第4章由四川理工学院刘郁葱编写；第12,13章由陕西理工学院贾吉林编写；第14章由广西科技大学韦丹柯编写。

由于编者学识水平有限，本书误漏之处在所难免，恳切期望专家和读者批评指正。

编　者

2013年4月

目录

第 1 章 绪 论

1.1 机械设计在经济建设和科技发展中的作用

机械工业担负着为国民经济各部门提供各种性能先进、价格低廉、使用安全、造型美观的技术装备的任务。在科研成果转化为商品的过程中,离不开实验、测量、生产设备的应用。在国家现代化进程中,机械工业起着主导和决定性的作用。

设计是产品开发的第一步,又贯穿于整个开发过程的始终。英、美等工业发达国家认为设计是工业的生命,是一本万利的事。机械工业经历了200多年的漫长历史,当前,世界各国的机械厂厂家林立,国内外机械产品的市场竞争十分激烈,社会对现代机器的要求日益苛刻,这就需要进行创新设计,不断开发有竞争力的新产品。我国的机械工业拥有雄厚的设备资源,但许多设备逐渐“老化”,这就需要开展改进性设计,对设备的某些环节进行技术改造,以达到提高性能、节约能源、改善环境、提高生产率的目的。设计失误给产品带来的缺陷是先天性的,事后难以弥补。统计表明,机械产品的质量事故约有50%是设计不当引起的,产品成本的70%是在设计阶段决定的。因此,无论是创新设计还是改进性设计,都是机械产品能否达到预期的技术指标和经济指标的关键。只有提高设计的总体水平,才能促使我国的机械工业焕发生机,与国民经济其他部门得到协调的发展,加速我国的社会主义现代化建设。

1.2 机器的组成

人类为了满足生产和生活的需要,设计和制造了各式各样的机器。机器尽管类型繁多、功能各异,但其组成均有共同之处。下面举一个简单机械的例子,阐述机器的基本组成。

如图1.1(a)、(b)所示为一矿石球磨机的外形图和机动示意图。电动机通过一级圆柱齿轮减速器和一对开式齿轮传动,驱动由一对滑动轴承支承的球磨机滚筒旋转,矿石在筒体内被一定数量的钢(铁)球粉碎。

由此可见,机器通常有以下3个基本组成部分:

①原动机部分。是驱动机器的动力源,本例为电动机。

②执行部分。是完成预定功能的组成部分,本例为滚筒。

③传动部分。是将原动机的运动形式、运动及动力参数转变为执行部分所需的运动形式、运动和动力参数的组成部分。本例为齿轮减速器和开式齿轮传动,其作用是减速。

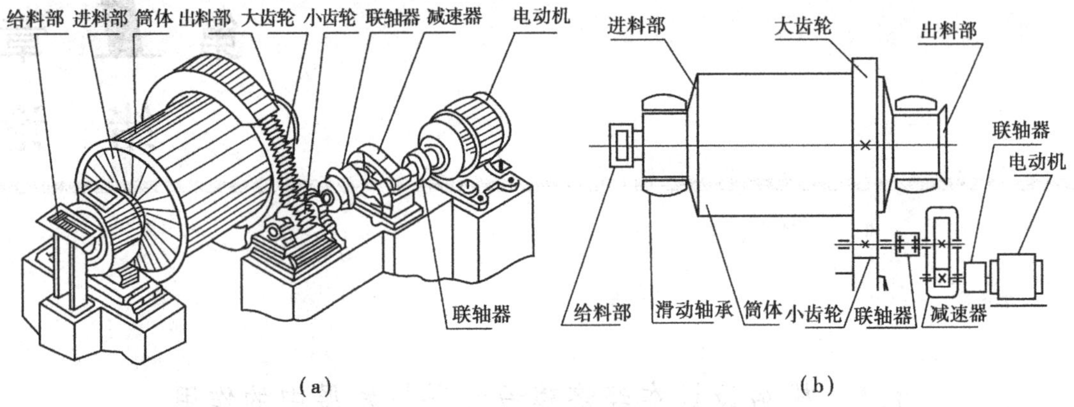

图 1.1 矿石球磨机的外形图和机动示意图

现代机器中使用的原动机以各式各样的电动机和热力机为主。传动部分多数使用机械传动系统,有时也可使用液压或电力传动系统。但是,机械传动系统仍是绝大多数机器不可缺少的重要组成部分。执行部分则随机器需要实现的功能而千变万化,即使同一用途的机器,也可能具有迥然不同的执行部分。执行部分的选择和设计,在很大程度上决定了机器的总体结构。

机器只有以上 3 个基本部分,使用起来就会遇到很大的困难和不便。因此,机器除了这 3 个部分外,还会不同程度地增加其他部分,如控制系统和辅助系统等。

至此,可用如图 1.2 所示来概括说明一部机器完整的组成。

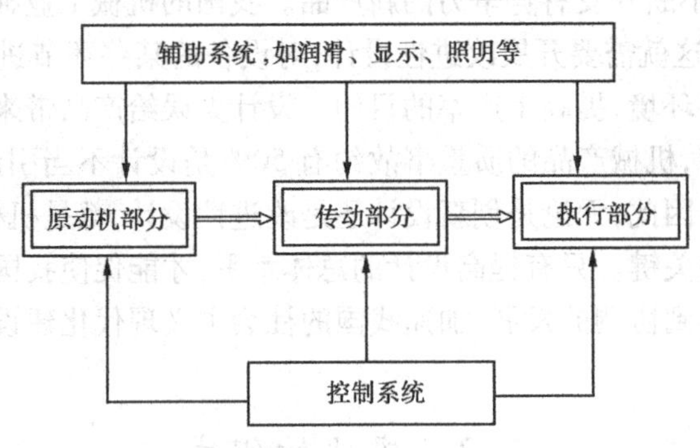

图 1.2 机器的组成

1.3 机械的零部件

无论分解哪一部机器,它总是由一些机构组成;每个机构又是由许多零件组成。因此,机器的基本组成要素就是机械零件。

概括地说,机械零件可分为两大类:一类是在各种机器中经常都能用到的零件,称为通用零件,如螺钉、齿轮、链轮等;另一类则是在特定类型的机器中才能用到的零件,称为专用零件,如涡轮机的叶片、飞机的螺旋桨、往复式活塞内燃机的曲轴等。另外,还常把由一组协同工作的零件所组成的独立制造或独立装配的组合称为部件,如减速器、离合器等。

应该明确,对于一部机器这个总体来说,一切零件都是它的局部,它们必须受到全局的制约。因而它们在机器中,或按确定的位置相互联接,或按给定的规律做相对运动,共同为完成机器的功能而发挥各自的作用。因此,任何机器的性能都是建立在它的主要零件的性能或某些关键部件的综合性能的基础之上的。由此可知,要想设计出一部很好的机器,必须很好地设计或选择它的零件;而每个零件的设计或选择,又是和整部机器的要求分不开的。本书除简要论述机械及零件设计的基本理论、要求及一般方法外,将分章讨论各种通用零件的设计原理或选用方法。但是,它们绝不是各自孤立的,而是互相关联、互相影响、共同为设计完整的机器服务的。因此必须牢记,如果不从机器的全局出发,任何一个零件都是不可能正确地设计或选择出来的。

1.4 本课程的性质、内容和学习方法

本课程是以一般通用零件的设计为核心内容,以培养学生设计一般机械的能力为基本目标的技术基础课程。

前已述及,机械传动系统是绝大多数机器的重要组成部分。本书以传动系统为主线来组织各章的内容,即在简要介绍关于整部机器设计的基本知识(设计概论、摩擦磨损及润滑)之后,分章介绍各类传动件(带传动、链传动、螺旋传动、齿轮传动及蜗杆传动),然后介绍轴系件(轴、滑动轴承、滚动轴承、联轴器、离合器及制动器)、联接件(螺纹联接及销联接;键联接附入“轴”一章中)及弹簧,最后归结到机器的传动系统。

本课程的主要任务是:通过理论学习、作业、课程设计和实验等环节,使学生逐步树立正确的设计思想;掌握通用机械零件的设计原理、方法和机械设计的一般规律;具有设计机械传动装置和一般机械的能力;具有运用标准、规范、手册、图册和查阅有关技术资料的能力;并对机械设计的新发展有所了解。

本课程是一门技术基础课,在工科教学计划中具有承前启后的作用。从本课程开始,学生将从单科性的理论课程的学习逐步转向综合性的工程性课程的学习,只有及时转变学习观念,调整思维方式,改进学习方法,才能学好本课程。以下针对学习方法提出一些建议:

本课程作为一门技术基础课,兼有理论性和工程性的特点,涉及多方面的内容,要把主要精力放在设计的基本原理、基本方法和基本技能的掌握和应用上。

将数学、力学公式用于零件设计时,经常需要作必要的假设和简化,还要加入若干经验的因素(如引入各种修正系数等)。这正是理论联系实际的过程,从中可学到分析问题和解决问题的方法。对于众多的零件设计公式,要特别注意它们的前提和应用范围,不强求对公式的推导和记忆。

设计是一个综合问题,涉及材料、制造、成本、安全等多种因素。一个机械零件的设计,离不开机器这个总体,以及与它协同工作的其他零件。要学会统筹兼顾,培养和提高综合设计

能力。

工程设计的答案不是唯一的，往往有多种方案可供选择，要注意培养和提高分析、比较和判断的能力，能从多种方案中选出最佳方案。

机械零件设计一般包括确定主要参数和结构设计两个基本内容。对初学者来说，后者是一个难点。零件的结构千差万别，目前还难于归纳出共同的规律。但必须给予充分的重视，通过学习本课程和后继课程，逐步提高结构设计能力。

第2章 机械设计概论

2.1 机械设计的基本要求和一般程序

2.1.1 机器设计的基本要求

首先要能胜任对机器提出的功能要求(或工作职能)。在此前提下,同时满足使用方便、安全可靠、经济合理、外形美观等各项要求,并希望能做到体积小、质量轻、能耗少、效率高。

在使用方面,机器应能在给定的工作期限内具有高的工作可靠性,并能始终正常工作(定期维修和更换易损件除外)。联系人和机器间的各个环节应做到:操纵轻便省力;操纵机构的部位适合人体的生理条件,操作安全,万一失误,应有联锁装置或保险装置;维修方便等。

在经济方面,应做到机器使用费用、产品制造成本等多种因素的综合衡量,选出能获得最大经济效益的最佳设计方案。功能多、适用范围广、自动化程度高的机器,价格虽然贵一些,但产品成本(包括设备、材料、生产费用)可能反而降低。

机器外观造型要比例协调、大方,给人以时代感、美感和安全感。色彩要和产品功能相适应。例如,消防、起重机械要用鲜艳醒目的颜色,给人以紧迫、预警感;医疗、食品机械要用浅色,给人以卫生、安静感;军用器械要用保护色,给人以安全感;冰箱、风扇等要用冷色,给人以清凉感,等等。

噪声也是一种环境污染。限制噪声分贝数已成为评定机器质量的主要指标之一。机器噪声最好在70~80 dB以下。每天工作8 h的机器,噪声不得高于90~95 dB。大于95 dB的机器,操作时必须戴耳塞。大于105 dB的机器,必须采取降低噪声的措施。齿轮传动、链传动、滚动轴承、牙嵌离合器、液压系统、电动机等都是机器中常见的噪声源。为了降低噪声,首先要分析产生噪声的原因,然后从设计、工艺、材料等方面着手,采取各种降低噪声的措施。环境对机器噪声的限制日益苛刻,故低噪声设计日渐重要。

对不同用途的机器,还可能提出一些其他要求,如巨型机器有起重、运输的要求,生产食品的机器有清洁卫生的要求等。

2.1.2 机械设计的一般程序及设计人员的素质要求

机械设计是机械产品开发全过程的第一步。设计人员经过调查、构思、分析和计算，并充分考虑制造、使用、维修和营销等多方面的因素，将产品的总体结构和全部细节，通过图纸、技术文件和（或）计算机软件，具体和确切地描述出来，使之成为制造工作全面和唯一的依据。

各种机器用途不同，要求各异，故其设计步骤不尽一致。总的来说，机械设计经历以下的程序。

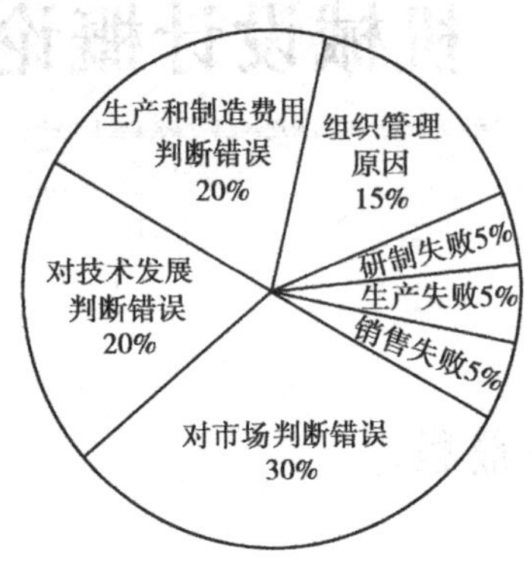

图 2.1 国外一个统计结果

（1）确定设计任务

本阶段又称初步设计，要分析和确定所设计机器的用途、性能和其他主要经济技术指标，包括参数范围、工作条件、生产批量、成本指标等，这些都是开展设计最原始的依据。

在现代社会中，机械产品市场的竞争十分激烈，设计人员应该树立营销观念，即做到“产销对路”“以销定产”。为此，要特别注重市场需求的调查和预测，防止“闭门造车”。在此基础上确定新产品的开发计划。如图 2.1 所示为国外的一个统计结果，它分析了若干种新产品开发失败的原因，从反面说明了计划阶段的重要性。

（2）总体设计

机器的总体设计就是按照简单、合理、经济的原则，拟订出一种能实现机器性能要求的总体方案。其主要内容包括根据机器的要求进行功能设计，研究和确定机器执行部分的方案，并分析计算其运动和阻力；选择原动机；拟订原动机和执行部分之间的传动部分（系统）；绘制整机的运动简图，并做初步的运动和动力计算。对于运动链较长的传动系统，还要确定各级传动的传动比和各轴的转速和扭矩。总体设计要考虑机器的操作、安装、维修和外廓尺寸等要求，合理安排各部件的相对位置。有时还要对机器的某些关键环节进行模拟试验。

应当指出，当前机械市场的商品十分丰富，人们有广泛的选择余地，即使是用途相同的产品，也往往呈现出不同的功能结构。例如，洗衣机有立式的和卧式的；自行车有单速的和多速的；千斤顶有机械的和液压的；剪板机有上切式和下切式；内燃机有往复活塞式和旋转活塞式，等等。设计人员应该具有创新意识，探索新方案，开发新产品，力争自己设计的产品在众多相同或相近的商品中具有新意，体现特色，达到“同中求异”。

（3）技术设计

按照机器的总体设计方案，通过必要的工作能力计算，或与同类相近机器的类比，确定组成整机的各零部件的主要参数和机构尺寸。经初审后，绘制总装配图、部件装配图、零件图以及各种系统图（传动系统图、润滑系统图、电路系统图和液压系统图等），并编制设计说明书和各种技术文件。

本阶段是确定机器的全部结构和“细节”的阶段，设计人员要严肃认真、一丝不苟地做好工作。

（4）试制定型

按照以上步骤提出的设计图纸和技术文件，还只是设计认识过程的第一阶段。设计是否能达到预期的要求,还需通过实践的检验。一般要试制样机。通过试车,测试各项性能指标;发现设计的错误和不妥之处,及时改正。最后组织设计鉴定。

2.2　机械零件的工作能力和计算准则

2.2.1　机械零件的主要失效形式和工作能力

(1)机械零件的主要失效形式

机械零件的失效形式主要如下:

1)整体断裂

零件在受拉、压、弯、剪、扭等外载荷作用时,由于某一危险截面上的应力超过零件的强度极限而发生的断裂;或者零件在受变应力作用时,危险截面上发生的疲劳断裂均属此类。

2)过大的残余变形

如果作用于零件上的应力超过了材料的屈服极限,则零件将产生残余变形。机床上夹持定位零件过大的残余变形,将降低加工精度;高速转子轴的残余挠曲变形,将增大不平衡度,并进一步引起零件的变形。

3)零件的表面破坏

零件的表面破坏主要有腐蚀、磨损和接触疲劳。腐蚀是发生在金属表面的一种电化学或化学侵蚀现象。

磨损是两个接触表面在做相对运动的过程中表面物质丧失或转移的现象。

零件表面的接触疲劳,是指受到接触变应力长期作用的表面产生裂纹或微粒剥落的现象。

腐蚀、磨损和接触疲劳都是随工作时间的延续而逐渐发生的失效形式。

零件到底会发生哪种形式的失效,与很多因素有关,并且在不同行业和不同机器上也不尽相同。从有关统计分类结果来看,由于腐蚀、磨损和各种疲劳破坏所引起的失效就占了73.88%,而由于断裂所引起的失效只占4.79%。因此,腐蚀、磨损和疲劳是引起零件失效的主要原因。

(2)机械零件的工作能力

零件不发生失效的安全工作限度称为工作能力。对载荷而言的工作能力称为承载能力。有时零件工作能力是针对变形、速度、温度或压力而言的安全工作限度。

同一种零件可能具有数种失效形式。因而对应不同的失效形式,就有不同的工作能力。以轴为例,轴的失效可能是疲劳断裂,也可能是过大的弹性变形。对于前者而言,轴的工作能力取决于轴的疲劳强度;对后者而言,则取决于轴的刚度。显然,起决定作用的将是承载能力中的较小值。

2.2.2　机械零件的计算准则

机械零件的计算准则,即在设计时对零件进行计算所依据的准则。计算准则无疑是与零件的失效形式紧密地联系在一起的。概括地讲,大致有以下准则:

(1)**强度准则**

强度准则是机械零件首先要满足的基本准则。该准则是指零件中的应力不得超过允许的限度。例如,对一次断裂来讲,应力不超过材料的强度极限;对疲劳破坏来讲,应力不超过零件的疲劳极限;对残余变形来讲,应力不超过材料的屈服极限。这样就满足了强度要求,符合了强度计算的准则。其代表性表达式为

$$\sigma \leqslant \sigma_{\lim} \tag{2.1}$$

考虑到各种偶然性或难以精确分析的影响,式(2.1)右边要除以设计安全系数(简称为安全系数)S,即应力不得超过许用应力,其表达式为

$$\sigma \leqslant \frac{\sigma_{\lim}}{S} = [\sigma] \tag{2.2}$$

强度准则的另一种表达式,是零件工作时的实际安全系数 S 不小于零件的许用安全系数 $[S]$,即

$$S \geqslant [S] \tag{2.3}$$

(2)**刚度准则**

零件在载荷作用下产生的弹性变形量 y(它广义地表示任何形式的弹性变形量)小于或等于机器工作性能所允许的极限值 $[y]$(即许用变形量),就称为满足了刚度要求,或符合了刚度计算准则。其表达式为

$$y \leqslant [y] \tag{2.4}$$

弹性变形量 y 可按各种求变形量的理论或实验方法来确定,而许用变形量 $[y]$ 则应随不同的使用场合,根据理论或经验来确定其合理的数值。

(3)**寿命准则**

由于影响寿命的主要因素——腐蚀、磨损和疲劳是3个不同范畴的问题,因此,它们各自发展过程的规律也就不同。关于腐蚀,由于迄今为止还没有提出实用有效的腐蚀计算方法,因而也无法列出腐蚀的计算准则。关于磨损,由于磨损类型众多,产生的机理还未完全搞清,影响因素也很复杂,因此,目前尚无能够进行定量计算的可行方法,本书在第3章介绍磨损的基本知识。关于疲劳,通常是求出零件在预定使用寿命时的疲劳极限作为计算依据。疲劳寿命的准则常采用式(2.3)的形式,在本章2.3节中再作介绍。

(4)**振动稳定性准则**

机器中存在着很多的周期性变化的激振源。例如,齿轮的啮合,滚动轴承中的振动,滑动轴承中的油膜振荡,弹性轴的偏心转动等。如果某零件本身的固有频率与上述激振源的频率重合或成整倍数关系时,该零件就会发生共振,以致使零件破坏或机器工作条件失常。所谓振动稳定性,就是说在设计时,要使机器中受激振作用的零件的固有频率与激振源的频率错开。令 f 代表零件的固有频率,f_p 代表激振源的频率,则通常应保证如下的条件,即

$$0.85f > f_p \text{或} 1.15f < f_p \tag{2.5}$$

如果不能满足上述条件,则可用改变零件及系统的刚性,改变支承位置,或增加(或减少)辅助支承等办法来改变 f 值。

把激振源与零件隔离,使激振的周期性改变的能量不传递到零件上去,或者采用阻尼以减小受激振动零件的振幅,都会提高零件的振动稳定性。

2.3　机械零件的疲劳强度

前面已说过，强度准则是设计机械零件的最基本准则。强度问题分为静应力强度和变应力强度两个范畴。根据设计经验及材料的特性，通常认为在机械零件整个工作寿命期间，应力变化次数小于 10^3 的通用零件，均按静应力强度进行设计。利用材料力学中获得的知识，已可对零件进行静应力强度设计，所以本章对此不再加以讨论，只讨论与零件的疲劳强度有关的问题。

变应力强度准则与静应力强度准则的表达式是一致的，二者均可表述为零件的工作安全系数不小于许用安全系数，见本章 2.2 节式(2.3)。但二者的失效机理有着很大的不同。在静应力作用下，失效(断裂或塑性变形)是瞬时出现的。在变应力作用下，失效(疲劳破坏)则是一个发生和发展的过程，即首先在零件表面出现初始微细裂纹。在变应力的反复作用下，裂纹向纵深逐渐扩展，使零件断面的有效面积逐渐减小。当裂纹扩展到一定程度后，最终导致断裂。

在静应力强度计算中，其极限应力通常只与材料的性能有关。材料的极限应力(强度极限或屈服极限)就是零件的极限应力。但在变应力强度计算中，零件的极限应力不仅取决于材料的性能，还与变应力的特性，以及零件在预定使用期限内应力的循环次数有关。此外，它还要受零件的尺寸、结构和表面状态的影响。因此，可以说变应力强度计算的基本内容就是综合考虑上述种种因素，确定具体工况下具体零件的极限应力。在零件的极限应力确定之后，就可进行安全系数核算。

疲劳强度的理论十分丰富，有兴趣的读者可参阅有关专著，本书只介绍一些最基本的内容。

2.3.1　应力的分类

按应力随时间变化的特性不同，可分为静应力和变应力，如图 2.2 所示。不随时间变化或变化缓慢的应力称为静应力。随时间变化的应力称为变应力。变应力是多种多样的，但可归纳为非对称循环变应力、脉动循环变应力和对称循环变应力 3 种基本类型。

当变应力的最大应力为 σ_{max}，最小应力为 σ_{min}时，其平均应力 σ_m 和应力幅 σ_a 分别为

$$\sigma_m = \frac{\sigma_{max} + \sigma_{min}}{2}$$

$$\sigma_a = \frac{\sigma_{max} - \sigma_{min}}{2}$$

最小应力与最大应力之比称为变应力的循环特性 r，即

$$r = \frac{\sigma_{min}}{\sigma_{max}}$$

变应力特性可用 σ_{max}，σ_{min}，σ_m，σ_a，r5 个参数中的任意两个来描述，常用的如下：

①σ_m 和 σ_a。

②σ_{max}和 σ_{min}。

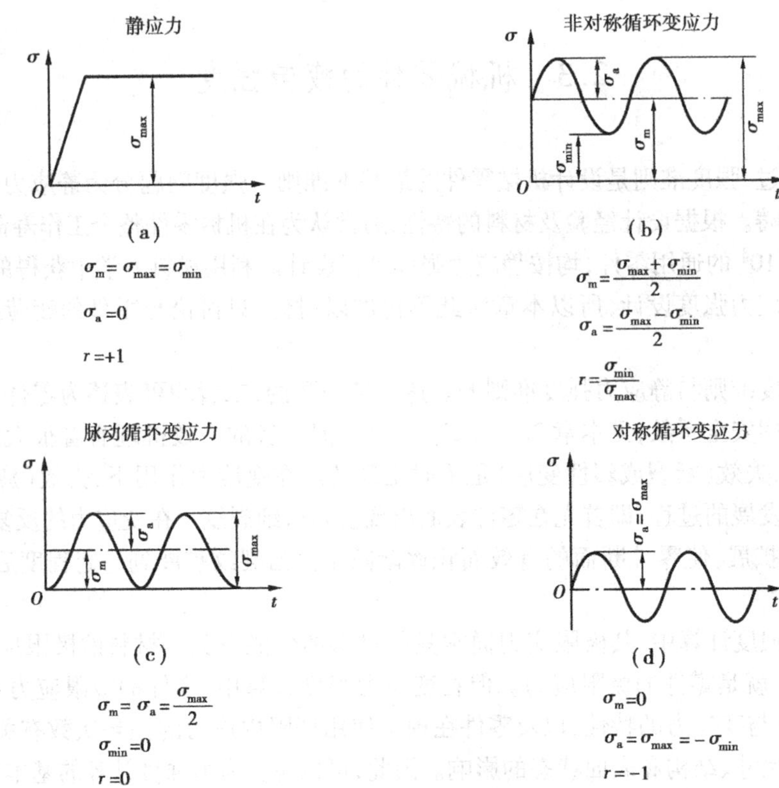

图 2.2　应力的类型

③σ_{max}和σ_m。

以上均属稳定循环变应力，此外还有非稳定循环变应力。而常见的非稳定循环变应力又分为规律性非稳定变应力和随机性非稳定变应力，本书只讨论稳定循环变应力的情况。

2.3.2　疲劳曲线

在某种材料的标准试件上加上给定循环特性r（通常$r=1$或$r=0$）的等幅度变应力，并以循环的最大应力σ_{max}表征材料的疲劳极限。通过试验，记录下在不同最大应力下引起疲劳损坏能经历的应力循环次数N，即可得到如图2.3所示的该种材料在该种循环特性下的疲劳曲线。图2.3(a)是普通坐标系的疲劳曲线；图2.3(b)是双对数坐标系的疲劳曲线，CD段为斜线，D点以后为水平线。曲线上CD段代表有限寿命疲劳阶段。在此范围内，试件经过相应次数的变应力作用后总会发生疲劳破坏。在D点以后，如果作用的变应力的最大应力小于D点的应力，则无论应力变化多少次，材料都不会破坏。故D点以后的水平线代表了试件无限寿命疲劳阶段。CD上任何一点所代表的材料的疲劳极限，均称为有限寿命疲劳极限，用符号σ_{rN}表示。脚标r代表该变应力的循环特性，N代表达到疲劳破坏时所经历的应力循环次数。D点所代表的是材料的无限寿命疲劳极限，也称为持久疲劳极限，用符号$\sigma_{r\infty}$表示。D点所对应的循环次数N_D，对于各种工程材料来说，大致为$10^6\sim25\times10^7$。

有限寿命疲劳曲线的CD段可用式(2.6)来描述，即

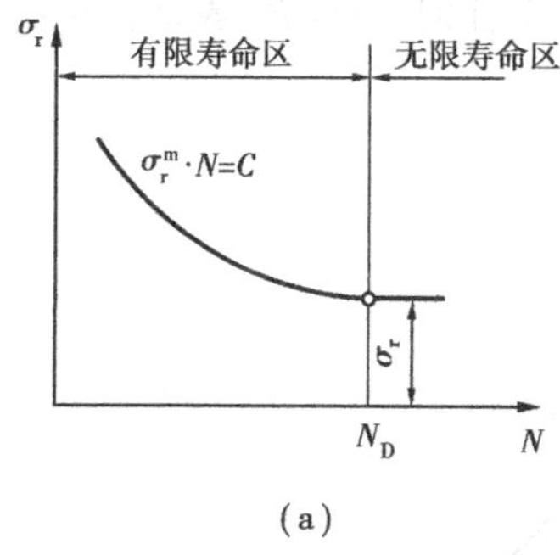

(a)

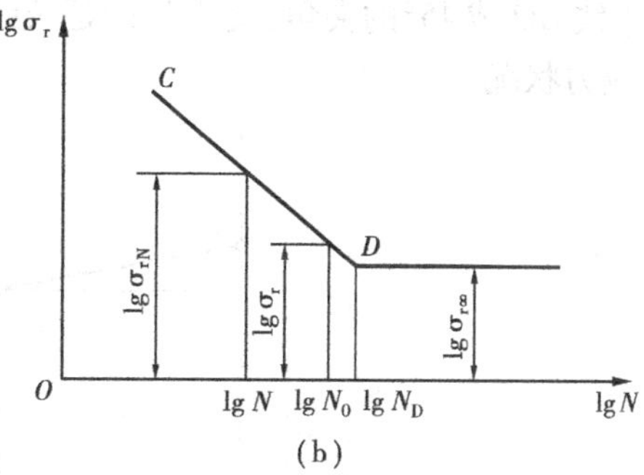

(b)

图2.3 疲劳曲线

$$\sigma_r^m N = C \ (N \leqslant N_D) \tag{2.6}$$

无限寿命疲劳曲线在 D 点以后，是一条水平线，它的方程为

$$\sigma_r = \sigma_{r\infty} (N > N_D) \tag{2.7}$$

由于 N_D 有时很大(25×10^7 或更大)，因此，人们在做疲劳试验时，常规定一个循环次数 N_0，称为循环基数，将与 N_0 相对应的疲劳极限称为该材料的疲劳极限 σ_{rN0}，简写为 σ_r。当 N_D 不大时，$N_0 = N_D$，而当 N_D 很大时，$N_0 < N_D$，于是式(2.6)可改为

$$\sigma_{rN}^m N = \sigma_r^m N_0 = C \tag{2.6a}$$

由式(2.6a)便得到了依据 σ_r 及 N_0 来求有限寿命区间内任意循环次数 $N(N_C < N < N_D)$ 时的疲劳极限 σ_{rN} 的表达式为

$$\sigma_{rN} = \sigma_r \sqrt[m]{\frac{N_0}{N}} = \sigma_r K_N \tag{2.8}$$

式中 K_N——寿命系数，它等于 σ_{rN} 与 σ_r 之比值。

以上各式中，m 值由试验来决定。对于钢材，在弯曲疲劳和拉压疲劳时，$m = 6 \sim 20$，$N_0 = (1 \sim 10) \times 10^6$。在初步计算中，钢制零件受弯曲疲劳时，中等尺寸零件取 $m = 9$，$N_0 = 5 \times 10^6$；大尺寸零件取 $m = 9$；$N_0 = 10^7$。

当 N 大于疲劳曲线转折点 D 所对应的循环次数 N_D 时，式(2.8)中的 N 就取为 N_D 而不再增加(即 $\sigma_{r\infty} = \sigma_{rND}$)。

2.3.3 材料的极限应力线图

机械零件的工作应力并不总是对称循环变应力或脉动循环变应力。为此需要构造极限应力线图来求出符合实际工作应力循环特性的疲劳极限，作为计算强度时的极限应力。

在做材料试验时，通常是求出对称循环及脉动循环时的疲劳极限 σ_{-1} 及 σ_0。把这两个极限应力标在 σ_m-σ_a 图上(见图2.4)。由于对称循环变应力的平均应力 $\sigma_m = 0$，最大应力等于应力幅，因此，对称循环疲劳极限在图2.4中以纵坐标轴上的 A' 点来表示。由于脉动循环变应力的平均应力及应力幅均为 $\sigma_m = \sigma_a = \sigma_0/2$，所以脉动循环疲劳极限以由原点 O 作为45°射线上的 D' 点来表示。连接 A'，D' 得直线 $A'D'$。由于这条直线与不同循环特性时进行试验所求得的疲劳极限应力曲线(即曲线 $A'D'$，图2.4中未示出)非常接近，故用此直线代替曲线是可以的，所以直线 $A'D'$ 上任何一点都代表了一定循环特性时的疲劳极限。横轴上任何一点都代表应力幅等于零的应力，即静应力。取 C 点的坐标值等于材料的屈服极限 σ_s，并自 C 点作一

直线与直线 CO 成45°的夹角，交 $A'D'$ 的延长线于 G'，则 CG' 上任何一点均代表 $\sigma_{max}=\sigma_m+\sigma_a=\sigma_s$ 的变应力状况。

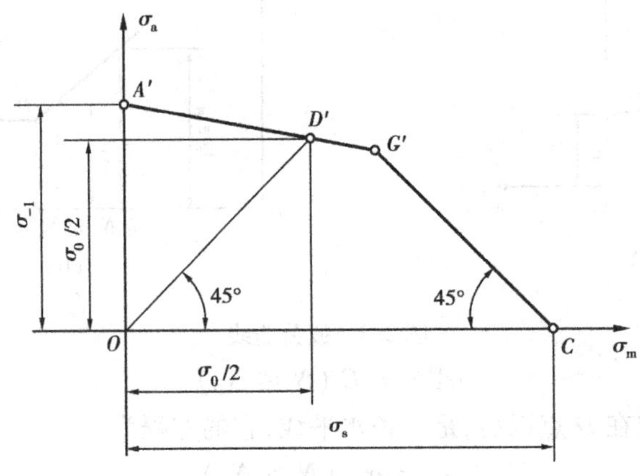

图 2.4　材料的极限应力图

于是，零件材料（试件）的极限应力曲线即为折线 $A'G'C$。材料中发生的应力如处于 $OA'G'C$ 区域以内，则表示不会发生破坏；如在此区域以外，则表示一定要发生破坏；如正好处于折线上，则表示工作应力状况正好达到极限状态。

2.3.4　零件的极限应力线图

由于零件的几何形状、尺寸大小、加工质量及强化等因素的影响，使得零件的疲劳极限要小于材料试件的疲劳极限。如以弯曲疲劳极限的综合影响系数 K_σ 表示材料对称循环弯曲疲劳极限 σ_{-1} 与零件对称循环弯曲疲劳极限 σ_{-1e} 的比值，即

$$K_\sigma=\frac{\sigma_{-1}}{\sigma_{-1e}} \tag{2.9}$$

则当已知 K_σ 及 σ_{-1} 时，就可以不经试验而估算出零件的对称循环弯曲疲劳极限为

$$\sigma_{-1e}=\frac{\sigma_{-1}}{K_\sigma} \tag{2.10}$$

在不对称循环时，K_σ 是试件的与零件的极限应力幅的比值。把零件材料的极限应力线图中的直线 $A'D'G'$ 按比例向下移，成为如图 2.5 所示直线 ADG，而极限应力曲线的 CG' 部分，由于是按照静应力的要求来考虑的，故不须进行修正。这样一来，零件的极限应力线图由折线 AGC 表示。

直线 AG 的方程，由已知两坐标 $A(0,\sigma_{-1}/K_\sigma)$ 及 $D(\sigma_0/2,\sigma_0/2K_\sigma)$ 求得为

$$\sigma_{-1e}=\frac{\sigma_{-1}}{K_\sigma}=\sigma'_{ae}+\psi_{\sigma e}\sigma'_{me} \tag{2.11}$$

或

$$\sigma_{-1}=K_\sigma\sigma'_{ae}+\psi_\sigma\sigma'_{me} \tag{2.11a}$$

直线 CG 的方程为

$$\sigma'_{ae}+\sigma'_{me}=\sigma_s \tag{2.12}$$

式中　σ_{-1e}——零件的对称循环弯曲疲劳极限；

σ'_{ae}——零件受循环弯曲应力时的极限应力幅；

σ'_{me}——零件受循环弯曲应力时的极限平均应力；

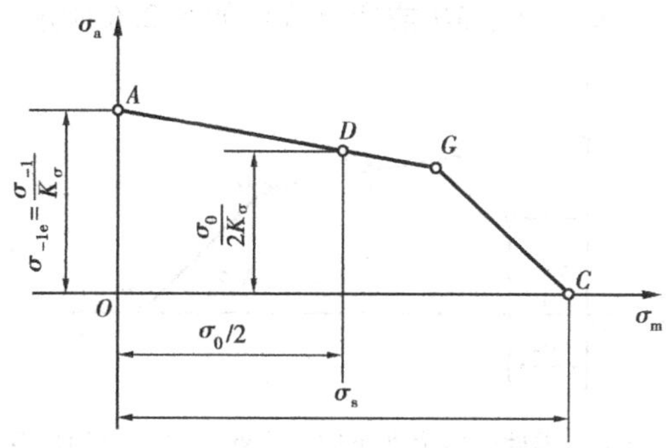

图2.5　零件的极限应力图

$\psi_{\sigma e}$——零件受循环弯曲应力时的材料特性;且

$$\psi_{\sigma e}=\frac{\psi_\sigma}{K_\sigma}=\frac{1}{K_\sigma}\cdot\frac{2\sigma_{-1}-\sigma_0}{\sigma_0} \tag{2.13}$$

ψ_σ——试件受循环弯曲应力时的材料特性,其值由试验决定。根据试验,对碳钢,$\psi_\sigma\approx 0.1\sim0.2$;对合金钢,$\psi_\sigma\approx0.2\sim0.3$;

K_σ——弯曲疲劳极限的综合影响系数,且

$$K_\sigma=\frac{k_\sigma}{\beta\varepsilon_\sigma} \tag{2.14}$$

式中　k_σ——零件的有效应力集中系数(脚标σ表示在正应力条件下,下同);

ε_σ——零件的尺寸系数;

β——零件的表面质量系数。

以上各系数的值见有关资料或附录。

同样,对应切应力的情况,也可以仿照式(2.11)及式(2.12),并以τ代换σ,得出极限应力线的方程为

$$\tau_{-1e}=\frac{\tau_{-1}}{K_\tau}=\tau'_{ae}+\psi_{\tau e}\tau'_{me} \tag{2.15}$$

或

$$\tau_{-1}-K_\tau\tau'_{ae}+\psi_\tau\tau'_{me} \tag{2.15a}$$

及

$$\tau'_{ae}+\tau'_{me}=\tau_s \tag{2.16}$$

式中　$\psi_{\tau e}$——零件受循环切应力时的材料特性,且

$$\psi_{\tau e}=\frac{\psi_\tau}{K_\tau}=\frac{1}{K_\tau}.\frac{2\tau_{-1}-\tau_0}{\tau_0} \tag{2.13a}$$

ψ_τ——试件受循环切应力时的材料特性,$\psi_\tau\approx0.5\psi_\sigma$;

K_τ——剪切疲劳极限的综合影响系数;仿式(2.14)得

$$K_\tau=\frac{k_\tau}{\beta\varepsilon_\tau} \tag{2.14a}$$

式中,k_τ,ε_τ的含义分别与上述k_σ,ε_σ相对应,脚标τ则表示在切应力条件下。

2.3.5　单向稳定变应力时机械零件的疲劳强度计算

在做机械零件的疲劳强度计算时,首先要求出机械零件危险截面上的最大应力σ_{max}及最小应力σ_{min},据此计算出平均应力σ_m及应力幅σ_a。然后,在极限应力线图的坐标上即可标示

出相应于 σ_m 及 σ_a 的一个工作应力点 M(或者点 N),如图 2.6 所示。

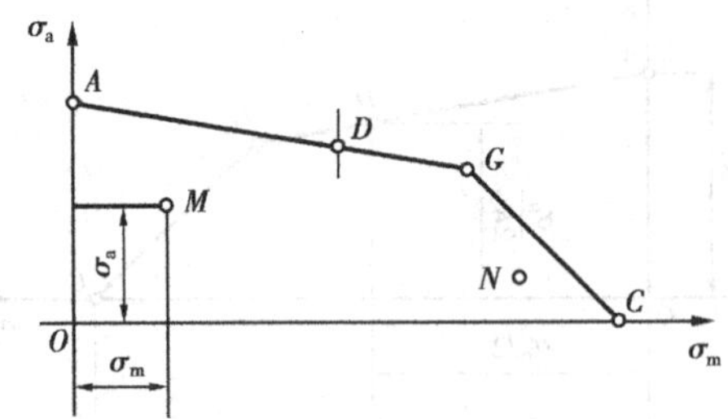

图 2.6　零件的应力在极限应力线图坐标上的位置

显然,强度计算时所用的极限应力应是零件的极限应力线(AGC)上的某一个点所代表的应力。到底用哪一个点来表示极限应力才算合适,这要根据零件中由于结构的约束而使应力可能发生的变化规律来决定。根据零件载荷的变化规律以及零件与相邻零件互相约束情况的不同,可能发生的典型的应力变化规律通常有下述 3 种:

①变应力的循环特性保持不变,即 $r=C$(如绝大多数转轴中的应力状态)。

②变应力的平均应力保持不变,即 $\sigma_m=C$(如振动着的受载弹簧中的应力状态)。

③变应力的最小应力保持不变,即 $\sigma_{min}=C$ 线图坐标上的位置(如紧螺栓联接中螺栓受轴向变载荷时的应力状态)。

以下讨论 $r=C$ 的情况。当 $r=C$ 时,需要找到一个其循环特性与零件工作应力的循环特性相同的极限应力值。因为

$$\frac{\sigma_a}{\sigma_m}=\frac{\sigma_{max}-\sigma_{min}}{\sigma_{max}+\sigma_{min}}=\frac{1-r}{1+r}=C' \tag{2.16a}$$

式中,C'也是一个常数,所以在如图 2.7 所示中,从坐标原点引射线通过工作应力点 M(或 N),与极限应力曲线交于 M_1'(或 N_1'),得到 OM_1'(或 ON_1'),则在此射线上任何一个点所代表的应力循环都具有相同的循环特性值。因为 M_1'(或 N_1')为极限应力曲线上的一个点,它所代表的应力值就是在计算时所用的极限应力。

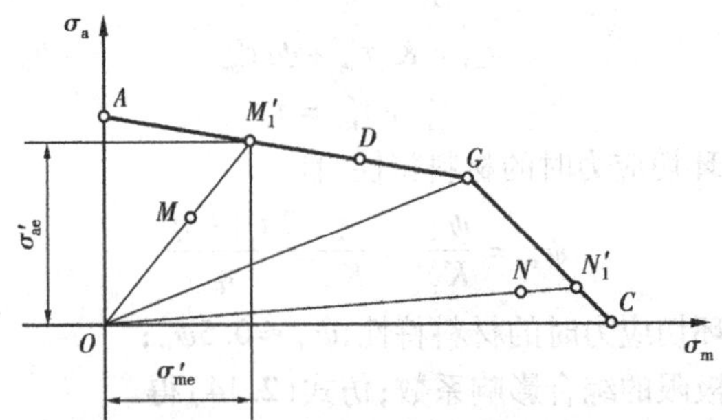

图 2.7　$r=C$ 时的极限应力

联解 OM 及 AG 两直线的方程式,可以求出 M_1' 点的坐标值 σ_{me}' 及 σ_{ae}',把它们加起来,就可以求出相应于 M 点的零件的极限应力(疲劳极限)σ_{max}' 为

$$\sigma_{max}'=\sigma_{ae}'+\sigma_{me}'=\frac{\sigma_{-1}(\sigma_m+\sigma_a)}{K_\sigma\sigma_a+\psi_\sigma\sigma_m}=\frac{\sigma_{-1}\sigma_{max}}{K_\sigma\sigma_a+\psi_\sigma\sigma_m} \tag{2.17}$$

于是,计算安全系数 S_{ca} 及强度条件为

$$S_{ca}=\frac{\sigma_{lim}}{\sigma}=\frac{\sigma'_{max}}{\sigma_{max}}=\frac{\sigma_{-1}}{K_\sigma\sigma_a+\psi_\sigma\sigma_m}\geqslant S \tag{2.18}$$

对应于 N 点的极限应力点 N_1' 位于直线 CG 上。此时的极限应力即为屈服极限 σ_s。这就是说，工作应力为 N 点时，首先可能发生的是屈服失效，故只需进行强度计算。在工作应力为单向应力时，强度计算式为

$$S_{ca}=\frac{\sigma_{lim}}{\sigma}=\frac{\sigma_s}{\sigma_{max}}=\frac{\sigma_s}{\sigma_a+\sigma_m}\geqslant S \tag{2.19}$$

分析图 2.7 得知，凡是工作应力点位于 OGC 区域内时，在循环特性等于常数的条件下，极限应力统为屈服极限，都只需进行静强度计算。

具体设计零件时，如果难于确定应力变化规律，往往当作 $r=C$ 的情况来处理。

2.3.6　双向稳定变应力时零件的疲劳强度计算

在零件上同时作用有同相位的法向及切向对称循环稳定变应力 σ_a 及 τ_a 时，对于钢材，经过试验得出的极限应力关系式为

$$\left(\frac{\tau_a'}{\tau_{-1e}}\right)^2+\left(\frac{\sigma_a'}{\sigma_{-1e}}\right)^2=1 \tag{2.20}$$

式(2.20)在 $\left(\frac{\sigma_a}{\sigma_{-1e}}\right)-\left(\frac{\tau_a}{\tau_{-1e}}\right)$ 坐标系上是一个单位圆，如图 2.8 所示。式(2.20)中 τ_a' 及 σ_a' 为同时作用的切向及法向应力幅的极限值。由于是对称循环变应力，故应力幅即为最大应力。圆弧 $AM'B$ 上的任何一个点即代表一对极限应力 σ_a' 及 τ_a'。

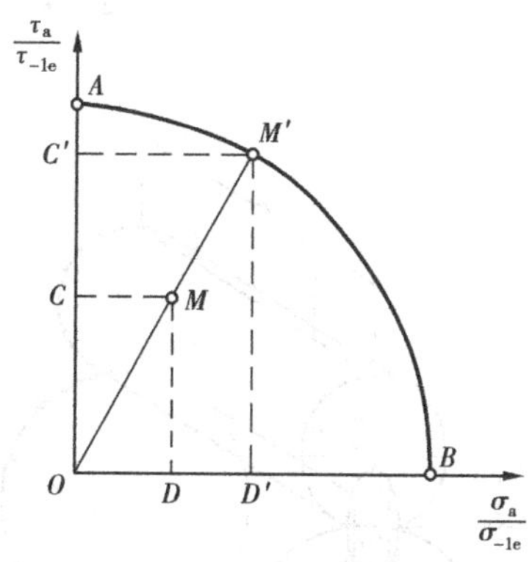

图 2.8　双向应力时的极限应力线图

如果作用于零件上的应力幅 σ_a 及 τ_a 在坐标上用 M 表示，则由于此工作应力点在极限圆以内，未达到极限条件，因而是安全的。引直线 OM 与 $\overset{\frown}{AB}$ 交于 M' 点，则计算安全系数 S_{ca} 为

$$S_{ca}=\frac{OM'}{OM}=\frac{OC'}{OC}=\frac{OD'}{OD} \tag{a}$$

式中，各线段的长度为 $OC'=\frac{\tau_a'}{\tau_{-1e}}$，$OC=\frac{\tau_a}{\tau_{-1e}}$，$OD'=\frac{\sigma_a'}{\sigma_{-1e}}$，$OD=\frac{\sigma_a}{\sigma_{-1e}}$，代入式(a)后得

$$\left.\begin{aligned}\frac{\tau_a'}{\tau_{-1e}}&=S_{ca}\frac{\tau_a}{\tau_{-1e}},\ \tau_a'=S_{ca}\tau_a\\ \frac{\sigma_a'}{\sigma_{-1e}}&=S_{ca}\frac{\sigma_a}{\sigma_{-1e}},\ \sigma_a'=S_{ca}\sigma_a\end{aligned}\right\} \tag{b}$$

将式(b)代入式(2.20)，得

$$\left(\frac{S_{ca}\tau_a}{\tau_{-1e}}\right)^2+\left(\frac{S_{ca}\sigma_a}{\sigma_{-1e}}\right)^2=1 \tag{c}$$

从强度计算的观点来看，$\frac{\tau_{-1e}}{\tau_a}=S_\tau$ 是零件上只承受切应力 τ_a 时的计算安全系数，$\frac{\sigma_{-1e}}{\sigma_a}=S_\sigma$ 是零件上只承受法向应力 σ_a 时的计算安全系数，故

$$\left(\frac{S_{ca}}{S_{\tau}}\right)^2 + \left(\frac{S_{ca}}{S_{\sigma}}\right)^2 = 1 \tag{2.21}$$

即

$$S_{ca} = \frac{S_{\sigma}S_{\tau}}{\sqrt{S_{\sigma}^2 + S_{\tau}^2}} \tag{2.22}$$

当零件上所承受的两个变应力均为不对称循环的变应力时，可先分别按式(2.18)求出

$$S_{\sigma} = \frac{\sigma_{-1}}{K_{\sigma}\sigma_{a} + \psi_{\sigma}\sigma_{m}} \text{及} S_{\tau} = \frac{\tau_{-1}}{K_{\tau}\tau_{a} + \psi_{\tau}\tau_{m}}$$

然后按式(2.22)求出零件的计算安全系数 S_{ca}。

在本书第9章，将利用式(2.14)、式(2.14a)、式(2.18)和式(2.22)进行轴的强度计算。

2.4 机械零件的接触强度

一些依靠表面接触工作的零件，它们的工作能力决定于接触表面的强度。在载荷作用下，两零件表面理论上为线接触（如一对渐开线齿面的接触）或点接触（如滚动轴承中球与滚道的接触）。考虑到弹性变形，实际上是很小的面接触。两圆柱体或两球体接触时的接触面尺寸和接触应力可按赫兹公式计算。两圆柱体接触情况如图2.9所示。在外载荷 F 的作用下，接触面为矩形$(2a \times b)$，最大接触应力 σ_{Hmax} 位于接触面宽的中线处。

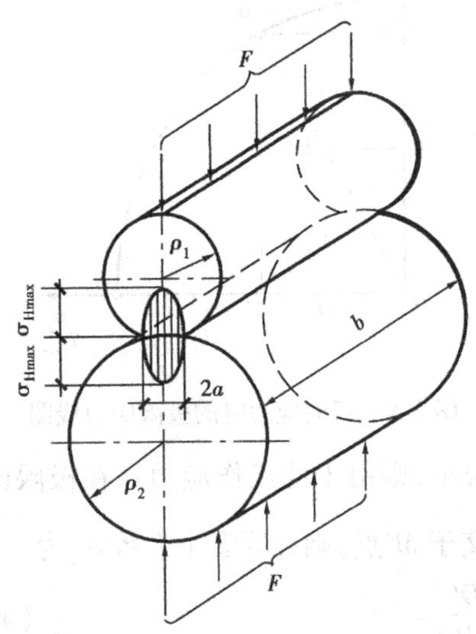

图2.9 两圆柱体接触

接触面半宽 a 为

$$a = \sqrt{\frac{4F}{\pi b}\left[\frac{\frac{1-\mu_1^2}{E_1} + \frac{1-\mu_2^2}{E_2}}{\frac{1}{\rho}}\right]} \tag{2.23}$$

最大接触应力 σ_{Hmax} 为

$$\sigma_{Hmax} = \frac{4}{\pi}\frac{F}{2ab} = \sqrt{\frac{F}{\pi b}\left[\frac{\frac{1}{\rho}}{\frac{1-\mu_1^2}{E_1} + \frac{1-\mu_2^2}{E_2}}\right]} \tag{2.24}$$

当 $\mu_1 = \mu_2 = 0.3$ 和 $E_1 = E_2 = E$ 时，最大接触应力 σ_{Hmax} 为

$$\sigma_{Hmax} = 0.418\sqrt{\frac{FE}{b\rho}} \tag{2.25}$$

式中 ρ——综合曲率半径，$\frac{1}{\rho} = \frac{1}{\rho_1} \pm \frac{1}{\rho_2}$，正号用于外接触，负号用于内接触；对于平面和圆柱接触，取平面曲率半径 $\rho_2 = \infty$；

E——综合弹性模量，$E=\dfrac{2E_1E_2}{E_1+E_2}$，$E_1$，$E_2$ 为两接触体材料的弹性模量；

μ_1，μ_2——两接触体材料的泊松比。

在静接触应力的作用下，接触表面的失效形式有脆性材料的表面压碎和塑性材料的表面塑性变形。在脉动循环接触应力的作用下，接触表面的失效是疲劳破坏，即在应力的反复作用下，最终在表面上发生小片剥落，形成小坑，称为疲劳点蚀，简称点蚀。

接触强度的计算准则为

$$\sigma_{\mathrm{Hmax}} \leqslant [\sigma_{\mathrm{H}}] \tag{2.26}$$

式中　$[\sigma_{\mathrm{H}}]$——许用接触应力。

2.5　机械零件设计的一般步骤

零(部)件是机器的基本组成部分，故零件设计必须按照整机设计的要求来进行。一台机器发生故障甚至事故，往往不是由于整台机器都出了毛病，而是由某个似乎不太重要和不太复杂零件的设计失误引起的。这样的例子在历史上已屡见不鲜。20 世纪 30 年代后期一艘新型潜艇的沉没事件更具代表性。该潜艇由于某种原因进水，在水压作用下舱门发生变形。而压紧舱门用的螺栓长度是按常规情况决定的。舱门变形后，螺栓长度不够，无法装上螺母压紧舱门，最后导致海水大量涌入，使潜艇沉没。因此，就后果来说，一个零(部)件的设计与一台整机的设计有同等的重要性。

另一方面，零件设计的改进和创新可能显著改善整机的性能。在汽油发动机的传动系统中，用传动平稳、高速性能较好的齿形链代替套筒滚子链；在天文望远镜中，在极低的转速下用静压轴承代替滚动轴承，都是成功的例子。

机械零件的设计大体要经过以下 7 个步骤：

①根据零件的使用要求，选择零件的类型和结构。为此，必须对各种零件的不同类型、优缺点、特性与使用范围等，进行综合对比并正确选用。

②根据机器的工作要求，计算作用在零件上的载荷。根据机器额定功率用力学公式计算出作用在零件上的载荷，称为名义载荷(如力 F，功率 P，转矩 T)。名义载荷没有反映原动机和工作机的实际载荷的不均匀性、载荷在零件上分布的不均匀性等因素。这些因素的综合影响，常用载荷系数(或工作情况系数)K 来做概略估计。载荷系数 K 与名义载荷的乘积称为计算载荷(如 $F_{\mathrm{C}}=KF$，$P_{\mathrm{C}}=KP$，$T_{\mathrm{C}}=KT$)。

③根据零件的工作条件及对零件材料有无特殊要求(如高温或在腐蚀性介质中工作等)，选择适当的材料。

④根据零件可能的失效形式确定计算准则。再根据计算准则进行计算，确定出零件的基本尺寸。

⑤根据工艺性及标准化等原则进行零件的结构设计。

⑥细节设计完成后，必要时进行详细的校核计算，以判定结构的合理性。

⑦画出零件的工作图，并写出计算说明书。

2.6 机械零件材料选择的依据

材料选择是设计的重要内容，是一项受到各方面因素制约的工作。在以后各章中，将推荐各种零件的适用材料。以下仅提供一些材料选择的依据。

2.6.1 材料的性能

机械零件材料可分为金属材料、无机非金属材料、高分子材料和复合材料几大类，其中以金属材料，特别是黑色金属材料用得最多和最广。

钢的含碳量越高，强度和硬度也越高，但塑性、切削性和锻造性也随之下降。低碳钢、中碳钢和高碳钢的划分范围，以及不同含碳量对正火碳素钢力学性能的影响如图 2.10 所示。

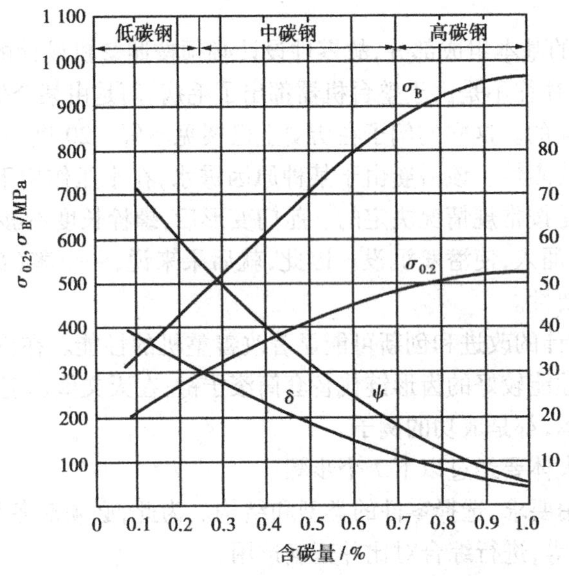

图 2.10 含碳量对正火碳素钢力学性能的影响

合金钢由于含有合金元素，可以达到提高力学性能、改善热处理性能或获得某些特殊性能（耐热、耐蚀等）的目的。现代机械广泛使用低合金高强度钢，其屈服极限为 500 ~ 800 MPa，比普通碳钢要高 0.5 ~ 1 倍。

热处理是改变金属材料内部组织，发挥材料潜力的有效工艺措施。主要热处理工艺的目的和应用如表 2.1 所示。

表 2.1 主要热处理工艺的目的和应用

热处理工作	主要目的	应　用
退火	降低硬度，消除内应力，均匀组织，细化晶粒和预备热处理	铸件、焊接件、中碳钢和中碳合金钢锻件和轧制件等

续表

热处理工作	主要目的	应　用
正火	调整硬度,细化晶粒,消除网状碳化物,淬火前的预备热处理,以减少淬火缺陷	改善低碳钢和某些低碳合金钢的切削性能;中碳钢和合金结构钢淬火前的预备热处理;对要求不高的零件可作为最终热处理,如大齿轮、轴等
淬火及回火	提高硬度、强度和耐磨性。回火作为淬火的后续工序,目的是提高塑性和韧性,降低或消除残余应力并稳定零件形状和尺寸。 淬火后高温回火又称调质处理。高温回火能得到较高的综合力学性能	低温回火(150 ~ 300 ℃)用于碳钢或合金工具钢消除内应力,用于渗碳、碳氮共渗或表面淬火零件的后继处理。高温回火(350 ~ 650 ℃)即调质处理,用于重要零件如齿轮、曲轴等。调质也作为某些重要零件的预备热处理
表面淬火	使表面具有高硬度和高耐磨性及有利的残余应力分布,内部有足够的强度和韧性	用于要求表面硬度高、内部韧性大的零件,如齿轮、蜗杆、丝杠、轴颈、链轮等。感应加热速度快、生产率高,能防止表层氧化和脱碳,淬透深度易控制,但设备贵,不适合单件和小批量生产
渗碳淬火	提高表面硬度、耐磨性、疲劳强度,并保持原来材料的高塑性和韧性	齿轮、轴、活塞销、链、万向联轴器等要求表面硬度高而内部韧性大的重载零件
渗　氮	能获得比渗碳淬火更高的表面硬度、耐磨性、热硬性、疲劳强度和抗腐蚀性能,渗氮后不再淬火,变形小	要求硬度和耐磨性高和不易磨削的零件和精密零件,如齿轮(尤其是内齿轮)、主轴、镗杆、精密丝杠、量具、模具等
碳氮共渗(氰化)	表面硬度高而不脆,并提高耐磨性、疲劳强度和抗腐蚀能力,变形比渗碳淬火小,处理周期短	齿轮、轴、链等零件,可代替渗碳淬火

除强度、弹性模量、韧度等性能之外,硬度也是材料的力学性能之一。一般来说,材料硬度越高,强度(包括接触强度)和耐磨性也越高,但塑性越低。常用的硬度指标有布氏硬度(HB)、洛氏硬度(HRC)和维氏硬度(HV)。这3种硬度指标的转换关系,以及硬度与碳素钢强度极限之间的相互关系如图2.11所示。

值得注意的是,在工业发达国家,复合材料已从研究逐渐转入实用阶段。复合材料由两种或两种以上的性质不同的材料组合而成。它保留各种材料自身的优点,获得单种材料无法比拟的优异性能。复合形式有纤维复合、层叠复合和骨架复合等。

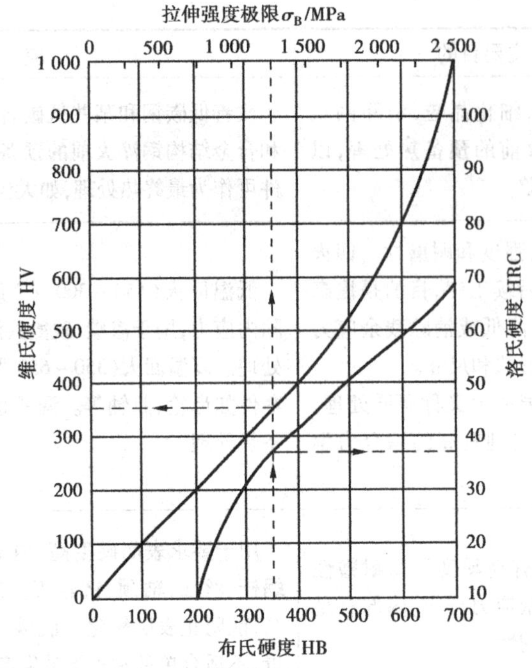

图 2.11　HB,HRC,HV 及其与碳素钢拉伸强度极限的关系

2.6.2　零件的工作情况

前面提到的根据零件失效形式而确定的计算准则,是选择材料的基本依据,可分为以下几种情况:

①零件尺寸取决于强度,且尺寸和质量又受到限制时,应选用强度较高的材料。在静应力下工作的零件,应力分布均匀的(拉伸、压缩和剪切),宜选用组织均匀、屈服极限较高的材料;应力分布不均匀的(弯曲、扭转),宜采用热处理后在应力较大部位具有较高强度的材料。在变应力下工作的零件,应选用疲劳强度较高的材料。此时采取某些工艺或结构措施,往往是提高疲劳强度的有效途径。

②零件尺寸取决于接触强度的,应选用可进行表面强化处理的材料,如调质钢、渗碳钢、氮化钢等。以齿轮传动为例,经渗碳、渗氮或碳氮共渗等处理后,其接触强度要比正火或调质的高很多。正火或调质齿轮只宜在单件生产中采用。如果设备条件允许,用硬齿面齿轮取代软齿面齿轮是发展的趋势。

③零件尺寸取决于刚度的,应选用弹性模量较大的材料。由于碳素钢和合金钢的弹性模量相差很小,故企图选用合金钢来提高刚度是没有意义的。截面积相同时,改变零件的截面形状常能使刚度得到较大的提高。

④滑动摩擦下工作的零件,应选用减摩性能好的材料。在高温下工作的零件应选用耐热材料。在腐蚀介质中工作的零件应选用耐腐蚀材料。

2.6.3　零件的结构、形状和尺寸

形状复杂、尺寸较大的零件难以锻造。如果采用铸造或焊接,则零件材料必须具有良好的

铸造性能或焊接性能,在结构上也要适应铸造或焊接的要求。至于选用铸造还是焊接,应视批量大小而定。对于锻件,也要视批量大小来决定采用模锻还是自由锻。

2.6.4　零件生产的经济性

经济性首先表现为材料的相对价格。当零件质量不大而加工量很大时,加工费用在零件总成本中要占很大比例。这时,选择材料时所考虑的主要因素将不是材料的相对价格而是其加工性能。

影响经济性的因素还有材料的利用率、零件的结构等。在很多情况下,零件不同的部位对材料性能有不同的要求。要想选用一种材料同时满足不同的要求是不可能的。这时,可根据局部品质原则,在不同的部位采用不同的材料,或采用不同的热处理工艺,使各局部的要求分别得到满足。例如,蜗轮的轮齿必须具有优良的耐磨性和较高的抗胶合能力,其他部分只需具有一般的强度即可。故在铸铁轮心外套装青铜齿圈,来满足这些要求。又如,滑动轴承只在其和轴颈接触的表面处要求有减摩性,所以只需用减摩材料制成轴瓦,而不必都用减摩材料来造整个轴承。

局部品质也可以用渗碳、表面淬火、表面喷镀、表面碾压等方法获得。

此外,选择材料还必须考虑其热处理的工艺性能(淬硬性、淬透性、变形或开裂倾向性,以及回火脆性等)。

2.7　标准和标准化

2.7.1　标准

所谓标准,就是由一定的权威组织,针对经济、技术、科学和管理的实践活动中重复出现的共同技术语言和技术事项,制订和发布的统一准则。在上述各项实践活动中,统一贯彻、执行有关标准的过程,就是标准化。标准化是组织现代化大生产的重要手段,是实行科学管理的基础,也是对产品设计的一项基本要求。

(1)标准的分类

标准可按标准化问题的 3 个属性——标准化领域、标准化主题和标准的类别来分类。

1)标准化领域

标准化领域指标准对象所处的领域,可分为机械、纺织、农业等。在机械工业中又可按专业分为农机、电工、仪表、机床等。

2)标准化主题

标准化主题指标准化对象的种类,如产品、材料、工艺方法、概念等。机械工业标准一般可分为 4 大类,即基础标准、产品标准、方法标准、安全环保标准。

3)标准的类别

标准的类别表示标准实施的范围,按此可分为 4 类,即国际标准、国家标准、行业(协会)标准、公司(企业)标准。在国际标准与国家标准之间还有一些区域标准,如欧洲标准、经互会标准等。

国际标准主要是指国际标准化组织(ISO)、国际电工委员会(IEC)以及国际标准化组织认定的国际组织(如 BIPM,CEE,RILEM 及 CCIR 等)所制订的标准。

行业标准是由行业标准主管部门批准、发布,在该行业范围内统一实施的标准。我国行业标准代号如表 2.2 所示,即原来的部颁标准。国际标准和外国标准代号如表 2.3 所示。

表 2.2 我国行业标准的代号

标准代号	代号含义	标准代号	代号含义
GB	国家标准	NJ	农机部标准
GBJ	国家工程建设标准	QB	轻工部标准
GJB	国家军用标准	SC	农业部标准
CB	船舶工业部标准	SJ	电子部标准
HB	航空工业部标准	SY	石油部标准
JB	机械部标准	TB	铁道部标准
JT	交通部标准	WJ	兵器部标准
MT	煤炭部标准	YB	冶金部标准

注:表中 JB,NJ,WJ 等是我国 20 世纪 60 年代开始使用的部颁标准代号,现为行业标准代号。

表 2.3 国际标准和外国标准的代号

标准代号	代号含义	标准代号	代号含义
ISO	国际标准化组织标准	CSN	捷克国家标准
IEC	国际电工委员会标准	DIN	德国标准
ANSI	美国标准协会标准	IS	印度标准
API	美国石油协会标准	JIS	日本工业标准
AS	澳大利亚标准	UNI	意大利标准
ASME	美国机械工程师协会标准	SIS	瑞典标准
ASTHI	美国试验与材料协会标准	STAS	罗马尼亚国家标准
BS	英国标准	AFNOR	法国标准协会标准
CSA	加拿大标准协会标准	JUS	南斯拉夫标准

企业标准是由企(事)业单位或主管部门批准发布的标准。

(2)标准的编号

标准的编号一般由标准代号、顺序号和批准年份号 3 部分组成,如图 2.12 所示。

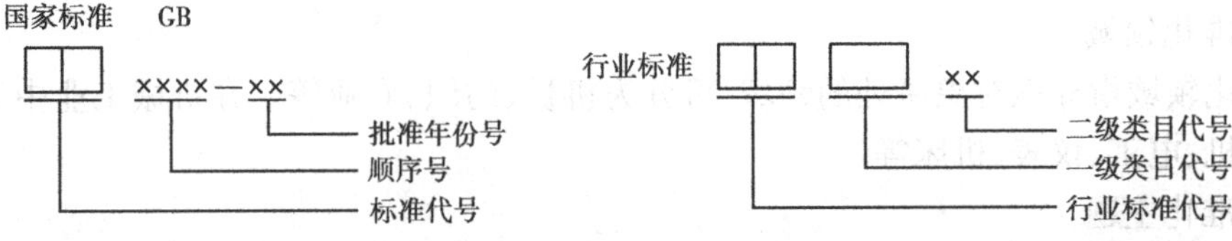

图 2.12 标准的编号

行业标准的一级和二级类目代号,可参见《中国标准文献分类法(CCS)》。如机械类一级类目代号为 J,滚动轴承属于二级类目,代号为“11”。因此,滚动轴承的行业标准代号为 JBJ 11。

此外,按标准的法律性质,还可分为强制性标准和推荐性标准。推荐性标准在标准代号后面加注字母 T。如国家推荐性标准为 GB/T;机械行业推荐性标准为 JB/T。

机械新产品和出口产品要首先采用国际标准。我国的国家标准正逐步与国际标准接轨。在机械新产品设计的鉴定中,标准化是必须进行的审查项目之一。达不到要求的,不能通过鉴定。

2.7.2　机械零件设计中的标准化

具体到机械零件来说,标准化就是对零件的尺寸、结构要素、材料性能、检验方法、设计方法、制图要求等,制订出各式各样的大家共同遵守的标准。

根据《中国标准文献分类法》,机械的大类代号(字母)为 J,机械中通用零部件的分类号如表 2.4 所示。

表 2.4　通用零部件的分类号

分类号	零部件名称	分类号	零部件名称
10	通用零部件综合	20	液压与气动装置
11	滚动轴承	21	润滑与润滑装置
12	滑动轴承	22	密封与密封装置
13	紧固件	24	冷却与冷却装置
15	管路附件	26	弹簧
16	阀门	27	操作件
17	齿轮与齿轮传动	28	自动化物流装置
18	链传动、皮带传动与键联接	29	其他
19	联轴器、制动器与变速器		

由此,可根据零件的分类号,从《中国国家标准目录总汇》中查阅有关的现行标准、曾用标准及其与国际标准的关系。如表 2.5 所示为滚动轴承、齿轮的部分标准示例。

表 2.5　通用零部件的国家标准示例(摘自文献[41])

类号	标准编号	标准名称	采标情况	代替标准
J17	GB/T 3374—1992	齿轮基本术语 Basic terminology of gears	neq ISO/R1121-1:1983	GB 3374—82
J17	GB/T 3480—1997	渐开线圆柱齿轮承载能力计算方法 Calculation methods of load capacity for involute cylindrical gears	eqv ISO 6336:1996	GB 3480—83
J17	GB/T 3481—1997	齿轮轮齿磨损和损伤术语 Cears-Wear and damage to gear teeth-Terminology	idt ISO 10825:1995	GB 3481—83
J17	GB/T 6413—1986	渐开线圆柱齿轮胶合承载能力计算方法 Calculation of scuffing load capacity for involute cylindrical gears	eqv ISO/DP 6336-4	
		渐开线圆柱齿轮图样上应注明的尺寸数据		

续表

类号	标准编号	标准名称	采标情况	代替标准
J17	GB/T 6443—1986	Involute cylindrical gears-Information of the dimensional data to be given on the drawing	eqv ISO 1340:1976	
J11	GB/T 4662—1993	滚动轴承　额定静负荷 Rolling bearings-Static load ratings	eqv ISO 76:1987	GB 4662—84
J11	GB/T 4663—1994	滚动轴承　推力圆柱滚子轴承　外形尺寸 Rolling bearings-Cylindrical thrust roller bearings-Boundary dimensions		GB 4663—84
J11	GB/T 5859—1994	滚动轴承　推力调心滚子轴承　外形尺寸 Rolling bearings-Self-aligning thrust roller bearings-Boundary dimensions		GB 5859—86
J11	GB/T 5868—1986	滚动轴承安装尺寸 Dimensions for mounting rolling bearings		
J11	GB/T 6391—1995	滚动轴承 额定动载荷和额定寿命 Rolling bearings-Dynamic load ratings and rating life	idt ISO 281:1990	GB 6391—86

注:表中,neq—参照;eqv—等效;idt—等同。

标准化带来的优越性表现如下:

①能以最先进的方法在专门化工厂中,对那些用途最广的零件进行大量的、集中的制造,以提高质量,降低成本。

②统一了材料和零件的性能指标,提高了零件性能的可靠性。

③采用了标准结构的零、部件,可以简化设计工作,缩短设计周期,提高设计质量,也简化了机器的维修工作。

对于同一产品,为了符合不同的使用条件,在同一基本结构或基本尺寸条件下,规定出若干个不同辅助尺寸,称为不同的系列。例如,对于同一结构、同一内径的滚动轴承,制出不同外径及宽度的产品,称为滚动轴承系列。

2.8　极限与配合

国家标准《产品几何技术规范(GPS) 极限与配合　第1部分:公差、偏差和配合的基础》(GB/T 1800.1—2009)是一项基础标准。该标准根据 ISO 286—1 修改采用,它替代了 GB/T 1800.1—1997,GB/T 1800.2—1998 以及 GB/T 1800.3—1998 3 个旧标准。光滑圆柱体(即通常所指的孔和轴)的配合,在机器中应用极为广泛。标准就是针对这种情况制订的。它决定了机器零、部件相互配合的条件和状况，直接影响产品的精度、性能和寿命，也是保证零、部件具有互换性的技术措施。本节只介绍一些极限与配合的基本概念和选用原则，具体的公差和偏差的数值可以从设计手册中查取。

2.8.1　极限与配合的基本术语和定义

(1)有关“尺寸”的术语和定义

1)基本尺寸

它是确定偏差的起始尺寸，通常指设计时确定的尺寸(如零件的孔和轴的直径)。基本尺寸的数值通常应圆整成标准尺寸(标准直径)。

2)实际尺寸

实际尺寸指的是通过测量所得的尺寸。

3)极限尺寸

极限尺寸指的是一个孔(轴)允许的尺寸的两个极端。孔(轴)允许的最大尺寸，称为最大极限尺寸；孔(轴)允许的最小尺寸，称为最小极限尺寸。显然，制造合格的孔(轴)的实际尺寸，位于其两个极限尺寸之间，也可以达到某一极限尺寸。

(2)有关“公差与偏差”的术语和定义

1)尺寸偏差

某一尺寸与其基本尺寸的代数差称为尺寸偏差。最大极限尺寸与其基本尺寸的代数差称为上偏差。孔的上偏差用代号 ES 表示；轴的上偏差用代号 es 表示。最小极限尺寸与其基本尺寸的代数差，称为下偏差。孔的下偏差用代号 EI 表示；轴的下偏差用代号 ei 表示。上偏差和下偏差均称为极限偏差。实际尺寸与其基本尺寸的代数差称为实际偏差。当极限尺寸大于基本尺寸时，偏差为正值；极限尺寸小于基本尺寸时，偏差为负值；极限尺寸等于基本尺寸时，偏差等于零。

2)尺寸公差

允许零件尺寸的变动量称为尺寸公差，简称为公差。公差等于最大极限尺寸与最小极限尺寸之差，也等于上偏差与下偏差之差，即

$$T = L_{max} - L_{min} = ES - EI$$

或

$$T = L_{max} - L_{min} = es - ei$$

式中　T——尺寸公差；

L_{max}——最大极限尺寸；

L_{min}——最小极限尺寸；

ES——孔的上偏差；

EI——孔的下偏差；

es——轴的上偏差；

ei——轴的下偏差。

因为零件的最大极限尺寸总大于最小极限尺寸，所以尺寸公差总不为零，且为不具正负号的绝对值。

3)零线和公差带

如图2.13所示为公差带图。在公差带图中，通常不画出基本尺寸的大小，而只绘一条称

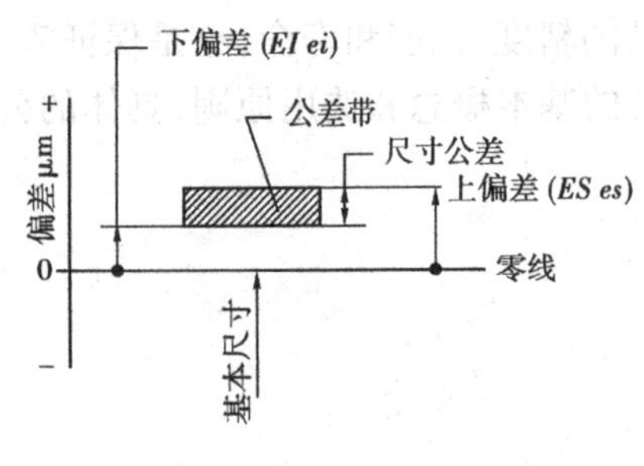

图 2.13　公差带图

为零线的直线表示基本尺寸的界线。零线是确定偏差和公差的基准线。正偏差位于零线上方，负偏差位于零线下方。由代表上偏差和下偏差的两条直线，或最大极限尺寸和最小极限尺寸的两条直线之间所限定的区域，称为公差带。公差带包括“公差带大小”与“公差带位置”两个参数，前者由标准公差确定；后者由基本偏差确定。

4）标准公差

国家标准规定的，用以确定公差带大小的任一公差。

5）基本偏差

国家标准规定的，用来确定公差带相对于零线位置的上偏差或下偏差，一般指靠近零线的那个偏差。也就是说，当公差带位于零线上方时，其基本偏差为下偏差；当公差带位于零线下方时，其基本偏差为上偏差。

(3)有关“配合”的术语和定义

1）配合

配合指的是基本尺寸相同且相互配合的孔和轴的公差带之间的关系，如图 2.14 所示。

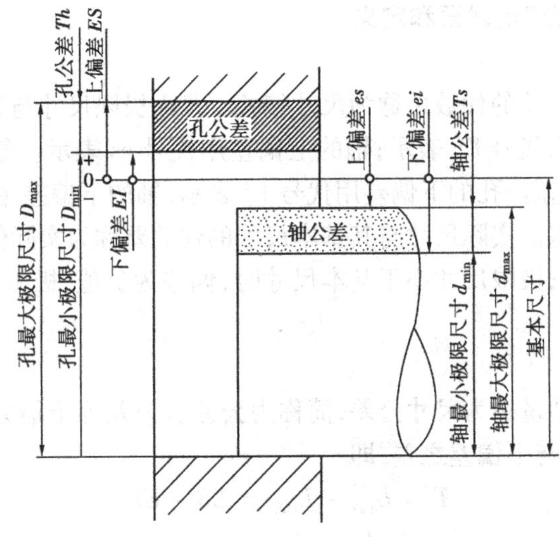

图 2.14　孔和轴配合的相互关系

2）间隙和过盈

孔的尺寸减去相配合轴的尺寸，其差值为正值时，称为间隙；其差值为负值时，称为过盈。

3）间隙配合

孔的公差带完全在轴的公差带之上，具有间隙的孔、轴配合，称为间隙配合。孔的最大极限尺寸与轴的最小极限尺寸的差值，称为最大间隙；孔的最小极限尺寸与轴的最大极限尺寸的差值，称为最小间隙。

4）过盈配合

孔的公差带完全在轴的公差带之下，具有过盈的孔、轴配合，称为过盈配合。孔的最大极限尺寸与轴的最小极限尺寸的差值，称为最小过盈；孔的最小极限尺寸与轴的最大极限尺寸的差值，称为最大过盈。

5）过渡配合

孔和轴的公差带相互交叠，可能具有间隙或过盈的配合，称为过渡配合。孔的最大极限尺寸与轴的最小极限尺寸的差值，称为最大间隙；孔的最小极限尺寸与轴的最大极限尺寸的差值，称为最大过盈。

国家标准对配合规定有两种基准制，即基孔制和基轴制，其定义如下：

①基孔制——基本偏差为一定的孔公差带，与不同基本偏差的轴公差带形成各种配合的一种制度。基孔制的孔为基准孔。标准规定，基准孔的下偏差为零。基准孔的代号为“H”。

②基轴制——基本偏差为一定的轴公差带，与不同基本偏差的孔公差带形成各种配合的一种制度，称为基轴制。基轴制的轴为基准轴。标准规定，基准轴的上偏差为零。基准轴的代号为“h”。

根据前述，为了使孔和轴的公差带位置标准化，国家标准采用基本偏差来确定公差带相对于零线的位置。基本偏差是两个极限偏差（上偏差、下偏差）中靠近零线的即绝对值较小的那个偏差。国家标准规定了 28 个轴和孔的基本偏差，即规定了轴和孔各有 28 个公差带位置，如图 2.15 所示。

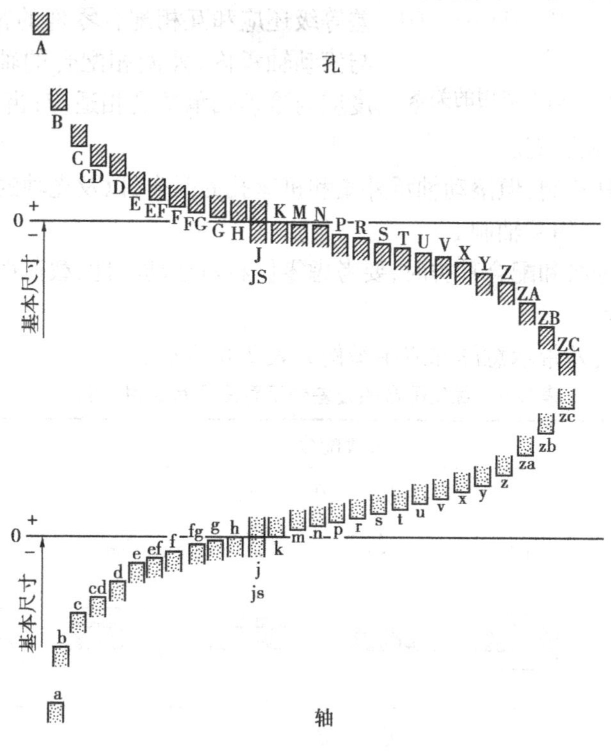

图 2.15　基本偏差系列

基本偏差用拉丁字母（一个或两个）表示，大写字母代表孔，小写字母代表轴。轴的基本偏差从 a 至 h 为上偏差 es，从 j 至 zc 为下偏差 ei；孔的基本偏差从 A 至 H 为下偏差 EI，从 J 至 ZC 为上偏差 ES。从 a 至 h 或从 A 至 H，基本偏差的绝对值逐渐减小；而从 j 至 zc 或从 J 至 ZC，基本偏差的绝对值逐渐增大。H 和 h 的基本偏差为零，即 H 为基准孔，h 为基准轴。在基本偏差系列图中，仅绘出了公差带的一端，对公差带的另一端未绘出，因为它取决于公差等级和这个基本偏差的组合。

2.8.2 公差与配合的选择

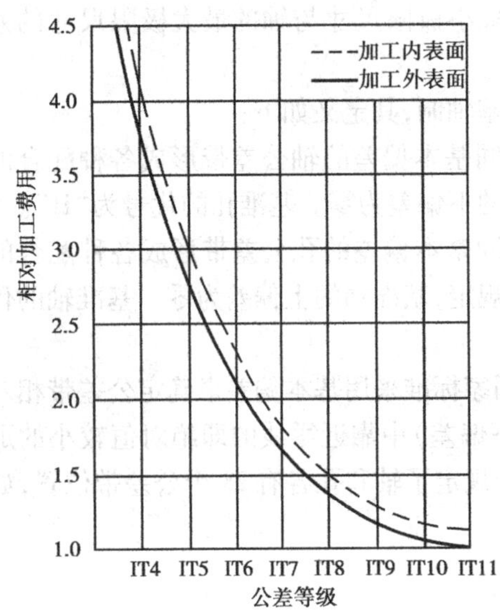

图 2.16 公差等级和相对加工费用的关系

IT(国际标准公差 ISO Tolerance 的缩写)表示标准公差代号。国家标准将标准公差分为 20 个等级,即 IT01,IT0,IT1,IT2,…,IT17 和 IT18,相应的公差带依次由窄变宽。

机械零件的尺寸精确度就是以公差等级来表示的。等级代号数字越大,其公差等级越低,尺寸精确程度也越低。选择公差等级,既要满足功能要求,又要考虑工艺的可能性和经济性。凡低等级能满足要求的,就不应采用高等级。盲目追求高等级,必将导致加工量和加工费用的增加。如图 2.16 所示为公差等级和相对加工费用的关系。很明显,自 IT8 以上,每提高一级,费用增加很快。此外,公差等级还应和互相配合零件的精度相适应。例如,与滚动轴承内、外圈相配合的轴颈和机座孔,其精度应与滚动轴承精度相适应;齿轮轮毂孔和轴的配合精度,应与齿轮精度相适应。

机械中广泛采用基孔制,但滚动轴承外圈和机座孔的配合,以及光轴的不同部位装有不同配合要求的零件时,则采用基轴制。

在选择具体精度等级和配合种类时,要考虑零件相对运动特性、载荷性质、工作温度、接合长度和装配条件等因素。

常用优先配合的公差带示意图和应用举例如表 2.6 所示。

表 2.6 优先配合的公差带示意图及其应用举例

间隙配合			过渡配合		过盈配合		
基孔制							
$\frac{H8}{f7}$	$\frac{H7}{g6}$	$\frac{H8}{h7}$	$\frac{H7}{k6}$	$\frac{H7}{n6}$	$\frac{H7}{p6}$	$\frac{H7}{s6}$	$\frac{H7}{u6}$
+ 0 −	+ 0 −	+ 0 −	+ 0 −	+ 0 −	+ 0 −	+ 0 −	+ 0 −
基轴制							
$\frac{F8}{h7}$	$\frac{G7}{h6}$	$\frac{H8}{h7}$	$\frac{K7}{h6}$	$\frac{N7}{h6}$	$\frac{P7}{h6}$	$\frac{S7}{h6}$	$\frac{U7}{h6}$
+ 0 −	+ 0 −	+ 0 −	+ 0 −	+ 0 −	+ 0 −	+ 0 −	+ 0 −

续表

间隙配合			过渡配合		过盈配合		
应用及举例							
转动配合，如滑动轴承等	不转动的滑动配合，如活塞及滑阀、滚动轴承、花键联接等	不转动的定位配合和精密滑动配合，如滚动轴承等	精密定位配合，如低速齿轮、蜗轮、带轮和轴的配合，滚动轴承等	更精密定位配合，如齿轮、蜗轮、带轮和轴的配合，铰制孔用螺栓、联轴器、圆柱销、滚动轴承等	特别重要的定位配合，如较高速的齿轮、蜗轮和轴的配合、联轴器等	能传递外载荷的配合以及高速齿轮孔和轴的配合等	能传递较大外载荷的过盈联接

注：本表中的公差带按 $\phi50$ 查得的值绘出。▨——孔；▒——轴。

2.9　表面粗糙度

机械加工后的零件表面，总会遗留下切刃或磨轮的加工痕迹。由于零件材料性质和加工工艺的不同，痕迹的深浅粗细也不一样，但都具有微观几何形状和尺寸特征，这些微小的峰谷高低程度就称为表面粗糙度。表面粗糙度和机械零件的配合性质、耐磨性和抗蚀性有密切的关系。表面粗糙度的评定参数有轮廓算术平均偏差 R_a 等。R_a 值越大，则表面越粗糙；反之越光滑。

不同的加工方法获得的表面粗糙度是不相同的，常用的几种加工方法能得到的轮廓算术平均偏差 R_a 值如表2.7所示。

表2.7　常用加工方法能得到的轮廓算术平均偏差 R_a 值　/μm

加工方法	R_a	加工方法	R_a
珩磨和超精加工	0.32～0.02	精刮	0.63～0.04
细磨	0.32～0.04	粗刮	2.5～0.63
精磨	1.25～0.32	铣切和精刨	2.5～0.63
精车和精镗	2.5～0.4	钻孔	12.5～3.2

表面粗糙度的主要选择可概括如下：

①降低 R_a 值意味着提高加工费用。因此，在满足零件功能要求和使用要求的前提下，没有特殊原因不宜片面追求降低 R_a 值。

②应与尺寸公差等级相协调。不同尺寸的不同公差等级和配合，应选择相适应的表面粗糙度。

③孔和轴的尺寸公差等级相同时,轴的 R_a 值应比孔的 R_a 值小。这是因为孔加工比轴加工困难。

④有下列要求时,宜选用较小的 R_a 值:降低应力集中,提高零件的疲劳强度;提高接触强度;降低摩擦;减轻腐蚀;提高密封性能。

在确定表面粗糙度时,还应考虑零件材料的性质。某些材料黏性大(如铜、铝等),其屑粒黏附在砂轮表面上会使砂轮丧失切削能力,故不宜进行磨削加工。要使这些材料加工表面获得很低的 R_a 值有一定困难。

2.10 现代设计方法简介

机械零件的设计方法,可以从不同的角度作出不同的分类。目前,较为流行的分类方法是把过去长期使用的设计方法称为常规的(或传统的)设计方法,近几十年发展起来的设计方法称为现代设计方法。后者有计算机辅助设计、可靠性设计、优化设计和动态设计等。其中,计算机辅助设计方法已逐渐为人们掌握和使用;动态设计需要对机械及其零件的特定工况进行专门的动力学分析计算,本节只对可靠性设计和优化设计的一些基本概念和设计思路作简单介绍。

2.10.1 可靠性设计

(1)可靠性概念

在常规的强度设计方法中,总是把零件的工作应力和材料的极限应力都看成常量。零件一旦满足强度计算准则时,就认为它是安全的。实际上,材料强度(极限应力)受原料、配方、冶炼和热处理等因素的影响,是一个随机变量。外载荷受机器工况的影响,零件的实际尺寸受加工误差的影响,均是随机变量。因此,零件的工作应力也是随机变量。而随机变量都有离散性。这就有可能出现达不到预定工作时间而失效的情况。因此,希望将出现这种失效情况的概率限制在一定程度之内,这就是对零件提出的可靠性要求。采用可靠性设计能定量给出零件可靠性的概率值,排除主要的不可靠因素和预防危险事故的发生,这对重要零部件(如飞机起落架)和大量生产的零件(如滚动轴承等)是十分重要的。

国家标准规定,可靠性是指产品在规定的条件下和规定的时间内,完成规定功能的能力。

可靠度是指产品在规定的条件下和规定的时间内,完成规定功能的概率,常用 R_t 表示。

累积失效概率是指产品在规定的条件下和规定的时间内失效的概率,常用 F_t 表示,有时也用 P 表示。

设有 N 个同样零件,在规定时间 t 内有 N_f 个零件失效,剩下 N_t 个零件仍能继续工作,则

可靠度
$$R_t = \frac{N_t}{N} = \frac{N - N_f}{N} = 1 - \frac{N_f}{N} \tag{2.27}$$

累积失效概率
$$F_t = \frac{N_f}{N} = 1 - R_t \tag{2.28}$$

可靠度与累积失效概率之和等于1,即
$$R_t + F_t = 1 \tag{2.29}$$

将 F_t 对时间 t 求导，得

$$f(t) = \frac{dF_t}{dt} = \frac{dN_f}{Ndt} \tag{2.30}$$

式中　$f(t)$——失效分布密度。

失效分布密度 $f(t)$ 与时间 t 的关系曲线称为失效(寿命)分布曲线，常见的有正态分布、韦布尔分布、指数分布等多种。正态分布如图 2.17 所示。

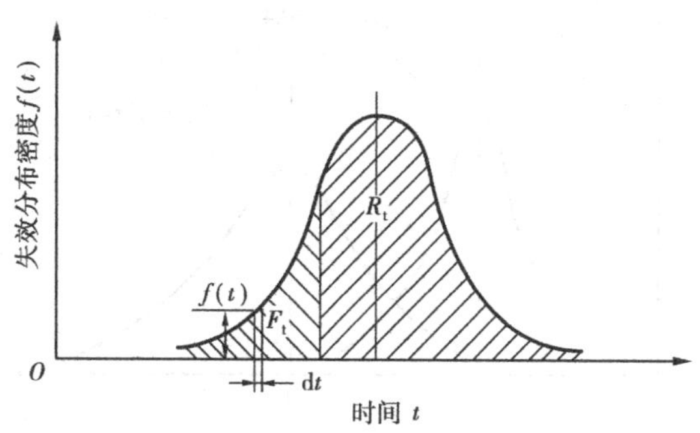

图 2.17　正态分布

当失效分布函数已知时，可求出累积失效概率 $F_t = \int dF_t = \int f(t)\,dt$ 和可靠度 $R_t = 1 - F_t$。F_t 和 R_t 即为图 2.17 中 $f(t)$ 曲线下所包围的两块面积。

由于可靠度 $R(t)$ 是零件可靠性的重要指标，有些国家规定了可靠性水平等级，如表 2.8 所示。

表 2.8　可靠性水平等级[20]

等级	可靠度	应用情况
0	<0.9	不重要的情况，失效后果可忽略不计，例如，不重要的轴承 R = 0.5 ~ 0.8；车辆低速齿轮 R = 0.8 ~ 0.9
1	≥0.9	不很重要的情况，失效引起的损失不大，例如，一般轴承 R = 0.90，易维修的农机齿轮 R≥0.90，寿命长的汽轮机齿轮 R≥0.98
2	≥0.99	重要的情况，失效将引起大的损失，例如，一般齿轮的齿面接触疲劳强度 R≈0.99，抗弯疲劳强度 R = 0.999；高可靠性齿轮的齿面强度 R≈0.999，抗弯强度 R≈0.999 9；寿命不长但要求高可靠性的飞机主传动齿轮 R = 0.999 ~ 0.999 9 及以上；高速轧机齿轮 R = 0.99 ~ 0.995；建筑结构件：失效后果不严重的次要建筑 R = 0.997 ~ 0.999 5(塑性破坏取低值，脆性破坏取高值，下同)；失效后果严重的一般建筑 R = 0.999 5 ~ 0.999 9；失效后果很严重的重要建筑 R = 0.999 9 ~ 0.999 99
3	≥0.999	
4	≥0.999 9	
5	1	很重要的情况，失效会引起灾难性后果，由于 R > 0.999 9，其定量难以准确，建议在计算应力时取 > 1 的计算系数来保证

(2)可靠性计算

作为随机变量，零件工作应力和材料极限应力的统计分布也有正态分布、韦布尔分布、指数分布等多种形式。如图 2.18 所示为正态分布，μ 为均值，σ 为标准离差。如图 2.19 所示为

韦布尔分布，β 为形状参数，η 为尺度参数。

机械零件强度可靠性设计的基本内容，就在于揭示工作应力和极限应力的分布规律，严格控制失效率，以满足可靠性的要求。其过程如图 2.20 所示。

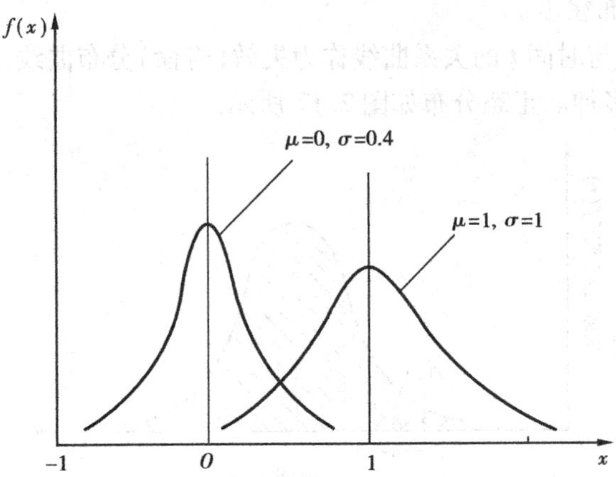

图 2.18　不同参数的正态分布

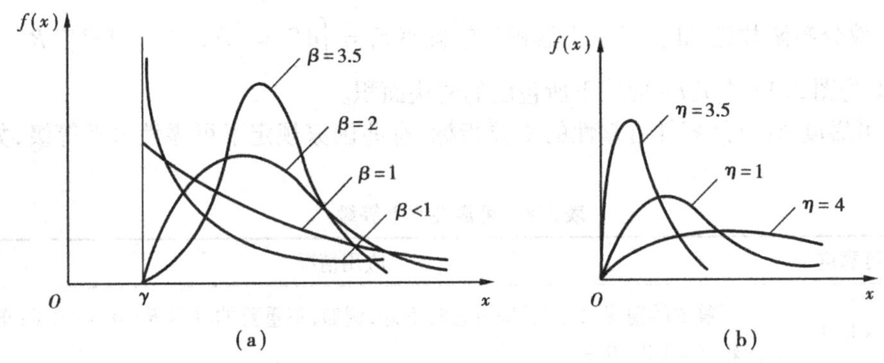

图 2.19　不同参数的韦布尔分布

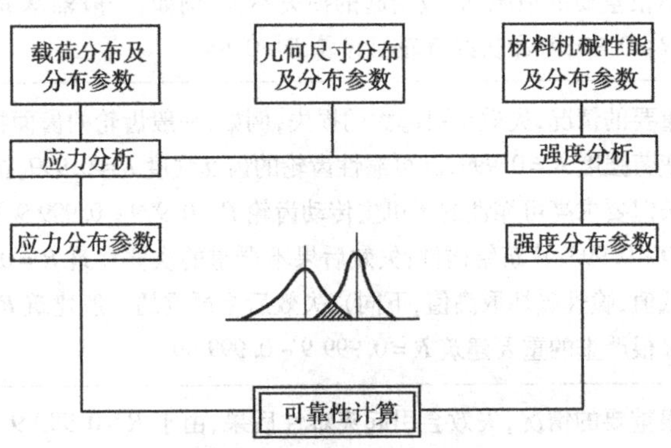

图 2.20　可靠性设计过程

如图 2.21 所示为零件工作应力和材料极限应力的随机变量分布均为正态分布的情况。横坐标代表零件工作应力和材料极限应力，纵坐标代表分布密度。从图中看出，从常规设计的观点来看，材料的平均极限应力$\overline{\sigma}_{\lim}$大于零件平均工作应力$\overline{\sigma}_{w}$，平均安全系数大于 1，零件工作是可靠的。但从极限应力和工作应力的分布来看,在两曲线相交的阴影区可能出现工作应力大于极限应力的情况,实际安全系数小于1,零件工作是不可靠的。

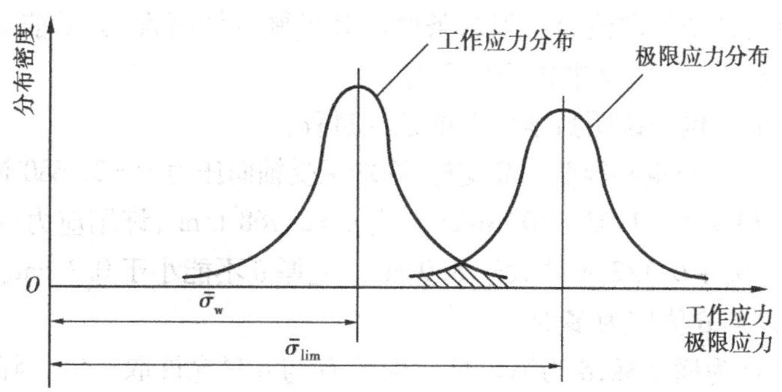

图2.21 工作应力和极限应力均为正态分布

阴影区就是零件可能失效的区域,称为干涉区。由此可知:一是即使安全系数大于1,仍然存在一定的不可靠度;二是工作应力和极限应力的离散程度越大,则干涉区越大,不可靠度也越大;三是材料性能好,零件应力稳定,则离散程度小,干涉区小,可靠度增大。应该指出,干涉区域的面积只是干涉的表示,而非干涉值的度量。在干涉区域内,零件失效与否,要作具体分析。

根据数理统计理论,当工作应力 σ_w 和极限应力 σ_{lim} 均为正态分布时,引入由 $\sigma_{lim}-\sigma_w=\sigma_z$ 构成的随机变量仍将服从一新的正态分布,由此不难算出零件的可靠度(见图2.17,其横坐标应理解为 σ_z)。

以上只讨论了工作应力和极限应力均属正态分布的情况,计算最为简单。必须指出,实际上工作应力可能属于其他分布;极限应力也可能属于其他分布。要确定它们的分布类型和分布参数,必须经过大量的实验、数据累积和统计才能做到。目前,在各种零件中,以滚动轴承的可靠性设计较为成熟,第11章将作简单介绍。

2.10.2 优化设计

(1)优化设计的概念

对任何一位机械设计者来说,总愿意作出最优设计方案,使所设计的产品和零件具有最佳的使用性能和最低的成本。自古以来,设计人员常常提出几个候选方案,再从中择其"最佳"者。但是,由于时间和经费的限制,候选方案的数目受到很大限制。因此,用常规的设计方法进行工程设计,特别是当影响设计的因素很多时,只能得到有限候选方案中"最佳"方案,况且,选出的方案是否最佳方案,还受到设计人员主观判断能力的制约。

优化设计是根据最优化原理,综合各方面的因素,以人机对话或"自动探索"方式,在计算机上进行的半自动或自动设计,最终获得一切可能方案中的最佳设计方案。

(2)优化设计的数学模型

进行优化设计,首先要将设计问题的物理模型转变为数学模型。建立数学模型时,要选取设计变量,列出目标函数和约束条件。

设计变量就是设计参数(如弹簧的平均直径、簧丝直径和圈数,齿轮的模数和齿数等),若干设计参数组成一个设计方案。优化设计的目的就是获得由若干最佳设计变量(参数)组成的最佳设计方案。

目标函数是设计问题所要求的最优指标与设计变量之间的函数关系式。

约束条件是对设计变量取值时的限制条件。对机械零件而言，就是前面提到的各种计算准则，如强度准则 $\sigma \leqslant [\sigma]$；刚度准则 $f \leqslant [f]$ 等。

现用一个简单的实例来说明数学模型的建立过程。

如图 2.22 所示为一根空心等截面简支柱，两端承受轴向压力 $P = 22\ 680$ N，柱高 $l = 254$ cm，材料为铝合金，弹性模量 $E = 7.03 \times 10^4$ MPa，密度 $\rho = 2.768$ t/m^3，许用应力 $[\sigma] = 140$ MPa。截面的平均直径 $D = (D_0 + D_1)/2$ 不能大于 8.9 cm。壁厚 δ 不能小于 0.1 cm。现要求设计最小质量的支柱，问其 D 与 δ 值应为多少？

以支柱的参数 D 为横坐标，δ 为纵坐标。由于 D 与 δ 只允许取正值，因此可用坐标的第一象限来表示它的设计关系。如图 2.22 所示，直线 a—a 的左方是 $D \leqslant 8.9$ cm 的区域。直线 b—b 的上方是 $\delta \geqslant 0.1$ cm 的区域。这就形成了参数的边界限制区域。

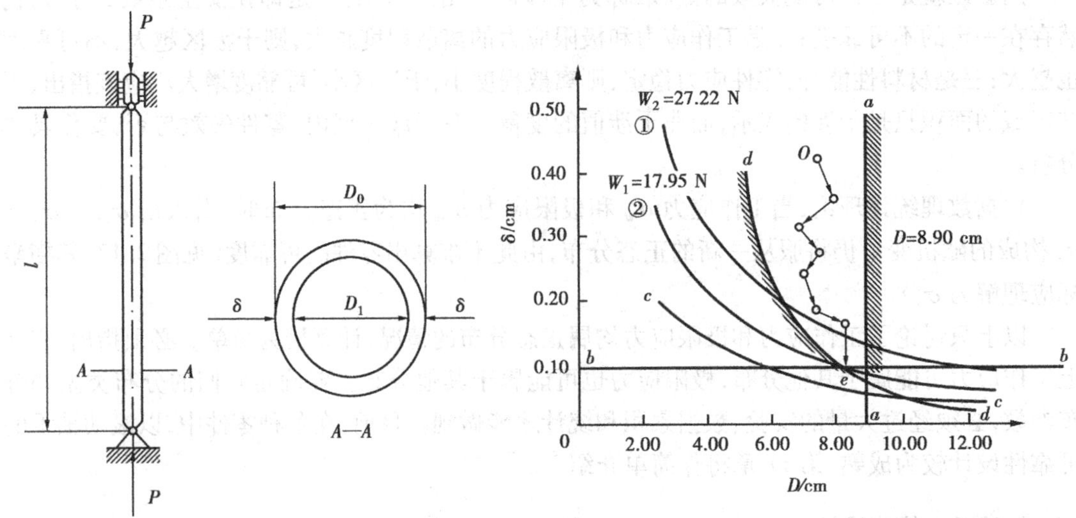

图 2.22　支柱的优化设计

除上述限制条件以外，还应保证支柱有足够的承压强度。为此应使支柱的压应力 $\sigma = P/\pi D\delta$ 小于许用应力 $[\sigma]$，即

$$\frac{22\ 680}{\pi D\delta \times 10^2} - 140 \leqslant 0$$

或

$$D\delta - 0.516 \geqslant 0 \tag{a}$$

相应的函数曲线 c—c 将设计空间分为两部分。要使支柱有足够的承压强度，参数 D 和 δ 应在曲线 c—c 的右上方取值。

支柱还要有足够的稳定性，根据压杆稳定条件，支柱的压应力 σ 应小于稳定临界应力 $\sigma_c = \dfrac{\pi^2 E}{8l^2}(D^2 + \delta^2) \approx \dfrac{\pi^2 E}{8l^2}D^2$（假定壁厚 δ 远小于平均直径 D），即

$$\frac{22\ 680}{\pi D\delta} - \frac{7.03 \times 10^4}{8 \times 254^2/10^2}\pi^2 D^2 \leqslant 0$$

或

$$1.35D^2 - \frac{72.2}{D\delta} \geqslant 0 \tag{b}$$

相应的函数曲线 $d—d$ 也将设计空间分为两部分，参数 D 和 δ 在 $d—d$ 曲线的右上方取值才可能满足压杆稳定的要求。因此，满足上述4项限制条件的参数 D 和 δ 的组合应在图2.22中阴影线围成的区域（可行区）内。

支柱的质量 W 可表示为参数 D,δ 的函数，即

$$W = \rho l \pi D\delta = 2.2D\delta \tag{c}$$

若对 W 赋予不同的值，如 $W=17.95$ N，27.22 N，…就可在图2.22上画出相应的等质量曲线①、②等。这样就可以发现，在上述可行区域内，最轻的等重曲线与压杆稳定的界限曲线 $d—d$，管子壁厚 δ 的界限 $b—b$ 交于 e 点。e 点就是使支柱质量最小的设计方案，即

$$W = 17.86\ \text{N}, D = 8.117\ \text{cm}, \delta = 0.1\ \text{cm}$$

各种优化设计的数学模型可概括表示为

$$\left.\begin{array}{l} \min f(X) X = [x_1, x_2, \cdots, x_n]^{\mathrm{T}} \\ \text{受约束于} \quad g_u(X) \geqslant 0, u = 1,2,\cdots,m \end{array}\right\}$$

式中 n——设计变量数；

$f(X)$——目标函数；

$g_u(X)$——约束条件；

u——约束条件数。

在上例中，设计变量 $X=[x_1,x_2]^{\mathrm{T}}=[D\ \delta]^{\mathrm{T}}$。约束条件有截面平均直径约束 $D\leqslant 8.9$ cm，可写成 $8.9-D=8.9-x_1\geqslant 0$；壁厚约束 $\delta\geqslant 0.1$ cm，可写成 $\delta-0.1=x_2-0.1\geqslant 0$；承压强度约束条件见式(a)和稳定性约束条件见式(b)。目标函数 $f(X)=f(x_1,x_2)=2.2D\delta=2.2x_1x_2$（见式(c)）。因此，本例是有两个设计变量、4个约束条件的，以支柱质量最轻为目标的优化设计问题。

(3) **优化设计方法**

在工程问题中，实用的优化方法是数值方法（迭代法）。它是根据目标函数的变化规律，从某一初始点（上例中为 O 点）开始，以适当的步长沿着能使目标函数值下降的方向，逐步向目标函数值的最优点（上例中的 e 点）进行探索，逐步逼近到最优点。

数值方法有以下特点：

①是数值计算，而不是数学分析。

②每次迭代具有简单的逻辑结构，迭代中只要求反复进行同样的算术计算。

③最后得到的是逼近精确解的近似解。

数值方法的这些特点正好与计算机的工作特点是一致的。优化设计正是在现代计算机广泛应用的基础上发展起来的一项新技术。

数值方法的迭代格式为

$$X^{(k+1)} = X^{(k)} + \alpha^{(k)} S^{(k)}$$

使

$$f(X^{(k+1)}) < f(X^{(k)}) \qquad k=0,1,2,\cdots$$

式中 $X^{(k)}$——第 k 步迭代计算所得到的点，称为第 k 步迭代点，也即第 k 步设计方案；

$\alpha^{(k)}$——第 k 步迭代的步长；

$S^{(k)}$——第 k 步迭代计算的探索方向。

即应使目标函数值一次比一次减小。当然，每个迭代点必须落在可行域内。

由此可知,数值方法的基本内容是如何确定迭代步长 $\alpha^{(k)}$ 和迭代方向 $S^{(k)}$。现已有多种优化方法可供选择应用,见文献[14];各种优化方法的电子计算机程序见文献[16]和[17]。将零件优化设计数学模型嵌入电算程序的有关模块中,即可进行自动设计,得到最佳设计方案。

第3章 摩擦、磨损及润滑概述

3.1 概　述

相互接触的两个物体在力的作用下发生相互运动或有相对运动趋势时，在接触表面上就会产生抵抗运动的阻力，这一自然现象称为摩擦，此时所产生的阻力称为摩擦力。摩擦是一种不可逆过程，其结果必然有能量损耗和摩擦表面物质的损失或转移，即在接触表面上产生磨损。人们在实践中认识到，为了减小摩擦和磨损，可在接触表面间加入润滑剂来进行润滑。由此可知，摩擦是不可避免的自然现象，磨损是摩擦的必然结果，而润滑则是减小摩擦和磨损、节约能源和材料的有效措施。

据估计，目前世界上的能源有1/3～1/2消耗在各种形式的摩擦上。在一般机械中，因磨损而报废的零件约占全部失效零件的80%，而采用现代的润滑技术则可极大地节约能源和提高机械零件的使用寿命。

20世纪60年代中期，人们把研究有关摩擦、磨损和润滑的科学技术问题归并为一门新学科，称为"摩擦学"(Tribology)。

本章主要介绍有关机械零、部件的摩擦、磨损和润滑的基本知识，在章末还简要地介绍了摩擦学研究的现状及其发展趋势。

3.2 摩　擦

3.2.1　摩擦的分类

机械中常见的摩擦有两大类：一类是发生在物质内部，阻碍分子间相对运动的内摩擦；另一类是在物体接触表面上产生的阻碍其相对运动的外摩擦。对于外摩擦，根据摩擦副的运动状态，可将其分为静摩擦和动摩擦；根据摩擦副的运动形式，还可将其分为滑动摩擦和滚动摩擦；按摩擦副的表面润滑状态，又可将其分为干摩擦、边界摩擦、流体摩擦及混合摩擦。如图

3.1所示。干摩擦是名义上无润滑的摩擦,其表面上通常只有从周围介质中吸附来的气体、水气和油脂等的薄膜;两表面被人为引入的极薄的润滑膜所隔开,其摩擦性质与润滑剂的黏度无关,而仅取决于两表面的特性和润滑油的油性的摩擦,称为边界摩擦;流体把摩擦副完全隔开,摩擦力的大小取决于流体黏度的摩擦,称为流体摩擦;摩擦处于干摩擦、边界摩擦和流体摩擦混合状态的摩擦,称为混合摩擦。

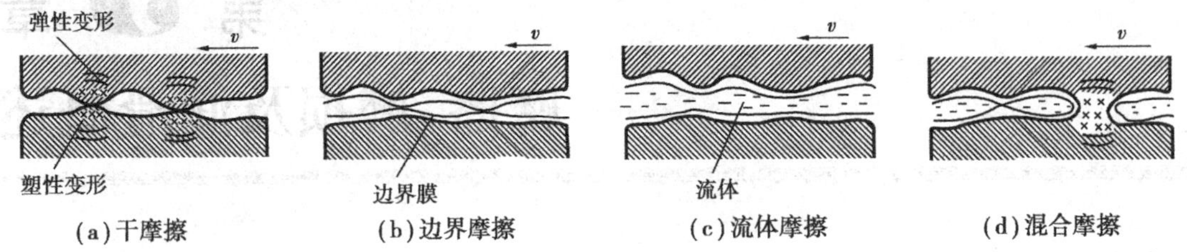

(a)干摩擦　(b)边界摩擦　(c)流体摩擦　(d)混合摩擦

图3.1　摩擦状态

3.2.2　影响摩擦的主要因素

摩擦是一种很复杂的现象,其大小(用摩擦系数的大小来表示)与摩擦副材料的表面形状、周围介质、环境温度、实际工作条件等有关。机械设计时,为了能充分考虑摩擦的影响,将其控制在许用范围之内,设计者对影响摩擦的主要因素必须有一个基本的了解。

(1)表面膜的影响

大多数金属表面在大气中会自然生成与表面结合强度相当高的氧化膜或其他污染膜,也可人为地用某种方法在金属表面上形成一层很薄的膜,如硫化膜、氧化膜等。由于这些表面膜的存在,使摩擦系数随之降低。

(2)摩擦副材料性质的影响

金属材料摩擦副的摩擦系数因材料性质的不同而异。一般互溶性比较大的金属摩擦副,因其较易黏着,摩擦系数较大;反之,摩擦系数较小。如表3.1所示为几种金属元素组成的摩擦副之间的互溶性。

表3.1　几种金属之间的互溶性

	Mo	Ni	Cu
Cu	无互溶性	部分互溶	完全互溶
Ni	完全互溶	完全互溶	
Mo	完全互溶		

材料的硬度对摩擦系数也有一定的影响。一般低碳钢经渗碳淬火提高硬度后,可使摩擦系数减小;中碳钢的摩擦阻力随硬度的增大而减小;经过热处理的黄铜和锡青铜等有色金属,其摩擦系数也随表面硬度的提高而降低;具有高强度、低塑性和高硬度的金属,如镍和铬,其摩擦系数也相对较小。

(3)摩擦表面粗糙度的影响

摩擦副在塑性接触的情况下,其摩擦系数为一定值,不受表面粗糙度的影响。在弹性或弹塑性接触情况下,干摩擦系数则随表面粗糙度值的减小而增加;如果在摩擦副间加入润滑油,使之处于混合摩擦状态，则表面粗糙度值减小，摩擦系数也将减小。

(4)摩擦表面间润滑的影响

在摩擦表面间加入润滑油，将会大大降低摩擦表面间的摩擦系数，但润滑程度不同，使摩擦副处于不同的摩擦状态时，其摩擦系数的大小也不同。干摩擦的系数最大，一般大于0.1；边界摩擦、混合摩擦次之，通常为0.01 ~0.1；液体摩擦的摩擦系数最小，油润滑时仅为0.001 ~0.008。当两表面间的相对滑动速度增加且润滑油的供应较充分时，较易获得混合摩擦或液体摩擦，因而摩擦系数将随着滑动速度的增加而减少。

3.3　磨　损

3.3.1　磨损的定义和分类

由于相对运动而使物体工作表面的物质不断损失的现象称为磨损。磨损的成因和表现形式是非常复杂的，可以从不同的角度对其进行分类。按磨损的损伤机理，可将其分为黏着磨损、磨粒磨损、表面疲劳磨损及腐蚀磨损。各种磨损的基本概念和破坏特点如表3.2所示。

表3.2　磨损的基本类型

类　型	基本概念	破坏特点	实　例
黏着磨损	两相对运动的表面，由于黏着作用(包括“冷焊”和“热黏着”)，使材料由一表面转移到另一表面所引起的磨损	黏结点的剪切破坏是发展性的，它造成两表面的凹凸不平，形成轻微磨损、划伤、胶合等破坏形式	活塞与汽缸壁的磨损
磨粒磨损	在摩擦过程中，由于硬颗粒或硬凸起材料的破坏分离出磨屑，形成划伤的磨损	磨粒对摩擦表面进行微观切削，使表面产生犁沟或划痕	犁铧和挖掘机铲齿的磨损
表面疲劳磨损	摩擦表面材料的微观体积受循环应力作用，产生重复变形，导致表面疲劳裂痕形成，并分离出微片或颗粒的磨损	应力超过材料的疲劳极限，在一定循环次数后，出现疲劳破坏，表面呈麻坑状	润滑良好的齿轮传动和滚动轴承的疲劳点蚀
腐蚀磨损	在摩擦过程中，金属与周围介质发生化学或电化学反应而引起的磨损	表面腐蚀破坏	化工设备中，与腐蚀介质接触的零部件的腐蚀

3.3.2　磨损过程

由于磨损的因素很多，磨损的过程非常复杂，一般可将其分为磨合磨损、稳定磨损和剧烈

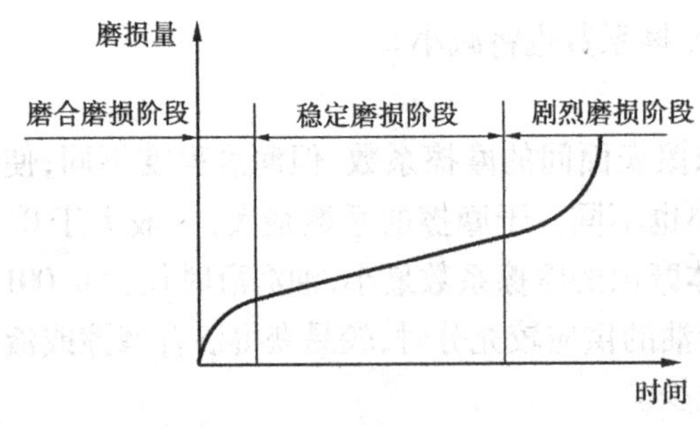

图 3.2　磨损过程

磨损 3 个阶段，如图 3.2 所示。磨合磨损阶段，开始时磨损速度很快，随后逐渐减慢，最后进入稳定磨损阶段。磨合磨损可将原始粗糙部分逐渐磨平，提高两摩擦表面的贴合程度，因而有利于延长机器的使用寿命。稳定磨损阶段是摩擦副的正常工作阶段，磨损缓慢而稳定。当磨损达到一定量时，进入剧烈磨损阶段，此时，摩擦条件发生很大变化，温度急剧升高，磨损速度大大加快，机械效率明显降低，精度丧失，并出现异常的噪声和振动，最后导致完全失效。

3.3.3　减少磨损的措施

为了减少摩擦表面的磨损，设计时，除必须满足一定的磨损约束条件外，还必须采取必要的减少磨损的措施。

(1)正确选用材料

正确选用摩擦副的配对材料，是减少磨损的重要途径。当以黏着磨损为主时，应当选用互溶性小的材料；当以磨粒磨损为主时，应当选用硬度高的材料，或设法提高所选材料的硬度，也可选用抗磨粒磨损的材料；当以疲劳磨损为主时，除应选用硬度高的材料或设法提高所选材料的硬度外，还应减少钢中的非金属夹杂物，特别是脆性的带有尖角的氧化物，此类夹杂物容易引起应力集中，产生微裂纹，对疲劳磨损影响甚大。

(2)进行有效的润滑

润滑是减少磨损的重要措施，应根据不同的工作条件，正确选用润滑剂，尽可能创造条件，使摩擦副表面在液体或混合摩擦的状态下工作。

(3)采用适当的表面处理

如刷镀 0.1 ~ 0.5 μm 的六方晶格的软金属(如 Cd 等)膜层，可使黏着磨损减少约 3 个数量级。也可采用涂覆处理，在零件表面上沉积 10 ~ 1 000 μm 的高硬度的 TiC 覆层，可大大降低磨颗粒磨损。

(4)改进结构设计，提高加工和装配精度

改进结构常能有效减少摩擦磨损。合理的结构，应该有利于表面膜的形成与恢复，有利于压力的均匀分布，有利于散热和磨屑的排出。

(5)正确的使用、维修与保养

例如，新机器使用之前的正确“磨合”，可延长机器的使用寿命。经常维修润滑系统，可使各摩擦表面得到良好润滑；定期更换润滑油，对减少磨损十分重要。

3.4　润　滑

润滑是减少摩擦和磨损的有效措施之一。所谓润滑，就是向承载的两个摩擦表面之间引入润滑剂，以减少摩擦、磨损的一种措施。

润滑可分为流体润滑和非流体润滑两大类。如果摩擦副的两表面被具有一定厚度的黏性流体膜完全隔开，并由流体的压力来平衡外载荷，则称为流体润滑；否则，就称为非流体润滑。流体润滑根据润滑膜压力产生的方式不同，可分为流体动压润滑和流体静压润滑。非流体润滑包括混合润滑与边界润滑。

首先应根据工况等条件，正确选择润滑剂和润滑方式。润滑剂的作用，除减小摩擦和磨损，降低工作表面的温度之外，还有防锈、清除污物、减振、密封等功用。

常见的润滑剂有液体（如水、油）、半固体（如润滑脂）、固体（如石墨、二硫化钼、聚四氟乙烯）和气体（如空气及其他气态介质）。其中，固体和气体润滑剂多用在高温、高速及要求防止污染的场合。对于橡胶、塑料制成的零件，宜用水润滑。绝大多数的零件均采用润滑油或润滑脂润滑。

3.4.1　润滑剂的种类、性能及其选用

（1）润滑油

用作润滑剂的油类大致分为3类：第一类为有机油，通常是动植物油；第二类为矿物油，主要是石油产品；第三类为化学合成油。矿物油来源充足，成本较低，适用范围广而且稳定性好，故应用最广。动植物油中因含有较多的硬脂酸，在边界润滑时有良好的润滑性能，但因其稳定性差而且来源有限，故使用不多。合成油多系针对某种特定需要而研制的，不但适用面窄，而且费用极高，故应用甚少。评价润滑油的主要性能指标如下。

1）黏度

①黏度的概念

流体的黏度即流体抵抗变形的能力，它表征流体内摩擦阻力的大小。如图3.3（a）所示，在两个平行的平板间充满具有一定黏度的润滑油，若移动件以速度 v 移动，则由于油分子与平板表面的吸附作用，将使黏附在移动件上的油层以同样的速度 v 随板移动；黏附在静止件上的油层静止不动。若润滑油做层流流动，则沿 y 坐标的油层将以不同的速度 u 移动，于是形成各油层间的相对滑移，在各层的界面上就存在相应的剪应力。

牛顿提出黏性流体的摩擦定律（简称黏性定律），即在流体做层流运动时，油层间的剪切应力 τ 与其速度梯度成正比，其数学表达式为

$$\tau = -\eta \frac{\partial u}{\partial y} \tag{3.1}$$

式中　τ——流体单位面积上的剪切阻力，即剪切应力；

$\frac{\partial u}{\partial y}$——流体沿垂直与运动方向的速度梯度，“-”表示 u 随 y 的增大而减小；

η——比例常数，即流体的动力黏度。

摩擦学中把凡是服从这个黏性定律的液体都称为牛顿液体。

②黏度的常用单位

A.动力黏度 η

如图3.3（b）所示，长、宽、高各为1 m的液体，如果使两平面 a 和 b 发生 u = 1 m/s的相对滑动速度，所需施加的力 F 为1 N时，该液体的黏度为一个国际单位制的动力黏度，并以Pa·s（帕秒）表示。1 Pa·s = 1 N·s/m^2。动力黏度又称绝对黏度。动力黏度的物理单位是P（poise），中文称泊。P的百分之一称为cP（厘泊），其换算关系为

$$1\ \text{P} = 100\ \text{cP} = 0.1\ \text{Pa}\cdot\text{s} \tag{3.2}$$

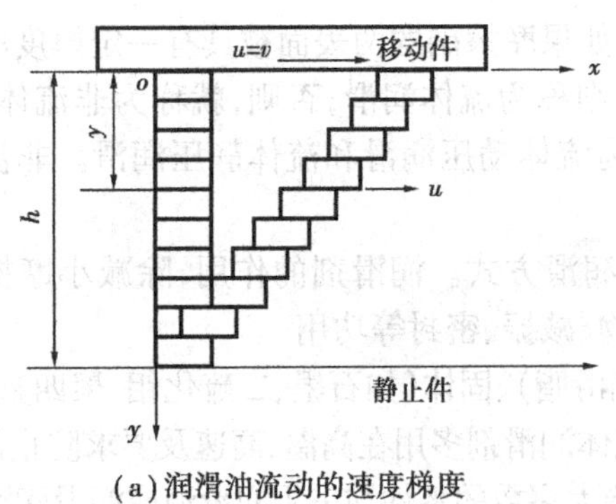

(a)润滑油流动的速度梯度

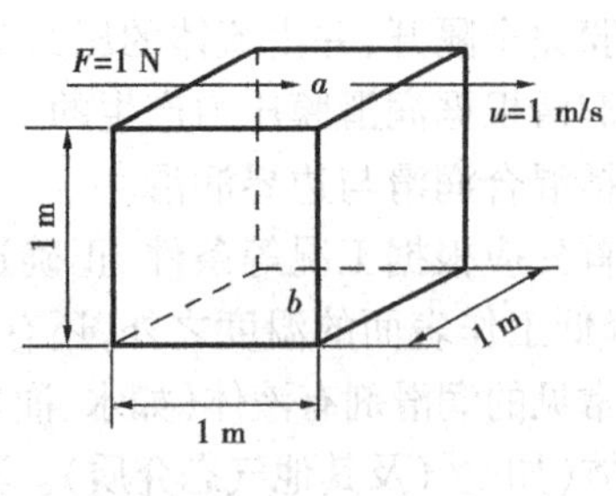

(b)流体的动力黏度

图 3.3 速度梯度和动力黏度

B. 运动黏度 γ

工业上常用润滑油的动力黏度 η 与同温度下该流体密度 ρ 的比值,称为运动黏度,即

$$\gamma = \frac{\eta}{\rho} \mathrm{m^2/s} \tag{3.3}$$

在国际单位制中,运动黏度的单位是 $\mathrm{m^2/s}$;在物理单位制中是 $\mathrm{cm^2/s}$。$\mathrm{cm^2/s}$ 以往习惯称斯,用 St 表示。而实际应用中由于这一单位过大而常用 $\mathrm{cm^2/s}$ 的百分之一称为厘斯,以 cSt($\mathrm{mm^2/s}$)表示。其换算关系为

$$1\ \mathrm{St} = 100\ \mathrm{cSt} = 1\ \mathrm{cm^2/s} = 10^{-4}\ \mathrm{m^2/s} \tag{3.4}$$

GB/T 314—1994 规定采用润滑油在 40 ℃时的运动黏度中心值作为润滑油的牌号。润滑油实际运动黏度在相应中心值 ±10% 偏差以内。常用工业润滑油的黏度分类、性能和应用如表 3.3 所示。例如,黏度牌号为 10 的润滑油在 40 ℃时的运动黏度中心值为 10 cSt,实际运动黏度范围为 9.0 ~ 11.0 cSt。

C. 相对黏度(条件黏度)

除了运动黏度以外,还经常用比较法测定黏度。我国用恩氏黏度作为相对黏度单位,即把 200 $\mathrm{cm^3}$ 待测定的油在规定温度下(一般为 20 ℃,50 ℃,100 ℃)流过恩氏黏度计的小孔所需的时间(s),与同体积蒸馏水在 20 ℃时流过同一小孔所需时间(s)的比值,以符号 $°E_t$ 表示,其中脚注 t 表示测量时的温度。美国常用赛氏通用秒,代表符号 SUS;英国常用雷氏秒,代表符号为 R_1,R_2。

各种黏度在数值上的对应关系和换算公式可参阅有关手册和资料。

表 3.3 常用工业润滑油的黏度分类、性能和应用

黏度等级	运动黏度中心值/cSt40 ℃	运动黏度范围/cSt40 ℃	主要用途
2	2.2	1.98 ~ 2.42	精密机床主轴轴承的润滑;以压力、油浴、油雾润滑的滑动轴承或滚动轴承的润滑;N5,N7 也可作高速锭子油;N15 可作低压液系统和其他精密机械用油
3	3.2	2.88 ~ 3.52	
5	4.6	4.14 ~ 5.06	
7	7	6.12 ~ 7.48	用于 8 000 ~ 12 000 r/min 高轻负荷机械设备
10	10	9.0 ~ 11.0	用于 5 000 ~ 8 000 r/min 轻负荷机械设备

续表

黏度等级	运动黏度中心值/cSt40 ℃	运动黏度范围/cSt40 ℃	主要用途
15	15	13.5 ~ 16.5	用于 15 00 ~ 5 000 r/min 轻负荷机械设备
22	22	19.8 ~ 24.2	用于 15 00 ~ 5 000 r/min 轻负荷机械设备
32	32	28.8 ~ 35.2	用于小型机床齿轮、导轨、中性电机
46	46	41.4 ~ 50.6	适用于各种机床、鼓风机和泵类
68	68	61.2 ~ 74.8	适用于重型机床、蒸汽机、矿山、纺织机械
100	100	90 ~ 110	适用于重载低速的重型机械
150	150	135 ~ 165	适用于重型机床设备及起重、轧钢设备
220	220	198 ~ 242	有冲击的低负荷齿轮及重负荷齿轮，齿面应力为 500 ~ 1 000 MPa，如化工、矿山、冶金等机械的齿轮润滑
320	320	288 ~ 352	
460	460	141 ~ 506	

③影响润滑油黏度的主要因素

A. 黏度与温度的关系

温度对黏度的影响十分显著，黏度随温度的升高而降低。几种常见的润滑油的黏度-温度曲线如图 3.4 所示。表示黏温特性的方式及参数很多，其中用得最广的是黏度指数(具体见有关手册)。黏度指数高，表示油的黏温特性好，即黏度随温度的变化小；反之，则黏温特性差。

B. 黏度与压力的关系

润滑油的黏度随压力的升高而增大，通常用 Werball 经验公式来表示，即

$$\eta = \eta_0 e^{ap} \tag{3.5}$$

式中　η——压强 p 作用下的动力黏度；

η_0——标准大气压下的动力黏度；

e——自然对数的底数，e = 2.718；

a——黏度压力指数(查手册)；

p——润滑油所受的压力。

实践证明，当压力在 5 MPa 以下时，黏度随压力变化很小，可忽略不计；而当压力在 100 MPa 以上时，黏度随压力变化很大。因此，分析滚动轴承、齿轮等高副接触零件的润滑状态时，不能忽略高压下润滑油黏度的变化。

对于流体动压润滑和弹性流体动压润滑，润滑油的黏度起很重要的作用，故黏压效应的影响也大。黏度高易形成油膜，油膜承载能力强，但摩擦系数大，传动效率低。

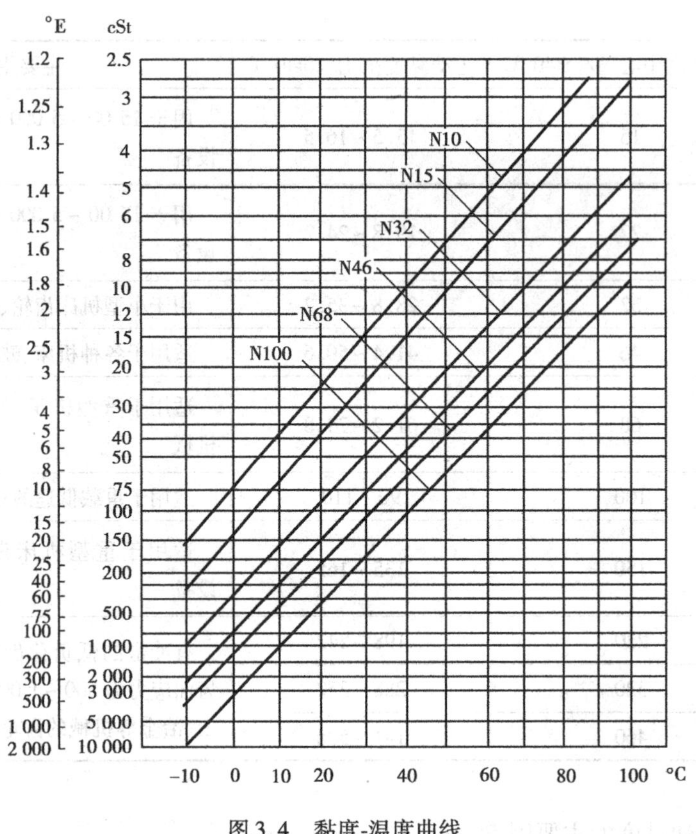

图 3.4 黏度-温度曲线

2）油性

油性是指润滑油在金属表面上的吸附能力。吸附能力越强，油性越好。一般认为，动、植物油和脂肪酸的油性较高。

3）极压性能

润滑油的极压性能是指在边界润滑状态下，处于高温、高压条件下的摩擦表面与润滑油中的某些成分发生化学反应，生成一种低熔点、低剪切强度的反应膜，从而防止表面黏着和擦伤的性能。极压性能对高负荷条件下工作的齿轮、滚动轴承等有重要意义。

4）氧化稳定性

从化学性能上讲，矿物油是不活泼的，但当它们处于高温气体中时，也会发生氧化，并生成硫、磷、氯的酸性化合物。这是一些胶状沉积物，不但腐蚀金属，而且加剧零件的磨损。

5）闪点和燃点

当油在标准仪器中加热蒸发出的油气，一遇火焰能发出闪光时的最低温度，称为油的闪点。如果闪光时间长达 5 s，此油温称为燃点。闪点是衡量油的易燃性的一种尺度。对于高温下工作的机器，闪点是一个十分重要的指标。通常应使工作温度比油的闪点低。

6）凝固点

凝固点是指油在规定条件下，不能自由流动所达到的最高温度。它是润滑油在低温下工作的一个重要指标，直接影响机器在低温下的启动性能和磨损情况。

（2）润滑脂

润滑脂是润滑油与稠化剂（如钙、锂、钠的金属皂）的膏状混合物。有时为了改善性能，还加入某些添加剂。

1)润滑脂的种类

根据皂基的不同,润滑脂主要有以下 4 种:

①钙基润滑脂。这种润滑脂具有良好的抗水性,但耐热能力差,工作温度不宜超过 55 ~ 65 ℃。钙基润滑脂价格便宜。

②钠基润滑脂。这种润滑脂具有较高的耐热性,工作温度可达 120 ℃。比钙基润滑脂有较好的防腐性,但抗水性较差。

③锂基润滑脂。这种润滑脂既能抗水,又能耐高温,其最高工作温度可达 145 ℃,在 100 ℃条件下可长期工作。而且有较好的机械安定性,是一种多用途的润滑脂,有取代钠基润滑脂的趋势。特别是 12 羟基硬脂酸锂皂,对矿物油和合成油的稠化能力都很强,耐用寿命比钙、钠基润滑脂高出一倍以上。

④铝基润滑脂。这种润滑脂有良好的抗水性,对金属表面有较高的吸附能力,有一定的防锈作用。在 70 ℃时开始软化,故只适用于 50 ℃以下工作。

除以上 4 种润滑脂外,还有复合基润滑脂和专门用途的特种润滑脂。

2)润滑脂的主要性能指标

①针入度。它是表征润滑脂稀稠度的指标。针入度越小,表示润滑脂越稠;反之,流动性越大。

②滴点。它是表示润滑脂受热后开始滴落时的温度。润滑脂能够使用的工作温度应低于滴点 20 ~ 30 ℃,甚至 40 ~ 60 ℃。

③安定性。它反映润滑脂在储存和使用过程中维持润滑性能的能力,包括抗水性、抗氧化性和机械安定性等。

常用润滑脂的牌号、性能和应用如表 3.4 所示。

表 3.4　常用润滑脂的牌号、性能和应用

名　称	牌　号	针入度(25 ℃)/0.1 mm	滴点/℃	使用温度/℃	主要用途
钙基润滑脂	ZG-1	310 ~ 340	≥80	<50	用于轻负荷和有自动给脂系统的轴承及小型机械的润滑
	ZG-2	265 ~ 295	≥85	<55	用于轻负荷、高速机械的摩擦面润滑
	ZG-3	220 ~ 250	≥90	<60	用于中型电动机、发电机及其他中等负荷、中等转速摩擦部位的润滑
	ZG-4	175 ~ 205	≥95	<60	用于重负荷、低速的机械设备的轴承润滑
	ZG-5	130 ~ 160	≥95	<65	
钠基润滑脂	ZN-2	265 ~ 295	≥160	<110	耐高温,但不抗水,适用于各种类型的电动机、发电机、汽车、拖拉机和其他机械设备的高温轴承润滑
	ZN-3	220 ~ 250	≥165	<110	
锂基润滑脂	ZL-1	310 ~ 340	≥170	<145	它是一种多用途的润滑脂,适用于 -20 ~ 145 ℃范围的各种机械设备的滚动和滑动摩擦部分的润滑
	ZL-2	265 ~ 295	≥175		
	ZL-3	220 ~ 250	≥180		

3)固体润滑剂

用固体粉末代替油膜的润滑,称为固体润滑。固体润滑剂的材料有无机化合物,如石墨、二硫化钼、氧化硼等;有机化合物,如蜡、聚四氟乙烯、酚醛树脂等;还有金属(如Pb,Zn,Sn等)以及金属的化合物。

石墨和二硫化钼在固体润滑中应用最广,它们具有类似的层状分子结构。石墨的摩擦系数μ=0.050~0.15,有良好的黏附性和高的导热、导电性,可用于低温和高温条件下(在空气中可达450 ℃)。二硫化钼的摩擦系数μ=0.030~0.2,有牢固的黏附性,干燥时黏附性更好,可用于低温和高温(在空气中可达350 ℃)的条件下,在真空中承载能力更高。

4)添加剂

为了改善润滑剂的性能,而加入润滑剂中的某些物质称为添加剂。添加剂种类很多,有极压添加剂、油性剂、黏度指数改进剂、抗蚀添加剂、消泡添加剂、降凝剂、防锈剂等。使用添加剂是改善润滑剂性能的重要手段,其品种和产量都发展得很快。

在重载接触副中常用的极压添加剂,能在高温下分解出活性元素与金属表面起化学反应,生成一种低剪切强度的金属化合物薄层,以增进抗黏着能力。极压添加剂有磷化物(如磷酸酯、二烷基二硫代磷酸锌)、硫化物(如硫化烯烃、硫化妥尔油脂肪酸酯)、氯化合物等。

5)润滑剂的选用

在各种生产设备事故中,由于润滑不当引起的事故占很大的比重。润滑不良还会降低设备精度,影响其使用性能。

①润滑剂的选择原则

A.类型选择

润滑油的润滑及散热效果好,应用最广。润滑脂易保持在润滑部位,润滑系统简单,密封性好。固体润滑剂的摩擦系数较高,散热性差,但使用寿命长,能在极高或极低温度、腐蚀、真空、辐射等场合下工作。

B.工作条件

高温、重载、低速条件下,应选用黏度高的润滑油或基础油黏度高的润滑脂,以利于形成油膜。承受重载、间断(或冲击)载荷的条件下,要加入油性剂或极压添加剂以提高边界膜和极压膜的承载能力。一般润滑油的工作温度最好不超过60 ℃,而润滑脂的工作温度应低于其滴点20~30 ℃。

C.结构特点及环境条件

开式齿轮传动、链传动应采用高黏度油、润滑脂或固体润滑剂以保持良好的附着性。多尘、潮湿环境下,宜采用抗水的钙基或铝基润滑脂。在酸碱化学介质环境及真空、辐射条件下,常选用固体润滑剂。

一台设备的用油种类应尽量少,且应首先满足主要零部件的需要。例如,机床主轴箱中需要润滑的零部件有齿轮、滚动轴承、电磁离合器等,应采用同一种机械油润滑,其牌号首先应满足主轴轴承的要求。

②各种润滑剂特性的比较

如表3.5所示为各种润滑剂的特征比较。如表3.6所示为几种机械零件对润滑剂特征要求的重要程度比较表。表3.5、表3.6可供选择润滑剂时参考。

表 3.5　润滑剂特性的比较

特　性	矿物油	合成油	润滑脂	固体润滑剂	气　体
形成流体动力润滑性	A	A	D	不能	B
低摩擦性	B	B	C	C	A
边界润滑性	B	C	A	—	D
冷却性	A	B	D	D	A
使用温度范围	B	A	B	A	A
密封防污性	D	D	A	B	D
可燃性	D	A	C	A	与气体有关
价格便宜	A	D	C	D	与气体有关
影响寿命因素	变质、污染	变质、污染	变质	变质、杂质	与气体有关

注:A—很好;B—好;C—中等;D—差。

表 3.6　几种机械零件对润滑剂特性要求的重要程度

润滑剂特性	滑动轴承	滚动轴承	齿轮传动、蜗杆传动(闭式)	齿轮传动、蜗杆传动(开式)、链传动	钟表、仪器支撑
黏度	A	B	B	C	A
边界润滑性	C	B	A	B	B
低摩擦性	C	B	B	D	A
冷却性	B	B	A	D	D
密封性	D	B	D	C	A
工作温度范围	C	B	B	C	D
抗腐蚀性	C	B	D	B	D
抗挥发性	C	C	D	B	B

注:A—很好;B—好;C—中等;D—差。

3.4.2　液体动压润滑

液体动压润滑是靠两相对运动摩擦表面间特定的几何形状,并借助于黏性液体的动力学作用,自行产生足够的压力油膜(油膜的厚度至少超过两表面粗糙度总和的 2 ~ 5 倍),来平衡外载荷的液体润滑。显然,形成液体动压润滑能保证两相对运动摩擦表面不直接接触,从而完全避免了磨损,因而在各种重要机械和仪器中获得了广泛的应用。

关于液体动压润滑的基本理论及设计计算方法将在滑动轴承一章中详述。

3.4.3 液体静压润滑

利用外部供油(气)装置,将一定压力的介质送入两摩擦表面之间,以建立压力润滑膜的润滑称为液体静压润滑。液体静压润滑的工作原理参见第10章10.7节。

3.4.4 弹性流体动压润滑

滑动轴承和导轨等低副接触能形成完全的液体动压润滑,这是人所共知的事实。可是,在如齿轮传动、滚动轴承和凸轮机构等高副接触中,能否形成动压润滑,人们最初是怀疑的。然而,一些客观现象却发人深省。例如,有些多次远渡重洋的巨轮,其传动齿轮齿面的加工刀痕经长期运行后仍依稀可见,这就引起人们对高副润滑的极大兴趣。

在高副接触中,名义上是点、线接触,而实际上受载后接触处却是一个极窄小的面积。在接触区内压强很高(比低副接触大1 000倍左右),这就使接触处产生相当大的弹性形变,同时也使其间的润滑剂黏度大大增加。理论分析与实验研究证实,在一定的条件下,接触区内可形成将两表面完全分开的润滑膜。这类润滑问题与一般的润滑问题突出的两个区别是既要考虑接触区的弹性变形,又要考虑润滑剂随压力增大后的黏度变化。既考虑变黏性的流体动压作用,又考虑接触区变形效应的润滑称为弹性流体动压润滑(Elasto-Hydrodynamic Lubrication,EHL),简称“弹流”。

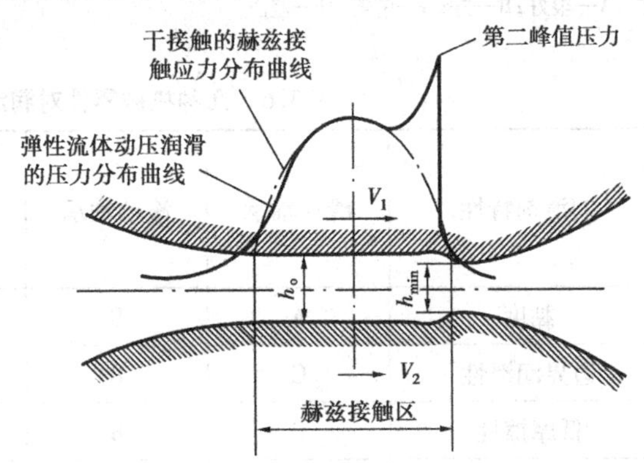

图3.5 弹性流体动压润滑时,接触区的弹性变形、油膜厚度及压力分布

把油膜压力下摩擦表面变形的弹性方程、润滑剂黏度与压力关系的黏压方程与流体动力润滑的主要方程结合起来,利用数值解法,即可求出接触区油膜压力分布和润滑膜分布,如图3.5所示。具体求解方法可参见文献[21]。

弹流润滑理论的建立,对于像齿轮传动和滚动轴承这类处于高副接触应力状态下的重要零件的设计理论有很大的促进作用,从而找到了提高这类零件承载能力的有效途径。

3.5 摩擦学研究的现状与发展趋势

3.5.1 摩擦学研究的发展过程

摩擦学作为一门实践性很强的技术基础科学,它的形成和发展与社会生产要求和科学技术的进步密切相关。回顾摩擦学的发展历史,它经历了几个不同阶段和研究模式。

18世纪的研究对象是固体摩擦,采用以试验为基础的经验研究模式。

19世纪末,Reynolds根据黏性流体力学揭示出滑动轴承中润滑膜的承载机理,建立了表征流体润滑膜力学特性的 Reynolds 方程，奠定了流体润滑理论基础，从而开创了基于连续介质力学的研究模式。

到20世纪20年代以后，由于生产发展的需要，摩擦学的研究领域取得进一步扩大，它发展成为涉及力学、热处理、材料科学及物理化学等边缘学科。

1965年以后，摩擦学作为一门独立的学科受到世界各国的普遍重视，其研究模式由宏观进入微观，由定性进入定量，由静态进入动态，由单一学科的分析进入多学科的综合研究。

3.5.2　研究现状及发展趋势

（1）液体润滑理论

以数值解为基础的弹性流体动压润滑（简称弹流润滑）理论的建立是润滑理论的重大发现。应用计算机科学和数值计算分析技术，使许多复杂的摩擦学现象都可能进行精确的定量计算。在流体润滑研究中，已经建立了分别考虑摩擦表面弹性形变、热效应、表面形貌、润滑膜流变性能以及非稳态工况等实际因素影响，甚至是诸多因素综合影响的润滑理论，为机械零件的润滑设计提供了更加符合实际的理论基础。

20世纪90年代初提出的薄膜润滑状态是润滑研究的新领域。已有研究指出，以纳米膜厚为特征的薄膜润滑是介于弹流润滑与边界润滑之间的状态。通常认为，弹流润滑以黏性流体膜为特征，它服从连续介质力学的规律。显然，作为中间状态的薄膜润滑兼有流体膜和吸附膜的特点。目前薄膜润滑研究尚处于起步阶段，成为润滑领域研究的新领域。

（2）表面处理技术

表面处理技术或称表面改性是近30年来摩擦学研究中发展最为迅速的领域之一。它利用各种物理、化学或机械的方法使材料表层获得特殊的成分、组织结构或性能，以适应综合性能要求。目前已经开发出种类繁多、功能各异的表面处理技术，可归纳为表面热处理和化学热处理、电镀和电沉积、堆焊和热喷涂、高能密度处理和气相沉积等类别。近年来又发展了将多种技术结合而形成的复合型表面处理技术，以及表面层的组织和性能按规律变化的梯度材料。

（3）纳米摩擦学

纳米科学技术被认为是21世纪的新科技，由此派生出一系列新学科，纳米摩擦学或称微观摩擦学就是其中之一。

摩擦学属于表面科学范畴，其研究对象是发生在摩擦表面和界面上的微观动态行为与变化，在摩擦过程中摩擦副所表现的宏观特征与材料微观结构密切相关。纳米摩擦学提供了一种新的思维方式和研究模式，即从原子分子尺度上揭示摩擦磨损与润滑机理，从而建立材料微观结构与宏观特性之间的关系，这将更加符合摩擦学的研究规律。

（4）与其他学科交叉

摩擦学作为一门技术基础学科，与其他学科相互交叉渗透从而形成新的研究领域。例如，生物摩擦学（Bio-tribology）就是由摩擦学、生物力学、生物化学、流变学和材料科学等组成的交叉学科，在医学和摩擦学工作者共同努力下得到了迅速发展。目前，生物摩擦学的研究目的是研制摩擦磨损低、病理反应小的人工器官，如人工关节和心脏瓣膜等。

思考题

3.1　摩擦状态有几种？根据什么来区分？

3.2　磨损过程通常分哪几个阶段？磨损量与哪些因素有关？

3.3　润滑剂的作用是什么？工程中常用的润滑剂有哪几种？

3.4　润滑油的主要性能指标是什么？黏度的表示方法有几种？

3.5　什么叫弹性流体动力润滑？

第 4 章 带传动

4.1 概　述

4.1.1 传动形式

带传动是两个或两个以上轮子以带作为中间挠性件的传动。它分为摩擦型和啮合型两类，前者靠带与轮的摩擦，后者靠带与轮的啮合来传递运动或动力，如图 4.1 所示。根据带的横截面形状不同，带传动可分为平带传动、V 带传动、多楔带传动及同步带传动等(见图 4.2)，多数已标准化。

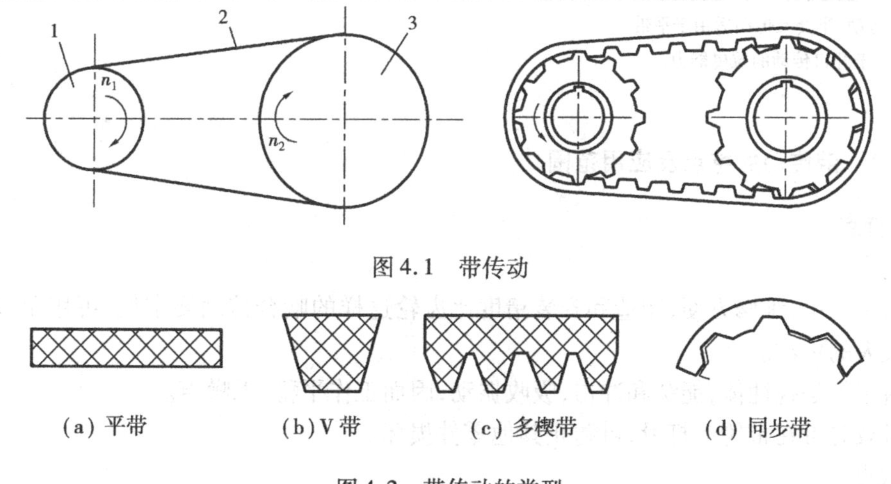

图 4.1　带传动

(a) 平带　(b) V 带　(c) 多楔带　(d) 同步带

图 4.2　带传动的类型

上述几种类型中，平带结构最简单，当传动中心距较大时应用较多；V 带是应用最广的带传动，传动时 V 带只和带轮轮槽的两个侧面接触，以带的两侧面为工作面。与平带相比在同样张紧力下，V 带传动具有更大的摩擦力，本章主要介绍 V 带传动。多楔带柔性好，传递功率大，避免了多根 V 带因长度不一样而受力不均的情况。同步带传动比准确，轴上压力小，带的柔性较好，允许的线速度比较高。常用的带传动形式如表 4.1 所示。

表 4.1　带传动的传动形式和比较

传动形式	传动简图	使用范围（传动比 i）	带速 /($m \cdot s^{-1}$)	相对拉曳能力**	应用场合
开口传动		≤5(平带) ≤7(V 带)	≤20～50	1	两轴平行，回转方向相同
交叉传动*	(中心距 a>20 倍带宽)	≤6	≤15	0.75～0.85	两轴平行，回转方向相反。由于交叉处带的摩擦和扭转，带的寿命短
半交叉传动*		≤2.5	≤15	0.7～0.8	两轴交错，不能逆转，小传动比，大中心距
张紧轮传动		≤10	≤25～50	>1	两轴平行，回转方向相同，不能逆转。用于短中心距、大传动比的传动

注：* 交叉传动、半交叉传动适用于平带。
** 相对于开口传动的拉曳能力。

4.1.2　带传动的特点及应用范围

(1)特点

1)优点

①结构简单，维修方便，制造和安装精度比齿轮这样的啮合传动要求低，可用单级来实现中心距较大的传动。

②由于带是挠性体，能缓和冲击，吸收振动，因而工作平稳，无噪声。

③过载时带在带轮上打滑，可防止其他零件损坏。

2)缺点

①由于带是弹性体，有弹性滑动和打滑现象，传动效率低，不能保持准确的传动比(同步带除外)。

②因工作时需要张紧，轴上压力大(与啮合传动相比)，结构尺寸较大，不紧凑。

③带的寿命较短，为 1 000～5 000 h。

(2)**应用范围**

带传动的应用范围较广,一般用于功率不大,传动比不要求精确的场合。平带传动传递功率小于500 kW,V带传动传递功率小于700 kW;带的工作速度一般为5～25 m/s。

4.1.3　带传动的效率

带传动的效率可表示为

$$\eta = \frac{T_2 \times n_2}{T_1 \times n_1}\% \tag{4.1}$$

式中　T_1, T_2——输入和输出转矩;

n_1, n_2——输入轴和输出轴转速。

带传动会产生下列功率损失:

①滑动损失。带工作时,带和带轮之间会有相对滑动,产生滑动损失。

②摩擦损失。带在运行中反复伸缩和弯曲,使带内部产生摩擦,引起功率损失。

③空气阻力。高速传动时,运行中的风阻会引起转矩的损耗。故设计高速带传动时,带的表面积应小,带轮的轮辐表面要平滑,以减少损失。

④轴承损失。滑动轴承的损失为2%～5%,滚动轴承损失为1%～2%。

综合考虑上述因素,带传动效率为80%～98%,视带的种类而定,如表4.2所示。

表4.2　带传动的效率

带类型	效　率/%	带类型	效　率/%
平带	83～98	窄V带	90～95
有张紧轮的平带	80～95	多楔带	92～97
普通V带	87～96	同步带	93～98

注:1. 复合平带取高值。

2. 当$d_1/h \approx 9$取低值,$d_1/h \approx 19$取高值(d_1—小带轮直径,h—带高)。

4.2　V带和V带轮

4.2.1　V带的特点和类型

(1)**V带的特点**

V带的横截面为等腰梯形,带的两侧面为工作面,由于轮槽的楔形效应,相同初拉力的情况下,V带传动较平带传动能产生更大的摩擦力,故能够传递更大的功率,如图4.3所示。

平带工作时,带的内面是工作面,接触面间的摩擦力为

$$F_\mu = \mu F_N = \mu F_Q$$

式中　F_Q——带的压紧力;

F_N——带与轮间的正压力。

V带传动工作时,由于带的拉力是变化的,会引起带宽尺寸的改变,从而使带沿轮槽做径

向运动。在从动轮上,带由松变紧,拉力逐渐增大,带向槽内移动,如图 4.4 所示,主动轮上相反。因此,V 带传动同时存在径向滑动和轴向滑动,相应有径向摩擦力和轴向摩擦力。根据力的平衡,有

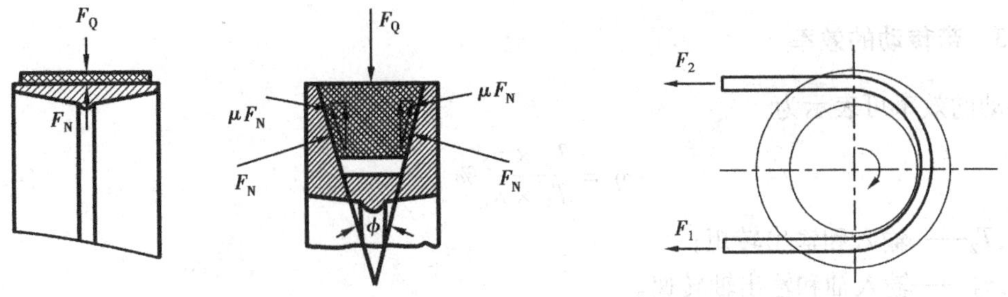

图 4.3　平带和 V 带的比较　　　　图 4.4　V 带在轮槽内的径向移动

$$F_Q = 2F_N\left(\sin\frac{\varphi}{2} + \mu\cos\frac{\varphi}{2}\right) \tag{4.2}$$

$$2F_N = \frac{F_Q}{\sin\frac{\varphi}{2} + \mu\cos\frac{\varphi}{2}} \tag{4.3}$$

由此可得

$$F_\mu = 2\mu F_N = \frac{\mu F_Q}{\sin\frac{\varphi}{2} + \mu\cos\frac{\varphi}{2}} = \mu_v F_Q \tag{4.4}$$

$$\mu_v = \frac{\mu}{\sin\frac{\varphi}{2} + \mu\cos\frac{\varphi}{2}} \tag{4.5}$$

式中　μ_v——V 带传动的当量摩擦系数。若取 $\mu = 0.3$,$\varphi = 32° \sim 38°$,则 $\mu_v = 0.532 \sim 0.492$,平均取 $\mu_v = 0.51$。

由此可知,在相同条件下,V 带传动较平带传动能产生更大的摩擦力。这是 V 带传动性能上的一个主要的优点,V 带制作成无接头件的环形,运行较平稳,大多已标准化,在使用上更加方便,故一般机械传动中 V 带传动应用最多。

(2)V 带的类型

V 带有普通 V 带、宽 V 带及窄 V 带等多种类型,如图 4.5 所示。其中,普通 V 带是应用最广的一种。窄 V 带除具有普通 V 带的特点外,能承受较大的预紧力,允许速度和绕曲次数较高,传递功率较大,节能,故应用日渐广泛。

普通 V 带由顶胶、底胶、抗拉体及包布组成,楔角为 40°,相对高度近似为 0.7。抗拉体有帘布芯和绳芯两种,前一种制造较方便,后一种柔韧性好,抗弯强度高。窄 V 带承载层为绳芯,楔角也为 40°,相对高度近似为 0.9。

普通 V 带型号有 Y,Z,A,B,C,D,E7 种。V 带和带轮有基准宽度制和有效宽度制,基准宽度制表示用基准线的位置和基准宽度来定带轮的槽型和尺寸。普通 V 带用基准宽度制,窄 V 带有基准宽度制和有效宽度制。本书主要介绍普通 V 带传动。V 带弯曲时,其宽度保持不变处称为带的节面,其宽度称为节宽,用 b_p 表示,截面尺寸如表 4.3 所示。沿节面量得的带长 L_d 称为带的基准长度,即带的计算长度。各型号普通 V 带的基准长度如表 4.4 所示。

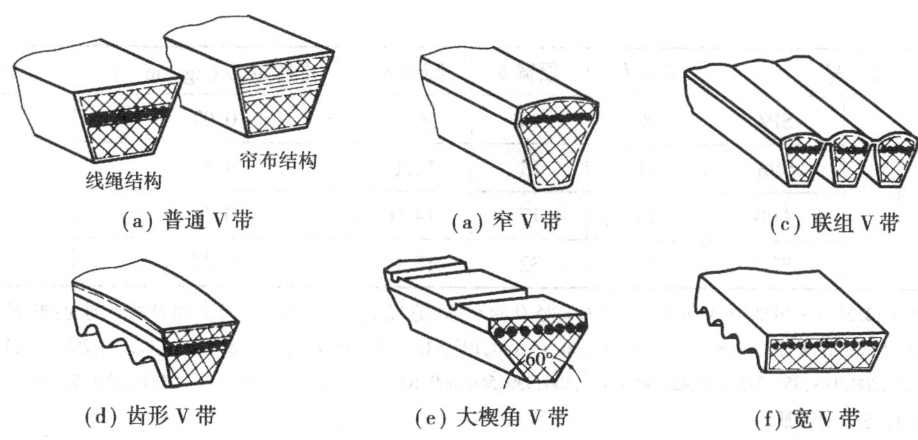

(a) 普通 V 带　(a) 窄 V 带　(c) 联组 V 带

(d) 齿形 V 带　(e) 大楔角 V 带　(f) 宽 V 带

图 4.5　V 带的类型

V 带的楔角都是 40°。V 带弯曲时，受拉部分(顶胶层)在横向要收缩，受压部分(底胶层)在横向要伸长，因而楔角将减小。为保证 V 带和带轮工作面的良好接触，除很大的带轮外，带轮沟槽的槽角都应适当减小。

表 4.3　V 带的截面尺寸和带轮轮缘尺寸/mm

型　号		节宽 b_p	顶宽 b	高度 h	带质量 $q/(kg \cdot m^{-1})$	楔角 φ
普通 V 带	Y	5.3	6	4.0	0.04	40°
	Z	8.5	10	6.0	0.06	
	A	11	13	8.0	0.10	
	B	14	17	11.0	0.17	
	C	19	22	14.0	0.30	
	D	27	32	19.0	0.60	
	E	32	38	25.0	0.87	

续表

型　号		节宽 b_p	顶宽 b	高度 h	带质量 $q/(kg \cdot m^{-1})$	楔角 φ
窄 V 带	SPZ	8	10	8.0	0.07	40°
	SPA	11	13	10.0	0.12	
	APB	14	17	14.0	0.20	
	SPC	19	32	18.0	0.37	

注：在 GB/T 13575.1—1992 中，V 带带轮的计算直径 D 称为基准直径 d_d。V 带带轮计算直径 D 的系列为：20,22,24,25,28,31.5,35.5,40,45,50,50,56,63,71,75,80,85,90,95,100,106,112,118,125,132,140,150,160,170,180,200,212,224,236,250,265,280,300,315,355,375,400,425,450,475,500,530,560,600,630,670,710,750,800,900,1 000(单位为 mm)。超出列表范围另查机械设计手册。

表 4.4　普通 V 带基准长度 /mm

型　号						型　号					
Z	A	B	C	D	E	Z	A	B	C	D	E
405	630	930	1 565	2 740	4 660	1 080	1 430	1 950	3 080	6 100	12 230
475	700	1 000	1 760	3 100	5 040	1 330	1 550	2 180	3 520	6 840	13 750
530	790	1 100	1 950	3 330	5 420	1 420	1 640	2 300	4 060	7 620	15 280
625	890	1 210	2 195	3 730	6 100	1 540	1 750	2 500	4 600	9 140	16 800
700	990	1 370	2 420	4 080	6 850		1 940	2 700	5 380	10 700	
780	1 100	1 560	2 715	4 620	7 650		2 050	2 870	6 100	12 200	
820	1 250	1 760	2 880	5 400	9 150		2 200	3 200	6 185	13 700	

注：超出列表范围另查机械设计手册。

4.2.2　V 带带轮

V 带轮由轮缘、轮毂、轮辐或腹板 3 部分组成。轮缘用以安装带，轮缘尺寸按标准选取，与所用 V 带型号相对应。轮缘轮槽的楔角稍小于 V 带的楔角，目的是使 V 带绕在带轮弯曲后可与轮槽的侧面良好贴合。轮毂是与轴联接的部分，轮辐或腹板用来联接轮缘和轮毂，带轮的结构和直径有很大关系，根据直径不同可设计成实心式、辐板式、孔板式和轮辐式。小直径可采用实心式（见图 4.6），较大尺寸的带轮选用轮辐结构（见图 4.7），可根据其计算直径参考机械设计手册确定。在 V 带轮上，与所配用 V 带的节宽 b_p 相对应的带轮的直径称为基准直径 d_d。

V 带轮材料常用灰铸铁、钢、铝合金或工程塑料制造，灰铸铁应用最广。带速小于 30 m/s 时，带轮一般用 HT200 制造，带速大于 25 ~ 45 m/s，宜采用铸钢，也可用钢板冲压-焊接。

带轮结构应便于制造，尽量避免或减小铸造或焊接产生的内应力，质量要轻。高速带轮必须进行平衡。带轮工作表面要保证适当的粗糙度（R_a 为 1.6 ~ 3.2 μm），以减小带的磨损。

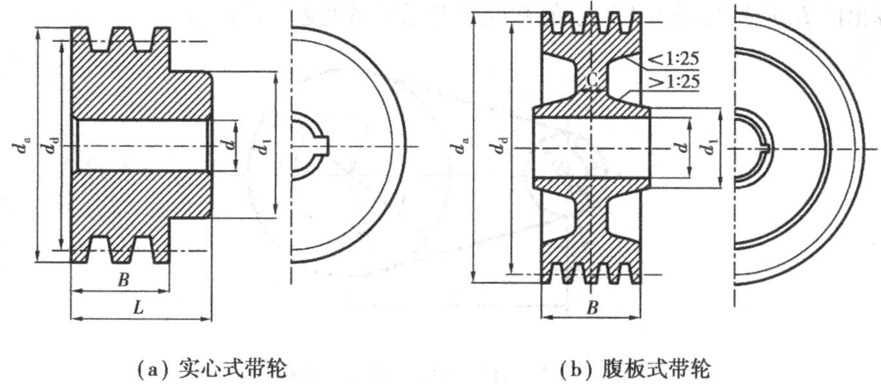

(a) 实心式带轮　　(b) 腹板式带轮

图4.6 带轮结构

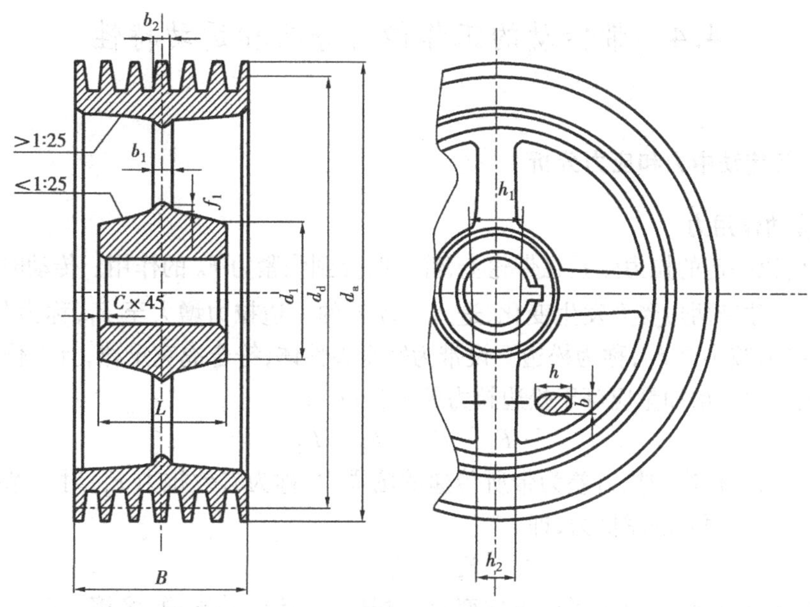

图4.7 轮辐式带轮

4.3 带传动的几何计算

V带传动的主要几何参数有中心距 a，带基准长度 L_d，带轮直径 D_1，D_2，包角 α_1。这些参数的近似关系为(见图4.8)

$$L_{d_0} \approx 2\alpha + \frac{\pi}{2}(D_2 + D_1) + \frac{(D_2 - D_1)^2}{4a} \tag{4.6}$$

$$\alpha_1 \approx 180^\circ - \frac{D_2 - D_1}{a} \times 60^\circ \tag{4.7}$$

$$a = \frac{2L_d - \pi(D_2 + D_1) + \sqrt{[2L_d - \pi(D_2 + D_1)]^2 - 8(D_2 - D_1)^2}}{8} \tag{4.8}$$

计算出的 L_d 应按如表 4.4 所示的基准长度标准系列近似值选取。

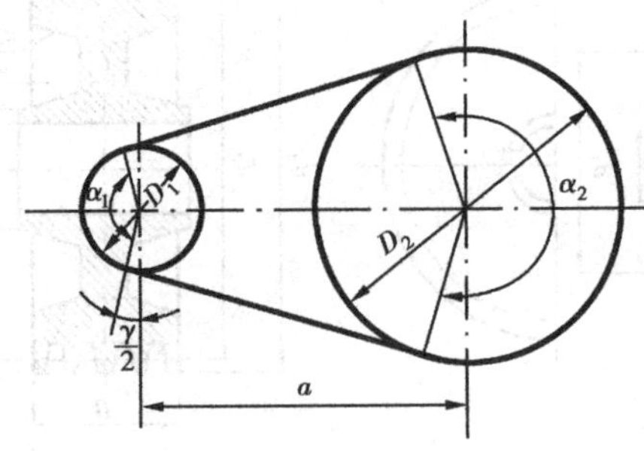

图 4.8　开口传动中的几何关系

4.4　带传动的工作能力分析和运动特性

4.4.1　带传动中力和应力分析

(1)带传动作用力

带工作前以一定的拉力张紧在带轮上,静止时受到张紧力 F_0 的作用。传动时由于带和轮产生摩擦力,导致带两边受力发生变化,进入主动轮的一边拉力增大至 F_1,称为紧边;离开主动轮的一边拉力减小至 F_2,称为松边。设带为完全弹性体,符合虎克定律,且工作时带总长不变,带的紧边拉力的增加量应等于松边拉力的减少量,则

$$F_1 - F_0 = F_0 - F_2 \tag{4.9}$$

传动时紧边与松边的拉力差为带所传递的圆周力,称为有效拉力 F_e,对于摩擦传动来说即为带和带轮工作面间的摩擦力,即

$$F_e = F_1 - F_2 \tag{4.10}$$

有效拉力随外载荷的变化而成正比变化,对某一具体传动来说,摩擦力有一极限值 $F_{\mu e}$,如果外载荷超过该极限值,传动将会由于摩擦力太小不能正常工作,带就在轮面上打滑。当摩擦力达到极限值时,F_1,F_2 均达到极限值。此时,F_1,F_2 之间的关系可表示为

$$\frac{F_1 - qv^2}{F_2 - qv^2} = e^{\mu\alpha} \tag{4.11}$$

式中　e——自然对数的底;

μ——带与带轮间的摩擦系数,对于 V 带传动,取 μ_v;

α——带与带轮的包角;

q——每米带长的质量,kg/m,V 带 q 值如表 4.3 所示。

在式(4.11)中,qv^2 是带的离心力,若带速 $v<10$ m/s,离心力可忽略,则摩擦力达到极限值时 $F_1 = F_2e^{\mu\alpha}$,即为著名的柔韧体摩擦的欧拉公式。

(2)带的应力

1)紧边应力 σ_1 和松边应力 σ_2

紧边应力 σ_1 和松边应力 σ_2 分别为

$$\sigma_1 = \frac{F_1}{A} \tag{4.12}$$

$$\sigma_2 = \frac{F_2}{A} \tag{4.13}$$

式中 A——带的截面面积。

2)离心应力 σ_c

带具有一定的质量,做回转运动时产生离心拉力,由此产生离心应力。σ_c 沿带的各横截面上都相等。离心应力 σ_c 为

$$\sigma_c = \frac{qv^2}{A} \tag{4.14}$$

3)弯曲应力 σ_b

由于带绕上带轮弯曲而产生的弯曲应力 σ_b 为(设带为弹性体,σ_b 只发生在绕上带轮的部分,见图4.9)

$$\sigma_b = E\frac{y}{r} \tag{4.15}$$

式中 E——带的弹性模量,V带为250~400 MPa;

r——曲率半径,V带 $r=\frac{D}{2}$;

y——由带中性层到最外层的距离,V带 $y=h_a$,另查机械设计手册。

两个带轮直径不同时,带在小轮上的弯曲应力比大轮上的大。如图4.10所示为带工作时的应力分布情况。带中可能产生的瞬时最大应力发生在带的紧边与小带轮相切处,此时的最大应力可表示为

$$\sigma_{max} = \sigma_1 + \sigma_{b1} + \sigma_c \tag{4.16}$$

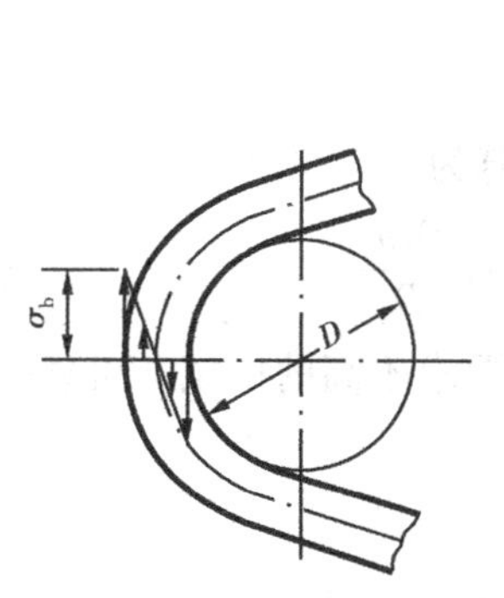

图4.9 带的弯曲应力

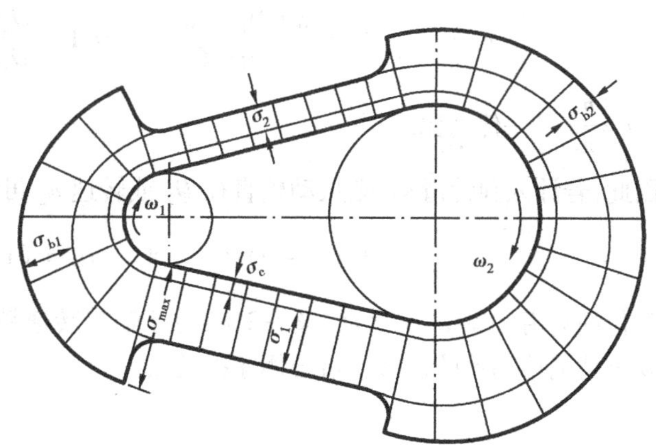

图4.10 带工作时的应力分布情况示意图

4.4.2 弹性滑动和打滑

带是弹性体,受力不同时伸长量不等,会使带和轮速度不一致,发生相对滑动现象。如图4.11所示,带自 b 点绕上主动轮时,此时带的速度和带轮表面的速度是相等的,带沿 bc 继续前进时,带的拉力由 F_1 降低到 F_2,故带的拉伸弹性变形也要相应减小,带在逐渐缩短,带的速度

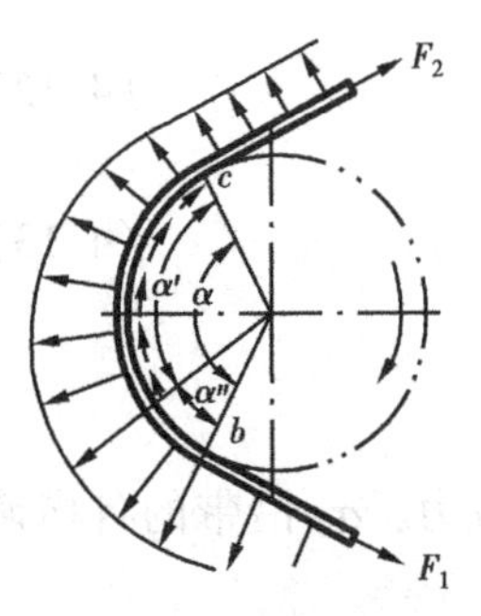

图 4.11　带的弹性滑动

要落后于带轮，此时带和带轮发生相对滑动。从动轮上的情况正好相反，带绕上从动轮时，带和带轮具有同一速度，但当带沿前进方向运动时，拉力在逐渐增大，拉伸变形增加，使带的速度领先于带轮。上述现象称为带的弹性滑动。

弹性滑动引起了以下结果：

①从动轮的圆周速度低于主动轮。

②降低了传动效率。

③引起了带的磨损，使温度升高。

在带传动中，由于摩擦力使带的两边发生不同程度的拉伸形变，既然摩擦力是这类传动所必需的，因此，弹性滑动也是不能避免的。选用弹性模量大的材料，可降低弹性滑动。

应该说明的是，并不是全部接触弧上都发生弹性滑动，产生弹性滑动的弧段称为滑动弧，未产生弹性滑动的弧段称为静弧，动弧和静弧所对应的中心角，分别称为滑动角 α' 和静角 α''。静弧总是出现在带进入带轮的这一边上，动弧位于带离开带轮的一边。带不传递载荷时，滑动角为零，随着载荷增加，滑动角逐渐加大而静角则在减小，当滑动角 α' 增大到包角 α 时，带与带轮整个接触弧全部产生全面滑动，达到极限状态，带传动的有效拉力达最大值，带开始打滑。打滑将造成带的严重磨损并使带的运动处于不稳定状态。对于开口传动，大轮上的包角总是大于小轮上的包角，故打滑总是先在小带轮上开始的。

不能将弹性滑动和打滑混淆起来，打滑是由过载引起的带在带轮上的全面滑动。打滑可以避免，弹性滑动不能避免。

由于传动时弹性滑动不可避免，从动轮的圆周速度低于主动轮，其相对降低率 ε 称为滑动率，则

$$\varepsilon = \frac{v_1 - v_2}{v_1} = \frac{\pi n_1 D_1 - \pi n_2 D_2}{\pi n_1 D_1} = 1 - \frac{D_2 n_2}{D_1 n_1} = 1 - \frac{D_2}{D_1} \cdot \frac{1}{i} \tag{4.17}$$

式中　$i = \dfrac{n_1}{n_2}$ ——传动比。

因此，若计入弹性滑动，则从动轮直径 D_2 或转速 n_2 可计算为

$$D_2 = (1 - \varepsilon) D_1 i \quad 或 \quad n_2 = (1 - \varepsilon)\frac{D_1 n_1}{D_2} \tag{4.18}$$

带传动的滑动率 ε 一般为 1% ~2%，对于输出转速精度要求不高的机械 ε 可忽略不计，对于要求精确传动比的机械不适合用摩擦传动。

4.5　V 带传动的设计计算

4.5.1　失效形式和单根 V 带的基本额定功率

带传动的主要失效形式是疲劳断裂和打滑。因此，为保证正常工作，带传动的设计准则是在保证不打滑的条件下具有一定的疲劳强度和寿命。

为此，带的最大应力σ_{max}应满足下列要求，即

$$\sigma_{max} = \sigma_1 + \sigma_{b1} + \sigma_c \leqslant [\sigma]$$

式中 $[\sigma]$——根据疲劳寿命决定的带的许用拉应力。

由此得单根带的传输功率为

$$P = \frac{Fv}{1\,000} = \frac{(F_1 - qv^2)\left(1 - \frac{1}{e^{\mu\alpha}}\right)v}{1\,000} = \frac{(\sigma_1 A - qv^2)\left(1 - \frac{1}{e^{\mu\alpha}}\right)v}{1\,000}$$

$$= \frac{([\sigma] - \sigma_{b1} - \sigma_c)A\left(1 - \frac{1}{e^{\mu\alpha}}\right)v}{1\,000} \quad \text{kW} \tag{4.19}$$

对一定规格、材质的带，在特定的实验条件下（如$\alpha_1 = \alpha_2 = 180°$，$L$为某一定值，$N = N_0 = 10^8$次，载荷平稳等），可求出疲劳方程$\sigma^m N = C$中的$C$值，故

$$[\sigma] = \sqrt[m]{\frac{C}{N}} = \sqrt[m]{\frac{C}{3\,600 z_p t_h \frac{v}{L_d}}} \tag{4.20}$$

式中 z_p——绕过带轮的数目；

t_h——总工作时数，h；

v——带速，m/s；

m——指数，胶帆布平带传动$m = 5 \sim 6$，V带传动$m = 11$。

4.5.2 原始数据和设计内容

(1) V带设计的原始数据

原始数据包括原动机种类，传递功率，主动轮转速n_1、从动轮转速n_2或传动比i，以及工作条件。

(2) 设计内容

设计内容包括带的型号、长度、根数、传动中心距，带轮结构尺寸，张紧力，等等。

1）确定计算功率

计算功率为

$$P_c = K_A P \tag{4.21}$$

式中 P——名义传动功率；

K_A——工作情况系数（见表4.5）。

表4.5 工况系数K_A

工况	动力机（每天工作时间/h）					
	空、轻载启动			重载启动		
	≤10	10~16	>16	≤10	10~16	>16
载荷变动最小	1	1.1	1.2	1.1	1.2	1.3
载荷变动小	1.1	1.2	1.3	1.2	1.3	1.4

续表

工况	动力机(每天工作时间/h)					
	空、轻载启动			重载启动		
	≤10	10～16	>16	≤10	10～16	>16
载荷变动较大	1.2	1.3	1.4	1.4	1.5	1.6
载荷变动很大	1.3	1.4	1.5	1.5	1.6	1.8

注:1. 空、轻载启动——电动机(直流电动机、Y 系列三相异步电动机)、四缸以上的内燃机。

2. 重载启动——电动机(联机交流启动、直流复励或串励)、四缸以下的内燃机。

3. 反复启动、正反转频繁、工作条件恶劣等场合 K_A 乘 1.2。

2)型号

带的型号可根据计算功率 P_c 和小带轮转速 n_1 选取。普通 V 带如图 4.12 所示,窄 V 带如图 4.13 所示。

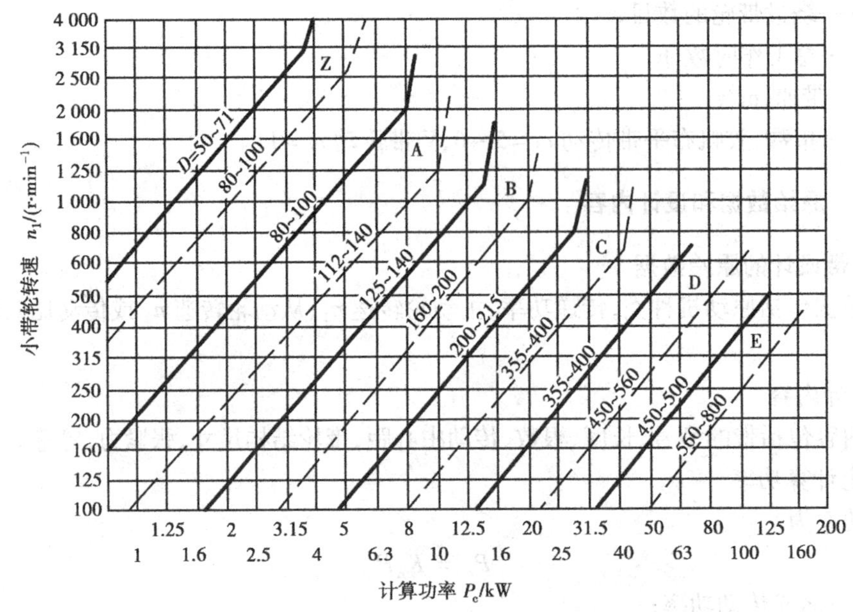

图 4.12　普通 V 带选型图

在两种型号相邻的区域,若选用截面较小的型号,则根数较多,传动尺寸相同时可获得较小的弯曲应力,带的寿命较长;选截面较大的型号时,带轮尺寸、传动中心距都会有所增加,带根数则较少。

3)最小带轮直径 D_{min}

带轮越小,弯曲应力越大。弯曲应力是引起带疲劳损坏的重要因素。V 带带轮的最小直径如表 4.6 所示。

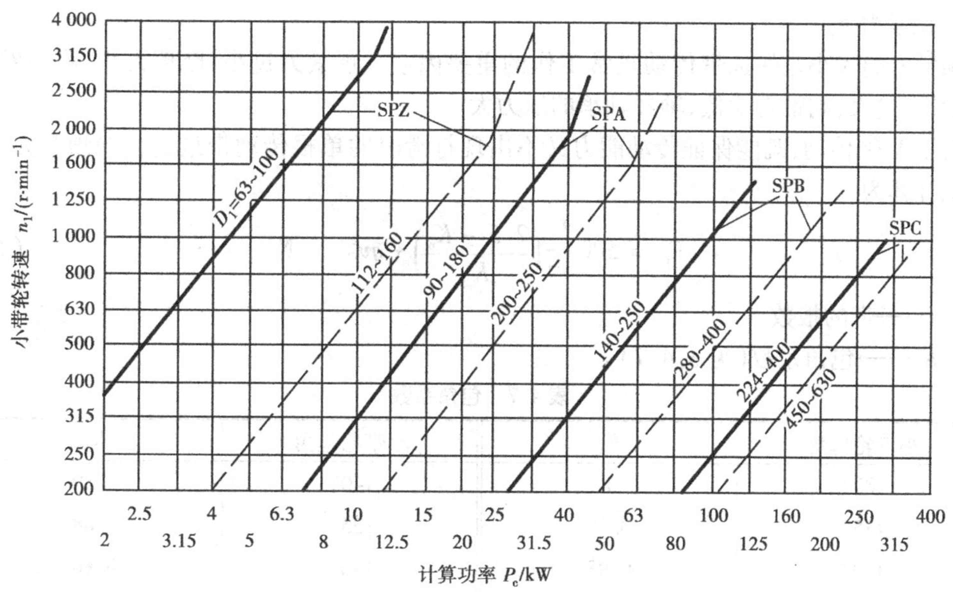

图4.13 窄V带(基准宽度制)选型图

表4.6 V带带轮最小直径/mm

型号	Y	Z	SPZ	A	SPA	B	SBP	C	SPC	D	E
D_{min}	20	50	63	75	90	125	140	200	224	355	500

4)中心距 a 和带基准长度 L_d

带传动的中心距不宜过大,否则带将由于载荷变化产生颤抖。中心距也不宜过小,中心距越小,则带的长度越短,在一定速度下,单位时间内带的应力变化次数越多,会加速带的疲劳损坏。如果传动比 i 较大时,短的中心距将导致包角 α_1 过小。

根据传动的需要初定中心距 a 为

$$2(D_1 + D_2) \geqslant a \geqslant 0.55(D_1 + D_2) + h \tag{4.22}$$

式中 D_1,D_2——小、大带轮的计算直径;

h——V带的高度(见表4.3)。

对于V带,确定中心距 a 后,可计算带长 L_{d0} 为

$$L_{d0} \approx 2a + \frac{\pi}{2}(D_1 + D_2) + \frac{(D_2 - D_1)^2}{4a} \tag{4.23}$$

再由表4.4选定相近的基准长度 L_d。实际中心距须根据选定的 L_d 再由式(4.8)确定。考虑安装调整和补偿张紧力的需要,中心距的变动范围为$(a - 0.015L_d) \sim (a + 0.03L_d)$。

5)包角 α_1 和传动比 i

V带传动的包角 α_1 一般不小于120°,个别情况下可小到70°。传动比 i 通常不大于7,个别情况下可达到10。

6)预紧力 F_0

预紧力的大小是保证带传动正常工作的重要因素。预紧力过小,摩擦力小,容易发生打滑;预紧力过大,则带寿命低,轴和轴承的压力大。

对于V带传动,既能保证传动能力又不出现打滑时的单根传动带最适合的预紧力 F_0 可由下式计算为

$$F_0 = 500\frac{P_c}{vz}\left(\frac{2.5-K_\alpha}{K_\alpha}\right)+qv^2 \quad \text{N} \tag{4.24}$$

式中 z——带的根数

K_α——包角系数(见表4.7)。

表4.7 包角系数

小带轮包角	K_α	小带轮包角	K_α
180°	1	140°	0.89
175°	0.99	135°	0.88
170°	0.98	130°	0.86
165°	0.96	120°	0.82
160°	0.95	110°	0.78
155°	0.93	100°	0.74
150°	0.92	95°	0.72
145°	0.91	90°	0.69

7)确定带的根数

在特定条件下($\alpha_1=\alpha_2=180°$、特定长度、载荷平稳、普通V带),应用式(4.19)求得的单根V带所能传动的功率用 P_0 表示。部分型号的普通V带的 P_0 值如表4.8所示,窄V带的 P_0 值如表4.9所示。

V带的根数可计算为

$$z=\frac{P_c}{(P_0+\Delta P_0)K_L K_\alpha}\leqslant 10-12 \tag{4.25}$$

式中 ΔP_0——考虑 $i\neq1$ 时的传动功率的增量,kW(P_0 是按 $\alpha_1=\alpha_2=180°$的条件得到的,当 $i\neq1$时,从动轮直径比主动轮直径大,带绕过大带轮时的弯曲应力较绕过小带轮时小,故其传动能力有所提高),普通V带如表4.10所示,窄V带如表4.11所示;

K_L——长度系数,如表4.12所示。

表4.8 单根普通V带的基本额定功率 P_0/kW

型号	小带轮计算直径 D_1/mm	小带轮转速 $n_1/(\text{r}\cdot\text{min}^{-1})$													
		400	730	800	980	1 200	1 460	1 600	2 000	2 400	2 800	3 200	3 600	4 000	5 000
Z	50	0.06	0.09	0.10	0.12	0.14	0.16	0.17	0.20	0.22	0.26	0.28	0.30	0.32	0.34

续表

型号	小带轮计算直径 D_1/mm	小带轮转速 n_1/(r·min^{-1})													
		400	730	800	980	1 200	14 60	1 600	2 000	2 400	2 800	3 200	3 600	4 000	5 000
Z	63	0.08	0.13	0.15	0.18	0.22	0.25	0.27	0.32	0.37	0.41	0.45	0.47	0.49	0.50
	71	0.09	0.17	0.20	0.23	0.27	0.31	0.33	0.39	0.46	0.50	0.54	0.58	0.61	0.62
	80	0.14	0.20	0.22	0.26	0.30	0.36	0.39	0.44	0.50	0.56	0.61	0.64	0.67	0.66
	90	0.14	0.22	0.24	0.28	0.33	0.37	0.40	0.48	0.54	0.60	0.64	0.68	0.72	0.73
A	75	0.27	0.42	0.45	0.52	0.60	0.68	0.73	0.84	0.92	1.00	1.04	1.08	1.09	1.02
	90	0.39	0.63	0.68	0.79	0.93	1.07	1.15	1.34	1.50	1.64	1.75	1.83	1.87	1.82
	100	0.47	0.77	0.83	0.97	1.14	1.32	1.42	1.66	1.87	2.05	2.19	2.28	2.34	2.25
	125	0.67	1.11	1.19	1.40	1.66	1.93	2.07	2.44	2.74	2.98	3.16	3.26	3.28	2.91
	160	0.94	1.56	1.69	2.00	2.36	2.74	2.94	3.42	3.80	4.06	4.19	4.17	3.98	2.67
B	125	0.84	1.34	1.44	1.67	1.93	2.20	2.33	2.50	2.64	2.76	2.85	2.96	2.94	2.51
	160	1.32	2.16	2.32	2.72	3.17	3.64	3.86	4.15	4.40	4.60	4.75	4.89	4.80	3.82
	200	1.85	3.06	3.30	3.86	4.50	5.15	5.46	6.13	6.47	6.43	5.95	4.98	3.47	—
	250	2.50	4.14	4.46	5.22	6.04	6.85	7.20	7.87	7.89	7.14	5.60	3.12	—	—
	280	2.89	4.77	5.13	5.93	6.90	7.78	8.13	8.60	8.22	6.80	4.26	—	—	—
C	200	1.39	1.92	2.41	2.87	3.30	3.80	4.07	4.66	5.29	5.86	6.07	6.28	6.34	6.26
	250	2.03	2.85	3.62	4.33	5.00	5.82	6.23	7.18	8.21	9.06	9.38	9.63	9.62	9.34
	315	2.86	4.04	5.14	6.17	7.14	8.34	8.92	10.23	11.53	12.48	12.72	12.67	12.14	11.08
	400	3.91	5.54	7.06	8.52	9.82	11.52	12.10	13.67	15.04	15.51	15.24	14.08	11.95	8.75
	450	4.51	6.40	8.20	9.81	11.29	12.98	13.80	15.39	16.59	16.41	15.57	13.29	9.64	4.44

表4.9 单根窄V带的基本额定功率 P_0/kW

型号	小带轮计算直径 D_1/mm	小带轮转速 n_1/(r·min^{-1})										
		200	400	730	800	980	1 200	1 460	1 600	2 000	2 400	2 800
SPZ	63	0.20	0.35	0.56	0.60	0.70	0.81	0.93	1.00	1.17	1.32	1.45
	75	0.28	0.49	0.79	0.87	1.02	1.21	1.41	1.52	1.79	2.04	2.27
	90	0.37	0.67	1.12	1.21	1.44	1.70	1.98	2.14	2.55	2.93	3.26
	100	0.43	0.79	1.33	1.44	1.70	2.02	2.36	2.55	3.05	3.49	3.90
	125	0.59	1.09	1.84	1.99	2.36	2.80	3.28	3.55	4.24	4.85	5.40

续表

型号	小带轮计算直径 D_1/mm	小带轮转速 n_1/(r·min^{-1})										
		200	400	730	800	980	1 200	1 460	1 600	2 000	2 400	2 800
SPA	90	0.43	0.75	1.21	1.30	1.52	1.76	2.02	2.16	2.49	2.77	3.00
	100	0.53	0.94	1.54	1.65	1.93	2.27	2.61	2.80	3.27	3.67	3.99
	125	0.77	1.40	2.33	2.52	2.98	3.50	4.06	4.38	5.15	5.80	6.34
	160	1.11	2.04	3.42	3.70	4.38	5.17	6.01	6.47	7.60	8.53	9.24
	200	1.49	2.75	4.63	5.01	5.94	7.00	8.10	8.72	10.13	11.22	11.92
SPB	140	1.08	1.92	3.13	3.35	3.92	4.55	5.21	5.54	6.31	6.86	7.15
	180	1.65	3.01	4.99	5.37	6.31	7.38	8.50	9.05	10.34	11.21	11.62
	200	1.94	3.54	5.88	6.35	7.47	8.74	10.07	10.70	12.18	13.11	13.41
	250	2.64	4.86	8.11	8.75	10.27	11.99	13.72	14.51	16.19	16.89	16.44
	315	3.53	6.53	10.91	11.71	13.70	15.84	17.84	18.70	20.00	19.44	16.71
SPC	224	2.90	5.19	8.82	10.43	10.39	11.89	13.26	13.81	14.58	14.01	—
	280	4.18	7.59	12.40	13.31	15.40	17.60	19.49	20.20	20.75	18.86	—
	315	4.97	9.07	14.82	15.90	18.37	20.88	22.92	23.58	23.47	19.98	—
	400	6.86	12.56	20.41	21.84	25.15	27.33	29.40	29.53	25.81	19.22	—
	500	9.04	16.52	26.40	25.09	31.38	33.85	33.45	31.70	19.35	—	—

表 4.10　单根普通 V 带 $i \neq 1$ 时传递功率的增量 ΔP_0/kW

型号	传动比 i	小带轮转速 n_1/(r·min^{-1})													
		400	730	800	980	1 200	1 460	1 600	2 000	2 400	2 800	3 200	3 600	4 000	5 000
Z	1.35 ~ 1.51	0.01	0.01	0.01	0.02	0.02	0.02	0.02	0.03	0.03	0.04	0.04	0.04	0.05	0.05
	≥2	0.01	0.02	0.02	0.02	0.03	0.03	0.03	0.04	0.04	0.04	0.05	0.05	0.06	0.06
A	1.35 ~ 1.51	0.04	0.07	0.08	0.08	0.11	0.13	0.15	0.19	0.23	0.26	0.30	0.34	0.38	0.47
	≥2	0.05	0.09	0.10	0.11	0.15	0.17	0.19	0.24	0.29	0.34	0.39	0.44	0.48	0.60
B	1.35 ~ 1.51	0.10	0.17	0.20	0.23	0.30	0.36	0.39	0.49	0.59	0.69	0.79	0.89	0.99	1.24
	≥2	0.13	0.22	0.25	0.30	0.38	0.46	0.51	0.63	0.76	0.89	1.01	1.14	1.27	1.60
C	1.35 ~ 1.51	0.14	0.21	0.27	0.34	0.41	0.48	0.55	0.65	0.82	0.99	1.10	1.23	1.37	1.51
	≥2	0.18	0.26	0.35	0.44	0.53	0.62	0.71	0.83	1.06	1.27	1.41	1.59	1.76	1.94

表4.11　单根窄V带 $i \neq 1$ 时传递功率的增量 ΔP_0/kW

型号	传动比 i	小带轮转速 n_1/(r·min^{-1})										
		200	400	730	800	980	1 200	1 460	1 600	2 000	2 400	2 800
SPZ	1.39~1.57	0.02	0.05	0.09	0.10	0.21	0.15	0.18	0.20	0.25	0.30	0.35
	≥3.39	0.03	0.06	0.12	0.13	0.15	0.19	0.23	0.26	0.32	0.39	0.45
SPA	1.39~1.57	0.06	0.13	0.23	0.25	0.30	0.38	0.46	0.51	0.64	0.76	0.89
	≥3.39	0.08	0.16	0.30	0.33	0.40	0.49	0.59	0.66	0.82	0.99	1.15
SPB	1.39~1.57	0.13	0.26	0.47	0.53	0.63	0.9	0.95	1.05	1.32	1.58	1.85
	≥3.39	0.17	0.34	0.62	0.68	0.82	1.03	1.23	1.37	1.71	2.05	2.40
SPC	1.39~1.57	0.40	0.79	1.43	1.58	1.90	2.38	2.85	3.17	3.96	4.75	—
	≥3.39	0.51	1.03	1.85	2.06	2.47	3.09	3.70	4.11	5.14	6.17	—

表4.12　长度系数 K_L/mm

基准长度 L_d/mm	普通V带							窄V带			
	Y	Z	A	B	C	D	E	SPZ	SPA	SPB	SPC
400	0.96	0.87									
450	1.00	0.89									
500	1.02	0.91									
560		0.94									
630		0.96	0.81					0.82			
710		0.99	0.83					0.84			
800		1.00	0.85					0.86	0.81		
900		1.03	0.87	0.82				0.88	0.83		
1 000		1.06	0.89	0.84				0.90	0.85		
1 120		1.08	0.91	0.86				0.93	0.87		
1 250		1.11	0.93	0.88				0.94	0.89	0.82	
1 400		1.14	0.96	0.90				0.96	0.91	0.84	
1 600		1.16	0.99	0.92	0.83			1.00	0.93	0.86	
1 800		1.18	1.01	0.95	0.86			1.01	0.95	0.88	
2 000			1.03	0.98	0.88			1.02	0.96	0.90	0.81
2 240			1.06	1.00	0.91			1.05	0.98	0.92	0.83
2 500			1.09	1.03	0.93			1.07	1.00	0.94	0.86
2 800			1.11	1.05	0.95	0.83		1.09	1.02	0.96	0.88

续表

基准长度 L_d/mm	普通V带							窄V带			
	Y	Z	A	B	C	D	E	SPZ	SPA	SPB	SPC
3 150			1.13	1.07	0.97	0.86		1.11	1.04	0.98	0.90
3 550			1.17	1.09	0.99	0.89		1.13	1.06	1.00	0.92
4 000			1.19	1.13	1.02	0.91			1.08	1.02	0.94
4500				1.15	1.04	0.93	0.90		1.09	1.04	0.96
5 000				1.18	1.07	0.96	0.92			1.06	0.98

8)作用在轴上的载荷

为了设计安装带轮的轴和轴承,先须知带传动作用在轴上的载荷,可近似地确定(见图4.14)为

$$F_Q = 2zF_0\sin\frac{\alpha}{2} \tag{4.26}$$

式中 F_0——单根带的预紧力;

z——带的根数。

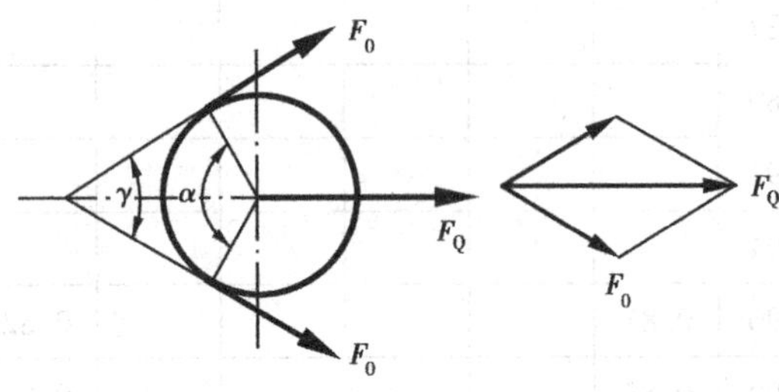

图4.14 带传动作用在轴上的力

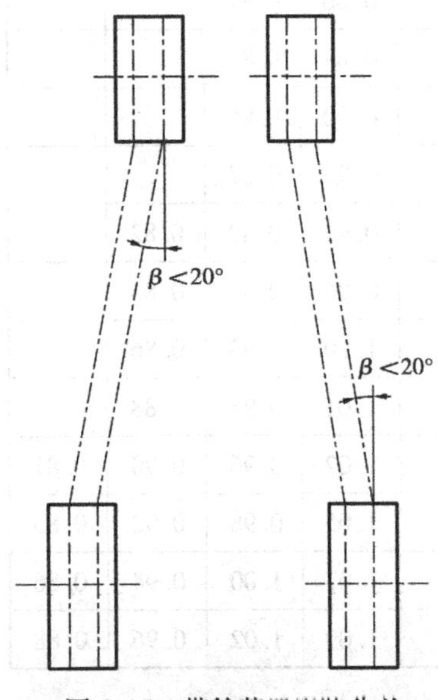

图4.15 带轮装置安装公差

预紧力的计算公式为式(4.24)。由于新带容易松弛,带初装上时张紧力要比上述值约大1.5倍,自动张紧的可不加。

4.5.3 V带传动设计中应注意的问题

①V带通常制作成无接头的环带,为便于安装调整轴间距和预紧力,要求轴承的位置不固定,能够移动。

②多根带传动时,为避免各根带受力不均匀,带的配组公差应满足规定要求,相关数据可查相应手册。若更换带必须同时全部更换。

③传动装置中,各带轮轴线应平行,带轮对应轮槽的对称面应重合,其公差不能超过±20°(见图4.15)。

④带轮的设计应使结构便于制造,质量分布均匀,质量小。$v>5$ m/s时,要进行静平衡;$v>25$ m/s时,应进行动

平衡。

⑤带轮轮槽工作面应光滑，保证一定的表面粗糙度（R_a 为 1.6～3.2 μm），以减少带的磨损。

4.6　带传动的张紧装置

带的张紧力对传动能力、寿命和压轴力都有很大的影响，张紧力过小，传递载荷能力低，效率低；张紧力过大，带寿命降低，轴和轴承上载荷大，轴承发热磨损，因此带传动要求保证适当的张紧力。带是不完全的弹性体，带在工作一段时间后会发生塑性伸长而松弛，使张紧力降低，带传动需要有重新张紧的装置，以保证正常工作。常见的张紧装置有下面3种。

4.6.1　定期张紧

最简单的方法是采用定期改变中心距的方法来调节带的张紧力，如图4.16所示。图4.16(a)是用调节螺钉使电机沿滑轨移动，使带张紧，多用于水平或接近水平的传动。图4.16(b)是将电机和其中一个带轮安装在可调的摆架上，多用于垂直或接近垂直的传动。

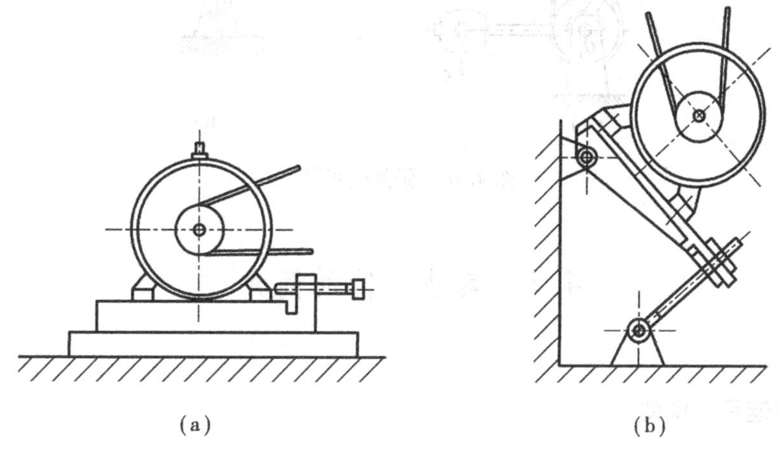

(a)　　(b)

图4.16　定期张紧

4.6.2　自动张紧

自动张紧的结构如图4.17所示。图4.17(a)为装有带轮的电机安装在浮动摆架上，使带轮同电机一起绕固定轴摆动，靠电机的自重或定子的反力矩张紧。注意应使电机和带轮的转向有利于减小偏心距。图4.17(b)为常用于带传动的试验装置。

4.6.3　张紧轮张紧

不能调节中心距时，可采用张紧轮张紧，如图4.18所示。张紧轮轮槽尺寸与带轮相同，且直径小于小带轮的直径。可任意调节预紧力的大小、增大包角，容易装卸，但影响带的寿命，不能逆转。

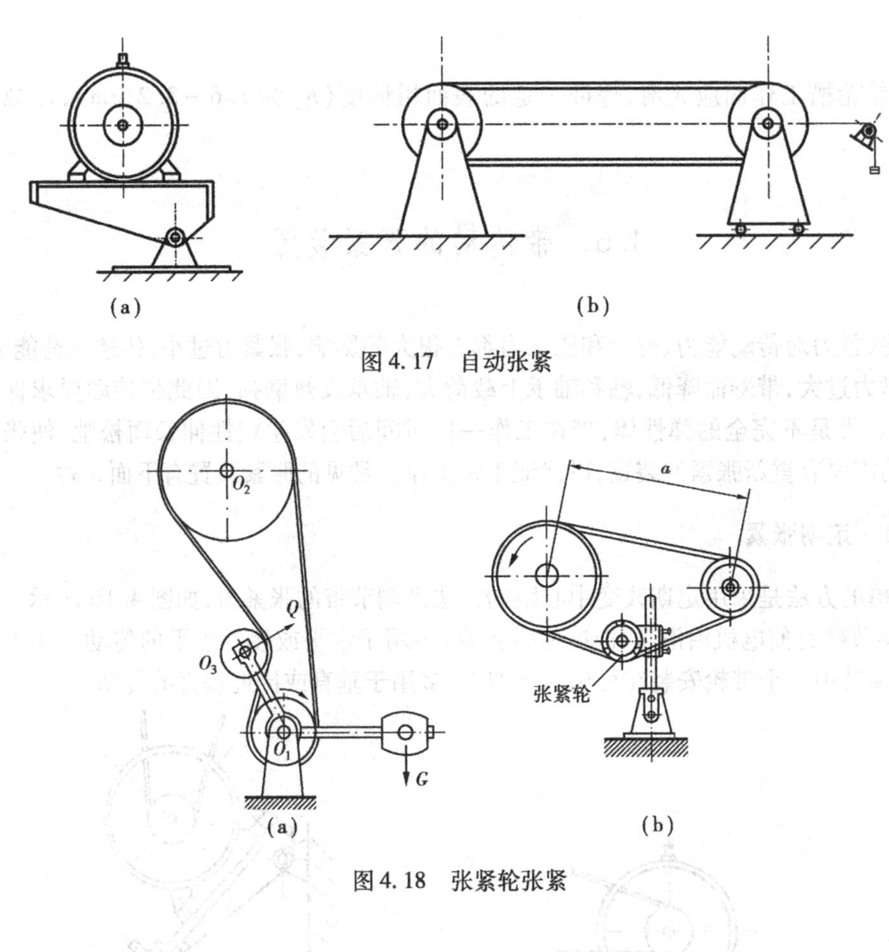

图4.18 张紧轮张紧

4.7 其他带传动简介

4.7.1 高速平带传动

高速带传动系指带速 $v>30$ m/s、高速轴转速 $n_1=10\ 000\sim50\ 000$ r/min 的传动。带速 $v>100$ m/s,则称为超高速带传动。高速传动主要用于增速以驱动高速机床、粉碎机、离心机及某些其他机器。高速带传动的增速比为2~4,有时可达8。

高速带传动要求传动可靠、运转平衡,并有一定的寿命,故高速带都采用质量轻、厚度薄而均匀、挠曲性好的环形平带,如特制的麻织带、丝织带、锦纶编织带、薄型强力锦纶带、高速环形胶带等。高速带传动若采用硫化接头时,应使接头与带的挠曲性能尽量接近。

高速带轮要求质量轻,而且质量分布对称均匀、运转时空气阻力小,通常都采用钢或铝合金制造,各个面均应进行加工,轮缘工作表面的粗糙度为 $R_a3.2$ μm,并且按相应的精度要求进行动平衡。

为防止掉带,主从动轮轮缘表面都应加工出中间凸度,可制成鼓形面或2°左右的双锥面,如图4.19(a)所示。为了防止运转时带的轮缘表面间形成气垫,轮缘表面应开环形槽,环形槽间距为5~10 mm,如图4.19(b)所示。

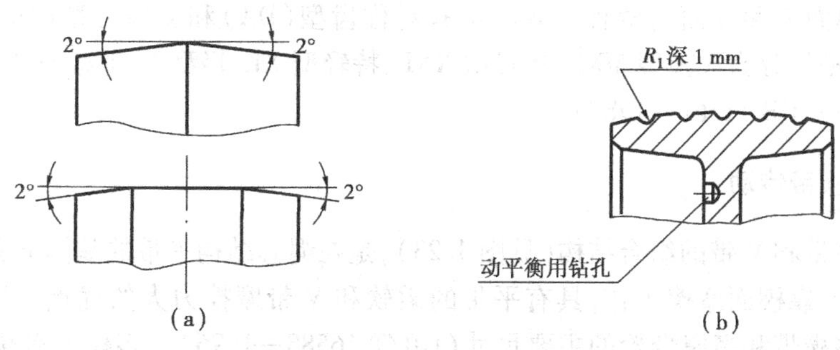

图4.19 高速带轮缘

在高速带传动中,带的寿命占很重要的地位。通常寿命较短,传动效率也比较低。带的挠曲次数 $u=jv/L$(j 为带上某一点绕行一周时所绕过的带轮数;带速 v 及带长 L 的单位分别为 m/s 及 m)是影响带的寿命的主要因素,因此,应限制 $u_{max}<45\sim100$ 次/s。

4.7.2 同步带传动

同步带横截面为矩形或近似为矩形,带面具有等距横向齿,带与带轮是靠啮合进行传动的(见图4.20),工作时不会产生滑动,故传动比恒定。因不是靠摩擦来传递动力,故张紧力小。

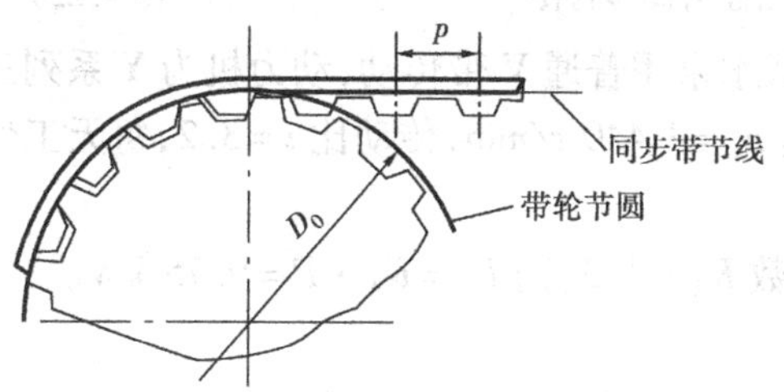

图4.20 同步带传动

同步带通常以钢丝绳或玻璃纤维绳为承载层,氯丁橡胶或聚氨酯为基体。这种带薄而且轻,故可用于较高速度。传动时的线速度可达 50 m/s,传动功率可达 300 kW,传动比可达 10(有时可到 20),效率可达 98%,因此,同步带的应用日益广泛。其主要缺点是制造和安装精度要求较高,无张紧轮时,中心距要求较严格。同步带的基本结构由带背 1、包布 2、带齿 3 及芯绳 4 组成,如图4.21所示。

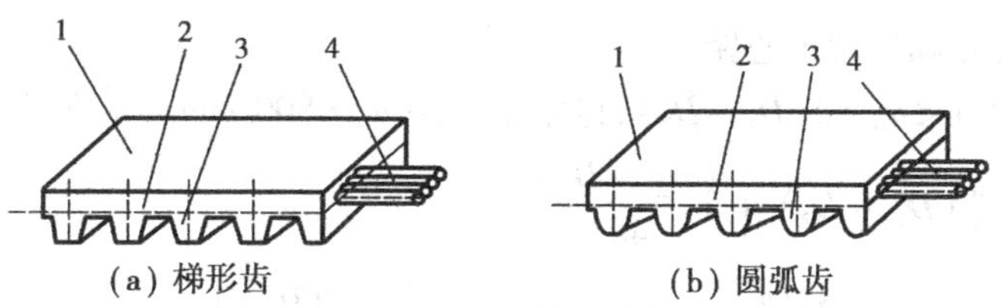

(a) 梯形齿　　(b) 圆弧齿

图4.21 同步带结构

1—带背;2—包布;3—带齿;4—芯绳

一般用同步带有梯形齿和圆弧齿两类,梯形齿同步带已标准化,应用广泛,但存在受力条件较差,传动时干涉和噪声较大,疲劳寿命和承载能力较低等缺点。圆弧齿同步带出现得更晚,克服了上述缺点,我国目前只有行业标准。

同步带有单面齿和双面齿两种。双面带有对称齿型(DA)和交错齿型(DB)之分(见图4.22)。同步带型号分为最轻型 MXL、超轻型 XXL、特轻型 XL、轻型 L、重型 H、特重型 XH、超重型 XXH 这 7 种(GB 11362—1989)。

4.7.3 多楔带传动

多楔带是平带和 V 带的组合结构(见图4.23),是在绳芯结构平带的基体下有若干纵向三角形楔的环形带,靠楔面摩擦工作,具有平带的柔软和 V 带摩擦力大的优点。标准规定了 5 种工业用环形多楔带和多楔带轮的主要尺寸(GB/T 16588—1996)。多楔带有聚氨酯型和橡胶型两种,前者用于 -20 ~ 80 ℃的场合,后者可用于 20 ~ 80 ℃的场合。与 V 带相比多楔带传动平稳,外廓尺寸小,结构紧凑,特别适用在要求 V 带根数多或轮轴垂直地面的传动。

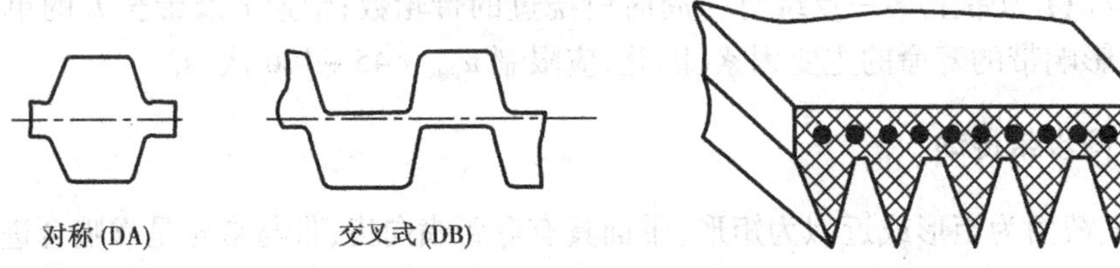

图 4.22 双面齿同步带图　　　图 4.23　多楔带结构

例 4.1　设计一旋转式水泵用普通 V 带传动,动力机为 Y 系列三相异步电动机,传递功率 $P = 7.5$ kW,主动带轮转速 $n_1 = 1\,440$ r/min,传动比 $i = 3.2$,每天工作 8 h。

解　1)计算功率 P_c

由表 4.5 查得工况系数 $K_A = 1.3$,则 $P_c = K_A \cdot P = 9.75$ kW。

2)选取带型

根据 n_1 和 P_c,由图 4.12 确定为普通 V 带 A 型。

3)确定带轮基准直径

小带轮直径由表 4.6,取小带轮直径 $D_1 = 125$ mm,传动比 $i = 3.2$。

大带轮直径为 $D_2 = 400$ mm

验算带速度为

$$v = \frac{\pi D_1 n_1}{60 \times 1\,000} = \frac{3.14 \times 125 \times 1\,440}{60 \times 1\,000} = 9.42 \text{ m/s}$$

带的速度合适。

4)确定基准长度和传动中心距

据 $0.7(D_1 + D_2) < a_0 < 2(D_1 + D_2)$,粗定中心距 $a_0 = 800$ mm。基准长度为

$$L_{d0} \approx 2a + \frac{\pi}{2}(D_1 + D_2) + \frac{(D_2 - D_1)}{4a}$$

$$= 2 \times 800 \text{ mm} + \frac{3.14}{2} \times (125 + 400)\text{mm} + \frac{(400 - 125)^2\text{mm}}{4 \times 800} = 2\,447.9 \text{ mm}$$

据表 4.4 选带的基准长度 $L_{d_0} = 2\,500$ mm

计算实际中心距

$$a = a_0 + \frac{L_d - L_{d_0}}{2} = 800 \text{ mm} + \frac{2\,500 - 2\,447.9}{2}\text{mm} = 826 \text{ mm}$$

5）验算小带轮包角 α_1

$$\alpha_1 = 180° - \frac{D_2 - D_1}{a} \times 57.5° = 180° - \frac{400 - 125}{826} \times 57.5° = 160.9°$$

小带轮包角 α_1 大于 120°，小带轮上包角合适。

6）计算 V 带根数 z

查表 4.8、表 4.10、表 4.7 和表 4.12 得 $P_0 = 1.92$ kW，$\Delta P_0 = 0.17$ kW，$K_\alpha = 0.95$，$K_L = 1.09$。于是

$$z = \frac{P_c}{(P_0 + \Delta P_0)K_\alpha K_L} = \frac{9.75}{(1.92 + 0.17) \times 0.95 \times 1.09} = 4.51$$

取带根数 5 根。

7）单根带的预紧力

$$F_0 = 500\frac{P_c}{v \cdot z}\left(\frac{2.5 - K_\alpha}{K_\alpha}\right) + qv^2 = 500 \times \frac{9.75}{9.42 \times 5} \times \left(\frac{2.5 - 0.95}{0.95}\right)\text{N} + 0.10 \times 9.42^2\ \text{N}$$
$$= 177.7\ \text{N}$$

8）计算轴上载荷 F_Q

$$F_Q = 2zF_\alpha \sin\frac{\alpha_1}{2} = 2 \times 5 \times 177.7 \times \sin\frac{160.9°}{2}\text{N} = 1\ 752.4\ \text{N}$$

9）确定带轮结构和轮槽尺寸（略）

思考题

4.1　带传动正常工作时的摩擦力和打滑时的摩擦力是否相等？空载启动后加载运转，直至带传动将要打滑的临界情况，其整个过程中，带的紧、松边拉力的比值 F_1/F_2 是如何变化的？

4.2　V 带截面楔角均是 40°，而 V 带带轮轮槽的楔角 ϕ 却随带轮直径的不同而变化，为什么？

4.3　设计带传动时，为什么要限制小带轮直径、包角 α_1、带的最小和最大速度？

4.4　弹性滑动和打滑可否避免？打滑在哪个轮上发生？为什么？为了避免打滑，将带轮和带的接触表面加工得粗糙些以增大摩擦，这样合理吗？为什么？

习　题

4.1　V 带传动的 $n_1 = 1\ 460$ r/min，带与带轮的摩擦系数 $\mu_v = 0.51$，包角 $\alpha_1 = 120°$，单位带长的质量 $q = 0.12$ kg/m，预紧力 $F_0 = 460$ N，带轮直径 $D_1 = 100$ mm。试问：

①该传动所能传递的最大有效拉力为多少？

②传递的最大转矩是多少？

③若传动的效率为 0.95，从动轮输出的功率为多少？

4.2　V 带传动传递功率 $P = 7.5$ kW，带速 $v = 10$ m/s，紧边拉力是松边拉力的 2 倍，即

$F_1=2F_2$，带的质量忽略不计。试求紧边拉力 F_1、有效拉力 F_e 和预紧力 F_0。

4.3 已知一窄 V 带传动的 $n_1=1\ 460\ r/min$，$n_2=140\ r/min$，$D_1=180\ mm$，中心距 $a=1\ 600\ mm$，带型号为 SPA 型，根数 $z=3$，工作时有冲击，两班制工作。试求该带传动能传递的功率。

4.4 设计一用于离心泵的普通 V 带传动，载荷平衡，电动机传递功率 $P=15\ kW$，转速 $n_1=1\ 460\ r/min$，离心式水泵的转速 $n_2=403\ r/min$，两班工作制。

第5章 链传动

5.1 概　述

链传动是用于两个或两个以上链轮之间以链作为中间挠性件的一种非共轭啮合传动,如图5.1所示。因其经济、可靠,故广泛用于农业、采矿、冶金、起重、运输、石油、化工、纺织等机械的动力传动中。

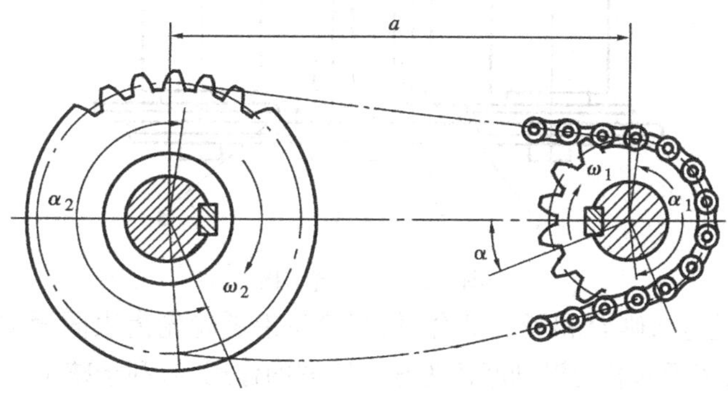

图5.1　链传动

5.1.1　链传动的特点

链传动是属于带有中间挠性件的啮合传动。与属于摩擦传动的带传动相比,链传动无弹性滑动和打滑现象,因而能保持准确的平均传动比,传动效率较高;又因链条不需要像带那样张得很紧,故作用于轴上的径向压力较小;在同样的使用条件下,链传动结构较为紧凑。同时链传动能在高温及速度较低的情况下工作。与齿轮传动相比,链传动的制造与安装精度要求较低,成本低廉;在远距离传动(中心距最大可达十多米)时,其结构比齿轮传动轻便得多。链传动的主要缺点是在两根平行轴间只能用于同向回转的传动;运转时不能保持恒定的瞬时传动比;磨损后易发生跳齿;工作时有噪声;不宜在载荷变化很大和急速反向的传动中应用。链传动主要用在要求工作可靠,且两轴相距较远,以及其他不宜采用齿轮传动的场合。

按用途不同，链可分为传动链、输送链和起重链。输送链和起重链主要用在运输和起重机械中，而在一般机械传动中，常用的是传动链。

5.1.2 链传动的种类

链传动主要有下列几种形式：套筒链、滚子链和齿形链等。

(1)滚子链和套筒链

滚子链的结构如图5.2所示，由内链板1、外链板2、销轴3、套筒4和滚子5组成。销轴与外链板、套筒与内链板分别用过盈配合联接，套筒与销轴之间、滚子与套筒之间为间隙配合。套筒链除没有滚子外，其他结构与滚子链相同。当链节屈伸时，套筒可在销轴上自由转动。

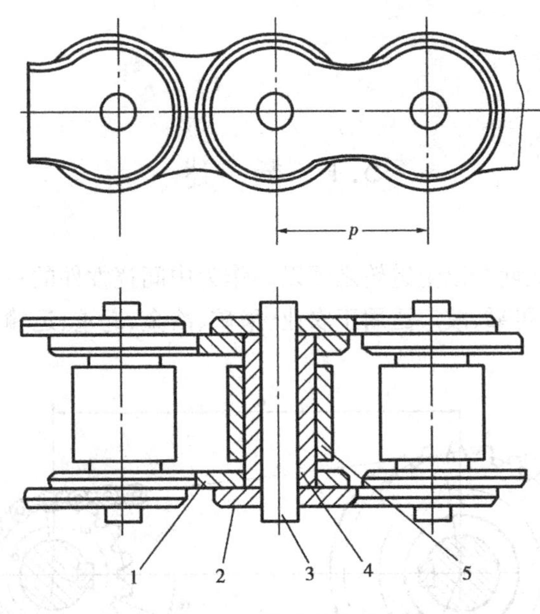

图5.2 滚子链结构

当套筒链和链轮进入啮合和脱离啮合时，套筒将沿链轮轮齿表面滑动，容易引起轮齿磨损。滚子链则不同，滚子起着变滑动摩擦为滚动摩擦的作用，有利于减小链与链轮间的摩擦和磨损。

套筒链结构比较简单、质量较轻、价格较便宜，常在低速传动中应用。滚子链较套筒链贵，但使用寿命长，且有减低噪声的作用，故应用很广。

节距 p 是链的基本特征参数。滚子链的节距是指链在拉直的情况下，相邻滚子外圆中心之间的距离。

把一根以上的单列链并列、用长销轴联接起来的链称为多排链，如图5.3所示为双排链。链的排数越多，承载能力越高，但链的制造与安装精度要求也越高，且越难使各排链受力均匀，将大大降低多排链的使用寿命，故排数不宜超过4排。当传动功率较大时，可采用两根或两根以上的双排链或三排链。

滚子链已标准化，其系列、尺寸、极限拉伸载荷等如表5.1所示。

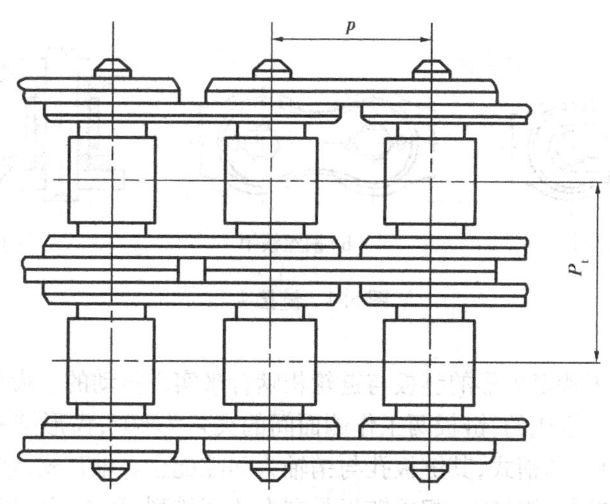

图5.3　双排链

表5.1　滚子链规格和主要参数(GB/T 1243—2006)

ISO链号	节距 p	滚子直径 d_1 max	内链节内宽 b_1 min	销轴直径 d_2 max	内链板高度 h_2 max	排距 P_t	单排链抗拉载荷 min
	mm						kN
05B	8	5	3	2.31	7.11	5.64	4.4
06B	9.525	6.35	5.72	3.28	8.26	10.24	8.9
08A	12.7	7.92	7.85	3.98	12.07	14.38	13.8
08B	12.7	8.51	7.75	4.45	11.81	13.92	17.8
10A	15.875	10.16	9.4	5.09	15.09	18.11	21.8
10B	15.875	10.16	9.65	5.08	14.73	16.59	22.2
12A	19.05	11.91	12.57	5.96	18.08	22.78	31.1
12B	19.05	12.07	11.68	5.72	16.13	19.46	28.9
16A	25.4	15.88	15.75	7.94	24.13	29.29	55.6
16B	25.4	15.88	17.02	8.28	21.08	31.88	60
24A	38.1	22.23	25.22	11.11	36.2	45.44	124.6
24B	38.1	25.4	25.4	14.63	33.4	48.36	160

注:1. 链号中的后缀A表示A系列。

2. 使用过渡链节时,其极限拉伸载荷按表列数值的80%计算。

链接头形式如图5.4所示。当一根链的链节数为偶数时采用联接链节,其形状与链节相同,仅联接链板与销轴为间隙配合,用弹簧卡片或钢丝锁销等止锁件将销轴与联接链板固定;当链节数为奇数时,则必须增加一个过渡链节。过渡链节的链板受有附加弯矩,最好不用,但在重载、冲击、反向等繁重条件下工作时,采用全部由过渡链节构成的链,柔性较好,能缓和冲击和振动。

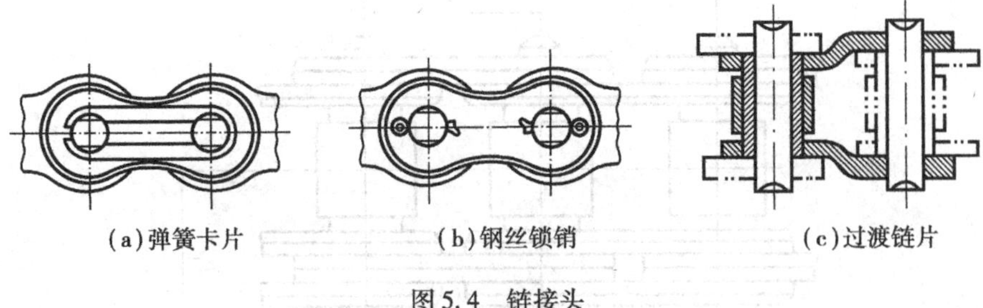

图 5.4　链接头

(2)**齿形链**

齿形链传动是利用特定齿形的链板与链轮相啮合来实现传动的。齿形链是由彼此用铰链联接起来的齿形链板所组成的,链板两工作侧面间的夹角为 60°,齿形链的铰链形式主要有下列 3 种(见图 5.5(c))。圆销式,其链板孔与销轴为间隙配合。轴瓦式,在链板销孔两侧有长、短扇形槽各一条,且在同一销轴上,相邻链板是左右相间排列,故长短扇形槽也是相间排列;在销孔中装入销轴后,就在销轴左右的槽中嵌入与短轴相配的轴瓦;这就使得相邻链节在做屈伸动作时,左右轴瓦将各在其对应的长槽中摆动,同时轴瓦内面又沿销轴表面滑动。滚柱式,没有销轴,在链板孔上制作有直边,相邻链板也是左右相间排列,孔中嵌入摇块;滚柱式齿形链的特点是当链节屈伸时,两摇块间的相对运动为滚动。

为了防止齿形链在轮齿上沿轴向窜动,齿形链上设有导向装置,如图 5.5(a)所示为内导板,如图 5.5(b)所示为外导板。

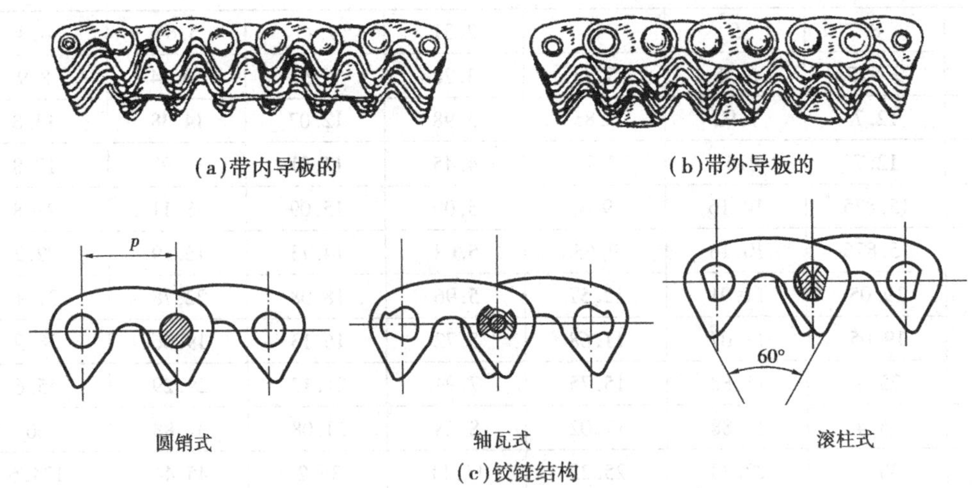

图 5.5　齿形链

与滚子链比较,齿形链传动具有工作平稳、噪声较小、允许链速较高、承受冲击能力较好和轮齿受力较均匀等优点;但结构复杂、装拆困难、价格较贵、质量较大并且对安装和维护的要求也较高。

5.1.3　链轮

链轮轮齿的齿形应保证链节能自由地进入和退出啮合,在啮合时应保证良好的接触,同时它的形状应尽可能地简单。

(1)**滚子链链轮的几何尺寸**

标准只规定链轮的最大齿槽形状和最小齿槽形状。实际齿槽形状在最大、最小范围内都可用,因而链轮齿廓曲线的几何形状可以有很大的灵活性。常用的齿廓为三圆弧一直线齿形,它由弧 aa, ab, cd 和直线 bc 组成,$abcd$ 为齿廓工作段(见图 5.6)。因齿形系用标准刀具加工,在链轮工作图中不必画出,只需在图上注明“齿形按 GB/T 1243—2006 规定制造”即可。链轮分度圆直径 d,齿顶圆直径 d_a,齿根圆直径 d_f(或最大齿根距离 L_x)的计算公式如下(见图 5.6 和图 5.7)。滚子链链轮的轴面齿形如图 5.8 所示,其几何尺寸可查有关手册。

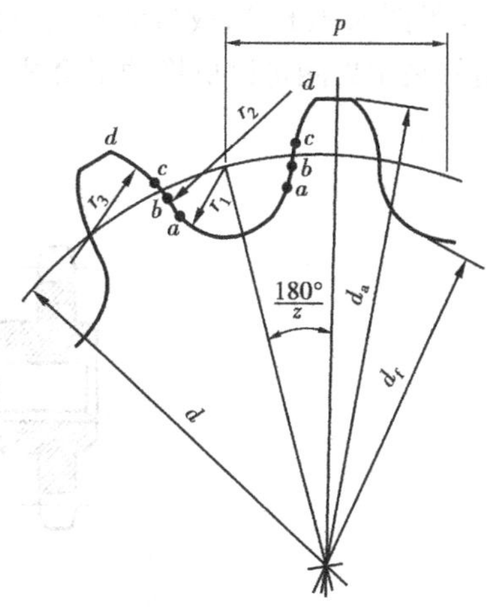

图 5.6　滚子链轮端面齿形

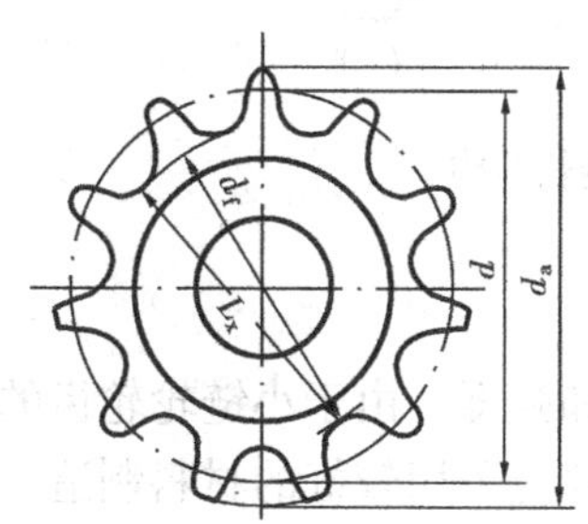

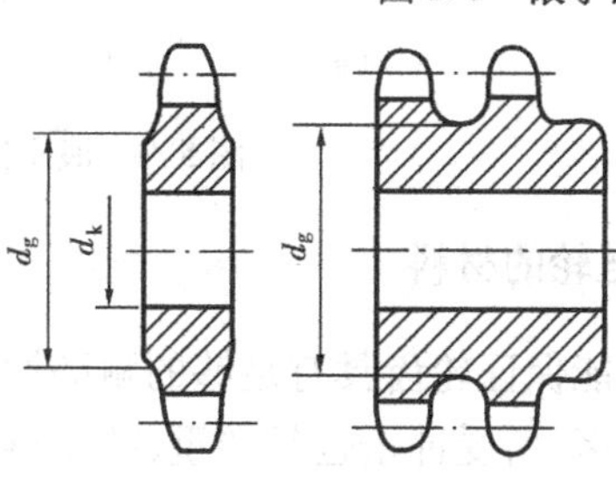

图 5.7　滚子链轮主要尺寸

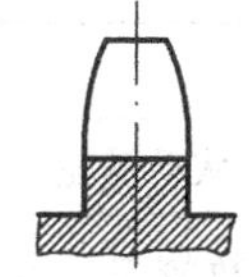
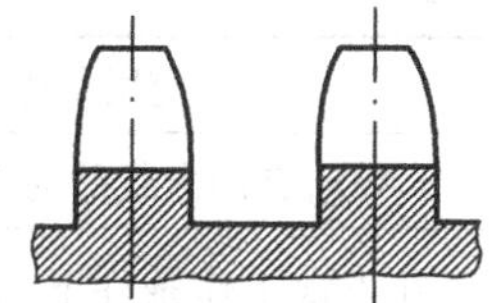

图 5.8　滚子链轮轴面齿形

分度圆直径为

$$d = \frac{p}{\sin \frac{180°}{z}} \tag{5.1}$$

齿顶圆直径为

$$d_a = p\left(0.54 + \cot \frac{180°}{z}\right) \tag{5.2}$$

齿根圆直径为

$$d_f = d - d_r (\text{式中}, d_r = 2r) \tag{5.3}$$

最大齿根距离:

偶数齿为

$$L_x = d_f$$

奇数齿为

$$L_x = d \cos \frac{90°}{z} - d_r$$

齿侧凸缘(或排间槽)直径为

$$d_g < p \cot \frac{180°}{z} - 1.04h - 0.76 \tag{5.4}$$

(2) **链轮结构**

如图 5.9 所示为几种不同形式的链轮结构。小直径链轮可采用实心式(见图 5.9(a))、腹板式(见图5.9(b)),或将链轮与轴作成一体。链轮的主要失效形式是齿面磨损,因此,大链轮最好采用齿圈可以更换的组合式结构(见图5.9(c))。

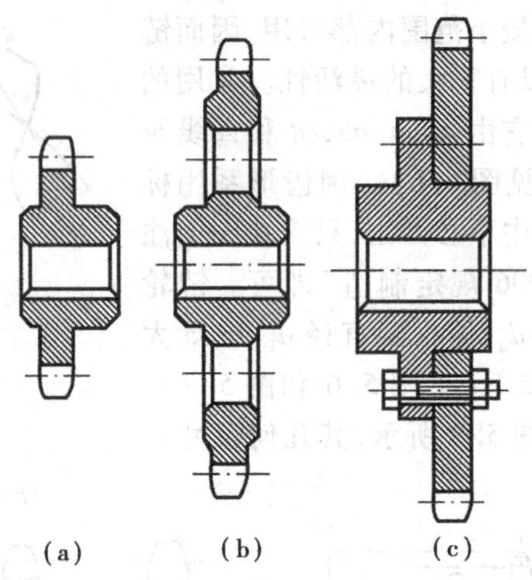

图5.9　滚子链轮结构

5.1.4　链和链轮的材料

链轮的材料应能保证轮齿具有足够的耐磨性和强度。由于小链轮轮齿的啮合次数比大链轮轮齿的啮合次数多,所受冲击也较严重,故小链轮应采用较好的材料制造。链轮常用的材料和应用范围如表5.2所示。

表5.2　链轮常用的材料及齿面硬度

材　料	热处理	热处理后硬度	应用范围
15,20	渗碳、淬火、回火	50~60HRC	$z\leqslant25$,有冲击载荷的主、从动链轮
35	正火	160~200HBS	在正常工作条件下,齿数较多($z>25$)的链轮
40,50,ZG310-570	淬火、回火	40~50HRC	无剧烈振动及冲击的链轮
15Cr,20Cr	渗碳、淬火、回火	50~60HRC	有动载荷及传递较大功率的重要链轮($z<25$)
35SiMn,40Cr,25CrMo	淬火、回火	40~50HRC	使用优质链条,重要的链轮
Q235,Q275	焊接后退火	140HBS	中等速度、传递中等功率的较大链轮
普通灰铸铁(不低于HT150)	淬火、回火	260~280HBS	$z_2>50$的从动链轮
夹布胶木	—	—	功率小于6 kW、速度较高、要求传动平稳和噪声小的链轮

5.2　链传动的运动特征

5.2.1　链速和传动比

链传动的运动情况和带绕在多边形轮子上的情况很相似（见图5.10），边长相当于链节距p，边数相当于链轮齿数z。轮子每转一周，链轮过的长度应为zp，当两链轮转速分别为n_1和n_2时，平均链速为

$$v = \frac{z_1 p n_1}{60 \times 1\,000} = \frac{z_2 p n_2}{60 \times 1\,000} \quad \text{m/s} \tag{5.5}$$

利用式(5.5)，可求得链传动的平均传动比为

$$i = \frac{n_1}{n_2} = \frac{z_2}{z_1} \tag{5.6}$$

5.2.2　运动特征

事实上，即使主动轮的角速度ω_1 = 常数，链速v和从动轮角速度ω_2都将是变化的，分析如下：假设紧边在传动时总是处于水平位置。如图5.10所示，当链节进入主动轮时，其销轴总是随着链轮的传动而不断改变其位置。当位于β角的瞬时（见图5.10(a)），链速v应为销轴圆周速度($R_1\omega_1$)在水平方向的分速度，即$v = R_1\omega_1\cos\beta$。由于β在$-\frac{\phi_1}{2}$到$\frac{\phi_1}{2}$之间变化，即使ω_1 = 常数，v也不可能为常数。当$\beta = \pm\frac{\phi_1}{2}$时，$v_{\min} = R_1\omega_1\cos\left(\frac{\phi_1}{2}\right)$，如图5.10(c)所示；当$\beta = 0$时，$v_{\max} = R_1\omega_1$，如图5.10(d)所示。由此可知，链速由小至大又由大至小发生变化，而且每转过一个链节要重复上述的变化一次，如图5.11所示。正由于链速产生着周期性的变化，因而给链传动带来了速度的不均匀性。链轮齿数越少，链速不均匀性越大。

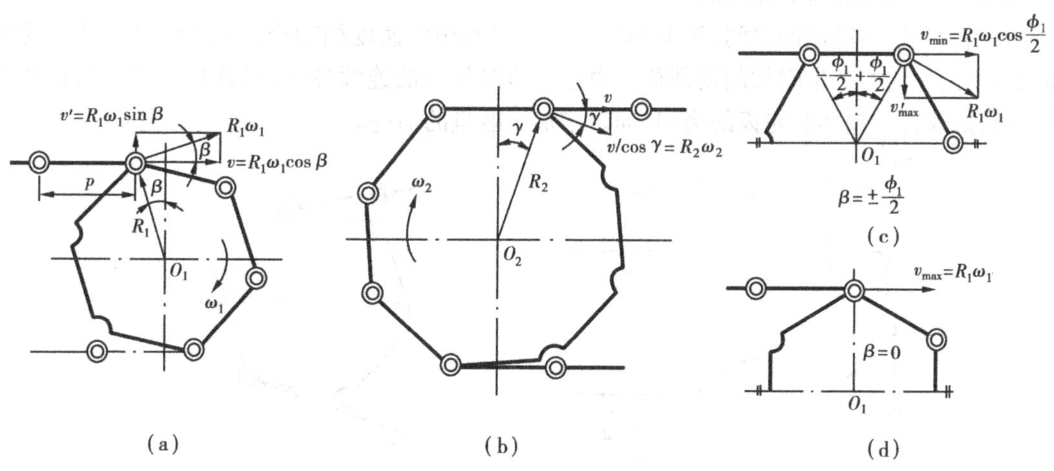

图5.10　链传动的运动分析

链在水平方向上的速度产生周期性变化的同时，在垂直方向上还要上下移动（$v=R_1\omega_1\sin\beta$）。开始时做减速上升$\left(-\frac{\phi_1}{2}<\beta<0\right)$随后又增速下降$\left(0<\beta<\frac{\phi_1}{2}\right)$。因为链节做着忽上忽下、忽快忽慢的运动，所以给链传动带来了工作的不平稳性和有规律的振动。

从动链轮由于链速 $v\neq$ 常数和 γ 角（见图 5.10（b））的不断变化，因而它的角速度 $\omega_2\left(=\frac{v}{R_2\cos\gamma}\right)$也是变化的。这说明了链传动的瞬时传动比 $i\left(=\frac{\omega_1}{\omega_2}=\frac{R_2\cos\gamma}{R_1\cos\beta}\right)$不能得到恒定值。只有当两链轮的齿数相等、中心距又恰为链节距的整数倍时，ω_2 和 i 才能得到恒定值（因 γ 角和 β 角的变化随时相等）。这种现象称为传动的多边形效应。

5.2.3 链传动的动载荷

链传动在工作时引起动载荷的主要原因如下：

①链速和从动链轮角速度周期性变化，从而产生了附加的动载荷。链的加速度越大，动载荷也将越大。链的加速度为

$$a=\frac{\mathrm{d}v}{\mathrm{d}t}=-R_1\omega_1\sin\beta\frac{\mathrm{d}\beta}{\mathrm{d}t}=-R_1\omega_1^2\sin\beta$$

式中 t——时间。

且知当销轴位于$\beta=\pm\frac{\phi_1}{2}$时，将得到最大加速度为

$$a_{\max}=\pm R_1\omega_1^2\sin\frac{\phi_1}{2}=\pm R_1\omega_1^2\sin\frac{180°}{z}=\pm\frac{\omega_1^2 p}{2}$$

从上述简单关系可知，链轮转速越高、链节距越大、链轮齿数越少，动载荷将越大。当转速、链轮大小（或 z_1p 乘积）一定时，即链速 v 一定时，采用较多的链轮齿数和较小的链节距对降低动载荷是有利的。

②链沿垂直方向分速度 v 也作周期性的变化（见图 5.10、图 5.11），使链产生横向振动，这也是链传动产生动载荷的原因之一。

③当链节进入链轮的瞬间，链节和轮齿以一定的相对速度相啮合（见图 5.12），从而使链和轮齿受到冲击并产生附加的动载荷。由于链节对轮齿的连续冲击，将使传动产生振动和噪声，并将加速链的损坏和轮齿的磨损，同时增加了能量的消耗。

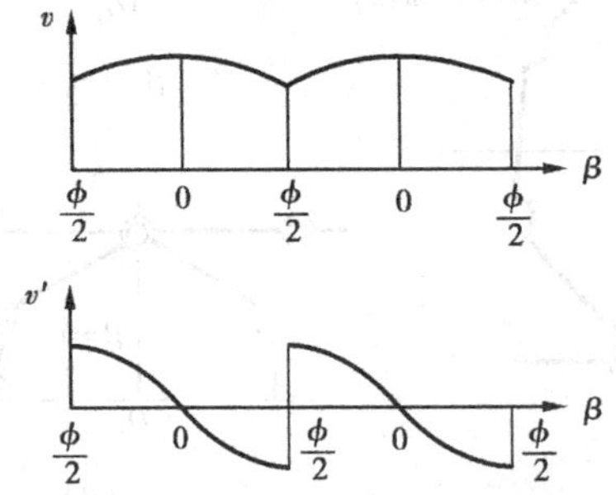

图 5.11 链速变化情况

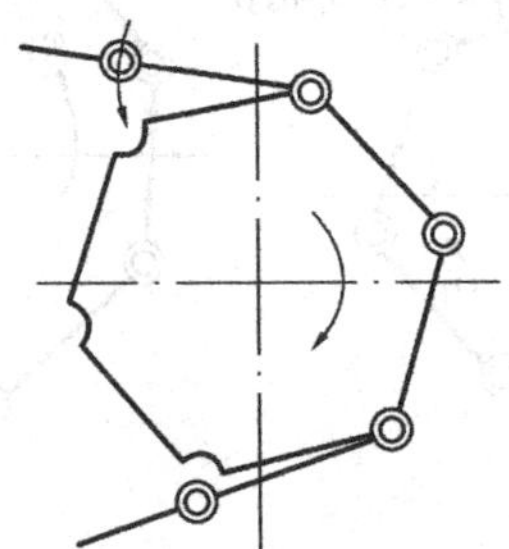

图 5.12 链节和链轮啮合时的冲击

链节对轮齿的冲击动能越大，对传动的破坏作用也越大。根据理论分析，冲击动能为

$$E_k = \frac{qp^3n^2}{C}$$

式中　q——每米链长的质量；

C——常数。

因此，从减少冲击能量来看，应采用较小的链节距并限制链轮的极限转速。

④若链张紧不好，链条松弛，在启动、制动、反转、载荷变化等情况下，将产生惯性冲击，使链传动产生很大的动载荷。

5.3　链传动的受力分析

如果不考虑动载荷，链在传动中的主要作用力如下：

(1)**工作拉力** F_1

它取决于传动功率 P(kW)和链速 v(m/s)，且

$$F_1 = \frac{1\,000P}{v} \quad \text{N} \tag{5.7}$$

(2)**离心拉力** F_c

它取决于每米链长的质量 q 和链速 v(链速 $v>7$ m/s 时，离心拉力不可忽略)，且

$$F_c = qv^2 \tag{5.8}$$

(3)**悬垂拉力** F_f

它取决于传动的布置方式及链在工作时允许的垂度。若允许垂度过小，则必须以很大的 F_f 力拉紧，从而增加链的磨损和轴承载荷；允许垂度过大，则又会使链和链轮的啮合情况变坏。可按照求悬索拉力的方法求得悬垂拉力(计算见图5.13)，即

$$F_f \approx \frac{1}{f}\left(\frac{qga}{2} \times \frac{a}{4}\right) = \frac{qga}{8\left(\frac{f}{a}\right)} = k_f qga \quad \text{N} \tag{5.9}$$

式中　g——重力加速度，m/s^2；

a——中心距，m。

对于水平传动，$k_f \approx 6$(允许 $f/a \approx 0.02$，f 为悬索垂度)。对于倾斜角(两链轮中心连线与水平面所成的角)小于40°的传动，可取 $k_f = 2$；垂直传动，可取 $k_f = 1$。

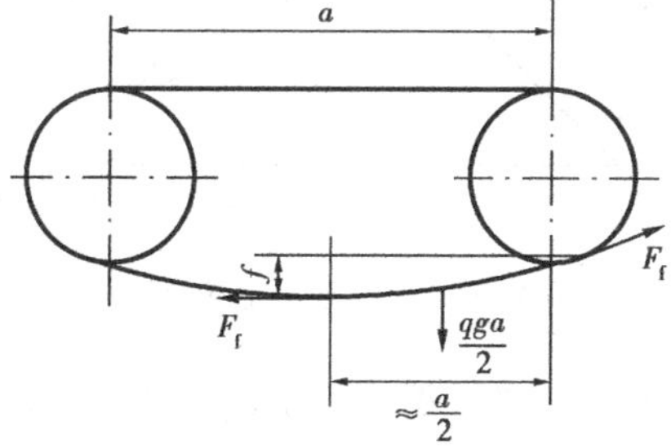

图5.13　悬垂拉力计算简图

由此得链紧边和松边拉力：

紧边为：

$$F = F_1 + F_c + F_f$$

松边为：

$$F' = F_c + F_f$$

作用在轴上的载荷 Q 可近似地取为 $Q \approx F_1 + 2F_f$。离心拉力对它没有影响，不应计算在内。又由于垂度拉力不大，故近似取为

$$Q \approx 1.2K_A F_1 \tag{5.10}$$

式中 K_A——工作情况系数,平稳载荷取1.0~1.2,中等冲击取1.2~1.4,严重冲击取1.4~1.7(动力机平稳、单班工作的取小值,动力机不平稳、三班工作的取大值)。

5.4 滚子链传动的设计计算

5.4.1 链传动的失效形式

(1)铰链磨损

铰链在进入或退出啮合时,相邻链节发生相对转动,因而在链的销轴与套筒间有相对滑动,引起磨损,使链的实际节距变长,啮合点沿链轮齿高方向外移(见图5.16)。当达到一定程度以后,就会破坏链与链轮的正确啮合,导致跳齿或脱链,使传动失效。对于润滑不良的链传动,磨损往往是主要的失效形式。

(2)疲劳破坏

链的零件长期受变应力的作用,将产生疲劳破坏。在润滑充分、设计和安装正确的条件下,疲劳破坏通常是主要的失效形式。

(3)铰链胶合

当链轮转速达一定数值时,链节啮合时受到的冲击能量增大,销轴和套筒间润滑油膜被破坏,使两者的工作表面在很高的温度和压力下直接接触,从而导致胶合。因此,胶合在一定程度上限制了链传动的极限转速。

(4)链条静力拉断

低速($v<0.6$ m/s)时链条过载,就会被拉断。

5.4.2 额定功率

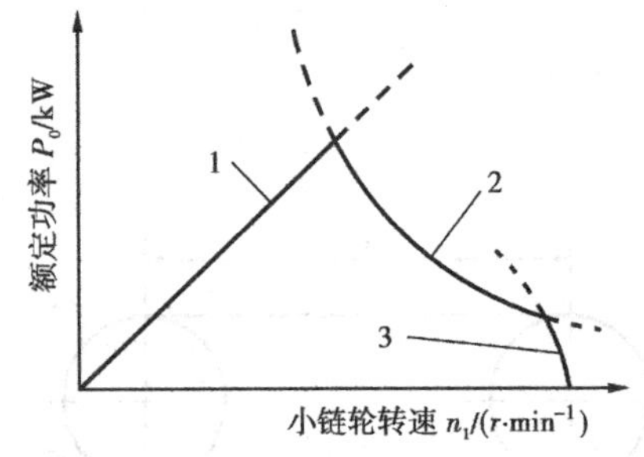

图5.14 滚子链额定功率曲线

在一定使用寿命和润滑良好条件下,由链传动的各种失效形式所限定的额定功率曲线如图5.14所示。润滑不良、工作环境恶劣的链传动,它所能传递的功率要比润滑良好的链传动低得多,详见有关手册。

为避免出现上述失效形式,如图5.15所示给出了A系列滚子链在特定条件下的额定功率曲线。实验条件为 $z_1=19$,$L_p=100$、单列链水平布置、载荷平稳、工作环境正常、按推荐的润滑方式润滑、使用寿命15 000 h;链因磨损而引起链节距的相对伸长量 $\Delta p/p \leqslant 3\%$。

实际使用中,与上述条件不同时,需作适当修正,由此得链传动的计算功率为

$$P_c = \frac{K_A P}{k_z k_p} \leqslant P_0 \tag{5.11}$$

式中 P_0——额定功率,kW,如图5.15所示;

P——名义传动功率,kW;

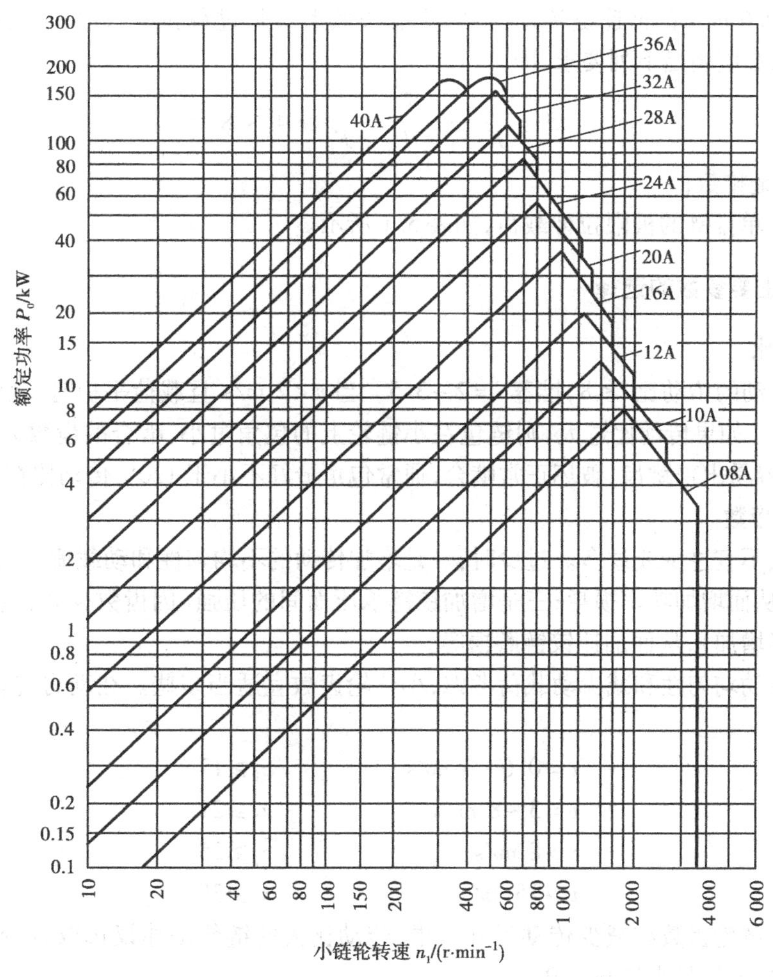

图 5.15　A 系列滚子链的额定功率曲线($v>0.6$ m/s)

k_z——小链轮齿数系数,如表 5.3 所示,当工作点落在图 5.15 中曲线顶点左侧时,取表中 k_z 值,当工作点落在曲线顶点右侧时,取表中 k_z'值;

k_p——多排链系数,如表 5.4 所示。

当工作寿命低于 15 000 h 时,其允许传递的功率可以高些。

表 5.3　小链轮齿数系数 k_z

z_1	9	11	13	15	17	19	21	23	25	27	29	31	33	35
k_z	0.446	0.554	0.664	0.775	0.887	1.00	1.11	1.23	1.34	1.46	1.58	1.70	1.82	1.93
k_z'	0.326	0.441	0.566	0.701	0.846	1.00	1.16	1.33	1.51	1.69	1.89	2.08	2.29	2.50

表 5.4　多排链系数 k_p

排数 z_p	1	2	3	4	5	6
k_p	1	1.7	2.5	3.3	4.0	4.6

对于 $v<0.6$ m/s 的低速链传动，链的主要失效形式是过载拉断，故应进行静强度校核。静强度安全系数应满足下列要求，即

$$S=\frac{z_p F_Q}{K_A F_1+F_c+F_f}\geqslant 4\sim 8 \tag{5.12}$$

式中 z_p——链排数；

F_Q——单排链的极限拉伸载荷，如表 5.1 所示。

5.4.3 主要参数的选择

(1)传动比

通常链传动的传动比 $i\leqslant 8$，推荐 $i=2\sim3.5$。当 $v<2$ m/s 且载荷平稳时，允许到 10(个别情况可到 15)。如果传动比过大，则链包在小链轮上的包角过小，啮合的齿数太少，这将加速轮齿的磨损，容易出现跳齿，破坏正常啮合，通常包角最好不小于 120°，传动比在 3 左右。

(2)链轮齿数

链轮齿数不宜过少或过多。过少时：一是增加传动的不均匀性和动载荷；二是增加链节间的相对转角，从而增加功率损耗；三是增加铰链承压面间的压强(因齿数少时，链轮直径小，链的工作拉力将增加)，从而加速铰链磨损等。

从增加传动均匀性和减少动载荷考虑，小链轮齿数宜适当多些。在动力传动中建议选取如下：

$v=0.6\sim3$ m/s　　$z_1\geqslant 17$

$v=3\sim8$ m/s　　$z_1\geqslant 21$

$v>8$ m/s　　$z_1\geqslant 25$

$v>25$ m/s　　$z_1\geqslant 35$

从限制大链轮齿数和减少传动尺寸考虑，传动比大的链传动建议选取较少的链轮齿数。当链速很低时，允许最少齿数为 9。

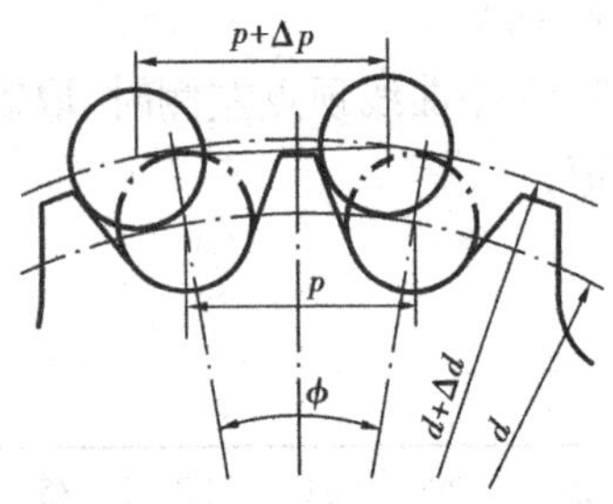

图 5.16　链节伸长对啮合的影响

链轮齿数太多将缩短链的使用寿命，是因为链节磨损后，套筒和滚子都被磨薄而且中心偏移，这时，链与轮齿实际啮合的节距将由 p 增至 $p+\Delta p$，链节势必沿着轮齿廓向外移，因而分度圆直径将由 d 增至 $d+\Delta d$，如图 5.16 所示。若 Δp 不变，则链轮齿数越多，分度圆直径的增量 Δd 就越大，所以链节越向外移，因而链从链轮上脱落下来的可能性也就越大，链的使用期限也就越短。因此，链轮最多齿数限制为 $z_{max}=120$。

在选取链轮齿数时，应同时考虑均匀磨损的问题。由于链节数多选用偶数，因此链轮齿数最好选质数或不能整除链节数的数。

(3)链速和链轮的极限转速

链速的提高受到动载荷的限制，故一般最好不超过 12 m/s。如果链和链轮的制造质量很高，链节距较小，链轮齿数较多，安装精度很高，以及采用合金钢制造的链，则链速也允许超过 20～30 m/s。

链轮的最佳转速和极限转速可参看图 5.15。图中接近于最大额定功率时的转速为最佳转速，功率曲线右侧竖线为极限转速。

(4)**链节距**

链节距越大,链和链轮齿各部分尺寸也越大,在一定条件下链的拉曳能力也越大,但传动的多边形效应增大,于是速度不均匀性、动载荷、噪声等都将增加。因此设计时,在承载能力足够的条件下,应选取较小节距的单排链,高速重载时,可选用小节距的多排链。载荷大、中心距小、传动比大时,一般选小节距多排链;速度不太高、中心距大、传动比小时选大节距单排链。

若已知计算功率 P_c 和转速 n_1,可由图5.15选取链型号;反之,由转速 n_1 和节距 p 可确定链能传递的功率。

(5)**中心距和链长**

当链速不变时,中心距小、链节数少,单位时间内同一链节的屈伸次数势必增多,因此会加速链的磨损。若中心距大、链较长,则弹性较好,抗振能力较高,又因磨损较慢,所以链的使用寿命较长。但中心距如果太大,又会发生松边上下振动的现象,使传动运行不平稳。推荐的最适合的中心距 $a=(30\sim50)p$ 和最大中心距 $a_{max}=80p$。有张紧装置或托板时,允许大于 $80p$。

最小中心距 a_{min} 受小链轮上包角不小于120°的限制,通常取为

$$i<4 \qquad a_{min}=0.2z_1(i+1)p$$

$$i\geqslant4 \qquad a_{min}=0.33z_1(i-1)p$$

链的长度用链节数 L_p 表示。将式(4.2)除以 p,并以 $d_1=\frac{z_1p}{\pi}$ 和 $d_2=\frac{z_2p}{\pi}$ 代入,得到计算链节数的公式为

$$L_p=\frac{z_1+z_2}{2}+2\frac{a}{p}+\left(\frac{z_2-z_1}{2\pi}\right)^2\frac{p}{a} \tag{5.13}$$

式中　a——链传动的中心距。

链节数必须取为整数,且最好为偶数。

然后根据圆整后的链节数用式(5.14)计算实际中心距。

$$a=\frac{p}{4}\left[\left(L_p-\frac{z_1+z_2}{2}\right)+\sqrt{\left(L_p-\frac{z_1+z_2}{2}\right)^2-8\left(\frac{z_2-z_1}{2\pi}\right)^2}\right] \tag{5.14}$$

5.5　链传动的布置、张紧和润滑

5.5.1　链传动的布置

为使链传动能工作正常,应注意其合理布置,布置的原则简要说明如下:

①两链轮的回转平面应在同一垂直平面内,否则易使链条脱落和产生不正常的磨损。

②两链轮中心连线最好是水平的,或与水平面成45°以下的倾角,尽量避免垂直传动,以免与下方链轮啮合不良或脱离啮合。如确有需要,则应考虑加托板或张紧轮等装置,并且设计较紧凑的中心距。

③常见合理布置形式如表5.5所示。

表 5.5 链传动的布置

传动参数	正确布置	不正确布置	说 明
$i=2\sim3$ $a=(30\sim50)p$ （i 与 a 较佳场合）	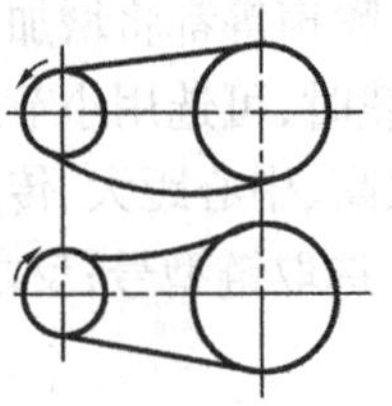		两轮轴线在同一水平面，紧边在上在下都可以，但在上好些
$i>2$ $a<30p$ （i 大 a 小场合）	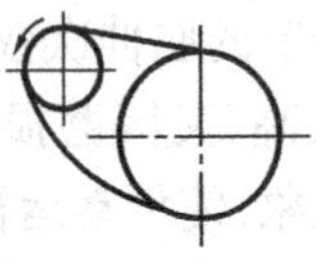	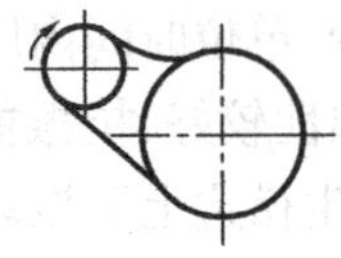	两轮轴线不在同一水平面，松边应在下面，否则松边下垂量增大后，链条易与链轮卡死
$i>1.5$ $a>60p$ （i 小 a 大场合）	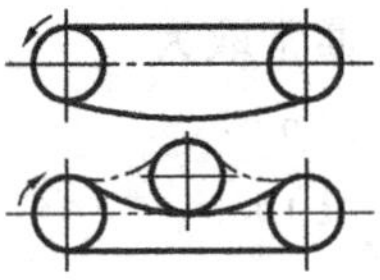		两轮轴线在同一水平面，松边应在下面，否则下垂量增大后，松边会与紧边相碰，需经常调整中心距
i、a 为任意值 （垂直传动场合）	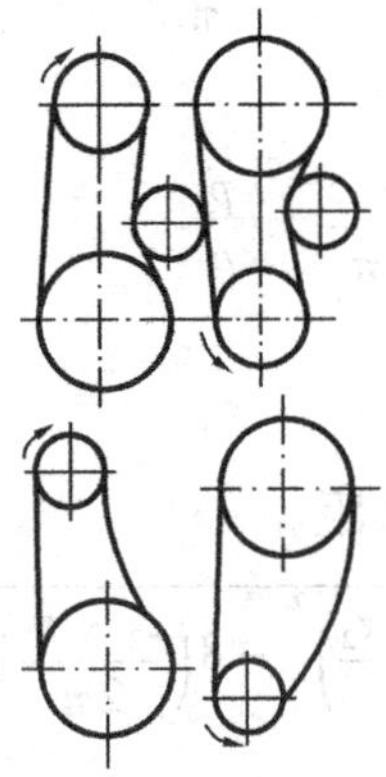	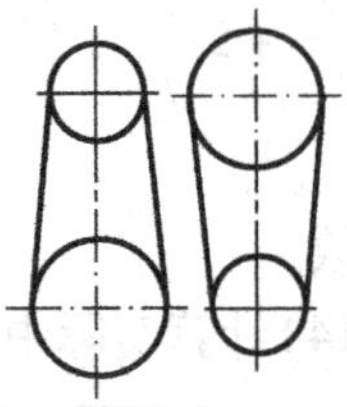	两轮轴线在同一铅垂面内，下垂量增大，会减少下链轮的有效啮合齿数，降低传动能力。为此应采用： ①中心距可调 ②设张紧装置 ③上、下两轮偏置，使两轮的轴线不在同一铅垂面内

5.5.2 张紧方法

链传动中如松边垂度过大，将引起啮合不良和链条振动现象，因此，链传动张紧的目的和带传动不同，张紧力并不决定链的工作能力，而只是决定垂度的大小。

张紧方法很多，最常见的是移动链轮以增大两轮的中心距。但如中心距不可调时，也可采用张紧轮传动，如图 5.17(a)、(b)所示。张紧轮应装在靠近主动链轮的松边上。不论是带齿的还是不带齿的张紧轮，其分度圆直径最好与小链轮的分度圆直径相近。不带齿的张紧轮可以用夹布胶木制成，宽度应比链约宽 5 mm。此外还可用压板或托板张紧（见图 5.17(c)、(d)）。中心距大的链传动用托板控制垂度更为合理。

5.5.3 链传动的润滑

铰链中有润滑油，有利于缓和冲击、减小摩擦和降低磨损。润滑条件良好与否对传动工作

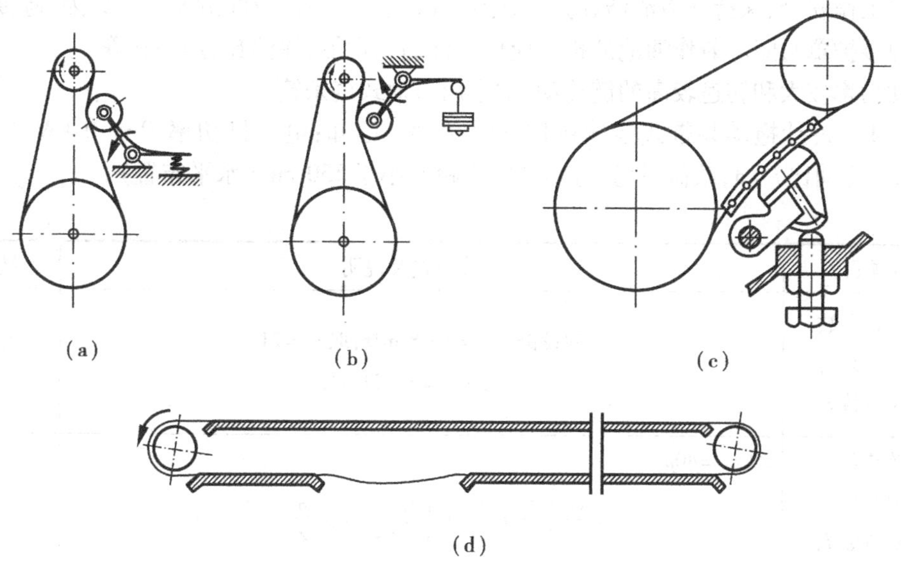

图 5.17 张紧装置

能力和寿命有很大影响。

链传动的润滑方法可以根据如图 5.18 所示选取。

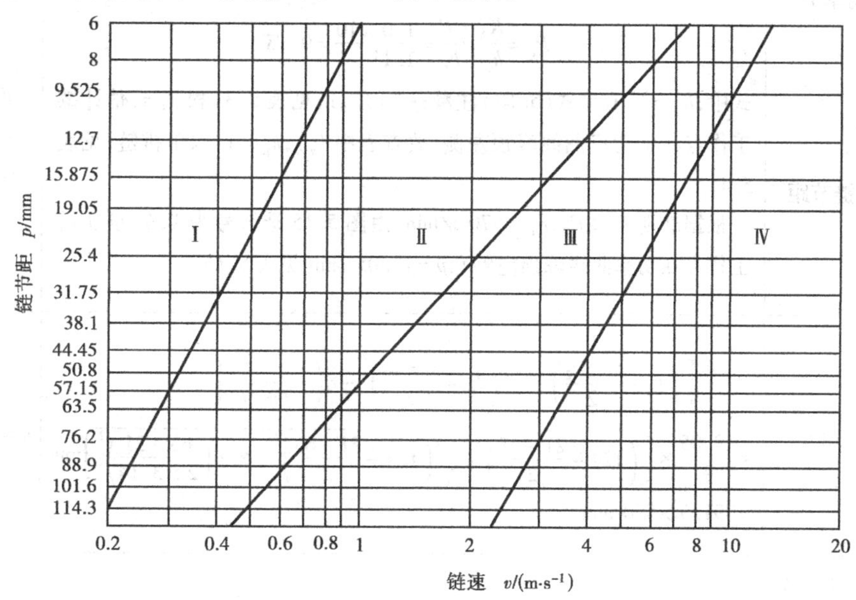

图 5.18 推荐使用的润滑方式

Ⅰ—人工定期润滑；Ⅱ—滴油润滑；Ⅲ—油浴或飞溅润滑；Ⅳ—压力喷油润滑

润滑时，应设法将油注入链活动关节间的缝隙中，并均匀分布在链宽上。润滑油应加在松边上，因这时链节处于松弛状态，润滑油容易进入各摩擦面之间。

链传动使用的润滑油牌号见有关手册。只有转速很慢又无法供油的地方，才可以用油脂代替。

采用喷镀塑料的套筒或粉末冶金的含油套筒，因有自润滑作用，允许不另加润滑油。

为了工作安全、保持环境清洁、防止灰尘侵入、减小噪声以及润滑需要等原因，链传动常用铸造或焊接护罩封闭。兼作油池的护罩应设置油面指示器、注油孔、排油孔等。

传动功率较大和转速较高的链传动，常采用落地式链条箱。

例 5.1 设计拖动某带式运输机用的链传动。已知：电动机功率 $P=10$ kW，转速 $n=970$ r/min，传动比 $i=3$，载荷平稳，链传动中心距不小于 550 mm（水平布置）。

解

设计项目	计算公式及说明	结果
1. 选择链轮齿数 小链轮齿数 z_1 大链轮齿数 z_2	假设链速 $v=3\sim8$ m/s，取 $z_1=21$ $z_2=i\cdot z_1=3\times21=63$	$z_1=21$ $z_2=63$
2. 确定链节距 初定中心距 a_0 计算链节数 L_p	取 $a_0=40p$ $L_p=\frac{z_1+z_2}{2}+\frac{2a}{p}+\left(\frac{z_2-z_1}{2\pi}\right)^2 g\frac{p}{z}$ $=\frac{21+63}{2}+\frac{2\times40p}{p}+\left(\frac{63-21}{2\times3.14}\right)\times\frac{p}{40p}$ $=123.12$	$L_p=124$
所需额定功率 P_c	取 $L_p=124$ $P_c=\frac{K_A\cdot P}{k_z\cdot k_p}=\frac{1.0\times10}{1.11\times1}=9$ kW 式中，$K_A=1.0$，见式(5.10)注释；$k_z=1.11$，见表 5.3（根据 n，估计链工作点在某功率曲线峰顶左侧，故查表中 k_z）；$k_p=1$，取单排链，见表 5.4。	$P_c=9$ kW
选链号、定链节距	根据准则 $P_c\leqslant P_0$，$n_1=970$ r/min，由图 5.15 选链号为 12A（证实链工作点在功率曲线峰顶左侧），$p=19.05$ mm（见表 5.1）	取单排链 链号：12A $p=19.05$ mm
3. 计算中心距 a	$a=\frac{p}{4}\left[\left(L_p-\frac{z_1+z_2}{2}\right)+\sqrt{\left(L_p-\frac{z_1+z_2}{2}\right)^2-8\left(\frac{z_2-z_1}{2\pi}\right)^2}\right]$ $=\frac{19.05}{4}\times\left[\left(124-\frac{21+63}{2}\right)+\sqrt{\left(124-\frac{21+63}{2}\right)^2-8\times\left(\frac{63-21}{2\times3.14}\right)^2}\right]$mm $=791.3>550$ mm	$a=791.3$ mm
4. 计算压轴力 Q 及链速 v	$v=\frac{z_1\cdot p\cdot n_1}{60\times1\,000}=\frac{21\times19.05\times970}{60\times1\,000}$ m/s $=6.47$ m/s 与假设链速范围相符	$v=6.47$ m/s
有效拉力 F_1	$F_1=\frac{1\,000P}{v}=\frac{1\,000\times10}{6.47}$ N $=1\,545.6$ N	$Q\approx1\,854.7$ N
压轴力 Q 确定润滑方式	$Q\approx1.2K_A\cdot F_1=1.2\times1.0\times1\,545.6$ N $=1\,854.7$ N 根据 $v=6.47$ m/s，$p=19.05$，由图 5.18 查得润滑方式	油浴或飞溅润滑

续表

设计项目	计算公式及说明	结 果
5. 计算链轮分度圆直径	$d_1=\dfrac{p}{\sin\dfrac{180^\circ}{z_1}}=\dfrac{19.05}{\sin\dfrac{180^\circ}{21}}\text{ mm}=127.82\text{ mm}$ $d_2=\dfrac{p}{\sin\dfrac{180^\circ}{z_2}}=\dfrac{19.05}{\sin\dfrac{180^\circ}{63}}\text{ mm}=382.18\text{ mm}$	$d_1=127.82$ mm $d_2=382.18$ mm
6. 确定其余尺寸	(略)	
7. 绘制链轮工作图	(略)	
8. 设计张紧、润滑等装置	(略)	

5.6 链传动设计禁忌

链传动具有可实现大转矩传动，并且对工作环境要求不高的优点而常用于工程上的输送机构。但设计时需注意它的缺点，尽量给予补足。

5.6.1 禁忌松边在上面

链传动应紧边在上、松边在下。当松边在上时，由于松边下垂度较大，链与链轮不宜脱开，有卷入的倾向。尤其在链离开小链轮时，这种情况更加突出和明显。如果链条在应该脱离时未脱离而继续卷入，则有将链条卡住或拉断的危险。因此，要避免使小链轮出口侧为渐进下垂。另外，中心距大、松边在上时，会因为下垂量的增大而造成松边与紧边的相碰，故应避免。

5.6.2 禁忌一个链条带动一条线上的多个链轮

在一条直线上有多个链轮时，应考虑每个链轮的啮合齿数，不能用一根链条将一个主动链轮的功率依次传给其他链轮。在这种情况下，只能采用多对链轮进行逐个轴的传动。

5.6.3 禁忌链轮水平布置

因为在重力作用下，链条会产生垂度，特别是两链轮中心距较大时，垂度更大，为防止链轮与链条的啮合产生干涉、卡链、甚至掉链的现象。因此，对于两链轮中心距较大时，禁止将链条水平布置。

5.6.4 两链轮轴线铅垂布置的合理措施

两链轮轴线在同一铅垂面内，链条下垂量的增大会减少下链轮的有效啮合齿数，降低传动能力。为此可采用以下措施：

①中心距设计为可调的。

②设计张紧装置。

③上、下两链轮偏置,使两轮的轴线不在同一铅垂面内。

④小链轮布置在上,大链轮布置在下。

5.6.5 链传动应用少量的油润滑

链条磨损率及传动寿命与润滑方式有直接关系,不加油磨损明显加大,润滑脂只能短期有效限制磨损,润滑油可以起到冷却、减少噪声、减缓啮合冲击、避免胶合的效果。应该注意,在加油润滑链条时,以尽量在局部润滑为好。同时不应该使链传动浸入大量润滑油中,以免搅油损失过大。

思考题

5.1 为什么在自行车中都采用链传动,而不用带传动?与带传动和齿轮传动相比较,链传动有何特点?

5.2 在多级传动中(包含带、链和齿轮传动),链传动布置在哪一级较合适?为什么?

5.3 什么是链传动的运动不均匀性?其产生的原因和影响不均匀性的主要因素是什么?

5.4 链传动中,由于磨损引起的链节距 p 伸长而导致的脱链,是先发生在小链轮上还是先发生在大链轮上?为什么?

5.5 链传动的主要失效形式有哪些?链传动设计中链轮齿数、链节距和传动中心距的选取原则是什么?

5.6 如图5.19所示链条传动的布置形式,小链轮为主动轮,在图5.19(a)、(b)、(c)、(d)、(e)、(f)所示的布置方式中,指出哪些是合理的,哪些是不合理的?为什么?(注:最小轮为张紧轮)

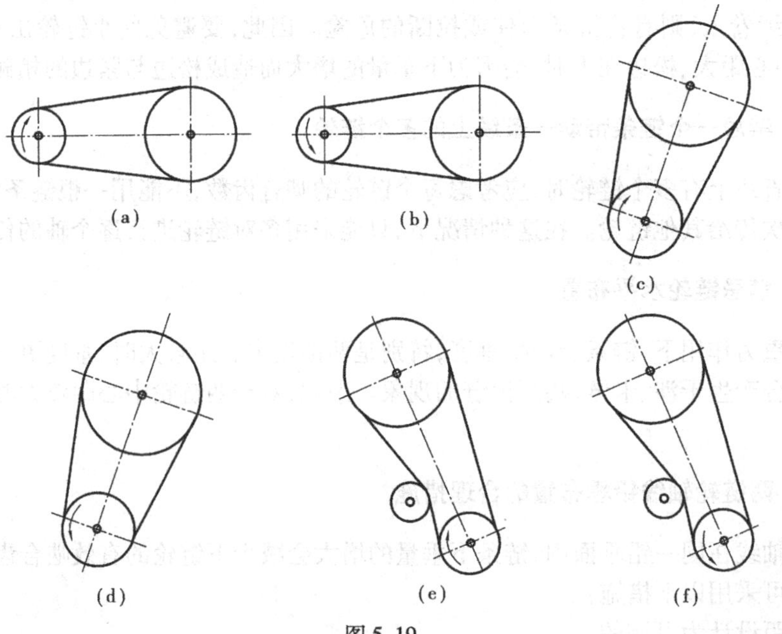

图5.19

习　题

5.1　有一滚子链传动，水平布置，采用10 A单排滚子链，小链轮齿数 $z_1=18$，大链轮齿数 $z_2=60$，中心距 $a\approx730$ mm，小链轮转速 $n_1=730$ r/min，电机驱动，载荷平稳。试计算

(1)链节数。

(2)链传动能传递的功率。

(3)链的紧边拉力。

(4)作用在轴上的压力。

5.2　设计一输送装置用的滚子链传动，已知：传递的功率 $P=12$ kW，主动轮转速 $n_1=960$ r/min，从动轮转速 $n_2=300$ r/min。传动由电机驱动，载荷平稳。

5.3　一双排滚子链传动，已知：传递的功率 $P=2$ kW，传动中心距 $a=500$ mm，采用链号为10 A的滚子链，主动链轮 $n_1=130$ r/min，$z_1=17$，电机驱动，中等冲击载荷，水平布置，静强度安全系数为7，试校核此链传动的强度。

5.4　设计一单排滚子链传动，其主动轮转速 $n_1=960$ r/min，从动轮转速 $n_2=320$ r/min。主动轮齿数 $z_1=21$，中心距 $a=762$ mm，滚子链极限拉伸载荷为31.1 kN，工作情况系数 $K_A=1.0$。试求该链条所能传递的功率。

第6章 螺旋传动

螺旋传动是利用螺母和螺杆组成的螺旋副工作的一种机械传动,应用很广。本章将讨论螺旋副的受力、效率和自锁,以及螺旋传动的类型、设计计算等问题。

6.1 螺旋副的受力分析、效率和自锁

6.1.1 矩形螺纹

螺旋副在轴向载荷 F 的作用下的相对运动,可看作推动滑块(重物)沿螺纹运动(见图6.1(a))。将螺纹沿其中径 d_2 展开,得到倾斜角为 ψ(即螺纹升角)的斜面(见图6.1(b)),则相当于滑块沿斜面运动。因此,可用滑块沿斜面运动时的受力分析替代螺旋副相对运动时的受力分析。

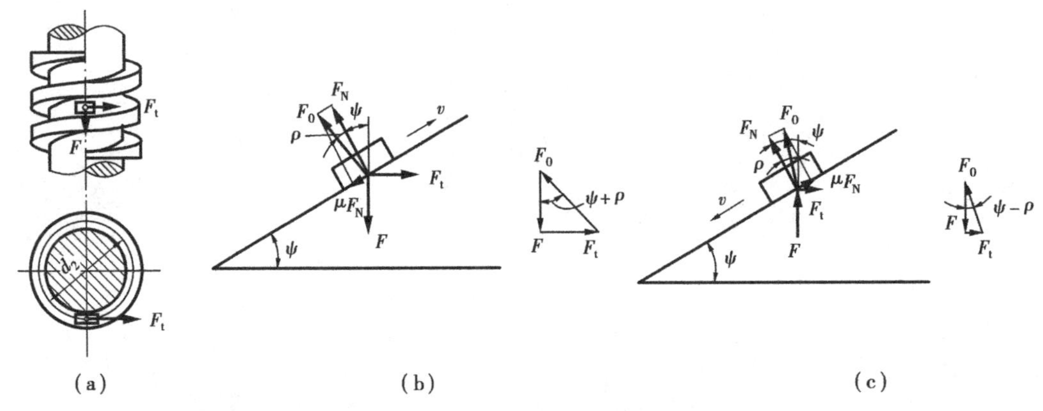

图6.1 矩形螺纹的受力分析

(1)滑块沿斜面等速上升

当滑块沿斜面等速上升时(见图6.1(b)),分析滑块受力。F 为轴向力,F_t 为作用于中径 d_2 处的水平推力,F_N 为法向反力,μF_N 为摩擦力沿斜面向下,μ 为摩擦系数。令 ρ 为摩擦角,则斜面对滑块的总反力 F_0 与 F 的夹角为 $\psi+\rho$。滑块在 F,F_t,F_0 这3个力作用下处于平衡状

态,根据平衡条件作力封闭图得

$$F_t = F\tan(\psi + \rho) \tag{6.1}$$

其中,螺纹升角为

$$\psi = \arctan\frac{S}{\pi d_2} = \arctan\frac{nP}{\pi d_2}$$

式中　S——螺纹导程;

n——螺纹线数;

P——螺距。

螺纹力矩 T 为

$$T = F_t\frac{d_2}{2} = \frac{1}{2}Fd_2\tan(\psi + \rho) \tag{6.2}$$

螺纹力矩用来克服螺旋副的摩擦阻力和升起重物。

螺旋转动一圈输入功为 $2\pi T$,此时升举滑块(重物)一个导程 S ($S = \pi d_2 \tan\psi$),而有效功为 $F \cdot S$,故螺旋副效率为

$$\eta = \frac{F \cdot S}{2\pi T} = \frac{\tan\psi}{\tan(\psi + \rho)} \tag{6.3}$$

(2)滑块沿斜面等速下降

当滑块沿斜面等速下降时(见图6.1(c)),分析滑块受力。此时轴向载荷 F 变为驱动力而 F_t 变为水平支持力,摩擦力沿斜面向上,斜面对滑块的总反力 F_0 与 F 夹角为 $\psi - \rho$,由力封闭图可得

$$F_0 = \tan(\psi - \rho) \tag{6.4}$$

由式(6.4)可知,当 $\psi < \rho$ 时,F_t 为负值。这表明要使滑块下滑,必须加一反方向的水平力 F_t。否则,不论力 F 有多大,滑块也不会在其作用下自行下滑。这种现象称为螺旋副的自锁。自锁条件为

$$\psi \leqslant \rho \tag{6.5}$$

6.1.2　非矩形螺纹

矩形螺纹牙型斜角 $\beta = 0°$,非矩形螺纹是指 $\beta \neq 0°$ 的三角形螺纹、梯形螺纹和锯齿形螺纹。比较如图6.2(a)和图6.2(b)所示可知,若略去螺纹升角的影响,在同样的轴向载荷 F 作用下,非矩形螺纹的法向力比矩形螺纹大。

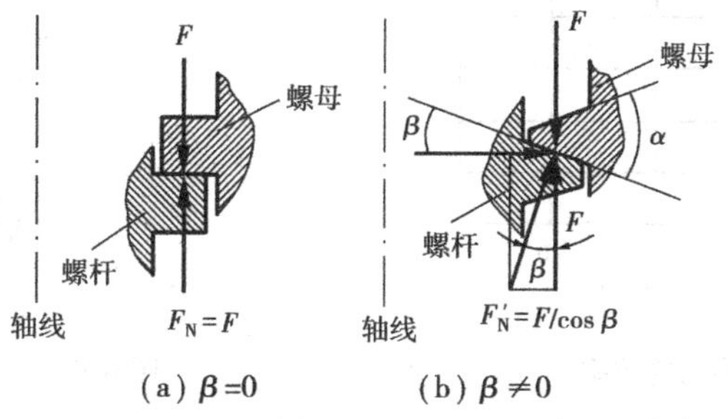

图6.2　矩形螺纹与非矩形螺纹的法向力

若将法向力的增加想象为摩擦系数的增加,则非矩形螺纹的摩擦阻力可写为

$$\frac{\mu F}{\cos\beta}=\frac{\mu}{\cos\beta}F=\mu_v F$$

式中　μ_v——当量摩擦系数,$\mu_v=\dfrac{\mu}{\cos\beta}=\tan\rho_v$;

ρ_v——当量摩擦角。

这样,非矩形螺纹螺旋副中力的关系、效率公式及自锁条件即可借用矩形螺纹相应的公式,仅需将μ,ρ分别改为μ_v,ρ_v即可。于是有

螺纹力矩为
$$T=\frac{1}{2}Fd_2\tan(\psi+\rho_v) \tag{6.6}$$

螺旋副效率为
$$\eta=\frac{\tan\psi}{\tan(\psi+\rho_v)} \tag{6.7}$$

螺旋副自锁条件为
$$\psi\leqslant\rho_v \tag{6.8}$$

当ρ_v一定时,由式(6.7)绘出ψ与η的关系曲线如图6.3所示。$\psi=45°-\dfrac{\rho}{2}$时,效率最高。但升角ψ过大使螺纹制造困难,且效率提高不明显,故一般ψ不超过25°。

例6.1　一螺旋起重器如图6.4所示。已知最大起重量$F=50$ kN;采用单线梯形螺纹,公称直径$d=40$ mm,螺距$P=7$ mm;中径$d_2=36.5$ mm,摩擦系数$\mu=0.09$。螺杆与托杯之间支承面的摩擦系数$\mu_c=0.10$,摩擦半径$r_f=\dfrac{D_i+D_0}{4}=20$ mm。

1)检验该起重器能否自锁;

2)求举起重物所需的驱动力矩;

3)求该起重器的总效率。

解　1)自锁性能

$$\psi=\arctan\frac{np}{\pi d_2}=\arctan\frac{1\times7}{36.5\pi}=3.49°=3°29'$$

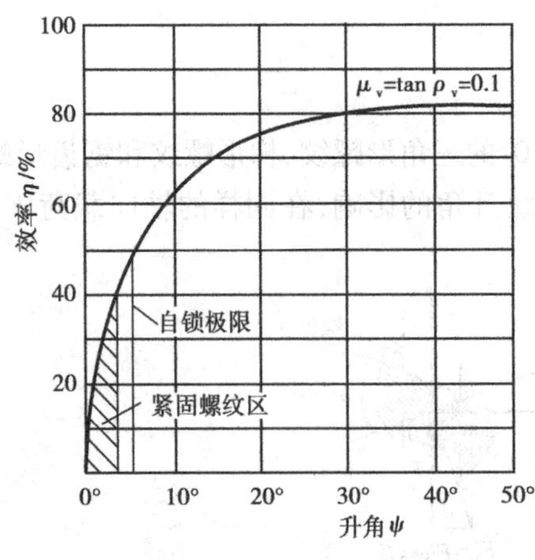

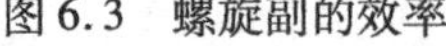

图6.3　螺旋副的效率

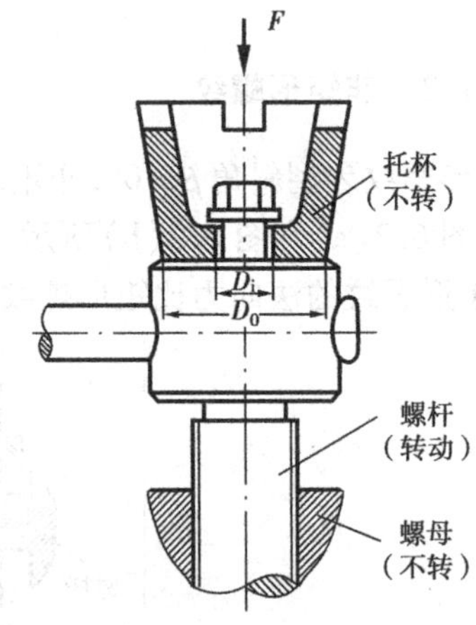

图6.4　螺旋起重器的上部结构

梯形螺纹的牙型斜角$\beta=15°$,其当量摩擦角为

$$\rho_v=\arctan\frac{\mu}{\cos\beta}=\arctan\frac{0.09}{\cos15°}=5.32°=5°19'$$

对于螺旋传动,为保证自锁可靠,实际应取 $\psi < \rho - 1°$(见式(6.14))。本例满足这一条件,故该起重器能够自锁。

2)驱动力矩

$$T = T_1 + T_2 = \frac{Fd_2}{2}\tan(\psi + \rho_v) + \mu_c F r_f$$

$$= 50 \times 10^3 \left(\frac{36.5}{2}\tan 8.81° + 0.10 \times 20\right) \text{N} \cdot \text{mm} = 241\ 426\ \text{N} \cdot \text{mm}$$

3)起重器的总效率

$$\eta = \frac{FnP}{2\pi T} = \frac{50 \times 10^3 \times 1 \times 7}{2\pi \times 241\ 426} = 23.07\%$$

6.2 螺旋传动的类型和应用

利用螺杆和螺母组成的螺旋副来实现传动要求的螺旋传动,主要用于将回转运动转变为直线运动,同时传递动力。

螺旋传动按其用途可分为3种类型:传力螺旋、传导螺旋和调整螺旋。传力螺旋以传递动力为主,要求以较小的转矩产生较大的轴向推力。如图6.5(a)所示的千斤顶和如图6.5(b)所示的压力机均属传力螺旋。这类螺旋受很大的轴向力,一般为间歇性工作,工作速度不高,通常要求具有自锁能力。传导螺旋以传递运动为主,如机床进给机构的螺旋(见图6.6)等。这类螺旋常在较长的时间内连续工作且工作速度较高,要求传动精度较高。调整螺旋用于调整并固定零部件的相对位置,如带传动张紧装置、测量仪器中的微调机构的螺旋等。调整一般在空载下进行,要求能自锁。

根据螺旋副的摩擦情况,螺旋传动可分为滑动螺旋、滚动螺旋和静压螺旋。滑动螺旋结构简单,便于制造,易于自锁,运用广泛,但其摩擦阻力大,效率低(一般为30% ~40%),磨损快,传动精度低,低速时可能产生爬行现象。滚动螺旋和静压螺旋摩擦阻力小,效率高(前者为90%以上,后者可达99%),但结构复杂,尤其是静压螺旋还需要供油系统。因此,只有在高精度、高效率的重要传动中,如数控、精密机床的螺旋传动中才使用。以下主要介绍滑动螺旋,其他两种只作简介。

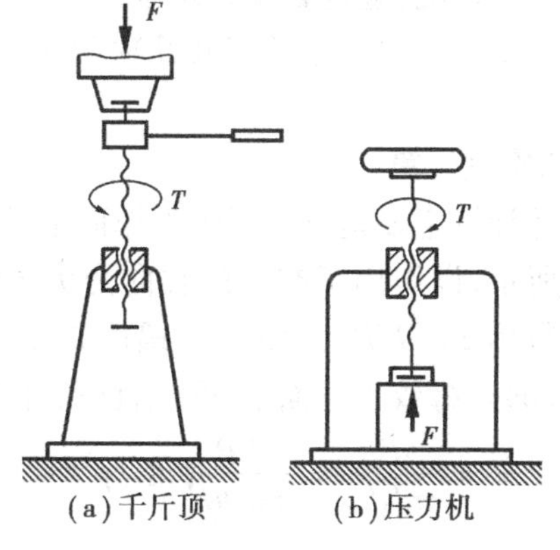

图6.5 传力螺旋图

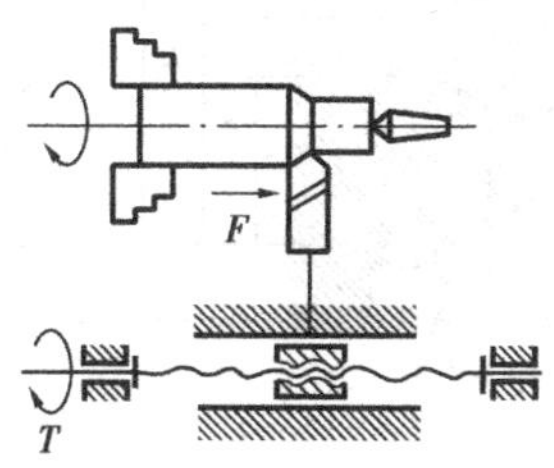

图6.6 传导螺旋

6.3　滑动螺旋传动的设计计算

6.3.1　滑动螺旋传动的螺纹类型

由螺旋副的受力分析可知矩形、梯形及锯齿形螺旋副效率较高,故在传动中得到应用。其中,梯形和锯齿形螺纹应用最广,锯齿形螺纹用于单向受力。矩形螺纹由于工艺性差,磨损后不能调整等原因,应用少。仪器中效率与省力不是主要问题,故也有用三角形螺纹的。传力螺旋和调整螺旋要求自锁时应采用单线螺纹。对于传导螺旋,为了提高传动效率以及直线运动速度,常采用多线(3~4 线)螺纹。螺杆常用右旋螺纹,只有在某些特殊场合才采用左旋螺纹。

6.3.2　螺杆和螺母的材料

螺杆材料应具有足够的强度、耐磨性以及良好的加工性,一般螺杆可选用 Q275,45 钢,50 钢,重要螺杆可选用 T12,65Mn,40Cr 钢等,并进行热处理。精密传动螺旋还要求热处理后有较好的尺寸稳定性,可用 9MnV,CrWMn,38CrMoAl 钢等。螺母材料除应具有足够的强度外,还要求与螺杆材料配合的摩擦系数小和耐磨。常用材料有铸锡青铜 ZCuSn10Pbl,ZCuSn6Pb1 等;重载低速时可选用高强度铸造铝青铜 ZCuAl10Fe3,ZCuAl10Fe3Mn2 等;重载调整螺旋的螺母可用 35 钢或球墨铸铁;低速轻载时可用耐磨铸铁。尺寸大的螺母,用钢或铸铁作外套,一般在内部浇注青铜,高速场合则浇注巴氏合金。

6.3.3　滑动螺旋传动的设计计算

螺旋传动的失效形式主要是螺纹磨损,因此螺杆的直径和螺母的高度通常由耐磨性条件确定。对于受力较大的传力螺旋,应校核螺杆危险截面以及螺母(或螺杆)螺纹牙的强度。要求自锁时,还应校核其自锁性。对于精密传导螺旋,应校核螺杆的刚度,螺杆直径常由刚度条件确定;对于长径比很大的受压螺杆,应校核其稳定性,螺杆直径也常由稳定性条件确定;对于高速长螺杆应校核其临界转速。设计时,要根据螺旋传动的实际情况,进行必要的计算。

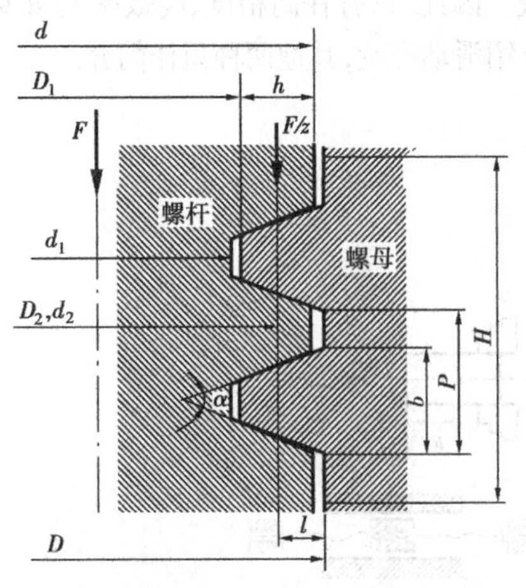

图 6.7　螺旋副的受力

下面主要介绍耐磨性计算及几项常用的校核计算方法。

(1)耐磨性计算

耐磨性计算主要是限制螺纹工作面上的压强 p。如图 6.7 所示,设作用于螺杆的轴向力为 F(N),螺纹工作圈数为 $z=H/P$,此处 H 为螺母高度(mm),P 为螺距(mm)。螺纹工作面上的耐磨性条件为

$$p=\frac{F}{\pi d_2 hz}=\frac{FP}{\pi d_2 hH}\leqslant[p] \qquad (6.9)$$

式中　d_2——螺纹中径,mm;

h——螺纹工作高度,mm,梯形和矩形螺纹 $h=0.5P$,3°/30°的锯齿形螺纹 $h=0.75P$;

$[p]$——许用压强,MPa,如表6.1所示。

表6.1　滑动螺旋传动的许用压强$[p]$/MPa

螺杆	螺母材料	滑动速度/($m\cdot s^{-1}$)	许用压强$[p]$
钢	青铜	低速	18~25
钢	钢		7.5~13
钢	铸铁	<0.04	13~18
钢	青铜	<0.05	11~18
钢	铸铁	0.1~0.2	4~7
钢	耐磨铸铁		6~8
钢	青铜		7~10
淬火钢	青铜		10~13
钢	青铜	>0.25	1~2

注:$\phi<2.5$ 或人力驱动时,$[p]$可提高约20%;若为剖分螺母时,$[p]$应降低15%~20%。

为了导出设计公式,令 $\phi=H/d_2$,则 $H=\phi d_2$,代入式(6.9)整理后,得

$$d_2 \geqslant \sqrt{\frac{FP}{\pi\phi h[p]}} \tag{6.10}$$

对于整体螺母,磨损后间隙不能调整,为使受力分布比较均匀,螺纹工作圈数不宜太多,取 $\phi=1.2\sim2.5$;对于剖分螺母和兼作支承的螺母,可取 $\phi=2.5\sim3.5$;传动精度较高,载荷较大,要求寿命较长时,才允许取 $\phi=4$。

根据式(6.10)算出 d_2 后,按国家标准选取相应的公称直径 d 和螺距 P。螺纹工作圈数不宜大于10。

(2)**螺杆的强度计算**

工作时螺杆受压力(或拉力)F 和扭矩 T 的联合作用。其截面上既有压缩(或拉伸)应力,又有切应力。根据第四强度理论,其强度条件为

$$\sigma_{ca}=\sqrt{\left(\frac{4F}{\pi d_2}\right)^2+3\left(\frac{T}{0.2d_1}\right)^2}\leqslant[\sigma] \tag{6.11}$$

式中　$[\sigma]$——螺杆的许用压(拉)应力,MPa,如表6.2所示。

表6.2　螺杆和螺母的许用应力/MPa

材料		许用应力		
		$[\sigma]$	$[\sigma_b]$	$[\tau]$
螺杆	钢	$\dfrac{\sigma_s}{3\sim5}$		

续表

材料		许用应力		
		$[\sigma]$	$[\sigma_b]$	$[\tau]$
螺母	青钢		40～60	30～40
	耐磨铸铁		50～60	40
	灰铸铁		45～55	40
	钢		$(1.0\sim1.2)[\sigma]$	$0.6[\sigma]$

注:1. σ_s 为材料屈服极限。

2. 载荷稳定时,许用应力取大值。

(3)**螺纹牙强度计算**

螺纹牙的剪切和弯曲破坏多发生在螺母上。将螺母的一圈螺纹牙展开,相当于一根悬臂梁(见图6.8)。螺纹牙的剪切和弯曲强度条件分别为

$$\tau = \frac{F}{\pi D b z} \leqslant [\tau] \tag{6.12}$$

$$\sigma_b = \frac{6Fl}{\pi D b^2 z} \leqslant [\tau] \tag{6.13}$$

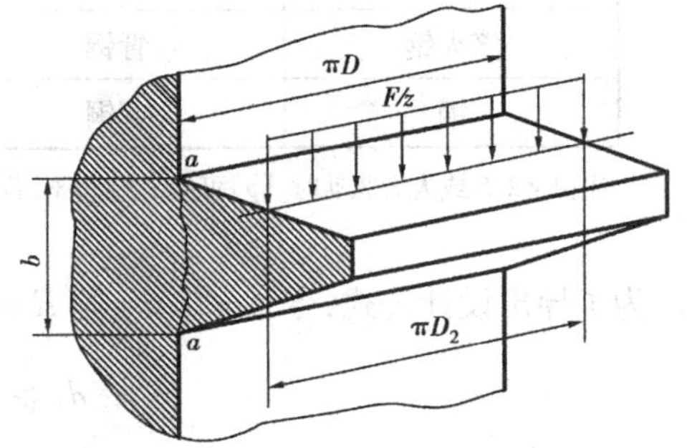

图6.8 螺母螺纹牙受力

式中 D——螺母螺纹大径,mm;

b——螺纹牙根部的厚度,mm;梯形螺纹 $b=0.65P$,矩形螺纹 $b=0.5P$,3°/30°的锯齿形螺纹 $b=0.75P$;

l——弯曲力臂,mm$\left(\text{见图6.7}, l=\dfrac{D-D_2}{2}\right)$;

$[\tau]$,$[\sigma]$——螺母螺纹牙的许用切应力和弯曲应力,如表6.2所示。

若螺杆和螺母材料相同,由于螺杆的小径 d_1 小于螺母螺纹的大径 D,故应校核螺杆螺纹牙的强度,这时式(6.12)、式(6.13)中的 D 应改为 d_1。

(4)**自锁性计算**

要求自锁的螺旋传动,由于当量摩擦角不是稳定的值,为保证自锁可靠,实际上应取螺纹升角为

$$\psi < \rho - 1° \tag{6.14}$$

当量摩擦系数 μ_v,如表6.3所示。

表6.3 滑动螺旋副的当量摩擦系数(定期润滑)

螺杆和螺母的材料	钢-青铜	钢-耐磨铸铁	钢-灰铸铁	钢-钢	淬火钢-青铜
当量摩擦系数	0.08～0.10	0.10～0.12	0.12～0.15	0.11～0.17	0.06～0.08

注:启动时取大值,运转中取小值。

(5)**螺杆稳定性计算**

螺杆受压时的稳定性条件为

$$\frac{F_{cr}}{F} \geqslant 2.5 \sim 4 \tag{6.15}$$

式中　F_{cr}——螺杆的临界载荷，N。

螺杆的临界载荷根据螺杆柔度 $\lambda = 4XL/d_1$，以及材料性能选用以下的公式进行计算：

当 $\lambda \geqslant 90$（未淬火钢）及 $\lambda \geqslant 85$（淬火钢）时，则

$$F_{cr} = \frac{\pi^2 EI}{(XL)^2}$$

当 $\lambda < 90$（未淬火钢）时，则

$$F_{cr} = \frac{340}{1 + 1.3 \times 10^{-4}\lambda^2} \cdot \frac{\pi d_1^2}{4}$$

当 $\lambda < 85$（淬火钢）时，则

$$F_{cr} = \frac{490}{1 + 2 \times 10^{-4}\lambda^2} \cdot \frac{\pi d_1^2}{4}$$

当 $\lambda < 40$ 时，不必进行稳定性校核。

式中　L——螺杆最大工作长度，mm；

I——螺杆危险截面的轴惯性矩，$I = \frac{\pi d_1^4}{64}$，mm^4；

E——螺杆材料的弹性模量，$E = 2.06 \times 10^5$ MPa；

X——长度系数，与螺杆端部结构有关，如表6.4所示。

当式(6.15)得不到满足时，应适当增大螺杆小径 d_1。

表6.4　长度系数 X

螺杆端部结构	X
两端固定	0.5 （一端不完全固定时取0.6）
一端固定，一端铰支	0.7
两端铰支	1
一端固定，一端自由	2

注：采用滑动支承时，若 l_0 为支承长度，d_0 为支承孔直径，则

$l_0/d_0 < 1.5$——铰支；$l_0/d_0 = 1.5 \sim 3$——不完全固定；

$l_0/d_0 > 3$——固定。采用滚动支承时：只有径向约束——铰支；径向和轴向均有约束——固定。

6.4　滚动螺旋传动简介

滚动螺旋传动又称滚动丝杠副或滚动丝杠传动，如图6.9所示。螺杆与旋合螺母的螺纹滚道间置有适量滚动体，滚动体通常为滚珠。当螺杆或螺母转动时，螺旋副间形成滚动摩擦，滚珠沿螺纹滚道滚动，经导路出而复入。滚动方式可分为外循环与内循环两种。

外循环方式（见图6.9(a)），可分为螺旋槽式和插管式。螺旋槽式是在螺母外圆柱表面

有螺旋形回球槽，槽的两端有通孔与螺母的螺纹滚道相切，形成钢球循环通道；插管式和螺旋槽式原理相同，是采用外接套管作为钢球的循环通道，但无论是哪种结构，为引导钢球在通孔内顺利出入，在孔口都置有挡球器。外循环方式结构简单，但螺母的结构尺寸较大，特别是插管式，同时挡球器端部易磨损。

内循环方式（见图6.9(b)），在螺母上开有侧孔，孔内镶有返向器，将相邻两螺纹滚道联接起来，钢球从螺纹滚道进入返向器，越过螺杆牙顶进入相邻螺纹滚道，形成循环回路。该种循环方式，螺母径向尺寸较小，和滑动螺旋副大致相同。钢球循环通道短，有利于减少钢球数量，减小摩擦损失，提高传动效率，但返向器回行槽加工要求高，不适宜重载传动。

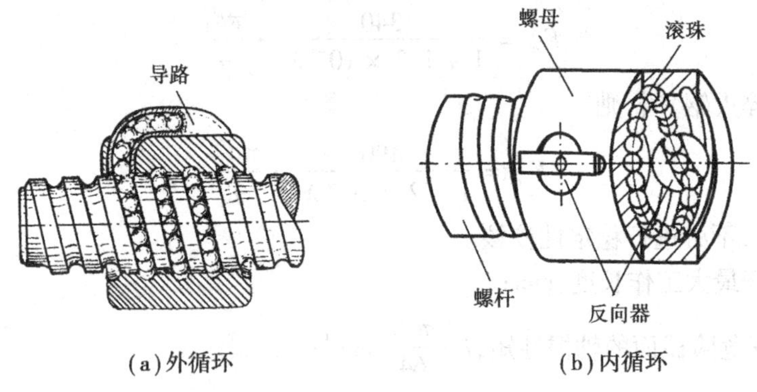

(a)外循环　　(b)内循环

图6.9　滚动螺旋传动

滚动螺旋传动的优点是传动效率高、启动力矩小、传动灵敏平稳、寿命长；缺点是结构复杂、制造困难、刚性和抗振性较差，不能自锁，需加防逆转装置。滚动螺旋在机床、汽车、航空等领域中应用较多。

6.5　静压螺旋传动简介

静压螺旋传动的工作原理如图6.10所示。

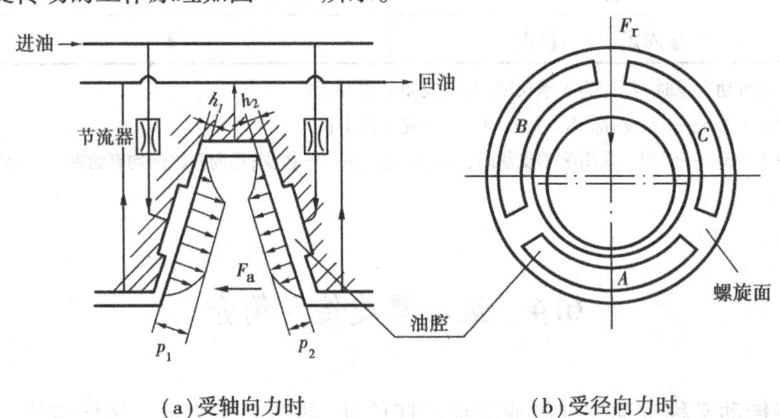

(a)受轴向力时　　(b)受径向力时

图6.10　静压螺旋传动的工作原理

压力油通过节流器进入螺母螺纹牙两侧的油腔，然后经回油通路流回油箱。当螺杆不受力时，螺杆处于中间位置，螺纹牙两侧的间隙和油腔的压力都相等。当螺杆受到轴向力 F_a 向左移时(见图6.10(a)),间隙 h_1 减小,h_2 增大。由于节流器的调节作用,使间隙减小一侧油压 p_1 大于另一侧油压 p_2,从而产生一平衡 F_a 的液压力。当螺杆受径向力 F_r 向下移时(见图6.10(b)),如果螺母每圈螺纹牙侧开3个油腔,此时,油腔 A 侧间隙减小,B 和 C 侧间隙增大,同样由于节流器的作用,A 侧油压增高,B,C 侧油压降低,从而产生一平衡 F_r 的液压力。当螺杆受弯曲力矩时,也具有平衡的能力。因此,螺旋副处于流体摩擦状态。

静压螺旋传动的优点是传动效率高,启动力矩小,寿命长,传动灵敏,刚性和抗振性能好。它适于在各种转速、载荷下工作。其缺点是结构复杂,不能自锁,需要一套要求较高的供油系统,成本高。

6.6　螺旋传动设计禁忌

6.6.1　螺旋传动材料选择禁忌

螺杆与螺母不能选择相同的材料,如果螺杆与螺母都选用碳钢或合金钢,这样采用硬碰硬材料的设计会导致材料加剧磨损,应该在考虑材料配对时,既要有一定的强度,又要保证材料配对时磨损系数小。因此,通常螺杆采用硬材料,即碳钢及其合金钢;螺母采用软材料,即铜基合金,如铸造锡青铜等,低速不重要的传动也可用耐磨铸铁。

6.6.2　滑动螺旋传动

滑动螺旋传动主要失效形式是螺纹磨损,因此,滑动螺旋传动的基本尺寸(螺杆直径和螺母高度)是根据耐磨条件确定的。在设计时,应根据螺旋传动的类型、工作条件以及失效形式,选择不同的设计准则,而不必逐项进行校核。

(1)自锁计算禁忌

滑动螺旋传动设计时一定要满足自锁条件,按一般自锁条件,螺旋升角只要小于或等于当量摩擦角即可,即 $\psi \leqslant \rho$。但在滑动螺旋传动设计时,不能按一般自锁条件来计算,为了安全起见,必须满足螺旋升角小于或等于当量摩擦角减小一度,即应满足 $\psi < \rho - 1°$。

(2)螺母圈数设计禁忌

螺旋传动的主要失效形式是磨损,因此,应根据耐磨性计算求出螺母的圈数。如果得出圈数 $z \geqslant 10$ 是不合理的,因为螺母圈数越多,各个圈中的受力越不均匀,因此,应该重新调整参数进行计算,使计算出来的螺母圈数 $z < 10$。

(3)系数 $\phi = H/d_2$ 的选择禁忌

耐磨性计算时,系数 ϕ 的选择忌偏大,否则,螺母高度过大,各圈受力可能不均。因为在推导公式过程中,为了消掉一个未知数,引入系数 $\phi = H/d_2$,其中,H 为螺母旋合高度,d_2 为螺纹中径。对于整体式螺母,磨损后间隙不能调整,为了使螺母各圈受力尽量均匀,系数 ϕ 应取小值,通常取 $\phi = 1.2 \sim 2.5$;对于剖分式螺母,磨损后间隙可调整,或需螺母兼作支承而受力较大时,可取 $\phi = 2.5 \sim 3.5$;对于传动精度较高、要求寿命较长时,才允许 $\phi = 4$。

(4)螺纹牙强度计算禁忌

在做螺纹牙强度计算时,计算螺杆是不对的,因为螺杆是硬材料(钢或合金钢),而螺母是软材料(铜基合金),螺纹牙的剪断和弯断多发生在强度低的螺母上,因此,只需计算螺母的剪切强度和弯曲强度即可。

(5)螺杆稳定性计算禁忌

在做螺杆稳定性计算时,忌长度折算系数 X 判断及选择不合理。长度折算系数 X 与螺杆端部的支承情况有关,应该按不同支承情况选取支承情况长度折算系数 X。

6.6.3 滚动螺旋传动

为保证滚动螺旋副的正常工作,除了要正确选择滚动螺旋副的类型和尺寸外,还要针对滚动螺旋的传动特点,在设计中应注意以下问题:

(1)防止逆转

滚动螺旋副不能自锁,设计中为防止螺旋副受力后逆转,需设置防止逆转的装置,如采用制动电机、步进电机,在传动系统中设置自锁机构或离合器。

(2)限位装置

限位装置的设置,既可防止螺母的脱出、滚动体的脱落,同时也可避免螺母卡死。限位装置可采用传感器、限位开关、限位挡块等,为保险起见,一般几种同时组合使用。

(3)润滑和密封

为提高螺旋传动效率,延长使用寿命,应保持螺旋副良好的润滑状态,为此,要做好防护和密封,使滚动体运转顺畅,以免因磨损而使滚动螺旋丧失精度。

设计中还应注意,不要使丝杠螺母承受径向载荷和力矩载荷,否则会大大缩短滚珠丝杠寿命或引起不良运行。

思考题

6.1 比较三角形螺纹、梯形螺纹和矩形螺纹螺旋副的效率和自锁性。

6.2 螺纹的线数与螺旋副的效率、自锁性有什么关系?

6.3 简述螺旋传动的类型、特点和应用。

6.4 如何根据滑动螺旋传动的失效形式,拟订计算准则,进行设计计算?

习 题

6.1 如图 6.11 所示传动的螺杆,采用单线梯形螺纹,$d = 40$ mm,$P = 7$ mm,$d_2 = 36.5$ mm,止推环平均直径 $d_1 = 75$ mm,螺纹表面间摩擦系数 $\mu = 0.15$,止推环 1 与支承面 2 的摩擦系数 $\mu_c = 0.1$。试求:

(1)能否自锁;

(2)传动螺杆效率。

6.2 设计如图 6.12 所示千斤顶的螺杆和螺母的主要尺寸。起重量为 40 kN,起重高度 200 mm,材料自选。

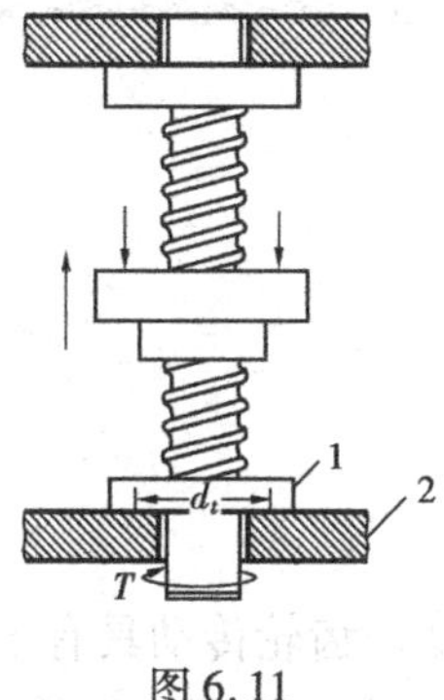

图6.11

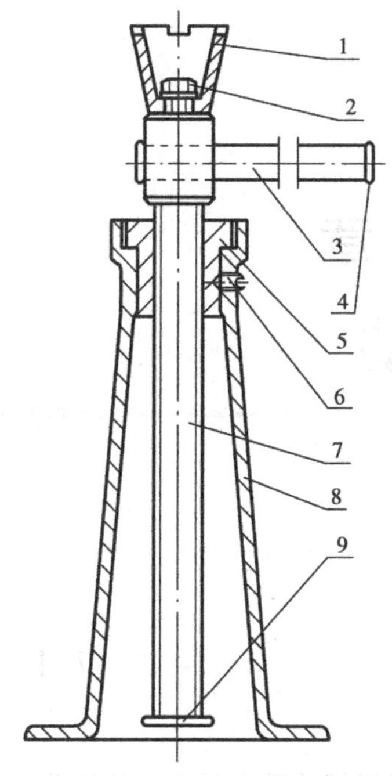

图6.12

1—托杯;2—螺钉;3—手柄;4—挡环;5—螺母;
6—紧定螺钉;7—螺杆;8—底座;9—挡环

第 7 章 齿轮传动

7.1 概　述

齿轮传动是机械传动中最重要的传动之一,形式多样,应用广泛。齿轮传动具有丰富的内容,经过长期的研究和实践,已经建立了系统的齿轮啮合理论和日益完善的强度计算方法,并制订了相应的国家标准。本章只介绍齿轮啮合的基本概念和常用的、经过简化的强度计算方法。齿轮传动设计涉及选择类型、选择材料和热处理方式、选择参数、确定主要尺寸以及选择结构等方面。

7.1.1 齿轮传动的分类

齿轮传动的分类如表 7.1 所示,其中按轴的布置方式和齿线相对于齿轮母线方向分类的传动类型如图 7.1 所示。本章主要介绍最常用的渐开线齿轮传动。

表 7.1 齿轮传动分类

按轴的布置方式分	平行轴,相交轴,交错轴
按齿线相对于齿轮母线方向分	直齿,斜齿,人字齿,曲线齿
按齿轮传动工作条件分	闭式,开式,半开式
按齿廓曲线分	渐开线齿,摆线齿,圆弧齿
按齿轮硬度分	软齿面,中硬齿面,硬齿面

注:1. 闭式传动封闭在箱体内并能得到良好的润滑;开式传动是外露的,不能保证良好的润滑;半开式传动的齿轮浸入油池内,上装护罩,不封闭。

2. 中硬齿面是指硬度值在 350HB 左右。

在图 7.1 中,图 7.1(a)、(b)和(c)均属平行轴之间的传动,分别为直齿圆柱齿轮传动、斜齿圆柱齿轮传动和内齿轮传动。图 7.1(d)为齿轮齿条传动,实现旋转和直线运动的转换。图 7.1(e)和(f)属相交轴之间的传动,分别为直齿圆锥齿轮传动和斜齿圆锥齿轮传动。图 7.1

(g)、(h)和(i)属交错轴之间的传动,分别为螺旋齿轮传动、蜗杆传动和准双曲面齿轮传动。其中,蜗杆传动将在第8章介绍。

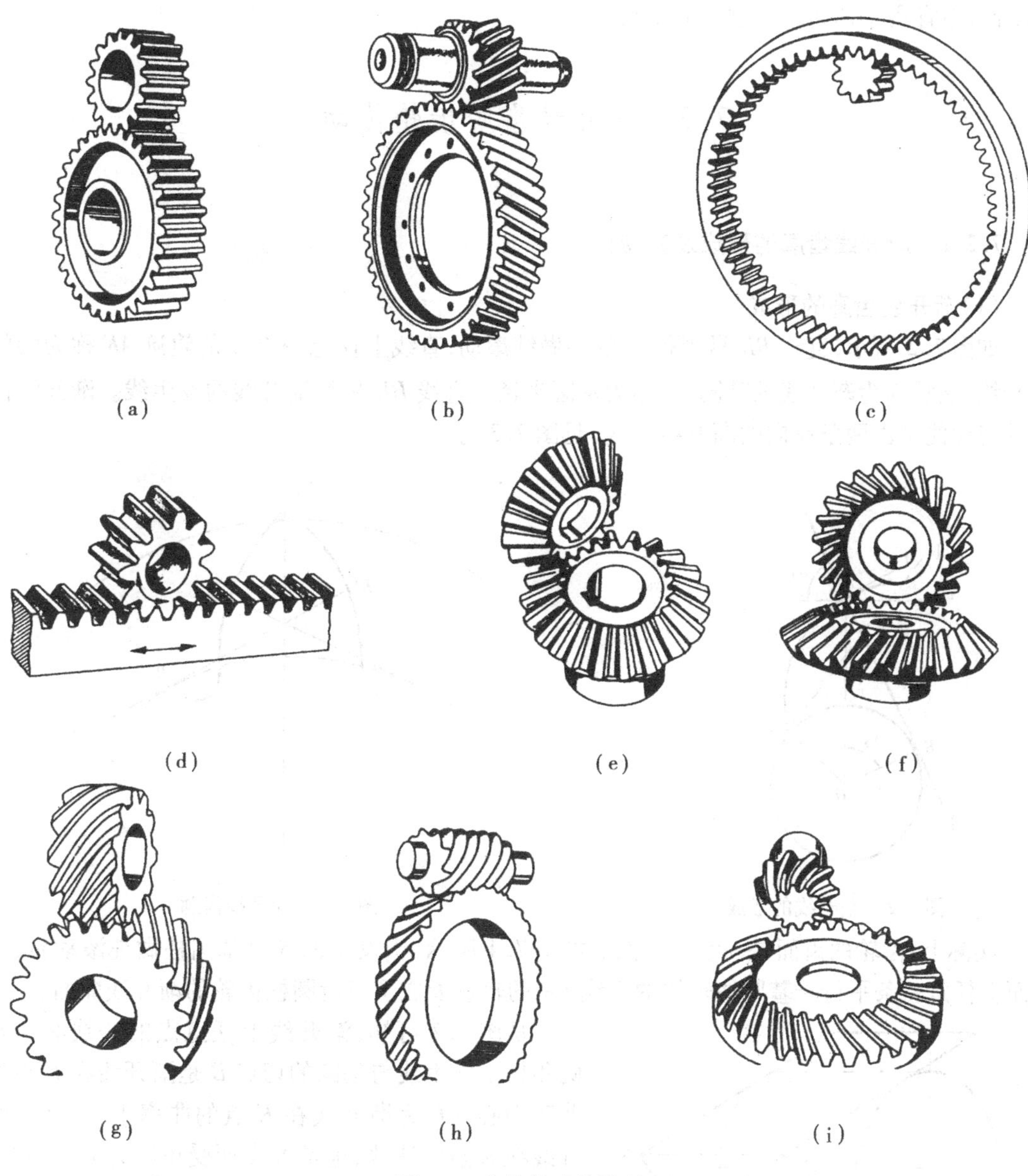

图7.1　齿轮传动的类型

7.1.2　齿轮传动的特点和应用

齿轮传动的主要特点如下:

①瞬时传动比为常数。这是对传动性能的基本要求。

②结构紧凑。在同样的使用条件下,齿轮传动空间尺寸一般较其他传动要小。

③传动效率高。在常用的机械传动中,齿轮传动效率最高,单级传动效率可达99%。

④工作可靠,使用寿命长。设计制造正确,使用维护良好,正常工作寿命可长达一二十年。

⑤功率和速度适用范围广。传递功率可高达数万千瓦,圆周速度可达150 m/s(最高可达

300 m/s)。

由于这些特点,齿轮传动应用非常广泛。但齿轮轮齿的切制较复杂,成本较高,安装精度要求高,不宜用于轴间距离过大的传动。

7.2 渐开线齿廓齿轮传动

7.2.1 渐开线齿廓的形成及其特性

(1)渐开线齿廓的形成

如图7.2所示,直线BK沿半径r_b的圆做纯滚动,直线上任意一点K的轨迹AK称为圆的渐开线,该圆称为渐开线的基圆,r_b称为基圆半径。直线BK称为渐开线的发生线。渐开线齿轮的齿廓便是由两条反向的渐开线形成(见图7.3)。

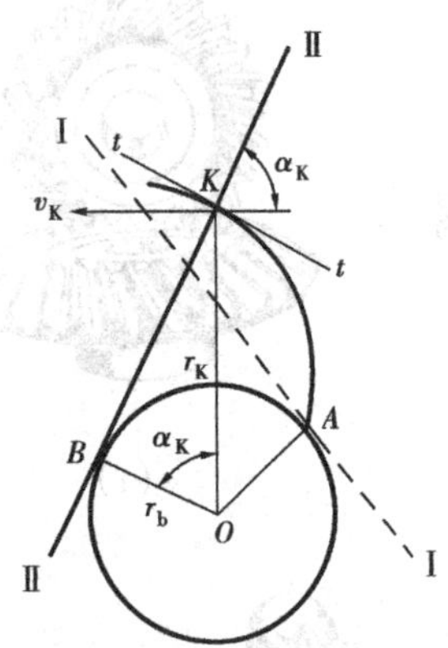

图7.2 渐开线的形成

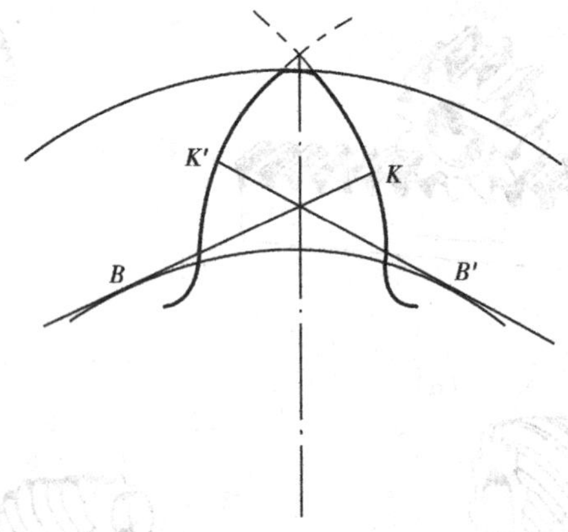

图7.3 渐开线齿廓

实际上,齿轮的齿面是一空间曲面。如图7.4所示,当发生面S沿基圆柱做纯滚动时,其S面上任意一条平行于基圆柱轴线的直线KK的轨迹展成了直齿圆柱齿轮的渐开线曲面。

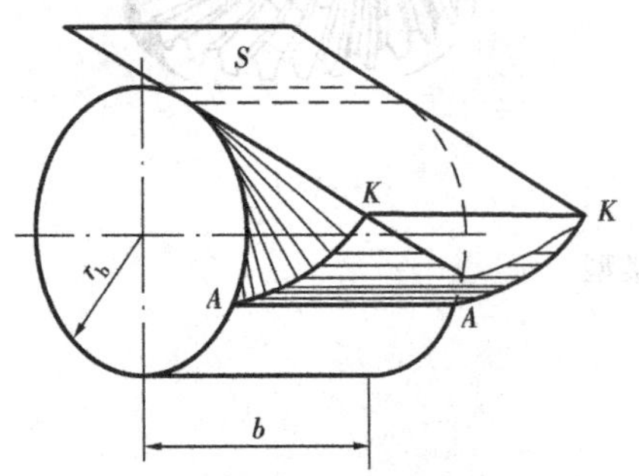

图7.4 渐开线曲面的形成

从图7.2可知,渐开线上任意点的法线必与基圆相切。发生线与基圆的切点B是渐开线在K点的曲率中心,BK为渐开线在K点的曲率半径,又是渐开线在K点的法线,也是K点所受正压力的方向线。BK直线与K点的圆周速度v_K方向线所夹锐角α_K,称为渐开线在K点的压力角,其值为

$$\alpha_K = \arccos\frac{OB}{OK} = \arccos\frac{r_b}{r_K} \tag{7.1}$$

式中 r_b——渐开线的基圆半径;

r_K——渐开线上任意点的向径。

(2)渐开线齿廓的主要性质

由渐开线的形成过程可知,渐开线齿廓具有以下主要性质:

①渐开线上各点的压力角不等，向径 r_K 越大，压力角 α_K 越大。

②渐开线的形状取决于基圆的大小如图7.5所示，基圆小，渐开线变曲；基圆大，渐开线平直；当基圆半径趋于无穷大时，渐开线变为直线，故渐开线齿条的齿廓曲线即为直线。

③基圆内无渐开线。

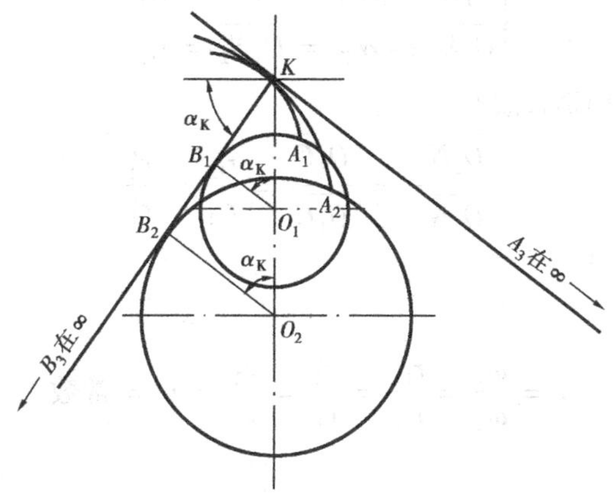

图7.5　基圆大小对渐开线形状的影响

7.2.2　渐开线齿廓的运动特性

如图7.6所示，设两个渐开线齿轮的基圆半径分别为 r_{b1} 和 r_{b2}，两齿廓 E_1 和 E_2 在任意点 K 相接触，点 K 称为啮合点。过 K 点作两齿廓的公法线 $n—n$ 必与两基圆相切，其切点分别为 N_1 和 N_2。直线 $N_1—N_2$ 称为理论啮合线。由于两基圆半径和圆心位置均已确定，所以在同一方向只有一条内公切线 $n—n$，即不论两齿廓在何处啮合，过接触点所作的内公切线都必是直线 $n—n$。因此，$n—n$ 直线与两圆心连线$\overline{O_1O_2}$的交点 C 为一定点。而被 C 点所截两线段$\overline{O_1C}$和$\overline{O_2C}$为定长，点 C 称为节点。以 O_1 和 O_2 为圆心，分别过节点 C 所作的两个圆，称为节圆，其半径分别用 r_1' 和 r_2' 表示。$\overline{O_1N_1}$ 和 $\overline{O_1N_2}$与连心线 O_1O_2 的夹角称为啮合角，用 α' 表示。

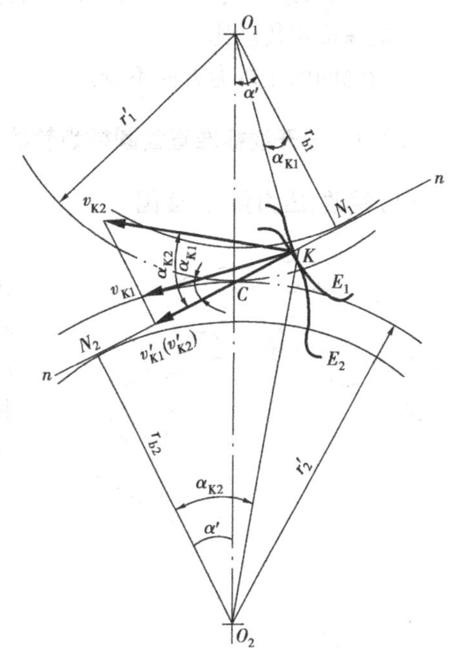

图7.6　渐开线齿廓啮合原理

设 K 点在两齿廓上的速度分别为 v_{K1} 和 v_{K2}，其值分别为

$$\begin{cases} v_{K1} = \omega_1 \overline{O_1K} \\ v_{K2} = \omega_2 \overline{O_2K} \end{cases} \tag{a}$$

由理论力学知，v_{K1} 和 v_{K2} 在公法线 $n—n$ 上的分速度 v_{K1}' 和 v_{K2}' 必相等，即

$$v_{K1}' = v_{K1}\cos\alpha_{K1} = v_{K2}' = v_{K2}\cos\alpha_{K2} \tag{b}$$

由式(a)和式(b)得

$$i=\frac{\omega_1}{\omega_2}=\frac{\overline{O_2K}\cos\alpha_{K2}}{\overline{O_1K}\cos\alpha_{K1}} \tag{c}$$

连接$\overline{O_1N_1}$和$\overline{O_1N_2}$，则在$\triangle O_1KN_1$和$\triangle O_2KN_2$分别有

$$\begin{cases}\overline{O_1K}\cos\alpha_{K1}=\overline{O_1N_1}=r_{b1}\\ \overline{O_2K}\cos\alpha_{K2}=\overline{O_1N_2}=r_{b2}\end{cases} \tag{d}$$

又因，$\triangle O_1CN_1\sim\triangle O_2CN_2$，故有

$$\frac{\overline{O_2N_2}}{\overline{O_1N_1}}=\frac{\overline{O_2C}}{\overline{O_1C}}=\frac{r_{b2}}{r_{b1}}=\frac{r_2'}{r_1'} \tag{e}$$

由式(c)、式(d)和式(e)得

$$i=\frac{\omega_1}{\omega_2}=\frac{r_{b2}}{r_{b1}}=\frac{r_2'}{r_1'}=\frac{z_2}{z_1}=u=\text{常数} \tag{7.2}$$

式中　i——传动比；

u——齿数比。

综上所述，渐开线齿廓主要有以下特点：

①能保证定传动比。

②齿廓间的正压力方向不变。

7.2.3　渐开线标准直齿圆柱齿轮的基本参数和几何尺寸

(1)模数、压力角、分度圆

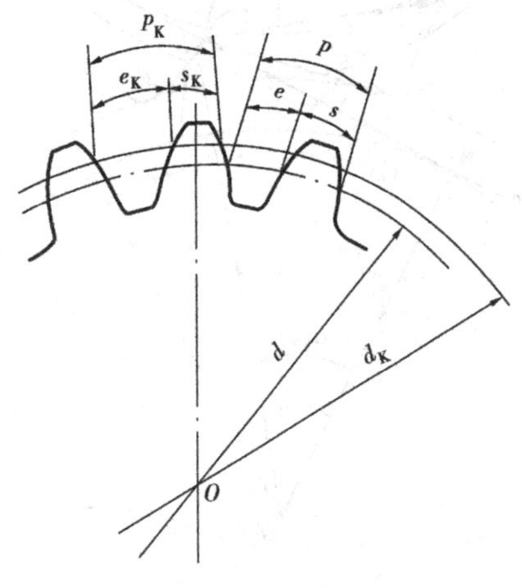

图7.7　任意圆上的周节和齿厚

如图7.7所示，在齿轮任意直径d_K的圆周上，轮齿两侧齿廓间的弧长，称为该圆上的齿厚，以s_K表示；相邻两轮齿间的空间弧长，称为该圆上的齿间宽，以e_K表示；相邻两齿同侧齿廓间的弧长，称为该圆上的周节，以p_K表示。显然，任意圆周上的周节等于该圆上的齿厚与齿间宽之和，即

$$p_K=s_K+e_K$$

设齿轮的齿数为z，则任意圆的直径d_K与周节p_K应有如下关系

$$\pi d_K=p_Kz$$

即
$$d_K=\frac{zp_K}{\pi}$$

由于不同直径圆周上的p_K/π值不相同，且含有无理数π，这使设计计算、制造和检验颇为不便。为此，将齿轮某一圆周上的值p_K/π规定为标准的整数或完整的有理数，并用$m=p_K/\pi$来表示，m称为模数，其单位为mm。我国的齿轮标准模数系列如表7.2所示。

具有标准模数的圆，称为齿轮的分度圆，其直径一般以d表示。由于不同直径圆周上的齿廓压力角不等，给设计计算和制造带来不便，为此规定分度圆上的压力角为标准压力角，以α

来表示。我国规定标准压力角为 $\alpha=20°$。

表7.2　圆柱齿轮标准模数 m/mm

第一系列	1	1.25	1.5	2	2.5	3	4	5	6	8
	10	12	16	20	25	32	40	50		
第二系列	1.75	2.25	2.75	(3.25)	3.5	(3.75)	4.5	5.5	(6.5)	
	7	9	(11)	14	18	22	36	45		

注:1.斜齿轮及人字齿轮取法向模数为标准模数。

2.优先采用第一系列,括号内的尽可能不用。

分别以 s 和 e 表示分度圆上的齿厚和齿间宽,以 p 表示分度圆上的周节,则有

$$d = \frac{p}{\pi}z = mz$$

$$p = s + e = \pi m$$

模数 m 是齿轮的基本参数。模数越大,p 值越大,齿轮轮齿的几何尺寸也越大。齿轮的几何尺寸计算都与模数有关。当齿轮的模数一定,齿数 z 也一定时,其分度圆直径也就一定。

(2)**几何尺寸计算**

如图7.8所示,由齿轮的齿顶所确定的圆,称为齿顶圆,其直径以 d_a 表示;由齿槽底部所确定的圆,称为齿根圆,其直径以 d_f 表示。

在轮齿上,由分度圆到齿顶圆的径向高度,称为齿顶高,以 h_a 表示;由齿根圆到分度圆的径向高度,称为齿根高,以 h_f 表示;由齿根圆到齿顶圆的径向高度,称为齿全高,以 h 表示,$h=h_a+h_f$。

当一对齿轮啮合时,必须使一齿轮齿顶与另一齿轮齿根之间留有一定的径向间隙,称为顶隙,以 c 表示。

齿轮的齿顶高和顶隙的大小取决于齿轮的模数 m,即和模数成正比,其比例系数分别称为齿顶高系数 h_a^* 和顶隙系数 c^*。圆柱齿轮的标准齿顶高系数和顶隙系数如表7.3所示。

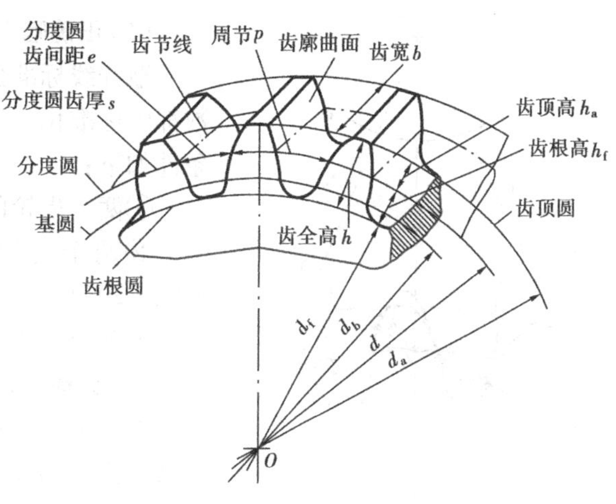

图7.8　齿轮的几何尺寸

表7.3　圆柱齿轮标准齿顶高系数和顶隙系数

系　数	正常齿	短　齿	系　数	正常齿	短　齿
h_a^*	1	0.8	c^*	0.25	0.3

模数、压力角、齿顶高系数和顶隙系数均为标准值,且分度圆上的齿厚和齿间宽相等的齿轮,称为标准齿轮。标准直齿圆柱齿轮的几何尺寸计算公式列于表7.4中。

表 7.4　标准直齿圆柱齿轮的几何尺寸计算公式

名　称	齿轮 1	齿轮 2
分度圆直径 d	$d_1=mz_1$	$d_2=mz_2$
齿顶高 h_a	$h_a=h_a^* m$	
齿根高 h_f	$h_f=(h_a^*+c^*)m$	
齿全高 h	$h=h_a+h_f=(2h_a^*+c^*)m$	
顶隙 c	$c=c^* m$	
齿顶圆直径 d_a	$d_{a1}=d_1+2h_a=(z_1+2h_a^*)m$	$d_{a2}=d_2+2h_a=(z_2+2h_a^*)m$
齿根圆直径 d_f	$d_{a1}=d_1-2h_f=(z_1-2h_a^*-2c^*)m$	$d_{a2}=d_2-2h_f=(z_2-2h_a^*-2c^*)m$
基圆直径 d_b	$d_{b1}=d_1\cos\alpha$	$d_{b2}=d_2\cos\alpha$
周节 p	$p=\pi m$	
分度圆齿厚 s	$s=\pi m/2$	
分度圆齿间宽 e	$e=\pi m/2$	
齿宽 b	$b=\psi_d d_1$，ψ_d 为齿宽系数	

7.2.4　一对渐开线齿轮的正确啮合条件和重合度

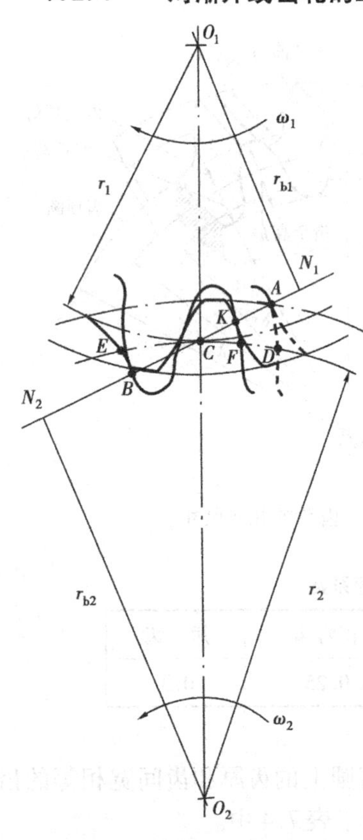

图 7.9　齿轮传动的重合度

(1)正确啮合条件

渐开线标准齿轮的模数、压力角、齿顶高系数和顶隙系数都已标准化。一对渐开线标准直齿圆柱齿轮正确啮合的条件如下：

①两个齿轮的模数相同，即 $m_1=m_2=m$。

②两个齿轮的分度圆上压力角相等，即 $\alpha_1=\alpha_2=\alpha\ (\alpha=20°)$。

③两个齿轮的齿顶高系数和顶隙系数分别相等。

(2)齿轮传动的重合度

如图 7.9 所示，一对轮齿的啮合是由主动齿轮的齿根与从动齿轮的齿顶的接触点 A 开始的。A 点即是从动齿轮的齿顶圆与理论啮合线 $\overline{N_1N_2}$ 的交点。随着齿轮的转动，接触点在主动齿轮齿廓上将由齿根向齿顶转移，而在从动齿轮齿廓上将由齿顶向齿根转移。当接触点转移到 B 点时，两齿廓将开始脱离接触。B 点即是主动齿轮的齿顶圆与理论啮合线 $\overline{N_1N_2}$ 的交点。线段 $\overline{AB}$ 则是一对齿轮从开始接触到脱离接触(即开始啮合到脱离啮合)的实际长度。不难看出，当该对轮齿在 B 点脱离啮合时，后一对轮齿已在 K 点接触(啮合)，保证了齿轮传动的连续工作。

由图 7.9 可知，与实际啮合线段 $\overline{AB}$ 相对应的分度圆上的弧长$\overset{\frown}{DE}$大于分度圆上的弧长$\overset{\frown}{FE}$时，则能保证轮齿在B点处脱离啮合时，后一对轮齿已在K点啮合。弧长$\overset{\frown}{FE}$恰为齿轮分度圆上的周节p，因此，保证齿轮连续传动的条件为

$$\varepsilon = \frac{\overset{\frown}{DE}}{p} > 1$$

比值ε称为齿轮传动的重合度。重合度越大，则表明同时啮合的轮齿对数越多，齿轮的传动越平稳。对于标准齿轮传动，其重合度恒大于1，能保证连续传动。

7.2.5　切齿原理及最少齿数、变位齿轮

(1)轮齿加工的基本原理

从加工原理来看，齿轮齿廓加工的方法可分为成形法和范成法。

1)成形法

成形法是采用有渐开线齿形的成形刀具直接切制出渐开线齿廓。成形法生产率低、精度差，适用于单件生产且精度要求不高的齿轮加工。

2)范成法

范成法是利用一对齿轮(或齿轮与齿条)啮合时，其共轭齿廓互为包络线的原理来切制渐开线齿廓的，把其中一个齿轮(或齿条)做成刀具，便可以切制出与它共轭的，即与刀具相对运动的齿轮毛坯上的渐开线齿廓。范成法有较高的切制精度。

(2)标准齿轮不根切的最少齿数

用范成法切制齿轮时(见图7.10(a))，当刀具顶部超过理论啮合线的极限点N_1时(虚线位置)，在齿根处不但切制不出渐开线齿形，还会将已加工出来的齿根切去一部分(虚线齿廓)；这种现象称为轮齿的根切。它削弱了齿轮的抗弯强度，降低了齿轮传动的重合度，对齿轮传动产生十分不利的影响。因此应避免根切产生。根切发生于齿数较少的齿轮加工中。如

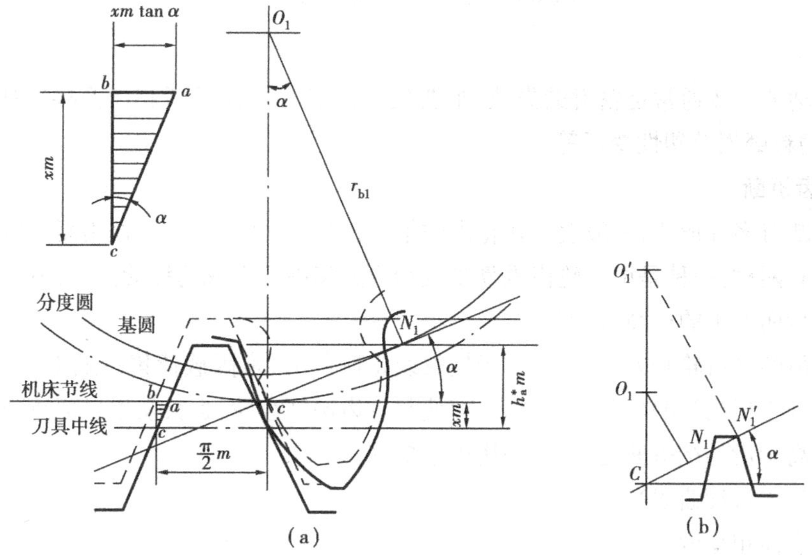

图7.10　齿轮的加工和根切现象

图7.10(b)所示,齿数增多,其分度圆半径和基圆半径增大,轮坯的圆心将由 O_1 移到 O_1'处,其极限点 N_1 也将随啮合线的增长而向上位移到 N_1'点。于是刀具的齿顶线不再超过极限点 N_1',从而避免了根切。反之,齿数越少,根切越严重。对于渐开线标准齿轮,不产生根切的最少齿数 $z_{min}=17$ 齿,对于短齿 $z_{min}=14$ 齿。

(3)**变位齿轮**

在图7.10中,当刀具中线与被切齿轮分度圆相切时,切出的齿轮称为标准齿轮(图中的虚线位置)。当刀具中线相对于被切齿轮有一移位时,切出的齿轮称为变位齿轮。规定远离齿轮的移位为正移位,切出的齿轮为正变位齿轮(图中的实线位置,移位量为 xm,x 称为变位系数,其值为正)。靠近齿轮的移位为负移位,切出的齿轮为负变位齿轮,其变位系数为负(图中未示出)。

无论变位与否,被切齿轮的基圆直径未变,故标准齿轮和变位齿轮的齿廓均在同一条渐开线上,不同的是,正变位齿轮取渐开线远离基圆的一段作为齿廓;负变位齿轮则取渐开线靠近基圆的一段作为齿廓。通俗来说,正变位齿轮的轮齿"变胖",齿顶厚度减小,齿根厚度增大;负变位齿轮的轮齿"变瘦",齿顶厚度增大,齿根厚度减小。

变位的功用如下:

①避免根切。

②配凑一对齿轮的中心距。

③恰当地选择两轮的变位系数 x_1 和 x_2,可以有效地提高齿面接触强度和(或)轮齿弯曲强度。

变位系数的选取可参阅有关设计手册,选取范围受到齿顶变尖、重合度减小等因素的限制。

7.3 齿轮的失效形式

齿轮传动的失效通常是轮齿的失效,主要失效形式有轮齿折断和齿面接触疲劳磨损(点蚀)、胶合、磨粒磨损及塑性变形等。

(1)**轮齿折断**

轮齿折断有多种形式,一般发生在轮齿的根部,由于受弯曲应力的作用而发生折断。主要的折断形式有两种:一种是由于轮齿重复受载和应力集中而形成的疲劳折断;另一种因短时过载或冲击载荷而产生的过载折断。

对于斜齿圆柱齿轮和人字齿轮,由于接触线是倾斜的,常因载荷集中发生轮齿局部折断。若制造及安装不良或轴的弯曲变形过大,即使是直齿圆柱齿轮,也会发生局部折断。

为了提高轮齿的抗折断能力,可采用以下措施:

①增大齿根过渡曲线半径。

②降低表面粗糙度。

③采用表面强化处理。

④采用合适的热处理方法。

⑤提高制造及安装精度。

⑥增大轴及支承的刚度。

(2)**齿面接触疲劳磨损(点蚀)**

点蚀是润滑良好的闭式齿轮传动常见的失效形式。齿面在接触变应力作用下,由于疲劳而产生的麻点状损伤称为点蚀。点蚀首先发生在节线附近靠近齿根部分的表面上,当麻点逐渐扩大连成一片时,齿面呈明显损伤。

新齿轮在短期工作后出现的痕迹,继续工作不再发展或反而消失的点蚀称为收敛性点蚀。反之,则称为扩展性点蚀。

开式齿轮传动,由于齿面磨损较快,很少出现点蚀。

增强轮齿抗点蚀的能力的措施如下:

①提高齿面硬度和降低表面粗糙度。

②在许可范围内采用大的变位系数和增大综合曲率半径。

③采用黏度较高的润滑油。

④减小动载荷。

(3)**齿面胶合**

胶合是比较严重的黏着磨损。对于高速重载的齿轮传动,因齿面间压力大,滑动速度快,瞬时温度高,使油膜破裂,造成齿面间的黏焊现象。由于相对滑动,黏焊处被撕破,在轮齿表面沿滑动方向形成伤痕,称为胶合。低速重载齿轮传动不易形成油膜,虽然温度不高,也可能因重载而形成冷焊黏着。

防止或减轻齿面胶合的主要措施如下:

①采用角度变位齿轮传动以降低啮合开始和结束时的滑动系数。

②减小模数和齿高以降低滑动速度。

③采用极压润滑油。

④选用抗胶合性能好的齿轮材料。

⑤两轮材料相同时,使大、小齿轮保持适当的硬度差。

⑥提高齿面硬度和降低表面粗糙度。

(4)**齿面磨粒磨损**

当表面粗糙而硬度较高的齿面与硬度较低的齿面相啮合时,由于相对滑动,软齿面易被划伤而产生齿面磨粒磨损。相啮合的齿面间落入磨料性物质也产生磨粒磨损。磨损后,齿厚减薄,将导致轮齿因强度不足而折断。

减轻与防止磨粒磨损的主要措施如下:

①提高齿面硬度。

②降低表面粗糙度值。

③降低滑动系数。

④注意润滑油的清洁和定期更换。

⑤改开式传动为闭式传动。

(5)**齿面塑性变形**

齿面较软的轮齿,重载时可能在摩擦力的作用下产生齿面塑性流动而形成齿面塑性变形。由于材料的塑性流动方向和齿面上所受摩擦力方向一致,因此在主动轮节线附近形成凹槽,而在从动轮节线附近形成凸棱。

减轻与防止齿面塑性变形的主要措施如下:

①提高齿面硬度。

②采用高黏度的润滑油。

7.4 齿轮的材料及热处理

7.4.1 齿轮材料及选择原则

(1)**常用的齿轮材料**

最常用的齿轮材料是钢,钢的品种很多,且可以通过各种热处理方法获得适合工作要求的综合性能。其次是铸铁,还有非金属材料。常用的齿轮材料及力学性能如表7.5所示。

1)锻钢

除了尺寸过大或结构复杂的齿轮用铸造外,一般都用锻钢制造齿轮,常用含碳量在0.15%~0.6%的碳钢或合金钢。

2)铸钢

铸钢常用于尺寸较大的齿轮。

3)铸铁

灰铸铁常用于工作平稳,速度较低,功率不大的齿轮。

4)非金属材料

高速、轻载及精度不高的齿轮传动,为了降低噪声,可采用非金属材料。

(2)**齿轮材料的选择原则**

①齿轮材料必须满足工作要求,这是首先应考虑的因素。例如,一般的齿轮,可以采用普通碳钢;航空齿轮要求质量轻,性能可靠,必须采用机械性能高的合金钢。

②应考虑齿轮尺寸的大小、毛坯加工方法及热处理和制造工艺。如尺寸大的齿轮用铸造毛坯;尺寸小而要求不高时,可选用圆钢作毛坯。

③经济性要求。在满足使用要求和加工方便的前提下,应尽可能降低生产成本。

表 7.5　齿轮常用材料及力学性能

s=0.5d　　l<s　　s=0.5d

材　料	热处理	截面尺寸		材料力学性能		硬　度	
		直径 d/mm	壁厚 s/mm	σ_B/MPa	σ_S/MPa	HB	HRC（表面淬火）
45	正火	≤100	≤50	588	294	169～127	40～50
		100～300	51～150	569	284	162～217	
	调质	≤100	≤50	647	373	229～286	
		101～300	51～150	628	343	217～255	
42SiMn	调质	≤100	≤50	784	510	229～286	45～55
		101～200	51～100	735	461	217～269	
		201～300	101～150	686	441	217～255	
40MnB	调质	≤200	≤100	750	500	241～286	45～55
		201～300	101～150	686	441	241～286	
35CrMo	调质	≤100	≤50	750	550	207～269	40～50
		101～300	51～150	700	500	207～269	
40Cr	调质	≤100	≤50	750	550	241～286	48～55
		101～300	51～150	700	500	241～286	
20Cr	渗碳淬火＋低温回火	≤60	≤30	637	392		56～62
20CrMoTi	渗碳淬火＋低温回火	30	15	1 079	883		56～62
		≤80	≤40	981	785		
38CrMoAl	调质、渗碳	30		1 000	850	229	渗氮 HV＞850
ZG310～570	正火			570	310	≥153	
ZG340～640	正火			640	340	169～229	
ZG35CrMnSi	正火、回火			700	350	≤217	
	调质			785	588	197～269	
HT300				290		190～240	
HT350				340		210～260	
QT500-7				500	320	170～230	
QT600-3				600	370	190～270	
KTZ550-04				550	340	180～250	
KTZ650-02				650	430	210～260	

7.4.2 齿轮热处理

钢制齿轮常用的热处理方法主要有以下6种：

(1)整体淬火

整体淬火后再低温回火。常用材料为中碳钢，如45钢、40Cr等。表面硬度HRC可达45~55。这种热处理工艺简单，但变形较大，芯部韧度较低。质量不易保证，不适于承受冲击载荷。热处理后必须进行磨齿、研齿等精加工。

(2)表面淬火

表面淬火后再低温回火。常用材料为中碳钢或中碳合金钢。表面硬度HRC可达48~54。由于芯部韧度高，能用于承受中等冲击载荷。中、小尺寸齿轮可采用中频或高频感应加热，大尺寸齿轮可采用火焰加热。火焰加热比较简单，但齿面难于获得均匀的硬度，质量不易保证。因只在薄层表面加热，齿轮变形不大，可不再磨齿，但若硬化层较深，则变形较大，仍应进行最后精加工。

(3)渗碳淬火

冲击载荷较大的齿轮，宜采用渗碳淬火。常用的材料有低碳钢或低碳合金钢，如15,20,15Cr,20Cr,20CrMnTi等。低碳钢渗碳淬火后，其芯部强度低，且与渗碳层不易很好结合，载荷较大时有剥离的可能，轮齿的弯曲强度也较低，重要的场合宜采用低碳合金钢，其齿面硬度HRC可达58~63。齿轮经渗碳淬火后，轮齿变形较大，应进行磨齿。

(4)渗氮

渗氮齿轮硬度高、变形小，适用于内齿轮和难于磨削的齿轮。常用的材料有42CrMo,38CrMoAl等。由于硬化层很薄，在冲击载荷下易破碎，磨损较严重时也会因硬化层被磨掉而报废，故宜用于载荷平稳、润滑良好的传动。

(5)碳氮共渗

碳氮共渗工艺时间短，且有渗氮的优点，可以代替渗碳淬火，其材料和渗碳淬火的相同。

(6)正火和调质

批量小、单件生产、对传动尺寸没有严格限制时，常采用正火和调质处理。材料为中碳钢或中碳合金钢。轮齿精加工在热处理后进行。

为了减少胶合危险，并使大、小齿轮寿命相近，小齿轮齿面硬度应比大齿轮高数十个HB单位。

7.5 齿轮传动的计算准则和设计方法

7.5.1 齿轮传动的计算准则

齿轮的计算准则由失效形式确定。由于齿面磨损、塑性变形还未建立方便工程使用的设计方法和设计数据，所以目前设计闭式齿轮传动时，只按保证齿根弯曲疲劳强度及保证齿面接触疲劳强度两准则进行计算。通常对于软齿面齿轮传动,应着重计算其齿面接触强度;对于硬齿面齿轮传动,应着重计算其齿根弯曲强度。当有短时过载时,还应进行静强度计算。对于高速传动和重载传动(特别是在重载条件下启动的传动)还要进行抗胶合计算。

对于开式齿轮传动和线速度小于1 m/s的低速齿轮传动,通常只按弯曲疲劳强度进行计算,用适当加大模数的方法以考虑磨粒磨损的影响。有短时过载时,仍应进行静强度计算。

在齿轮行业中,通常把圆周速度≤25 m/s的齿轮传动称为低速传动,把圆周速度>25 m/s齿轮传动称为高速传动。把齿面接触应力≤1 000 MPa的齿轮传动称为轻载传动,把齿面接触应力>1 000 MPa的齿轮传动称为重载传动。

以上各种计算的依据是相应的国家标准,即GB/T 3480—1997《渐开线圆柱齿轮承载能力计算方法》(它与国际标准ISO 6336-1—6336-6:1996等效,见文献[42])和GB 10062—1988《锥齿轮承载能力计算方法》。标准同时列出一般算法和简化算法。通常齿轮传动用简化算法即可,重要的齿轮传动须用一般算法。由于GB/T 3480—1997精度质量是GB/T 10095—1988标准,现已由等同采用ISO 1328—1:1995的GB/T 10095.1—2008和等同采用ISO 1328-2:1997的GB/T 10095.2—2008替代GB/T 10095—1988标准。因此与ISO 6336比较可达等效水平。

7.5.2　齿轮传动的设计方法

齿轮传动的主要参数和几何尺寸的初定,通常有以下3种方法:

①按类比法确定。即参照已有或相近的齿轮传动,初定主要参数和几何尺寸,必要时进行强度校核。

②按限定条件确定。即根据整台机器提供的空间、位置和安装条件,初定主要参数和尺寸,再进行必要的强度校核。

③按设计公式确定。由于设计公式是经过简化的,故必要时仍须进行强度校核。

应当指出,齿轮传动强度计算的牵涉因素很多,只有引入众多的修正系数,来考虑各种影响。从以下各种计算中可以看到,确定载荷时,要引入载荷修正系数;计算应力时,要引入计算应力修正系数;确定许用应力时,要引入许用应力修正系数,并逐一进行定量的选择。

7.6　直齿圆柱齿轮传动的载荷计算

7.6.1　受力分析

在理想情况下,作用于齿轮轮齿上的力是沿接触线均匀分布的,为了简化,现用集中力代替(见图7.11(a))。法向力 F_n 垂直于齿面(见图7.11(b))。将法向力 F_n 在节点 C 处分解为两个相互垂直的力,即圆周力(切向力) F_t 和径向力 F_r。

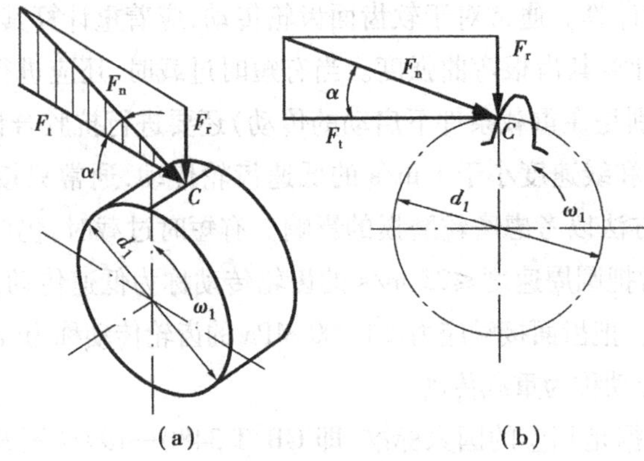

图 7.11　直齿圆柱齿轮受力分析

$$\begin{cases}\text{圆周力} \quad F_t = \dfrac{2T_1}{d} \\ \text{径向力} \quad F_r = F_t \tan\alpha \\ \text{法向力} \quad F_n = \dfrac{F_t}{\cos\alpha}\end{cases} \tag{7.3}$$

式中　d_1——小齿轮节圆直径,对标准齿轮传动,即为分度圆直径;

α——啮合角,对标准齿轮传动,$\alpha = 20°$;

T_1——小齿轮传递的名义转矩。

根据作用力与反作用力的关系,作用在主动轮和从动轮上各对应力大小相等、方向相反。从动轮上的圆周力与回转方向相同;主动轮上的圆周力与回转方向相反;径向力分别指向各轮轮心(内齿轮则为远离轮心方向)。

7.6.2　计算载荷

由于齿轮实际工作要受到各种因素的影响,因此需对理想状况下的载荷进行修正,故实际圆周力 F_{tc} 为

$$F_{tc} = KF_t \tag{7.4}$$

其中

$$K = K_A K_V K_\alpha K_\beta$$

式中　K——载荷系数;

K_A——使用系数;

K_V——动载系数;

K_α——齿间载荷分配系数,对于接触强度计算和弯曲强度计算分别为 $K_{H\alpha}$ 和 $K_{F\alpha}$;

K_β——齿向载荷分配系数,对于接触强度计算和弯曲强度计算分别为 $K_{H\beta}$ 和 $K_{F\beta}$;

F_{tc}——计算载荷。

(1)使用系数 K_A

使用系数 K_A 是考虑动力机和工作机的运转特性、联轴器的缓冲性能等外部因素引起的

动载荷影响的系数,可按如表7.6所示选取。

表7.6 使用系数 K_A

原动机工作特性及其示例	工作机工作特性及其示例			
	均匀平稳:如发电机、均匀传动的带式运输机或板式运输机、通风机、轻型离心机	轻微振动:如不均匀传动的带式运输机或板式运输机、起重机回转装置、重型离心机	中等振动:如轻型球磨机、提升装置、轧机、单缸活塞泵	强烈振动:如挖掘机、重型球磨机、钢坯初轧机、旋转钻机、破碎机
均匀平稳:如电动机、均匀转动的蒸汽轮机、燃汽轮机	1.00	1.25	1.50	1.75
轻微振动:如蒸汽轮机、燃汽轮机、经常启动的大电动机	1.10	1.35	1.60	1.85
中等振动:如多缸内燃机	1.25	1.50	1.75	2.00
强烈振动:如单缸内燃机	1.50	1.75	2.00	2.25或更大

注:对外部机械与齿轮装置之间有挠性联接时,通常 K_A 值可适当减小。

对于增速传动,建议取表值的1.1倍。

(2)动载系数 K_V

动载系数 K_V 是考虑齿轮副在啮合过程中因啮合误差(基节误差、齿形误差、轮齿变形等)和运转速度而引起的内部动载荷影响的系数。动载荷系数可由如图7.12所示查得。

(3)齿间载荷分配系数 K_α

为了保证传动的连续性,齿轮传动的重合度一般都大于1。直齿轮传动只有端面重合度 ε_α。后面将介绍的斜齿轮传动除有端面重合度 ε_α 外,还有纵向重合度 ε_β。因而工作时,单对轮齿啮合和双对轮齿啮合交替进行,前一种情况作用力由一对齿承担,后一种情况作用力由两对齿分担。由于制造误差和轮齿变形等原因,载荷在各啮合齿对之间的分配是不均匀的。齿间载荷分配系数就是考虑同时啮合的各对轮齿间载荷分配不均匀的系数。它取决于轮齿啮合的刚度、基圆齿距误差、修缘量、跑合等多种因素。接触强度计算和弯曲强度计算的齿间载荷分配系数 $K_{H\alpha}$ 和 $K_{F\alpha}$ 如表7.7所示。

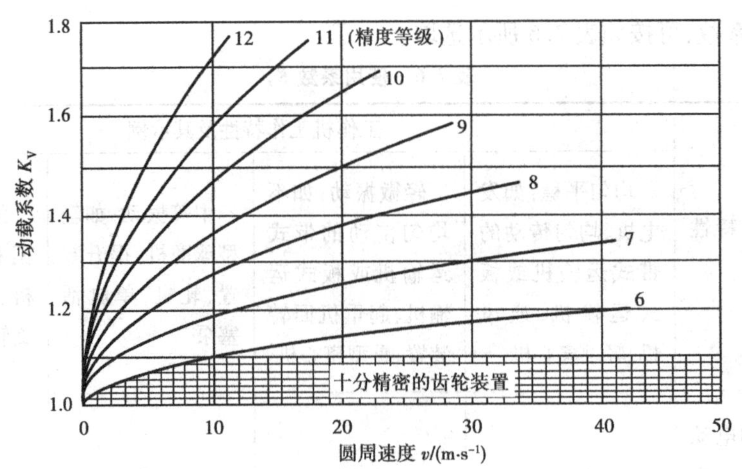

图 7.12　动载系数

表 7.7　齿间载荷分配系数 $K_{H\alpha}$,$K_{F\alpha}$ [42]

<table>
<tr><td colspan="2">$K_A F_t/b$</td><td colspan="7">≥ 100 N/mm</td><td>< 100 N/mm</td></tr>
<tr><td colspan="2">精度等级(Ⅱ组)</td><td>5</td><td>6</td><td>7</td><td>8</td><td>9</td><td>10</td><td>11 ~ 12</td><td>5 级及更低</td></tr>
<tr><td rowspan="2">硬齿面
直齿轮</td><td>$K_{H\alpha}$</td><td colspan="2" rowspan="2">1.0</td><td rowspan="2">1.1</td><td rowspan="2">1.2</td><td colspan="4">$1/Z_\varepsilon^2 \geq 1.2$</td></tr>
<tr><td>$K_{F\alpha}$</td><td colspan="4">$1/Y_\varepsilon \geq 1.2$</td></tr>
<tr><td rowspan="2">硬齿面
斜齿轮</td><td>$K_{H\alpha}$</td><td rowspan="2">1.0</td><td rowspan="2">1.1</td><td rowspan="2">1.2</td><td rowspan="2">1.4</td><td colspan="4" rowspan="2">$\varepsilon_\alpha/\cos^2\beta_b \geq 1.4$</td></tr>
<tr><td>$K_{F\alpha}$</td></tr>
<tr><td rowspan="2">非硬齿面
直齿轮</td><td>$K_{H\alpha}$</td><td colspan="3" rowspan="2">1.0</td><td rowspan="2">1.1</td><td rowspan="2">1.2</td><td colspan="3">$1/Z_\varepsilon^2 \geq 1.2$</td></tr>
<tr><td>$K_{F\alpha}$</td><td colspan="3">$1/Y_\varepsilon \geq 1.2$</td></tr>
<tr><td rowspan="2">非硬齿面
斜齿轮</td><td>$K_{H\alpha}$</td><td colspan="2" rowspan="2">1.0</td><td rowspan="2">1.1</td><td rowspan="2">1.2</td><td rowspan="2">1.4</td><td colspan="3" rowspan="2">$\varepsilon_\alpha/\cos^2\beta_b \geq 1.4$</td></tr>
<tr><td>$K_{F\alpha}$</td></tr>
</table>

注:1. 对于硬齿面和软齿面相啮合的齿轮副,K_α 取平均值;若大小齿轮精度等级不同,则按精度等级低的取值。

2. 若 $K_{F\alpha} > \varepsilon_\gamma/(\varepsilon_\alpha Y_\varepsilon)$,取 $K_{F\alpha} = \varepsilon_\gamma/(\varepsilon_\alpha Y_\varepsilon)$。

表 7.7 中,Z_ε 和 Y_ε 分别为接触强度和弯曲强度计算的重合度系数(见式(7.8)和式(7.15));ε_α 为端面重合度,ε_β 为轴向重合度,ε_γ 为总重合度,分别按式(7.5)计算。即

$$\varepsilon_\alpha = \left[1.88 - 3.2\left(\frac{1}{z_1} + \frac{1}{z_2}\right)\right]\cos\beta \qquad \varepsilon_\beta = \frac{b\sin\beta}{\pi m_n} \qquad \varepsilon_\gamma = \varepsilon_\alpha + \varepsilon_\beta \tag{7.5}$$

(4) 齿向载荷分配系数 K_β

传动工作时,由于轴的弯曲变形、轴承的弹性位移以及传动装置制造和安装误差的影响,将导致齿轮副相互倾斜及轮齿扭曲。齿向载荷分配系数 K_β 就是考虑由于上述原因使轮齿沿接触线产生载荷分布不均匀的影响的系数。

影响载荷分布不均匀的因素很多,计算方法也比较复杂,接触强度计算的齿向载荷分布不均匀系数 $K_{H\beta}$ 可由如表 7.8 所示简化公式计算。

表7.8 接触强度计算的齿向载荷分布系数 $K_{H\beta}$

结构布局	对称支承 $\left(\frac{s}{l}<0.1\right)$	非对称支承 $\left(0.1<\frac{s}{l}<0.3\right)$	悬臂支承 $\left(\frac{s}{l}<0.3\right)$
计算公式 $K_{H\beta}=$	$A+B\left(\frac{b}{d_1}\right)^2+C10^{-3}b$	$A+B\left[1+0.6\left(\frac{b}{d_1}\right)^2\right]\times\left(\frac{b}{d_1}\right)^2+C10^{-3}b$	$A+B\left[1+6.7\left(\frac{b}{d_1}\right)^2\right]\times\left(\frac{b}{d_1}\right)^2+C10^{-3}b$
	b— 轮齿工作宽度;d_1— 小齿轮分度圆直径		

调质齿轮精度等级	装配时不作检验调整			装配时检验调整或对研跑合		
	A	B	C	A	B	C
5	1.07	0.16	0.23	1.03	0.16	0.12
6	1.09	0.16	0.30	1.04	0.16	0.15
7	1.11	0.16	0.47	1.05	0.16	0.23
8	1.17	0.16	0.61	1.09	0.16	0.31

硬齿面齿轮精度等级	装配时不作检验调整						装配时检验调整					
	$K_{H\beta}\leqslant1.34$			$K_{H\beta}>1.34$			$K_{H\beta}\leqslant1.34$			$K_{H\beta}>1.34$		
	A	B	C	A	B	C	A	B	C	A	B	C
5	1.09	0.26	0.20	1.05	0.31	0.23	1.05	0.26	0.10	0.99	0.31	0.12
6	1.09	0.26	0.33	1.05	0.31	0.23	1.05	0.26	0.16	1.0	0.31	0.19

注:精度等级为第 Ⅲ 公差组 。

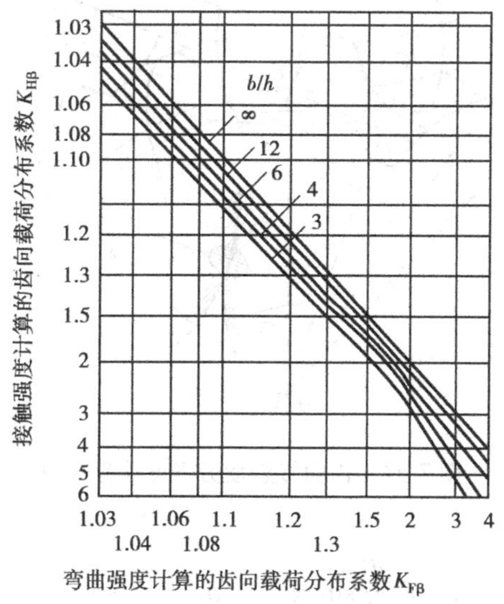

图7.13 弯曲强度计算的齿向载荷分布系数 $K_{F\beta}$

弯曲强度计算的齿向载荷分布系数 $K_{F\beta}$，可按如图 7.13 所示由 $K_{H\beta}$ 和 b/h 查得。b/h 中的 b 为齿宽，对于人字齿或双斜齿齿轮，用单个斜齿的齿宽；h 为齿高。b/h 应取大、小齿轮中的小值。

7.7 直齿圆柱齿轮传动的强度计算

7.7.1 齿面接触疲劳强度计算

(1)校核公式

由本书第 2 章 2.4 节式(2.24)，两圆柱体接触强度的基本公式为

$$\sigma_H = \sqrt{\frac{F_n}{\pi L}\left[\frac{\frac{1}{\rho}}{\frac{1-\mu^2}{E_1}+\frac{1-\mu^2}{E_1}}\right]} \leqslant [\sigma_H] \tag{7.6}$$

一对齿轮啮合时，可将齿轮齿廓啮合点曲率半径 ρ_1 和 ρ_2 视为接触圆柱体的曲率半径，如图 7.14 所示。图中，d_1' 和 d_2' 为节圆直径，α' 为啮合角。图中还给出了渐开线齿廓沿啮合线 AE 上各点的综合曲率半径变化情况。A 点的 ρ 值虽然最小，但此时通常有两对轮齿啮合，共同分担载荷。节点 C 的 ρ 值虽不是最小值，但在该点一般只有一对轮齿啮合。实际上，点蚀也往往先在节线附近的齿根表面产生。因此，接触强度计算通常以节点为计算点。

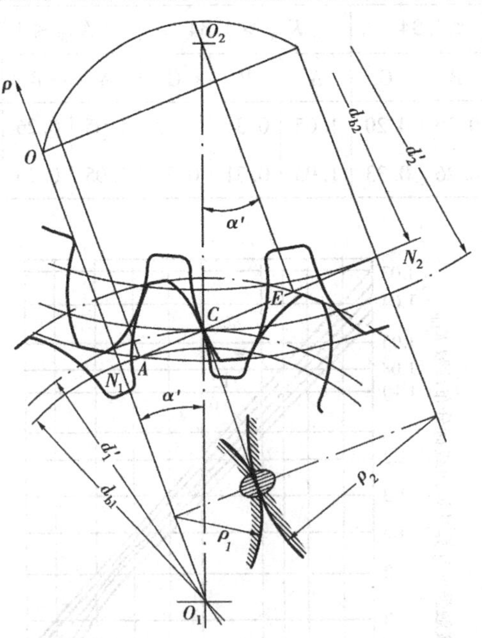

图 7.14 齿面接触疲劳强度计算简图

因为曲率半径为

$$\rho_1 = \frac{d_1'}{2}\sin\alpha' \qquad \rho_2 = \frac{d_2'}{2}\sin\alpha'$$

综合曲率

$$\frac{1}{\rho}=\frac{\rho_2\pm\rho_1}{\rho_1\rho_2}=\frac{\frac{\rho_2}{\rho_1}\pm 1}{\rho_1\left(\frac{\rho_2}{\rho_1}\right)}=\frac{2\left(\frac{\rho_2}{\rho_1}\pm 1\right)}{d_1'\sin\alpha'\left(\frac{\rho_2}{\rho_1}\right)}$$

上式中，节圆直径 $d_1'=d_1\dfrac{\cos\alpha}{\sin\alpha'}$ 和 $\dfrac{\rho_2}{\rho_1}=\dfrac{d_2'}{d_1'}=\dfrac{d_2}{d_1}=\dfrac{z_2}{z_1}=u$，得

$$\frac{1}{\rho}=\frac{2}{d_1\cos\alpha\tan\alpha'}\cdot\frac{u\pm 1}{u} \tag{a}$$

法向力

$$F_n=\frac{F_t}{\cos\alpha'}=\frac{2T_1}{d_1\cos\alpha'} \tag{b}$$

接触线总长度

$$L=\frac{b}{Z_\varepsilon{}^2} \tag{c}$$

式中，齿宽 $b=\psi_d d_1$。

将式(a)、式(b)、式(c)代入式(7.6)，并计入载荷系数 K 后，得最大接触应力 σ_H 的计算式为

$$\begin{aligned}\sigma_H&=\sqrt{\frac{1}{\pi\left(\frac{1-\mu_1^2}{E_1}+\frac{1-\mu_2^2}{E_2}\right)}}\sqrt{\frac{2}{\cos^2\alpha\tan\alpha'}}Z_\varepsilon\sqrt{\frac{2KT_1}{bd_1^2}\frac{u\pm 1}{u}}\\&=Z_EZ_HZ_\varepsilon\sqrt{\frac{2KT_1}{bd_1^2}\frac{u\pm 1}{u}}\leqslant[\sigma_H]\end{aligned} \tag{7.7}$$

式(7.7)为校核公式，对标准齿轮传动和变位齿轮传动均适用，对于前者，$d=d'$，$\alpha=\alpha'$；对于后者，一般 $d\neq d'$，$\alpha\neq\alpha'$，α'根据变位系数和 x_1+x_2 按设计手册的有关计算式确定。式中“+”号用于外啮合，“-”号用于内啮合。许用应力$[\sigma_H]$应以两轮中的小者代入计算。公式中各参数的单位为 T_1——N·mm；b，d_1——mm；E，σ_H，$[\sigma_H]$——MPa。

由式(7.7)看出，齿轮传动的接触疲劳强度取决于齿轮的直径(或中心距)。模数大小由弯曲疲劳强度确定。

(2)**公式中有关系数的选取**

1)重合度系数 Z_ε。

接触线长度影响单位齿宽上的载荷，它取决于齿轮宽度 b 和端面重合度 ε_α。可以认为重合度越大，接触线总长度越大，单位接触载荷越小。Z_ε 可计算为

$$Z_\varepsilon=\sqrt{\frac{4-\varepsilon_\alpha}{3}} \tag{7.8}$$

2)弹性系数 Z_E。

材料弹性模量 E 和泊松比 μ 对接触应力的影响用弹性系数 Z_E 来考虑。不同材料组合的齿轮副，其弹性系数可由如表7.9所示查得。泊松比除尼龙取0.5外，其余均取0.3。

表 7.9 弹性系数 $Z_E/\sqrt{MPa}$

小齿轮材料	大齿轮材料 E/MPa						
	钢 (206×10^3)	铸 钢 (202×10^3)	球墨铸铁 (137×10^3)	灰铸铁 $(118\sim126)\times10^3$	铸锡青铜 (103×10^3)	锡青铜 (113×10^3)	尼龙 7 850
钢	189.8	188.9	181.4	162.0～165.4	155.0	159.8	56.4
铸 钢	—	188.0	180.5	161.4	—	—	—
球墨铸铁	—	—	173.9	156.6	—	—	—
灰铸铁	—	—	—	143.7～146.7	—	—	—

3)节点区域系数 Z_H。

节点区域系数 Z_H 用以考虑节点处齿廓曲率对接触应力的影响,可由如图 7.15 所示查得。

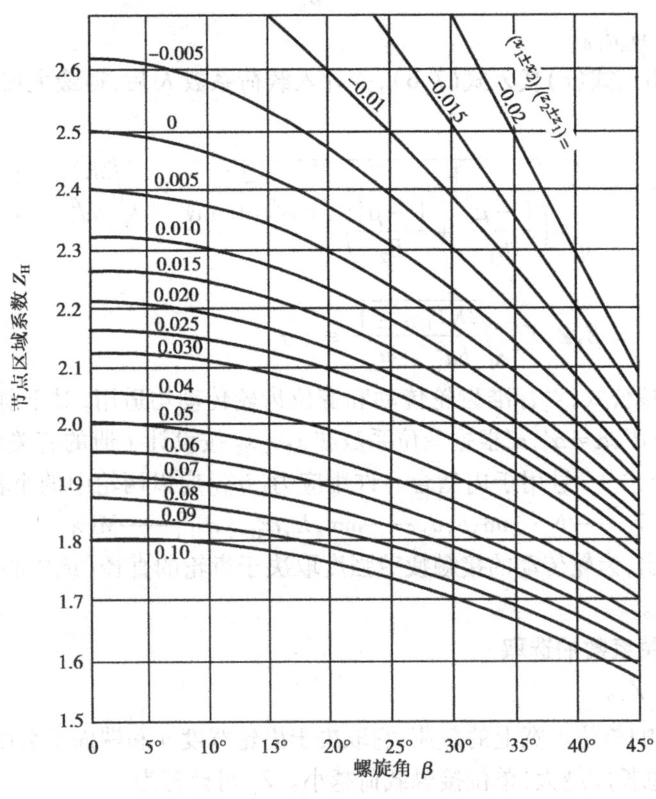

图 7.15 节点区域系数 $Z_H(\alpha_n=20°)$

(3)**许用接触应力**

许用接触应力可计算为

$$[\sigma_H]=\frac{\sigma_{Hlim}Z_N}{S_{Hmin}} \tag{7.9}$$

式中 σ_{Hlim}——失效概率为1%时,试验齿轮的接触疲劳极限,可由如图 7.16 所示查出;

S_{Hmin}——接触强度的最小安全系数,参考如表 7.10 所示选取;

Z_N——接触疲劳强度计算寿命系数,可由如图 7.17 所示查出。

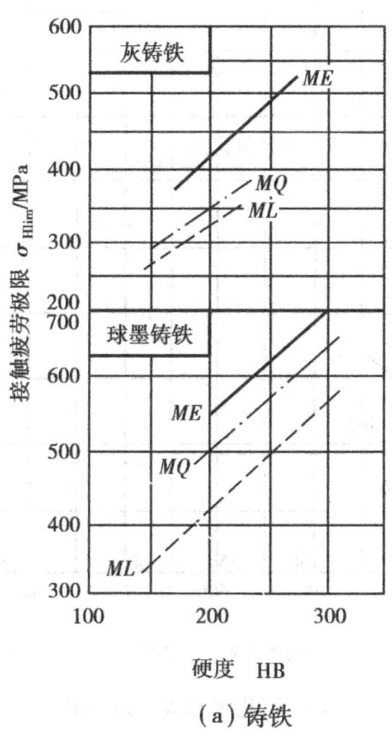

(a) 铸铁

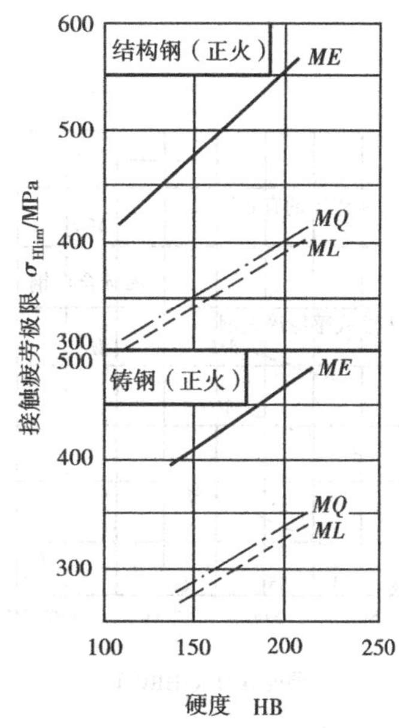

(b) 正火处理的结构钢和铸钢

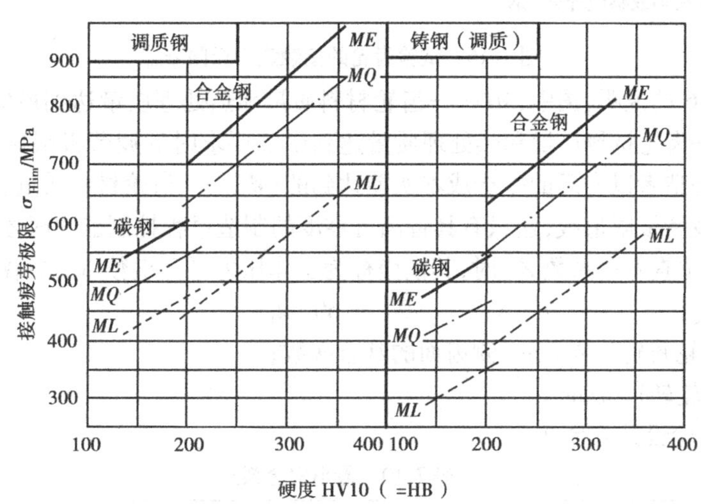

(c) 调质处理的碳钢、合金钢及铸钢

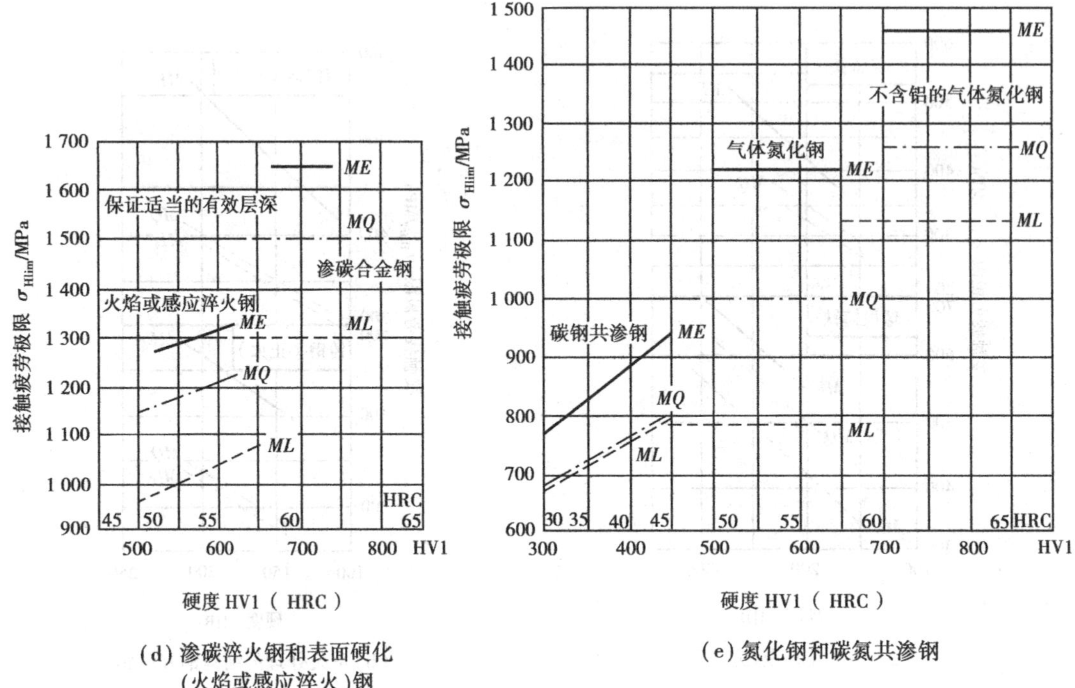

(d) 渗碳淬火钢和表面硬化（火焰或感应淬火）钢

(e) 氮化钢和碳氮共渗钢

图 7.16 试验齿轮的接触疲劳极限 σ_{Hlim}

有关图 7.16 的说明：图中，*ML*——齿轮材料质量和热处理质量达到最低要求时的疲劳极限值线；*MQ*——齿轮材料质量和热处理质量达到中等要求时的疲劳极限值线，此要求是有经验的工业齿轮制造者以合理的生产成本所能达到的；*ME*——齿轮材料质量和热处理质量达到很高要求时的疲劳极限值线，这只有具备高可靠度的制造过程控制能力时才能达到。

在按图 7.17 查寿命系数 Z_N 时，其横坐标为工作压力循环次数 N_L，当载荷稳定时，有

$$N_L = 60\gamma n t_h \tag{7.10}$$

式中 γ——齿轮每转一周，同一侧齿面的啮合次数；

n——齿轮转速，r/min；

t_h——齿轮设计寿命，h。

表 7.10 最小安全系数

使用要求	S_{Hmin}	S_{Fmin}
高可靠度（失效概率≤1/10 000）	1.50～1.60	2.00
较高可靠度（失效概率≤1/1 000）	1.25～1.30	1.60
一般可靠度（失效概率≤1/100）	1.00～1.10	1.25

（4）设计公式

国家标准只提出了齿面接触疲劳强度验算公式为式（7.7），但为了设计需要，可将式（7.7）改写为设计公式为

$$d_1 \geqslant \sqrt[3]{\frac{2KT_1}{\psi_d}\frac{u \pm 1}{u}\left(\frac{Z_E Z_H Z_\varepsilon}{[\delta_H]}\right)^2} \tag{7.11}$$

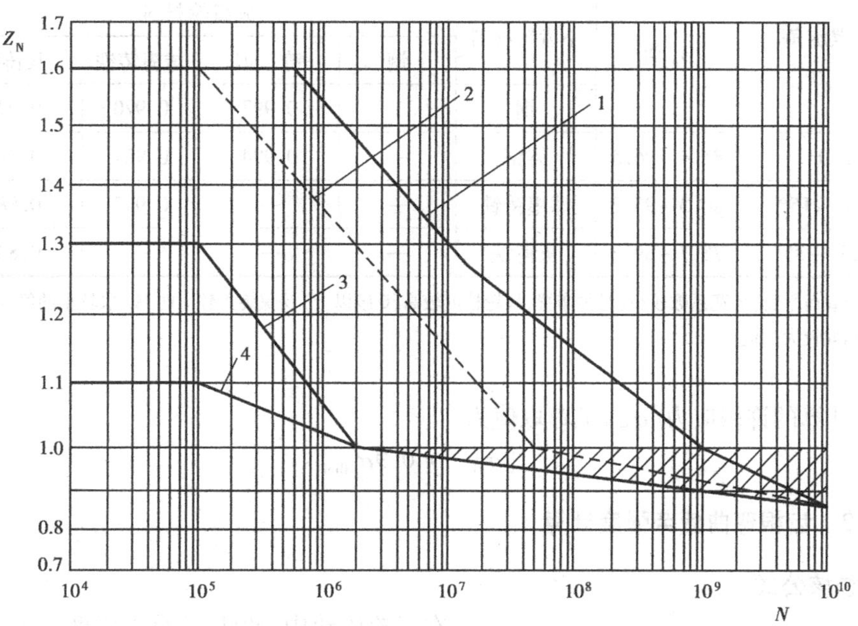

图 7.17 接触疲劳寿命系数 Z_N

1—结构钢，调质钢，珠光体、贝氏体球墨铸铁，珠光体黑色可锻铸铁，渗碳淬火钢（允许一定点蚀）；

2—材料同1，不允许出现点蚀；

3—灰铸铁，铁素体球墨铸铁，氮化的调质钢或氮化钢；

4—碳氮共渗的调质钢

但由于齿轮传动的尺寸（b，d_1 等）均为未知数，式（7.11）中的许多系数均无法确定。因此，需要对式（7.11）进行简化。

若大、小齿轮均为钢制，由表 7.9 查得 $Z_E = 189.8\sqrt{\text{MPa}}$；对于标准直齿圆柱齿轮传动，由图 7.15 查得 $Z_H = 2.5$；设 $\varepsilon_\alpha = 1$，由式（7.8）求得 $Z_\varepsilon = 1$；取载荷系数 $K = 1.2 \sim 2$，则式（7.11）可简化为

$$d_1 \geqslant A_d \sqrt[3]{\frac{T_1}{\psi_d[\sigma_H]^2} \cdot \frac{u \pm 1}{u}} \tag{7.12}$$

式（7.12）对于直齿或斜齿圆柱齿轮均适用，式（7.12）中 A_d 值如表 7.11 所示。若为其他材料配对时，应将 A_d 值乘以修正系数，其值如表 7.11 所示。

表7.11 A_d 值及其修正系数

螺旋角 β	A_d 值	A_d 的修正系数				
		小齿轮材料	大齿轮材料			
			钢	铸 钢	球墨铸铁	灰铸铁
		钢	1	0.997	0.970	0.906
0°	81.4～96.5	铸钢	—	0.994	0.967	0.898
8°～15°	80.3～95.3	球墨铸铁	—	—	0.943	0.880
25°～35°	75.3～89.3	灰铸铁	—	—	—	0.836

注：当载荷平稳，齿宽系数较小，对称布置，齿轮精度较高(6级以上)及螺旋角较大时，A_d 取较小的值；反之，则取较大的值。

初步计算的许用应力$[\sigma_H]$推荐取值为

$$[\sigma_H] \approx 0.9\sigma_{Hlim} \tag{7.13}$$

7.7.2 齿根弯曲疲劳强度计算

(1)校核公式

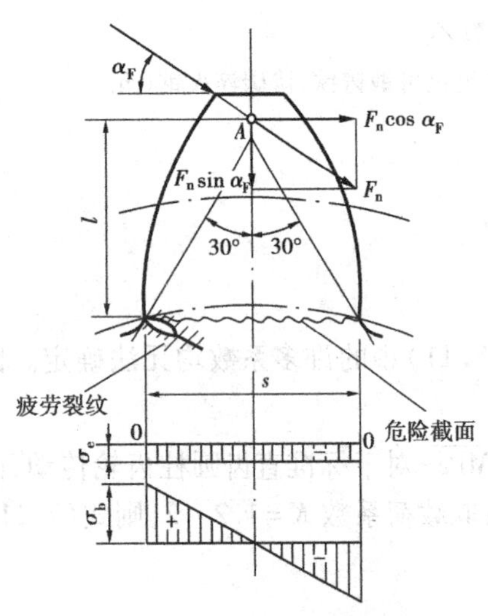

图7.18 齿根危险截面的应力

在齿轮传动中，轮齿可看作宽度为 b 的悬臂梁。因此，齿根处为危险截面，可用30°切法线确定(见图7.18)：作与轮齿中线成30°角并与齿根过渡曲线相切的切线，通过两切点平行于齿轮轴线的截面，即齿根危险截面。

为简化计算，假设全部载荷作用于一对齿啮合时的齿顶上，另用重合度系数 Y_ε 对齿根弯曲应力予以修正。

沿啮合线方向作用于齿顶上的法向力 F_n 可分解为相互垂直的两个分力 $F_n\cos\alpha_F$ 和 $F_n\sin\alpha_F$。前者使齿根产生弯曲应力和切应力，后者使齿根产生压缩应力。弯曲应力起主要作用。其余的应力影响较小，只在应力修正系数 Y_ε 中考虑。

轮齿长期工作后，受拉一侧先产生疲劳裂纹，因此，齿根弯曲疲劳强度计算应以受拉一侧为计算依据。由图7.18可知，齿根的最大弯矩为

$$M = F_n\cos\alpha_F \cdot l = \frac{F_t}{\cos\alpha}\cdot l\cos\alpha_F = \frac{2T_1}{d_1}\frac{l\cos\alpha_F}{\cos\alpha}$$

计入载荷系K，应力修正系数Y_{Sa}，重合度系数Y_ε后，得弯曲强度校核公式为

$$\sigma_F \approx \sigma_b = \frac{M}{W}KY_{Sa}Y_\varepsilon = \frac{2KT_1}{d_1\dfrac{bs^2}{6}}\frac{l\cos\alpha_F}{\cos\alpha}Y_{Sa}Y_\varepsilon =$$

$$\frac{2KT_1}{bd_1 m}Y_{Fa}Y_{Sa}Y_{\varepsilon}=\frac{KF_t}{bm}Y_{Fa}Y_{Sa}Y_{\varepsilon}\leqslant[\sigma_F] \tag{7.14}$$

应该注意：一对齿轮中，大、小齿轮的齿形系数 Y_{Fa}、应力修正系数 Y_{Sa} 和许用弯曲应力 $[\sigma_F]$ 是不同的。因此，应对大、小齿轮的 $Y_{Fa}Y_{Sa}/[\sigma_F]$ 进行比较，并按两者中的较大值进行计算。模数应圆整为标准值。对于传递动力的齿轮，模数一般应大于1.5～2 mm。

(2)公式中有关系数的确定

1)齿形系数 Y_{Fa}

$$Y_{Fa}=\frac{6\left(\frac{l}{m}\right)\cos\alpha_F}{\left(\frac{s}{m}\right)^2\cos\alpha}$$

由于 l 和 s 均与模数成正比，故 Y_{Fa} 只取决于轮齿的形状（随齿数 z 和变位系数 x 而异），而与模数的大小无关。外齿轮的齿形系数 Y_{Fa} 可由如图7.19所示查得。

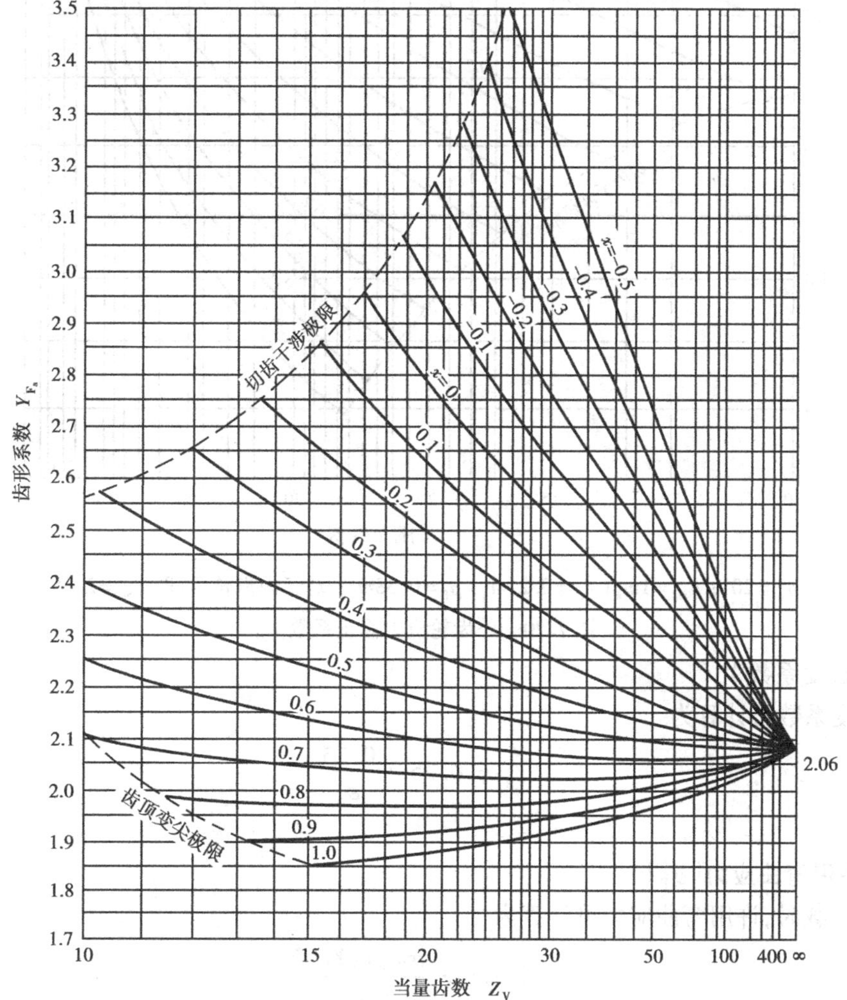

$\alpha_n=20°$；$h_{am}=1m_n$；$c_n=0.25m_n$；$\rho_f=0.38m_n$

图7.19 外齿轮齿形系数 Y_{Fa}

2)应力修正系数 Y_{Sa}

用以考虑齿根过渡曲线处应力集中和除弯曲应力外其他应力对齿根弯曲强度的影响。可由如图 7.20 所示查得。

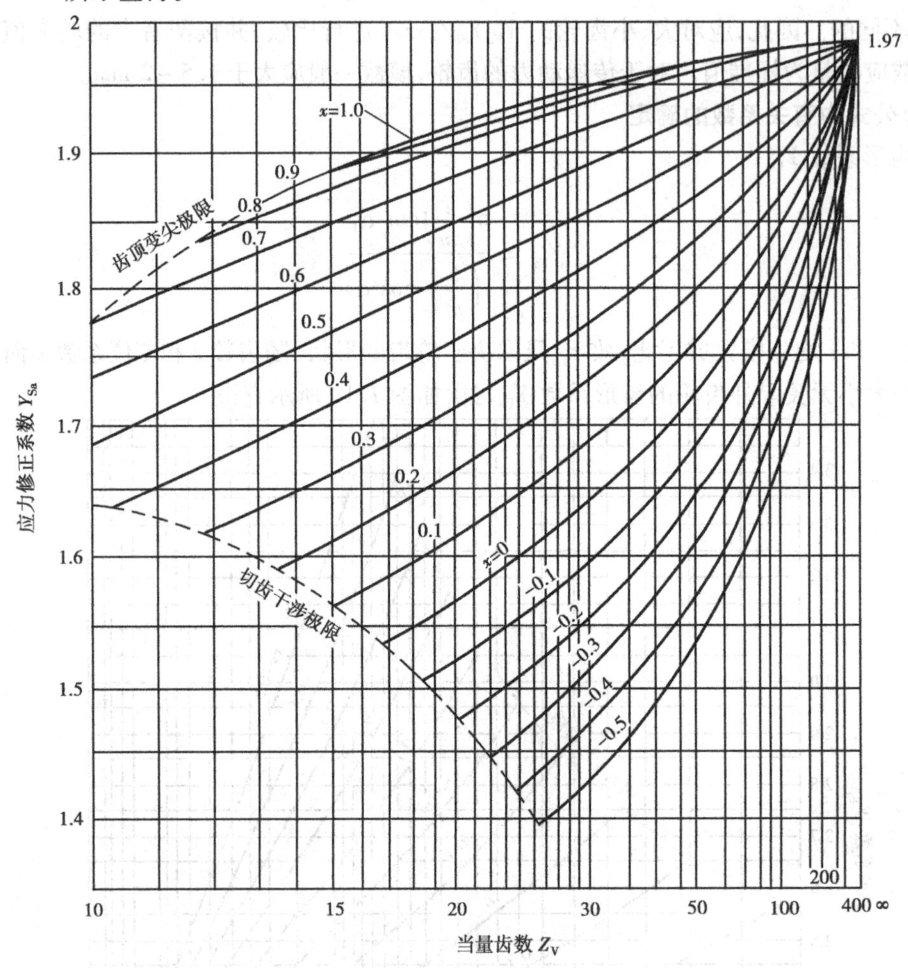

$\alpha_n = 20°$；$h_{an} = 1m_n$；$c_n = 0.25m_n$；$\rho_f = 0.38m_n$；对于内齿轮，可取 $Y_{Sa} = 2.65$

图 7.20 外齿轮应力修正系数 Y_{Sa}

3)重合度系数 Y_ε

重合度系数可计算为

$$Y_\varepsilon = 0.25 + \frac{0.75}{\varepsilon_\alpha} \tag{7.15}$$

(3)许用弯曲应力 $[\sigma_F]$

单向受载时，许用弯曲应力可计算为

$$[\sigma_F] = \frac{\sigma_{Flim} Y_N Y_X}{S_{Fmim}} \tag{7.16}$$

式中 σ_{Flim}——失效概率为1%时,试验齿轮齿根的弯曲疲劳强度极限,查图7.21;

S_{Fmim}——弯曲疲劳强度的最小安全系数,参考表7.10;

Y_N——弯曲疲劳强度计算的寿命系数,查图7.22,图中横坐标为工作应力循环次数N_L,由式(7.10)计算;

Y_X——尺寸系数,查图7.23。

(4)**设计公式**

国家标准只提出了齿根弯曲强度的校核公式(7.14),为了设计需要,在式(7.14)中,以$b=\psi_d d_1, d_1=mz_1$代入,得设计公式为

$$m \geqslant \sqrt[3]{\frac{2KT_1}{\psi_d z_1^2[\sigma_F]} Y_{Fa} Y_{Sa} Y_\varepsilon} \tag{7.17}$$

由于齿轮的参数和尺寸未知,式(7.17)中的一些参数难以确定,故如同接触强度设计公式一样,也需要进行简化。设$\varepsilon_\alpha=1$,由式(7.15)可求得$Y_\varepsilon=1$,取载荷系数$K=1.2\sim2$,则式(7.17)可简化为

$$m \geqslant A_m \sqrt[3]{\frac{T_1}{\psi_d z_1^2[\sigma_F]} Y_{Fa} Y_{Sa}} \tag{7.18}$$

式(7.18)对于直齿或斜齿圆柱齿轮均适用,式(7.18)中A_m值如表7.12所示。

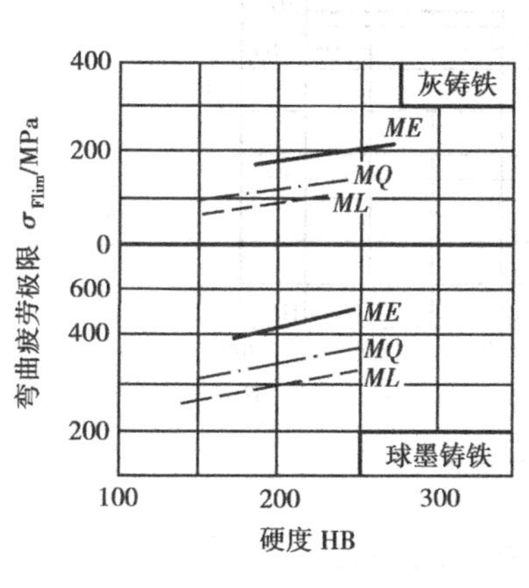

(a)铸铁

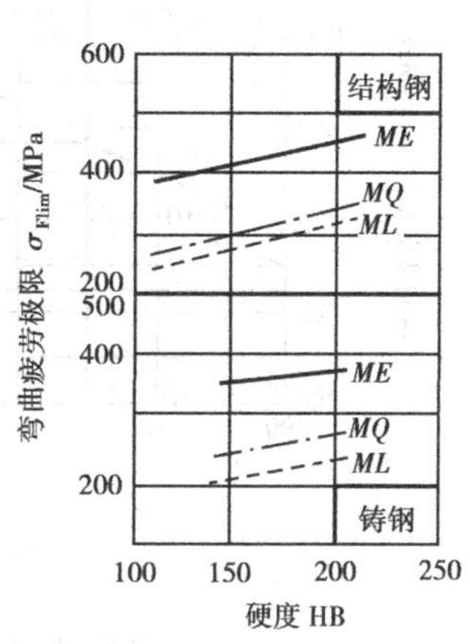

(b)正火处理的结构钢和铸钢

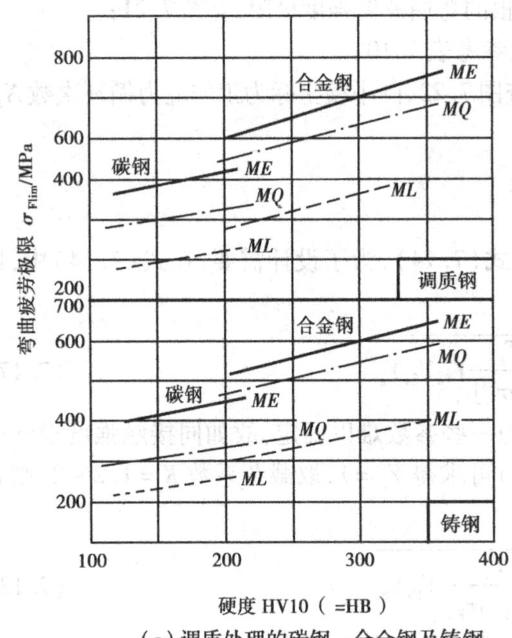

(c) 调质处理的碳钢、合金钢及铸钢

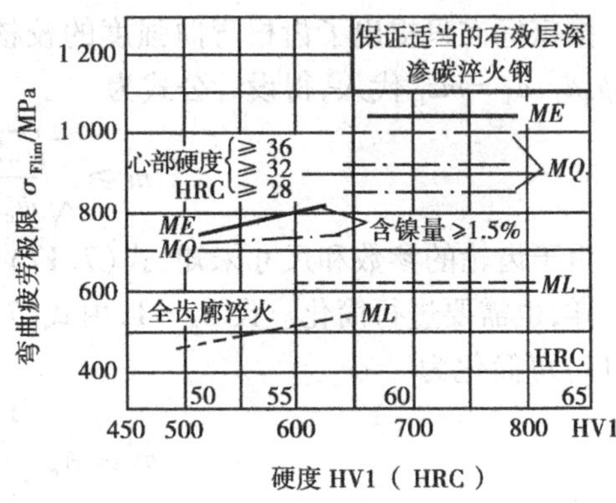

(d) 渗碳淬火钢和表面硬化(火焰或感应淬火)钢

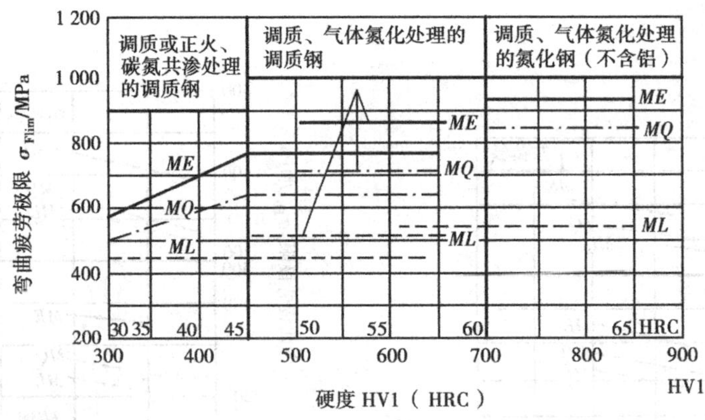

(e) 氮化钢和碳氮共渗钢

图 7.21 试验齿轮的弯曲疲劳极限 σ_{Flim}

表 7.12 A_m 值

螺旋角 β	0°	8° ~ 15°	25° ~ 35°
A_m	1.34 ~ 1.59	1.32 ~ 1.56	1.22 ~ 1.45

注:当载荷平稳、齿宽系数较小、对称布置、轴的刚性较大、齿轮精度较高(6 级以上)时,A_m 取较小值,反之,则取较大值。

初步计算的许用弯曲应力$[\sigma_F]$推荐取值为:

轮齿单向受力为

$$[\sigma_F] \approx 0.7\sigma_{Flim} \tag{7.19}$$

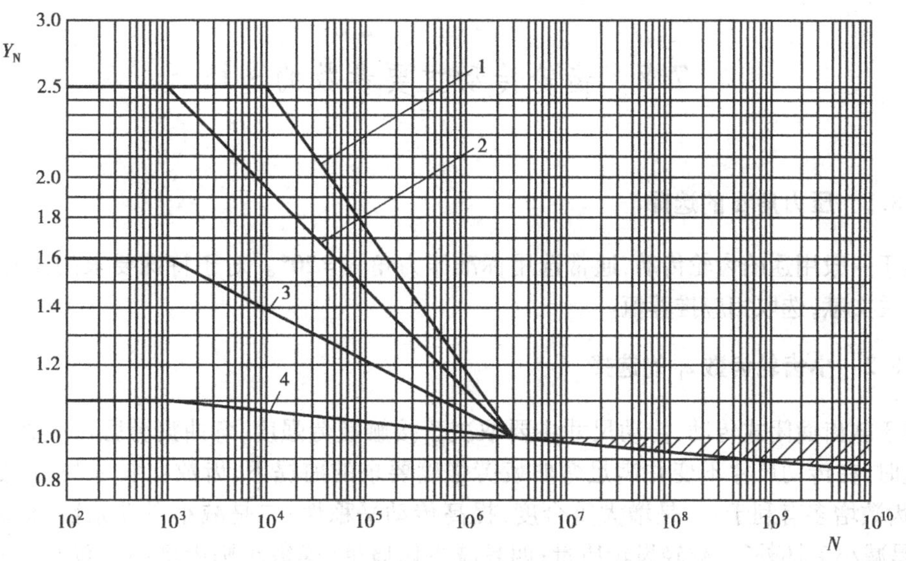

图7.22 弯曲疲劳寿命系数 Y_N

1—调质钢,珠光体、贝氏体球墨铸铁,珠光体黑色可锻铸铁;

2—渗碳淬火钢,火焰或感应表面淬火;

3—氮化的调质钢或氮化钢,铁素体球墨铸铁,结构钢,灰铸铁;

4—碳氮共渗的调质钢

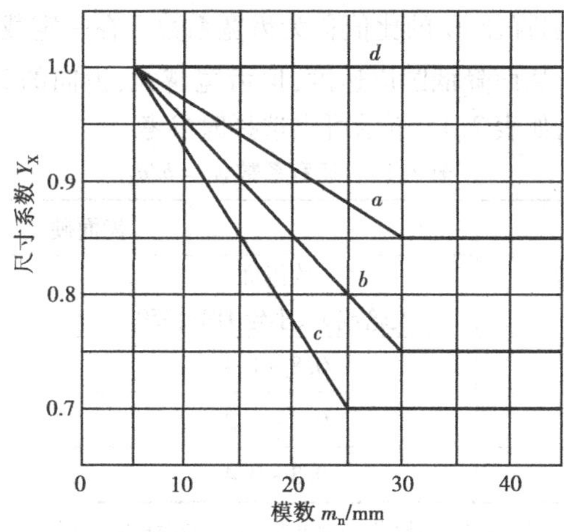

图7.23 弯曲强度计算的尺寸系数 Y_X

a—结构钢、调质钢、球墨铸铁、珠光体可锻铸铁;

b—表面硬化钢;*c*—灰铸铁;*d*—静强度(所有材料)

轮齿双向受力或开式传动为

$$[\sigma_F] \approx 0.5\sigma_{Flim} \tag{7.20}$$

7.8 齿轮传动主要参数的选择

7.8.1 压力角 α 的选择

对于一般用途的齿轮传动，通常选用标准压力角 $\alpha=20°$。对于特殊要求的齿轮传动，可查阅有关文献，选取相应推荐值。

7.8.2 小齿轮齿数 z_1 的选择

对于软齿面闭式传动，传动尺寸主要取决于接触疲劳强度，弯曲疲劳强度则往往比较富裕。这时，在传动尺寸不变并满足弯曲疲劳强度要求的前提下，齿数宜取多些（模数相应减小）。齿数增多有利于：一是增大重合度，提高传动平稳性；二是减小滑动系数，提高传动效率；三是减小毛坯外径，减轻齿轮质量；四是减少切屑量（模数小则齿槽小），延长刀具使用寿命，减少加工工时。一般可取 $Z_1=20\sim40$。

对于开式传动和硬齿面传动，传动尺寸主要取决轮齿弯曲疲劳强度，故齿数不宜过多。但不能产生根切。

7.8.3 齿宽系数 ψ_d 的选择

齿宽 b 和小齿轮分度圆直径 d_1 的比值称为齿宽系数。在一定载荷作用下，增大齿宽可减小齿轮直径和传动中心距，从而降低圆周速度；但齿宽越大，齿向的载荷分布越不均匀。因此必须合理地选择齿宽系数，如表 7.13 所示可供选择时参考。

表 7.13 齿宽系数 $\psi_d=b/d_1$

齿轮相对于轴承的位置	齿面硬度	
	软齿面（大轮或大、小轮 HB≤350）	硬齿面（大、小轮 HB≥350）
对称布置	0.8～1.4	0.4～0.9
非对称布置	0.6～1.2	0.3～0.6
悬臂布置	0.3～0.4	0.2～0.25

注：直齿圆柱齿轮宜取较小值，斜齿轮可取较大值（人字齿可取到 2）；载荷稳定，轴刚性大时取较大值；变载荷，轴刚性较小时取较小值。

为了方便装配和调整，小齿轮宽度应比大齿轮宽度大 5～10 mm，但计算时按大齿轮宽度计算。

7.9 齿轮传动的精度及其选择

在《渐开线圆柱齿轮精度》国家标准（GB/T 10095—88）中，规定了 12 个精度等级，按精度等级高低依次分为1～12级。1996年后,根据国际上齿轮技术的发展趋势,我国参照国际标准化组织制订的ISO 1328-1:95及ISO 1328-2:97标准,修订了GB/T 10095—88,提出了渐开线圆柱齿轮精度的新标准(含有GB/T 10095.1—2001与GB/T 10095.2—2001两个部分),它们在具体内容上有较大的变化。在此基础上,于2008年进行了修订,提出了新的渐开线圆柱齿轮精度的标准(含有GB/T 10095.1—2008与GB/T 10095.2—2008两个部分)。GB/T 10095.1—2008对轮齿同侧齿面偏差规定了13个精度等级,用数字0～12由高到低的顺序排列,0级精度最高,12级精度最低;GB/T 10095.2—2008对径向综合偏差规定了9个精度等级,其中,4级精度最高,12级精度最低;对径向跳动规定了13个精度等级,其中,0级精度最高,12级精度最低。根据各类机器对齿轮传动准确性、传动平稳性和载荷分布均匀性这3项要求可能不同,影响这3项性能的各项公差又相应分成3个组:第Ⅰ公差组、第Ⅱ公差组、第Ⅲ公差组。3组允许选择不同的精度等级。标准中还规定了齿坯公差、齿轮副侧隙、图纸标注等内容。

齿轮精度等级应根据传动的用途、使用条件、传动效率、圆周速度等因素来决定。如表7.14所示为某些机器中常用的齿轮传动精度等级。如表7.15所示为各精度等级的齿轮传动允许的最大圆周速度。

表7.14　某些机器中齿轮传动精度等级的常用范围

齿轮应用	精度等级	齿轮应用	精度等级
测量齿轮	2～5	载重汽车及一般用途减速器	6～9
透平机用减速器	3～6	拖拉机及轧钢机的小齿轮	6～10
金属切屑机床	3～8	起重机	7～10
航空发动机	4～7	矿山用卷扬机	8～10
轻便汽车	5～8	农业机械	8～11
内燃机车和电动机车	5～7		

表7.15　齿轮传动的最大圆周速度/($m \cdot s^{-1}$)

精度等级	圆柱齿轮传动		圆锥齿轮传动	
	直　齿	斜　齿	直　齿	斜　齿
5级和以上	≥15	≥30	≥12	≥20
6级	<15	<30	<12	<20
7级	<10	<15	<8	<10
8级	<6	<10	<4	<7
9级	<2	<4	<1.5	<3

例7.1　试设计一闭式标准直齿圆柱齿轮传动。已知:传递功率$P=18.5$ kW;小齿轮转速$n_1=970$ r/min;传动比$i(=u)=3$;单班制。预期使用寿命5年,每年240个工作日,在使用期限内,工作时间占50%。原动机为电动机,单向转动,有轻微振动,齿轮对称布置。传动尺

寸无严格限制，小批量生产，齿面允许有少量点蚀，无严重过载。

解 选用以下两种齿面硬度进行对比：

(1) 小齿轮用40 Cr，调质处理，硬度 HB 为 260，大齿轮用45 钢，硬度 HB 为 240。

(2) 小、大齿轮均为40Cr，热处理后，硬度 HRC 分别为55 和50。

计算如下：

计算项目	计算结果 (1)	计算结果 (2)
齿面接触疲劳强度计算		
1. 初步计算		
转矩 $T_1 = 9.55 \times 10^6 \dfrac{P_1}{n_1}$	$T_1 = 182\ 139$ N·mm	
齿宽系数 ψ_d，由表 7.13 得	取 $\psi_d = 1.0$（为了比较取相同 ψ_d）	
接触疲劳极限 σ_{Hlim}，由图 7.16 得	$\sigma_{Hlim1} = 710$ MPa	$\sigma_{Hlim1} = 1\ 210$ MPa
	$\sigma_{Hlim2} = 580$ MPa	$\sigma_{Hlim2} = 1\ 150$ MPa
初步计算许用接触应力 $[\sigma_H]$	$[\sigma_{H1}] = 639$ MPa	$[\sigma_{H1}] = 1\ 089$ MPa
$[\sigma_H] \approx 0.9\sigma_{Hlim}$（式(7.13)）	$[\sigma_{H2}] = 522$ MPa	$[\sigma_{H2}] = 1\ 035$ MPa
A_d 值，由表 7.11 得	取 $A_d = 85$	
初步计算小齿轮直径 d_1		
$d_1 \geqslant A_d \sqrt[3]{\dfrac{T_1}{\psi_d[\sigma_H]^2} \cdot \dfrac{u+1}{u}}$	$d_1 = 81.8$ 取 $d_1 = 85$ mm	$d_1 = 51.8$ 取 $d_1 = 55$ mm
初选齿宽 $b = \psi_d \times d_1$	$b = 85$ mm	$b = 55$ mm
2. 校核计算		
圆周速度 $v = \dfrac{\pi d_1 n_1}{60 \times 1\ 000}$	$v = 4.32$ m/s	$v = 2.79$ m/s
精度等级，由表 7.14 得	选 8 级精度	
齿数 z 和模数 m，初取齿数	$z_1 = 30$	$z_1 = 30$
因 $m = d_1/z_1$，由表 7.2 得	取 $m = 2.5$ mm	$m = 2.5$ mm
（这里也可取 $m = 3.0$，视齿根弯曲强度的验算而定。）		
由 $z_1 = d_1/m, z_2 = i \cdot z_1$，得	$z_1 = 34 \quad z_2 = 102$	$z_1 = 22 \quad z_2 = 66$
使用系数 K_A，由表 7.6 得	$K_A = 1.25$	
动载系数 K_V，由图 7.12 得	$K_V = 1.2$	
齿间载荷分配系数 $K_{H\alpha}$，由表 7.7 先求		
$F_t = \dfrac{2T_1}{d_1}$	$F_t = 4\ 286$ N	$F_t = 6\ 623$ N
$\dfrac{K_A F_t}{b}$	$\dfrac{K_A F_t}{b} = 63$ N/mm $<$ 100 N/mm	$\dfrac{K_A F_t}{b} = 150$ N/mm $>$ 100 N/mm

续表

计算项目	计算结果 (1)	计算结果 (2)
$\varepsilon_\alpha = \left[1.88 - 3.2\left(\frac{1}{z_1} + \frac{1}{z_2}\right)\right]\cos\beta$	$\varepsilon_\alpha = 1.75$	$\varepsilon_\alpha = 1.69$
$Z_\varepsilon = \sqrt{\frac{4-\varepsilon_\alpha}{3}}$（式7.7）	$Z_\varepsilon = 0.87$	$Z_\varepsilon = 0.88$
由此得 $K_{H\alpha} = \frac{1}{Z_\varepsilon^2}$	$K_{H\alpha} = 1.32$	$K_{H\alpha} = 1.29$（查表7.7）
齿向载荷分配系数 $K_{H\beta}$， 由表7.8		
$K_{H\beta} = A + B\left(\frac{b}{d_1}\right) + C10^{-3}b$	$K_{H\beta} = 1.38$	$K_{H\beta} = 1.37$
载荷系数 $K = K_A K_V K_{H\alpha} K_{H\beta}$		
（式7.4）	$K = 2.73$	$K = 2.65$
弹性系数 Z_E， 由表7.9得	$Z_E = 189.8\sqrt{MPa}$	
节点区域系数 Z_H， 由图7.15得	$Z_H = 2.5$	
接触最小安全系数 S_{Hmin}， 由表7.10得	$S_{Hmin} = 1.05$	
总工作时间 $t_h = 5 \times 240 \times 8 \times 0.5$	$t_h = 4\ 800$ h	
应力循环次数 $N_L = 60\gamma n t_h$（式(7.10)）	$N_{L1} = 2.97 \times 10^8$	
	$N_{L2} = 9.9 \times 10^7$	
接触寿命系数 Z_N，由图7.17得	$Z_{N1} = 1.13$	
	$Z_{N2} = 1.16$	
许用接触应力$[\sigma_H]$	$[\sigma_{H1}] = 764$ MPa	$[\sigma_{H1}] = 1\ 302$ MPa
$[\sigma_H] = \frac{\sigma_{Hlim} Z_N}{S_{Hmin}}$，(式(7.9)	$[\sigma_{H2}] = 641$ MPa	$[\sigma_{H2}] = 1\ 270$ MPa
验算 $\sigma_H = Z_E Z_H Z_\varepsilon \sqrt{\frac{2KT_1}{bd_1^2} \cdot \frac{u+1}{u}}$	$\sigma_H = 607$ MPa $< [\sigma_{H2}]$	$\sigma_H = 1\ 161$ MPa $< [\sigma_{H2}]$
	计算结果表明，接触疲劳强度较为合适，齿轮尺寸无须调整。否则，尺寸调整后还应再进行验算	
3. 确定传动主要尺寸		
分度圆直径 d		
$d_1 = mz_1$	$d_1 = 85$ mm	$d_1 = 55$ mm
$d_2 = mz_2$	$d_2 = 255$ mm	$d_2 = 165$ mm
中心距 $a = \frac{m(z_1 + z_2)}{2}$	$a = 170$ mm	$a = 110$ mm
齿宽 $b = \psi_d d_1$	取 $b_1 = 95$ mm	取 $b_1 = 60$ mm
	$b_2 = 85$ mm	$b_2 = 55$ mm

续表

计算项目	计算结果 (1)	计算结果 (2)
齿根弯曲疲劳强度验算		
重合度系数 Y_ε， 由式(7.15)得	$Y_\varepsilon = 0.68$	$Y_\varepsilon = 0.69$
齿间载荷分配系数 $K_{F\alpha}$， 由表7.7得	$K_{F\alpha} = 1.47$	$K_{F\alpha} = 1.2$
齿向载荷分配系数 $K_{F\beta}$， 由图7.13得	$K_{F\beta} = 1.38$	$K_{F\beta} = 1.35$
载荷系数 $K = K_A K_V K_{F\alpha} K_{F\beta}$	$K = 3.04$	$K = 2.43$
齿形系数 Y_{Fa}，由图7.19得	$Y_{Fa1} = 2.46$	$Y_{Fa1} = 2.72$
	$Y_{Fa2} = 2.19$	$Y_{Fa2} = 2.32$
应力修正系数 Y_{Sa}，由图7.20得	$Y_{Sa1} = 1.65$	$Y_{Sa1} = 1.58$
	$Y_{Sa2} = 1.8$	$Y_{Sa2} = 1.74$
弯曲疲劳极限 σ_{Flim}，由图7.21得	$\sigma_{Flim1} = 600$ MPa	$\sigma_{Flim1} = 730$ MPa
	$\sigma_{Flim2} = 450$ MPa	$\sigma_{Flim2} = 720$ MPa
弯曲最小安全系数 S_{Fmin}， 由表7.10得	$S_{Fmin} = 1.25$	
弯曲寿命系数 Y_N， 由图7.22得	$Y_{N1} = 0.92$	
	$Y_{N2} = 0.94$	
尺寸系数 Y_X， 由图7.23得	$Y_X = 1.0$	
许用弯曲应力 $[\sigma_F]$		
$[\sigma_F] = \dfrac{\sigma_{Flim} Y_N Y_X}{S_{Fmin}}$(式(7.16))	$[\sigma_{F1}] = 442$ MPa	$[\sigma_{F1}] = 537$ MPa
	$[\sigma_{F2}] = 338$ MPa	$[\sigma_{F2}] = 541$ MPa
验算 $\sigma_{F1} = \dfrac{2KT_1}{bd_1 m} Y_{Fa1} Y_{Sa1} Y_\varepsilon$	$\sigma_{F1} = 169 \text{ MPa} < [\sigma_{F1}]$	$\sigma_{F1} = 347 \text{ MPa} < [\sigma_{F1}]$
$\sigma_{F2} = \sigma_{F1} \dfrac{Y_{Fa2} Y_{Sa2}}{Y_{Fa1} Y_{Sa1}}$	$\sigma_{F2} = 164 \text{ MPa} < [\sigma_{F2}]$	$\sigma_{F2} = 325 \text{ MPa} < [\sigma_{F2}]$
传动无严重过载，故不作静强度校核		

比较上面两种方案的结果看出，采用硬齿面齿轮可显著减小结构。

7.10 斜齿圆柱齿轮的形成原理

如图7.24所示，当发生平面 S 沿基圆柱做纯滚动时，S 面上任意一条斜直线 KK 的轨迹将展成斜齿轮的渐开线齿面。斜直线 KK 与发生面 S 和基圆柱面的切线的夹角 β_b，称为基圆柱面上的螺旋角。β_b 值越大，轮齿的偏斜程度越大，当 $\beta_b = 0°$ 时，就变成直齿圆柱齿轮了。

如图7.25所示为直齿轮传动和斜齿轮传动的接触线。直齿轮的接触线长度为一定值，而斜齿轮的接触线长度是由接触开始为零，逐渐增到最大值，又由最大值逐渐缩短至零，最后脱离接触（见图7.25(b)），故工作平稳，冲击和振动较小，噪声较低，适合于高速传动场合。

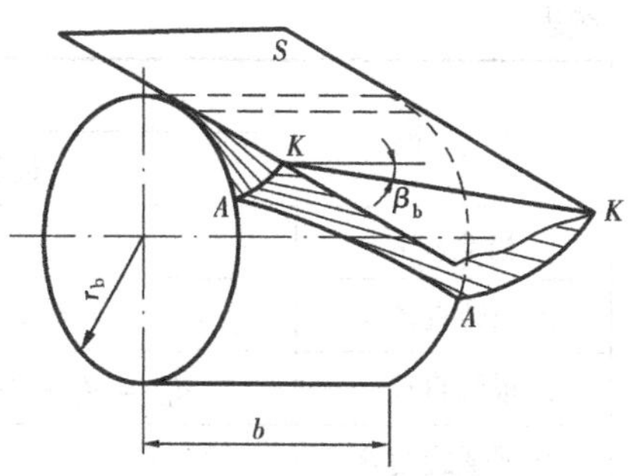

图7.24　斜齿轮齿面的形成

由斜齿轮齿面的形成可知，其端面（垂直于齿轮轴线的截面）齿廓曲线为渐开线。从端面看，一对斜齿轮的啮合相当于一对直齿轮的啮合，故它也满足齿廓啮合的基本定律。

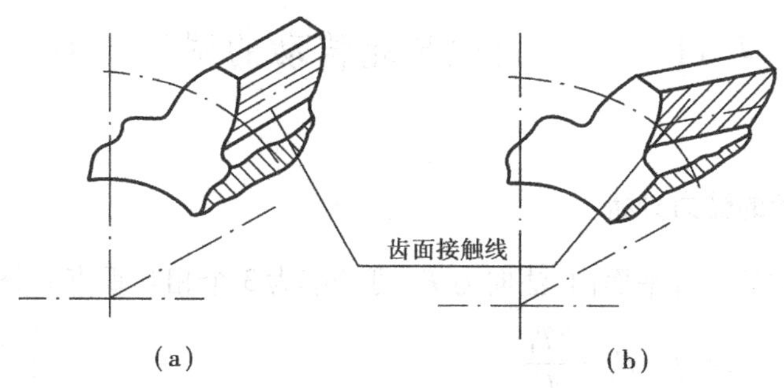

图7.25　直齿轮、斜齿轮齿面接触线

垂直于斜齿轮轮齿螺旋方向的截面称为法面。斜齿轮有端面参数和法面参数之分。法面上的参数应为标准参数。端面模数为 m_t，法面模数为 m_n，二者的关系为 $m_t=m_n/\cos\beta$，β 为分度圆柱面上的螺旋角。应取 m_n 为标准模数。

斜齿轮还有端面齿形和法面齿形之分。法面齿形并非准确的渐开线，但为了计算方便，可以用一个齿形与其相当的直齿轮来代替，该直齿轮就称为当量齿轮，其齿数称为当量齿数 z_V，其计算公式为 $z_V=z/\cos^3\beta$。式中，β 为斜齿轮分度圆柱面上的螺旋角，z 为斜齿轮的齿数。

斜齿轮传动正确啮合条件如下：

①一对斜齿轮的法面模数 m_n 和端面模数 m_t 分别相等，即

$$m_{n1}=m_{n2}=m(\text{标准值});\quad m_{t1}=m_{t2}$$

②一对斜齿轮的法面压力角 α_n 和端面压力角 α_t 分别相等，即

$$\alpha_{n1}=\alpha_{n2}=\alpha(=20^\circ);\quad \alpha_{t1}=\alpha_{t2}$$

渐开线标准斜齿圆柱齿轮传动的几何尺寸计算如表7.16所示。

表7.16　渐开线标准斜齿轮传动的几何尺寸计算公式

名　称	计算公式	
	齿轮1	齿轮2
分度圆直径 d	$d_1=m_tZ_1=\dfrac{m_nZ_1}{\cos\beta}$	$d_2=m_tZ_2=\dfrac{m_nZ_2}{\cos\beta}$
齿顶高 h_a	$h_a=h_{an}^*m_n$	
齿根高 h_f	$h_f=(h_{an}^*+c^*)m_n$	

续表

名　称	计算公式	
	齿轮 1	齿轮 2
齿全高 h	$h = (2h_{an}^* + c^*)m_n$	
齿顶圆直径 d_a	$d_{a1} = d_1 + 2h_{an}^* m_n$	$d_{a2} = d_2 + 2h_{an}^* m_n$
齿根圆直径 d_f	$d_{f1} = d_1 - 2m_n(h_{an}^* + c^*)$	$d_{f2} = d_2 - 2m_n(h_{an}^* + c^*)$
基圆螺旋角 β_b	$\cos\beta_b = \cos\beta\cos\alpha_n/\cos\alpha_t$	

7.11　斜齿圆柱齿轮传动的强度计算

7.11.1　斜齿轮的受力分析

在切于两基圆柱的啮合平面内，法向力 F_n 可分解为3个相互垂直的分力（见图7.26）。

$$\left.\begin{aligned}&\text{圆周力}\quad F_t=\frac{2T_1}{d_1}\\&\text{径向力}\quad F_r=F_t\tan\alpha_t=\frac{F_t\tan\alpha_n}{\cos\beta}\\&\text{轴向力}\quad F_a=F_t\tan\beta\\&\text{法向力}\quad F_n=\frac{F_t}{\cos\alpha_t\cos\beta_b}=\frac{F_t}{\cos\alpha_n\cos\beta}\end{aligned}\right\}\tag{7.21}$$

式中　α_t——端面啮合角；

α_n——法向啮合角，对于标准齿轮传动，$\alpha_n=20°$；

β——节圆螺旋角，对标准斜齿轮即为分度圆螺旋角；

β_b——基圆螺旋角。

圆周力 F_t 和径向力 F_r 方向的判断与直齿圆柱齿轮传动相同。轴向力 F_a 的方向取决于轮齿螺旋线方向和齿轮回转方向，可用左、右手法则判断：左螺旋用左手、右螺旋用右手，握住主动轮轴线，除拇指外其余四指代表旋转方向，拇指的方向即主动轮的轴向力方向，从动轮的轴向力方向与其相反。

7.11.2　计算载荷

计算载荷 F_{tc} 的计算公式和直齿圆柱齿轮相同，即

$$F_{tc} = KF_t$$

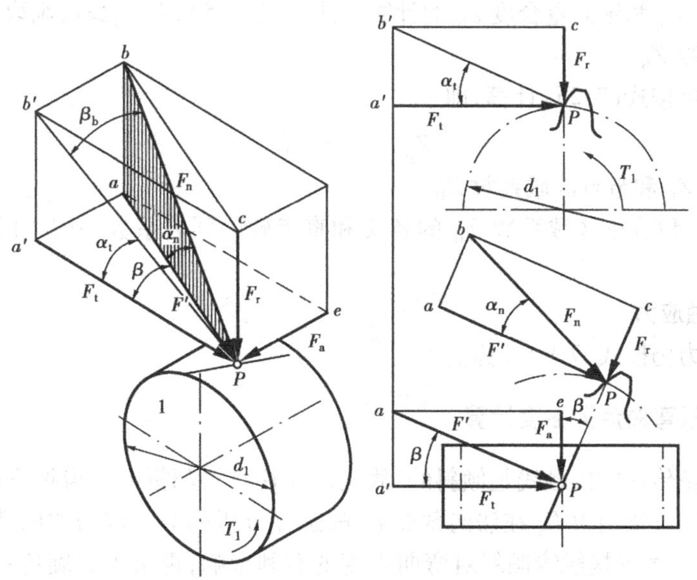

图 7.26　斜齿圆柱齿轮传动的受力方向

7.11.3　齿面接触疲劳强度计算

(1)计算公式

斜齿圆柱齿轮传动的齿面接触强度的基本公式也为式(7.7)。将式(7.7)用于斜齿轮传动的过程也和直齿轮传动相似,但有以下几点不同:

①两轮齿廓啮合点的曲率半径应为其法向曲率半径 ρ_{n1} 和 ρ_{n2};。

②两轮接触线总长度随啮合位置不同而变化,还同时受端面重合度 ε_α 和轴向重合度 ε_β 的影响。

③接触线倾斜有利于提高接触疲劳强度,用螺旋角系数 Z_β 考虑其影响。

经推导,斜齿圆柱齿轮传动齿面接触疲劳强度的校核公式和设计公式为

$$\sigma_H = \sqrt{\frac{1}{\pi\left(\frac{1-\mu_1^2}{E_1}+\frac{1-\mu_2^2}{E_2}\right)}} \cdot \sqrt{\frac{2\cos\beta_b}{\cos^2\alpha_t \tan\alpha_t}} \cdot Z_\varepsilon Z_\beta \sqrt{\frac{2KT_1}{bd_1^2}\frac{u\pm1}{u}}$$

$$= Z_E Z_H Z_\varepsilon Z_\beta \sqrt{\frac{2KT_1}{bd_1^2}\frac{u\pm1}{u}} \leqslant [\sigma_H] \tag{7.22}$$

$$d \geqslant \sqrt[3]{\frac{2KT_1}{\psi_d}\frac{u\pm1}{u}\left(\frac{Z_E Z_H Z_\varepsilon Z_\beta}{[\sigma_H]}\right)^2} \tag{7.23}$$

(2)公式中有关系数的选择

1)重合度系数 Z_ε

重合度系数 Z_ε 为

$$Z_\varepsilon = \sqrt{\frac{4-\varepsilon_\alpha}{3}(1-\varepsilon_\beta)+\frac{\varepsilon_\beta}{\varepsilon_\alpha}} \tag{7.24}$$

式中,端面重合度 ε_α 和轴向重合度 ε_β 的计算公式为式(7.5),若 $\varepsilon_\beta \geqslant 1$,则取 $\varepsilon_\beta = 1$。

2)螺旋角系数 Z_β

螺旋角系数可按式(7.25)计算,即

$$Z_\beta = \sqrt{\cos\beta} \tag{7.25}$$

3)弹性系数 Z_E 和节点区域系数 Z_H

弹性系数 Z_E 和节点区域系数 Z_H 的意义和直齿轮的同名系数相同,分别查表7.9和图7.15。

(3)**许用接触应力**

许用接触应力仍按式(7.9)计算。

7.11.4 齿根弯曲疲劳强度计算

斜齿圆柱齿轮传动的接触线是倾斜的,故轮齿往往是局部折断。齿根弯曲应力很难精确计算。由于齿面的总作用力 F_n 在法向截面上,故强度分析的截面应为法向截面,相应的模数应为法向模数 m_n。考虑接触线倾斜对弯曲强度的有利影响,再引入螺旋角系数,于是得斜齿圆柱齿轮齿根弯曲疲劳强度的校核公式为

$$\sigma_F = \frac{2KT_1}{bd_1 m_n} Y_{Fa} Y_{Sa} Y_\varepsilon Y_\beta = \frac{KF_t}{bm_n} Y_{Fa} Y_{Sa} Y_\varepsilon Y_\beta \leqslant [\sigma_F] \tag{7.26}$$

代入 $b = \psi_d d_1$,$d_1 = \frac{m_n}{\cos\beta} z_1$,得设计公式为

$$m_n \geqslant \sqrt[3]{\frac{2KT_1 \cos^2\beta}{\psi_d z_1^2 [\sigma_F]} Y_{Fa} Y_{Sa} Y_\varepsilon Y_\beta} \tag{7.27}$$

式中 Y_{Fa}——齿形系数,按当量齿数 $z_V = Z/\cos^3\beta$ 由图7.19查取;

Y_{Sa}——应力修正系数,按当量齿数 z_V 由图7.20查取;

Y_ε——重合度系数,按式(7.15)计算,但式(7.15)中的 ε_α 应当用当量齿数 z_V 由式(7.15)计算;

$[\sigma_F]$——同直齿圆柱齿轮传动,按式(7.16)计算。

Y_β——螺旋角系数,按下式计算为

$$Y_\beta = 1 - \varepsilon_\beta \frac{\beta^\circ}{120^\circ} \geqslant Y_{\beta\min} \tag{7.28}$$

$$Y_{\beta\min} = 1 - 0.25\varepsilon_\beta \geqslant 0.75 \tag{7.29}$$

当 $\varepsilon_\beta \geqslant 1$ 时,按 $\varepsilon_\beta = 1$ 计算。若 $\varepsilon_\beta < 0.75$,则取 $Y_\beta = 0.75$。当 $\beta > 30°$时,按 $\beta = 30°$计算。

螺旋角过小,斜齿轮的优点不明显;过大则轴向力增大,一般取 $\beta = 8° \sim 25°$。对人字齿轮,因轴向力可以相互抵消,可取 $\beta = 20° \sim 35°$。

出于和直齿圆柱齿轮传动相同的原因,在设计计算时,也无法直接应用式(7.23)和式(7.27),应先按简化公式求出主要尺寸和参数,然后再做较精确地校核计算。接触疲劳强度和弯曲疲劳强度的简化计算公式,仍分别为式(7.12)和式(7.18);简化计算的许用应力公式分别为式(7.13)、式(7.19)和式(7.20)。

例7.2 将例7.1的标准直齿圆柱齿轮传动重改为标准斜齿圆柱齿轮传动,已知条件不变;材料、热处理以及精度等级均和例7.1中的情况(1)相同。

解 计算过程如下：

计算项目	计算内容	计算结果
齿面接触疲劳强度计算		
1. 初步计算		
转矩 T_1	同例题7.1	$T_1 = 182\ 139\ \text{N} \cdot \text{mm}$
齿宽系数 ψ_d	同例题7.1	$\psi_d = 1.0$
初步计算许用接触	同例题7.1	$[\sigma_{H1}] = 639\ \text{MPa}$
许用应力 $[\sigma_H]$		$[\sigma_{H2}] = 522\ \text{MPa}$
A_d 值，由表7.11得，估计 $\beta = 8° \sim 25°$		取 $A_d = 82$
初步计算小齿轮直径 d_1	$d_1 = A_d \sqrt[3]{\dfrac{T_1}{\psi_d [\sigma_H]^2} \times \dfrac{u+1}{u}}$ $= 82 \times \sqrt[3]{\dfrac{182\ 139}{1 \times 522^2} \times \dfrac{3+1}{3}} = 78.9$	取 $d_1 = 84\ \text{mm}$
初步齿宽 b	$b = \psi_d \times d_1 = 1 \times 84$	$b = 84\ \text{mm}$
2. 校核计算		
圆周速度 v	$v = \dfrac{\pi d_1 n_1}{60 \times 1\ 000} = \dfrac{\pi \times 84 \times 970}{60 \times 1\ 000}$	$v = 4.27\ \text{m/s}$
精度等级	同例题7.1	选8级精度
齿数 z 和模数 m 和	取齿数 $z_1 = 33, z_2 = i \times z_1 = 3 \times 33 = 99$	$z_1 = 33, z_2 = 99$
螺旋角 β	$m_t = \dfrac{d_1}{z_1} = \dfrac{84}{33} = 2.55$	$m_t = 2.55\ \text{mm}$
	由表7.2，取 $m_n = 2.5$	$m_n = 2.5\ \text{mm}$
	$\beta = \arccos \dfrac{m_n}{m_t} = \arccos \dfrac{2.5}{2.55}$	$\beta = 11°23'$
		（和估计值相符）
使用系数 K_A	由表7.6得	$K_A = 1.25$
动载荷系数 K_V	由图7.12得	$K_V = 1.2$
齿间载荷分配系数 $K_{H\alpha}$	由表7.7先求	
	$F_t = \dfrac{2T_1}{d_1} = \dfrac{2 \times 182\ 139}{84}\ \text{N} = 4\ 337\ \text{N}$	
	$\dfrac{K_A F_t}{b} = \dfrac{1.25 \times 4\ 337}{84} = 64.51\ \text{N/mm} < 100\ \text{N/mm}$	
	$\varepsilon_\alpha = \left[1.88 - 3.2\left(\dfrac{1}{z_1} + \dfrac{1}{z_2}\right)\right]\cos\beta =$ （式7.5）	
	$1.88 - 3.2 \times \left(\dfrac{1}{33} + \dfrac{1}{99}\right) \times \cos 11°23'$	$\varepsilon_\alpha = 1.75$
	$\varepsilon_\beta = \dfrac{b \sin \beta}{\pi m_n} =$ （式7.5）	

续表

计算项目	计算内容	计算结果
	$\frac{\psi_d z_1}{\pi}\tan\beta=\frac{1\times 33}{\pi}\tan 11°23'$	$\varepsilon_\beta=2.115$
	$\varepsilon_\gamma=\varepsilon_\alpha+\varepsilon_\beta=1.75+2.115$ （式 7.5）	$\varepsilon_\gamma=3.865$
	$\alpha_t=\arctan\frac{\tan\alpha_n}{\cos\beta}$ （表 7.16） $=\arctan\frac{\tan 20°}{\cos 11°23'}$	$\alpha_t=20°22'$
	$\cos\beta_b=\cos\beta\frac{\cos\alpha_n}{\cos\alpha_t}$ （表 7.16） $=\frac{\cos 11°23'\cos 20°}{\cos 20°22'}$	
	由此得 $K_{H\alpha}=K_{F\alpha}=\frac{\varepsilon_\alpha}{\cos^2\beta_b}$	$K_{H\alpha}=K_{F\alpha}=1.78$
齿向载荷分配系数 $K_{H\beta}$，由表 7.8 得		
	$K_{H\beta}=A+B\left(\frac{b}{d_1}\right)^2+C10^{-3}b$ $=1.17+0.16\times 1^2+0.61\times 10^{-3}\times 84$	$K_{H\beta}=1.38$
载荷系数 K	$K=K_AK_VK_{H\alpha}K_{H\beta}$ $=1.25\times 1.2\times 1.78\times 1.38$	$K=3.75$
弹性系数 Z_E，由表 7.9 得		$Z_E=189.8\sqrt{\text{MPa}}$
节点区域系数 Z_H，由图 7.15 得		$Z_H=2.46$
重合度系数 Z_ε，由式(7.24)，因 $\varepsilon_\beta>1$，取 $\varepsilon_\beta=1$，故		
	$Z_\varepsilon=\sqrt{\frac{4-\varepsilon_\alpha}{3}(1-\varepsilon_\beta)+\frac{\varepsilon_\beta}{\varepsilon_\alpha}}$ $=\sqrt{\frac{1}{\varepsilon_\alpha}}=\sqrt{\frac{1}{1.75}}$	$Z_\varepsilon=0.76$
螺旋角系数 Z_β，	$Z_\beta=\sqrt{\cos\beta}=\sqrt{\cos 11°23'}$ （式 7.25）	$Z_\beta=0.99$
许用接触应力$[\sigma_H]$	同例题 7.1	$[\sigma_{H1}]=764$ MPa $[\sigma_{H2}]=641$ MPa
验算 $\sigma_H=Z_EZ_HZ_\varepsilon Z_\beta\sqrt{\frac{2KT_1}{bd_1^2}\cdot\frac{u+1}{u}}$ $=189.8\times 2.46\times 0.76\times 0.99\times\sqrt{\frac{2\times 3.75\times 182\ 139}{84\times 84^2}\times\frac{3+1}{3}}=616$ MPa		$\sigma_H=616\text{ MPa}<[\sigma_{H2}]$
	计算结果表明，接触疲劳强度较为合适，齿轮尺寸无须调整。否则，尺寸调整后还应再进行验算	

续表

计算项目	计算内容	计算结果
3. 确定传动主要尺寸		
中心距 a	$a=\frac{d_1(i+1)}{2}=\frac{84\times(3+1)}{2}$ mm	$a=168$ mm
分度圆直径 d	因中心距未作圆整，故分度圆直径不会改变，即	
	$d_1=\frac{2a}{i+1}=\frac{2\times168}{3+1}$ mm	$d_1=84$ mm
	$d_2=id_1=3\times84$ mm	$d_2=252$ mm
齿宽 b	$b=\psi_d d_1=1\times84\text{ mm}=84$ mm	取 $b_1=90$ mm
		$b_2=84$ mm
齿根弯曲疲劳强度验算		
齿形系数 Y_{Fa}	$z_{v1}=\frac{z_1}{\cos^3\beta}=\frac{33}{\cos^3 11°23'}$	$z_{v1}=35$
	$z_{v2}=\frac{z_2}{\cos^3\beta}=\frac{99}{\cos^3 11°23'}$	$z_{v2}=105$
	由图 7.19 得	$Y_{Fa1}=2.53$
		$Y_{Fa2}=2.18$
应力修正系数 Y_{Sa}，　由图 7.20 得		$Y_{Sa1}=1.64$
		$Y_{Sa2}=1.78$
重合度系数 Y_ε	$\varepsilon_{\alpha v}=\left[1.88-3.2\left(\frac{1}{z_{v1}}+\frac{1}{z_{v2}}\right)\right]\cos\beta$	
	$=\left[1.88-3.2\times\left(\frac{1}{34}+\frac{1}{103}\right)\right]\times\cos 11°23'$	$\varepsilon_\alpha=1.72$
	$Y_\varepsilon=0.25+\frac{0.75}{\varepsilon_{v\alpha}}=0.25+\frac{0.75}{1.72}$　（式 7.15）	$Y_\varepsilon=0.68$
螺旋角系数 Y_β	$Y_{\beta\min}=1-0.25\varepsilon_\beta$　（式 7.29）	
	$=1-0.25\times1=0.75$	
	（当 $\varepsilon_\beta\geqslant1$ 时，取 $\varepsilon_\beta=1$）	
	$Y_\beta=1-\varepsilon_\beta\frac{\beta°}{120°}$	
	$=1-1\times\frac{11.4°}{120°}$	$Y_\beta=0.9>Y_{\beta\min}$
齿间载荷分配系数 $K_{F\alpha}$，　由表 7.7 注②		
	$\frac{\varepsilon_\gamma}{\varepsilon_\alpha Y_\varepsilon}=\frac{3.865}{1.75\times0.68}=3.25$	
	$K_{F\alpha}=1/Y_\varepsilon=1/0.68=1.47<\frac{\varepsilon_\gamma}{\varepsilon_\alpha Y_\varepsilon}$	取 $K_{F\alpha}=1.47$
齿向载荷分配系数 $K_{F\beta}$	$b/h=84/(2.25\times2.5)=14.9$	

续表

计算项目	计算内容	计算结果
	由图 7.13 得	$K_{F\beta}=1.37$
载荷系数 K	$K=K_A K_V K_{F\alpha} K_{F\beta}$ $=1.25\times1.2\times1.47\times1.37$	$K=3.02$
许用弯曲应力$[\sigma_F]$	同例题 7.1	$[\sigma_{F1}]=442$ MPa $[\sigma_{F2}]=338$ MPa
验算	$\sigma_{F1}=\dfrac{2KT_1}{bd_1m}Y_{Fa1}Y_{Sa1}Y_\varepsilon$ $=\dfrac{2\times3.02\times182\ 139}{84\times84\times2.5}\times2.46\times1.65\times0.68\times0.9$ $=155$ MPa	$\sigma_{F1}=155\ \text{MPa}<[\sigma_{F1}]$
	$\sigma_{F2}=\sigma_{F1}\dfrac{Y_{Fa2}Y_{Sa2}}{Y_{Fa1}Y_{Sa1}}$ $=155\times\dfrac{2.19\times1.8}{2.46\times1.65}$ $=155$ MPa	$\sigma_{F2}=150\ \text{MPa}<[\sigma_{F2}]$
	传动无严重过载,故不作静强度校核	

比较例 7.1 和例 7.2 的计算结果可知,在其他条件相同时,采用斜齿轮可以减小结构。

7.12 直齿圆锥齿轮的形成原理

锥齿轮用于传递两相交轴之间的运动和动力。有直齿、斜齿和曲齿之分,直齿最常用,斜齿逐渐被曲齿代替。轴交角可为任意角度,最常用的是 90°。

圆锥齿轮的轮齿分布在一个截锥体上。圆锥齿轮的齿面是一个平面沿基圆锥面做纯滚动时形成的。与圆柱齿轮相似,圆锥齿轮也有分度圆锥、齿顶圆锥和齿根圆锥。圆锥齿轮有大端和小端之分。按国家标准规定,以大端的参数作为标准值,即大端模数为标准模数,大端压力角为标准压力角。圆锥齿轮的几何尺寸也按大端来计算。

直齿圆锥齿轮的模数如表 7.17 所示。

表 7.17 直齿圆锥齿轮的模数 m/mm

1	1.125	1.25	1.375	1.5	1.75	2	2.25	2.5	2.75	3
3.25	3.5	3.75	4	4.5	5	5.5	6	6.5	7	8
9	10	11	12	14	16	18	20			

如图 7.27 所示为一对标准直齿圆锥齿轮,轴交角 $\Sigma=90°$ 时其几何尺寸计算如表 7.18 所示。

表 7.18　标准直齿圆锥齿轮传动的主要几何尺寸计算公式(轴交角 $\Sigma=90°$)

名　称	计算公式(按大端计算)
分度圆锥角 δ	$\delta_2 = \arctan \frac{z_2}{z_1}$　　$\delta_1 = 90° - \delta_2$
分度圆直径 d	$d_1 = mz_1$　　$d_2 = mz_2$
齿顶高 h_a	$h_a = m$
齿根高 h_f	$h_f = 1.2m$
齿全高 h	$h = 2.2m$
齿顶间隙 c	$c = 0.2m$
齿顶圆直径 d_a	$d_{a1} = d_1 + 2m \cos \delta_1$　　$d_{a2} = d_2 + 2m \cos \delta_2$
齿根圆直径 d_f	$d_{f1} = d_1 - 2.4m \cos \delta_1$　　$d_{f2} = d_2 - 2.4m \cos \delta_2$
锥顶距 R	$R = \sqrt{r_1^2 + r_2^2} = \frac{m}{2}\sqrt{z_1^2 + z_2^2} = \frac{d_1}{2 \sin \delta_1} = \frac{d_2}{2 \sin \delta_2}$
齿宽 b	$b = \psi_R R$　　$b \leqslant \frac{R}{3}$,齿宽系数 $\psi_R = 0.25 \sim 0.3$
齿顶角 θ_a	$\theta_a = \arctan \frac{h_a}{R}$
齿根角 θ_f	$\theta_f = \arctan \frac{h_f}{R}$
顶锥角 δ_a	$\delta_{a1} = \delta_1 + \theta_a$　　$\delta_{a2} = \delta_2 + \theta_a$
根锥角 δ_f	$\delta_{f1} = \delta_1 - \theta_f$　　$\delta_{f2} = \delta_2 + \theta_f$

7.13 直齿圆锥齿轮传动的强度计算

直齿圆锥齿轮传动的强度计算比较复杂。为了简化计算，可将一对直齿圆锥齿轮转化为一对当量的直齿圆柱齿轮（见图7.27）。方法是用圆锥齿轮齿宽中点处的当量圆柱齿轮代替该圆锥齿轮，其分度圆半径 $d_V/2$ 即为齿宽中点处的背锥母线长，模数即为齿宽中点的平均模数 m_m，法向力即为齿宽中点的合力 F_n。由图7.27，可找出当量齿轮的分度圆半径 r_V 与锥齿轮平均分度直径 d_m 的关系为 $r_V = d_m/2\cos\delta$，当量齿数 $z_V = d_V/m_m = 2r_V/m_m = z/\cos\delta$，式中，$d_m$ 为平均分度圆直径，m_m 为平均模数。这样，直齿圆锥齿轮传动的强度计算即可引用直齿圆柱齿轮传动的相应公式。

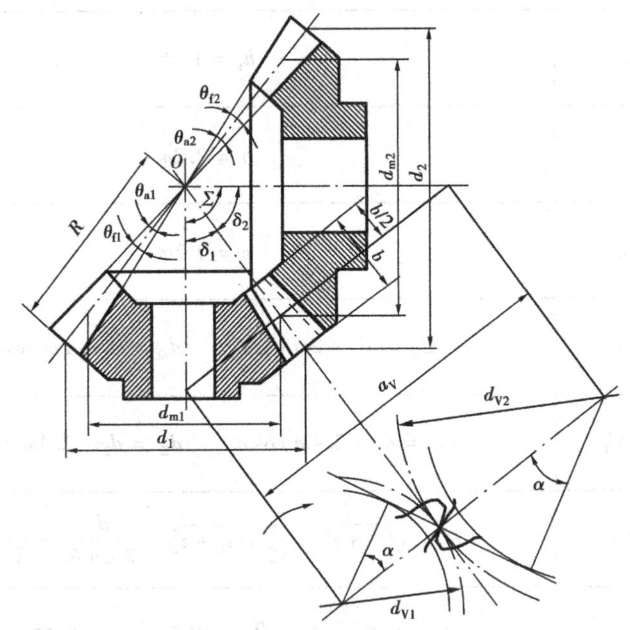

图7.27 直齿圆锥齿轮传动的几何关系

7.13.1 受力分析

忽略摩擦力，假设法向力 F_n 集中作用在齿宽的中点处，则 F_n 可分解为相互垂直的3个分力（见图7.28）。

$$\left.\begin{aligned}&\text{圆周力}\quad F_t = 2T_1/d_{m1}\\&\text{径向力}\quad F_{r1} = F'_{vr}\cos\delta_1 = F_t\tan\alpha\cos\delta_1\\&\text{轴向力}\quad F_{a1} = F'_{vr}\sin\delta_1 = F_t\tan\alpha\cos\delta_1\end{aligned}\right\}\tag{7.30}$$

圆周力 F_t 方向在主动轮上与回转方向相反，在从动轮上与回转方向相同；径向力 F_r 方向分别指向各自轮心；轴向力 F_a 方向分别指向大端。且有以下关系：$F_{r1} = -F_{a2}$；$F_{a1} = -F_{r2}$。负号表示方向相反。

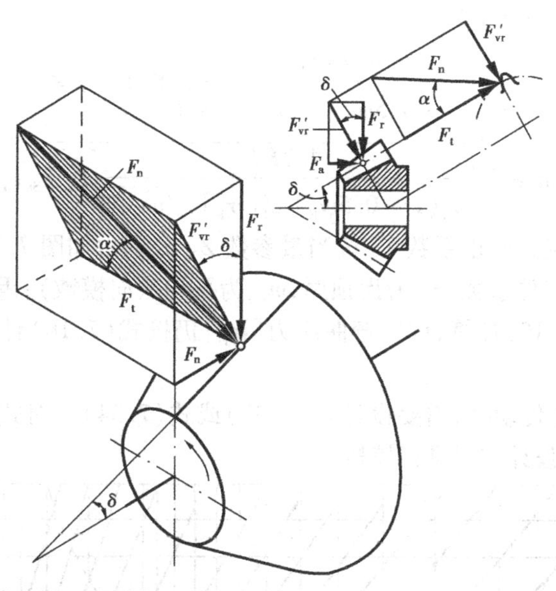

图7.28　直齿圆锥齿轮传动的受力分析

7.13.2　齿面接触疲劳强度计算

将当量齿轮的有关参数代入式(7.7),考虑齿面接触区长短对齿面应力的影响,取有效齿宽为0.85b,经推导整理,得直齿锥齿轮的齿面接触疲劳强度校核公式和设计公式分别为

$$\sigma_H = Z_E Z_H Z_\varepsilon \sqrt{\frac{4.7KT_1}{\psi_R(1-0.5\psi_R)^2 d_1^3 u}} \leqslant [\sigma_H] \tag{7.31}$$

$$d_1 = \sqrt[3]{\frac{4.7KT_1}{\psi_R(1-0.5\psi_R)^2 u}\left(\frac{Z_E Z_H Z_\varepsilon}{[\delta_H]}\right)^2} \tag{7.32}$$

载荷系数$K=K_A K_V K_\alpha K_\beta$:使用系数$K_A$查表7.6;动载荷系数$K_V$查图7.12(图中$v$为齿宽中点圆周速度);齿间载荷分配系数$K_\alpha$查表7.7(表中$\varepsilon_\alpha$视为当量齿轮的重合度);齿向载荷分配系数$K_\beta$如表7.19所示;节点区域系数$Z_H$查图7.15;重合度系数$Z_\varepsilon$按式(7.8)计算(根据当量齿轮的重合度$\varepsilon_{\alpha v}$);许用接触应力$[\sigma_H]$按式(7.9)计算,式中的接触疲劳极限$\sigma_{Hlim}$仍查图7.16。齿宽系数$\psi_R$的取值范围查表7.13。

表7.19　齿向载荷分布系数K_β

应　用	支承情况		
	两轮均为两端支承	一轮两端支承,另一轮悬臂	两轮均为悬臂支承
飞机、车辆	1.50	1.65	1.88
工业机器、船舶	1.65	1.88	2.25

7.13.3　齿根弯曲疲劳强度计算

将当量齿轮的有关参数代入式(7.14),并取有效齿宽0.85b,经推导整理得齿根弯曲疲劳

强度的校核公式和设计公式分别为

$$\sigma_F = \frac{4.7KT_1}{\psi_R(1-0.5\psi_R)^2 z_1^2 m^3 \sqrt{u^2+1}} Y_{Fa} Y_{Sa} Y_\varepsilon \leqslant [\sigma_F] \tag{7.33}$$

$$m \geqslant \sqrt[3]{\frac{4.7KT_1}{\psi_d(1-0.5\psi_R)^2 z_1^2 [\sigma_F] \sqrt{u^2+1}} Y_{Fa} Y_{Sa} Y_\varepsilon} \tag{7.34}$$

式中，齿形系数 Y_{Fa}和应力修正系数 Y_{Sa}按当量参数 Z_V 分别由如图 7.29 和图 7.30 所示查取（图中 x_{hm}为高度平均变位系数，S_a 为齿顶厚，m_{mn}为平均法向模数）；重合度系数 Y_ε 按当量齿轮的重合度 $\varepsilon_{\alpha v}$由式(7.15)计算，许用弯曲应力$[\sigma_F]$仍按式(7.16)计算，其中弯曲疲劳强度极限 σ_{Flim}查图 7.21。

在设计新的锥齿轮传动时，需要设计式(7.32)或式(7.34)。对式中一些未知的参数，仍要先作假设，然后再对设计结果进行校核。

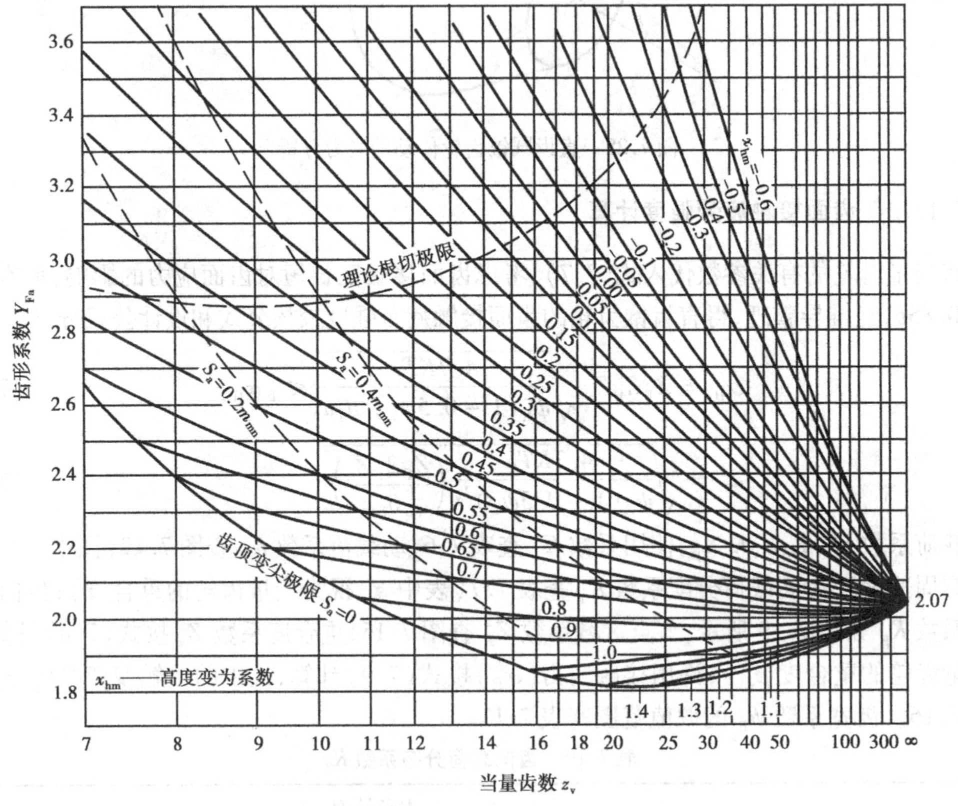

$\alpha = 20°$; $h_a/m_m = 1$; $h_{a0}/m_m = 1.25$; $\rho_{a0}/m_m = 0.25$

（h_{a0} 为刀具齿顶高；ρ_{a0} 为刀具齿顶圆角半径）

图 7.29　齿形系数 Y_{Fa}

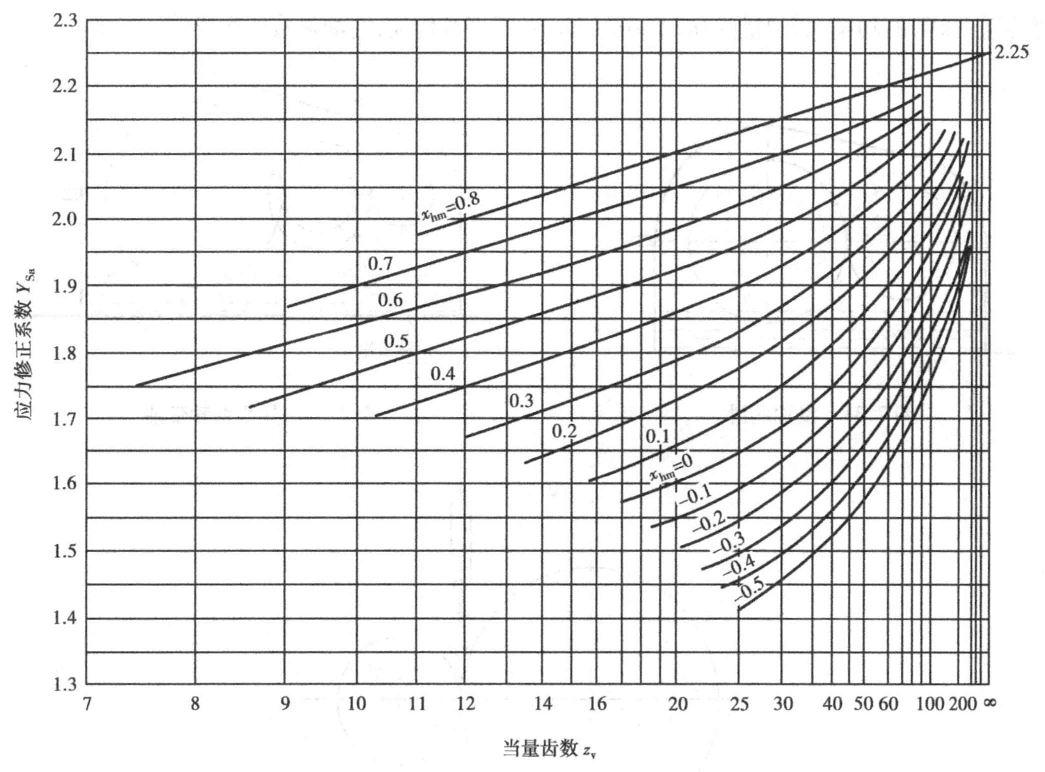

$\alpha=20°$; $h_{a0}/m_m=1.25$; $\rho_{a0}/m_m=0.25$

图7.30　应力修正系数 Y_{Sa}

7.14　齿轮传动的润滑

7.14.1　齿轮传动的润滑方式

齿轮在传动时,相啮合的齿面间有相对滑动,因此就要发生摩擦和磨损,增加动力消耗,降低传动效率。特别是高速传动,就更需要考虑齿轮的润滑。

轮齿啮合面间加注润滑剂,可避免金属直接接触,减少摩擦损耗,还可散热及防锈蚀。因此,对齿轮传动进行适当的润滑,可大为改善轮齿的工作状况,确保运转正常及预期的寿命。

开式及半开式齿轮传动,或速度较低的闭式齿轮传动,通常用人工做周期性加油润滑,所以润滑剂为润滑油或润滑脂。

通用的闭式齿轮传动,其润滑方式根据齿轮的圆周速度大小而定。当齿轮的圆周速度 $v<12$ m/s时,常将大齿轮的轮齿浸入油池中进行浸油润滑(见图7.31)。这样,齿轮在转动时,就把润滑油带到啮合的齿面上,同时也将油甩到箱壁上借以散热。齿轮浸入油中的深度可视齿轮的圆周速度大小而定,对圆柱齿轮通常不宜超过一个齿高,但一般也不应小于10 mm;对圆锥齿轮应浸入全齿宽,至少应浸入齿宽的一半。在多级齿轮传动中,可借带油轮将油带到未浸入油池内的齿轮的齿面上(见图7.32)。油池中的油量多少,取决于齿轮传递功率的大小。对单级传动,

每传递 1 kW 的功率,需油量为 0.35 ~0.7 L。对于多级传动,需油量按级数成倍地增加。

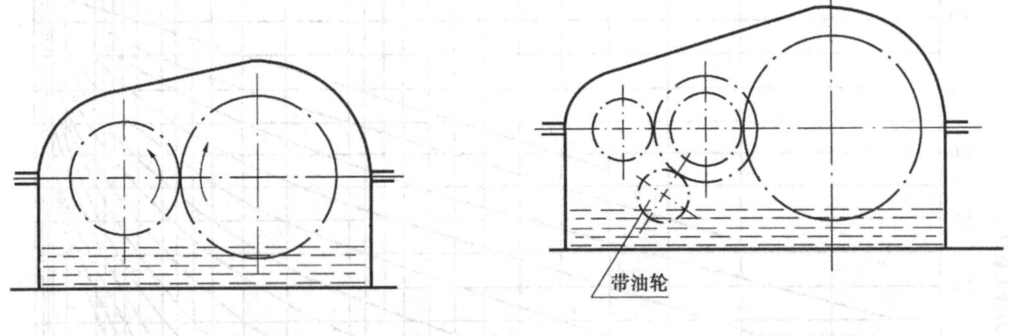

图 7.31 浸油润滑　　图 7.32 用带油轮带油

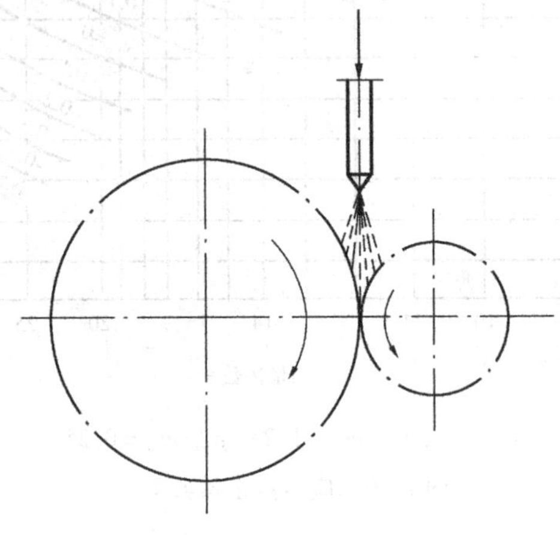

图 7.33 喷油润滑

当齿轮的圆周速度 $v>12$ m/s 时,应采用喷油润滑(见图 7.33),即由油泵或中心供油站以一定的压力供油,借喷嘴将润滑油喷到轮齿的啮合面上。当 $v\leqslant 25$ m/s 时,喷嘴位于轮齿啮入边或啮出边均可;当 $v>25$ m/s 时,喷嘴应位于轮齿啮出的一边,以便借润滑油及时冷却刚啮合过的轮齿,同时也对轮齿进行润滑。

7.14.2 齿轮传动润滑油的黏度

润滑油的黏度一般根据齿轮的圆周速度来选择。如表 7.20 所示列出几种润滑油的运动黏度,根据查得的黏度选定润滑油的牌号。

表 7.20 齿轮传动推荐用的润滑油运动黏度 $v_{40^\circ\mathrm{C}}$

齿轮类型		圆周速度 $v/(\mathrm{m\cdot s^{-1}})$						
		<0.5	0.5 ~1	1 ~2.5	2.5 ~5	5 ~12.5	12.5 ~25	>25
铸铁、青铜		320	220	150	100	80	60	—
钢	σ_B =450 ~1 000 MPa	500	320	220	150	100	80	60
钢	σ_B =1 000 ~1 250 MPa	500	500	320	220	150	100	80
渗碳或表面淬火钢 σ_B =1 250 ~1 500 MPa		1 000	500	500	320	220	150	100

7.15　齿轮的结构

齿轮结构取决于齿轮尺寸、材料、制造方法以及齿轮与其他零件的联接方式。

当齿轮直径很小($d_a<2d_3$ 或 $\delta<2.5m_n$)时,无法单独做成一件装配在轴上,可将其与轴做成一个整体。此时,所用材料要同时满足轴的要求(见图7.34)。

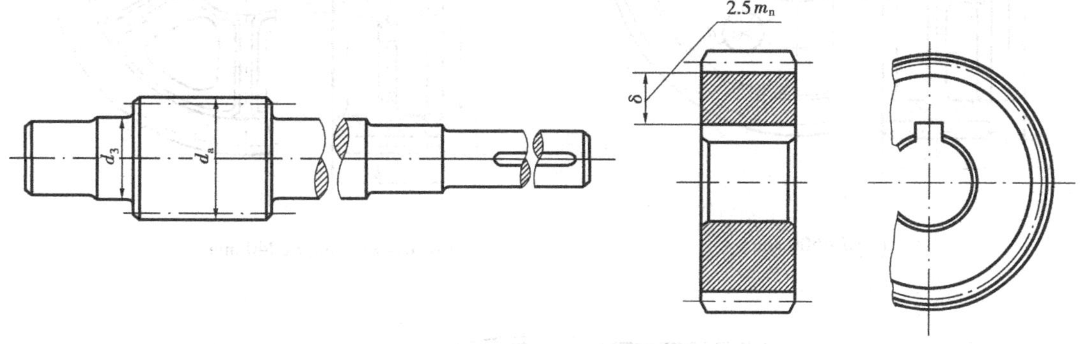

图7.34　齿轮轴与最小δ值

当齿轮齿顶圆直径 $d_a<500$ mm 时,除非由于特殊原因(如缺少相应的锻造设备),一般都用锻造齿轮,将轴与齿轮分成两件。锻造齿轮的轮毂和辐板的形式随齿轮尺寸而异。如图7.35所示为其结构图,详细尺寸可参看有关机械设计手册。

当齿轮齿顶圆直径超过500 mm 时,除去个别情况(如大型压力机时),一般都用铸造齿轮。铸造齿轮的结构如图7.36所示,直径小于500 mm 的用单辐板,不必用加强肋板(见图7.36(a));直径大于400 mm,$b\leqslant 240$ mm 的要用加强肋板(见图7.36(b));直径大于1 000 mm,$b>240$ mm 的要用双辐板,并配以内加强肋板(见图7.36(c))。详细尺寸可参看有关机械设计手册。

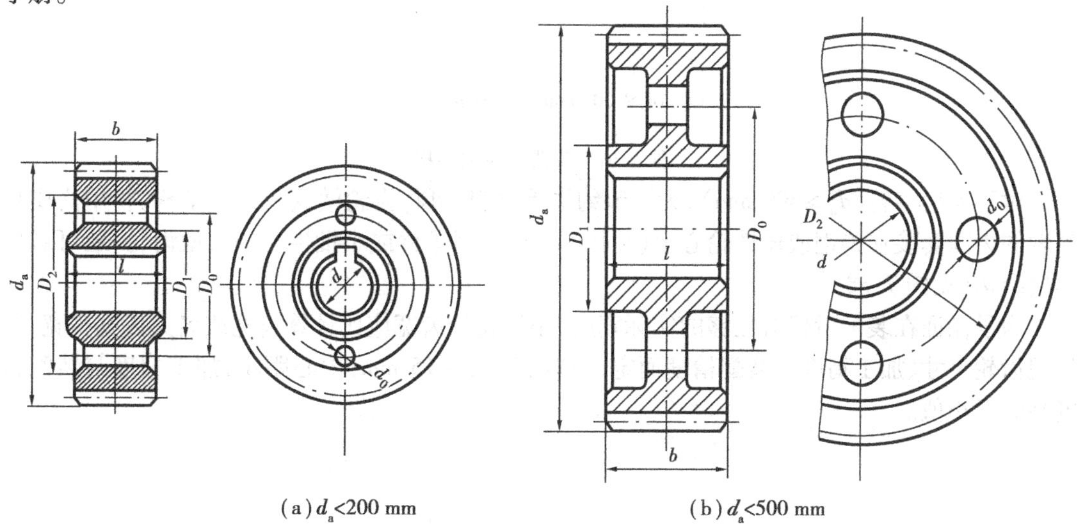

图7.35　锻造齿轮结构

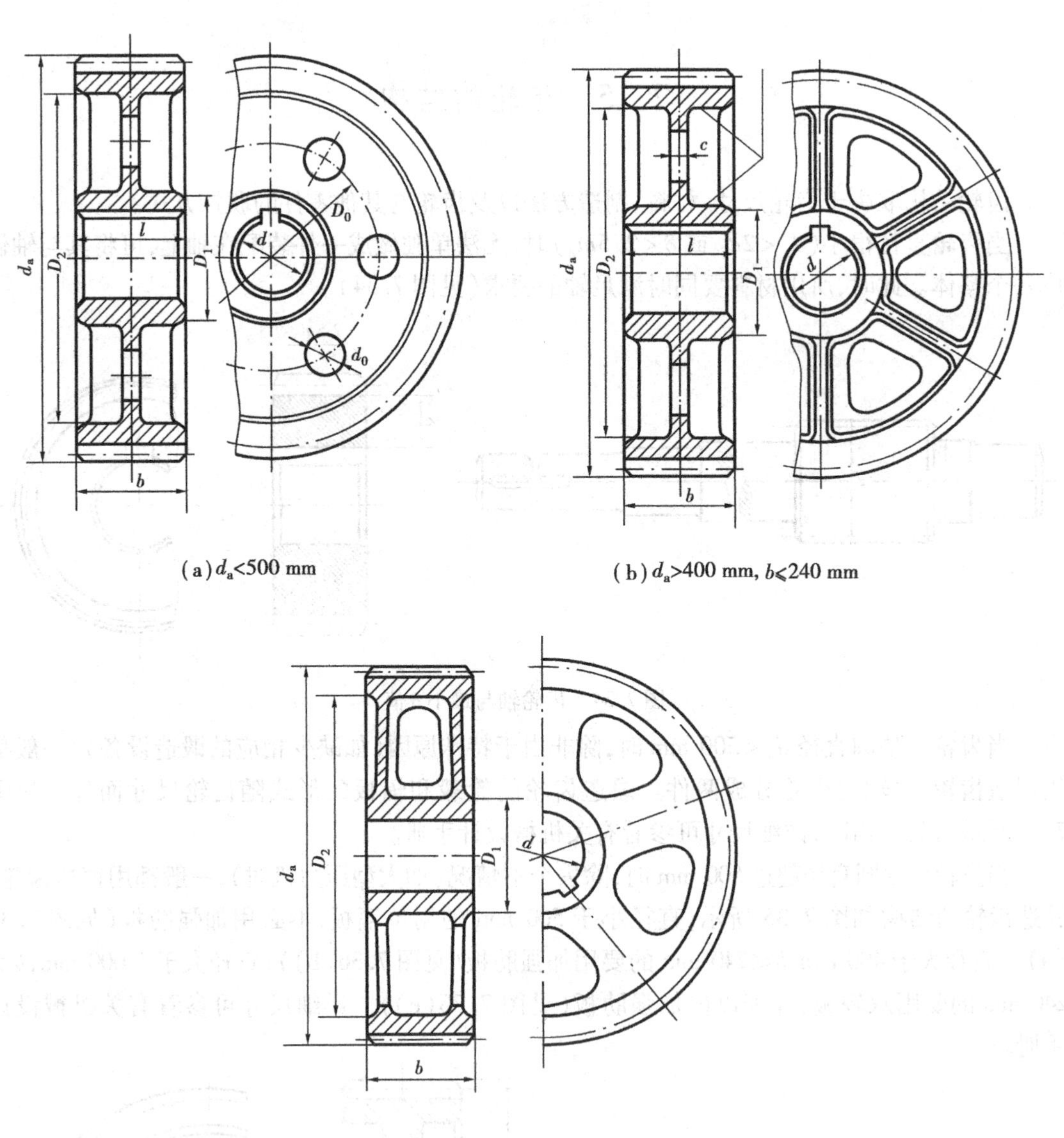

(a) d_a<500 mm　　(b) d_a>400 mm, $b \leqslant$240 mm

(c) d_a>1 000 mm, b>240 mm

图 7.36　铸造齿轮的结构

对于大型齿轮(d_a >600 mm),为了节约贵重材料,可将齿轮做成装配式结构,将用优质材料做的齿圈套装在铸钢或铸铁轮心上(见图 7.37)。对单件或小批生产的大型齿轮,还可做成焊接结构(见图 7.38)。

为了保证在装配后仍有足够的实际宽度,小齿轮的齿宽应比计算齿宽或名义齿宽稍宽,其值视齿轮尺寸、加工精度与装配精度而定,一般宽为 5 ~ 15 mm;中心距小,加工精度与装配精度高时取小值。

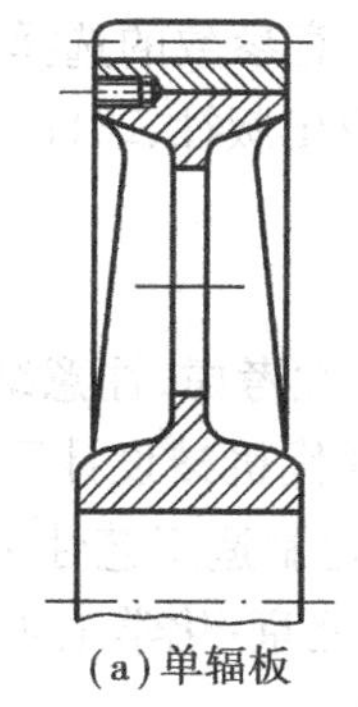
(a)单辐板

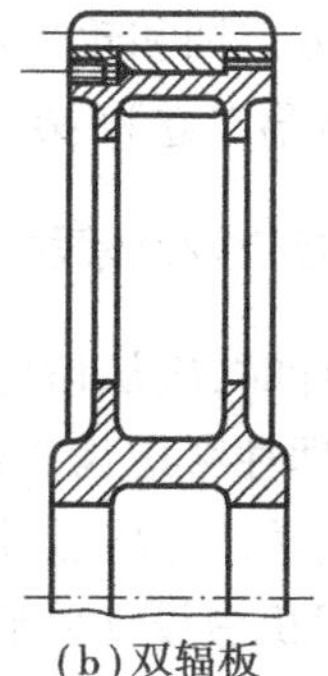
(b)双辐板

图7.37　装配式齿轮结构

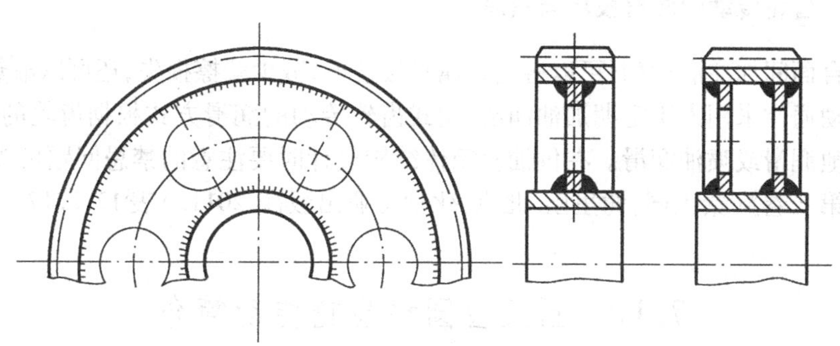

图7.38　焊接齿轮

7.16　齿轮传动设计应注意的问题与禁忌

7.16.1　齿轮机构中应注意的问题与禁忌

齿轮类型较多,按两传动轴相对位置和齿向的不同,齿轮机构可分为两轴平行的直齿圆柱齿轮机构、斜齿圆柱齿轮机构和人字齿轮机构;两轴相交的直齿、曲齿圆锥齿轮机构;两轴交错的螺旋齿轮机构等。齿轮机构的设计技巧与禁忌可查阅《现代机械设计手册第二卷》(秦大同,谢里阳.北京:化学工业出版社,2011.)表12.2.11。

7.16.2　齿轮传动的失效形式及设计准则中应注意的问题与禁忌

齿轮传动的失效主要是轮齿的失效,其主要失效形式有轮齿折断,包括过载折断和疲劳折断;齿面失效,包括齿面磨损、齿面点蚀、齿面胶合和齿面塑性变形。所设计的齿轮传动在具体的工作条件下,必须具有足够的、相应的工作能力,以保证在整个工作寿命期间不致失效,从而得到相应的设计准则。齿轮传动的失效形式及设计准则中应注意的问题与禁忌可查阅《现代机械设计手册第二卷》(秦大同,谢里阳.北京:化学工业出版社,2011.)表12.2.12。

7.16.3　齿轮传动的强度计算应注意的问题与禁忌

齿轮强度计算是根据齿轮可能出现的失效形式进行的。在一般齿轮传动中,其主要失效形式是齿面接触疲劳点蚀和轮齿弯曲疲劳折断。计算时应注意参数的选择及禁忌问题，请见《现代机械设计手册第二卷》(秦大同，谢里阳. 北京：化学工业出版社，2011.)表 12.2.14。

7.16.4 齿轮结构设计禁忌

在齿轮结构设计时，应从齿轮受力的合理性和制造工艺性考虑，注意结构设计的禁忌问题。从齿轮受力合理性考虑齿轮结构的设计禁忌可查阅《现代机械设计手册第二卷》(秦大同，谢里阳. 北京：化学工业出版社，2011.)表 12.2.15；从齿轮制造工艺性考虑齿轮结构的设计禁忌可查阅《现代机械设计手册第二卷》(秦大同，谢里阳. 北京：化学工业出版社，2011.)表 12.2.16。

7.16.5 齿轮传动的润滑技巧与禁忌

齿轮啮合面间加注润滑剂，可以避免金属直接接触，减少摩擦损失，还可以散热及防锈蚀。开式齿轮传动通常采用人工定期加油润滑；闭式齿轮传动的润滑方式根据齿轮的圆周速度的大小采用油池润滑或喷油润滑。在供油及箱体结构设计时要注意的禁忌问题可查阅《现代机械设计手册第二卷》(秦大同，谢里阳. 北京：化学工业出版社，2011.)表 12.2.17。

7.17 圆弧齿圆柱齿轮传动简介

圆弧齿轮的齿廓不是渐开线，而是圆弧。有单圆弧齿轮(见图 7.39)和双圆弧齿轮之分。圆弧齿轮传动与渐开线齿轮传动相比有下列特点：

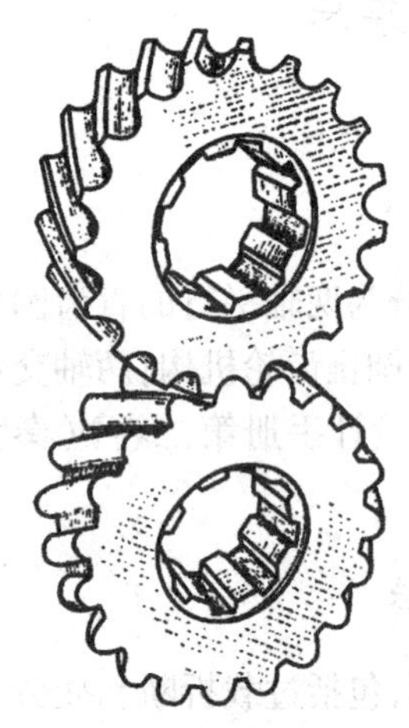

图 7.39 圆弧齿轮传动

①圆弧齿轮传动为凸面与凹面的点接触，啮合轮齿的综合曲率半径较大，故轮齿具有较高的接触强度。按接触强度而定的承载能力是渐开线齿轮的 1.5 倍以上。

②圆弧齿轮传动具有良好的磨合性能。

③圆弧齿轮传动没有根切现象，故齿数可少到 6 ~ 8 齿，但常受小齿轮轴的强度和刚度的限制。

④圆弧齿轮不能作成直齿，为保证传动的连续性，必须是斜齿，且必须有一定的齿宽。

⑤圆弧齿轮传动的中心距及切齿深度的偏差，对两齿轮的正常接触影响很大，接触不良将降低传动的承载能力，因而对中心距及切齿深度有较高的精度要求。

圆弧齿轮传动的失效形式与渐开线齿轮相同，有齿面点蚀、磨损、齿根折断等。

思考题

7.1 齿轮传动的主要失效形式有哪些？齿轮传动的设计准则通常是针对哪些失效形式拟订的？

7.2 简述轮齿齿面收敛性点蚀和扩散性点蚀的特点，以及防止齿面点蚀的措施。

7.3 分析轮齿齿根应力的种类。简述齿根折断的原因及其预防措施。为什么轮齿折断起始于轮齿的拉应力一侧？

7.4 分析轮齿齿面胶合破坏的原因，采用什么措施防止齿面胶合的发生？

7.5 设计一对软齿面齿轮时，为什么要使两齿轮的齿面有一定的硬度差？该硬度差通常取多大？为何硬齿面齿轮不需要有硬度差？

7.6 什么是计算载荷？计算载荷通常包含哪些因素？

7.7 圆柱齿轮传动的大、小齿轮的弯曲应力是否相等？为什么？

7.8 圆柱齿轮传动的大、小齿轮的接触应力是否相等？为什么？

7.9 开式齿轮传动强度的计算准则是什么？

7.10 齿轮制造精度对轮齿齿向载荷分布有何影响？

7.11 斜齿圆柱齿轮传动设计中，如何利用分度圆螺旋角 β 值的改变来进行中心距的调整？

7.12 在两级圆柱齿轮传动中，如一级用斜齿圆柱齿轮传动，另一级用直齿圆柱齿轮传动。前者一般用在高速级还是低速级？

7.13 如何选择圆柱齿轮的齿数 z_1 及齿宽系数 ψ_d？这些参数选择得大些或小些各有何利弊？

习　题

7.1 某标准直齿圆柱齿轮闭式传动的功率 $P=36$ kW，主动轮转速 $n_1=750$ r/min，传动比 $i=3$，有中等冲击，单向运转，齿轮相对轴承为非对称布置，每天工作8 h，使用寿命10年（按每年250天计），试设计该齿轮传动。

7.2 设计一斜齿圆柱齿轮闭式传动，传递的功率 $P=25$ kW，主动轮转速 $n_1=730$ r/min，传动比 $i=3.5$，有中等冲击，单向运转，齿轮相对轴承为非对称布置，每天工作16 h，使用寿命8年（按每年250天计）。

7.3 某闭式标准斜齿圆柱齿轮的传动功率 $P=22$ kW，$n_1=1\ 440$ r/min，$n_2=300$ r/min，运转方向经常改变，载荷平稳，齿轮相对轴承为对称布置，预期使用寿命24 000 h，大小齿轮均用45号钢。试设计该齿轮传动。

7.4 某直齿圆柱齿轮开式传动的载荷平稳，用电动机驱动，单向转动，$P=1.9$ kW，$n_1=10$ r/min，$z_1=26$，$z_2=85$，$m=7$ mm，$b=90$ mm，小齿轮材料为ZG45号钢正火，试验算其强度。

7.5 某单级斜齿圆柱齿轮减速器，已知：$n_1=960$ r/min（和电动机轴直接联接），法向模

数 $m_n=10$ mm，齿数 $z_1=19$，$z_2=82$，螺旋角 $\beta=8°6'35''$，齿宽 $b=200$ mm，载荷平稳，齿轮相对承载为对称布置，预期使用寿命 36 000 h，大齿轮用 45 号钢，小齿轮用 40Cr 号钢，正火处理。试确定该减速器所能传递的功率。

第8章 蜗杆传动

8.1 概 述

蜗杆传动用于交错轴之间传递运动和动力(见图7.1(h))。通常,交错角$\Sigma=90°$。蜗杆实际上是一个单头或多头、等导程或变导程的螺旋,与蜗杆相啮合的蜗轮相当于一个变态的斜齿轮。

8.1.1 蜗杆传动的特点

①由于蜗杆的齿面为连续不断的螺旋面,因此,在传动的过程中,它和蜗轮轮齿是逐渐进入啮合并逐渐脱离啮合的,故传动平稳,冲击小,噪声低。

②由于蜗杆、蜗轮的轴线是交错的,所以在共轭齿面接触点处的相对运动速度总大于蜗杆圆周速度或蜗轮圆周速度,而且在任何位置接触其相对速度都不会为零,因此两共轭齿面间相对滑动大。如果润滑条件差,共轭齿面容易产生黏着性磨损(胶合)和磨粒磨损。为了避免或减少这种磨损,延长蜗杆传动的使用寿命,蜗轮要用减摩与耐磨材料,通常采用铜合金来制造。

③能实现较大的传动比,一级蜗杆传动在传递动力时,$i_{12}=6\sim80$;传递运动时$i_{max}=1\ 500$。由于能实现的传动比大,机构中零件的数目又少,因而机构的结构比较紧凑。

④当蜗杆的导程角小于共轭齿面间的当量摩擦角时,蜗杆传动反行程便具有自锁性。

⑤由于蜗杆传动是交错轴之间的传动,要使其共轭齿面之间为线接触,必须采用对偶加工法展成蜗轮的轮齿。否则,两共轭齿面只能为点接触。所谓对偶加工,就是加工蜗轮轮齿所用的滚刀,其几何形状与蜗杆相同(为了蜗杆、蜗轮在传动时具有一定的径隙,滚刀的外径稍大于蜗杆的外径),滚刀与蜗轮轮坯的相对位置及运动关系均与蜗杆、蜗轮传动时相同。

由于蜗杆传动不论在传动上、结构上还是工艺方面都有许多特点,因而得了广泛应用。

8.1.2 蜗杆传动的类型

常用的蜗杆传动的分类如下：

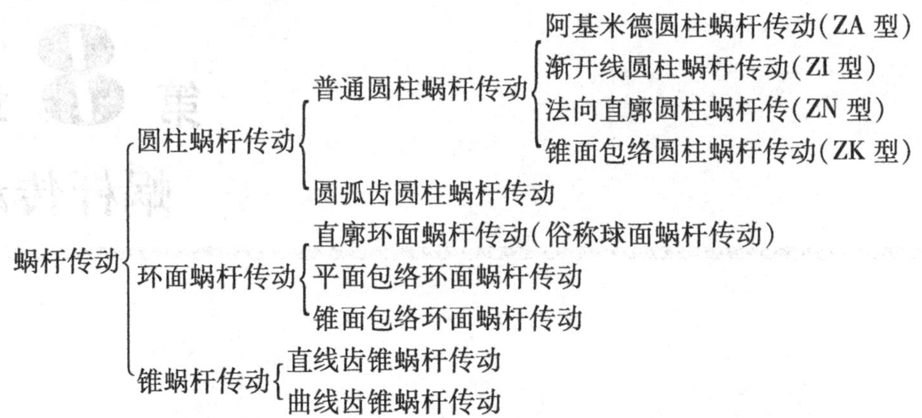

另外，按蜗杆螺旋面加工方法的不同，可分为轨迹面蜗杆传动与包络面蜗杆传动两大类。当蜗杆的螺旋面是刀具的刀刃曲线在刀具与蜗杆坯件的相对运动中所形成的轨迹面时，这种蜗杆称为轨迹面蜗杆；当蜗杆的螺旋面是刀具的齿面在刀具与蜗杆坯件的相对运动中所形成的包络面时，这种蜗杆称为包络面蜗杆。

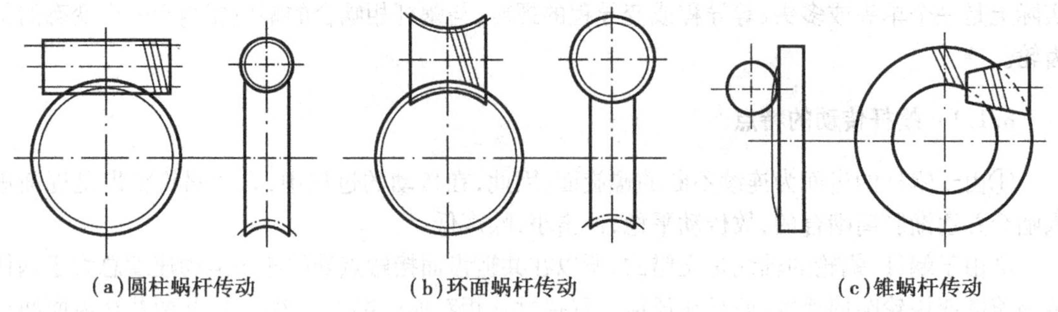

(a)圆柱蜗杆传动　(b)环面蜗杆传动　(c)锥蜗杆传动

图 8.1　蜗杆传动的类型

下面主要介绍圆柱蜗杆传动，环面蜗杆传动见本章 8.10 节。圆柱蜗杆传动分为普通圆柱蜗杆传动和圆弧齿圆柱蜗杆传动。

(1)普通圆柱蜗杆传动

按齿廓曲线的不同，普通圆柱蜗杆传动可分为如图 8.2 所示的 4 种。

1)阿基米德蜗杆(ZA 蜗杆)

蜗杆的齿面为阿基米德螺旋面，在轴向剖面 *I—I* 上具有直线齿廓，端面齿廓为阿基米德螺旋线。加工时，车刀刀刃平面通过蜗杆轴线(见图 8.2(a))。车削简单，但当导程角大时，加工不便，且难于磨削，不易保证加工精度。一般用于低速、轻载或不太重要的传动。

2)渐开线蜗杆(ZI 蜗杆)

蜗杆的齿面为渐开线螺旋面，端面齿廓为渐开线。加工时，车刀刀刃平面与基圆相切(见图 8.2(b))，可以磨削，易保证加工精度。一般用于蜗杆头数较多、转速较高和较精密的传动。

3)法向直廓蜗杆(ZN 蜗杆)

蜗杆的端面齿廓为延长渐开线，法面 *N—N* 齿廓为直线。车削时，车刀刀刃平面置于螺旋线的法面上（见图8.2(c)），加工简单，可用砂轮磨削，常用于多头、精密的传动。

4）锥面包络蜗杆（ZK蜗杆）

蜗杆的齿面为圆锥面族的包络曲面，在各个剖面上的齿廓都呈曲线。加工时，采用盘状铣刀或砂轮放置在蜗杆齿槽的法向平面内，由刀具锥面包络而成（见图8.2(d)）。切削和磨削容易，易获得高精度，目前应用广泛。

(2)**圆弧齿圆柱蜗杆传动**（ZC型）

圆弧齿圆柱蜗杆的齿形分为两种：一种是蜗杆轴向剖面为圆弧齿廓，用圆弧车刀加工，切削时，刀刃平面通过蜗杆轴线（见图8.3(a)）；另一种是蜗杆用轴向剖面为圆弧的环面砂轮，装置在蜗杆螺旋线的法面内，由砂轮面包络而成（见图8.3(b)），可获得很高的精度，目前我国正推广这一种。圆弧齿圆柱蜗杆传动在中间平面上蜗杆的齿廓面为凹弧形，与之相配的蜗轮齿廓则为凸弧形，是一种凹凸弧齿廓相啮合的传动（见图8.3(c)），其综合曲率半径大，承载能力高，一般较普通圆柱蜗杆传动高50%～150%；同时，由于瞬时接触线与滑动速度方向夹角大（见图8.3(d)），有利于啮合面间的油膜形成，摩擦小，传动效率高，一般可达90%以上；能磨削，精度高；广泛应用于冶金、矿山、化工、起重运输等机械中。

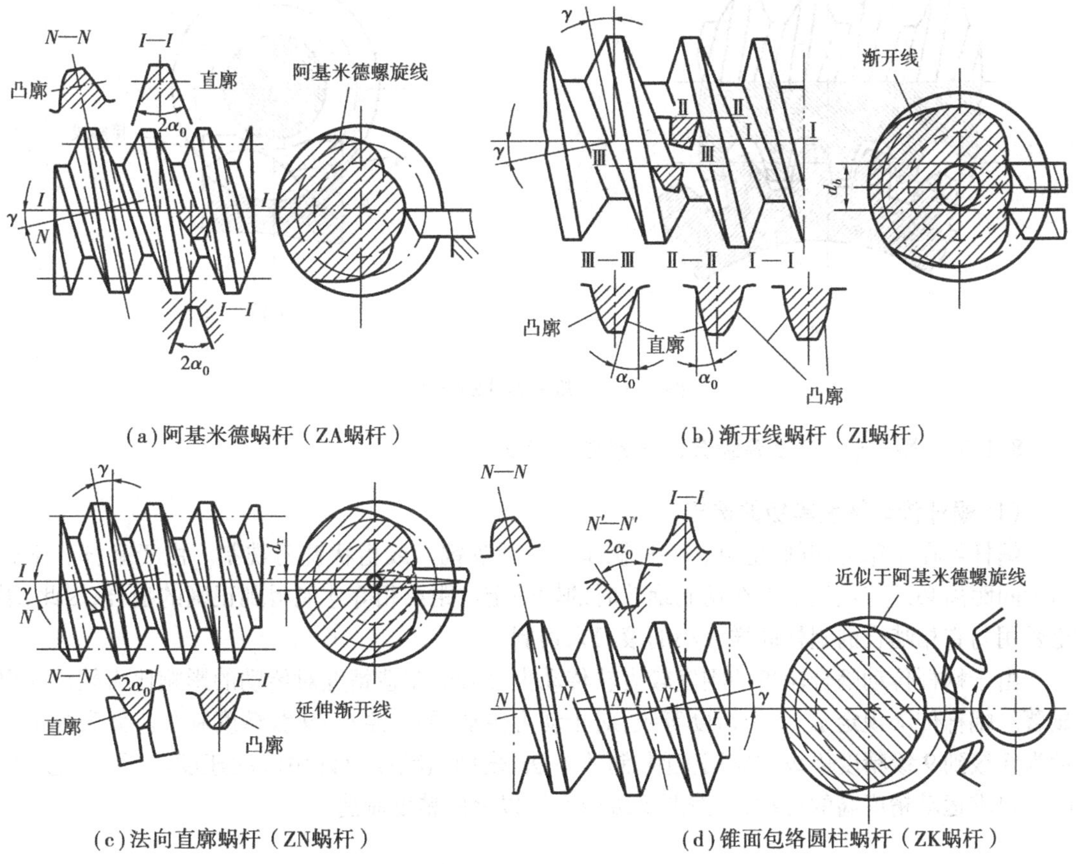

(a)阿基米德蜗杆（ZA蜗杆）

(b)渐开线蜗杆（ZI蜗杆）

(c)法向直廓蜗杆（ZN蜗杆）

(d)锥面包络圆柱蜗杆（ZK蜗杆）

图8.2　普通圆柱蜗杆的类型

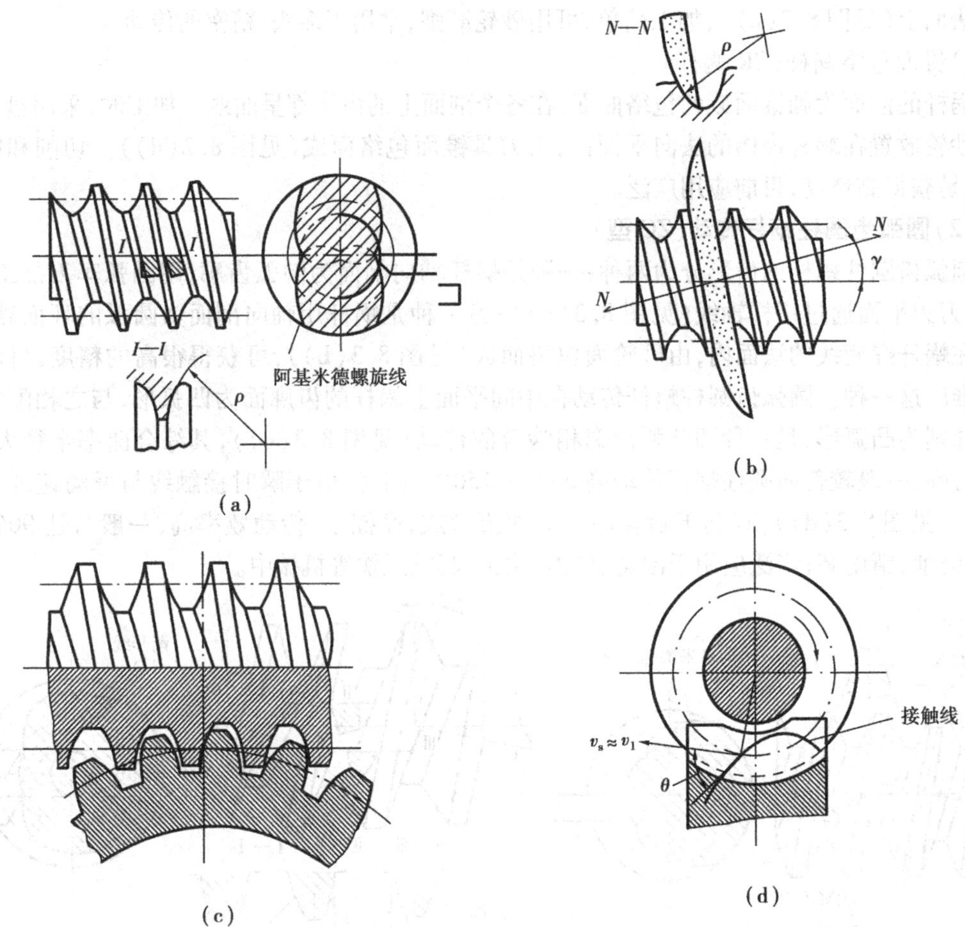

图 8.3　圆弧齿圆柱蜗杆传动

8.1.3　蜗杆传动精度等级选择与标准化状况

(1)蜗杆传动精度等级的选择

蜗杆可在车床上切削,也可在特种铣床上用圆盘铣刀或指状铣刀铣制。由于蜗杆和蜗轮的轴间距离必须与蜗轮滚刀在切制蜗轮时的轴间定位距离相等才能得到正确的啮合,因此,蜗轮要用与它相啮合的蜗杆同样大小的滚刀来切制。

由于蜗杆传动啮合轮齿的刚度较齿轮传动大,因此,制造精度对传动的影响比齿轮传动更显著。蜗杆传动规定了 12 个精度等级,对于动力传动,要按照 6 ~9 级精度制造。如表 8.1 所示为 6 级到 9 级精度等级的应用范围、制造方法、表面粗糙度及许用滑动速度。对于测量、分度等要求运动精度高的传动,要按照 5 级或 5 级以上的精度制造。

表8.1　蜗杆传动精度等级分类(供参考)

精度等级		6级(高精度)	7级(精密精度)	8级(中等精度)	9级(低精度)
应用范围		中等精密机床的分度机构;发动机调整器的传动	中等精度的运输机及中等功率的蜗杆传动	圆周速度较低,每天工作很短的不重要传动	不重要的低速传动及手动传动
制造方法		蜗杆:渗碳淬火,螺纹两侧磨光和抛光 蜗轮:用滚刀切铣;用蜗杆形剃齿刀最后精加工	蜗杆:同6级精度 蜗轮:用滚刀切铣,建议用蜗杆形剃齿刀最后精加工。未精加工的蜗轮必须加载跑合	蜗杆:在车床上最后加工 蜗轮:铣制或用飞刀切制,建议蜗轮加载跑合	蜗杆:同8级精度 蜗轮:同8级精度
表面粗糙度 $R_a^*/\mu m$	蜗杆	0.4	0.80~0.40	1.60~0.80	3.20~1.60
	蜗轮	0.4	0.80~0.40	1.60	3.20
许用滑动速度** $v_1/(m\cdot s^{-1})$		>10	≤10	≤5	≤2

注:*表8.9给出了不同蜗杆材料、热处理和硬度时蜗杆的表面粗糙度要求。

**表8.8给出了不同蜗轮材料的许用最大滑动速度 v_{smax}。

(2)蜗杆传动减速器的标准化状况

我国有以下几种标准化的蜗杆传动减速器:

1)WD和WS型圆柱蜗杆减速器(JB/ZQ 4390—86)

本系列为一级传动阿基米德蜗杆减速器,其使用范围如下:蜗杆转速不超过1 500 r/min;减速器的工作环境温度为-40~+40 ℃;可用于正、反两向运转。

WD型蜗杆减速器表示蜗杆下置式,WS型则表示蜗杆为上置式的。

WD和WS型蜗杆减速器的基本参数和承载能力范围如表8.2所示。

但由于该系列减速器效率低,精度差,其产品已经逐步退出市场。

表8.2　WD和WS型圆柱蜗杆减速器的基本参数和承载能力

型　号	中心距系列/mm	传动比系列	输出扭矩/(N·m)
WD(蜗杆在下) WS(蜗杆在上)	80,100,120,150,180,210,250,300,360	9.67,11.67,13.67,15.67,17.67,19.5,21.5,23.5,25.5,27.5,30,33,37,41,47,53,60	41.2~4 728

2)CW型圆弧圆柱蜗杆减速器(JB/T 7935—1999)

CW型圆弧圆柱蜗杆减速器具有整体机体、模块化设计的特点,用于传递两交错轴间的运动和功率的机械传动,如冶金、矿山、起重、运输、化工、建筑等各种机械的减速传动。其适用范围为:蜗杆转速不超过1 500 r/min;工作环境温度为-40~+40 ℃,当工作环境温度低于0 ℃

时，启动前润滑油必须加温到0 ℃以上；高速轴可正、反运转。圆弧齿圆柱蜗杆减速器的蜗杆可在蜗轮下端、上端或侧面。

本标准减速器的基本参数和承载能力范围如表8.3所示。

表8.3 圆弧圆柱蜗杆减速器的基本参数和承载能力范围

中心距 /mm	传动比	输入功率 /kW
63～400	6.3～63	0.45～193.6

3）TP型平面（二次）包络环面蜗杆减速器（JB/T 9050—2010）

平面（二次）包络环面蜗杆减速器是一种新型减速器，广泛用于冶金、起重、运输、石油、化工、建筑、轻工等行业机械设备的减速传动。这种蜗杆传动综合了世界著名的德国“CAVEX”圆柱蜗杆传动和美国“Cone Drive”环面蜗杆传动的优点，蜗杆齿面经淬火后精密磨削而成，具有瞬时双线接触、多齿同时啮合、接触点相对速度与接触线方向之间的夹角和综合曲率半径大、齿面精度高、润滑性能好、接触应力小等特点。因此，该减速器比同类产品的效率更高、承载能力更大、使用寿命更长，可替代国外蜗轮产品。

该减速器系列的形式、基本参数和尺寸详见JB/T 9050—2010。

8.1.4 影响蜗杆质量的主要因素

动力蜗杆传动质量的综合指标是承载能力、寿命和效率。影响蜗杆传动质量的因素很多，经理论分析和实践证明，最主要的因素有以下两个方面。

（1）接触线方向与相对运动速度方向的夹角

前面已经指出，蜗杆传动时，共轭齿面间存在较大的相对滑动速度，如果接触线的形状不利于齿面间动压油膜的形成，就会导致两金属表面的直接接触，因而摩擦系数增大，使共轭齿面间产生较大的摩擦力和大量的摩擦热。这不仅损耗能量，效率降低，而且由于温度升高，润滑油变稀，更不利于动压油膜的形成，这样恶性循环的结果，最终可能造成齿面胶合和过度磨损。可见改善共轭齿面间的润滑状况是提高蜗杆传动质量的关键。而两共轭齿面间能否形成动压油膜，与接触线方向和相对运动速度之间的夹角有密切的关系，这可用如图8.4所示来说明。图中滑块1在物体2上运动，其接触线为CD，相对运动速度为$\vec{v}^{(12)}$，接触线和相对运动速度之间的夹角为Ω。Ω越大，越有利于动压油膜的形成；反之，Ω越小，越难于形成足够厚的润滑油膜。

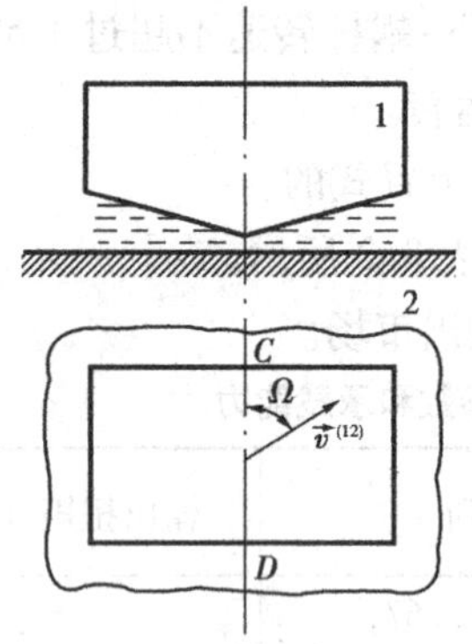

图8.4 两共轭齿面间动压油膜形成剖析图

（2）综合曲率半径

蜗杆的齿面为螺旋面，蜗轮轮齿一般为弧形曲梁，其抗弯强度都比较大，因此极少出现轮齿弯曲折断的现象。但如果共轭齿面间接触应力过大，就会导致轮齿点蚀而失效。因此，要提高蜗杆传动承载能力，必须降低齿面间的接触应力值。

如同齿轮传动一样，要降低齿面间的接触应力，必须增大齿面接触处的综合曲率半径。同时还须指出,根据弹流润滑理论可知,接触处的综合曲率半径对液体动压油膜的形成也有直接影响,综合曲率半径越大,也越有利于液体动压油膜的形成。

影响蜗杆传动质量的因素很多,除上述两种主要因素外,瞬时接触线的总长度、载荷性质、齿面粗糙度、材料配对及热处理、装配工艺、润滑油以及润滑方法等因素对蜗杆传动的质量都有一定的影响。

8.2　圆柱蜗杆传动的基本参数和几何尺寸

8.2.1　普通圆柱蜗杆传动的主要参数和几何尺寸计算

对于阿基米德蜗杆传动,在中间平面(见图8.5,通过蜗杆轴线且垂直于蜗轮轴线的平面)上,相当于齿条与齿轮的啮合传动。在设计时,常取此平面内的参数和尺寸作为计算基准。

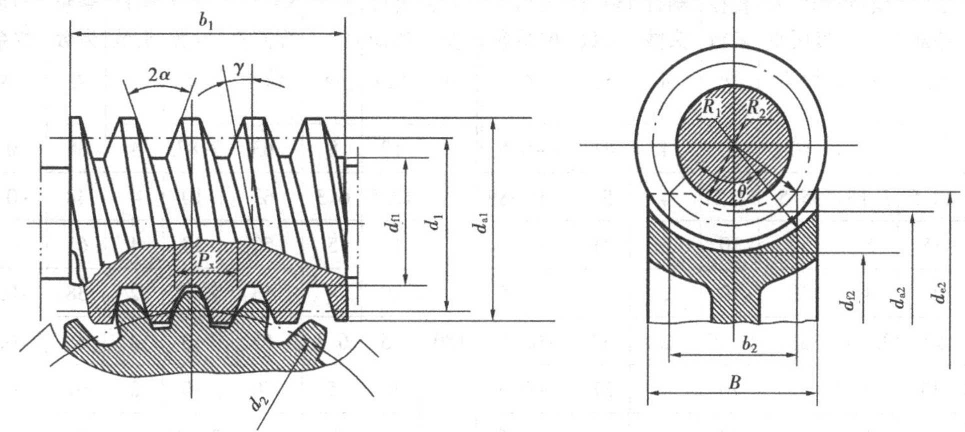

图8.5　普通圆柱蜗杆传动的几何尺寸

(1)普通圆柱蜗杆传动的主要参数

蜗杆传动的主要参数有模数 m、齿形角 α、蜗杆头数 z_1、蜗轮齿数 z_2,蜗杆直径系数 q、蜗杆分度圆导程角 γ、传动比 i、中心距 a 及蜗轮变位系数 x_2 等。

1)模数 m

因蜗杆的轴向齿距 p_x 应与蜗轮端面齿距 p_t 相等,故蜗杆的轴向模数 m_x 应与蜗轮的端面模数 m_t 相等,并符合 GB/T 10088—1988 中规定的模数值 m。轴向模数 m_x、法向模数 m_n 与标准模数 m 的关系是 $m = m_x = m_n/\cos\gamma$,γ 为蜗杆导程角。

2)齿形角(压力角)α

蜗杆和蜗轮啮合时,在中间平面上,蜗杆的轴向压力角 α_{x1} 与蜗轮的端面压力角 α_{t2} 相等,即 $\alpha_{x1} = \alpha_{t2} = \alpha$。ZA 蜗杆的轴向压力角为标准值 $\alpha_x = 20°$,其余3种(ZN,ZI,ZK)蜗杆的法向压力角为标准值,$\alpha_n = 20°$。

3)蜗杆的分度圆直径 d_1 和直径系数 q

加工蜗轮时,常用与配对蜗杆具有相同参数和直径的蜗轮滚刀来加工。这样,只要有一种尺寸的蜗杆,就必须有相应尺寸的蜗轮滚刀。为了减少蜗轮滚刀的数目,便于刀具的标准化,

将蜗杆分度圆直径 d_1 定为标准值,即对应于每一种标准模数规定一定数量的蜗杆分度圆直径 d_1,并把 d_1 与 m 的比值称为蜗杆直径系数 q,即

$$q = \frac{d_1}{m} \tag{8.1}$$

式中,m,d_1,z_1 和 q 的匹配如表 8.4 所示。对于动力蜗杆传动,q 值为 7 ~ 18;对于分度蜗杆传动,q 值为 16 ~ 30。

4)传动比 i

通常蜗杆传动是以蜗杆为主动件的减速装置,故其传动比 i 为

$$i = \frac{n_1}{n_2} = \frac{z_2}{z_1} \tag{8.2}$$

式中　n_1,n_2——蜗杆和蜗轮的转速,r /min。

表 8.4　普通圆柱蜗杆传动常用的参数匹配(摘自 GB/T 10085—88)

中心距 a	公称传动比 i	模数 m	蜗杆分度圆直径 d_1	直径系数 q	蜗杆头数 z_1	蜗轮齿数 z_2	蜗轮变位系数 x_2	中心距 a	公称传动比 i	模数 m	蜗杆分度圆直径 d_1	直径系数 q	蜗杆头数 z_1	蜗轮齿数 z_2	蜗轮变位系数 x_2
	10	4	40	10	4	41	-0.5		10	8	63	7.875	4	38	-0.438
	12.5	3.15	35.5	11.27	4	53	-0.389		12.5	6.3	63	10	4	48	-0.429
	15	5	50	10	2	31	-0.5		15	5	50	10	4	61	+0.5
	20	4	40	10	2	41	-0.5		20	8	63	7.875	2	38	-0.438
100	25	3.15	35.5	11.27	2	53	-0.389	180	25	6.3	63	10	2	48	-0.429
	30	5	50	10	1	31	-0.5		30	5	50	10	2	61	+0.5
	40	4	40	10	1	41	-0.5		40	8	63	7.875	1	38	-0.438
	50	3.15	35.5	18	1	53	-0.389		50	6.3	63	10	1	48	-0.429
	60	2.5	45	10	1	62	0		60	5	50	10	1	61	+0.5
	10	5	50	10	4	41	-0.5		10	8	80	10	4	41	-0.5
	12.5	4	40	10	4	51	+0.75		12.5	6.3	63	10	4	53	+0.246
	15	6.3	63	10	2	31	-0.659		15	10	90	9	2	31	0
	20	5	50	10	2	41	-0.5		20	8	80	10	2	41	-0.5
125	25	4	40	10	2	51	+0.75	200	25	6.3	63	10	2	53	+0.246
	30	6.3	63	10	1	31	-0.659		30	10	90	9	1	31	0
	40	5	50	10	1	41	-0.5		40	8	80	10	1	41	-0.5
	50	4	40	10	1	51	+0.75		50	6.3	63	10	1	53	+0.246
	60	3.15	56	17.78	1	62	-0.206		60	5	90	18	1	62	0

续表

中心距 a	公称传动比 i	模数 m	蜗杆分度圆直径 d_1	直径系数 q	蜗杆头数 z_1	蜗轮齿数 z_2	蜗轮变位系数 x_2	中心距 a	公称传动比 i	模数 m	蜗杆分度圆直径 d_1	直径系数 q	蜗杆头数 z_1	蜗轮齿数 z_2	蜗轮变位系数 x_2
160	10	6.3	63	10	4	41	-0.103	250	10	10	90	9	4	41	0
	12.5	5	50	10	4	53	+0.5		12.5	8	80	10	4	52	+0.25
	15	8	80	10	2	31	-0.5		15	12.5	112	8.96	2	31	+0.02
	20	6.3	63	10	2	41	-0.103		20	10	90	9	2	41	0
	25	5	50	10	2	53	+0.5		25	8	80	10	2	52	+0.25
	30	8	80	10	1	31	-0.5		30	12.5	112	8.96	1	31	+0.02
	40	6.3	63	10	1	41	-0.103		40	10	90	9	1	41	0
	50	5	50	10	1	53	+0.5		50	8	80	10	1	52	+0.25
	60	4	71	17.75	1	62	+0.125		60	6.3	112	17.78	1	61	+0.294

5)导程角

将蜗杆分度圆螺旋线展开成为如图8.6所示的直角三角形的斜边。图中 P_z 为导程,对于多头蜗杆,$P_z = z_1 P_x$,其中 $P_x = \pi m$ 为蜗杆的轴向齿距。蜗杆分度圆柱导程角为

$$\tan\gamma = \frac{P_z}{\pi d_1} = \frac{z_1 P_x}{\pi d_1} = \frac{z_1 m}{d_1} = \frac{z_1}{q} \tag{8.3}$$

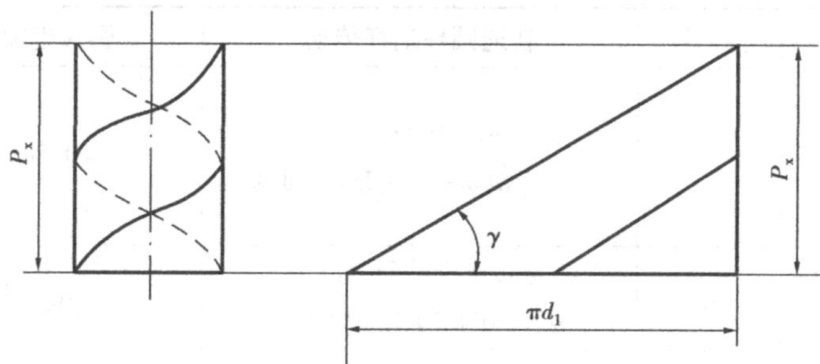

图8.6　导程角与导程的关系

由蜗杆传动的正确啮合条件可知,当两轴线的交错角为90°时,导程角 γ 与蜗轮分度圆柱螺旋角 β 相等,且旋向相同。

6)蜗杆头数 z_1、蜗轮齿数 z_2

蜗杆头数少,易于得到大的传动比,但导程角小,效率低,发热多,故重载传动不宜采用单头蜗杆。当要求反行程自锁时,可取 $z_1 = 1$。蜗杆头数多,效率高,但头数过多,导程角大,制造困难。常用的蜗杆头数为1,2,4,6等。蜗杆头数 z_1 和导程角 γ 大体上有如下关系:

$\gamma = 3° \sim 8°, z_1 = 1$;$\gamma = 8° \sim 16°, z_1 = 2$;$\gamma = 16° \sim 30°, z_1 = 4$;$\gamma > 30°, z_1 = 6$。

蜗轮齿数根据传动比和蜗杆头数决定,即 $z_2 = iz_1$。传递动力的,为增加传动平稳性,蜗轮齿数宜取多些,应不少于28齿。齿数越多,蜗轮尺寸越大,蜗杆轴越长且刚度越小,故蜗轮齿

数不宜多于 100 齿，一般取 $z_2=32\sim80$ 齿。z_2 和 z_1 之间最好避免有公因数，以利于均匀磨损。若 $z_2>30$，至少有两对齿同时啮合，有利于传动趋于平稳。

7）中心距

圆柱蜗杆传动装置的中心距 a（单位 mm）一般应按下列数值选取：40，50，63，80，100，125，160，（180），200，（225），250，（280），315，（355），400，（450），500。

宜优先选用未带括号的数字。大于 500 mm 时，可按 $R20$ 优先数系选用（$R20$ 为公比 $\sqrt[20]{10}$ 的级数）。

8）变位系数 x_2

普通圆柱蜗杆传动变位的主要目的是配凑中心距或传动比，使之符合标准值或推荐值。蜗杆传动变位的方法与齿轮传动相同，也是在切削时，将刀具相对于蜗轮移位。凑中心距时，蜗轮变位系数 x_2 为

$$x_2=\frac{a'}{m}-\frac{1}{2}(q+z_2)=\frac{a'-a}{m} \tag{8.4}$$

式中　a,a'——未变位时的中心距和变位后的中心距。

凑传动比时，变位前、后的传动中心距不变，即 $a=a'$，用改变蜗轮齿数 z_2 来达到传动比略作调整的目的，变位系数 x_2 为

$$x_2=\frac{z_2-z_2'}{2} \tag{8.5}$$

式中　z_2'——变位蜗轮的齿数。

（2）普通圆柱蜗杆传动的几何尺寸计算

普通圆柱蜗杆传动的几何尺寸计算公式如表 8.5 和表 8.6 所示（见图 8.5）。

表 8.5　圆柱蜗杆传动的主要几何尺寸的计算公式

名　称	符　号	普通圆柱蜗杆传动	圆弧齿圆柱蜗杆传动
中心距	a	$a=0.5m(q+z_2)$ $a'=0.5m(q+z_2+2x_2)$（变位）	$a=0.5m(q+z_2+2x_2)$
齿形角	α	$\alpha_x=20°$（ZA 型） $\alpha_n=20°$（ZN，ZI，ZK 型）	$\alpha_n=23°$或$24°$
蜗轮齿数	z_2	$z_2=z_1 i$	$z_2=z_1 i$
传动比	i	$i=z_2/z_1$	$i=z_2/z_1$
模数	m	$m=m_x=m_n/\cos\gamma$（m 取标准）	$m=m_x=m_n/\cos\gamma$（m 取标准）
蜗杆分度圆直径	d_1	$d_1=mq$	$d_1=mq$
蜗杆轴向齿距	p_x	$p_x=m\pi$	$p_x=m\pi$

续表

名　称	符　号	普通圆柱蜗杆传动	圆弧齿圆柱蜗杆传动
蜗杆导程	p_z	$p_z = z_1 p_x$	$p_z = z_1 p_x$
蜗杆分度圆柱导程角	γ	$\gamma = \arctan z_1/q$	$\gamma = \arctan z_1/q$
顶隙	c	$c = c^* m$,$c^* = 0.2$	$c = 0.16m$
蜗杆齿顶高	h_{a1}	$h_{a1} = h_a^* m$ 一般 $h_a^* = 1$;短齿 $h_a^* = 0.8$	$z_1 \leqslant 3$:$h_{a1} = m$ $z_1 > 3$:$h_{a1} = 0.9m$
蜗杆齿根高	h_{f1}	$h_{f1} = h_a^* m + c$	$h_{f1} = 1.16m$
蜗杆齿高	h_1	$h_1 = h_{a1} + h_{f1}$	$h_1 = h_{a1} + h_{f1}$
蜗杆齿顶圆直径	d_{a1}	$d_{a1} = d_1 + 2h_{a1}$	$d_{a1} = d_1 + 2h_{a1}$
蜗杆齿根圆直径	d_{f1}	$d_{f1} = d_1 - 2h_{f1}$	$d_{f1} = d_1 - 2h_{f1}$
蜗杆螺纹部分长度	b_1	根据表 8.6 中公式计算	$b_1 = 2.5m\sqrt{z_2 + 2 + 2x_2}$
蜗杆轴向齿厚	S_{x1}	$S_{x1} = 0.5m\pi$	$S_{x1} = 0.4m\pi$
蜗杆法向齿厚	S_{n1}	$S_{n1} = S_{x1} \cos \gamma$	$S_{n1} = S_{x1} \cos \gamma$
蜗轮分度圆直径	d_2	$d_2 = z_2 m$	$d_2 = z_2 m$
蜗轮齿顶高	h_{a2}	$h_{a2} = h_a^* m$ $h_{a2} = m(h_a^* + x_2)$(变位)	$z_1 \leqslant 3$:$h_{a2} = m + x_2 m$ $z_1 > 3$:$h_{a2} = 0.9m + x_2 m$
蜗轮齿根高	h_{f2}	$h_{f2} = m(h_a^* + c^*)$ $h_{f2} = m(h_a^* - x_2 + c^*)$(变位)	$h_{f2} = 1.16m - x_2 m$;
蜗轮喉圆直径	d_{a2}	$d_{a2} = d_2 + 2h_{a2}$	$d_{a2} = d_2 + 2h_{a2}$
蜗轮齿根圆直径	d_{f2}	$d_{f2} = d_2 - 2h_{f2}$	$d_{f2} = d_2 - 2h_{f2}$
蜗轮齿宽	b_2	$b_2 \approx 2m(0.5 + \sqrt{q+1})$	$b_2 \approx 2m(0.5 + \sqrt{q+1})$
蜗轮齿根圆弧半径	R_1	$R_1 = 0.5d_{a1} + c$	$R_1 = 0.5d_{a1} + c$

续表

名　称	符　号	普通圆柱蜗杆传动	圆弧齿圆柱蜗杆传动
蜗轮齿顶圆弧半径	R_2	$R_2 = 0.5d_{f1} + c$	$R_2 = 0.5d_{f1} + c$
蜗轮顶圆直径	d_{e2}	按表8.6选取	$d_{e2} = d_{a2} + 2(0.3 \sim 0.5)m$
蜗轮轮缘宽度	B	按表8.6选取	$B = 0.45(d_1 + 6m)$
齿廓圆弧中心到蜗杆齿厚对称线的距离	l_1		$l_1 = \rho \cos \alpha_n + 0.5S_{n1}$
齿廓圆弧中心到蜗杆轴线的距离	l_2		$l_2 = \rho \sin \alpha_n + 0.5d_1$

表8.6　普通圆柱蜗杆传动的蜗轮宽度 B、顶圆直径 d_{e2} 及蜗杆螺纹部分长度 b_1 的计算公式

z_1	B	d_{e2}	x_2	b_1	
1	$\leqslant 0.75d_{a1}$	$\leqslant d_{a2} + 2m$	0	$\geqslant (11 + 0.06z_2)m$	当变位系数 x_2 为表列中间值时，b_1 取 x_2 邻近两公式所求值的较大者，经磨削的蜗杆，按左式所求的长度应再增加下列值： 当 $m < 10$ mm时，增加25 mm； 当 $m = 10 \sim 16$ mm时，增加35 ~ 40 mm； 当 $m > 16$ mm时，增加50 mm
			-0.5	$\geqslant (8 + 0.06z_2)m$	
2		$\leqslant d_{a2} + 1.5m$	-1.0	$\geqslant (10.5 + z_1)m$	
			0.5	$\geqslant (11 + 0.1z_2)m$	
			1.0	$\geqslant (12 + 0.1z_2)m$	
4	$\leqslant 0.67d_{a1}$	$\leqslant d_{a2} + m$	0	$\geqslant (12.5 + 0.09z_2)m$	
			-0.5	$\geqslant (9.5 + 0.09z_2)m$	
			-1.0	$\geqslant (10.5 + z_1)m$	
			0.5	$\geqslant (12.5 + 0.1z_2)m$	
			1.0	$\geqslant (13 + 0.1z_2)m$	

8.2.2　圆弧齿圆柱蜗杆传动的主要参数及几何尺寸计算

(1)圆弧齿圆柱蜗杆传动的主要参数

圆弧齿圆柱蜗杆的基本齿廓是指通过蜗杆分度圆柱的法截面齿形，如图8.7所示。圆弧齿圆柱蜗杆传动的主要参数有模数 m、齿形角 α_0、齿廓圆弧半径 ρ 和蜗轮变位系数 x_2 等。砂轮轴截面齿形角 $\alpha_0 = 23°$；砂轮轴截面圆弧半径 $\rho = 5m \sim 6m$（m 为模数）。蜗轮变位系数 $x_2 = 0.5 \sim 1.5$。圆弧齿圆柱蜗杆传动常用的参数匹配如表8.7所示。

(2)圆弧齿圆柱蜗杆传动的几何尺寸计算

圆弧齿圆柱蜗杆传动的几何尺寸计算公式如表8.5所示（见图8.5、图8.7）。

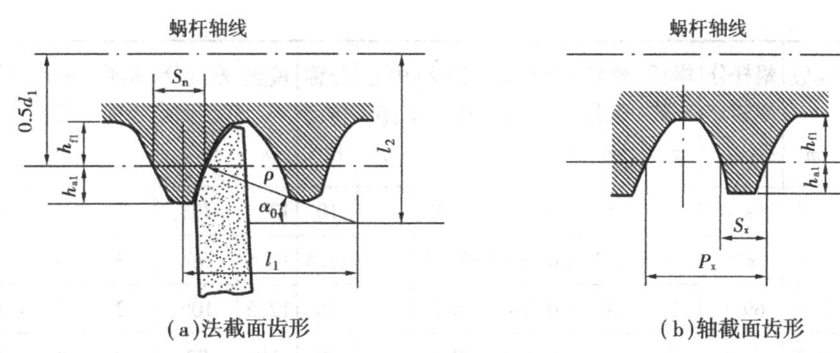

图8.7　圆弧齿圆柱蜗杆齿形

表8.7　圆弧齿圆柱蜗杆传动常用的参数匹配(摘自GB/T 9147—88)

中心距 a	公称传动比 i	模数 m	蜗杆分度圆直径 d_1	蜗杆头数 z_1	蜗轮齿数 z_2	蜗轮变位系数 x_2	实际传动比 i	中心距 a	公称传动比 i	模数 m	蜗杆分度圆直径 d_1	蜗轮头数 z_1	蜗轮齿数 z_2	蜗轮变位系数 x_2	实际传动比 i_c
100	10	4.8	46.4	3	31	0.5	10.33	180	10	9.2	80.6	3	29	0.685	9.67
	12.5	4	44	3	37	1	12.33		12.5	7.8	69.4	3	36	0.628	12
	16	4.8	46.4	2	31	0.5	15.5		16	8.2	78.6	2	33	0.659	16.5
	20	3.8	38.4	2	41	0.763	20.5		20	7.1	70.8	2	39	0.866	19.5
	25	3.2	36.6	2	49	1.031	24.5		25	5.6	58.8	2	52	0.893	26
	31.5	4.8	46.4	1	31	0.5	31		31.5	8.2	78.6	1	33	0.659	33
	40	3.8	38.4	1	41	0.763	41		40	7.1	70.8	1	40	0.366	40
	50	3.2	36.6	1	50	0.531	50		50	5.6	58.8	1	52	0.893	52
	60	2.75	32.5	1	60	0.455	60		60	5	55	1	60	0.5	60
125	10	6.2	57.6	3	31	0.016	10.33	200	10	10	82	3	31	0.4	10.33
	12.5	5.2	54.6	3	37	0.288	12.33		12.5	8.2	78.6	3	38	0.598	12.67
	16	6.2	57.6	2	31	0.016	15.5		16	10	82	2	31	0.4	15.5
	20	4.8	46.4	2	41	0.708	20.5		20	7.8	69.4	2	41	0.692	20.5
	25	4	44	2	51	0.250	25.5		25	6.5	67	2	51	0.115	25.5
	31.5	6.2	57.6	1	30	0.516	30		31.5	10	82	1	31	0.4	31
	40	4.8	46.4	1	41	0.708	41		40	7.8	69.4	1	41	0.692	41
	50	4	44	1	50	0.750	50		50	6.5	67	1	50	0.615	50
	60	3.5	39	1	59	0.643	59		60	5.6	58.8	1	60	0.464	60

续表

中心距 a	公称传动比 i	模数 m	蜗杆分度圆直径 d_1	蜗杆头数 z_1	蜗轮齿数 z_2	蜗轮变位系数 x_2	实际传动比 i	中心距 a	公称传动比 i	模数 m	蜗杆分度圆直径 d_1	蜗轮头数 z_1	蜗轮齿数 z_2	蜗轮变位系数 x_2	实际传动比 i_c
160	10	7.8	69.4	3	31	0.564	10.33	250	10	12.5	105	3	31	0.3	10.33
	12.5	6.5	67	3	37	0.962	12.33		12.5	10.5	99	3	37	0.595	12.33
	16	7.8	69.4	2	31	0.564	15.5		16	12.5	105	2	31	0.3	15.5
	20	6.2	57.6	2	41	0.661	20.5		20	10	82	2	41	0.4	20.5
	25	5.2	54.6	2	49	1.019	24.5		25	8.2	78.6	2	51	0.195	25.5
	31.5	7.8	69.4	1	31	0.564	31		31.5	12.5	105	1	31	0.3	31
	40	6.2	57.6	1	41	0.661	41		40	10	82	1	41	0.4	41
	50	5.2	54.6	1	50	0.519	50		50	8.2	78.6	1	50	0.695	50
	60	4.4	47.2	1	60	0.5	61		60	7.1	70.8	1	59	0.725	59

8.3 蜗杆传动的失效形式和材料选择

8.3.1 蜗杆传动的滑动速度

如图8.8所示，当蜗杆传动在节点处啮合时，蜗杆的圆周速度为v_1，蜗轮的圆周速度为v_2，滑动速度v_s为

$$v_s = \frac{v_1}{\cos\gamma} = \frac{\pi d_1 n_1}{60\ 000\cos\gamma} \quad \text{m/s} \qquad (8.6)$$

由于v_s比蜗杆的圆周速度还要大，因此，在蜗杆、蜗轮的齿廓间将产生很大的相对滑动，引起较大的摩擦、磨损和发热，导致传动效率降低。

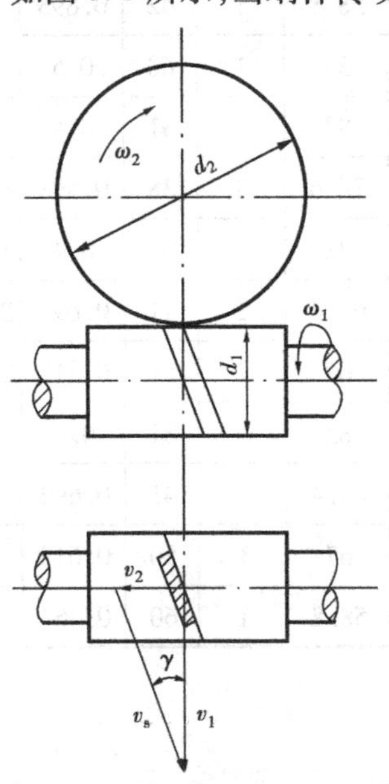

图8.8　蜗杆传动的相对滑动速度

8.3.2 蜗杆传动的失效形式

蜗杆传动的失效形式和齿轮传动类似，有疲劳点蚀、胶合、磨损、轮齿折断等。在一般情况下蜗轮的强度较弱，所以失效总是在蜗轮上发生。又由于蜗轮和蜗杆之间的相对滑动(见图8.8)较大，更容易产生胶合和磨粒磨损。蜗轮轮齿的材料通常比蜗杆材料软得多，在发生胶合时，蜗轮表面的金属粘到蜗杆的螺旋面上去，使蜗轮的工作齿面形成沟痕。

蜗轮轮齿的磨损比齿轮传动严重得多，也是因为啮合

处的相对滑动较大所致。在开式传动和润滑油不清洁的闭式传动中,磨损尤其显著。因此蜗杆齿面的表面粗糙度值宜小些,在闭式传动中还应注意润滑油的清洁。

在蜗杆传动中,点蚀通常只出现在蜗轮轮齿上。

8.3.3　材料选择

考虑到蜗杆传动难于保证良好的接触,滑动速度又较大,以及蜗杆变形等因素,故蜗杆、蜗轮不能都用硬材料制造,其中之一(通常为蜗轮)应该用减摩性良好的软材料来制造。

(1)蜗轮材料

通常是指蜗轮轮齿部分的材料。主要有以下 4 种:

①铸锡青铜。适用于 $v_s \geqslant 12 \sim 26$ m/s 和持续运转的工况。离心铸造的可得到致密的细晶粒组织,可取大值;砂型铸造的取小值。

②铸铝青铜。适用于 $v \leqslant 10$ m/s 的工况,抗胶合能力差,蜗杆硬度应不低于 45HRC。

③铸铝黄铜。抗点蚀强度高,但磨损性能差,宜用于低滑动速度场合。

④灰铸铁和球墨铸铁。适用于 $v \leqslant 2$ m/s 的工况,前者表面经硫化处理有利于减轻磨损,后者若与淬火蜗杆配对能用于重载场合。直径较大的蜗轮常用铸铁。

蜗轮材料的力学性能和设计数据如表 8.8 所示。

表 8.8　蜗轮材料的力学性能和设计数据

蜗轮材料	铸造方法	力学性能					设计数据			
		σ_B /MPa	σ_s /MPa	HB	δ_s /%	$E\cdot10^3$ /MPa	Z_E /$\sqrt{\text{MPa}}$	σ_{Hlim} /MPa	σ_{Flim} /MPa	v_{Smax} /$(\text{m}\cdot\text{s}^{-1})$
ZCuSn10P1 (10-1 铸锡青铜)	S	220	130	80	3(12)	88.3	147	265	115	12
	Li	330	170	90	4	88.3	147	425	190	26
ZCuSn10Zn2 (10-2 铸锡青铜)	S	240	120	70	12	98.1	152	350	165	12
	Li	270	140	80	7	98.1	152	430	190	26
ZCuAl10Fe3 (10-3 铸铝青铜)	S	490	180	100	13	122.6	164	250	400	10
	Li	540	200	110	15	122.6	164	265	500	10
ZCuAl9Fe4Ni4Mn2 (9-4-4-2 铸铝青铜)	S	630	250	157	16	122.6	164	550	270	10
	Li	(700)	(300)	(160)	(13)	122.6	164	660	377	10
ZCuAl8Mn13Fe3Ni2 (8-13-3-2 铸铝青铜)	S	670	310	167	18	122.6	164	250	402	10
	Li	(750)	(400)	(185)	(5)	122.6	164	265	502	10
ZCuZn25Al6Fe3Mn3 (25-6-3-3 铸铝黄铜)	S	725	380	157	10	107.9	157	500	565	—
	Li	740	400	167	7	107.9	157	550	605	—
HT300(灰铸铁)	S	290	(120)	276	—	98.1	152	350	150	2
QT800-2(球墨铸铁)	S	800	480	290	2(5.5)	175	182	490	628	2

注:1. 本表主要摘自参考书目[38],第 3 卷。蜗轮材料和力学性能(除 E 外)两栏均换成与我国标准相近的牌号和数据,凡有出入或暂缺的仍用原书数字并用( )号标出。设计数据中除 v_{Smax} 外均取自该书。

2. 材料栏中,"S"系砂型铸造,"Li"系离心铸造。用金属模铸造的数据一般要比离心铸造的小一些。

3. ①本表适用于淬硬、磨削蜗杆配对的蜗杆传动。与调质、非磨削蜗杆配对时,σ_{Hlim} 值要乘以 0.75,与灰铸铁非磨削蜗杆配对时要乘以 0.5。

②本表适用于 $\alpha_n = 20°$。$\alpha_n = 25°$ 时,对 σ_{Flim} 表列数值要乘以 1.2。

③本表适用于平稳载荷。交变载荷时,表列数值要乘以 0.7,短时冲击时要乘以 2.5。

(2) **蜗杆材料**

蜗杆材料有碳钢和合金钢,如表8.9所示。蜗轮直径很大时,也可采用青铜蜗杆,蜗轮则用铸铁。按热处理不同,可分为硬面蜗杆和调质蜗杆。首先应考虑选用硬面蜗杆。在要求持久性高的动力传动中,可选用渗碳钢淬火,也可选用碳钢表面或整体淬火以得到必要的硬度,热处理后必须磨削。用氮化钢渗氮处理的蜗杆可不磨削,但需要抛光。只有在缺乏磨削设备时才选用调质蜗杆。受短时冲击载荷的蜗杆,不宜用渗碳钢淬火,最好用调质钢。铸铁蜗轮与镀铬蜗杆配对时,有利于提高传动的承载能力和滑动速度。

表8.9 蜗杆材料及工艺要求

蜗杆材料	热处理	硬　度	表面粗糙度 $R_a/\mu m$
40,45,45Cr,40CrNi,42SiMn	表面淬火	HRC45~55	1.6~0.8
20Cr,20CrMnTi,12CrNi3A	表面渗碳淬火	HRC58~63	1.6~0.8
32CrMo,50CrV	渗氮	HRC65~70	3.2~1.6
45,40Cr,40CrNi,42CrMo	调质	HB≤270	6.3

8.4 蜗杆传动的受力分析

蜗杆传动受力分析的过程和斜齿圆柱齿轮传动相似。为简化起见,通常不考虑摩擦力的影响。假定作用在蜗杆齿面上的法向力 F_n 集中作用于节点 C 上(见图8.9),F_n 可分解为3个相互垂直的分力:圆周力 F_t、径向力 F_r 和轴向力 F_a。由于蜗杆轴与蜗轮轴在空间交错成90°,因此,作用在蜗杆上的圆周力和蜗轮上的轴向力、蜗杆上的轴向力和蜗轮上的圆周力、蜗杆上的径向力和蜗轮上的径向力分别大小相等而方向相反。

各力的大小分别为

$$F_{t1} = \frac{2T_1}{d_1} = -F_{a2} \tag{8.7}$$

$$F_{a1} = -F_{t2} = \frac{2T_2}{d_2} \tag{8.8}$$

$$F_{r1} = -F_{r2} = F_{t2}\tan\alpha \tag{8.9}$$

$$F_n = \frac{F_{a1}}{\cos\alpha_n\cos\gamma} = \frac{F_{t2}}{\cos\alpha_n\cos\gamma} = \frac{2T_2}{d_2\cos\alpha_n\cos\gamma} \tag{8.10}$$

式中　T_1, T_2——蜗杆、蜗轮上的名义转矩,$T_2 = T_1 i\eta$,其中,i 为传动比,η 为传动效率;

α_n——蜗杆法面压力角。

确定各分力的方向时,先确定蜗杆受力的方向。因蜗杆主动,所以蜗杆所受的圆周力 F_{t1} 的方向与它的转向相反;径向力 F_{r1} 的方向总是沿半径指向轴心;轴向力 F_{a1} 的方向,分析方法与斜齿圆柱齿轮传动相同,对主动蜗杆根据其螺旋旋向用左(右)手法则判定。蜗轮所受的3个分力的方向可由如图8.9所示的关系确定。

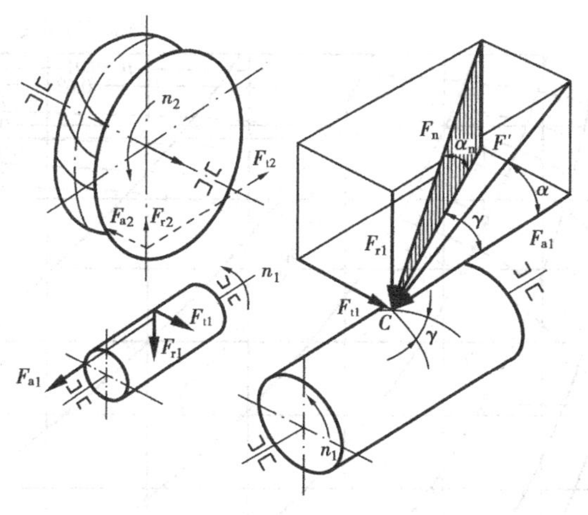

图 8.9　蜗杆传动的受力分析

8.5　蜗杆传动的强度计算

蜗杆传动的强度计算主要为齿面接触疲劳强度计算和轮齿弯曲疲劳强度计算。在这两种计算中,蜗轮轮齿都是薄弱环节。对于闭式传动,传动尺寸主要取决于齿面的接触疲劳强度,以防止齿面的点蚀和胶合,但须校核轮齿的弯曲疲劳强度。对于开式传动,传动尺寸主要取决于轮齿的弯曲疲劳强度,无须进行齿面接触疲劳强度计算。

此外,蜗杆传动还须进行蜗杆挠度和传动温度的计算,两者都属验算性质。

8.5.1　初选[d_1/a]值

中心距 a 在蜗杆传动中是最基本的尺寸,其大小决定了传动的承载能力和外廓尺寸。蜗杆分度圆直径 d_1 和中心距 a 的比值[d_1/a]是蜗杆传动的重要参数,其大小将影响传动的工作性能,如齿面接触疲劳强度,蜗杆轴的刚度,传动的啮合效率和传动的工作温度等。

如图 8.10 所示为初步选用[d_1/a] 值的线图。图中有两组曲线,一组是齿数比 u(或传动比 i),一组是蜗杆副的当量摩擦系数 μ_v。根据传动比 i 可在 i 组线上任选一点 A,由该点水平指向左侧坐标选取[d_1/a]值,垂直指向下方坐标可得蜗杆导程角 γ,垂直向上与设定的 μ_v 组线相交后再水平指向右侧坐标可得传动的啮合效率 η_1。图中横坐标上同时给出了不同导程角大致相应的蜗杆头数 z_1。

选取 A 点位置时应该注意:采用较大的[d_1/a]值有利于增大齿面接触疲劳强度,降低传动中心距,提高蜗杆强度,但啮合效率有所降低,润滑油温有所增加。为此,建议在图 8.10 所示中心区域选取 A 点为宜。

8.5.2　蜗杆齿面接触疲劳强度计算

蜗杆传动为满足不产生接触疲劳点蚀,其强度条件为

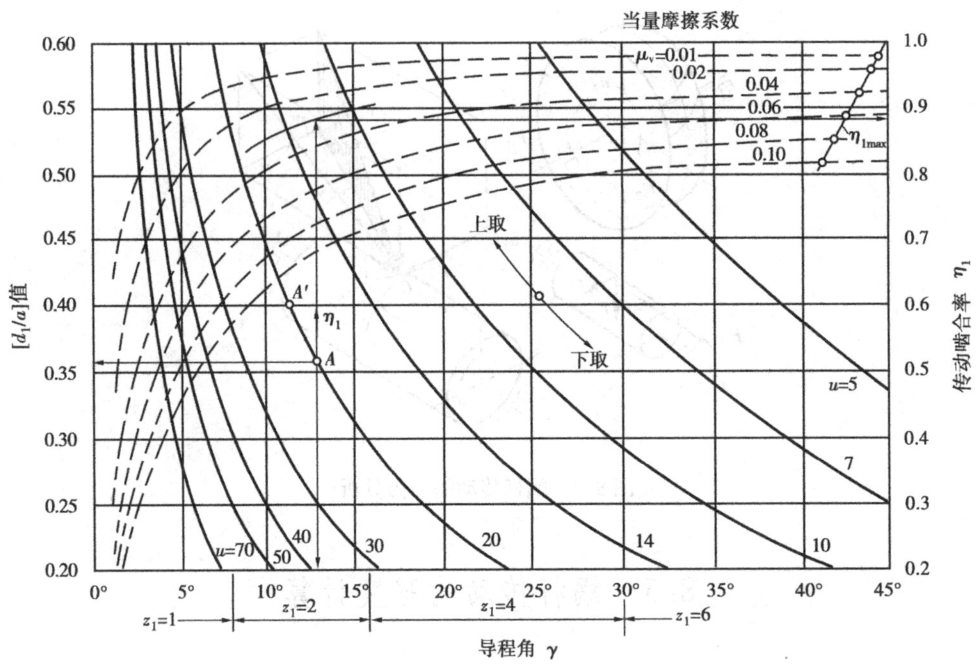

图8.10　蜗杆传动$[d_1/a]$值的选择

$$\left.\begin{aligned}\sigma_H &= Z_E Z_\rho \sqrt{\frac{K_A T_2}{a^3}} \leqslant [\sigma_H] \quad \text{MPa}\\ [\sigma_H] &= Z_n Z_h \frac{\sigma_{Hlim}}{S_{Hmin}} \quad \text{MPa}\end{aligned}\right\} \tag{8.11}$$

式(8.11)适用于校核计算。设计计算时,传动中心距可计算为

$$a \geqslant \sqrt[3]{K_A T_2 \left(\frac{Z_E}{Z_n}\frac{Z_\rho}{Z_h}\cdot\frac{S_{Hmin}}{\sigma_{Hlim}}\right)^2} \quad \text{mm} \tag{8.12}$$

式中　T_2——蜗轮转矩,N·mm;

K_A——使用系数,见表7.6(同齿轮传动);

Z_E——弹性系数,$\sqrt{\text{MPa}}$,根据蜗杆副材料由表8.8查出;

Z_ρ——考虑齿面曲率和接触线长度影响的接触系数,可根据齿形和$[d_1/a]$值由图8.10查出;

Z_n——转速系数;

Z_h——寿命系数(Z_n,Z_h的计算见后);

σ_{Hlim}——接触疲劳极限,MPa,由表8.8选取。表中数值是根据试验用蜗杆传动在标准试验条件下寿命为25 000 h时确定的;

S_{Hmin}——接触疲劳强度的最小安全系数,可取1~1.3。

下面对有关参数作一说明:

①蜗轮转矩T_2。若载荷不变,则T_2可取名义转矩。若载荷随时间而变,则T_2应取为平均转矩T_{2m},可计算为

$$T_2 = T_{2m} = \frac{\sum T_{2i} t_i}{\sum t_i} \tag{8.13}$$

式中 T_{2i}——在时间 t_i 内的蜗轮转矩。

②转速系数 Z_n。转速不变时

$$Z_n = \left(\frac{n_2}{8} + 1\right)^{-\frac{1}{8}} \tag{8.14}$$

式中 n_2——蜗轮转速,r/min。

转速变化时

$$Z_n = \left(\frac{\sum Z_{ni}^2 t_i}{\sum t_i}\right)^{\frac{1}{2}}, Z_{ni} = \left(\frac{n_{2i}}{8} + 1\right)^{-\frac{1}{8}} \tag{8.15}$$

式中 Z_{ni}——在 t_i 时间内与蜗轮转速 n_{2i} 相应的转速系数。

③寿命系数 Z_h。计算寿命系数的基本公式为

$$Z_h = \left(\frac{25\ 000}{L_h}\right)^{\frac{1}{6}} \leqslant 1.6 \tag{8.16}$$

式中 L_h——载荷不变时的寿命时数,因寿命不宜过短,故规定 Z_h 一般应小于1.6,L_h 应大于1 500 h。只有在间歇、短时运转下工作的蜗杆传动才允许 $Z_h > 1.6$,即 $L_h < 1\ 500$ h。

在变载荷情况下,式(8.16)中的 L_h 应为当量寿命 L_{hv},可计算为

$$L_{hv} = \frac{T_{21}^3 t_1' + T_{22}^3 t_2' + \cdots + T_{2i}^3 t_i'}{T_{2v}^3} \tag{8.17}$$

式中 T_{2v}——与 L_{hv} 相应的当量蜗轮转矩,通常取载荷最大或工作时间最长的蜗轮转矩作为当量蜗轮转矩,如取 $T_{2v} = T_{21}$ 或 $T_{2v} = T_{22}$ 等;

t_i'——与 T_{2i} 相应的工作时间。

④接触系数 Z_ρ。这是涉及齿面曲率和接触线长度对接触应力的影响系数,系由沿啮合线的接触应力平均值得来。由图8.11可知,$[d_1/a]$ 越大,Z_ρ 值越小,有利于降低接触应力(见式(8.11))和减小传动的中心距(见式(8.12))。

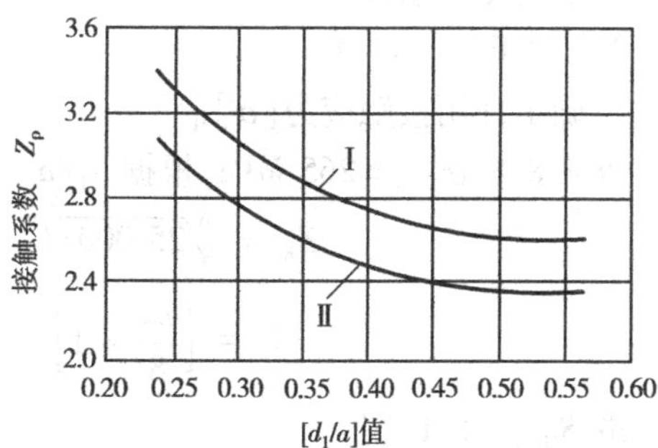

图8.11 接触系数 Z_ρ

Ⅰ—用于ZI型蜗杆(ZA,ZN型也适用);

Ⅱ—用于ZC型蜗杆

设计计算时,求得中心距 a 须圆整为标准值。进而可求取蜗杆直径 d_1、蜗杆头数 z_1 和模数 m 为

$$d_1 = \left[\frac{d_1}{a}\right] a \text{ 或 } d_1 \approx 0.68 a^{0.875} \tag{8.18}$$

$$z_1 = \frac{(7 + 2.4\sqrt{a})}{u} \qquad z_2 = u z_1 \tag{8.19}$$

$$m = \frac{(1.4 \sim 1.7) a}{z_2} \tag{8.20}$$

d_1 和 m 均应取标准值，z_1 和 z_2 均应为整数。利用 $\tan\gamma = z_1 m/d_1$ 的关系可求出蜗杆导程角 γ。

8.5.3 蜗轮轮齿弯曲疲劳强度计算

蜗轮轮齿的弯曲疲劳强度取决于轮齿模数的大小。由于轮齿变形比较复杂，且在中间平面两侧的不同平面上的齿厚不同，相当于具有不同变位系数的正变位齿轮轮齿。距中间平面越远，齿越厚，变位系数也越大。因此，蜗轮轮齿的弯曲疲劳强度难于精确计算，只好进行条件性的概略估算。轮齿弯曲疲劳强度条件式为

$$\left.\begin{aligned}\sigma_F &= \frac{K_A F_{t2}}{mb_2} = \frac{2K_A T_2}{mb_2 d_2} \leqslant [\sigma_F] \quad \text{MPa}\\ [\sigma_F] &= \frac{\sigma_{Flim}}{S_{Fmin}} \quad \text{MPa}\end{aligned}\right\} \tag{8.21}$$

式中 σ_{Flim}——齿根弯曲疲劳极限，见表 8.8；

S_{Fmin}——弯曲疲劳强度的最小安全系数，可取为 1.4；

b_2, d_2——蜗轮宽度和蜗轮直径，计算公式见表 8.5。

例 8.1 校核一搅拌机用的闭式蜗杆减速器中阿基米德蜗杆传动的强度。已知：输入功率 $P_1 = 9$ kW，蜗杆转速 $n_1 = 1\,450$ r/min，传动比 $i = 20$，中心距 $a = 200$ mm，$m = 8$ mm，$z_1 = 2$，$z_2 = 41$，$x_2 = -0.5$，$d_1 = 80$ mm。蜗杆材料为 45 号钢，表面淬火，硬度为 HRC45 ~ 55；蜗轮用铸锡青铜 ZCuSn10P1，砂模铸造。传动不反向，工作载荷稳定，要求工作寿命 L_h 为 12 000 h。

解 因为是闭式传动，$z_2 < 80$，故只需校核蜗轮的齿面接触疲劳强度。

1）确定作用在蜗轮上的转矩

按 $z_1 = 2$ 估取效率 $\eta = 0.8$，$n_2 = n_1/i = 1\,450/20 = 72.5$ r/min，则

$$T_2 = 9\,550 \frac{P_2}{n_2} = 9\,550 \times \frac{9 \times 0.8}{72.5} \text{ N}\cdot\text{m} = 948.4 \text{ N}\cdot\text{m}$$

2）确定使用系数

查表 7.6，$K_A = 1.1$。

3）确定许用接触应力 $[\sigma]_H$

查表 8.8，$\sigma_{Hlim} = 265$ MPa；根据 $d_1/a = 80/200 = 0.4$，查图 8.11，$Z_\rho = 2.77$；

$$Z_h = \sqrt[6]{25\,000/L_h} = \sqrt[6]{25\,000/12\,000} = 1.13$$

$$Z_n = \left[\frac{n_2}{8} + 1\right]^{-\frac{1}{8}} = \left[\frac{72.5}{8} + 1\right]^{-\frac{1}{8}} = 0.749$$

取 $S_{Hlim} = 1.1$，则

$$[\sigma]_H = Z_n Z_h \frac{\sigma_{Hlim}}{S_{Hmin}} = 0.749 \times 1.13 \times \frac{265}{1.1} \text{ MPa} = 203.98 \text{ MPa}$$

4）确定材料系数

查表 8.8，$Z_E = 147\sqrt{\text{MPa}}$。

5)计算齿面接触应力

$$\sigma_H = Z_E Z_\rho \sqrt{1\,000 T_2 K_A / a^3} = 147 \times 2.77 \sqrt{1\,000 \times 948.4 \times 1.1/200^3}$$
$$= 147.043\ \text{MPa} < [\sigma]_H$$

蜗轮齿面接触满足强度。

8.6　蜗杆轴的挠度计算

当蜗杆轴的啮合部分受力后，将使轴产生挠曲。挠曲量过大势必影响啮合状况，从而造成局部偏载甚至导致干涉。蜗杆轴的挠曲主要是由圆周力 F_{t1} 和径向力 F_{r1} 造成的，轴向力 F_{a1} 可忽略不计。假设轴两端为自由支承，则 F_{t1} 和 F_{r1} 在轴的啮合部位所引起的挠曲量分别为

$$\delta_{t1} = \frac{F_{t1} l^3}{48EI} \qquad \delta_{r1} = \frac{F_{r1} l^3}{48EI}$$

两者合成，得蜗杆轴的最大挠曲量应满足的条件为

$$\delta = \sqrt{\delta_{r1}^2 + \delta_{t1}^2} = \frac{F_{t2} l^3}{48EI} \sqrt{\tan^2 \alpha_t + \tan^2(\gamma + \rho_v)} \leqslant [\delta] \tag{8.22}$$

式中　I——蜗杆轴中间截面的惯性矩，$I = \pi d_1^4/64$；

l——两支承间的距离；

$[\delta]$——许用最大挠度，淬火蜗杆取 $0.004m$，调质蜗杆取 $0.01m$，此处 m 为模数。

8.7　蜗杆传动的效率、润滑和热平衡计算

8.7.1　蜗杆传动的效率

闭式蜗杆传动的总效率 η 包括轮齿啮合损耗功率的效率 η_1、轴承摩擦损耗功率的效率 η_2、浸入油中的零件搅油损耗功率的效率 η_3，即

$$\eta = \eta_1 \eta_2 \eta_3 \tag{8.23}$$

当蜗杆主动时，η_1 可近似计算，即

$$\eta_1 = \frac{\tan \gamma}{\tan(\gamma + \rho_v)} \tag{8.24}$$

式中　ρ_v——当量摩擦角，根据相对滑动速度 v_s(m/s)由如表 8.10 所示选取。

表 8.10　圆柱蜗杆传动时当量摩擦角 ρ_v 值

蜗杆传动类型	普通圆柱蜗杆传动			圆弧齿圆柱蜗杆传动		
蜗轮轮齿材料	锡青铜	无锡青铜	灰铸铁	锡青铜	无锡青铜	灰铸铁
$v_s/(\text{m} \cdot \text{s}^{-1})$	ρ_v					
1.0	2°35′~3°10′	4°00′	4°00′~5°10′	1°45′~2°25′	3°12′	3°12′~4°17′

续表

蜗杆传动类型	普通圆柱蜗杆传动			圆弧齿圆柱蜗杆传动		
蜗轮轮齿材料	锡青铜	无锡青铜	灰铸铁	锡青铜	无锡青铜	灰铸铁
$v_s/(\mathrm{m\cdot s^{-1}})$	ρ_v					
1.5	2°17′~2°52′	3°43′	3°43′~4°34′	1°40′~2°11′	2°59′	2°59′~3°43′
2.0	2°00′~2°35′	3°09′	3°09′~4°00′	1°21′~1°54′	2°25′	2°25′~3°12′
2.5	1°43′~2°17′	2°52′		1°16′~1°47′	2°21′	
3.0	1°36′~2°00′	2°35′		1°05′~1°33′	2°07′	
4.0	1°22′~1°47′	2°17′		1°02′~1°23′	1°54′	
5	1°16′~1°40′	2°00′		0°59′~1°20′	1°40′	
8	1°02′~1°30′	1°43′		0°48′~1°16′	1°26′	
10	0°55′~1°22′			0°41′~1°09′		
15	0°48′~1°09′			0°38′~0°59′		

注:对于淬硬、磨削和抛光蜗杆,当润滑良好时,取小值。

导程角 γ 是影响蜗杆传动啮合效率的最主要参数之一。设 μ_v 为当量摩擦系数,从图 8.12 可知,η_1 随 γ 增大而提高,但到一定值后即下降。当 $\gamma>28°$后,η_1 随 γ 的变化就比较慢,而大导程角的蜗杆制造困难,所以一般 $\gamma<28°$。

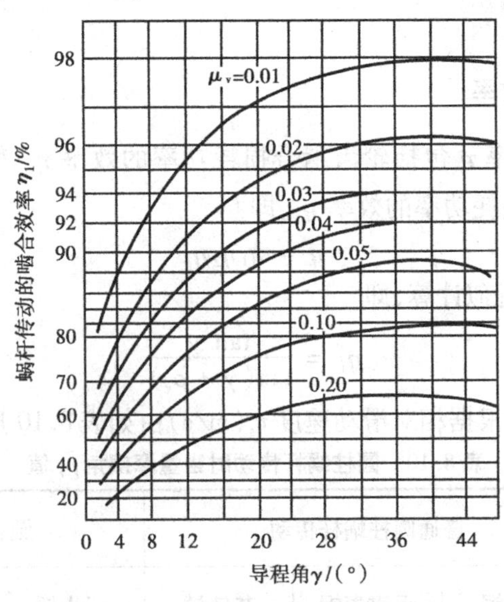

图 8.12　蜗杆传动的效率与导程角的关系

轴承摩擦及浸入油中零件搅油损耗的功率不大,一般 $\eta_2\eta_3=0.95\sim0.96$。

在设计之初,普通圆柱蜗杆传动的效率可近似取为:当 $z_1=1$ 时,$\eta=0.7$;$z_1=2$ 时,

$\eta=0.8$；$z_1=3$，$\eta=0.85$；$z_1=4$，$\eta=0.9$。圆弧齿圆柱蜗杆传动的效率比普通圆柱蜗杆传动高 5%～10%。

8.7.2　蜗杆传动的润滑

(1)润滑油黏度和润滑方法

为提高蜗杆传动的抗胶合性能，宜选用黏度较高的润滑油。在矿物油中适当加些油性添加剂(如加入 5% 的动物脂肪)，有利于提高油膜厚度，减轻胶合危险。用青铜制造的蜗轮，则不允许采用活性大的极压添加剂以免腐蚀青铜。采用聚乙二醇、聚醚合成油时，摩擦系数较小，有利于提高传动效率，承受较高的工作温度，减少磨损。

蜗杆传动推荐使用的润滑油黏度和润滑方法如表 8.11 所示。喷油润滑时油量可参考如表 8.12 所示。

表 8.11　蜗杆传动的润滑油黏度和润滑方法

滑动速度 $v_s/(\mathrm{m\cdot s^{-1}})$	≤1	1～2.5	>2.5～5	>5～10	>10～15	>15～25	>25
工作条件	重载	重载	中载	—	—	—	—
运动黏度 $v_{40\,℃}/(\mathrm{mm^2\cdot s^{-1}})$	1 000	680	320	220	150	100	68
润滑方法	浸油润滑			浸油或喷油润滑	压力喷油润滑，喷油压力/MPa		
					0.07	0.2	0.3

注：美国 AGMA 推荐使用 460 号和 680 号极压油或复合油。前者用于环境温度为 -10～10 ℃的工况；后者用于 10～50 ℃的工况，但蜗轮转速较高的也推荐用 460 号油。复合油是指除含有添加剂外，还有其他添加剂(如抗氧化剂)的润滑油。

表 8.12　喷油润滑时的供油量

中心距 a/mm	80	100	125	160	200	250	315	400	500
供油量/(L·min⁻¹)	1.5	2	3	4	6	10	15	20	20

(2)蜗杆布置与润滑方式

采用油池润滑时，蜗杆最好布置在下方。蜗杆浸入油中的深度至少能浸入螺旋的牙高，且油面不应超过滚动轴承最低滚动体的中心。油池容量宜适当加大些，以免蜗杆工作时泛起箱内的沉淀物，使油很快老化。只有在不得已的情况下(如受结构上的限制)，蜗杆才布置在上方。这时浸入油池的蜗轮深度允许达到蜗轮半径的 1/6～1/3。若速度高于 10 m/s，必须采用压力喷油润滑，由喷油嘴向传动的啮合区供油。为增强冷却效果，喷油嘴宜放在啮出侧，双向转动的应布置在双侧。

8.7.3　蜗杆传动的热平衡计算

传动时，蜗杆、蜗轮啮合齿面间相对滑动速度大，摩擦、发热大，效率低。对于闭式蜗杆传动，若散热不良，会因油温不断升高，而使润滑条件恶化，导致齿面失效。所以设计闭式蜗杆传动时,要进行热平衡计算。

设热平衡时的工作温度为 t_1,则热平衡约束条件为

$$t_1 = \frac{1\,000P_1(1-\eta)}{K_t A} + t_0 \leqslant t_p \tag{8.25}$$

式中 t_p——油的许用工作温度,℃;一般为 60 ~ 70 ℃,最高不超过 90 ℃;

t_0——环境温度,℃;一般取 t_0 = 20 ℃;

P_1——蜗杆传递的功率,kW;

η——蜗杆传动的总效率;

A——箱体的散热面积,m^2;即箱体内表面被油浸着或油能飞溅到,且外表面又被空气所冷却的箱体表面积,凸缘及散热片面积按 50% 计算;一般蜗杆减速器的 A 可估算为

$$A = 9 \times 10^{-5} a^{1.88} \quad m^2 \tag{8.26}$$

K_t——散热系数,W/(m^2·℃);在自然通风良好的地方,取 K_t = 14 ~ 17.5;通风不好时,取 K_t = 8.7 ~ 10.5。

若计算结果 t_1 超出允许值,可采取以下措施:

①在箱体外壁增加散热片,以增大散热面积 A。

②在蜗杆轴端装风扇(见图 8.13(a)),进行人工通风,以增大散热系数 K_t,此时 K_t = 20 ~ 28 W/(m^2·℃)。

③在箱体油池中设蛇形冷却管(见图 8.13(b))。

④采用压力喷油润滑冷却(见图 8.13(c))。

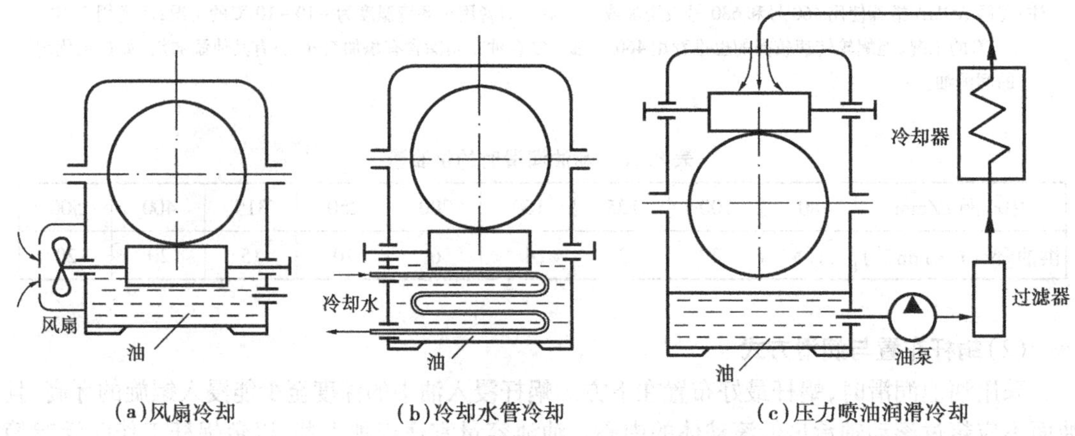

图 8.13 蜗杆减速器的冷却方法

例 8.2 计算一 ZA 型蜗杆减速器,输入功率 P = 7.5 kW,转速 n = 1 450 r/min,传动比为 i = 20。工作机载荷平稳,动力机有轻微振动。预期寿命 12 000 h。蜗杆布置在下方,要求运转精度良好。

解 蜗杆采用 45 号钢,表面硬度 HRC > 45。蜗轮材料采用 ZCuSn10P1 青铜,砂型铸造。计算步骤见下表。

计算项目	计算内容	计算结果
1. 初选$[d_1/a]$		$\rho_v = 1.72°$
当量摩擦系数	设 $v_s = 4 \sim 7$ m/s,查表 8.10,取大值	$\mu_v = \tan\rho_v = 0.03$
选$[d_1/a]$值	在图 8.10 的 $i = 20$ 线上选取 A 点,查得$[d_1/a] = 0.355$, $\gamma = 13°(z_1 = 2)$,$\eta_1 = 0.88$	
2. 中心距计算		
蜗轮转矩	$T_2 = T_1 i\eta_1 = 9.55\times10^6 \dfrac{P_1}{n_1} i\eta_1$	$T_2 = 869\ 400$ N·mm
	$= 9.55\times10^6 \times \dfrac{7.5}{1\ 450} \times 20 \times 0.88$	$K_A = 1.1$
使用系数	按题意查表 7.6	$Z_n = 0.75$
转速系数	$Z_n = \left(\dfrac{n_2}{8}+1\right)^{-\frac{1}{8}} = \left(\dfrac{1\ 450}{20\times8}+1\right)^{-\frac{1}{8}}$　(式 8.14)	$Z_E = 147\sqrt{\text{MPa}}$
弹性系数	根据蜗轮副材料查表 8.8	$Z_h = 1.13 < 1.6$
寿命系数	$Z_h = \sqrt[6]{\dfrac{25\ 000}{L_h}} = \sqrt[6]{\dfrac{25\ 000}{12\ 000}}$　(式 8.16)	$Z_\rho = 2.85$
接触系数	由图 8.11*I* 线查出	$\sigma_{Hlim} = 265$ MPa
接触疲劳极限	查表 8.8	$S_{Hmin} = 1.3$
接触疲劳强度最小安全系数	自定	
中心距	$a = \sqrt[3]{K_A T_2\left(\dfrac{Z_E Z_\rho}{Z_n Z_h}\cdot\dfrac{S_{Hmin}}{\sigma_{Hlim}}\right)^2}$　(式 8.12) $= \sqrt[3]{1.1\times869\ 400\times\left(\dfrac{147\times2.85}{0.75\times1.13}\times\dfrac{1.3}{265}\right)^2}$ $= 178$	取 $a = 200$ mm
3. 传动基本尺寸		
蜗杆头数	由图 8.10 查得 $\gamma = 13°$,$z_1 = 2$;也可用(式 8.19)计算	取 $z_1 = 2$
	$z_1 = (7+2.4\sqrt{a})/u = (7+2.4\sqrt{200})/200 = 2.047$	取 $z_2 = 40$
蜗轮齿数	$z_2 = iz_1 = 20\times2$	取 $m = 8$ mm
模数	$m = (1.4\sim1.7)a/z_2 = (1.4\sim1.7)\times200/40 = 7\sim8.5$ (式 8.20)	
蜗杆分度圆直径	$d_1 = [d_1/a]a = 0.355\times200 = 71$　(式 8.18)	取 $d_1 = 80$ mm
	或 $d_1 = 0.68\,a^{0.875} = 0.68\times200^{0.875} = 70.13$,取标准值(表 8.4)	$d_2 = 320$ mm
蜗轮分度圆直径	$d_2 = mz_2 = 8\times400$	$\gamma = 11.31°$
蜗杆导程角	$\tan\gamma = z_1 m/d_1 = 2\times8/80 = 0.2$	取 $b_2 = 62$ mm
蜗轮宽度	$b_2 = 2m\left(0.5+\sqrt{\dfrac{d_1}{m}+1}\right) = 2\times8\times\left(0.5+\sqrt{\dfrac{80}{8}+1}\right) = 61.066$ (表 8.5)	
蜗杆圆周速度	$v_1 = \pi d_1 n_1/(60\times1\ 000) = \pi\times80\times1\ 450/(60\times1\ 000)$	$v_1 = 6.07$ m/s
相对滑动速度	$v_s = v_1/\cos\gamma = 6.07/\cos 11.31°$　(式 8.6)	$v_s = 6.19$ m/s
当量摩擦系数	由表 8.10 查得(与假设有出入,无须急作调整,是否需作调整,视最终计算结果而定)	$\mu_v = 0.021$ $\rho_v = 1.20°$

续表

计算项目	计算内容	计算结果
4. 齿面接触疲劳强度验算		
许用接触应力	$[\sigma_H] = Z_n Z_h \dfrac{\sigma_{Hlim}}{S_{Hmin}} = 0.75 \times 1.13 \times \dfrac{265}{1.3}$ （式 8.11）	$[\sigma_H] = 173$ MPa
最大接触应力	$\sigma_H = Z_E Z_\rho \sqrt{\dfrac{K_A T_2}{a^3}} = 147 \times 2.85\sqrt{\dfrac{1.1 \times 869\ 400}{200^3}} = 145$	$\sigma_H = 145 < 173$ MPa 合格
5. 轮齿弯曲疲劳强度验算		
齿根弯曲疲劳极限	由表 8.8 查出	$\sigma_{Flim} = 115$ MPa
弯曲疲劳最小安全系数	自取	$S_{Fmin} = 1.4$
许用弯曲疲劳应力	$[\sigma_F] = \dfrac{\sigma_{Flim}}{S_{Fmin}} = \dfrac{115}{1.4}$ （式 8.21）	$[\sigma_F] = 82$ MPa
轮齿最大弯曲应力	$\sigma_F = \dfrac{2K_A T_2}{mb_2 d_2} = \dfrac{2 \times 1.1 \times 869\ 400}{8 \times 62 \times 320}$ （式 8.21）	$\sigma_F = 12 < 82$ MPa 合格
6. 效率计算		
传动啮合效率	$\eta_1 = \tan\gamma/\tan(\gamma + \rho_v) = \tan 11.31°/\tan(11.31° + 1.20°)$ （式 8.24）	$\eta_1 = 0.901$
搅油效率	自定	$\eta_2 = 0.99$
轴承效率	自定	$\eta_3 = 0.99$
总效率	$\eta = \eta_1\eta_2\eta_3 = 0.901 \times 0.99 \times 0.99$	$\eta = 0.883$

注：计算结果，$d_1/a = 80/200 = 0.4$，$\gamma = 11.31°$，$\mu_v = 0.021$，$v_s = 6.19$ m/s。根据上列数字，将原先选定的 A 点改为 A' 点（见图 8.10），并大致可得 $\eta_1 \approx 0.89$，与计算结果很相近。

8.8 蜗杆和蜗轮的结构

蜗杆通常与轴做成整体，很少做成装配式的。常见的蜗杆结构如图 8.14(a) 所示，这种结构既可车削，也可铣削，如图 8.14(b) 所示的结构只能铣削。

蜗轮可制成整体的或组合的。组合蜗轮（见图 8.15）的齿冠可铸在或用过盈配合装在铸铁或铸钢的轮心上，常用的配合为 H7/r 6。为了增加过盈配合的可靠性，沿着接合缝还要拧上螺钉，螺钉孔中心线偏向轮毂一侧。螺钉的直径取 $(1.2 \sim 1.5)m$，长度取 $(0.3 \sim 0.4)b_2$，m，b_2 分别为蜗轮的模数和宽度。齿冠最小厚度取 2 m，但不小于 10 mm。当蜗轮直径较大时，可采用螺栓联接，最好采用受剪螺栓（铰制孔）联接。

例 8.3 设计离心泵传动装置的圆弧齿圆柱蜗杆减速器。已知：输入功率 $P_1 = 53$ kW，转速 $n_1 = 1\ 000$ r/min，传动比 $i = 10$，载荷平稳，每天连续工作 8 h，要求工作寿命为 5 年。

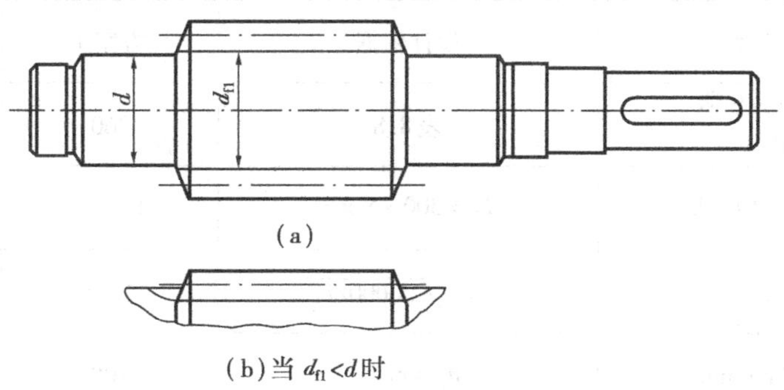

(a)

(b)当 $d_{f1}<d$ 时

图 8.14　蜗杆结构

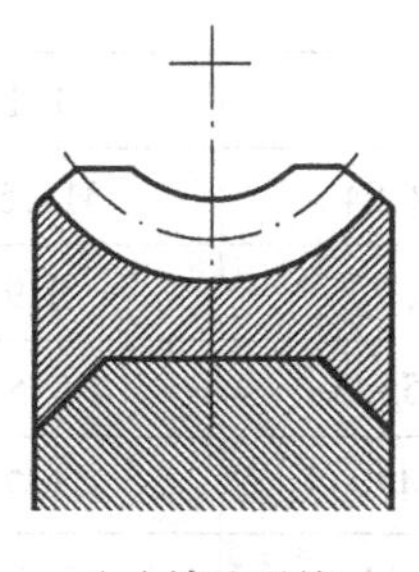

(a)铸造联接

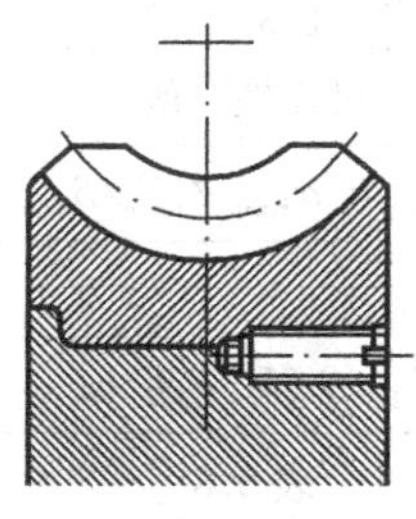

(b)过盈配合联接

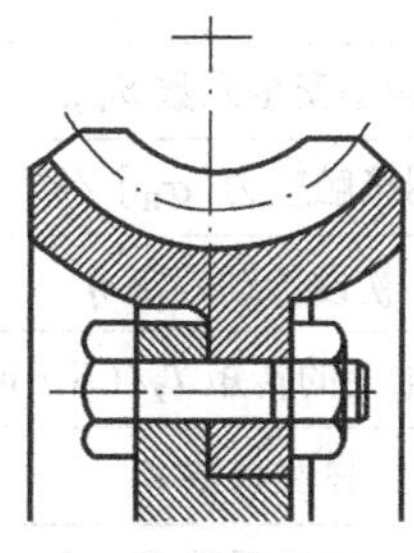

(c)受剪螺栓联接

图 8.15　组合蜗轮

解　1)选择蜗杆、蜗轮材料、热处理方式和精度等级

本着可靠、实用和经济的原则,根据离心泵传动装置传递动率较大、速度较高的工作情况,为了避免传动尺寸过大,选择较好的蜗杆、蜗轮材料。本例选择蜗杆材料为 40Cr 钢,表面淬火(HRC45 ~ 55)后磨削,蜗轮轮缘材料为 ZCuSn10P1 青铜,砂模铸造(方案 1)。还可采用另一方案,蜗杆、蜗轮的材料不变,但将蜗轮轮缘的铸造方式改为离心铸造(方案 2)。

精度的选择对蜗杆传动的性能、成本等有很大的影响,应慎重考虑。精度选择也可以有多种方案,本例根据给定的工作情况,选取 8 级精度(GB/T 10085—88)。

2)设计计算

以上两种方案的计算结果如表 8.13 所示。

根据计算结果,还要进行蜗杆、蜗轮的结构设计,并画工作图(略)。

3)设计结果分析

比较两个方案可知,从传动尺寸来看,方案 2 比方案 1 要小,选用方案 2 尺寸比较紧凑。从经济性能来看,若生产批量大,也是选用方案 2 为好,离心铸造的费用虽然较高,但由于蜗轮较小,大批量生产时能节约大量贵重金属,其生产的总成本可能较低;若生产批量小,由于砂模铸造费用较低,以选用方案 1 为宜。由此可见,设计方案不是唯一的。应该提出几个方案,进行综合的技术经济分析,从中选取最佳方案。

表 8.13 圆弧齿圆柱蜗杆传动的计算结果

设计计算项目	设计依据	方案1	方案2
蜗轮接触疲劳极限 σ_{Hlim}/MPa	表 8.8	260	420
蜗轮工作小时 L_h/h	$L_h = 300 \times 8 \times 5$	12 000	12 000
蜗轮寿命系数 Z_h	$Z_h = \sqrt[6]{25\,000/L_h}$	1.13	1.13
蜗轮转速 n_2/(r · min^{-1})	$n_2 = n_1/i$	100	100
转速系数 Z_n	$Z_n = \left[\frac{n_2}{8}+1\right]^{-\frac{1}{8}}$	0.722	0.722
最小安全系数 S_{Hlim}	可靠性一般	1.1	1.1
许用接触应力$[\sigma_H]$/MPa	$[\sigma_H] = \sigma_{Hmin} Z_h Z_n / S_{Hlim}$	192.84	311.51
初设传动效率 η		0.9	0.9
蜗轮轴上的转矩 T_2/(N · m)	$T_2 = 9\,550\,P_1\eta/n_2$	4 555.3	4 555.3
弹性系数 Z_E	表 8.8	147	147
接触系数 Z_ρ	设 $d_1/a = 0.42$ 查图 8.11	2.42	2.42
使用系数 K_A	表 7.6	1	1
计算中心距 a/mm	$a = 10\sqrt[3]{T_2K_A(Z_\rho Z_E/[\sigma_H])^2}$	249.3	181.1
实取中心距 a/mm	表 8.7	250	200
蜗杆头数 z_1	表 8.7	3	3
蜗轮齿数 z_2	表 8.7	31	31
模数 m/mm	表 8.7	12.5	10
蜗杆分度圆直径 d_1/mm	表 8.7	105	82
蜗轮变位系数 x_2	表 8.7	0.3	0.4
比值 d_1/a		0.42,与假设同	0.41,与假设同
蜗杆速度 v_1/(m · s^{-1})	$v_1 = n_1\pi d_1/60\,000$	5.497	4.293
蜗杆齿顶圆直径 d_{a1}/mm	$d_{a1} = d_1 + 2m$	130	102
蜗杆齿根圆直径 d_{f1}/mm	$d_{f1} = d_1 - 2 \times 1.16m$	72.25	58.8
直径系数 q	$q = d_1/m$	8.4	8.2
导程角 γ/(°)	$\gamma = \arctan z_1/q$	21°51′15″	22°19′41″
蜗杆螺纹部分长度 b_1/mm	$b_1 = 2.5m\sqrt{z_2+2+2x_2}$	181.44	145.34
蜗轮分度圆直径 d_2/mm	$d_2 = m\,z_2$	387.5	310
蜗轮喉圆直径 d_{a2}/mm	$d_{a2} = d_2 + 2m(1 + x_2)$	420	388

续表

设计计算项目	设计依据	方案1	方案2
蜗轮齿根圆直径 d_{f2}/mm	$d_{f2}=d_2-2m(1.16-x_2)$	336	294.8
蜗轮顶圆直径 d_{e2}/mm	$d_{e2}=d_{a2}+2\times0.5m$	400	348
蜗轮轮缘宽 B/mm	$B=0.45(d_1+6m)$	81	64

8.9 环面蜗杆传动

环面蜗杆传动的主要特征是蜗杆部分地包围蜗轮,蜗杆体是一个由凹圆弧为母线所形成的回转体。环面蜗杆传动一般可分为两大类:直廓环面蜗杆传动(见图8.16)和平面包络环面蜗杆传动(见图8.17)。

8.9.1 直廓环面蜗杆传动(TSL型)

直廓环面蜗杆的齿面形成原理如图8.16(a)所示,与直径为 d_0 的成形圆相切的母线车刀,以 ω_2 绕蜗轮中心 O_2 回转,同时,蜗杆毛坯以 ω_1 回转,并使 ω_1 与 ω_2 之比为定值,这时刀刃的轨迹即为这种蜗杆的螺旋齿面。直廓环面蜗杆传动的特点是:蜗杆和蜗轮的外形都是环面回转体,可以相互包容,实现多齿接触和双接触线接触,接触面积大;接触线与相对滑动速度方向之间的夹角接近90°(见图8.16(b)),易于形成油膜润滑,传动效率高;齿面综合曲率半径也大,其承载能力为普通圆柱蜗杆传动的2~4倍,应用较广泛。其缺点是工艺复杂,蜗杆齿面为不可展曲面,难以精确磨削。

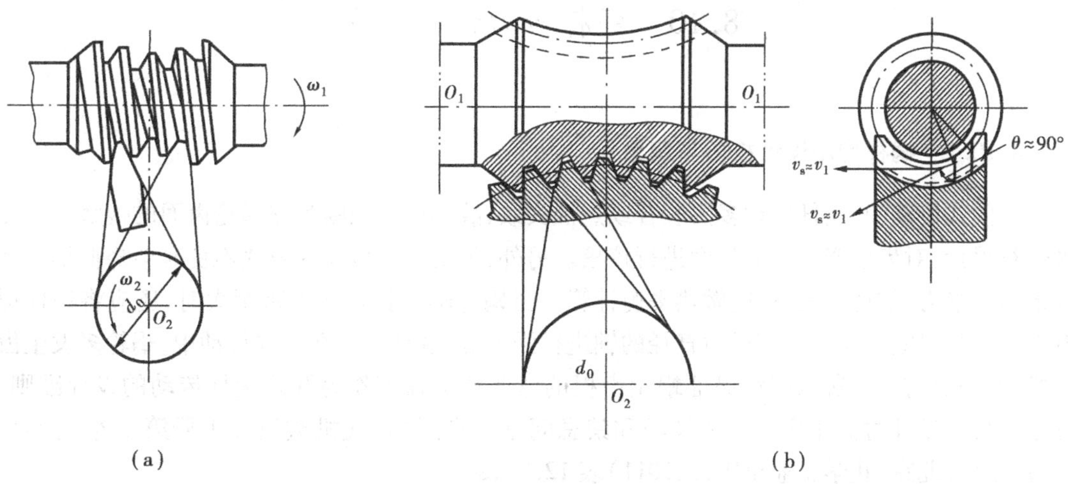

图8.16 直廓环面蜗杆传动

8.9.2 平面包络环面蜗杆传动

平面包络环面蜗杆传动中,蜗杆齿面是用盘状铣刀或平面砂轮在专用机床上,按包络原理加工的螺旋面。此种环面蜗杆与平面齿蜗轮(即斜平面齿齿轮,其齿形为梯形直线齿廓)组成的传动,称平面一次包络环面蜗杆传动(见图 8.17(a))。若用上述蜗杆螺旋面为母面的滚刀,再按包络原理加工出蜗轮齿面,以此蜗轮与上述蜗杆组成的传动,称平面二次包络环面蜗杆传动(见图 8.17(b))。这种蜗杆齿面可淬硬磨削,加工精度高,传动效率高,承载能力与 TSL 型相当,应用日益广泛。

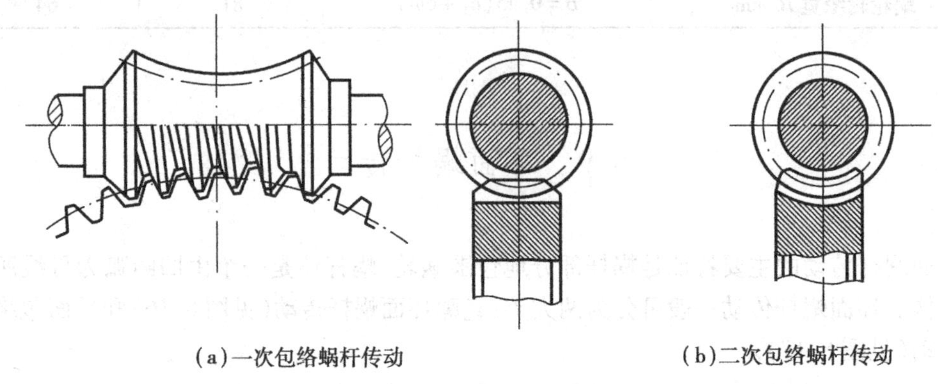

(a)一次包络蜗杆传动　　(b)二次包络蜗杆传动

图 8.17　平面包络环面蜗杆传动

8.9.3　锥面包络环面蜗杆传动

锥面包络环面蜗杆传动中,蜗杆齿面是用锥面砂轮在专用机床上,按包络原理加工出螺旋齿面。若用以此螺旋面为母面的滚刀,再按包络原理加工出蜗轮齿面,以此蜗轮与上述的蜗杆所组成的传动,称锥面二次包络环面蜗杆传动。这种蜗杆齿面可以淬硬磨削,加工精度高,传动效率高。其承载能力与平面二次包络环面蜗杆传动相当,但更适合于多头小传动比。

8.10　蜗杆传动设计禁忌

8.10.1　蜗杆传动设计技巧与禁忌

在闭式传动中,蜗杆传动多因胶合或点蚀失效,故其设计准则为按蜗轮齿面的接触疲劳强度进行设计,对齿根弯曲疲劳强度进行校核。另外,闭式蜗杆传动的散热不良时会降低蜗杆传动的承载能力,加速失效,故应做热平衡计算。当蜗杆轴细长且支承跨距大时,还应将蜗杆螺旋部分看作以蜗杆齿根圆直径为直径的轴进行强度、刚度计算。在开式传动中,蜗轮多发生齿面磨损和轮齿折断,所以应将保证蜗轮齿根的弯曲疲劳强度作为开式蜗杆传动的设计准则。在蜗杆传动设计时应注意的有关技巧和禁忌问题可查阅《现代机械设计手册第二卷》(秦大同,谢里阳. 北京:化学工业出版社,2011)表 12.2.18。

8.10.2　蜗杆传动的润滑及散热技巧与禁忌

蜗杆传动由于效率低,因此,工作时发热严重。尤其在闭式传动中,如果箱体散热不良,润滑油的温度过高将降低润滑的效果,从而增大摩擦损失,甚至发生胶合。为了使油温保持在允许范围内,防止胶合的发生,除了必须进行热平衡的计算,还应注意润滑及散热中的技巧与禁忌问题。可查阅《现代机械设计手册第二卷》(秦大同,谢里阳.北京:化学工业出版社,2011)表12.2.19。

8.11　蜗杆传动的现状及发展方向

8.11.1　蜗杆传动的现状

近二三十年来,出现了各种新型的蜗杆传动与变态蜗杆传动,研制技术已达到较高水平。现在蜗杆传动已被广泛应用于机械、冶金、矿山、化工、运输、国防等部门。据不完全了解,其技术水平已达到:

蜗杆传动传递的功率	$p=10\ 290$ kW
蜗杆传动输出扭矩	$T_2=70\ 000$ N·m
蜗杆轮齿所承受的法向力	$F_n=800\ 000$ N
蜗杆传动的中心距	$a=2\ 000$ mm 以上
蜗杆转速	$n_1=40\ 000$ r/min
蜗杆圆周速度	$v_1=69$ m/s
蜗杆传动效率	$\eta=98\%$

8.11.2　改善蜗杆传动质量的途径与措施

(1)改善瞬时接触线的形状,增大齿面的综合曲率半径

近年出现的各种新型蜗杆传动及变态蜗杆传动,都是朝着这一方面努力的结果。将普通圆柱蜗杆传动发展成圆弧齿圆柱蜗杆传动,就大大地增大了齿面接触点处的综合曲率半径。由于普通圆柱蜗杆传动的共轭齿面为凸面与凸面相接触,综合曲率半径较小,而圆弧齿圆柱蜗杆传动的共轭齿面为凹面(蜗杆)与凸面(蜗轮)相接触,故具有较大的综合曲率半径。这对于动压油膜的形成和降低齿面的接触应力,都起着良好的作用。

同时,普通圆柱蜗杆传动在接触线上各点处的Ω角(接触线和相对运动速度之间的夹角),一般为0°~20°,且只占整个啮合区面积的45%~50%。而圆弧齿圆柱蜗杆传动在接触线上各点处的Ω角,都为40°~75°,并占整个啮合区的60%左右;又因为是凸凹面接触,有利于动压油膜的形成。故与普通圆柱蜗杆传动相比,圆弧齿圆柱蜗杆传动的承载能力可提高50%~150%,效率提高5%~10%。

(2)在共轭齿面作出"人工油涵",为连续充分供油创造条件

如图8.4所示,要使两个做相对滑动的承载物体的表面间能形成动压油膜,必须具有充分的油楔空间。渐开线齿轮传动的齿形本身就具备良好的油楔条件,而蜗杆传动是类似于螺旋与螺母的传动,它只能顺着螺旋面的回转方向将润滑油带入蜗杆与蜗轮的齿面间,而不具备油楔空间。为此,常在啮入侧作出人工油涵,使共轭齿面具备形成动压油膜的条件。

(3)重视正式使用前的低速轻载跑合

任何类型的蜗杆传动在正式使用(出厂)前,都必须经过跑合工序。从理论上说,只要采用对偶法加工蜗轮轮齿,就可以保证蜗杆与蜗轮的齿面是共轭的。其实不然,由于蜗轮滚刀和蜗杆的几何尺寸之间以及加工时各运动参数之间,都难免有误差,因而使蜗杆与蜗轮的齿面很难达到完全共轭。另外从微观来看,包络面也是有限刀痕的集合体,所以共轭表面也是不光滑的。特别是当蜗杆齿面没有经过磨削,蜗轮齿面没有经过精加工时,共轭表面更为粗糙。要使共轭表面匹配良好,蜗杆传动在安装好之后,必须经过跑合,才能正式使用。

跑合实质上是用硬化的蜗杆齿面对蜗轮齿面重新做展成运动,是获得共轭齿面的最后手段。试验证明,经跑合后的蜗杆传动的抗胶合能力要比未经跑合的高出 10 倍。

思考题

8.1　蜗杆传动有何特点?什么情况下宜采用蜗杆传动?

8.2　蜗杆传动有哪些类型?

8.3　何谓轨迹面蜗杆?何谓包络面蜗杆?各有何优缺点?

8.4　普通圆柱蜗杆传动是哪几种蜗杆传动的统称?

8.5　影响蜗杆传动质量的主要因素有哪些?

8.6　改善蜗杆传动质量的途径与措施有哪些?

8.7　蜗杆传动的正确啮合条件是什么?

8.8　为什么要将蜗杆分度圆直径标准化?

8.9　变位蜗杆传动的两个主要目的是什么?在传动中是蜗杆变位还是蜗轮变位?

8.10　蜗杆传动的主要失效形式是什么?闭式蜗杆传动和开式蜗杆传动的失效形式有何不同?其设计准则又有何不同?

8.11　试述直廓环面蜗杆传动的成形原理。

8.12　试述平面二次包络环面蜗杆传动的成形原理。

8.13　试总结蜗杆传动中蜗杆和蜗轮所受各力大小和方向的确定方法,以及蜗杆和蜗轮转动方向的判定方法。

8.14　蜗杆轴向齿距 p_x、蜗杆导程 p_z 之间,蜗杆头数 z_1、蜗杆直径系数 q 及分度圆导程角 γ 之间,各有什么关系?

习　题

8.1　对于一般传递动力的闭式蜗杆传动,选择蜗轮材料的主要依据是(　　)。

A. 齿面滑动速度 v_s　　B. 蜗杆传动效率 η

C. 配对蜗杆的齿面硬度　　D. 蜗杆传动的载荷大小

8.2　在蜗杆传动的强度计算中,如果蜗轮材料是铝铁青铜或灰铸铁,则其许用接触应力 $[\sigma]_H$ 与(　　)有关。

A. 蜗轮铸造方法　　B. 蜗轮是单向受载还是双向受载

B. 应力循环次数 N　　D. 齿面滑动速度 v_s

8.3　在一个传递动力的蜗杆传动中，如果模数 m 已确定，在选择蜗杆直径系数 q 时取较大的数值是由于(　　)。

A. 为了提高蜗杆传动的啮合效率 η_1　　B. 提高蜗杆的强度和刚度

C. 考虑到蜗杆的转速高　　D. 考虑到传动比大而蜗轮齿数多

8.4　为了提高蜗杆传动的啮合效率 η_1，在良好润滑的条件下，可采用(　　)。

A. 单头蜗杆　　B. 多头蜗杆

C. 较高的转速 n_1　　D. 大直径系数蜗杆

8.5　试分析如图 8.18 所示蜗杆传动中各轴的转动方向，蜗轮轮齿的螺旋方向，以及蜗杆、蜗轮所受各力的方向。

8.6　试验算带式运输机用单级蜗杆减速器中的普通圆柱蜗杆传动。蜗杆轴上的输入功率 $P_1=5.5$ kW，$n_1=960$ r/min，$n_2=65$ r/min，电动机驱动，载荷平衡。每天连续工作 16 h，要求工作寿命为 5 年。蜗杆材料为 45 号钢，表面淬(HRC45 ~ 50)，蜗轮材料为 ZCuSn10P1 青铜，砂模铸造。$z_1=2$，$z_2=30$，$m=10$ mm，$a=206$ mm。

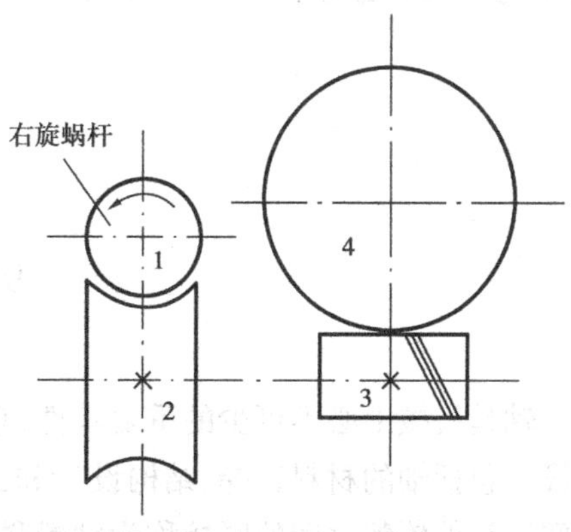

图 8.18

1,3—蜗杆；2,4—蜗轮

8.7　设计一起重设备的阿基米德蜗杆传动，载荷有中等冲击。蜗杆轴由电动机驱动，传递功率 $P_1=10$ kW，$n_1=1\,470$ r/min，$n_2=120$ r/min，间歇工作，每天工作 2 h，要求工作寿命为 10 年。

8.8　试设计用于升降机的蜗杆减速器中的圆弧齿圆柱蜗杆传动。由电动机驱动，工作有轻微冲击。已知：$P_1=7.5$ kW，$n_1=1\,440$ r/min，$n_2=72$ r/min，单向运转，每天工作两班，连续工作，要求工作寿命为 5 年。

第 9 章

轴及轴毂联接

9.1 概　述

轴是机械中必不可少的重要零件,它用来支承做回转运动的零件并传递运动和动力。轴的设计包括轴的材料选择、结构设计和工作能力(强度、刚度和振动稳定性)计算等。轴与轴上回转零件轮毂之间的联接称为轴毂联接。

9.1.1　轴的分类

根据轴是否具有良好的挠性,将其分为软轴和刚性轴。常见的软轴是由多组钢丝分层卷绕在一起组成,称为钢丝软轴(见图9.1)。软轴可以把回转运动和动力灵活地传到任何位置,具有缓和冲击的作用,常用于连续振动的场合。刚性轴根据轴线形状的不同,分为曲轴(见图9.2)和直轴两种。曲轴常用于往复式运动的机械中;直轴根据外形的不同,分为光轴(见图9.3中的轴)和阶梯轴(见图9.5中的轴)。本章主要讨论直轴。

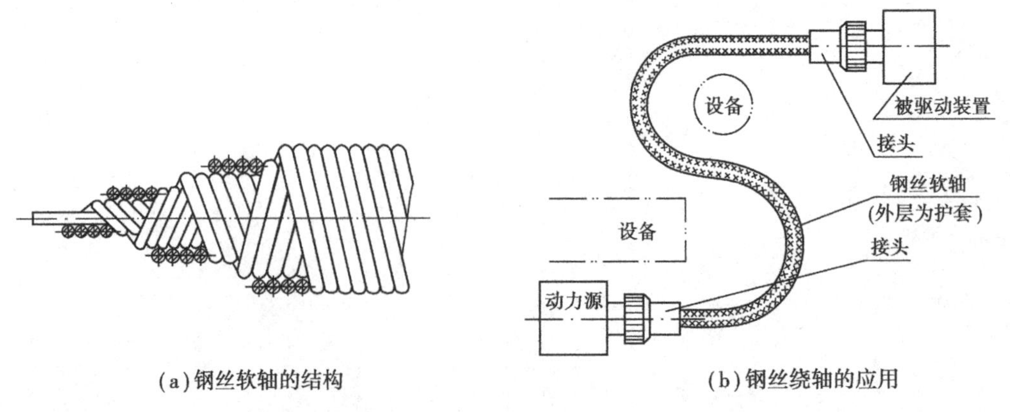

(a)钢丝软轴的结构　　(b)钢丝绕轴的应用

图9.1　钢丝软轴

根据承受载荷的不同,直轴又可分为心轴、传动轴和转轴3类。

①心轴。只承受弯矩,不承受转矩的轴。根据工作时心轴是否运动,又可分为转动心轴(见图9.3(a))和固定心轴(见图9.3(b))。

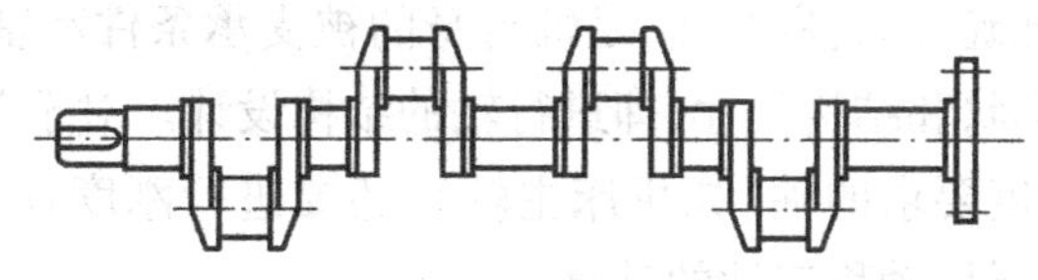

图9.2　曲轴

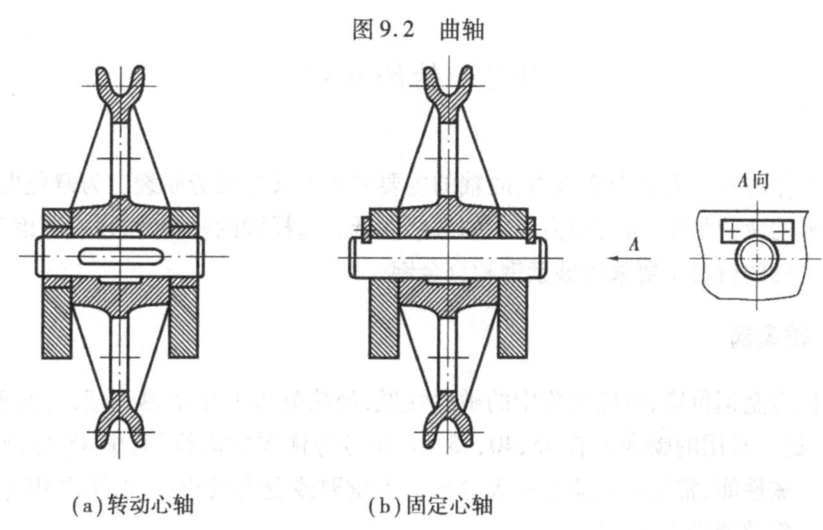

图9.3　支撑滑轮的心轴

②传动轴。只承受转矩而不承受弯矩(或弯矩很小)的轴。如图9.4所示为汽车的传动轴,其作用是将运动和动力从变速箱传到后桥,该轴只承受转矩。

③转轴。同时承受弯矩和转矩的轴。如图9.5所示,运动和动力由联轴器(图中未画出)输入,经过轴传到齿轮。工作时,轴既承受由齿轮所产生的弯矩作用,也承受传递转矩的作用。

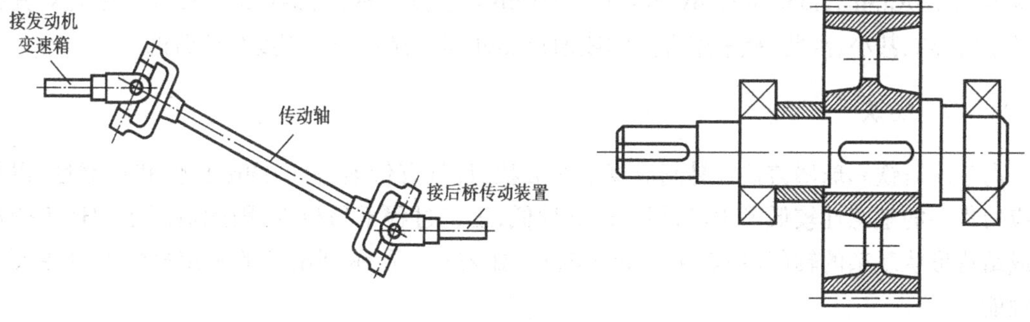

图9.4　汽车的传动轴

图9.5　支承齿轮的转轴

9.1.2 轴的设计内容

轴的设计和其他零件的设计类似,包括结构设计和工作能力计算两方面内容。为了保证安装在轴上的零件定位准确、固定良好、满足轴自身的被支承条件和轴的加工装配要求,必须合理地定出轴各部分的形状和结构尺寸,即进行轴的结构设计。对于载荷较大的轴,一般需进行强度计算;对于具有刚度要求的轴(如机床主轴),还要进行刚度计算;对于高速转动的轴,为了避免共振,还必须进行振动稳定性的计算。

9.2 轴的材料

由于轴工作时的应力多为变应力,故轴的主要失效形式为疲劳断裂。为避免失效,轴的材料应具有足够的疲劳强度,且对应力集中的敏感性低。选择轴的材料时,还应考虑工艺性和经济性等因素。轴的材料主要采用碳素钢和合金钢。

9.2.1 碳素钢

碳素钢比合金钢价廉,对应力集中的敏感性低,经热处理或化学热处理,可改善其机械性能,故应用广泛。常用的碳素钢有35,40,45和50号等优质中碳钢,其中45号钢应用最多。为了提高其机械性能,常进行调质或正火处理。不重要或受力较小的轴,可采用Q215,Q235,Q255和Q275等普通碳素结构钢。

9.2.2 合金钢

合金钢比碳素钢具有更好的力学性能和热处理性能,但对应力集中较敏感,且价格较贵,主要用于传递较大动力并要求减轻质量和提高轴颈耐磨性(对于轴上有零件做相对滑动的轴,也要求有良好的耐磨性)的轴,以及在高温或低温条件下工作的轴。常用的合金钢有20Cr,40Cr,20CrMnTi,35SiMn,38CrMoA1A,40MnB等。应当注意,钢材的种类和热处理对其弹性模量的影响甚小,因此,欲采用合金钢或通过热处理来提高轴的刚度是徒劳的。

9.2.3 铸铁

高强度铸铁和球墨铸铁容易制成复杂的形状,且具有价廉、良好的吸振性和耐磨性,以及对应力集中的敏感性较低等优点,但冲击韧性低,工艺过程不易控制,因此适用于制造不受冲击或结构形状复杂的轴(如内燃机中的曲轴)。如表9.1所示列出轴的常用材料及其主要力学性能。

表 9.1　轴的常用材料及其主要力学性能

材料牌号	热处理	毛坯直径 /mm	硬度 HBS	σ_B	σ_s	σ_{-1}	τ_{-1}	$[\sigma_{+1}]_b$	$[\sigma_0]_b$	$[\sigma_{-1}]_b$	用　途
				/MPa							
Q235-A				430	235	175	100	130	70	40	用于不重要或载荷不大的轴
Q275				570	275	220	130	150	72	42	
35	正火	25	≤187	530	315	225	132				有好的塑性及适当的强度，可用于制作曲轴
	正火	≤100	143～187	510	265	210	121	167	74	44	
	回火	>100～300		490	255	201	116				
	调质	≤100	163～207	550	294	227	131	177	83	49	
		>100～300	149～207	530	275	217	126				
45	正火	25	≤241	600	355	257	148				应用最广
	正火	≤100	170～217	588	294	238	138	196	93	54	
	回火	>100～300	162～217	570	285	230	133				
	调质	≤200	217～255	637	353	268	155	216	98	59	
40Cr	调质	25		980	785	477	275				用于载荷较大，尺寸较大的重要轴或齿轮轴
		≤100	241～286	736	539	327	199	245	118	69	
		>100～300		686	490	317	183				
		>300～500	229～269	640	440	290	167	235	90	53	
		>500～800	217～255	588	343	245	142				
35SiMn (42SiMn)	调质	25		885	735	450	260				性能近于40Cr，用于中小型轴、齿轮轴
		≤100	229～286	785	510	350	202	245	118	69	
		>100～300	219～269	740	440	320	185				
		>300～500	196～255	650	380	275	160	235	90	53	
40MnB	调质	25		785	540	365	210	245	118	69	性能近于40Cr。用于重要的轴
		≤200	241～286	736	490	331	191				
40CrNi	调质	25	300～320	980	785	475	275				用于很重要的轴
		≤100	270～300	900	735	420	243	275	125	74	
		>100～300	240～270	785	570	372	215				
35CrMo	调质	25		980	835	490	280				性能近于40CrNi，用于重载荷的轴或齿轮轴
		≤100		735	540	343	195				
		>100～300	207～269	685	490	314	180	245	118	69	
		>300～500		637	440	289	167				
QT400-15			156～197	400	300	145	125	64	34	25	用于结构形状复杂的轴
QT600-2			197～269	600	420	215	185	96	52	37	

9.3 轴的结构设计

轴主要由轴颈、轴头、轴身3部分组成(见图9.6),轴自身被支承的部分称轴颈,安装轮毂的部分称轴头,联接轴颈和轴头的部分称轴身。轴颈和轴头的直径应按规范圆整或取标准值,轴身的形状和尺寸主要根据轴颈和轴头的结构和尺寸决定。

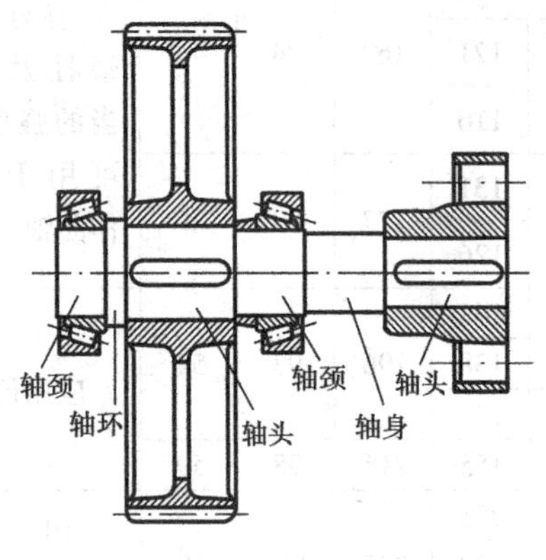

图9.6 轴的组成

所谓轴的结构设计,就是根据工作条件,确定轴的外形、结构和全部尺寸。由于影响轴结构的因素很多,因此,轴没有标准的结构形式,设计时要针对具体情况(如轴上零件的类型、结构和数量等),确定轴的合理结构。不论何种具体条件,一般来说,轴的结构都应满足下列要求:轴和装在轴上的零件要有准确的工作位置;轴受力合理,有利于提高其强度和刚度;具有良好的工艺性;便于装拆和调整;节省材料,减轻质量。

下面讨论轴的结构设计中要解决的几个主要问题。

9.3.1 拟定轴上零件的装配方案

拟定轴上零件的装配方案是进行轴的结构设计的前提,它决定着轴的基本形式。所谓装配方案,就是预定出轴上主要零件的装配方向、顺序和相互关系。如图9.7(a)所示中的装配方案为齿轮、套筒、左端轴承、左端轴承端盖(透盖)、半联轴器依次从轴的左端向右安装,右端只装右端轴承及其端盖(闷盖)。装配方案确定后,就可对各轴段的粗细顺序作出初步安排。一般应考虑几种装配方案,进行分析比较,选择较好的装配方案。如图9.7(b)所示为另一种装配方案。两种装配方案的轴具有不同的结构。比较图9.7(a)、图9.7(b)两种装配方案,图9.7(b)方案较图9.7(a)方案多用了一个轴向定位长套筒,使轴系零件数增多,质量增大,因此图9.7(a)的装配方案较为合理。

9.3.2 初步确定各轴段的直径和长度

确定轴的直径时,往往不知道支反力的作用点,不能确定弯矩的大小和分布情况,因而还不能按轴所受的实际载荷来确定直径。这时,通常先根据轴所传递的转矩,按扭转强度来初步估算轴的直径,其方法如下:

设作用在轴上的最大转矩为T,其扭转强度条件为

$$\tau_{\mathrm{T}} = \frac{T}{W_{\mathrm{T}}} \approx \frac{9.55 \times 10^6 \dfrac{P}{n}}{0.2d^3} \approx [\tau_{\mathrm{T}}] \tag{9.1}$$

式中 τ_{T}——扭转切应力,MPa;

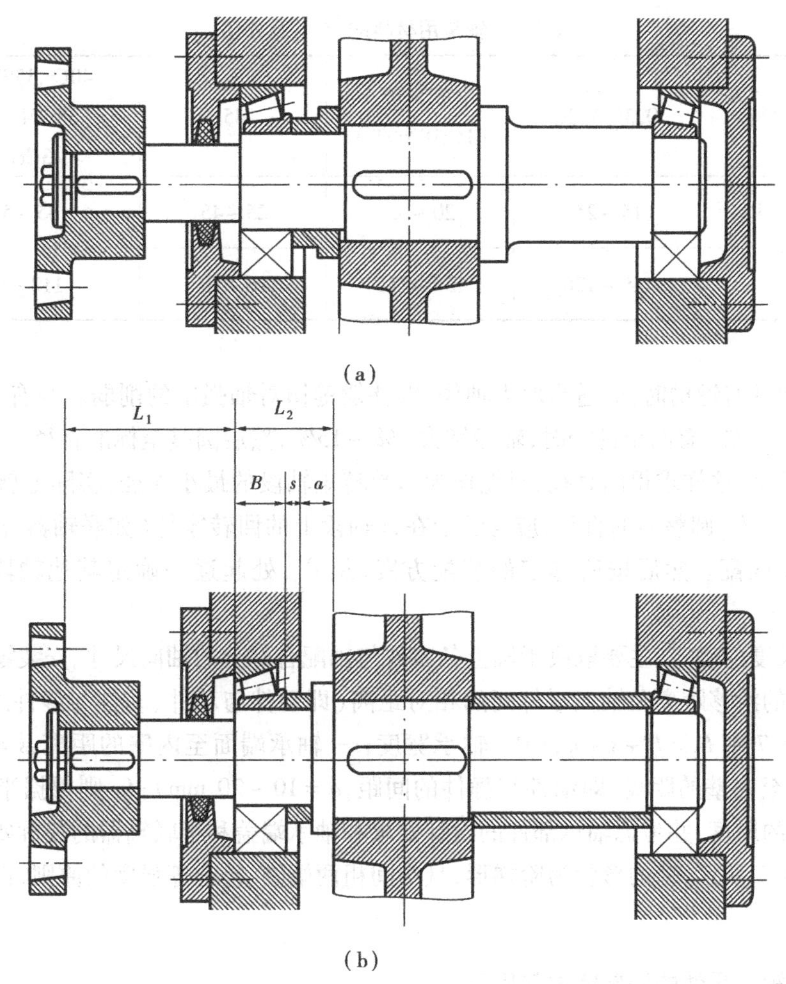

图9.7　输出轴的两种结构方案

T——传递的转矩，N·mm；

W_T——抗扭截面系数，mm^3，对实心轴 $W_T=\frac{\pi d^3}{16}\approx 0.2d^3$；

P——轴所传递的功率，kW；

d——轴的直径，mm；

$[\tau_T]$——轴材料的许用扭转切应力，MPa。

由式(9.1)进一步可得轴径的设计公式为

$$d \geqslant \sqrt[3]{\frac{9.55\times10^6}{0.2[\tau_T]}}\cdot\sqrt[3]{\frac{P}{n}}=A\cdot\sqrt[3]{\frac{P}{n}} \tag{9.2}$$

式中，$A=\sqrt[3]{\frac{9.55\times10^6}{0.2[\tau_T]}}$，$A$ 值如表9.2所示。

表9.2 轴常用材料的$[\tau_T]$及A值

轴的材料	Q235-A,20	Q275,35 (1Cr18Ni9Ti)	45	40Cr,35SiMn, 38SiMnMo, 3Cr13
$[\tau_T]$/MPa	15~25	20~35	25~45	35~55
A	149~126	135~112	126~103	112~97

当轴段上开有键槽时,应适当增大轴径,以补偿键槽对轴强度的削弱。当有一个键槽时,轴径增大3%~7%;有两个键槽时,轴径增大7%~15%,然后圆整至标准直径。

需注意的是,这样求得的直径,只能作为承受转矩轴段的最小直径,实际上就是整根轴的最小直径d_{min}。d_{min}圆整后的直径,应与装配在该轴段上的回转零件(如联轴器、滚动轴承等)的标准孔径相匹配。然后按所选定的装配方案,从d_{min}处起逐一确定其他轴段的直径(见图9.7)。

轴各段长度的确定,主要取决于轴上各零件与轴配合部分的轴向尺寸、安装零件的调整间隙、轴上零件的滑移距离及轴上零件间的相对距离(即动件与动件、动件与静件之间的距离)等因素。图9.7中$L_2=B+s+a$,(B—轴承宽度;s—轴承端面至内壁的距离,$s=5\sim10$ mm;a—齿轮端面至内壁的距离,即动件与静件的间距,$a=10\sim20$ mm);L_1则根据半联轴器的毂长、轴承端盖的厚度,并考虑轴承部件的设计要求和轴承端盖和半联轴器的装拆要求等因素来确定。如图9.7所示,轴的形状为阶梯形,且中间粗两端细,符合等强度的原则,也便于轴上零件的安装与拆卸。

9.3.3 轴上零件的轴向定位与固定

轴上零件常用轴肩或轴环实现轴向定位,用锁紧挡圈、套筒、圆螺母和止动垫圈、弹性挡圈、轴端挡圈或双螺母来实现轴向固定。常见轴上零件的轴向定位和固定方法如表9.3所示。

值得注意的是,只有在轴向定位和固定方法确定后,各轴段的直径和长度才能最终确定。与标准件相配合的轴径应采用相应的标准值。如与滚动轴承、联轴器相配合的轴段,其轴径尺寸应符合两者的公称内径尺寸。在确定各轴段长度时,应保证零件在轴上的固定可靠。如与轮毂(如齿轮、带轮的轮毂)配合的轴段长度应略短于轮毂长度,一般短1~2 mm(见图9.7)。当轴上零件以轴肩实现轴向定位时,轴肩高度h通常取$h=(0.07\sim0.1)d$(d为轴的直径)。非定位轴肩高度h无严格规定,一般取$h=1\sim2$ mm。在实际设计中,轴的直径与长度也可凭设计者的经验取定,或参考同类机器用类比的方法确定。

表9.3　轴上零件的轴向定位和固定方法

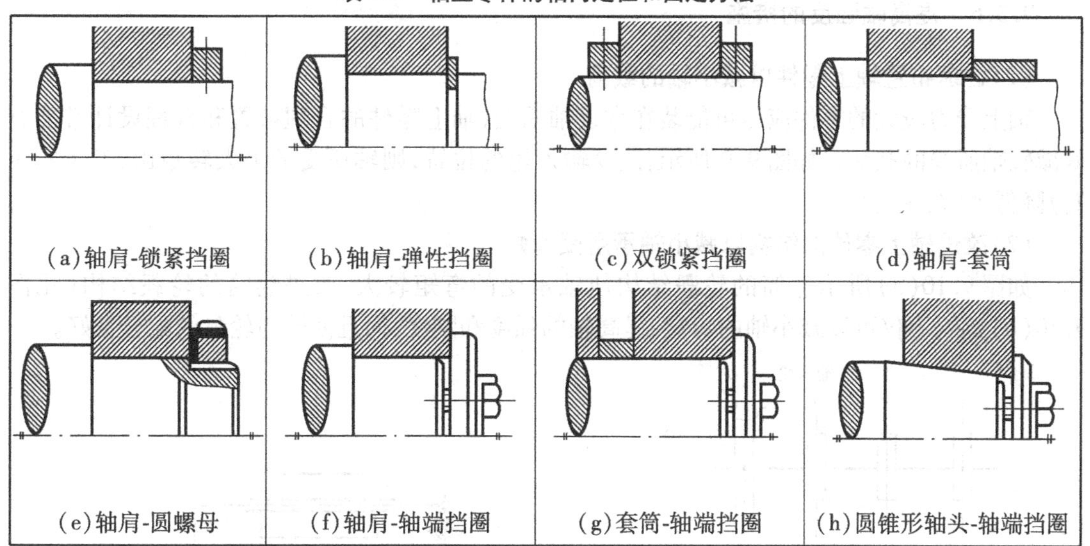

(a)轴肩-锁紧挡圈　(b)轴肩-弹性挡圈　(c)双锁紧挡圈　(d)轴肩-套筒

(e)轴肩-圆螺母　(f)轴肩-轴端挡圈　(g)套筒-轴端挡圈　(h)圆锥形轴头-轴端挡圈

9.3.4　轴上零件的周向固定

轴上零件的周向固定方法有键、花键、销、紧定螺钉、过盈配合和型面联接等。选取周向固定方法时，应根据载荷的大小和性质、轮毂与轴的对中性要求和重要程度等因素来决定。例如，齿轮与轴的周向固定一般采用平键联接；在重载、冲击或振动情况下，可用过盈配合与平键联接组合；在传递较大转矩，且轴上零件需做轴向移动或对中性要求较高时，可采用花键联接；轻载或不重要的情况下，可采用销联接或紧定螺钉联接等。

9.3.5　轴的结构工艺性

轴的结构设计，应保证方便加工和装配。为了加工方便，同一轴上有几个键槽时，键槽应开在同一条母线上，并且键槽尺寸也应尽可能一致，这样可减少加工的辅助时间。轴的加工精度和表面粗糙度选择要适当，不必要的提高将增加制造成本。当轴需要磨削或切制螺纹时，应留有砂轮越程槽（见图9.8(a)）或退刀槽（见图9.8(b)），其尺寸按有关标准选取。为避免轴上棱边划伤配合零件的配合表面，轴端应倒角。为便于轴上零件的装配，轴应设计成阶梯形，对于有过盈联接的轴段，常制作出导向圆锥面（见图9.8(c)）。

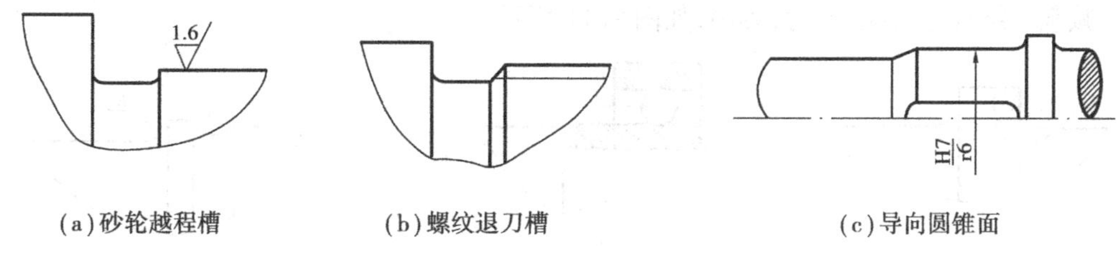

(a)砂轮越程槽　(b)螺纹退刀槽　(c)导向圆锥面

图9.8　越程槽、退刀槽、导向圆锥面

9.3.6 提高轴强度的措施

(1)合理布置轴上零件以减小轴的载荷

轴上受力较大的零件应尽可能装在靠近轴承处;轴上零件的合理布置和合理设计常能有效减轻轴所受的载荷。如图9.9所示,改变输入轮的位置,则轴所受的最大转矩由$(T_2+T_3+T_4)$降低到(T_3+T_4)。

(2)改进轴上零件的结构以减小轴承所受弯矩

如图9.10(a)所示卷筒的轮毂结构使轴承受的弯矩较大,改进卷筒的轮毂结构(见图9.10(b))后,不仅可以减小轴的弯矩,提高轴的强度和刚度,而且使轴与轮毂的配合良好。

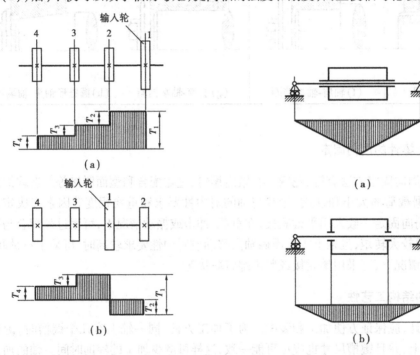

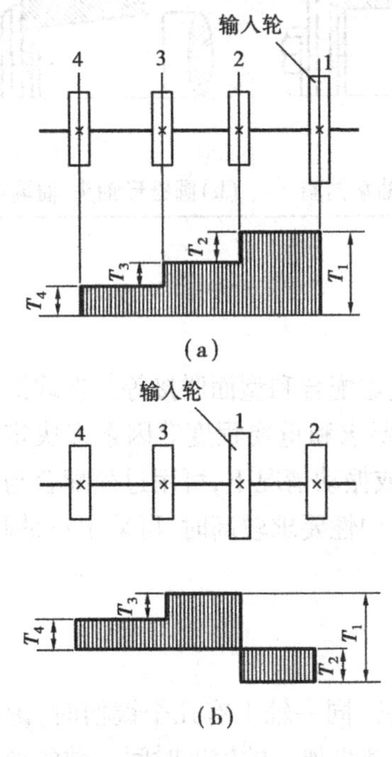

图9.9 轴上零件的合理布置

(a)

(b)

图9.10 卷筒的轮毂结构

(3)改进轴的结构以减小应力集中的影响

为了减少直径突变处的应力集中,提高轴的疲劳强度,应适当增加轴肩处的圆角半径r,但应保证零件在轴肩处定位可靠。加大圆角半径r常受到限制,这时可以采用凹切圆角或中间环,减载槽结构也可减少应力集中,如图9.11所示。

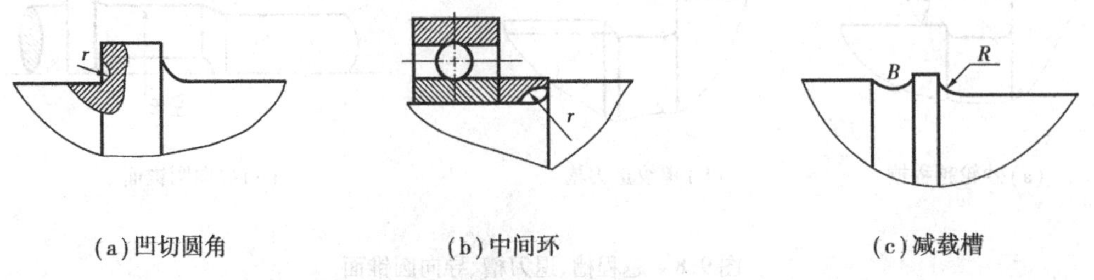

(a)凹切圆角　　(b)中间环　　(c)减载槽

图9.11 减轻轴肩处应力集中地结构

(4)改进轴的表面质量以提高轴的疲劳强度

轴的表面由于加工、装配及其他原因,容易产生刀痕、划伤等微细裂纹,从而引起应力集中,同时轴表面总是处于弯曲和扭转的最大应力区。因此,消除或减小这种应力集中,能明显提高轴的疲劳强度。提高疲劳强度的方法有减小轴表面的粗糙度值;对轴的表面进行滚压、喷丸等强化处理。

9.4　轴的强度计算

轴的计算通常都是在初步完成结构设计后进行的校核计算,其计算准则是满足轴的强度或刚度要求,必要时还应校核轴的振动稳定性。

进行轴的强度计算时,应根据轴的受载及应力的具体情况,采取相应的计算方法,选取相应的许用应力。其计算准则为对于仅(或主要)承受转矩的轴(传动轴),应按扭转强度条件计算;对于仅承受弯矩的轴(心轴),应按弯曲强度条件计算;对于既承受弯矩又承受转矩的轴(转轴),应按弯扭合成强度条件计算,必要时还应按疲劳强度条件进行精确校核。

9.4.1　按弯扭合成强度条件计算

通过轴的结构设计,轴的主要结构尺寸、轴上零件的位置以及外载荷和支反力的作用位置都已确定,轴上的弯矩和转矩可以求出,因而可按弯扭合成强度条件对轴进行校核计算。以减速器中的输出轴为例,计算步骤简述如下:

①作出轴的计算简图(即力学模型),标出作用力的大小、方向及作用点的位置(见图9.12(a))。

②选取坐标系,将作用在轴上的各力分解为水平分力和垂直分力,并求其支反力;绘制水平面及垂直面内的弯矩图(见图9.12(b)、图9.12(c))。

③计算合成弯矩 $M = \sqrt{M_H^2 + M_V^2}$,并绘制合成弯矩图(见图9.12(d))。

④绘制转矩图(见图9.12(e))。

⑤绘制计算弯矩图。根据已作出的合成弯矩图和扭矩图,求出计算弯矩 $M_{ca} = \sqrt{M^2 + (\alpha T)^2}$,并绘制计算弯矩图(见图9.12(f))。

⑥确定危险截面,校核轴的强度。

对于一般的钢制轴,可按第三强度理论,求危险截面的计算弯曲应力,即

$$\sigma_{ca} = \frac{M_{ca}}{W} = \frac{\sqrt{M^2 + (\alpha T)^2}}{W} \leqslant [\sigma_{-1}]_b \tag{9.3}$$

式中　W——轴的抗弯截面系数,mm^3,计算公式如表9.4所示;

$[\sigma_{-1}]_b$——轴的许用弯曲应力,MPa,其值按表9.1选用;

α——根据转矩性质而定的应力折合系数。

轴向力引起的压应力和弯曲应力相比,一般较小,故忽略不计(但如轴向力过大时,除必须计入外,还应考虑轴的失稳问题)。

对于不变的转矩,取 $\alpha = \frac{[\sigma_{-1}]_b}{[\sigma_{+1}]_b}$;对于脉动循环的转矩,取 $\alpha = \frac{[\sigma_{-1}]_b}{[\sigma_0]_b}$;对于对称循环的转

矩,取 $\alpha=1$。$[\sigma_{-1}]_b$,$[\sigma_{+1}]_b$,$[\sigma_0]_b$ 3 种许用应力查表 9.1。应当说明,所谓不变的转矩,只是理论上的情况,实际上机器运转不可能完全均匀,且有扭转振动存在,故为了安全,常按脉动转矩计算。

表 9.4 抗弯、抗扭截面系数计算公式

截 面	W	W_T	截 面	W	W_T
d	$\frac{\pi d^3}{32}\approx 0.1d^3$	$\frac{\pi d^3}{16}\approx 0.2d^3$	b, t, d	$\frac{\pi d^3}{32}-\frac{bt(d-t)^2}{d}$	$\frac{\pi d^3}{16}-\frac{bt(d-t)^2}{d}$
d, d_1	$\frac{\pi d^3}{32}(1-\beta^4)\approx$ $0.1d^3(1-\beta^4)$ $\beta=\frac{d_1}{d}$	$\frac{\pi d^3}{16}(1-\beta^4)\approx$ $0.2d^3(1-\beta^4)$ $\beta=\frac{d_1}{d}$	d_1, d	$\frac{\pi d^3}{32}\left(1-1.54\frac{d_1}{d}\right)$	$\frac{\pi d^3}{16}\left(1-\frac{d_1}{d}\right)$
b, t, d	$\frac{\pi d^3}{32}-\frac{bt(d-t)^2}{2d}$	$\frac{\pi d^3}{16}-\frac{bt(d-t)^2}{2d}$	b, D, d	$[\pi d^4+(D-d)$ $(D+d)^2zb]/32D$ z—花键齿数	$[\pi d^4+(D-d)$ $(D+d)^2zb]/16D$ z—花键齿数

注:近似计算时,单、双键槽一般可忽略,花键轴截面可视为直径等于平均直径的圆截面。

因为心轴工作时,只承受弯矩而不承转矩,所以在应用式(9.3)时,应取 $T=0$,即 $M_{ca}=M$。转动心轴的弯矩在轴截面上所引起的应力是对称循环变应力;对于固定心轴,考虑启动、停车等的影响,弯矩在轴截面上所引起的应力可视为脉动循环变应力,所以在应用式(9.3)时,其许用应力为$[\sigma_0]$($[\sigma_0]$为脉动循环的许用弯曲应力,$[\sigma_0]\approx 1.7[\sigma_1]$)。

9.4.2 按疲劳强度条件精确校核计算

所谓精确校核计算,是指除考虑各种应力的变化以外,还要计入应力集中、轴的表面质量以及尺寸等因素对轴的疲劳寿命产生的影响。这种校核计算的实质,就是确定变应力作用下轴的安全程度。在已知轴的结构形状、尺寸及载荷的基础上,通过分析,确定一个或几个危险截面进行校核。首先,根据截面上的弯矩和转矩可求出其弯曲应力和扭转切应力,并将其分解为平均应力 σ_m 及 τ_m 和应力幅 σ_a 及 τ_a;然后,分别求出在弯矩作用下的安全系数 S_σ 和在转矩作用下的安全系数 S_τ;最后,求出双向变应力情况下的安全系数。

第 2 章已指出,绝大多数转轴的应力状态,属变应力循环特性 r 保持不变的应力状态,由式(2.18)、式(2.14)和式(2.14(a))可得,只考虑弯矩作用时安全系数为

$$S_\sigma = \frac{\sigma_{-1}}{\dfrac{k_\sigma}{\beta\varepsilon_\sigma}\sigma_a + \varphi_\sigma \sigma_m} \tag{9.4}$$

只考虑转矩作用的安全系数为

$$S_\tau = \frac{\tau_{-1}}{\dfrac{k_\tau}{\beta\varepsilon_\tau}\tau_a + \varphi_\tau \tau_m} \tag{9.5}$$

式中　σ_{-1}——对称循环弯曲疲劳极限，查表 9.1；

τ_{-1}——对称循环扭转疲劳极限，查表 9.1；

k_σ, k_τ——弯曲和扭转的有效应力集中系数，查附表 1；

β——表面质量系数，$\beta = \beta_1\beta_2$，其中，β_1 为各种强化方法的表面质量系数，查附表 4；β_2 为不同表面粗糙度的表面质量系数，查附表 5；

$\varepsilon_\sigma, \varepsilon_\tau$——零件的弯曲和扭转的尺寸影响系数，查附表 6；

$\varphi_\sigma, \varphi_\tau$——材料受拉伸和扭转的平均应力折算系数；根据实验，对于碳钢：$\varphi_\sigma = 0.1 \sim 0.2$，$\varphi_\tau = 0.05 \sim 0.1$；对于合金钢：$\varphi_\sigma = 0.2 \sim 0.3$，$\varphi_\tau = 0.1 \sim 0.15$。

由于转轴同时作用法向及切向变应力，由式(2.22)得双向变应力情况下，轴的危险截面的安全系数 S 为

$$S = \frac{S_\sigma S_\tau}{\sqrt{S_\sigma^2 + S_\tau^2}} \geqslant [S] \tag{9.6}$$

式中　$[S]$——疲劳强度计算的许用安全系数，如表 9.5 所示。

表 9.5　许用安全系数 $[S]$ 值

$[S]$	选择条件
1.3 ~ 1.5	载荷与应力计算较为精确，材料质地均匀
1.5 ~ 1.8	载荷计算不够精确，材料不够均匀
1.8 ~ 2.5	载荷计算不精确，材料均匀性较差

经式(9.6)校核计算后，若 $S < [S]$ 时，应设法提高轴的疲劳强度。例如，可增大轴的尺寸、改变轴的材料、减小应力集中和采用强化材料力学性能的方法。

9.4.3　按静强度条件进行校核

静强度校核的目的在于评定轴对塑性变形的抵抗能力。当轴的瞬时过载很大，或者应力循环的不对称性较为严重时，就有必要进行轴的静强度校核。静强度是根据轴上作用的最大瞬时载荷来校核的，其静强度条件为

$$S_{sca} = \frac{S_{s\sigma} S_{s\tau}}{\sqrt{S_{s\sigma} S_{s\tau}{}^2}} \geqslant [S_s] \tag{9.7}$$

式中　S_{sca}——危险截面静强度安全系数；

$[S_s]$——静屈服强度的许用安全系数，如表 9.6 所示；

$S_{s\sigma}$——只考虑弯曲时的安全系数；即

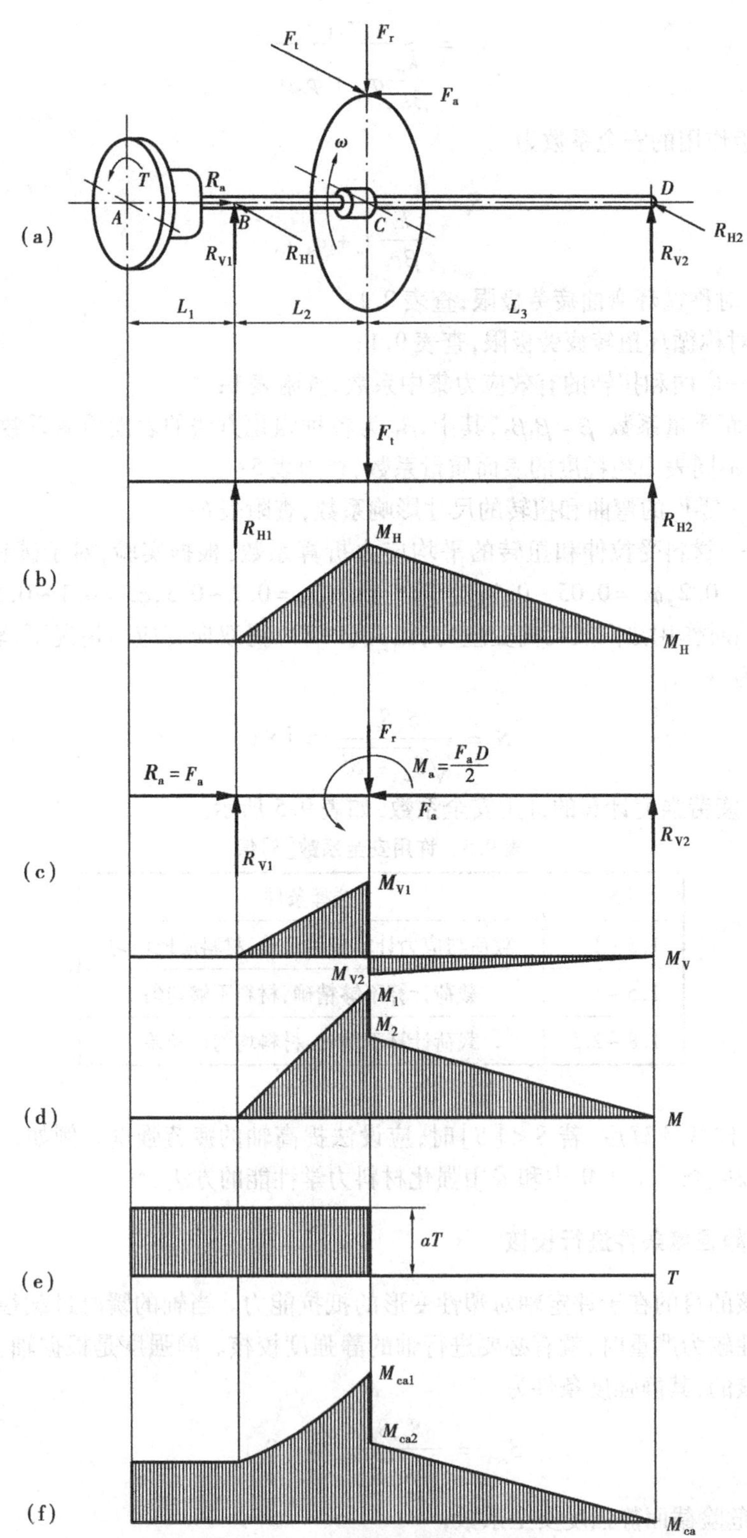

图 9.12　轴的载荷分析和强度计算图

表9.6　许用安全系数值$[S_s]$

屈强比$\frac{\sigma_s}{\sigma_b}$	≤0.6	0.6~0.8	≥0.8	铸造轴
$[S_s]$	1.2~1.4	1.4~1.8	1.8~2	2~3

$$S_{s\sigma}=\frac{\sigma_s}{\frac{M_{max}}{W}+\frac{F_{max}}{A}} \tag{9.8}$$

$S_{s\tau}$——只考虑转矩时的安全系数。即

$$S_{s\tau}=\frac{\tau_s}{T_{max}/W_T} \tag{9.9}$$

式中　σ_s，τ_s——材料的抗弯和抗扭屈服极限，MPa，其中　$\tau_s=(0.55\sim0.62)\sigma_s$；

M_{max}，T_{max}——轴危险截面上所受的最大弯矩和最大转矩，N·mm；

F_{max}——轴危险截面上所受的最大轴向力，N；

A——轴危险截面的面积，mm^2；

W，W_T——危险截面上的抗弯和抗扭截面系数，mm^3，由表9.4计算。

例9.1　试设计一皮带运输机用圆锥-圆柱齿轮减速器的输出轴(见图9.13)。已知：电机功率$P=8$ kW，转速$n_1=1\ 450$ r/min。减速器输入轴由联轴器与电动机相联，输出轴通过弹性柱销联轴器与工作机相联，输入轴为单向回转。高速级为圆锥齿轮传动，齿数为18和70，大锥齿轮宽度为$L=50$ mm；低速级为斜齿圆柱齿轮传动，法面模数$m_n=4$ mm，螺角$\beta=8°6'34''$，齿数为22和90，大齿轮宽度$B=80$ mm。

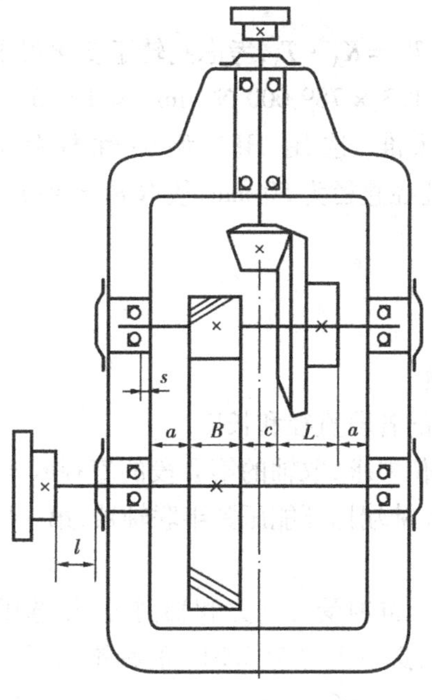

图9.13　圆锥-圆柱齿轮减速器简图

解 1)求输出轴(第3轴)上的功率 P_3、转速 n_3 和转矩 T_3。

若每级齿轮传动的效率(包括轴承效率在内) $\eta=0.97$,则

功率 $P_3=P\cdot\eta^2=8\times0.97^2\ \text{kW}=7.53\ \text{kW}$

转速 $n_3=n_1\cdot\left(\dfrac{1}{i}\right)=1\ 450\times\dfrac{18}{70}\times\dfrac{22}{90}\ \text{r/min}=91.14\ \text{r/min}$

转矩 $T_3=9\ 550\ 000\left(\dfrac{P_3}{n_3}\right)=9\ 550\ 000\times\dfrac{7.53}{91.14}\ \text{N}\cdot\text{mm}\approx789\ 000\ \text{N}\cdot\text{mm}$

2)求输出轴上大齿轮的作用力

齿轮分度圆 $d_3=m_t z=\dfrac{m_n}{\cos\beta}z=4.040\ 4\times90\ \text{mm}=363.64\ \text{mm}$

圆周力 $F_t=\dfrac{2T_3}{d_3}=\dfrac{2\times789\ 000}{363.64}\ \text{N}=4\ 339.5\ \text{N}$

径向力 $F_r=F_t\left(\dfrac{\tan\alpha_n}{\cos\beta}\right)=4\ 339.5\times\left(\dfrac{\tan20^\circ}{\cos8^\circ06'34''}\right)\ \text{N}=1\ 595\ \text{N}$

轴向力 $F_a=F_t\cdot\tan\beta=433.95\times\tan8^\circ06'34''\ \text{N}=618.6\ \text{N}$

齿轮上的圆周力、径向力及轴向力的方向如图9.12所示。

3)初步确定轴的最小直径 d_{min}

根据使用条件,选取轴的材料为45号钢,调质处理。由表9.2,取 $A=110$,按式(9.2)初步估算轴的最小直径为

$$d_{min}=A\cdot\sqrt[3]{\frac{P_3}{n_3}}=110\times\sqrt[3]{\frac{7.53}{91.14}}\ \text{mm}=47.9\ \text{mm}$$

轴的最小直径显然应是安装联轴器处轴段(第Ⅰ段)的直径 d_1(见图9.14),该直径的选取必须与联轴器孔径相匹配。

选择联轴器型号。计算转矩 $T_{ca}=K_A\cdot T_3$,考虑到转矩变化很小,故取 $K_A=1.3$,则

$$T_{ca}=K_A\cdot T_3=1.3\times789\ 000\ \text{N}\cdot\text{mm}=1\ 025\ 700\ \text{N}\cdot\text{mm}$$

根据计算转矩 T_{ca},查标准,选用HL4型弹性柱销联轴器,其公称转矩为1 250 000 N·mm。半联轴器的孔径直径为50 mm,故取 $d_1=50$ mm,半联轴器轮毂长度 $L_1=84$ mm。

4)轴的结构设计

①拟订轴上零件的装配方案

现选用图9.7(a)的装配方案。

②根据轴向定位要求确定轴的各段直径和长度

为了满足半联轴器的轴向定位要求,取轴的第Ⅱ段的直径 $d_2=56$ mm;因半联轴器与轴配合的轮毂孔长度为84 mm,为保证轴端挡环能压紧半联轴器,第Ⅰ段轴长度应比轮毂孔长度短些,故取 $L_1=82$ mm。

初步选择滚动轴承。因为轴承同时受径向力和轴向力,故选用圆锥滚子轴承。根据使用要求和轴段Ⅱ的直径 $d_2=56$ mm,选取型号为30312的圆锥滚子轴承,两个轴承取同一型号,因此轴段Ⅲ和轴段Ⅶ的直径为 $d_3=d_7=60$ mm。

右端轴承采用轴肩轴向定位,从手册上查得30312型轴承的轴肩高度 $h=5$ mm,因此取第

Ⅵ段直径 $d_6 = 70$ mm。

为了安装齿轮方便，取轴段Ⅳ的直径 $d_4 = 65$ mm，为了保证套筒能紧靠齿轮左端使齿轮轴向定位可靠，该轴段的长度应略小于齿轮宽度（$B = 80$ mm），故取 $L_4 = 76$ mm。轴段Ⅴ为轴环，齿轮右端由此轴环定位，查设计手册，轴环高度 $h > 0.07\ d$，取 $h = 6$ mm，则轴环处的直径 $d_5 = 77$ mm。轴环宽度 $b \geq 1.4\ h$，取 $L_5 = 12$ mm。

动件与动件、动件与静件之间应有适当空隙，考虑轴承盖的装拆及便于对轴承添加润滑脂的要求，取左端盖的外端面与半联轴器右端面间的距离为 30 mm，可定出第Ⅱ段长度 $L_2 = 52.5$ mm，取齿轮左端面与箱体内壁的距离 $a = 16$ mm。考虑到箱体的铸造误差，滚动轴承应缩入箱体内壁 $s = 8$ mm，已知滚动轴承宽度 $B = 33.5$ mm。如图 9.13 所示，取两齿轮的距离 $c = 20$ mm，则轴段Ⅲ和段Ⅵ的长度分别为

$$L_3 = B + S + a + (80 - 76) = 33.5\ \text{mm} + 8\ \text{mm} + 16\ \text{mm} + 4\ \text{mm} = 61.5\ \text{mm}$$

$$L_6 = L + c + a + s - L_5 = 50\ \text{mm} + 20\ \text{mm} + 16\ \text{mm} + 8\ \text{mm} - 12\ \text{mm} = 82\ \text{mm}$$

至此，已初步确定了各轴段的直径和长度。

③轴上零件的周向固定

齿轮、半联轴器与轴的周向固定均采用平键联接。根据第Ⅳ段轴径 d_4，由手册查得，平键截面尺寸 $b \times h = 18 \times 11$，键槽用指状铣刀加工，取标准键长为 63 mm，选用平键为 18×63；为了保证齿轮与轴有良好的对中性，选择齿轮轮毂与轴的配合为 H7/n6。半联轴器与轴的联接，选用平键为 14×70，半联轴器与轴的配合为 H7/k6。滚动轴承与轴的周向定位靠过渡配合来保证，两轴颈直径 d_3 和 d_7 的尺寸公差为 m6。

④确定轴上圆角和倒角尺寸

根据设计手册，取轴端倒角为 $2 \times 45°$，各轴肩和轴环处的圆角半径如图 9.14 所示。

5）求轴上的载荷

根据轴的结构图（见图 9.14）作出轴的计算简图（见图 9.12（a））。首先确定轴上载荷作用点和支点，即图 9.12 和图 9.14 中的 A,B,C,D 点。由手册查得 $a = 29$ mm（圆锥滚子轴承端面至载荷中心的距离，见图 9.14）。根据前述的步骤计算出轴的弯矩、扭矩和计算弯矩。并作出轴的弯矩图、扭矩图和计算弯矩图（见图 9.12(b)、(c)、(d)、(e)、(f)）。

从轴的结构图和计算弯矩图可得出截面 C 的 M_H, M_V, M 及 M_{ca} 值列于下表。

载　荷	水平面 H	垂直面 V
支反力 R	$R_{H1} = 2\ 286.2$ N，$R_{H2} = 1\ 453.3$ N	$R_{V1} = 530.73$ N，$R_{V2} = 4$ N
弯矩 M	$M_H = 204\ 920.2$ N · mm	$M_{V1} = 37\ 681.8$ N · mm，$M_{V2} = 564$ N · mm
总弯矩	$M_1 = \sqrt{204\ 920.2^2 + 37\ 681.8^2}$ N · mm $= 208\ 355$ N · mm $M_2 = \sqrt{204\ 920.2^2 + 564^2}$ N · mm $= 204\ 920$ N · mm	
转矩 T	$T_3 = 789\ 000$ N · mm	
计算弯矩 M_{ca}	$M_{ca1} = \sqrt{208\ 355^2 + (0.6 \times 789\ 000)^2} = 517\ 215.6$ N · mm（式中 $\alpha = 0.6$） $M_{ca2} = M_2 = 204\ 920$ N · mm	

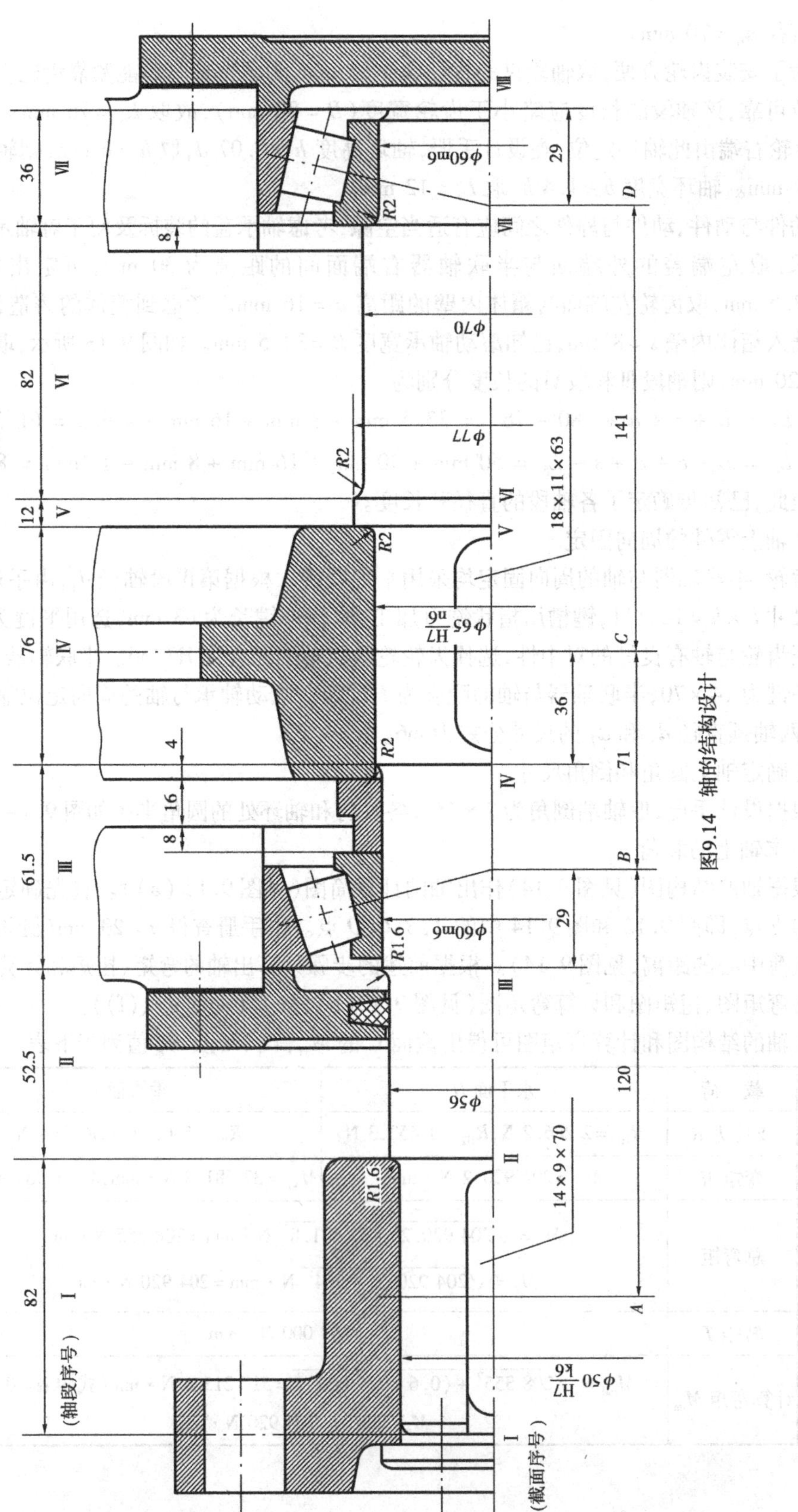

(轴段序号)
Ⅰ
Ⅱ
Ⅲ
Ⅳ
Ⅴ
Ⅵ
Ⅶ
82
52.5
61.5
76
12
82
36
φ50 H7/k6
14×9×70
φ56
φ60m6
φ65 H7/n6
18×11×63
φ77
φ70
φ60m6
R1.6
R2
8
16
4
29
36
(截面序号)
A
B
C
D
120
71
141
Ⅷ

图9.14 轴的结构设计

6)按弯扭合成应力校核轴的强度

通常只校核轴上危险截面 C(承受最大计算弯矩)的强度。

7)精确校核轴的疲劳强度

①判断危险截面

从应力集中来看,截面Ⅳ和Ⅴ处的过盈配合引起应力集中最严重;从受载的情况来看,截面 C 上的计算弯矩 M_{ca}最大,但此处直径也较大。由分析可知,截面Ⅳ的应力集中较严重,受载也较大,且直径相对较小,故判断截面Ⅳ为危险截面。如无把握,则需校核几个可疑的危险截面。

②截面Ⅳ左侧的校核

截面Ⅳ左侧有圆角引起的应力集中。

抗弯截面系数

$$W = 0.1d_3^3 = 0.1 \times 60^3\ \text{mm}^3 = 21\ 600\ \text{mm}^3$$

抗扭截面系数

$$W_T = 0.2d_3^3 = 0.2 \times 60^3\ \text{mm}^3 = 43\ 200\ \text{mm}^3$$

弯矩

$$M = 208\ 355 \times \frac{71-35}{71}\ \text{N}\cdot\text{mm} = 102\ 710.2\ \text{N}\cdot\text{mm}$$

转矩

$$T_3 = 789\ 000\ \text{N}\cdot\text{mm}$$

弯曲应力

$$\sigma_b = \frac{M}{W} = \frac{102\ 710.2}{21\ 600}\ \text{MPa} = 4.755\ \text{MPa}$$

扭转切应力

$$\tau_T = \frac{T_3}{W_T} = \frac{789\ 000}{43\ 200}\ \text{MPa} = 18.26\ \text{MPa}$$

轴的材料为45号钢,调质处理,由表9.1查得 $\sigma_B = 640\ \text{MPa}$,$\sigma_{-1} = 275\ \text{MPa}$,$\tau_{-1} = 155\ \text{MPa}$。因$\dfrac{r}{d} = \dfrac{2}{60} = 0.033$,$\dfrac{D}{d} = \dfrac{65}{60} = 1.083$,由附表1经插值后得,轴肩的有效应力集中系数 $k_\sigma = 1.82$,$k_\tau = 1.26$。

由附表6查得尺寸系数　$\varepsilon_\sigma = 0.81$,$\varepsilon_\tau = 0.76$。

由附表5查取加工表面质量系数 $\beta_1 = 0.93$;因轴表面未经强化处理,表面强化处理系数 $\beta_2 = 1$;故

$$\beta = \beta_1 \cdot \beta_2 = 0.93 \times 1 = 0.93$$

由本章9.4节平均应力折算系数,$\varphi_\sigma = 0.1 \sim 0.2$,本例取 $\varphi_\sigma = 0.1$;$\varphi_\tau = 0.05 \sim 0.1$,本例取 $\varphi_\tau = 0.05$。

许用安全系数由表9.5查得$[S] = 1.3 \sim 1.5$。

弯曲应力的应力幅 $\sigma_a = \dfrac{M}{W} = \dfrac{102\ 710.2}{21\ 600}\ \text{MPa} = 4.76\ \text{MPa}$,对于转轴是对称循环弯曲应力,所以平均应力 $\sigma_m = 0$。

扭转剪应力的应力幅 $\tau_a = \frac{\tau_T}{2} = \frac{18.26}{2}$ MPa = 9.13 MPa，在轴的计算中，常把转矩看成是脉动循环载荷，所以平均应力 $\tau_m = \tau_a = 9.13$ MPa。

只考虑弯矩作用时的安全系数为

$$S_\sigma = \frac{\sigma_{-1}}{\frac{k_\sigma}{\beta \cdot \varepsilon_a}\sigma_a + \varphi_\sigma \cdot \sigma_m} = \frac{275}{\frac{1.82}{0.93 \times 0.81} \times 4.76 + 0} = 23.91$$

只考虑转矩作用时的安全系数为

$$S_\tau = \frac{\tau_{-1}}{\frac{k\tau}{\beta\varepsilon_\tau}\tau_a + \varphi_\tau \cdot \tau_m} = \frac{155}{\frac{1.26}{0.93 \times 0.76} \times 9.13 + 0.05 \times 9.13} = 9.52$$

最后得计算安全系数为

$$S_{ca} = \frac{S_\sigma S_\tau}{\sqrt{S_\sigma^2 + S_\tau^2}} = \frac{23.91 \times 9.52}{\sqrt{23.91^2 + 9.52^2}} = 8.84 \geqslant [S] = 1.5$$

结论：截面Ⅳ左侧安全。

③截面Ⅳ右侧的校核

截面Ⅳ右侧有过盈配合引起的应力集中。

抗弯截面系数

$$W = 0.1d_4^3 = 0.1 \times 65^3\ \text{mm}^3 = 27\ 463\ \text{mm}^3$$

抗扭截面系数

$$W_T = 0.2d_4^3 = 0.2 \times 65^3\ \text{mm}^3 = 54\ 925\ \text{mm}^3$$

弯曲应力

$$\sigma_b = \frac{M}{W} = \frac{102\ 710.2}{27\ 463}\ \text{MPa} = 3.74\ \text{MPa}$$

切应力

$$\tau_T = \frac{T_3}{W_T} = \frac{789\ 000}{54\ 925}\ \text{MPa} = 14.356\ \text{MPa}$$

由附表3用插值法求得，过盈配合产生的有效应力集中系数 $K_\sigma = 3.16$。

由附表6得尺寸系数 $\varepsilon_\sigma = 0.81$，$\varepsilon_\tau = 0.76$；表面质量系数 β 值同前。于是，可得出轴截面Ⅳ右侧的 S_σ，S_τ 和 S_{ca} 分别为

$$S_\sigma = \frac{\sigma_{-1}}{\frac{k_\sigma}{\beta\varepsilon_\sigma}\sigma_a + \varphi_\sigma\sigma_m} = \frac{275}{\frac{3.16}{0.93 \times 0.81} \times 3.74 + 0.1 \times 0} = 17.528$$

$$S_\tau = \frac{\tau_{-1}}{\frac{\kappa\tau}{\beta\varepsilon_\tau}\tau_a + \varphi_\tau\tau_m} = \frac{155}{\frac{3.16}{0.93 \times 0.76} \times 7.182\ 5 + 0.05 \times 7.182\ 5} = 4.77$$

$$S_{ca} = \frac{S_\sigma S_c}{\sqrt{S_\sigma^2 + S_c^2}} = \frac{17.528 \times 4.77}{\sqrt{17.528^2 + 4.77^2}} = 4.6 \geqslant [S] = 1.5$$

结论:截面Ⅳ右侧也是安全的。

8)绘制轴的零件工作图(略)

9.5　轴的刚度计算简介

轴在载荷作用下,将产生弯曲和扭转变形。若变形量超过允许的限度,就会影响轴上零件的正常工作,甚至会丧失机器应有的工作性能。例如,安装齿轮的轴段的挠度(或偏转角)和扭转角超过限度,将影响齿轮的正常啮合,使轮齿沿齿宽和齿高方向接触不良,造成载荷在齿面上严重不均。又如,采用滑动轴承支承的轴,若挠度过大而导致轴颈偏斜过大时,将使轴颈和滑动轴承发生边缘接触,造成不均匀磨损和严重发热。机床主轴前端偏斜过大将降低其加工精度。因此,在设计有刚度要求的轴时,必须进行刚度校核计算。

轴的弯曲刚度以挠度或偏转角来度量;扭转刚度则以扭转角来度量。轴的刚度校核计算通常是根据材料力学的公式求出轴在受载时的变形量,并控制其不大于允许值。

轴的弯曲刚度条件为:

挠度

$$y \leqslant [y] \tag{9.10}$$

偏转角

$$\theta \leqslant [\theta] \tag{9.11}$$

式中　$[y]$——轴的允许挠度,mm,如表9.7所示;

$[\theta]$——轴的允许偏转角,rad,如表9.7所示。

表9.7　轴的允许挠度及允许偏转角

名　称	允许挠度$[y]$/mm	名　称	允许偏转角$[\theta]$/rad
一般用途的轴	$(0.000\,3 \sim 0.005)\ l$	滑动轴承	0.001
刚度要求较严的轴	$0.000\,2\ l$	向心球轴承	0.005
感应电动机轴	0.1Δ	调心球轴承	0.05
安装齿轮的轴	$(0.01 \sim 0.03)\ m_n$	圆柱滚子轴承	0.002 5
安装蜗轮的轴	$(0.02 \sim 0.05)\ m_a$	圆锥滚子轴承	0.001 6
		安装齿轮处轴的截面	0.001 ~ 0.002

注:l—轴的跨距,mm;Δ—电动机定子与转子间的间隙;m_n—齿轮的法面模数;m_a—蜗轮的端面模数。

轴的扭转刚度条件为

$$\varphi \leqslant [\varphi] \quad (°)/\text{m} \tag{9.12}$$

式中　$[\varphi]$——轴每米长的允许扭转角,与轴的使用场合有关。对于一般传动轴,可取$[\varphi]$ = 0.5 ~ 1(°)/m;对于精密传动轴,可取$[\varphi]$ = 0.25 ~ 0.5(°)/m;对于精度要求不高的轴,$[\varphi]$可大于1(°)/m。

9.6 轴的振动稳定性计算简介

轴是一个弹性体,当其回转时,即使不受周期性外载荷的作用,由于轴和轴上零件的材料组织不均匀,制造有误差,或对中性不良等,均会产生以离心力为表征的周期性干扰力(见图9.15),从而引起轴的弯曲振动或扭转振动,常见的振动是弯曲振动。当轴所受的干扰力频率与轴的自振频率相同或接近时,运转便不稳定而发生显著的振动,这种现象称为轴的共振。产生共振时轴的转速称为临界转速 n_c。共振能使轴甚至整个机器发生破坏,因此,对于转速较高的轴应设法避免共振。

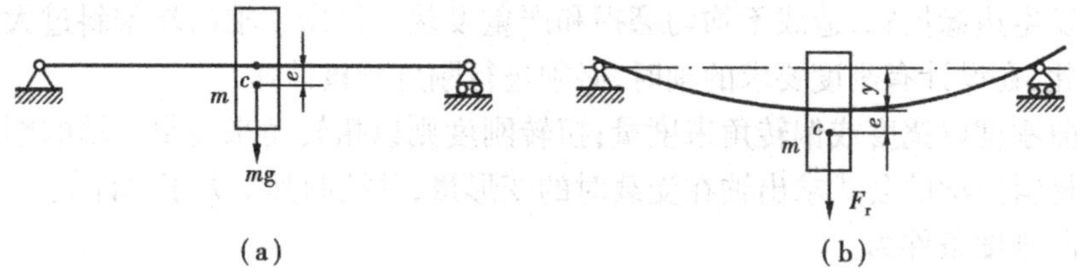

图9.15 装有单元盘的双铰支轴

轴的临界转速可有许多个,最低的一个称为一阶临界转速 n_{c1},依次还有二阶、三阶等临界转速 n_{c2},n_{c3},…。工作转速低于一阶临界转速的轴称为刚性轴,超过一阶临界转速的轴称为挠性轴。一般情况下,对于刚性轴,应使工作转速 $n < 0.85n_{c1}$;对于挠性轴,应满足 $1.15n_{c1} < n < 0.85n_{c2}$等条件。若轴的工作转速很高时,显然应使其转速避开相应的高阶临界转速。若不满足上述条件,就要通过改变轴的结构、尺寸,有条件时还可采用改变轴的跨距等措施,达到改变轴的临界转速(即调频)的目的。

9.7 轴毂联接

轴毂联接主要是实现轴与轴上零件(如齿轮、链轮、带轮等)的周向固定并传递转矩,有的还能实现轴上零件的轴向固定或轴向移动。常用的方法有键联接、花键联接、过盈配合联接、无键联接等。

9.7.1 键联接

键是一种标准件,其联接的主要类型有平键联接、半圆键联接、楔键联接和切向键联接。

(1)平键联接

平键的两侧面是工作面,上表面与轮毂槽底面之间有间隙(见图9.16 (a))。平键联接具有结构简单、装拆方便、轴与轴上零件对中性较好等优点,应用较为广泛,但不能承受轴向力。常用的平键联接有普通平键和导向平键联接两种。

普通平键用于轴、毂间无相对轴向移动的静联接,按键的端部形状可分为圆头(A 型)、方头(B 型)和单圆头(C 型)3 种(见图9.16(b)、图9.16(c)、图9.16(d))。采用圆头或单圆头平键时,轴上的键槽用端(指状)铣刀铣出(见图9.17(a)),这种键槽的特点:一是键在槽中固定较好,二是轴上键槽端部的应力集中较大。采用方头平键时,轴上的键槽用盘(圆周状)铣刀铣出(见图9.17(b))。键在键槽中固定较差,但轴的应力集中较小。单圆头平键用于轴端与轮毂的联接,应用较少。轮毂上的键槽一般用插刀或拉刀加工。

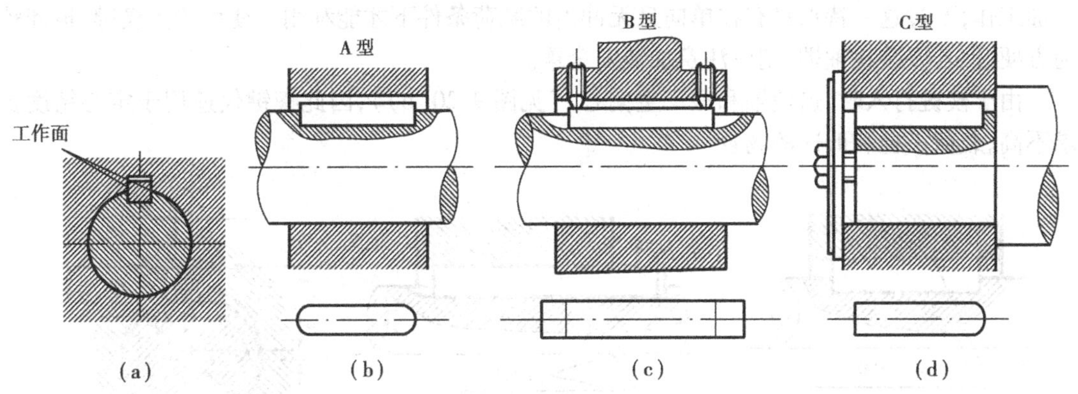

图9.16 平键联接及类型

导向平键用于轮毂相对轴做轴向移动的动联接,如齿轮变速箱中的齿轮轴毂联接。因导向平键较长,常用螺钉固定在槽中,为了便于装拆,在键上制出相应的起键螺纹孔(见图9.18)。

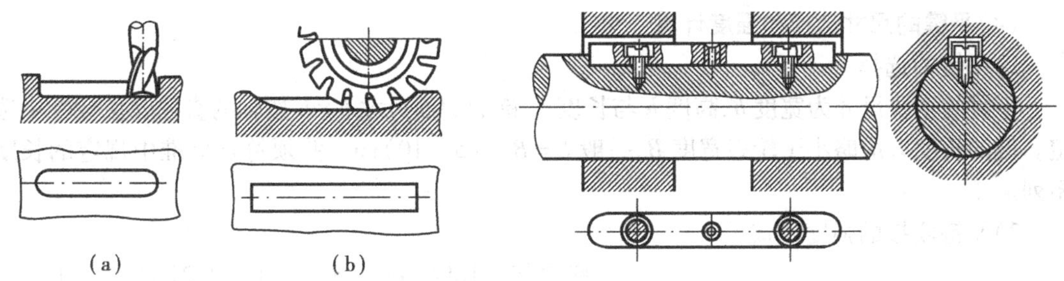

图9.17 轴上键槽的加工　　图9.18 导向平键联接

(2)**半圆键联接**

半圆键也是以两侧面为工作面(见图9.19),定心较好。轴上键槽用尺寸与半圆键相同的半圆键铣刀铣出,因而键能在槽中摆动,以自动适应轮毂中键槽的斜度,装配较方便。其缺点是轴上键槽较深,对轴的强度削弱较大。半圆键主要用于轻载联接和锥形轴与轮毂的联接。

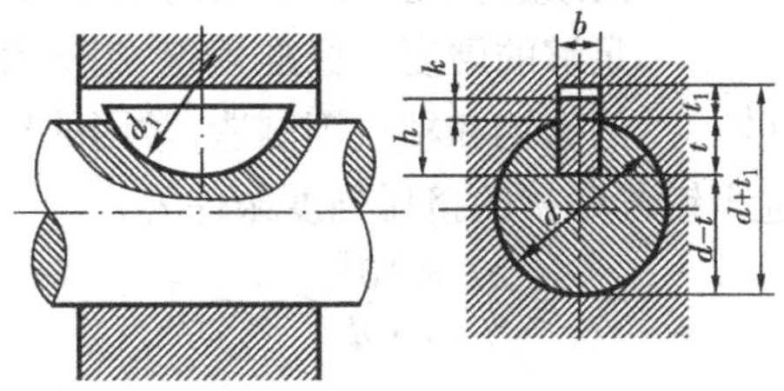

图9.19 半圆键联接

(3)**楔键联接**

楔键联接用于静联接。键的上下表面为工作面，其上表面具有1:100的斜度。装配后，键紧压在轴毂之间。工作时，靠键的楔紧作用来传递转矩；也能传递单向的轴向力，对轴毂起到单向的轴向固定作用。当过载使轴与毂发生相对转动时，键的两个侧面也能像平键侧面那样参加工作，不过这一特点只有在单向且无冲击的载荷条件下才能利用。使用钩头楔键，拆卸较为方便，但若安装在轴端，则应注意加装安全罩。

由于楔键打入时，迫使轴和毂产生偏心 e(见图9.20(b))，因此楔键仅适用于定心精度要求不高，载荷平稳和低速的场合。

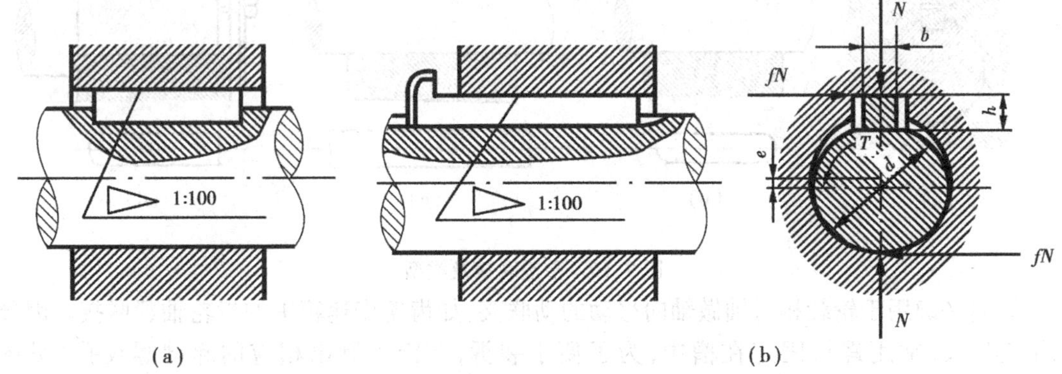

图9.20 楔键联接

(4)**平键的尺寸选择和强度计算**

1)平键的选择

平键的主要尺寸为宽度 b、高度 h 与长度 L，键的剖面尺寸 $b \times h$ 按轴的直径 d 由标准中选定。键的长度 L 应略小于轮毂宽度 B，一般 $L = B - (5 \sim 10)\,\text{mm}$，并须符合标准中规定的长度系列。

2)平键联接的强度校核

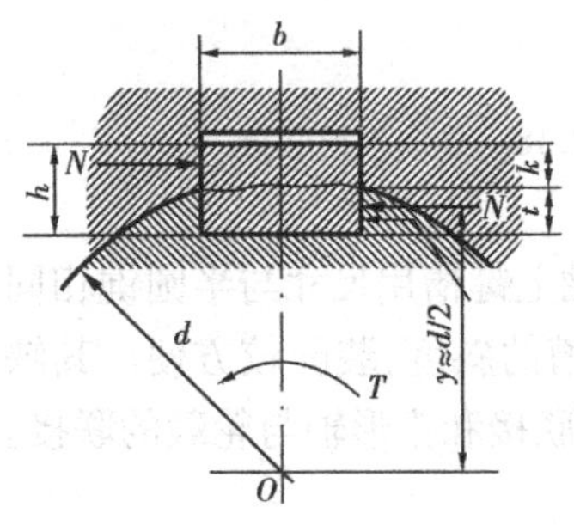

图9.21 平键联接受力情况

平键联接工作时的受力情况如图9.21所示。用于静联接的普通平键，其主要失效形式是键、轴槽和轮毂槽三者中最弱的工作面被压溃。用于动联接的导向平键，其主要失效形式是工作面的过度磨损。故对于采用常用材料和按标准选取尺寸的平键联接，通常只需按工作面上的挤压应力(对于动联接常按压力)进行条件性强度计算。因为压溃或磨损是平键联接的主要失效形式，所以键的材料要有足够的硬度。标准规定，键采用强度极限不低于600 MPa的碳钢和精拔钢制造，常用的材料为45号钢。假设压力沿键的接触长度均匀分布，普通平键静联接的挤压强度条件为

$$\sigma_p = \frac{2T \times 10^3}{k \cdot l \cdot d} \leqslant [\sigma_p] \tag{9.13}$$

键联接能传递的转矩为

$$T = \frac{k \times l \times d}{2 \times 10^3}[\sigma_p] \tag{9.14}$$

式中 T——传递的转矩,N·m;

d——轴径,mm;

k——键与轮毂的接触高度,$k\approx\frac{h}{2}$mm;

h——键的高度,mm;

l——键的工作长度,(A 型 $l=L-b$;B 型 $l=L$;C 型 $l=L-b/2$);

$[\sigma_p]$——许用挤压应力,如表 9.8 所示。

动联接的耐磨性条件计算式与式(9.13)相仿,只要用压力 p 和许用压力 $[p]$ 代替式(9.13)中的 σ_p 和 $[\sigma_p]$ 即可。

表 9.8　键联接的许用挤压应力、许用压力/MPa

许用挤压应力、许用压力	联接工作方式	键或毂、轴的材料	载荷性质		
			静载荷	轻微冲击	冲击
$[\sigma_p]$	静联接	钢	120 ~ 150	100 ~ 120	60 ~ 90
		铸铁	70 ~ 80	50 ~ 60	30 ~ 45
$[p]$	动联接	钢	50	40	30

注:如与键有相对滑动的被联接件表面经过淬火,则动联接的许用压力 $[p]$ 可提高 2 ~ 3 倍。

例 9.2　8 级精度的铸铁直齿圆柱齿轮与钢轴用键构成静联接。装齿轮处的轴径为 60 mm,齿轮轮毂长 95 mm。联接传递的转矩为 840 N·m,载荷平稳。试选择此键联接。

解　8 级精度的铸铁齿轮要求一定的对中性,因此选用平键联接。由于是静联接,选用普通平键(A 型)。取键的材料为 45 号钢。由机械设计手册可查得,当 $d=58\sim65$ mm 时,键的截面尺寸为 $b=18$ mm,$h=11$ mm,参考轮毂长,选取键长 $L=80$ mm。

键的接触长度 $l=L-b=80\text{ mm}-18\text{ mm}=62$ mm,接触高度 $K\approx h/2$。由表 9.8 取铸铁齿轮轮毂键槽的许用挤压应力 $[\sigma_p]=80$ MPa(因载荷平稳,故取大值)。由式(9.14)得平键联接所能传递的转矩为

$$T=\frac{kld}{2\times10^3}[\sigma_p]=\frac{hld}{4\times10^3}[\sigma_p]=\frac{11\times62\times60\times80}{4\times10^3}\text{ N}\cdot\text{m}$$
$$=818.4\text{ N}\cdot\text{m}<840\text{ N}\cdot\text{m}$$

可见平键联接的挤压强度不够。考虑到二者相差不大,只要适当增大键长或改用方头键(B 型)就能满足要求,进一步的计算从略。

增加键长虽然增大联接的承载能力,但键长也有一定限制,通常 $L_{max}\leqslant(1.6\sim1.8)\ d$($d$ 为轴的直径),以免压力沿键长分布不均匀的现象加重。当一个键不能满足要求时,可改用双键,两个键应相隔 180°布置。但由于两键的载荷分配不均匀,其承载能力只能按一个键的 1.5 倍计算。另外,两键槽对轴的削弱较大,使用时要统筹考虑。

9.7.2　花键联接

花键联接是内花键和外花键的组合。内花键、外花键是分别在轴类和毂类零件上加工出相应的键槽和键齿,工作时依靠齿侧的挤压传递转矩。因花键联接键齿多,因此承载能力大;

由于齿槽浅,故应力集中小,对轴的强度削弱少,且对中性和导向性较好,但需要专用设备加工,因此成本较高。

花键联接适用于载荷较大、定心精度要求较高的静联接或动联接中。花键联接的齿数、尺寸、配合等均应按标准选取。

根据齿形不同,花键联接分为矩形花键联接和渐开线花键联接两种,分别如图9.22(a)和图9.22(b)所示。

(1)矩形花键

按齿高的不同,矩形花键的齿形尺寸在标准中规定了两个系列,即轻系列和中系列。轻系列的承载能力较小,多用于静联接或轻载联接;中系列用于中等载荷的联接。

矩形花键的定心方式为小径定心,如图9.22(a)所示。外花键和内花键的小径为配合面。其特点是定心精度高,且定心稳定性好,能用磨削方法消除热处理引起的变形,故此种花键联接应用广泛。

(2)渐开线花键

渐开线花键的制造和齿轮轮齿的制造完全相同,压力角有30°和45°两种。齿根有平齿根和圆齿根两种。为便于加工,一般选用平齿根,但圆齿根有利于降低应力集中和减少产生淬火裂纹的可能性。渐开线花键联接具有承载能力大、使用寿命长、定心精度高等特点,宜用于载荷较大、尺寸也较大的联接。

渐开线花键的定心方式为齿形定心,如图9.22(b)所示。当受载时,各齿上的径向力能起到自动定心的作用,有利于各齿均匀承载。

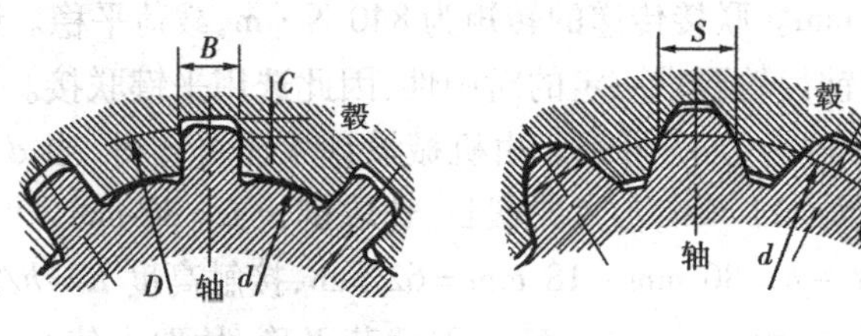

(a)矩形花键　　(b)渐开线花键

图9.22　花键连接

根据使用条件和工作要求,选定花键的类型、尺寸及定心方式后,一般还需进行强度计算。由于花键联接主要失效形式是工作面被压溃(静联接)或工作面过度磨损(动联接),故其强度计算与平键联接相似。计算准则为静联接通常按工作面上的挤压应力进行强度计算(挤压强度);动联接则按工作面上的压力进行强度计算(耐磨性)。值得注意的是,因为花键联接键齿较多,为考虑各齿承载的不均匀性,计算时引入载荷分配不均匀系数 ψ,ψ 值查阅有关设计手册。

9.7.3　无键联接

凡是不用键或花键的轴毂联接,统称为无键联接。

(1)**型面联接**

型面联接是利用非圆截面的轴与相应轮毂的毂孔相配合而构成的联接(见图9.23)。轴和毂孔可以是柱形的(见图9.23(a)),也可以是锥形的(见图9.23(b)),前者只能传递转矩,后者除传递转矩外,还能传递单方向的轴向力,但制造较为复杂。

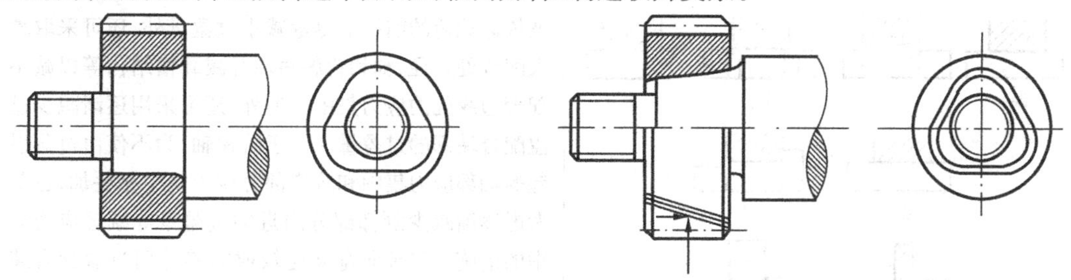

图9.23　型面联接

型面联接装拆方便,能保证良好的对中性;联接面上没有键槽及尖角,减少了应力集中,故可传递较大的转矩。为了保证配合精度,大多要在专用机床上进行型面的磨削加工,故目前应用还不广泛。

(2)**胀紧联接**

胀紧联接是利用轴、毂孔和胀紧联接套之间接触面上产生的摩擦力来传递转矩和轴向力的。如图9.24所示,轴和毂孔之间置有一对(或多对)内、外锥面贴合的胀紧套,当拧紧螺母(或螺钉)时,在轴向力作用下,形成过盈接合而实现联接。这种联接定心性好,装拆方便,承载能力较高,并有密封和安全保护作用。但由于要在轴和毂孔之间安装胀紧套,其应用受到径向结构尺寸的限制。

胀紧套材料一般采用65,70或65 Mn钢,并经热处理。环的锥角 α 一般取12.5°~17°。

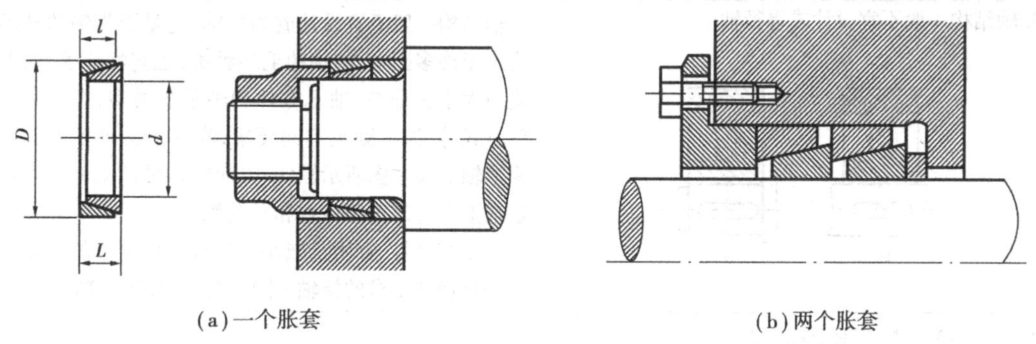

(a)一个胀套　　(b)两个胀套

图9.24　胀紧联接

9.8　轴及键联接设计禁忌

常见轴及键联接设计禁忌如表9.9所示。

表 9.9 常见轴及键联接设计禁忌

设计应注意的问题	说 明
1. 要减小轴在过盈配合处的应力集中 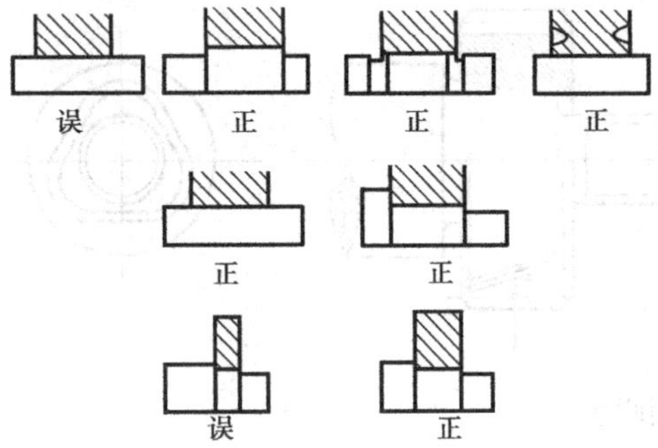 误 正 正 正 正 正 误 正	当轴上零件与轴为过盈配合时，轴上零件边缘处为应力集中之源，从而使局部应力增大。为此，除应保证传递载荷的前提下尽量减小过盈量外，还可采取增大配合处直径、轴和轮毂两端开减载槽结构等以减小配合边缘处的应力集中。另外，还可采用逐渐减少过盈配合端部的过盈量。对于阶梯轴，为不使由过盈引起的端部应力集中和阶梯部分应力集中相叠加，也要考虑逐渐减少阶梯部分附近的过盈量等减轻应力集中的措施。将轴向宽度比较薄的零件用过盈配合装到轴的阶梯部分上时，由于应力集中的影响会使零件产生变形弯向一侧。为了避免这种情况的出现，要适当加大零件的宽度
2. 轴上零件的定位要采用轴肩或轴环	为了将零件安装到轴的正确工作位置上，轴必须制成阶梯形轴肩或轴环，如果不采用定位轴肩或轴环等方法，则很难限定零件在轴上的正确位置。如受某些条件的限制，轴的阶梯差很小或不便加工出轴肩的地方，可采用加定位套筒，或者加对开的轴环进行定位。圆锥形轴端能使轴上的零件与轴保持较高的同心度，且联接牢靠，拆装方便，但是不能限定零件在轴上的位置。需要限定准确的轴向位置时只能改用圆柱形轴端加轴肩才是可靠的
3. 轴结构一般不宜设计成等径轴 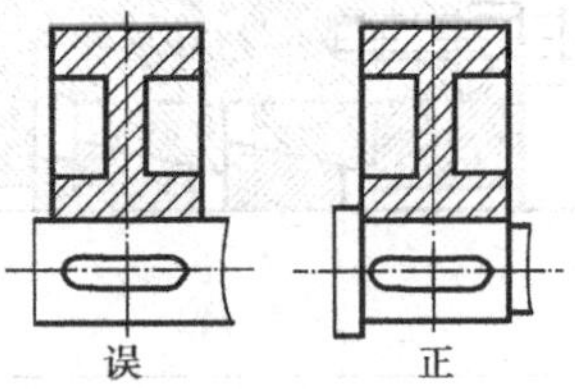 误 正	轴结构一般不宜设计成等径轴，这是因为轴的外形决定于许多因素，如轴的毛坯种类，工艺性要求，轴上受力大小和分布，轴上零件和轴承的类型、布置和固定方式等，为了满足不同要求，实际上的轴多做成阶梯形轴。如左图所示轴，一方面阶梯轴的轴肩可以限定轴上零件的正确位置和承受轴向力，另一方面又使零件装配容易、轴质量减小。只有一些简单的心轴和一些有特殊要求的转轴，才会将其做成等径轴
4. 要避免弹性挡圈承受轴向力 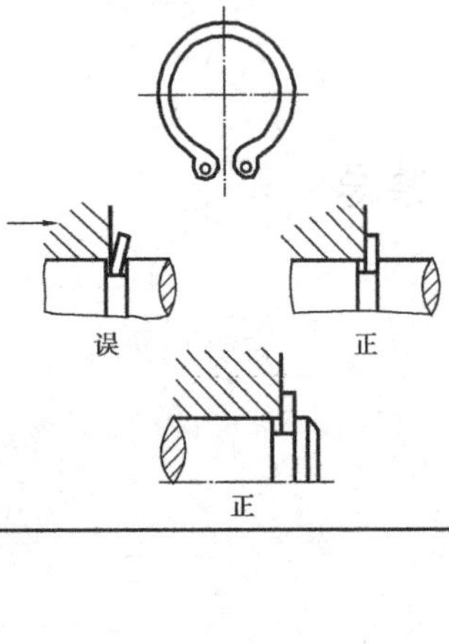 误 正 正	为了固定轴上零件，有时使用弹性挡圈，这种挡圈除定位以外，最好不要用于承受轴向推力，因为它只是为了防止零件脱出，而不适合用于承受轴向力的场合。再者，如果把弹性挡圈不适当地装入槽内或倾斜地安装，即使在轻微的轴向力反复作用下，弹性挡圈也容易脱落。因此，一定要把挡圈装牢在轴上的槽中。由于挡圈槽对轴的削弱作用，这种固定方式只适用于受力不大的轴段或轴端部

续表

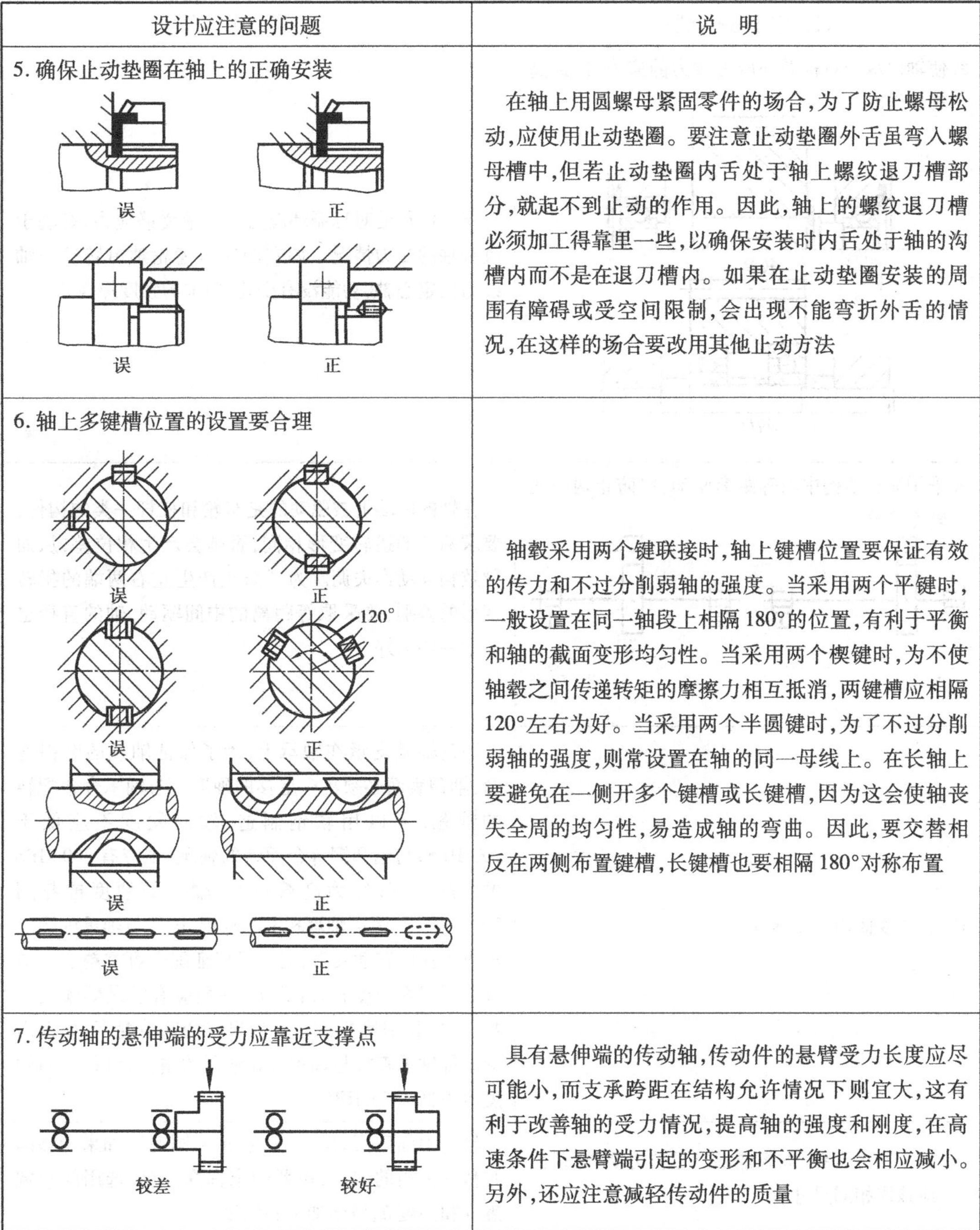

设计应注意的问题	说　明
5. 确保止动垫圈在轴上的正确安装 误　正 误　正	在轴上用圆螺母紧固零件的场合，为了防止螺母松动，应使用止动垫圈。要注意止动垫圈外舌虽弯入螺母槽中，但若止动垫圈内舌处于轴上螺纹退刀槽部分，就起不到止动的作用。因此，轴上的螺纹退刀槽必须加工得靠里一些，以确保安装时内舌处于轴的沟槽内而不是在退刀槽内。如果在止动垫圈安装的周围有障碍或受空间限制，会出现不能弯折外舌的情况，在这样的场合要改用其他止动方法
6. 轴上多键槽位置的设置要合理 误　正 120° 误　正 误　正 误　正	轴毂采用两个键联接时，轴上键槽位置要保证有效的传力和不过分削弱轴的强度。当采用两个平键时，一般设置在同一轴段上相隔180°的位置，有利于平衡和轴的截面变形均匀性。当采用两个楔键时，为不使轴毂之间传递转矩的摩擦力相互抵消，两键槽应相隔120°左右为好。当采用两个半圆键时，为了不过分削弱轴的强度，则常设置在轴的同一母线上。在长轴上要避免在一侧开多个键槽或长键槽，因为这会使轴丧失全周的均匀性，易造成轴的弯曲。因此，要交替相反在两侧布置键槽，长键槽也要相隔180°对称布置
7. 传动轴的悬伸端的受力应靠近支撑点 较差　较好	具有悬伸端的传动轴，传动件的悬臂受力长度应尽可能小，而支承跨距在结构允许情况下则宜大，这有利于改善轴的受力情况，提高轴的强度和刚度，在高速条件下悬臂端引起的变形和不平衡也会相应减小。另外，还应注意减轻传动件的质量

续表

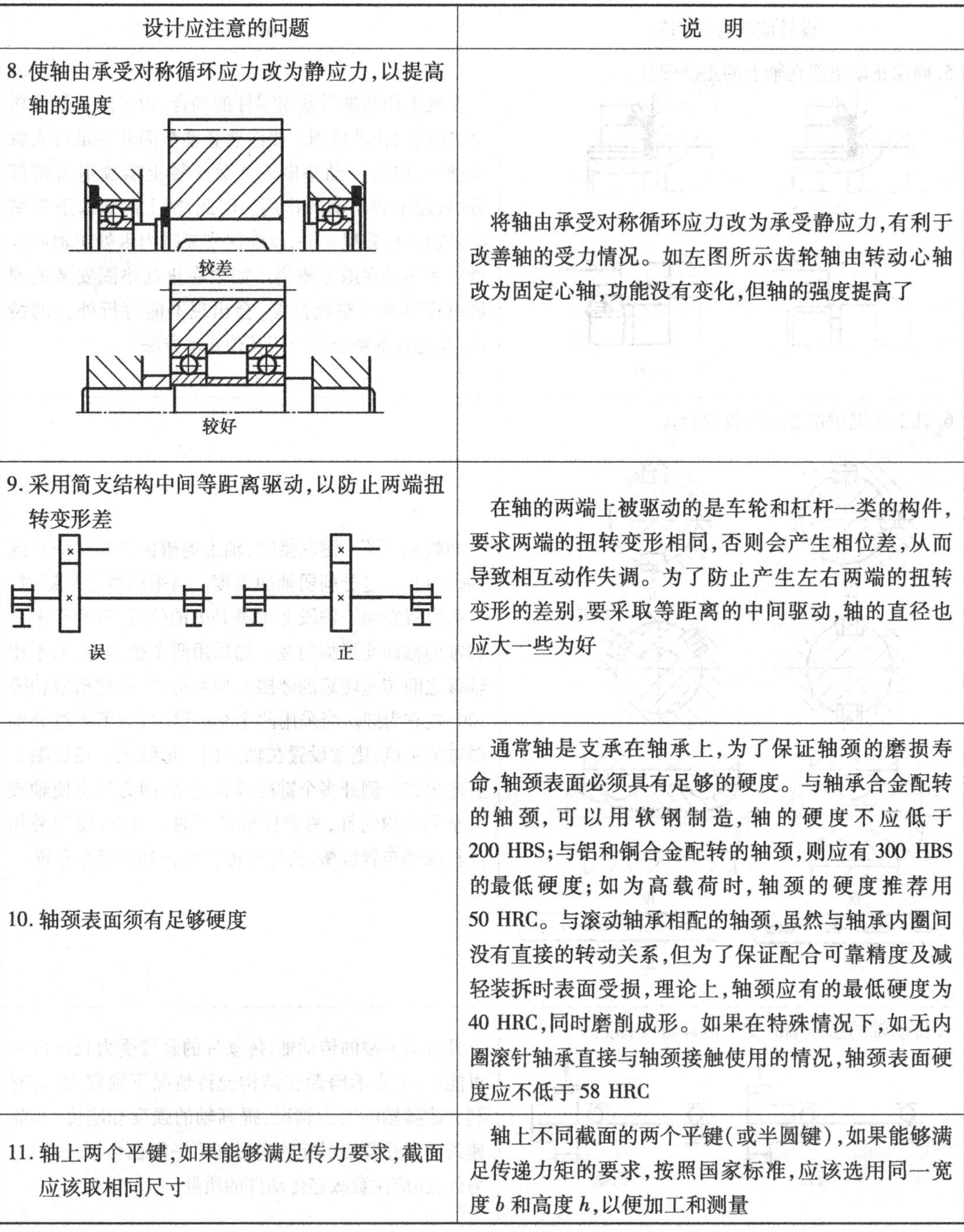

设计应注意的问题	说　明
8. 使轴由承受对称循环应力改为静应力，以提高轴的强度 较差 较好	将轴由承受对称循环应力改为承受静应力，有利于改善轴的受力情况。如左图所示齿轮轴由转动心轴改为固定心轴，功能没有变化，但轴的强度提高了
9. 采用简支结构中间等距离驱动，以防止两端扭转变形差 误　正	在轴的两端上被驱动的是车轮和杠杆一类的构件，要求两端的扭转变形相同，否则会产生相位差，从而导致相互动作失调。为了防止产生左右两端的扭转变形的差别，要采取等距离的中间驱动，轴的直径也应大一些为好
10. 轴颈表面须有足够硬度	通常轴是支承在轴承上，为了保证轴颈的磨损寿命，轴颈表面必须具有足够的硬度。与轴承合金配转的轴颈，可以用软钢制造，轴的硬度不应低于200 HBS；与铝和铜合金配转的轴颈，则应有300 HBS的最低硬度；如为高载荷时，轴颈的硬度推荐用50 HRC。与滚动轴承相配的轴颈，虽然与轴承内圈间没有直接的转动关系，但为了保证配合可靠精度及减轻装拆时表面受损，理论上，轴颈应有的最低硬度为40 HRC，同时磨削成形。如果在特殊情况下，如无内圈滚针轴承直接与轴颈接触使用的情况，轴颈表面硬度应不低于58 HRC
11. 轴上两个平键，如果能够满足传力要求，截面应该取相同尺寸	轴上不同截面的两个平键（或半圆键），如果能够满足传递力矩的要求，按照国家标准，应该选用同一宽度 b 和高度 h，以便加工和测量

续表

<table>
<tr><th>设计应注意的问题</th><th>说　明</th></tr>
<tr><td>12. 键槽长度不宜开到轴的阶梯部位 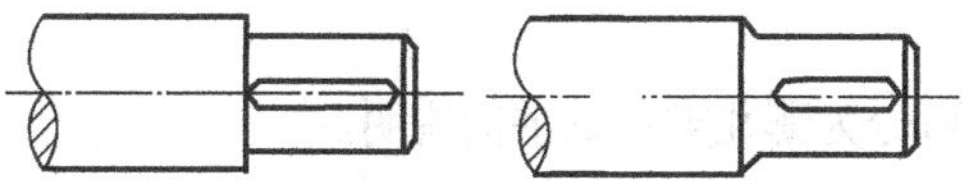
误　　正</td><td>阶梯轴的两段联接处有较大的应力集中,如果轴上键槽达到轴的过渡圆角部位,则由于键槽终止处也有较大的应力集中,这两种应力集中源重叠起来,对轴的强度不利</td></tr>
<tr><td>13. 键槽底部圆角半径应该够大 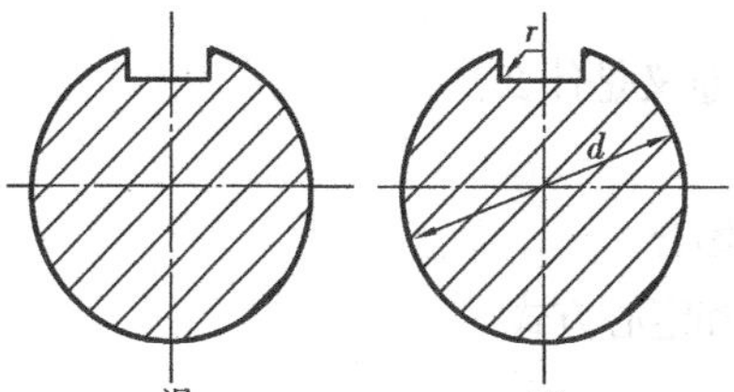
r d
误　　正</td><td>键槽底部的圆角半径 r 对应力集中系数影响很大。键槽底部的应力由两种原因引起,一是由轴所受的转矩,二是由于键打入键槽时,如果配合很紧,则在键槽根部引起较大的应力,而上述二者联合作用,再加键槽根部应力集中的影响,对轴强度影响很大。根据资料数据,r/d 应大于0.03,至少应大于0.015(d—轴直径)</td></tr>
<tr><td>14. 使用键联接的轮毂应该有足够的厚度</td><td>键槽与轮毂外缘应该有一定的距离,以免轮毂因受力过大而损坏。建议轮毂厚度参考下表选取(单位:[S_s] mm)
<table>
<tr><td colspan="2">轴径 d</td><td>20</td><td>60</td><td>100</td><td>140</td><td>180</td><td>220</td><td>260</td></tr>
<tr><td rowspan="2">轮毂外径 D</td><td>钢轮毂</td><td>30</td><td>86</td><td>140</td><td>190</td><td>235</td><td>285</td><td>335</td></tr>
<tr><td>铸铁轮毂</td><td>34</td><td>90</td><td>145</td><td>195</td><td>245</td><td>285</td><td>345</td></tr>
</table></td></tr>
<tr><td>15. 有几个零件串在轴上时,不宜分别用键联接
误　　正</td><td>如一个轴上有几个零件,孔径相同,与轴联接时,不应用几个键分段联接。因为由于各键方向不完全一致,使安装时推入轴上零件困难。甚至不可能安装。宜采用一个连通的键</td></tr>
<tr><td>16. 花键轴端部强度应予以特别注意
A B A
较差　　较好</td><td>花键联接的轴上零件,由 B 至 A,轴所受扭矩逐渐加大,在 A—A 断面不但所受扭矩最大,还有花键根部的弯曲应力。因此,这一断面的强度必须满足,可将花键小径加大到比轴直径大15% ~20%</td></tr>
</table>

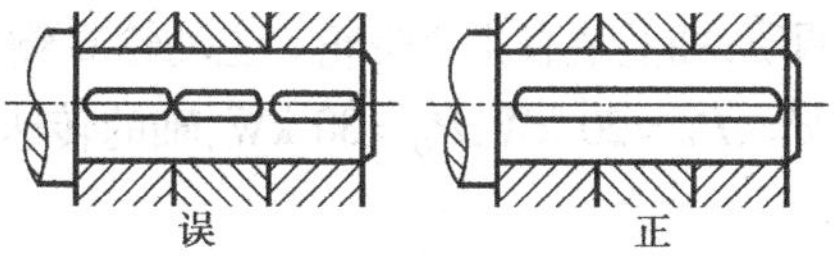

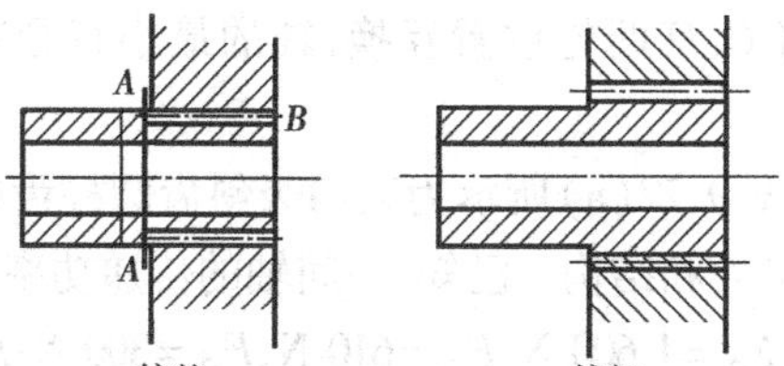

思考题

9.1 轴在机器中的功用是什么？轴按承载情况可分为哪几类？试举例说明。

9.2 进行轴的结构设计时，应考虑哪些问题？

9.3 轴上零件的轴向固定常用哪几种方法？

9.4 轴上零件的周向固定常用哪几种方法？

9.5 计算弯矩 $M_{ca}=\sqrt{M^2+(\alpha T)^2}$ 公式中，系数 α 的意义是什么？

9.6 提高轴的疲劳强度的措施有哪些？

9.7 试说明平键联接和楔键联接的工作特点和应用场合。

9.8 花键联接有何优点？说明各种花键的应用场合和定心方式。

习 题

9.1 如图9.25所示为某减速器输出轴的结构图，试指出图中的设计错误，并改正之。

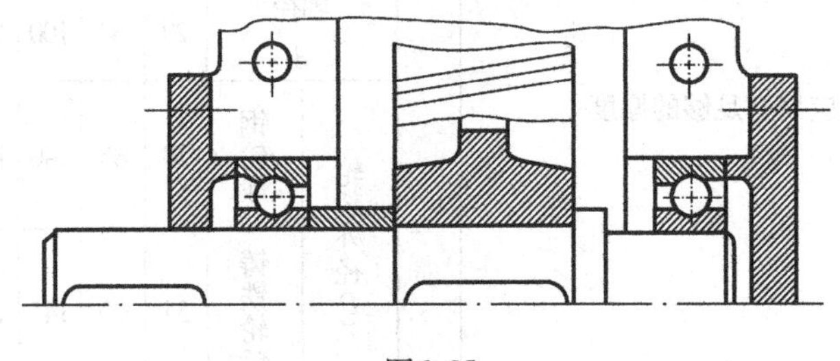

图9.25

9.2 有一台离心式水泵，由电动机驱动，传递功率 $P=3$ kW，轴的转速 $n=960$/min，轴的材料为45号钢，试按强度要求计算轴所需的最小直径 d_{min}。

9.3 如图9.26所示的传动轴，轴的材料为45号钢调质，轴上装有4个带轮。主动轮 C 输入功率 $P_C=65$ kW，3个从动轮 A,B,D 分别输出功率 $P_A=15$ kW，$P_B=20$ kW，$P_D=30$ kW，轴的转速 $n=400$ r/min。试求：

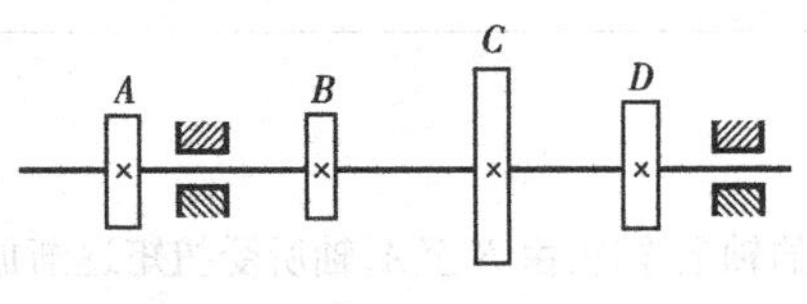

图9.26

(1)完成轴的全部结构设计，初定各轴段的直径。

(2)作出轴的扭矩图。

(3)若将 C,D 两轮位置互换，轴的最小直径有何变化？

9.4 如图9.27(a)所示为某两级斜齿圆柱齿轮减速器中间轴的受力简图，如图9.27(b)所示为中间轴的尺寸和结构。已知：中间轴的传递功率 $P=10$ kW，转速 $n=480$ r/min；轴上两齿轮受力大小分别为 $F_{t2}=1\,600$ N，$F_{r2}=610$ N，$F_{a2}=300$ N；$F_{t3}=5\,090$ N；$F_{r3}=1\,820$ N，$F_{a3}=930$ N。轮的分度圆直径为 $d_2=290$ mm；$d_3=100$ mm。齿轮宽度 $B_2=$

80 mm;B_3 = 110 mm。图中 A,B 处为角接触球轴承的载荷作用中心,轴的材料为45号钢调质。试求:

(1)按弯扭合成强度条件验算轴的截面 $E—E$ 和 $C—C$ 的强度;

(2)判定轴的危险截面,并进行安全系数的精确校核。

9.5　试设计圆锥-圆柱齿轮二级减速器中的输出轴(见图9.13)。已知:传递功率 P = 12 kW,输出轴转速380 r/min,从动齿轮的分度圆直径 d_2 = 370.302 mm,螺旋角 $\beta = 12°35'10''$,压力角 α_2 = 20°,轮毂长度为80,mm 单向传动。试求:

(1)完成轴的全部结构设计。

(2)按弯扭合成强度条件,验算轴的强度。

(3)选择键联接,并验算键的强度。

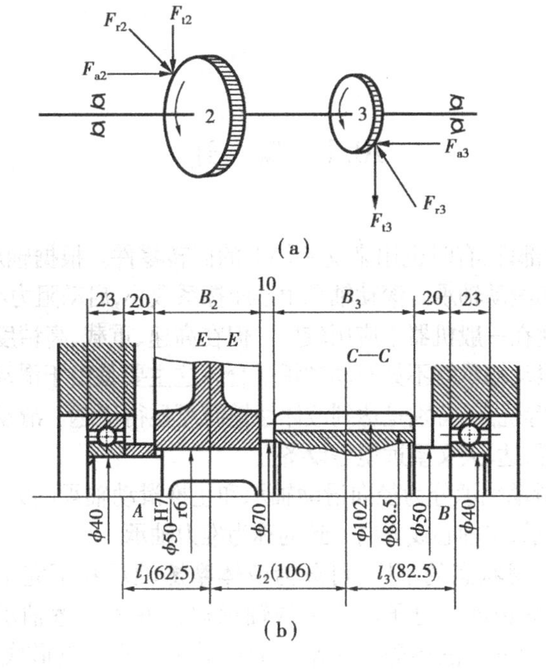

图9.27

第10章 滑动轴承

10.1 概 述

轴承是用来支承轴的部件,有时也用来支承轴上的回转零件。根据轴承工作时的摩擦性质不同,轴承可分为滑动轴承和滚动轴承。滚动轴承由于摩擦系数小,启动阻力小,并已标准化,其选用、润滑和维护都很方便,因此在一般机器中应用较广。但在高速、重载、高精度、轴承结构要求剖分及要求径向尺寸小等场合,滚动轴承就不如滑动轴承适合。这主要是由于滑动轴承具有承载能力高、减振性好、噪声小、寿命长等优点,特别是达到液体摩擦时更显得优越。滑动轴承广泛用于内燃机、轧钢机、大型电机及仪表、雷达、天文望远镜等设备上。

按承载方向的不同,滑动轴承分为径向滑动轴承和止推滑动轴承两大类。轴承所受作用力与轴心线垂直的称为径向轴承,与轴心线方向一致的称为推力轴承。

按轴承滑动表面间润滑状态的不同,可分为液体摩擦轴承和不完全液体摩擦轴承。滑动面完全被油膜分开,摩擦只由液体分子间产生的轴承称为液体摩擦轴承。按其油膜形成方式不同,又可分为液体动压轴承和液体静压轴承。而滑动表面不足以形成完整承压油膜的轴承,称为不完全液体摩擦轴承。

本章主要讨论液体径向动压滑动轴承的结构、材料、参数选择及承载能力计算等。其他滑动轴承只作简单介绍。

滑动轴承设计的主要任务是合理地确定轴承的形式和结构;合理地选择轴瓦的结构和材料;合理地选择润滑剂、润滑方式及润滑装置;计算轴承的工作能力及热平衡。

10.2 滑动轴承的结构形式

10.2.1 径向滑动轴承的结构形式

(1)整体式

如图10.1所示为常见的整体式滑动轴承结构,它是由轴承座和由减摩材料制成的整体轴套组成。灰铸铁轴承座用螺栓与机座联接，顶部开有进油或安装油杯的螺孔。轴套(套筒式轴瓦)压装在轴承座中(对某些机器，也可直接压装在机座或机体孔中)。

这种轴承结构简单，刚度较大，制造容易，成本低。其缺点是轴套磨损后间隙无法调整，轴颈只能从端部装入。因此，它仅适用于低速轻载或间歇工作的机械。

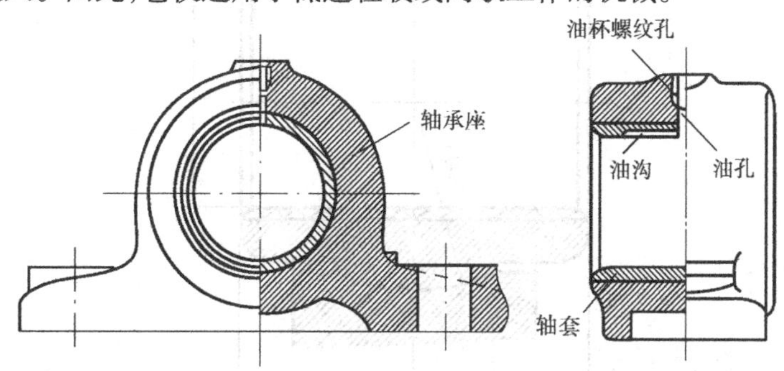

图10.1 整体式径向滑动轴承

(2)**对开式**

如图10.2所示为一种普通的对开式轴承结构，它由轴承盖、轴承座、剖分轴瓦和螺栓组成。轴瓦是直接与轴颈相接触的重要零件。为了安装时易对中，轴承盖和轴承座的剖分面常作出阶梯形的止口。润滑油通过轴承盖上的油孔和轴瓦上的油沟流入轴承间隙，润滑摩擦面。轴承剖分面应与载荷方向近于垂直，以防剖分面位于承载区出现泄漏，降低承载能力。通常轴承剖分面为水平剖分面(见图10.2(a)正剖分)，也有倾斜的剖分面(见图10.2(b)斜剖分)。

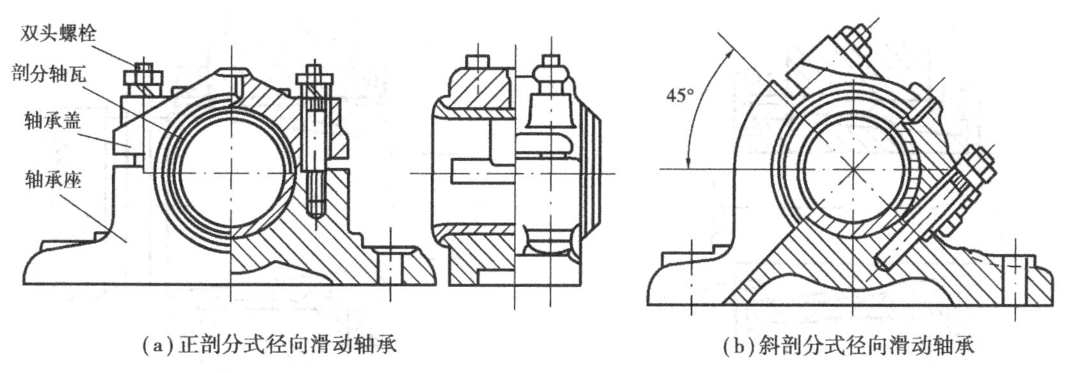

(a)正剖分式径向滑动轴承　(b)斜剖分式径向滑动轴承

图10.2 对开式滑动轴承

对开式滑动轴承装拆较方便，轴承间隙调整也可通过在剖分面上增减薄垫片来实现。对于正、斜剖分式滑动轴承，也分别制订了相应国家标准，设计时可参考。

(3)**自动调心式**

轴承宽度与轴径之比(l/d)称为宽径比。当宽径比较大、轴弯曲变形或轴承孔倾斜时，易造成轴颈与轴瓦端部的局部接触，引起剧烈的磨损和发热。因此，当 $l/d>1.5$ 时，宜采用自调心式轴承(见图10.3)。这种轴承的特点是轴瓦外表面制成球面形状，与轴承座内表面相配合，球面中心通过轴颈的轴线。因此轴瓦可自动调心，从而保证轴颈与轴瓦的均匀接触。

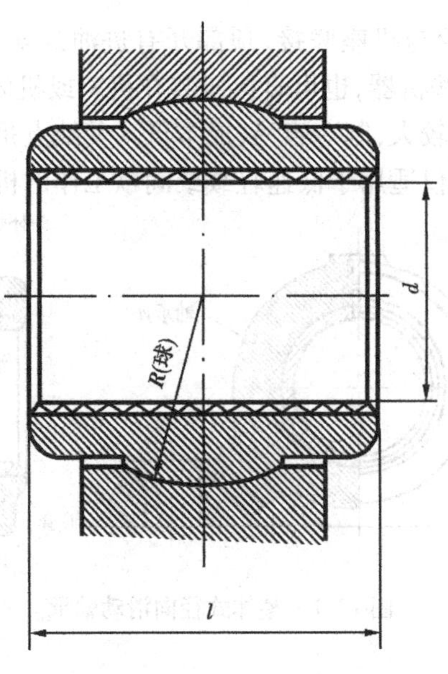

图 10.3 自动调心式轴承

(4)**间隙可调式**

如图 10.4 所示为间隙可调式径向滑动轴承的结构。轴瓦外表面为锥形(见图 10.4(a)),与内锥形表面的轴套相配合。轴瓦上开有一条纵向槽,调整轴套两端的螺母可使轴瓦沿轴向移动,从而可调整轴颈与轴瓦间的间隙。如图 10.4(b)所示为用于圆锥形轴颈的结构,轴瓦制成能与圆锥轴颈相配合的内锥孔。

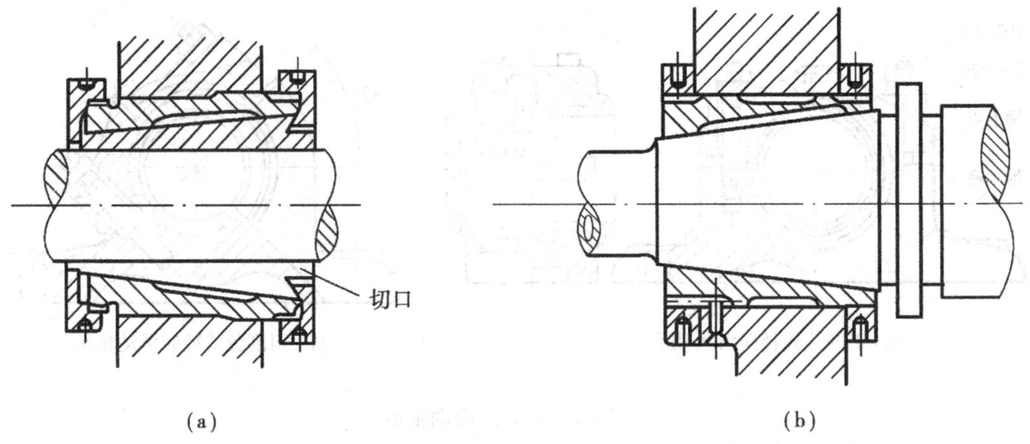

图 10.4 间隙可调式径向滑动轴承

10.2.2 止推滑动轴承的结构形式

止推滑动轴承只能承受轴向载荷,与径向轴承联合使用才可同时承受轴向和径向载荷。其常用的结构如表 10.1 所示。

表 10.1 止推滑动轴承的结构形式

形式	简 图	基本特点及应用	结构尺寸
实心式	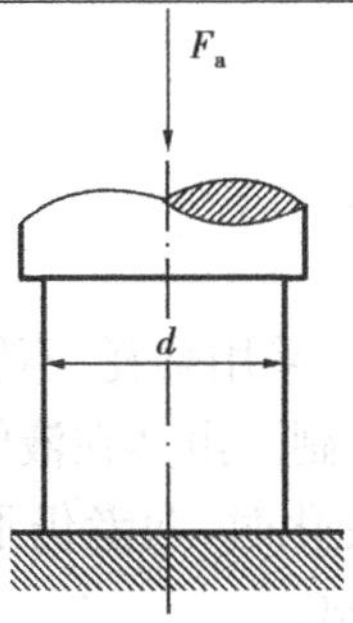 F_a d	支承面上压强分布极不均匀，中心处压强最大，线速度为零，对润滑很不利，导致支承面磨损极不均匀，使用较少	d 由轴的结构确定
空心式	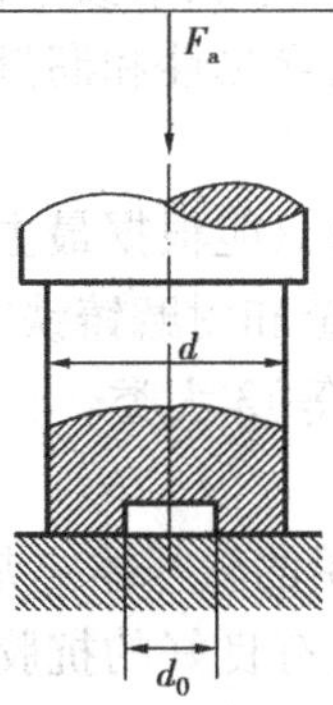 F_a d d_0	支承面上压强分布较均匀，润滑条件有所改善	d 由轴的结构确定； $d_0=(0.4\sim0.6)d$
单环式	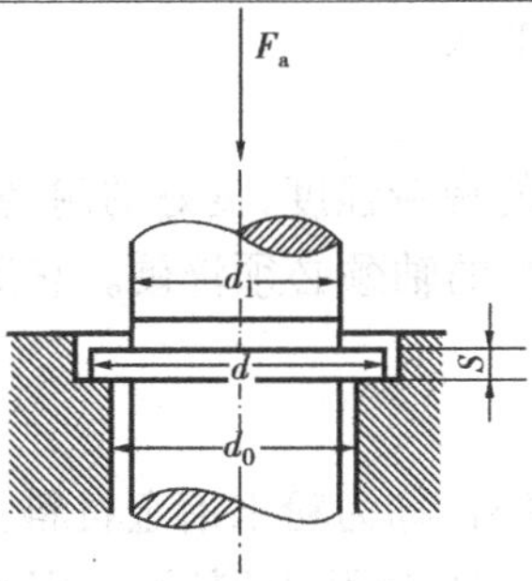 F_a d_1 d d_0 S	利用轴环的端面止推，结构简单，润滑方便，广泛用于低速、轻载的场合	d_1 由轴的结构确定； $d\approx d_1+2S$ $S=(0.1\sim0.3)d_1$ $d_0=(0.4\sim0.6)d$
多环式	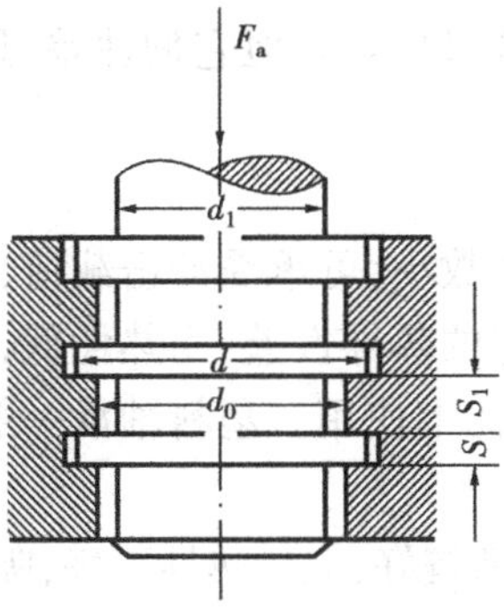 F_a d_1 d d_0 S_1 S	特点同单环式，可承受较单环式更大的载荷，也可承受双向轴向载荷	d_1 由轴的结构确定； $d\approx d_1+2S$ $S=(0.1\sim0.3)d_1$ $d_0=(0.4\sim0.6)d$ $S_1=(2\sim3)S$

10.3 轴瓦的材料和结构

10.3.1 轴瓦的材料

轴瓦是滑动轴承中的重要零件,其与轴颈相配合。轴承中采用轴瓦,不但可节省贵重的轴承合金,还便于维修。滑动轴承工作时,轴瓦与轴颈构成摩擦副。虽然在液体摩擦状态下工作时,轴颈与轴瓦间有油膜隔开,但在启动、停车、换向或转速变化时,两者仍不可避免地存在直接接触。因此,轴瓦的磨损和胶合(烧瓦)是其主要的失效形式。

对轴瓦材料的基本要求是有足够的抗压强度和疲劳强度;摩擦系数小,有良好的耐磨性、抗胶合性、跑合性、嵌入性和顺应性;热膨胀系数小,有良好的导热性和润滑性以及耐腐蚀性;有良好的工艺性。

现有的轴瓦材料尚不能满足上述全部要求,因此,设计时只能根据最主要的要求,选择材料。常用的轴瓦材料有金属材料(如轴承合金、铜合金、铝合金和耐磨铸铁等)、粉末冶金材料(如含油轴承材料)和非金属材料(如塑料、橡胶、硬木和石墨等)3 大类。

(1)轴承合金

轴承合金又称巴氏合金或白合金,其金相组织是在锡或铅的软基体中夹着锑、铜和稀土金属等硬金属颗粒。它的减磨性能最好,很容易和轴颈跑合,具有良好的抗胶合性和耐磨蚀性,但它的弹性模量和弹性极限都很低,机械强度比青铜、铸铁等低得多,一般只用作轴承衬的材料。锡基合金的热膨胀性比铅基合金好,更适用于高速轴承。

(2)铜合金

铜合金有锡青铜、铝青铜和铅青铜等。青铜有很高的疲劳强度,良好的耐磨性和减磨性,工作温度可高达 50 ℃;但可塑性差,不易跑合,与之相配的轴颈必须淬硬。它适用于中速重载、低速重载的轴承中。

(3)粉末冶金材料

将不同的金属粉末经压制烧结而成的多孔质结构材料,称为粉末冶金材料。其孔隙占体积的 10% ~35% ,可存储润滑油,故又称含油轴承。运转时,轴瓦温度升高,因油的膨胀系数比金属大,从而自动进入摩擦表面润滑轴承。停车时,因毛细管作用,润滑油吸回孔隙中。含油轴承加一次油便可工作较长时间,若能定期加油,则效果更好。但它韧性差,只宜用于载荷平稳、低速和加油不方便的场合。

(4)非金属材料

非金属轴瓦材料以塑料用得最多。其优点是摩擦系数小,可承受冲击载荷,可塑性、跑合性良好,耐磨、耐腐蚀,可用水、油或化学溶液润滑。但它的热导性差,耐热性低,膨胀系数大,易变性。因此,可将薄层塑料作为轴承衬黏附在金属轴瓦上使用。塑料轴承一般用于温度不高、载荷不大的场合。

尼龙轴承的自润滑性、耐腐蚀性、耐磨性、减振性等都较好,但导热性不好,吸水性大,线膨胀系数大,尺寸稳定性不好,适用于转速不高或散热条件好的场合。

橡胶轴承弹性大,能减轻振动,使运转平稳,可用水润滑,常用于离心水泵、水轮机等设备中。

常用的轴瓦材料的性能如表 10.2 所示。

表 10.2　常用轴承材料的性能及用途

<table>
<tr><th rowspan="2">材料</th><th rowspan="2">牌号</th><th rowspan="2">[p]
/MPa</th><th rowspan="2">[v]
/($m\cdot s^{-1}$)</th><th rowspan="2">[pv]
/($MPa\cdot m\cdot s^{-1}$)</th><th colspan="2">HB</th><th rowspan="2">应用举例</th></tr>
<tr><th>金属模</th><th>砂模</th></tr>
<tr><td rowspan="3">耐磨材料</td><td>耐磨铸铁(HT)</td><td>0.05 ~ 9</td><td>2 ~ 0.2</td><td>0.2 ~ 1.8</td><td colspan="2">180 ~ 229</td><td>用于与经热处理(淬火或正火)的轴相配合的轴承</td></tr>
<tr><td rowspan="2">耐磨铸铁(QT)</td><td rowspan="2">0.5 ~ 12</td><td rowspan="2">5 ~ 1.0</td><td rowspan="2">2.5 ~ 12</td><td colspan="2">210 ~ 260</td><td>用于与不经淬火的轴相配合的轴承</td></tr>
<tr><td colspan="2">167 ~ 197</td><td>用于重载、中速、高温及冲击条件下工作的轴承</td></tr>
<tr><td rowspan="5">铸造青铜</td><td>ZCuSn10P1</td><td>15</td><td>10</td><td>15(20)</td><td>90</td><td>80</td><td>用于重载、中速、高温及冲击条件下工作的轴承</td></tr>
<tr><td>ZQSn6-6-3</td><td>8</td><td>3</td><td>10(12)</td><td>65</td><td>60</td><td>用于重载、中速工作的轴承,如起重机轴承,一般机床的主轴轴承</td></tr>
<tr><td>ZCuAl10Fe3</td><td>30</td><td>8</td><td>12(60)</td><td>110</td><td>110</td><td>用于受冲击载荷处,轴承温度可达 300 ℃,轴颈须淬火处理</td></tr>
<tr><td rowspan="2">ZCuPb30</td><td>25(平稳)</td><td>12</td><td>30(90)</td><td rowspan="2">25</td><td rowspan="2"></td><td rowspan="2">浇注在钢轴瓦上作轴承衬,可受很大的冲击载荷,也适用于精密机床的主轴轴承</td></tr>
<tr><td>15(冲击)</td><td>8</td><td>(60)</td></tr>
<tr><td>铸锌铝合金</td><td>ZZnAl10-5</td><td>20</td><td>9</td><td>16</td><td>100</td><td>80</td><td>用于 750 kW 以下减速器及各种轧钢机辊轴承,工作温度低于 80 ℃</td></tr>
<tr><td rowspan="2">铸铅基轴承合金</td><td rowspan="2">ZZnSnSb11-6</td><td>25(平稳)</td><td>80</td><td>20(100)</td><td colspan="2" rowspan="2">27</td><td rowspan="2">用作轴承衬,用于重载、高速、温度低于 110 ℃的重要轴承,如汽轮机,大于 750 kW 的电动机、内燃机和高转速的机床主轴的轴承</td></tr>
<tr><td>20(冲击)</td><td>60</td><td>15(10)</td></tr>
</table>

续表

材料	牌号	[p] /MPa	[v] /(m·s^{-1})	[pv] /(MPa·m·s^{-1})	HB 金属模	HB 砂模	应用举例
铸铅基轴承合金	ZChPbSb16-16-2	15	12	10(50)	30		用于中速、中等载荷的轴承,不宜受强烈冲击载荷。可作为锡锑轴承合金的代用品
	ZChPbSb15-5	20	150	15	20		
铁质陶瓷(含油轴承)		21	0.125	定期给油0.5;较少而足够的润滑1.8;润滑充足4	50~85		常用于载荷平稳、低速及加油不方便处,轴颈最好淬火,径向间隙为轴径的0.02%~0.15%
		4.9~4.8	0.25~0.75				
尼龙6 尼龙66 尼龙1010			5	无润滑0.09			用于速度不高或散热条件好的地方
				(滴油连续工作)1.6 (滴油间歇工作)2.5			

注:括弧中的[pv]值为极限值,其余为润滑良好时的一般值。耐磨铸铁的[p]及[pv]与 v 有关,可用内插法计算。

10.3.2 轴瓦的结构

如图10.5所示,整体式轴瓦是套筒形(称为轴套),剖分式轴瓦多由两半组成。有时为了改善轴瓦表面的摩擦性质和节约贵重合金材料,常在其内表面上浇铸或轧制一层或两层减摩材料,即轴瓦可制成双金属结构或三金属结构(见图10.6),称为轴承衬。

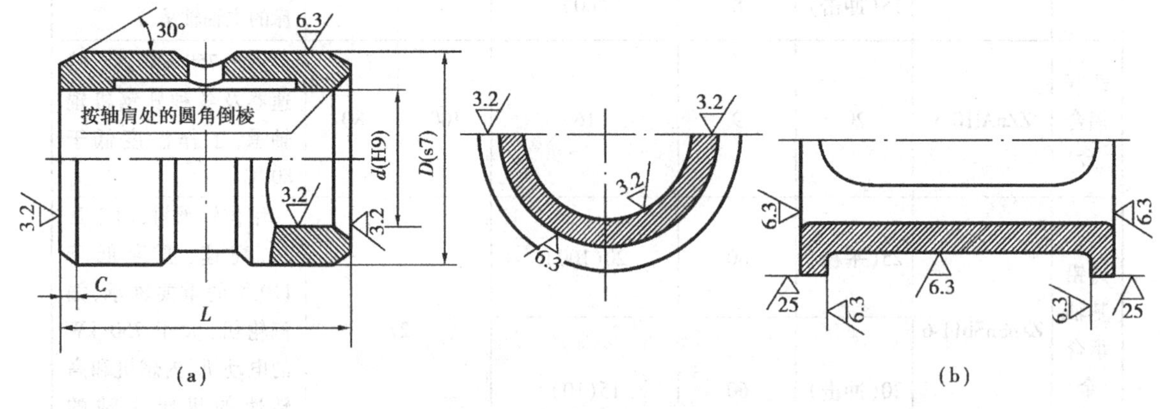

图10.5 整体式轴瓦和剖分式轴瓦

工作时,不允许轴瓦与轴承座间发生相对运动,可将轴瓦的两端制成凸缘(见图10.5(b)),实现轴向定位,或用销钉将其固定在轴承座上(见图10.7)。

为了使滑动轴承得到良好的润滑条件,轴瓦或轴颈上须开设油孔及油沟。油孔用于供应

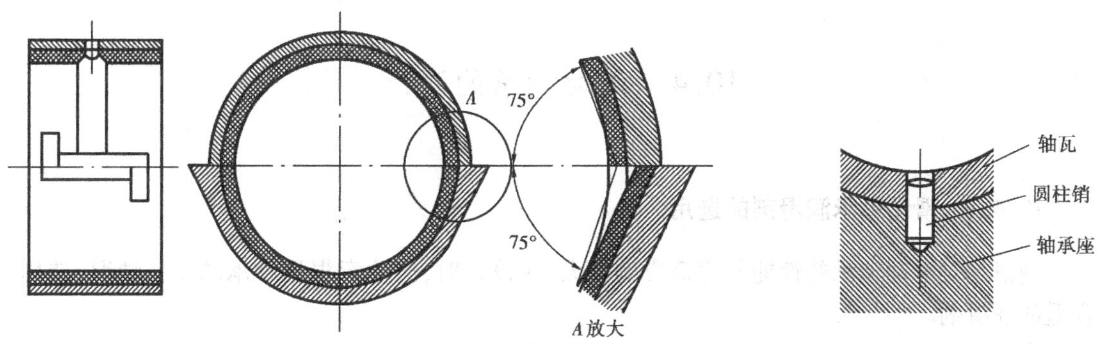

图10.6　双金属轴瓦　　　　图10.7　销钉固定个轴瓦

润滑油，油沟用于通导和分流润滑油。其开设位置和形状对轴承的承载能力和寿命影响较大，要求既便于供油又不降低轴承的承载能力。通常，油孔应设置在油膜压力最小处，油沟应开在轴承不受力或油膜压力较小的区域。油沟的长度小于轴承宽度，以便在轴瓦两端留出封油面，防止润滑油流失。如图10.8所示为油孔和油沟对轴承承载能力的影响，如图10.9所示为几种常见的油沟。

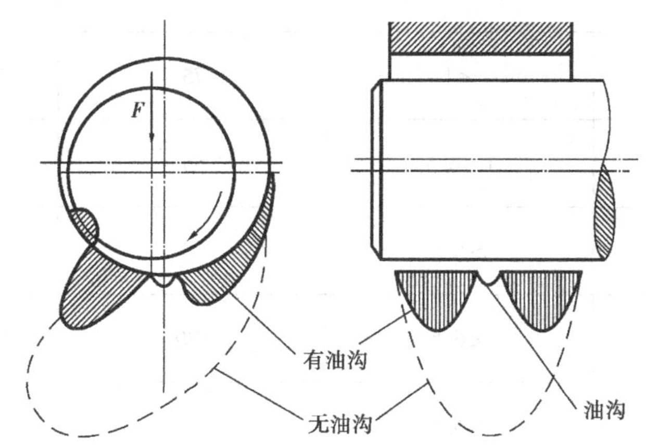

图10.8　不正确的油沟会降低油膜的承载能力

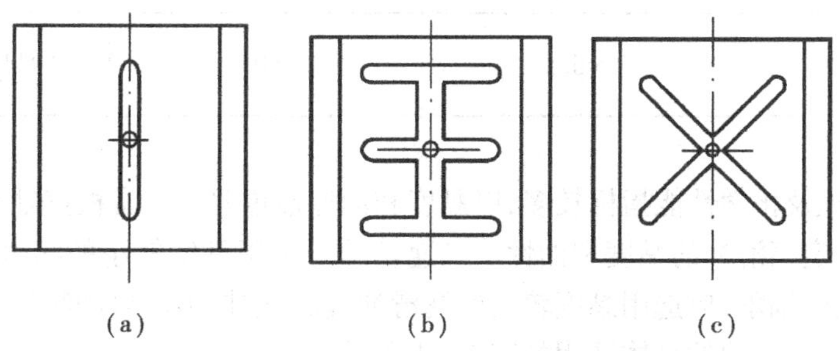

图10.9　油沟(开在非承载轴瓦上)

10.4 滑动轴承的润滑

10.4.1 滑动轴承润滑剂的选用

润滑剂对滑动轴承的性能与寿命影响较大，在设计时，应注意根据轴承的工作情况，选用合适的润滑剂。

常用的润滑剂为润滑脂和润滑油，其中以润滑油应用最广。

对于要求不高、难于经常供油或摆动工作的不完全液体摩擦滑动轴承，可采用润滑脂。轴承压力高、滑动速度低时，应选用针入度较小的润滑脂；反之，应选针入度大的润滑脂。温度高时，应选用耐热的钠基脂和锂基脂。润滑脂的滴点应高于轴承工作温度 15 ~20 ℃。在潮湿的环境下，应选用耐水的钙基脂，避免选用钠基脂。润滑脂的选用如表 10.3 所示。

表 10.3 滑动轴承润滑脂的选择

轴颈圆周速度 $v/(\mathrm{m \cdot s^{-1}})$	平均压力 p/MPa	最高工作温度/℃	适用润滑脂
≤1	<1	75	3 号钙基脂(ZG-3)
0.5 ~5	1 ~6.5	55	2 号钙基脂(ZG-2)
≤0.5	>6.5	75	2 号钙基脂(ZG-3)
0.5 ~5	<6.5	120	2 号钙基脂(ZN-2)
≤0.5	>6.5	110	1 号钙-钠基脂(ZGN-1)
0.5 ~5	1.65	-20 ~120	2 号锂基脂(ZL-2)
≤0.5	>6.5	60	2 号压延机脂(ZJ-2)

润滑油的物理及化学性能指标较多，以黏度和油性最重要。通常根据轴承的滑动速度、工作温度及压力，确定润滑油的黏度和油性。高速轴承应选用黏度较小的润滑油，以减小摩擦、降低温升；压力大的轴承，应选用黏度较大的润滑油，以免被挤出。启动频繁的轴承，应选用油性较好的润滑油。润滑油的具体选用如表 10.4 所示。

表10.4　滑动轴承润滑油的选择(工作温度10～60 ℃)

轴颈圆周速度 $v/(\mathrm{m\cdot s^{-1}})$	轻　载 $p<3$　MPa		中　载 $p=3\sim7.5$　MPa		重　载 $p>7.5\sim30$　MPa	
	运动黏度 ν_{40}　cSt	适用油牌号	运动黏度 ν_{40}　cSt	适用油牌号	运动黏度 ν_{40}　cSt	适用油牌号
<0.1	61.2～74.8 90.0～110 135～165	N68 N100 N150	135～165 14～16(100 ℃)	N150 HQ-15	26～30 32～44 49～55	HJ3-28 HG-38 HG-52
0.1～0.3	61.2～74.8 90～110	N68 N100 HQ-10	90.0～110 135～165 14～16(100 ℃)	N100 N150 HQ-15	26～30 32～44	HJ3-28 HG-38
0.3～1.0	41.4～50.8 61.2～74.8	N46 N68 HQ-6	90.0～110 10～12(100 ℃)	N100 HQ-10	10～12 14～16 90～110 135～165	HQ-10 HQ-15 N100 N150
1.0～2.5	41.4～50.8 61.2～74.8	N46 N68 HQ-6	61.2～74.8 135～165 6.0～8.0 6.0～8.0	N68 N100 HQ-6 HQ-6D		
2.5～5.0	28.8～35.2 41.4～50.8	N32 N46				
5～9	13.5～16.5 19.8～24.2 28.8～35.2	N15 N22 N32				
>9	6.12～2.48 9.0～11.0 13.5～16.5	N7 N10 N15				

注:润滑油代号意义:N—工业用润滑油;HG—汽缸油;HJ—轧钢机油;HQ—汽油机油。

10.4.2　润滑方式与供油装置

(1)润滑方式的选择

要保证滑动轴承获得充足的润滑剂,必须根据轴承的工作条件选用恰当的润滑(供油)方式,如见表10.5所示。

表 10.5 滑动轴承润滑方式选择

系数 k	≤2	2~16	16~32	>32
润滑剂	润滑脂	润滑油		
润滑方式	油杯手工定时润滑	针阀式油杯滴油润滑	飞溅、油杯润滑,压力循环润滑	压力循环润滑
供油量 Q		$Q \geqslant \frac{\pi(D^2-d^2)B\rho g}{4}$ L/min		低速机械 $Q \approx (0.003 \sim 0.006)$ DBL/min 高速机械 $Q \approx (0.06 \sim 0.15)$ DBL/min

注:系数 $k=\sqrt{pv^3}$;p—轴承比压,MPa;v—轴颈圆周速度,m/s;D—轴承直径,cm;d—轴颈直径,cm;B—轴承宽度,cm;ρ—润滑油密度,$\rho = 9 \times 10^{-4}$ kg/cm^3;g—重力加速度,$g = 9.8$ m/s^2。

(2)润滑装置

采用润滑脂进行润滑时,一般使用旋盖式油脂杯(见图 10.10),杯内储有润滑脂,定时或随时旋转杯盖,可将润滑脂挤入轴承。

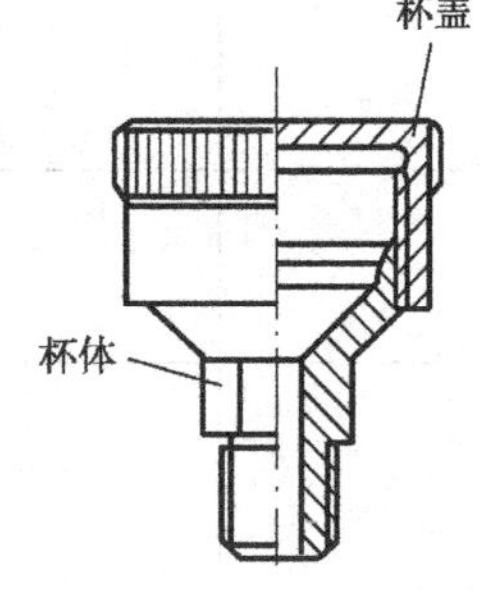

图 10.10 旋盖式油脂杯

低速和间歇工作的轴承,可定期用油枪向轴承的油孔内注油。为防止污物进入轴承,可以在油孔上加装压配油杯(见图 10.11)。

中速中载的轴承应采用连续供油的润滑方式。如图 10.12(a)所示为针阀式油杯,扳起手柄使之直立,针阀被提起,润滑油便从油孔中自动缓慢地流入轴承。将手柄平放,针阀即往下堵住油孔。供油量的大小可通过螺母进行调节。如图 10.12(b)所示为油绳式油杯,通过绳芯(毛线或棉纱)的毛细管吸油作用将油滴到轴颈上。这种油杯供油量虽是连续的,但供油量不能调节。

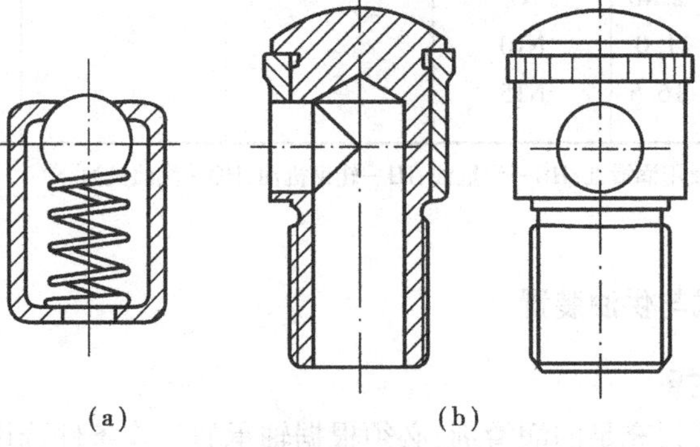

图 10.11 压配式油杯

对于高速重载或变载荷的重要设备中的滑动轴承,应采用压力循环润滑。它是利用油泵经油路系统将润滑油压到轴承表面,油泵的供油压力通常为 0.1~0.5 MPa。这是一种比较完善的润滑方式，不仅润滑效果好，还具有冷却冲洗的作用，但结构复杂，须专门的供油系统，成本较高。

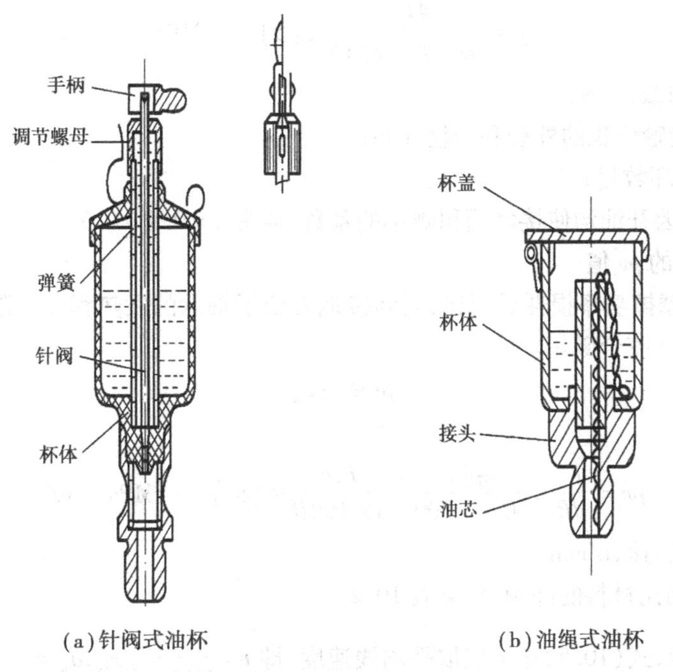

图10.12　针阀式油杯与油绳式油杯

10.5　不完全液体润滑滑动轴承的设计计算

10.5.1　失效形式和设计准则

不完全液体摩擦滑动轴承的工作表面不能被润滑油完全隔开，只能形成边界油膜，存在局部金属表面的直接接触。因此，表面磨损和因边界油膜破裂导致的表面胶合(或烧瓦)是其主要失效形式。因此，这类滑动轴承的设计准则是维持边界油膜不破裂。由于形成边界油膜的机理很复杂，目前尚未完全搞清楚，故对其设计计算只能是间接、条件性的。

(1)验算轴承的平均压强 p

限制轴承的平均压强 p，以保证润滑油不被挤出，避免工作表面的过度磨损，即

$$p \leqslant [p] \tag{10.1}$$

径向轴承为

$$p = \frac{F_r}{dB} \leqslant [p] \quad \text{MPa} \tag{10.2}$$

式中　F_r——径向载荷，N；

d——轴颈直径，mm；

B——轴承宽度，mm；

$[p]$——轴瓦材料的许用值，见表 10.2。

止推轴承为

$$p=\frac{4F_a}{\pi Z(d^2-d_0^2)k}\leqslant[p] \qquad \text{MPa} \tag{10.3}$$

式中 F_a——轴向载荷，N；

d,d_0——接触面积的外径和内径，mm；

Z——推力环数目；

k——考虑因开油沟使接触面积减小的系数，通常 $k=0.8\sim0.9$。

(2)验算轴承的 pv 值

由于 pv 值与摩擦功率损耗成正比，它间接地表征了轴承的发热程度。限制 pv 值，以防止轴承温升过高，出现胶合破坏。即

$$pv\leqslant[pv] \tag{10.4}$$

径向轴承为

$$pv=\frac{F_r}{dB}\times\frac{\pi dn}{60\times1\ 000}=\frac{F_rn}{19\ 100B}\leqslant[pv] \qquad \text{MPa}\cdot\text{m/s} \tag{10.5}$$

式中 n——轴的转速，r/min；

$[pv]$——轴瓦材料的许用值，见表 10.2。

对于止推轴承，式(10.5)中 v 应取平均线速度，即 $v=\dfrac{\pi d_mn}{60\times1\ 000}$，$d_m=\dfrac{d+d_0}{2}$。

(3)验算轴承的滑动速度 v

当压强 p 较小时，即使 p 与 pv 都在许用范围内，也可能因滑动速度 v 过大而加剧磨损，故要求

$$v\leqslant[v] \qquad \text{m/s} \tag{10.6}$$

液体摩擦滑动轴承在启动或停车时，也处于不完全液体状态，因此，也应按上述方法进行初算。

10.5.2 设计步骤

(1)选择轴承的结构及材料

通常根据轴径 d、转速 n 和轴承载荷 F 及使用要求，确定轴承和轴瓦的结构，并按表 10.2 初选轴瓦材料。

(2)初步确定轴承的基本参数

宽径比 B/d 是轴承的重要参数，可参考表 10.8 根据轴径 d 确定轴承宽度 B 及轴承座外形尺寸。并按机器的使用和旋转精度要求，选择轴承的配合，以确保轴承具有一定的间隙。

(3)校核计算

按式(10.1)、式(10.4)和式(10.6)进行校核计算。条件不能满足，则需重新进行。能满足设计条件的方案不是唯一的，应选择几种可行的方案，经分析、评价，定出一种较好的设计方案。

(4)选择润滑剂和润滑装置

(从略)。

10.6 液体动压润滑径向轴承的设计计算

10.6.1 液体动压润滑的承载原理

如图10.13(a)所示为板间充满有一定黏度的润滑油的A,B两平行板。若板B静止不动,板A以速度V沿x方向运动。由于润滑油的黏性及它与平板间的吸附作用,与板A下表面紧贴的油层流速v等于板速V,与板B上表面紧贴的油层的流速为零,其他各油层的流速v则按直线规律分布。此时,润滑油虽能维持连续流动,但油膜无承载能力(这里忽略了液体受到挤压作用而产生的压力效应)。

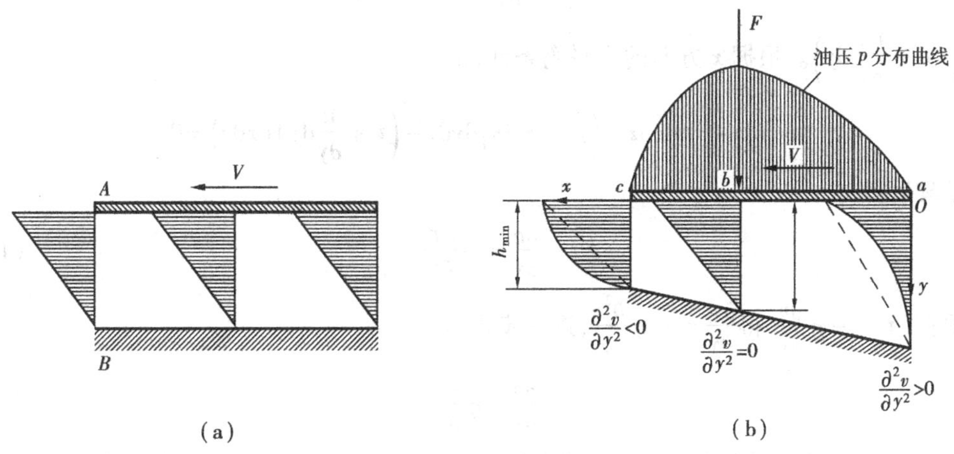

图10.13 两相对运动平板间油层中的速度分布和压力分布

如图10.13(b)所示为两平板相互倾斜,形成收敛状楔形间隙,且板A的运动方向是从间隙较大的一方向着间隙较小的一方。由于液体不可压缩且流动连续,故通过楔形间隙任一垂直截面的流量皆相等。这样就会使油进口端的速度梯度曲线呈内凹形,出口端则呈外凸形分布。只要连续充分供应一定黏度的润滑油,并且A,B两板相对速度V值足够大,楔形收敛间隙中润滑油产生的动压力就稳定存在。这种具有一定黏性的液体,流入楔形收敛间隙而产生压力的效应称液体动压润滑的楔效应。

10.6.2 液体动压润滑的基本方程

为了揭示油膜压力与表面速度及润滑油黏度间的关系,雷诺在19世纪末,对被润滑油隔开的两平板(一板水平移动,另一板静止)的流体动力学问题进行了研究。并假设:

①润滑油沿z方向无流动。

②润滑油流动为层流(润滑油的剪切力τ与y方向的速度梯度成正比),即$\tau = -\eta \partial v / \partial y$。

③油与板面吸附牢固,板面的油分子随板面一同运动或静止。

④不计油的惯性和重力。

如图10.14所示,从层流运动的油膜中取一微元体进行分析。由图10.14可知,作用在此

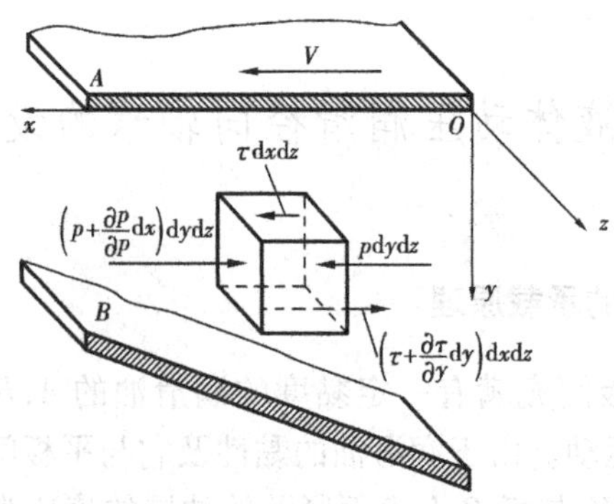

图 10.14　被油膜隔开的两平板

微单元体右面、左面的压力分别为 p 和 $\left(p+\frac{\partial p}{\partial x}dx\right)$，作用在单元体上、下两面的剪切应力分别为 τ 和 $\left(\tau+\frac{\partial\tau}{\partial y}dy\right)$。根据 x 方向的力平衡条件，得

$$p\,dy\,dz+\tau\,dx\,dz-\left(p+\frac{\partial p}{\partial x}dx\right)dy\,dz-\left(\tau+\frac{\partial \tau}{\partial y}dy)\,dx\,dz\right)=0$$

整理后得

$$\frac{\partial p}{\partial x}=-\frac{\partial\tau}{\partial y}\tag{10.7}$$

根据 $\tau=-\eta\frac{\partial v}{\partial y}$，得 $\frac{\partial\tau}{\partial y}=-\eta\frac{\partial^2 v}{\partial y^2}$，进一步可得

$$\frac{\partial p}{\partial x}=\eta\frac{\partial^2 v}{\partial y^2}\tag{10.8}$$

式(10.8)表示了压力沿 x 轴方向的变化与速度沿 y 方向的变化之间的关系。

对式(10.8)积分，并利用 $y=0$ 和 $y=h$(为所取单元体处的油膜厚度)处的速度边界条件，即可求出油层的速度分布，进而可得到

$$\frac{\partial p}{\partial x}=6\eta V\frac{(h-h_0)}{h^3}\tag{10.9}$$

式中　h_0——压力最大处油膜厚度；

h——任一油膜厚度；

η——润滑油黏度。

式(10.9)为一维雷诺方程。它是计算液体动压润滑滑动轴承承载能力的基本方程(简称液体动压方程)。由雷诺方程可知，油膜压力的变化与润滑油的黏度、表面滑动速度和油膜厚度及其变化有关。利用这一公式，经积分后可求出油膜的承载能力。由式(10.9)及图 10.13(b)也可知，在 $ab(h>h_0)$ 段，$\partial^2v/\partial y^2>0$(即速度分布曲线呈凹形)，所以 $\partial p/\partial x>0$，表明压力沿 x 方向逐渐增大；而在 $bc(h<h_0)$ 段，$\partial^2v/\partial y^2<0$(即速度分布曲线呈凸形)，即 $\partial p/\partial x<0$，表明压力沿 x 方向逐渐降低。在 a 和 c 之间必有一处(b 点)的 $\partial^2v/\partial y^2=0$，即 $\partial p/\partial x=0$，表明压力 p 在此处达到最大值。由于油膜沿着 x 方向各处的油压都大于入口和出口的油压，压力分布如图 10.13(b)所示的上部曲线，因而能承受一定的外载荷。

由此可知，形成液体动压润滑(即形成动压油膜)的必要条件如下：

①相对运动的两表面间必须形成收敛状的楔形间隙。

②被油膜分开的两表面必须有一定的相对滑动速度,其运动方向必须使润滑油由大口流进,小口流出。

③润滑油必须有一定的黏度,且供油要充分。

10.6.3　径向滑动轴承形成液体动压润滑的过程

在径向滑动轴承中,轴承孔与轴为间隙配合,二者具有间隙。如图10.15(a)所示,当轴颈静止时,轴颈处于轴承孔的最低位置,并与轴瓦接触,两表面间自然形成楔形空间。当轴颈按图示方向开始转动时,速度极低,带入间隙的油量较少,这时轴颈沿孔壁向右爬升(见图10.15(b))。随着轴颈转速及其表面的圆周速度的逐渐增大,带入楔形空间的油量也逐渐增多。右侧楔形油膜产生了一定的动压力,将轴颈向左浮起,最终轴颈便稳定在某一偏心位置上(见图10.15(c))。这时轴承处于液体动压润滑状态,油膜产生的动压力的合力与外载荷 F 相平衡。

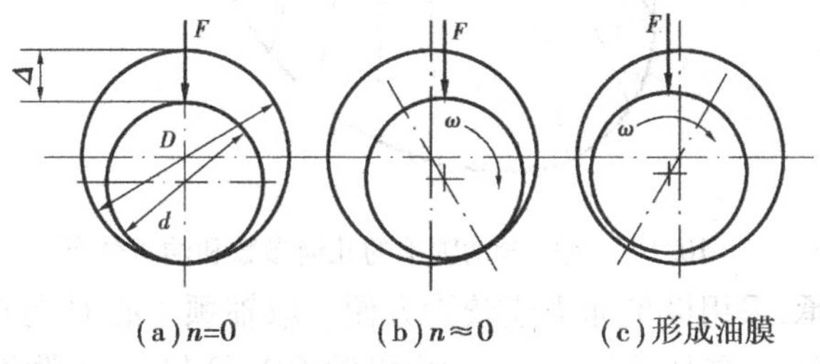

图10.15　径向滑动轴承形成液体动压润滑的过程

10.6.4　径向滑动轴承的几何关系和承载量系数

如图10.16所示为轴承达到稳定运转状态时所处的位置,轴承和轴颈的连心线 OO_1 与外载荷 F(作用在轴颈中心上)的方向形成一偏位角 φ_a。轴承孔和轴颈直径分别用 D 和 d 表示,则轴承直径间隙为

$$\Delta = D - d \tag{10.10}$$

半径间隙为轴承孔半径 R 与轴颈半径 r 之差,即

$$\delta = R - r = \frac{\Delta}{2} \tag{10.11}$$

直径间隙与轴颈公称直径之比称为相对间隙,以 ψ 表示,则

$$\psi = \frac{\Delta}{d} = \frac{\delta}{r} \tag{10.12}$$

轴在稳定运转时,其中心 O 与轴承中心 O_1 的距离,称为偏心距,用 e 表示。偏心距与半径间隙的比值称为偏心率,以 χ 表示,则

$$\chi = \frac{e}{\delta}$$

由图10.16可知,最小油膜厚度为

$$h_{\min} = \delta - e = \delta(1 - \chi) = r\psi(1 - \chi) \tag{10.13}$$

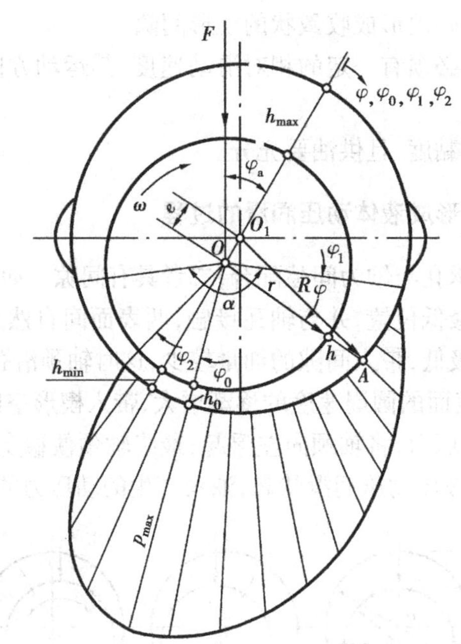

10.16 径向滑动轴承的几何参数和油压分布

对于径向滑动轴承,采用极坐标描述较为方便。取轴颈中心 O 为极点,连心线 OO_1 为极轴。则对应于任意极角 φ(包括 $\varphi_0,\varphi_1,\varphi_2$,均由极轴 OO_1 算起)的油膜厚度 h 可表示为

$$h = \delta + e\cos\varphi = \delta(1 + \chi\cos\varphi) \tag{10.14}$$

在压力最大处的油膜厚度 h_0 为

$$h_0 = \delta(1 + \chi\cos\varphi_0) \tag{10.15}$$

式中 φ_0——最大压力处的极角。

可将式(10.9)写成相应的极坐标的形式,即

$$\frac{\mathrm{d}p}{\mathrm{d}\varphi} = 6\eta\frac{\omega}{\psi^2}\cdot\frac{\chi(\cos\varphi - \cos\varphi_0)}{(1 + \chi\cos\varphi)^3} \tag{10.16}$$

将式(10.16)从油膜起始角 φ_1 到任意角 φ 进行积分,得任意位置处的压力为

$$p_\varphi = 6\eta\frac{\omega}{\psi^2}\int_{\varphi_1}^{\varphi}\frac{\chi(\cos\varphi - \cos\varphi_0)}{(1 + \chi\cos\varphi)^3}\mathrm{d}\varphi \tag{10.17}$$

压力 p_φ 在外载荷方向上的分量为

$$p_{\varphi y} = p_\varphi\cos[180° - (\varphi_a + \varphi)] = -p_\varphi\cos(\varphi_a + \varphi) \tag{10.18}$$

将式(10.18)在油膜起始角 φ_1 到油膜终止角 φ_2 的区间内积分,得出在轴承单位宽度上的油膜承载力为

$$\begin{aligned}p_y &= \int_{\varphi_1}^{\varphi_2}p_{\varphi y}r\mathrm{d}\varphi = -\int_{\varphi_1}^{\varphi_2}p_\varphi\cos(\varphi_a + \varphi)r\mathrm{d}\varphi\\ &= 6\frac{\eta\omega r}{\psi^2}\int_{\varphi_1}^{\varphi_2}\left[\int_{\varphi_1}^{\varphi}\frac{\chi(\cos\varphi - \cos\varphi_0)}{(1 + \chi\cos\varphi)^3}\mathrm{d}\varphi\right][-\cos(\varphi_a + \varphi)]\mathrm{d}\varphi\end{aligned} \tag{10.19}$$

理论上,轴承全宽的油膜承载力,只需将 p_y 乘以轴承宽度 B 即可得到。但由于油可能从轴承的两个端面流出,故必须考虑端泄的影响。实际上,压力沿轴承宽度的变化呈抛物线分

布,故其油膜压力比无限宽轴承的油膜压力低(见图10.17)。所以须乘以系数 C'。C'值取决于宽径比 B/d 和偏心率 χ 的大小。这样,在距轴承宽中线为 z 处的油膜压力的数学表达式为

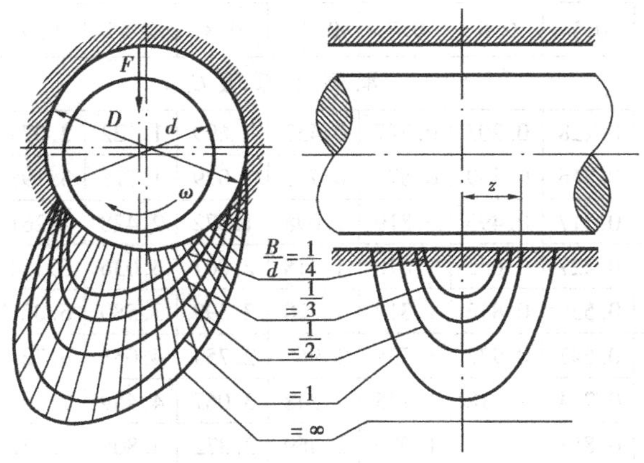

图10.17 不同宽径比时沿轴承周向和轴向的压力分布

$$p'_y = p_y C'\left[1 - \left(\frac{2z}{B}\right)^2\right] \tag{10.20}$$

故有限长轴承油膜的总承载能力为

$$F = \int_{-\frac{B}{2}}^{+\frac{B}{2}} P'_y \mathrm{d}z = 6\frac{\eta\omega r}{\psi^2}\int_{\frac{-B}{2}}^{\frac{+B}{2}}\int_{\varphi_1}^{\varphi_2}\left[\int_{\varphi_1}^{\varphi}\frac{\chi(\cos\varphi - \cos\varphi_0)}{(1+\chi\cos\varphi)^3}\mathrm{d}\varphi\right]\cdot$$

$$\left[-\cos(\varphi_a+\varphi)\right]\mathrm{d}\varphi \cdot C'\left[1-\left(\frac{2z}{B}\right)^2\right]\mathrm{d}z \tag{10.21}$$

式(10.21)可进一步表示为

$$F = \frac{\eta\omega \mathrm{d}B}{\psi^2}C_p \tag{10.22}$$

式中

$$C_p = 3\int_{-\frac{B}{2}}^{+\frac{B}{2}}\int_{\varphi_1}^{\varphi_2}\left[\int_{\varphi_1}^{\varphi}\frac{\chi(\cos\varphi - \cos\varphi_0)}{(1+\chi\cos\varphi)^3}\mathrm{d}\varphi\right]\cdot$$

$$\left[-\cos(\varphi_a+\varphi)\right]\mathrm{d}\varphi \cdot C'\left[1-\left(\frac{2z}{B}\right)^2\right]\mathrm{d}z \tag{10.23}$$

实际上,C_p 的积分非常困难,常采用数值积分的方法进行计算,并制成相应的线图或表格供设计时参考。由式(10.23)可知,在给定边界条件时,C_p 是轴颈在轴承中位置的函数,其值取决于轴承的包角 α(指轴承表面上的连续光滑部分包围轴颈的角度,即入油口和出油口所包轴颈的夹角)、相对偏心率 χ 和宽径比 B/d。由于 C_p 是一个无量纲的数,故称为轴承的承载量系数。当轴承的包角 α($\alpha=120°$,180°或360°)给定时,经过一系列换算,C_p 可表示为

$$C_p \propto \left(\chi, \frac{B}{d}\right) \tag{10.24}$$

若轴承是在非承载区内进行无压力供油,且设液体动压力是在轴颈与轴承衬的180°的弧内产生时,则不同 χ 和 B/d 的 C_p 值如表10.6所示。

表 10.6 有限宽轴承的承载量系数 C_p

$\frac{B}{d}$	χ											
	0.3	0.4	0.5	0.6	0.7	0.75	0.8	0.85	0.9	0.95	0.975	0.99
	承载量系数 C_p											
0.3	0.052	0.082	0.128	0.203	0.347	0.457	0.699	1.122	2.074	5.73	15.15	50.52
0.4	0.089	0.141	0.216	0.339	0.573	0.776	1.079	1.775	3.195	8.393	21.00	65.26
0.5	0.133	0.209	0.317	0.493	0.819	1.098	1.572	2.428	4.261	10.706	25.62	75.86
0.6	0.182	0.283	0.427	0.655	1.070	1.418	2.001	3.036	5.214	12.64	29.17	83.21
0.7	0.234	0.361	0.538	0.816	1.312	1.720	2.399	3.580	6.029	14.14	31.88	88.90
0.8	0.287	0.439	0.647	0.972	1.538	1.965	2.754	4.053	6.721	15.37	33.99	92.89
0.9	0.339	0.515	0.754	1.118	1.745	2.248	3.067	4.459	7.294	16.37	35.66	96.35
1.0	0.391	0.589	0.853	1.253	1.929	2.469	3.372	4.808	7.772	17.18	37.00	98.95
1.1	0.440	0.658	0.947	1.377	2.097	2.664	3.580	5.106	8.186	17.86	38.12	101.15
1.2	0.487	0.723	1.033	1.489	2.247	2.838	3.787	5.364	8.533	18.43	39.04	102.90
1.3	0.529	0.784	1.111	1.590	2.379	2.990	3.968	5.586	8.831	18.91	39.81	104.42
1.5	0.610	0.891	1.248	1.763	2.600	3.242	4.266	5.947	9.304	19.68	41.07	106.84
2.0	0.763	1.091	1.483	2.070	2.981	3.671	4.78	6.545	10.091	20.97	43.11	110.79

10.6.5 最小油膜厚度

由式(10.13)及表 10.6 可知,若其他条件不变,h_{min}越小则偏心率χ越大,轴承的承载能力就越大。然而,最小油膜厚度受到轴颈和轴承表面粗糙度、轴的刚性以及轴承与轴颈的几何形状误差等因素的限制。为了保证轴承获得完全液体摩擦,避免轴颈与轴瓦的直接接触,最小油膜厚度 h_{min}必须大于轴颈和轴瓦两表面粗糙度 R_{z1},R_{z2}之和,即

$$h_{min} \geqslant R_{z1} + R_{z2} = [h_{min}] \tag{10.25}$$

综合考虑轴颈、轴瓦的制造和安装误差,以及轴的变形等影响,一般要使安全系数为

$$S \geqslant \frac{h_{min}}{R_{z1} + R_{z2}} = 2 \sim 3 \tag{10.26}$$

10.6.6 温升 Δt

即使轴承在完全液体摩擦状态下工作,也存在由于润滑油内摩擦而造成的摩擦功损耗,摩擦功将转化为热量,引起轴承温升,并使油黏度降低,有可能导致轴承性能下降,严重时出现胶合失效。因此,必须进行热平衡计算,控制温升不超过允许值。

摩擦功产生的热量,一部分由流动的润滑油带走;一部分由轴承的金属表面通过传导和辐射散发到周围介质中去。因此,轴承的热平衡条件,就是单位时间内轴承发热量与散热量相等,即

$$fFv = c\rho Q\Delta t + \alpha_s A\Delta t \tag{10.27}$$

式中 f——液体摩擦系数;

F——轴承承载能力,即载荷,N;

v——轴颈圆周速度，m/s；

c——润滑油比热，一般为 1 680 ~ 2 100 J/(kg · ℃)；

ρ——润滑油密度，一般为 850 ~ 900 kg/m^3；

Q——轴承耗油量，m^3/s；

A——轴承散热面积，m^2；$A = \pi dB$；

Δt——润滑油的出油温度 t_2 与进油温度 t_1 之差(温升)，℃，$\Delta t = t_2 - t_1$；

α_s——轴承的散热系数，依轴承结构尺寸和通风条件而定。轻型轴承或散热困难的环境，$\alpha_s = 50$ J/(m^2 · s · ℃)；重型轴承或散热条件良好时，$\alpha_s = 140$ J/(m^2 · s · ℃)。

达到热平衡时润滑油的温度差(温升)为

$$\Delta t = t_2 - t_1 = \frac{\left(\frac{f}{\psi}\right)p}{c\rho \frac{Q}{\psi vBd} + \frac{\pi\alpha_s}{\psi v}} \tag{10.28}$$

式中 $\frac{Q}{\psi vBd}$——耗油量系数，是一个无量纲量，可根据轴承的宽径比 B/d 及偏心率 χ 由如图10.18 所示取；

f——摩擦系数，$f = \frac{\pi}{\psi} \cdot \frac{\eta\omega}{p} + 0.55\psi\xi$，式中，$\xi$ 为随轴承宽径比而变化的系数，ω 为轴颈角速度；当 $B/d < 1$ 时，$\xi = \left(\frac{d}{B}\right)^{1.5}$；当 $B/d \geqslant 1$ 时，$\xi = 1$。

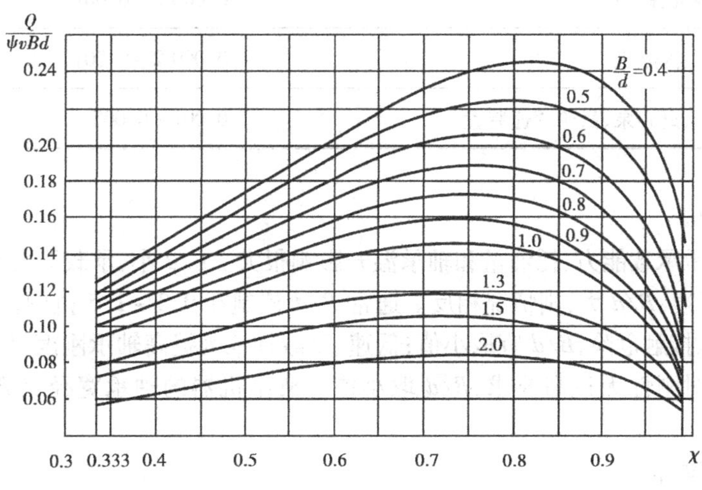

图10.18　耗油量系数线图

由式(10.28)求出的只是润滑油的平均温差。实际上，润滑油从入口至出口，温度是逐渐升高的，因而各处油的黏度不等。计算轴承承载能力时，应采用润滑油平均温度下的黏度。平均温度可计算为

$$t_m = t_1 + \frac{\Delta t}{2} \tag{10.29}$$

平均温度一般不应超过 75 ℃，进油温度 t_1 一般控制在 35 ~ 45 ℃(t_1 太低，外部冷却困难)。

10.6.7 设计方法

(1)参数选择

轴承的参数对其工作性能影响极大,故参数选取尤为重要。选取时,常根据有关成熟的经验数据或经验公式为依据。

1)相对间隙 ψ

相对间隙是影响轴承工作性能的一个主要参数。从式(10.22)可知,轴承的承载能力与 ψ^2 成反比。相对间隙越小,轴承承载能力越高。但另一方面,相对间隙减小,会使摩擦系数增大,轴承温度升高,油的黏度降低,使轴承承载能力下降。相对间隙对运动平稳性也有较大影响,减小相对间隙可提高轴承运转平稳性。一般来说,重载、低速轴承宜取较小的 ψ 值;轻载、高速轴承,宜取较大的 ψ 值;回转精度要求高的轴承,宜取较小的 ψ 值。设计时,可按经验公式计算为

$$\psi \approx \frac{(n/60)^{\frac{4}{9}}}{10^{\frac{31}{9}}} \tag{10.30}$$

各种典型机器常用的轴承相对间隙推荐值如表 10.7 所示。

表 10.7 各种机器的相对间隙 ψ 推荐值

机器名称	相对间隙 ψ
汽轮机、电动机、发电机	0.001 ~ 0.002
轧钢机、铁路机车	0.000 2 ~ 0.001 5
机床、内燃机	0.000 2 ~ 0.001
风机、离心泵、齿轮变速装置	0.001 ~ 0.003

2)宽径比 B/d

宽径比对轴承承载能力、耗油量和轴承温升影响很大。B/d 小,承载能力小,耗油量大,温升小,轴承结构紧凑;B/d 大,则情况相反。通常 B/d 控制在 0.3 ~ 1.5 范围内。高速、重载轴承温度高,有边缘接触危险,B/d 宜取小值;低速、重载轴承为提高轴承刚度,B/d 宜取大值;高速、轻载轴承,如对刚性无过高要求,B/d 取小值。典型机器的轴承宽径比 B/d 推荐值如表 10.8 所示。

3)润滑油黏度 η

黏度越大,轴承承载能力越高,但摩擦功耗增大、油流量减小、轴承温升增高。因此,润滑油黏度应根据载荷大小、运转速度高低选取。一般原则为载荷大、速度低时,选用黏度大的润滑油;载荷小、速度高时,选用黏度小的润滑油。通常可按转速计算油的黏度,即

表 10.8 典型机器的轴承宽径比 B/d 推荐值

机器	轴承或销	B/d	机器	轴承或销	B/d
汽车及航空活塞发动机	曲轴主轴承 连杆轴承 活塞销	0.75～1.75 0.75～1.75 1.5～2.2	柴油机	曲轴主轴承 连杆轴承 活塞销	0.6～2.0 0.6～1.5 1.5～2.0
空气压缩机及往复泵	主轴承 连杆轴承 活塞销	1.0～2.0 1.0～1.25 1.2～1.5	电机	主轴承	0.6～1.5
			机床	主轴承	0.8～1.2
			冲剪床	主轴承	1.0～2.0
铁路车辆	轮轴支承	1.8～2.0	起重设备		1.5～2.0
汽轮机	主轴承	0.4～1.0	齿轮减速器		1.0～2.0

$$\eta = \left(\left(\frac{n}{60}\right)^{\frac{1}{3}} \times 10^{\frac{7}{6}}\right)^{-1} \tag{10.31}$$

4)轴承表面粗糙度

由于提高轴承承载能力(减小最小油膜厚度 h_{min})会受到轴承表面粗糙度的限制,故需要提高轴承表面加工质量。但会造成制造成本增加。轴瓦表面粗糙度 R_z 的推荐值如表 10.9 所示,与之相配的轴颈表面粗糙度应低些。

表 10.9 轴瓦表面粗糙度 R_z

轴承工作条件	表面粗糙度 R_z(微观不平度十点高度)/μm
油环润滑轴承	6.3
压强低($p \leqslant 3$ N/mm^2)和转速高($v = 17 \sim 60$ m/s)的轴承(如汽轮机、发电机轴承)	不大于 3.2
中、高速和大偏心率($\chi \geqslant 0.90$)的重型机械轴承(如轧钢机轴承)	0.2～0.8

(2)**设计方法**

1)初步确定设计方案

根据轴径 d、转速 n 及轴上外载荷 F 等,参考有关经验数据,初步确定轴承的设计方案,具体包括以下内容:

①确定轴承的结构形式。

②选定有关参数:$B/d, \psi, \eta, R_z$ 等。

③选择轴瓦结构和材料。

2)校核计算

校核计算主要包括轴承最小油膜厚度 h_{min} 和润滑油温升 Δt 等。

3)综合评定与完善

通常能满足工作条件的设计方案不是唯一的,对于影响因素众多的滑动轴承设计来说,情况更是如此。设计时,应提出多种可行方案,经综合分析比较后,确定较优的设计方案。应当指出,在轴承的设计过程中,经常会出现反复,如选择油的黏度 η 时,需预先估计轴承的平均工作温度 t_m。当校核计算发现轴承温度与事先估计的不符时,则须重新设计。往往需要经过多次反复,才能获得较好的设计结果。其设计流程图如图 10.19 所示。

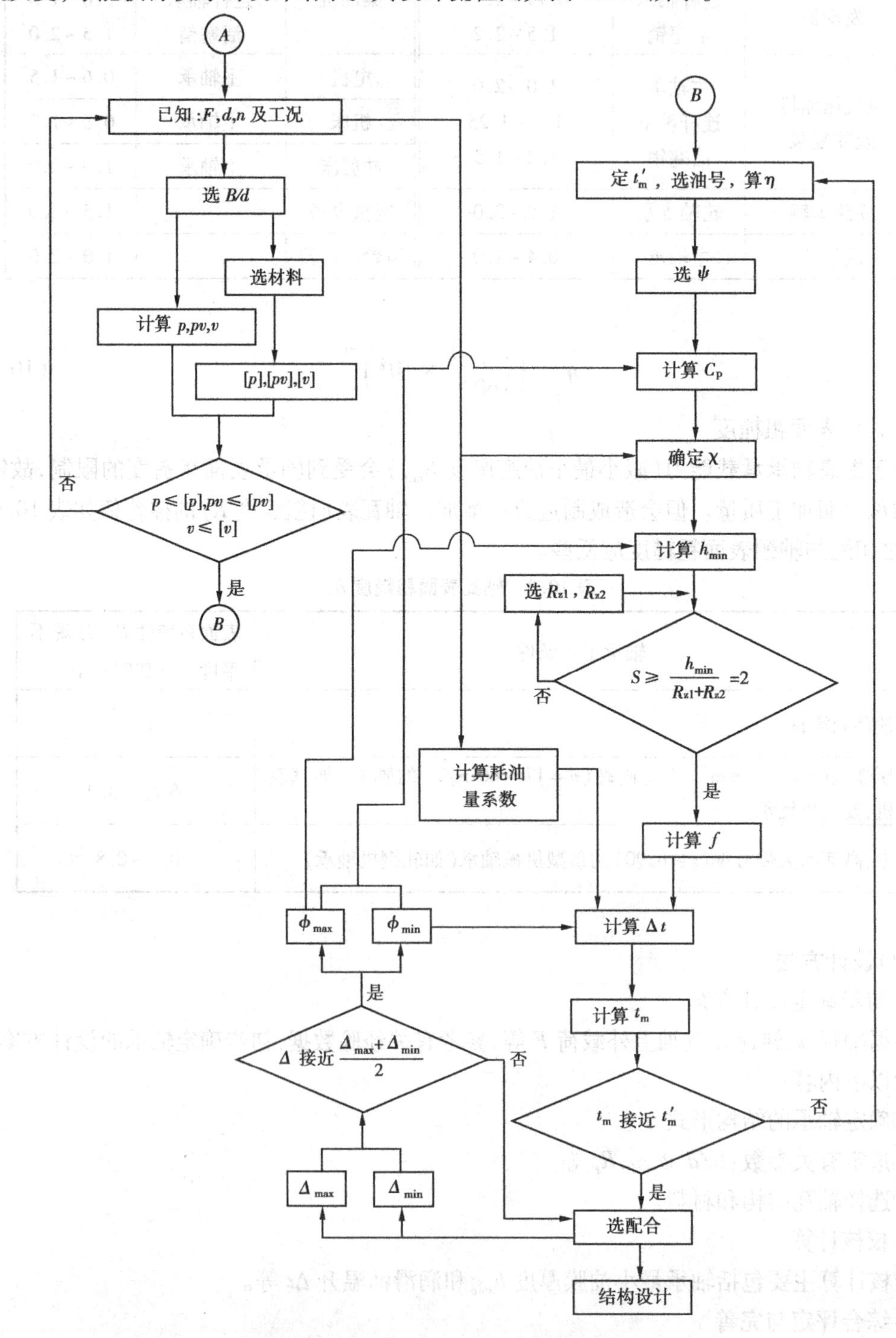

图 10.19 液体动压径向滑动轴承设计流程图

例 10.1　试设计一汽轮机转子的径向动压滑动轴承。已知：轴承直径 $d=200$ mm，载荷 $F=65\ 000$ N，轴颈转速 $n=3\ 000$ r/min，载荷垂直向下，装配要求轴承剖分，拟采用22号汽轮机油润滑。进油温度控制在40 ℃左右。设计计算过程见下表。

解

计算项目	计算根据	计算结果	
		方案1	方案2
1. 选轴承结构及材料	使用和装配要求	正剖分，包角为180°	同方案1
轴承宽径比 B/d	表10.8	0.8	1
轴承宽度 B	$B=\left(\frac{B}{d}\right)\times d$	0.16 m	0.2 m
平均压强 p	$p=\frac{F}{dB}=\frac{65\ 000}{0.2\times B}$	2.03 MPa	1.625 MPa
轴颈圆周速度 v	$v=\frac{\pi dn}{60\times 1\ 000}$	31.4 m/s	31.4 m/s
pv 值	pv	63.74 MPa · m/s	51.05 MPa · m/s
轴瓦材料	$p\leqslant[p]$，$v<[v]$ $pv\leqslant[pv]$及表10.2	ZZnSnSb10-6	ZChPbSb16-6-2
2. 参数选择			
润滑油牌号	参见第3章	22号汽轮机油	同方案1
假设平均油温	t'_m	50 ℃	50 ℃
动力黏度 η	参见第3章	0.018 Pa · s	0.018 Pa · s
润滑油密度 ρ		900 kg/m³	同方案1
润滑油比热容 c		1 800 J/(kg · K)	同方案1
相对间隙 ψ	$\psi=\frac{(n/60)^{\frac{4}{9}}}{10^{\frac{31}{9}}}$　(见式(10.30))	0.002	0.002
直径间隙 Δ	$\Delta=\psi d$	0.4	0.4
轴颈表面粗糙度 R_{z1}	表10.9，精磨	1.6 μm	1.6 μm
轴瓦表面粗糙度 R_{z2}	表10.9	3.2 μm	3.2 μm
3. 校核计算			
承载量系数 C_p	$C_P=\frac{F\psi^2}{2\eta vB}$　(式(10.22))	1.435 7	1.15
偏心率 χ	表10.6	0.68	0.64
最小油膜厚度	$h_{min}=\frac{d}{2}\psi(1-x)$　(式(10.13))	0.064 mm	0.072 mm
安全系数 S	$S=\frac{h_{min}}{R_{z1}+R_{z2}}\geqslant 2\sim 3$　(式10-26)	13.33≫2	15.0≫2
4. 油温计算			
摩擦系数 f	$f=\frac{\pi}{\psi}\cdot\frac{\eta\omega}{p}+0.55\psi\xi$	0.005 9	0.006 6
耗油量系数	图10.18	0.17	0.14
油温升 Δt	$\Delta t=\frac{\left(\frac{f}{\psi}\right)p}{c\rho\frac{Q}{\psi vBd}+\frac{\pi\alpha_s}{\psi v}}$　(式(10.28))	21.5 ℃	22 ℃
平均油温 t_m	$t_m=t_1+\frac{\Delta t}{2}=40\ ℃+\frac{\Delta t}{2}$	50.75 ℃，与假设平均油温接近，无须反复	51 ℃，与假设平均油温接近，无须反复

综合评价：方案1与方案2均满足设计要求。但和方案1相比，方案2有较大的宽径比和最小油膜厚度。因此，方案2轴承的承载能力较大，且轴颈和轴瓦的加工要求较低，经济性较好。两方案比较，方案2较好。

10.7 其他形式滑动轴承简介

10.7.1 多油楔滑动轴承

前述动压径向滑动轴承只有一个油楔产生油膜压力，称为单油楔滑动轴承。工作时，如果轴颈受到某些微小干扰而偏离平衡位置，便难于自动回复到原来的平衡位置，轴颈将做一种新的有规则或无规则的运动，这种状态称为轴承失稳，轴承失稳的机理比较复杂，一般来讲，转速越高，越容易失稳。为了提高轴承的工作稳定性和回转精度，常把轴承制成多油楔形状，如图10.20所示。与单油楔轴承相比，多油楔轴承稳定性好、回转精度高，但承载能力低、摩擦损耗大，其承载能力等于各油楔中油膜压力的矢量和。

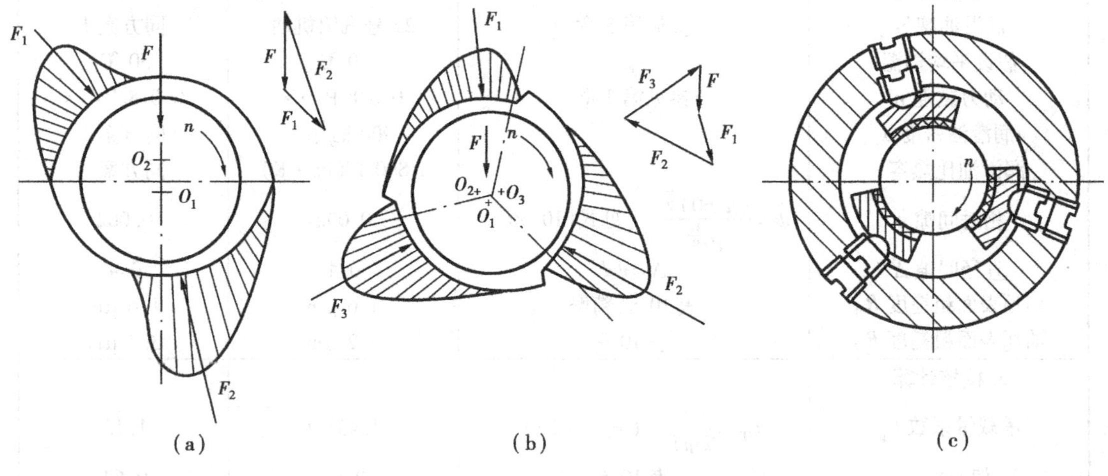

图10.20 多油楔滑动轴承

如图10.20(a)所示为椭圆轴承，可形成上、下两个动压油膜，有助于提高稳定性。这类轴承的加工也较容易，在轴承的剖分面上垫上一定厚度的垫片，按圆柱形镗孔，然后撤去垫片，上、下组合即为椭圆轴承。

如图10.20(b)所示为固定式三油楔轴承，可形成3个动压油膜，进一步提高了回转精度和稳定性。固定式三油楔轴承只允许轴颈沿一个方向回转。

如图10.20(c)所示为摆动瓦多油楔轴承。轴瓦由3片以上(通常为奇数)的扇形块组成，轴瓦由带球端的螺钉支承。各支点不在轴瓦正中而偏向同一侧。轴瓦的倾斜可自动调整，以适应不同的载荷、转速、轴的弹性变形和偏斜，建立起液体摩擦状态。

10.7.2 液体静压滑动轴承

液体静压轴承是油泵把高压油送到轴承间隙里，强制形成油膜，靠液体的静压平衡外载荷。如图10.21所示为是静压径向轴承的示意图。高压油经节流器流入油腔，节流器是用来保持油膜稳定性的。当轴承载荷为零时，轴颈与轴孔同心，各油腔的油压彼此相等，即$p_1=p_2=p_3=p_4$。当轴承受载荷F时，轴颈下移e，各油腔附近的间隙不同，受力大的油膜减薄，流量减小，因此流经这部分的节流器的流量也减小，节流器中的压力降也减小。但是，因油泵的供油压力p_s保持不变，所以下油腔的压力p_3将加大。同理，上油腔的压力p_1将减小。轴承依靠上下油腔的压力差p_3-p_1平衡外载荷F。

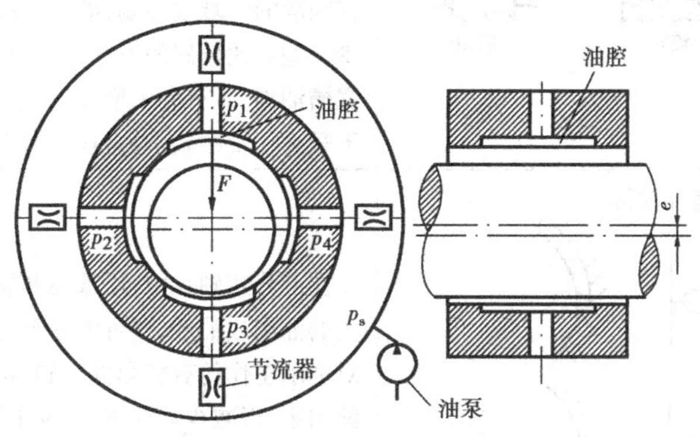

图10.21　静压径向滑动轴承

液体静压轴承的主要特点如下：

①润滑状态和油膜压力几乎不受轴颈表面速度影响，即使轴颈不回转，也可形成油膜，因此，可在转速极低的条件下（如巨型天文望远镜的轴承）得到液体摩擦润滑。

②提高油压p_s就可提高承载能力，在重载的条件下（如球磨机和轧钢机的轴承）也可得到液体摩擦润滑。

③转速不高时轴承摩擦系数极小，故宜用于测力天平等仪器。

④静压轴承的承载能力不是靠油楔作用形成的，因此，工作时不需要偏心距，回转精度高。

⑤静压轴承必须有一套专门的供油装置，成本高。

10.7.3　气体润滑轴承

气体润滑轴承是用气体作润滑剂的滑动轴承。空气因其黏度仅为润滑油的1/4 000，且受温度变化的影响小，被优先采用。气体轴承用于高速场合，轴转速可达每分钟几十万转。气体轴承也分为动压轴承和静压轴承两大类。动压气体轴承形成的气膜很薄，最大不超过20 μm，故制造要求十分严格。气体轴承不存在润滑剂污染，密封简单，回转精度高，运行噪声低。其主要缺点是承载量不大，常用于高速磨头、陀螺仪、医疗设备等中。

10.8　滑动轴承设计禁忌

常见滑动轴承设计禁忌如表10.10所示。

表 10.10　常见设计禁忌

设计应注意的问题	说　明
1. 全环油槽不应开在轴承中部 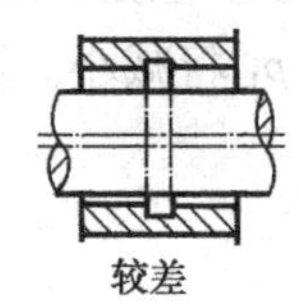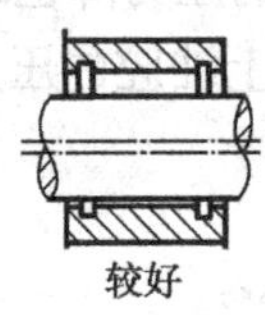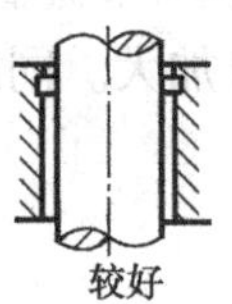	为了加大供油量和加强散热，有时在轴承宽度中部加工有环形油槽，这样具有较大宽度和深度的全环油槽把轴承一分为二，实际上成为两个短轴承，这就破坏了轴承油膜，使承载能力降低。如果将全环油槽开在轴承的一端或两端，则油膜的承载能力可降低得较少一些。比较好的方法是在非承载区加工半环形的宽槽油沟，既有利于增加流量又不降低承载能力。对于竖直放置的轴承、全环油槽宜开设在轴的上端
2. 剖分轴瓦的接合处宜开油沟 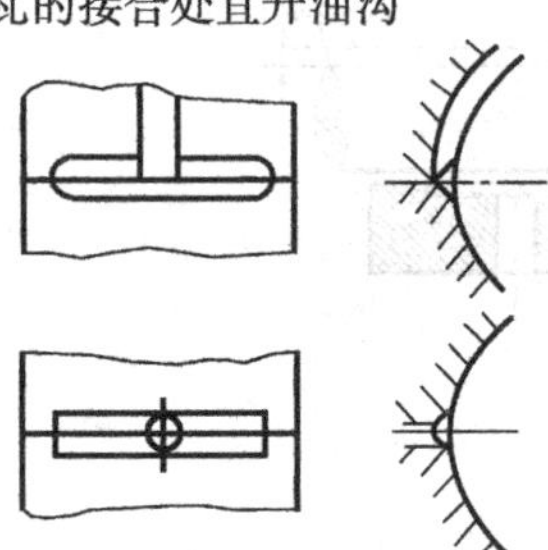	在剖分式轴承中，通常在两轴瓦接合处开有深度不大的油沟或油腔，这可消除轴瓦接缝处向里弯曲变形对轴承工作的有害影响，同时可将磨屑等杂质积存在油沟中，以减少发生擦伤的几率，要注意接缝处的油沟也不宜开得太宽，有的也可作成一个倒角，以免对轴承油膜产生不良的作用
3. 要使油环给油充分可靠 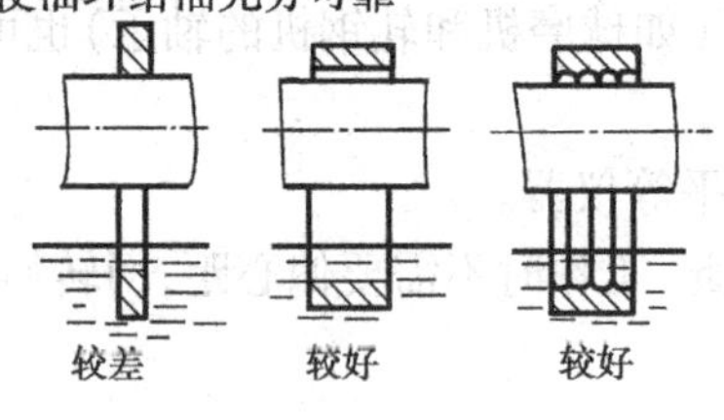 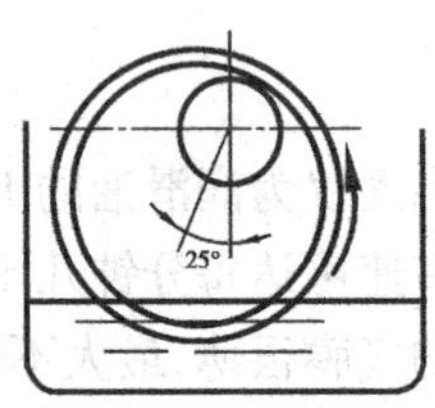 自由悬挂式油环的位移	尽量使悬挂在轴上的甩油环转动容易。驱使油环转动的力是其与轴接触的摩擦，妨碍转动的力是侧面的摩擦。因此，对油环要选择宽度方向大而厚度方向小的截面尺寸，以增加与轴的接触面积。油环质量大一些(钢或铜合金)，以保证滑动很小。根据试验，在油环内表面开若干条纵向槽时，润滑效果显著改善。自由悬挂在轴上的油环工作时，轴心和油环中心的连线角位移适合范围为 20°～25°。当轴承上部承受载荷时，不宜用油环润滑，因为这时必须在轴瓦受载荷的部位开槽。轴做摆动运动时也不宜采用油环润滑
4. 止推轴承与轴颈不宜全部接触 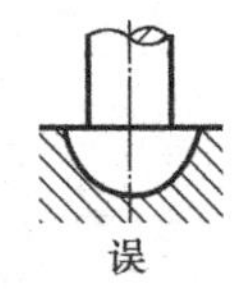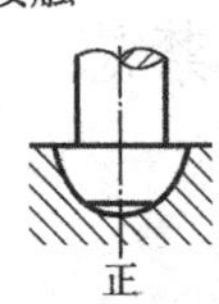	不完全液体润滑止推轴承的外侧和中心部分滑动速度不同，磨损很不均匀，轴承中心部分润滑油难以进入，造成润滑条件恶化。为此，在轴颈或轴承的中心部分切出凹坑，不仅改善了润滑条件，也使磨损趋于均匀

续表

设计应注意的问题	说　明
5. 重载或温升较大的轴承，不要把轴承座和轴瓦接触表面中间挖空  误　　正	为减小加工量，常将轴瓦与轴承座的接触中间部分开槽或挖空。但对承受重载荷的轴承，如果轴瓦较薄，在油膜压力作用下，开槽或挖空部分轴瓦会向外变形，从而降低承载能力。为了加强热量从轴瓦向轴承座上传导，对温升较大的轴承也不应在两者之间存在不流动的空气包。在以上两种场合，都应使轴瓦具有必要的厚度和刚性并使轴瓦与轴承座全面接触
6. 在轴承座孔不同心或在受载后轴线发生挠曲变形条件下，要选择自动调心滑动轴承 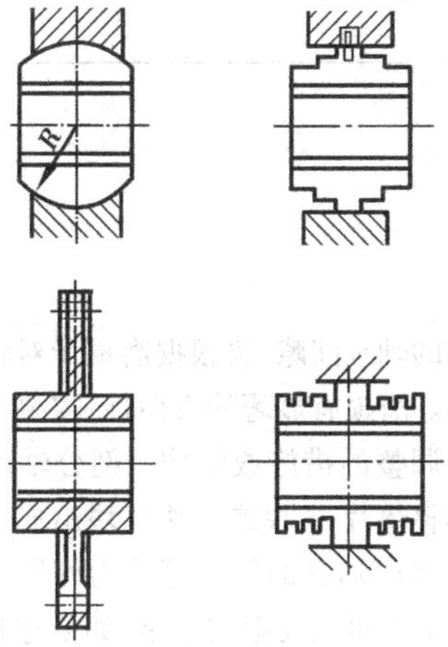 R	轴颈在轴承中倾斜较大时，靠近轴承端部会出现边缘接触而发生早期失效。对于铸铁等脆性材料的轴瓦，特别明显。采用自动调心轴承是消除边缘接触的主要方法。上左图轴瓦外支撑表面呈球面，球面的中心恰好在轴线上，这种结构承载能力高。上右图轴瓦外支撑表面为窄环形凸起，靠凸起的较低刚度也可达到调心目的。另外，如下图依靠柔性的模板式轴承壳体和采用降低轴承边缘刚度的办法也能达到部分调心目的
7. 要使双金属轴承中两种金属贴附牢靠  误　　正　　正 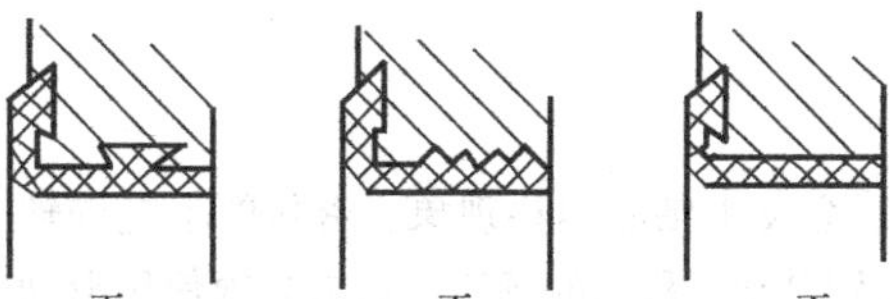 正　　正　　正	为了提高轴的减摩、耐磨和跑合性能，常应用轴承合金、青铜或其他减摩材料覆盖在铸铁、钢或青铜轴瓦的表面上以制成双金属轴承。双金属轴承中两种金属必须贴附牢靠，不得松脱，这就必须考虑在底瓦内表面制出各种形式的榫头或沟槽，以增加贴附性，沟槽的深度以不过分削弱底瓦的强度为原则

续表

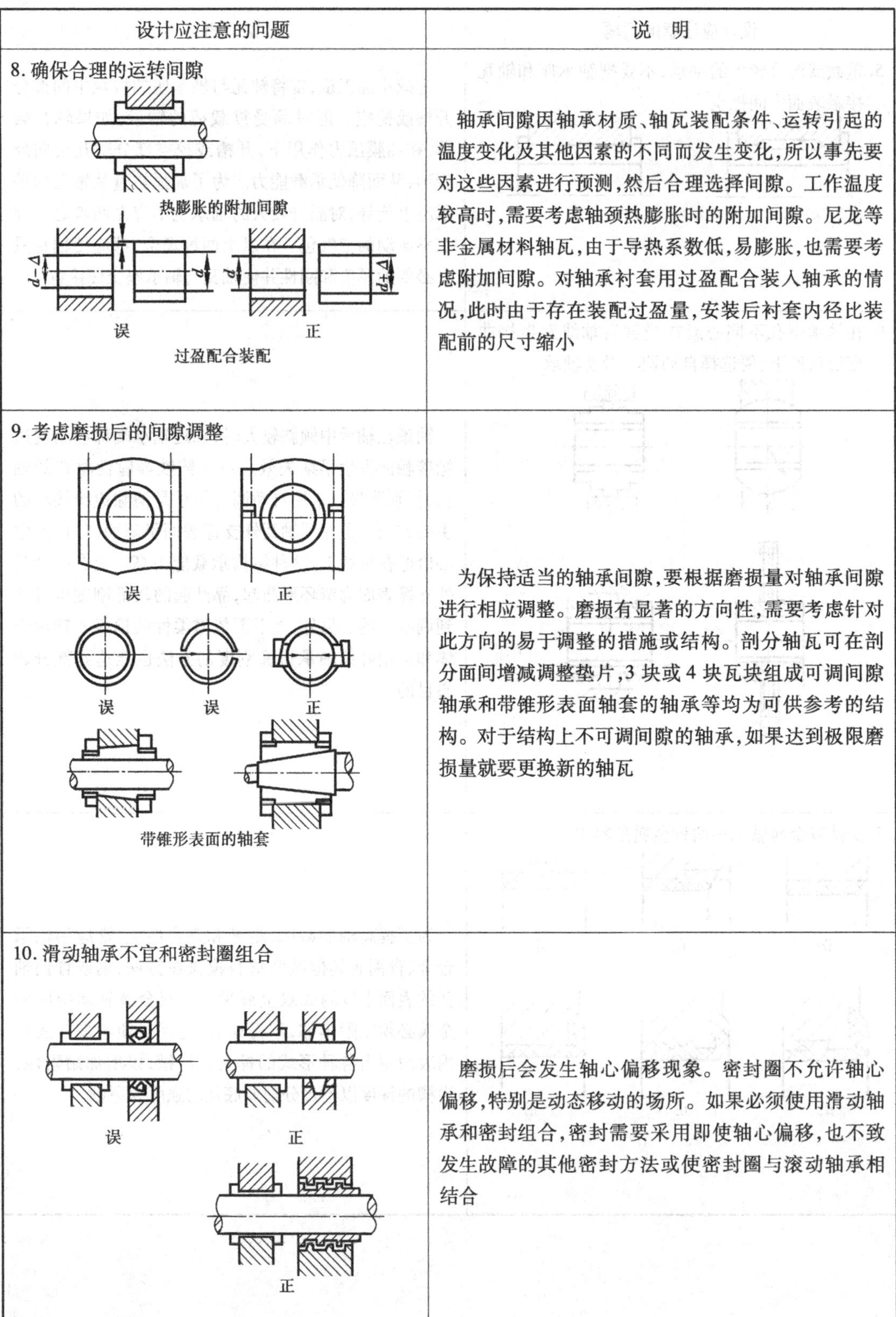

设计应注意的问题	说　明
8. 确保合理的运转间隙 热膨胀的附加间隙 $d-\Delta$　d　d　$d+\Delta$ 误　正 过盈配合装配	轴承间隙因轴承材质、轴瓦装配条件、运转引起的温度变化及其他因素的不同而发生变化，所以事先要对这些因素进行预测，然后合理选择间隙。工作温度较高时，需要考虑轴颈热膨胀时的附加间隙。尼龙等非金属材料轴瓦，由于导热系数低，易膨胀，也需要考虑附加间隙。对轴承衬套用过盈配合装入轴承的情况，此时由于存在装配过盈量，安装后衬套内径比装配前的尺寸缩小
9. 考虑磨损后的间隙调整 误　正 误　误　正 带锥形表面的轴套	为保持适当的轴承间隙，要根据磨损量对轴承间隙进行相应调整。磨损有显著的方向性，需要考虑针对此方向的易于调整的措施或结构。剖分轴瓦可在剖分面间增减调整垫片，3 块或 4 块瓦块组成可调间隙轴承和带锥形表面轴套的轴承等均为可供参考的结构。对于结构上不可调间隙的轴承，如果达到极限磨损量就要更换新的轴瓦
10. 滑动轴承不宜和密封圈组合 误　正 正	磨损后会发生轴心偏移现象。密封圈不允许轴心偏移，特别是动态移动的场所。如果必须使用滑动轴承和密封组合，密封需要采用即使轴心偏移，也不致发生故障的其他密封方法或使密封圈与滚动轴承相结合

思考题

10.1　试述滑动轴承润滑状态的类型各有何特点。

10.2　轴瓦上为什么要开油沟？液体和不完全液体润滑滑动轴承的油沟开设各应注意什么问题？

10.3　轴瓦有哪些失效形式？对轴瓦材料有哪些要求？为什么要提出这些要求？试列举几种轴瓦材料。

10.4　雷诺方程的建立有哪些假设？怎样用雷诺方程来说明润滑油膜的形成条件？

10.5　液体动压径向滑动轴承中，当转速增大而其他条件不变时，偏心率如何变化？外载荷增加而其他条件不变时，偏心率如何变化？润滑油黏度变化而其他条件不变时，偏心率如何变化？偏心率过大或过小有什么问题？

10.6　设计液体动压向心滑动轴承时，遇到下列情况应如何改进设计？

(1)承载能力不足。

(2)轴承工作温度超过许用值。

习　题

10.1　有一不完全液体摩擦径向滑动轴承，$B/d=1.5$，轴承材料的$[p]=5$ MPa，$[pv]=10$ MPa·m/s，$[v]=3$ m/s，轴颈直径 $d=100$ mm。试求转速分别为：(1)$n=250$ r/min；(2)$n=500$ r/min；(3)$n=1\ 000$ r/min 时，轴承能承受的最大载荷各为多少？

10.2　某液体动压径向滑动轴承，其轴径 $d=200$ mm，宽径比 $B/d=1$，轴承包角为 180°，径向载荷 $F=100$ kN，轴颈转速 $n=500$ r/min，相对间隙 $\psi=0.001\ 25$，采用68号机械油润滑，平均温度 $t_m=50$ ℃。试求：

(1)该轴承的偏心距 e。

(2)最小油膜厚度 h_{min}。

(3)轴承入口处润滑油的温度 t_1。

10.3　已知某电机主轴轴承的径向载荷 $F=60$ kN，$d=160$ mm，$n=960$ r/min，载荷稳定，轴承包角为180°，采用正剖分结构。试设计该液体摩擦动压径向滑动轴承。

第 11 章 滚动轴承

11.1 概 述

轴承是用来支承轴的部件,有时也用来支承轴上的回转零件。滚动轴承的功用是在保证其有足够寿命的条件下,支承轴和轴上回转零件,减轻运动副的摩擦,使之运转灵活。

滚动轴承大多已标准化,由专业企业进行大量生产,并向市场供应各种规格的轴承。一般设计者面临的主要任务是:根据具体工作条件,正确选择轴承类型、尺寸、精度等级;必要时,进行轴承的寿命计算或静强度核算,以保证在一定期限内轴承的工作能力;进行与轴承的安装、调整、润滑、密封等有关的滚动轴承的组合结构设计。

滚动轴承的基本结构如图11.1所示。它一般由外圈、内圈、滚动体及保持架组成。内、外圈统称为套圈,分别与轴颈、轴承座孔相配合。套圈上制有弧形环状滚道,用以限制滚动体的轴向移动,并可降低滚动体与内外圈接触面间的接触应力。保持架将滚动体均匀隔开,避免滚动体间的摩擦与磨损。轴承工作时,通常是内圈随轴颈转动,外圈固定;但也可用于外圈回转而内圈不动,或内、外圈同时回转的场合。

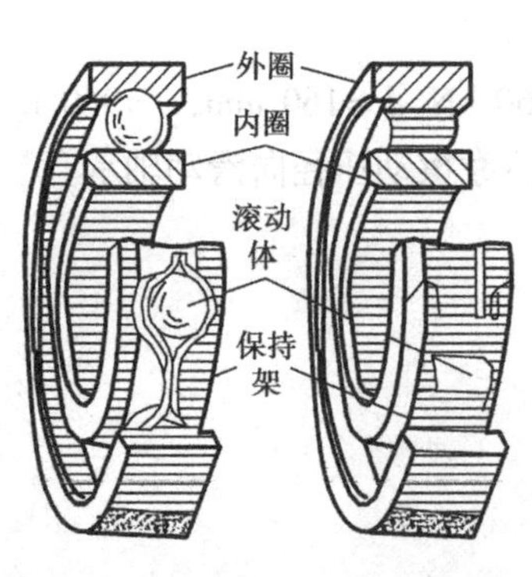

图11.1　滚动轴承构造

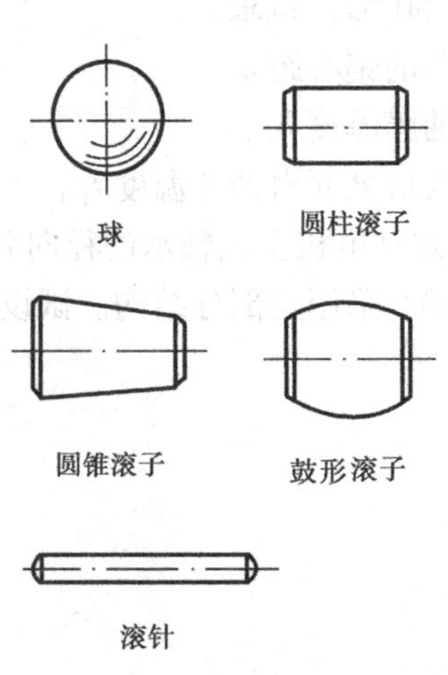

图11.2　滚动体种类

轴承的滚动体有球和滚子两大类,分别称为球轴承和滚子轴承。滚子又有圆柱形、圆锥形、鼓形、滚针等,如图11.2所示。仅有一列滚动体的轴承称为单列球轴承或单列滚子轴承;有两列滚动体的轴承称为双列球轴承或双列滚子轴承。

套圈及滚动体一般是用强度高、耐磨性好的轴承钢(如GCr9,GCr15)制造,热处理后工作表面硬度为60~65 HRC。保持架多用低碳钢冲压制成,也有用有色金属(如黄铜)或塑料等制成的。

滚动轴承与滑动轴承相比,优点在于启动及运转时摩擦力矩小,转动灵活、效率高;润滑方法简便,易于更换;可采用预紧的方法,提高支承的刚度及回转精度。缺点在于抗冲击能力较差,使用寿命低于可形成流体润滑油膜的滑动轴承。因此,滚动轴承能在较广泛的载荷、转速及精度范围内工作,安装、维修都较方便,且价格低廉,应用广泛。

11.2　滚动轴承的主要类型及其选择

11.2.1　滚动轴承的主要类型、性能与特点

根据轴承所承受外载荷的方向不同,可将其分为向心轴承、推力轴承和向心推力轴承3大类。向心轴承主要承受径向载荷 F_r,其中有几种类型可同时承受不大的轴向载荷;推力轴承只能承受轴向载荷 F_a,与轴颈紧配在一起的称为轴圈,与机座相配合的称为座圈;向心推力轴承,既能承受径向载荷,也可承受轴向载荷。如图11.3所示为向心推力滚子轴承(圆锥滚子轴承)的受力情况。如图11.4所示为向心推力球轴承(角接触球轴承)的受力情况。在向心推力轴承中,滚动体与外圈滚道接触点(线)处的法线与半径方向的夹角 α 称为接触角,其值大小反映轴承承受轴向载荷的能力。α 越大,轴承承受轴向载荷能力越大。轴承实际所承受的径向载荷 F_r 与轴向载荷 F_a 的合力与半径方向的夹角 β,则称为载荷角。

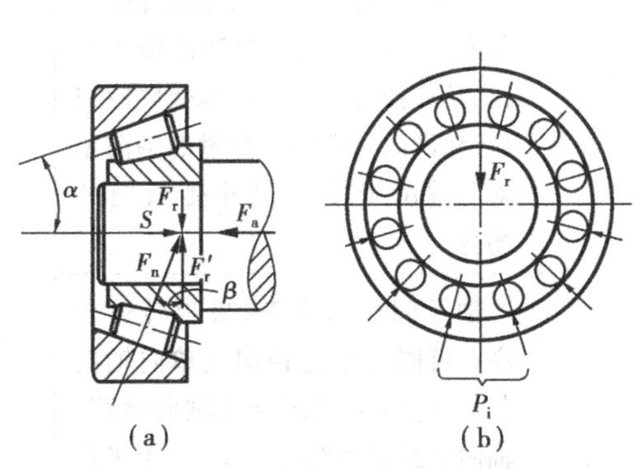

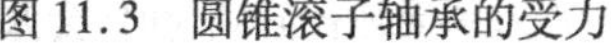

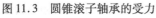

图11.3　圆锥滚子轴承的受力

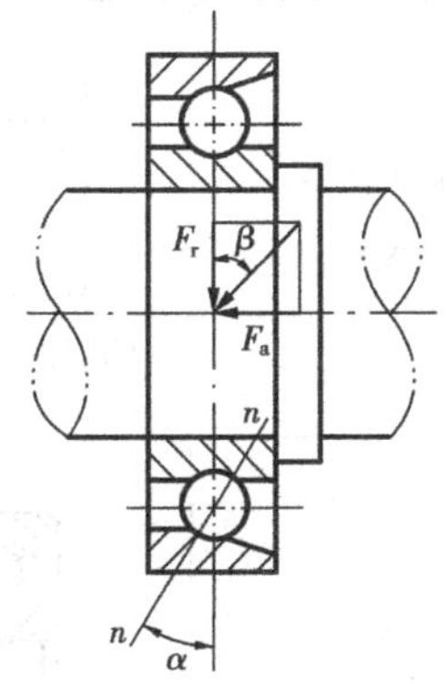

图11.4　角接触球轴承的受力

滚动轴承的类型很多,常用滚动轴承的类型、主要性能、特点及应用如表11.1所示。

表 11.1　常用滚动轴承的类型、主要性能、特点及应用

类型名称及代号	简图及国家标准代号	可承受载荷方向	主要性能、特点及应用
深沟球轴承 (6)	GB/T 276—93		主要承受径向载荷，也可同时承受较小的双向轴向载荷。内、外圈轴线允许偏斜量不超过 8′～16′。当量摩擦系数最小，极限转速高，价廉，应用最为广泛
调心球轴承 (1)	GB/T 281—93		外圈的内表面是球面，允许内圈对外圈轴线偏斜量不超过 2°～3°。极限转速低于 6 类轴承。可承受径向载荷和很小的双向轴向载荷。用于轴变形较大及不能精确对中的支承处
圆柱滚子轴承 (N)	GB/T 283—93		套圈之间可以分离，不能承受轴向载荷。能承受较大的径向载荷，极限转速也较高，但允许的偏斜量很小(2′～4′)。对轴的刚性、对中性要求高
调心滚子轴承 (2)	GB/T 288—93		性能、特点与 1 类相同，但具有较大的径向承载能力，允许偏斜量不超过 1°～2°。常用在支承长轴、受载荷作用后轴有较大的弯曲变形和多支点支承轴的场合
滚针轴承 (NA)	GB/T 5801—93		一般不带保持架，内圈或外圈可分离。与内径相同的其他轴承相比，其外径最小。不能承受轴向载荷，允许内外圈间有少量的轴向错动。适用于径向尺寸受限制的场合
角接触球轴承 (7)	7000C 型($\alpha=15°$) 7000AC 型($\alpha=25°$) 7000B 型($\alpha=40°$) GB/T 292—93		轴承间隙可调整，极限转速较高。可同时承受径向及单向轴向载荷，也可用来承受纯轴向载荷。轴向承载能力取决于 α。但由于存在 α，承受纯径向载荷时，会派生内部轴向力，使内外圈有分离的趋势，因此这类轴承一般成对使用，分装于两个支点或同装于一个支点上

续表

类型及代号	结构简图及标准号	负荷方向	主要性能及应用
圆锥滚子轴承 (3)	GB/T 297—93		这类轴承性能、特点及应用同 7 类轴承。但极限转速低于后者，承受径向和轴向载荷的能力均高于后者
推力球轴承 (5)	GB/T 301—93		是分离型轴承，只能承受单向轴向载荷，高速时离心力大，故极限转速很低。工作时载荷作用线必须与轴线相重合，不允许两轴线有偏斜
双向推力球轴承 (5)	GB/T 301—93		性能、特点同推力球轴承，但能承受双向轴向载荷

11.2.2　滚动轴承类型的选择

选用轴承时，首先要进行滚动轴承类型的选择。选择时，在充分了解各类轴承特点的基础上，根据载荷的大小、方向和性质，转速高低，结构尺寸、刚度要求，以及调心性要求等因素按以下原则进行：

①转速较高，载荷较小，回转精度要求较高时，宜选用球轴承；载荷较大时，宜选用滚子轴承。

②径向、轴向载荷均较大时，若转速较高，宜选用角接触球轴承；若转速不高，宜选用圆锥滚子轴承。

③支承刚度要求较高时，因滚子轴承的滚动体与滚道接触面积较大，弹性变形较小，其刚性比球轴承大，故宜选用滚子轴承。

④对于支承跨距较大、轴的弯曲变形大、轴与孔的同轴度存在较大误差，两个轴承座孔轴线有位置误差（两座孔不能一次加工完成）、一根轴有两个以上的支点等情况，宜用调心轴承，但调心轴承价格较高。

⑤对于需经常拆卸或装拆困难的支点，宜选用内、外圈可分离的轴承。如圆柱滚子轴承、圆锥滚子轴承等。需要调整径向游隙，宜选用带内锥孔的轴承。

⑥从经济性考虑，球轴承价格低于滚子轴承；由于同类轴承的精度等级越高，价格也越高，故在满足使用要求的前提下，应选择较经济的精度等级。

此外，轴承类型的选择，还应考虑轴承组合结构设计的要求。如轴承的使用、配置和装拆、调整等方面的要求。

11.3 滚动轴承的代号

在常用的各类滚动轴承中,每种类型又可制成不同的结构、尺寸和公差等级,以适应不同的技术要求。为了便于选用和组织生产,国家标准 GB/T 272—1993 规定了轴承代号的表示方法。

滚动轴承代号由基本代号、前置代号和后置代号组成,用字母和数字等表示(见表 11.2)。其中,基本代号是轴承代号的核心。

表 11.2 滚动轴承代号

前置代号	基本代号					后置代号
轴承分部件代号	五	四	三	二	一	结构、公差、材料等的特殊要求代号

11.3.1 基本代号

基本代号用来表示轴承的内径、直径系列、宽度系列和类型,一般最多为 5 位,现简介如下:

(1)内径代号

轴承内径 d(mm)用基本代号右起第一、第二位数字表示。内径代号为 04 ~ 96 时,代号乘以 5 即为内径尺寸,代表轴承内径 d = 20 ~ 480 mm。内径代号规定还有一些特殊情况:轴承内径较小时的代号如表 11. 3 所示,大内径轴承表示方法另有规定,具体查阅GB/T 272—1993。

表 11.3 轴承内径代号

内径代号	00	01	02	03	04 ~ 96
轴承直径	10	12	15	17	20 ~ 480

(2)尺寸系列(直径系列、宽度系列)代号

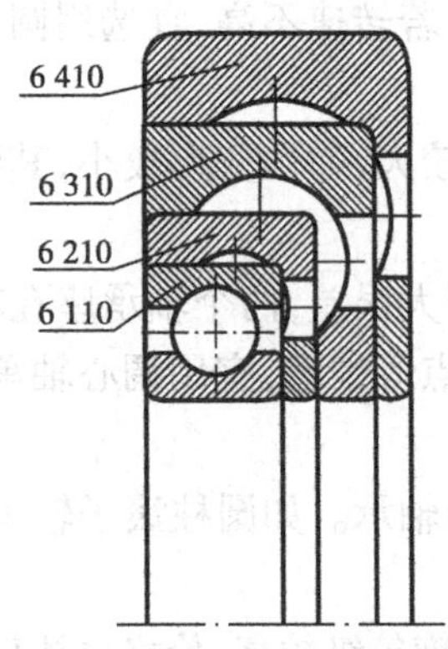

图 11.5 直径系列的对比

结构相同、内径相同的轴承,外径的变化系列称为轴承的直径系列。用基本代号右起第三位数字表示。直径系列代号有 7,8,9,0,1,2,3,4 和 5,对应于相同内径轴承的外径尺寸依次递增。部分直径系列之间对比如图 11.5 所示。

结构、内径和直径系列都相同的轴承,在宽度方面的变化系列称为轴承的宽度系列。用基本代号右起第四位数字表示。当宽度系列代号为 0(正常系列)时,多数轴承在代号中不可标出代号 0,但调心滚子轴承和圆锥滚子轴承的宽度系列代号 0 应标出。

(3)类型代号

轴承类型代号用基本代号右起第五位数字表示。但圆柱滚子轴承和滚针轴承等类型代号为字母,其表示方法如表 11.1 所示。

11.3.2　前置、后置代号

轴承前置代号用于表示轴承的分部件，用字母表示。如用L表示可分离轴承的可分离套圈；K表示轴承的滚动体与保持架组件等。

轴承后置代号是用字母和数字等表示轴承的结构、公差及材料等的特殊要求。后置代号的内容很多，下面仅介绍几种常用代号。

①内部结构代号表示同一类轴承的不同内部结构，用紧跟着基本代号的字母表示。如接触角为15°，25°和45 °的角接触球轴承分别用C，AC和B表示。

②轴承的公差等级分为2级、4级、5级、6级、6X级和0级共6个级别。依次由高级到低级，其代号分别为/P2，/P4，/P5，/P6，/P6X和/P0。公差等级中，6X级仅适用于圆锥滚子轴承；0级为普通级(在轴承代号中不标出)，是最常用的公差等级。

③常用的轴承径向游隙系列分为1组、2组、0组、3组、4组和5组共6个组别，径向游隙依次由小到大。0组游隙是常用的游隙组别，在轴承代号中不标出，其余的游隙组别在轴承代号中必须标出，分别用/C1，/C2，/C3，/C4，/C5表示。

实际应用中，标准滚动轴承类型是很多的，相应的轴承代号也比较复杂。以上介绍的是轴承代号中最基本、最常用的部分，熟悉了这部分代号，就可以识别和查选常用的轴承。关于滚动轴承详细的代号方法可查阅GB/T272—1993。

轴承代号举例：

6308——内径为40 mm的深沟球轴承，尺寸系列03，0级公差，0组游隙。

N211——内径为55 mm的外圈无挡边的圆柱滚子轴承，尺寸系列02，0级公差，0组游隙。

7410C/P4——内径为50 mm的角接触球轴承，尺寸系列04，接触角$\alpha=15°$，4级公差，0组游隙。

11.4　滚动轴承的受力分析、失效形式和计算准则

11.4.1　轴承工作时轴承元件上的载荷及应力分布

轴承工作时，各元件所受的载荷及产生的应力是随时间变化的。以向心轴承为例说明，如图11.6所示。滚动体进入承载区之前，不受载荷；进入承载区后，载荷由零逐渐增加至最大值P_0，然后又逐渐减小到零。就滚动体上某一点而言，它所受的载荷和应力是周期性不稳定变化的(见图11.7(a))。转动圈上各点的受载情况类似于滚动体。固定套圈在非承载区内的部分，不受载荷；在承载区内的各点，所受载荷和应力的大小因各点位置的不同而不同，对某点而言，它与滚动体接触一次，便承受一次载荷，且大小不变(见图11.7(b))。如图11.6所示，根据力的平衡条件可求出最大载荷值为

$$P_0=\frac{4.37}{Z}F_r\approx\frac{5}{Z}F_r(\text{点接触轴承})\tag{11.1(a)}$$

$$P_0=\frac{4.08}{Z}F_r\approx\frac{4.6}{Z}F_r(\text{线接触轴承})\tag{11.1(b)}$$

式中　F_r——轴承所受径向力；

　　　Z——滚动体数目。

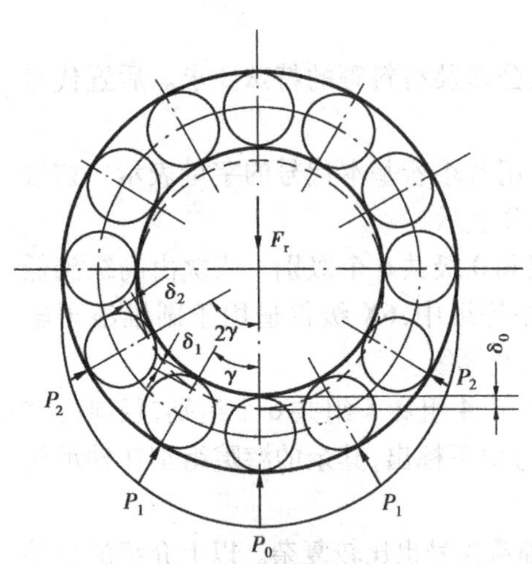

图 11.6　向心轴承中径向载荷的分布

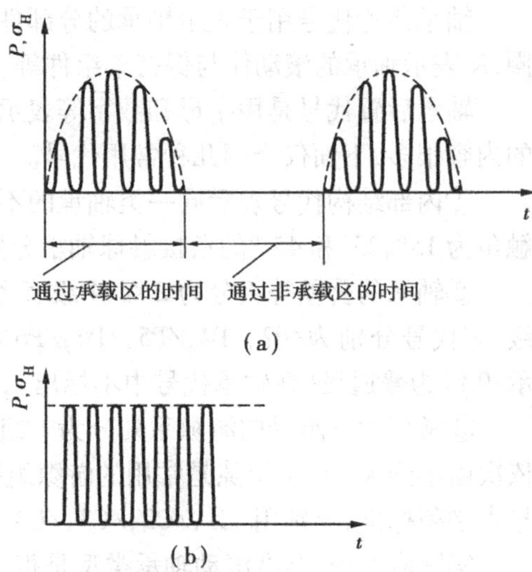

图 11.7　轴承元件上的载荷及应力变化

11.4.2　滚动轴承的失效形式

滚动轴承工作时，由于各元件受变化的（脉动）接触应力的作用，因此，其主要的失效形式有疲劳点蚀、塑性变形、磨损等。其中，内外圈滚道或滚动体上的疲劳点蚀为其正常失效形式。

①疲劳点蚀

在工作一定的时间后，滚动体和套圈接触表面上可能发生接触疲劳磨损，出现疲劳点蚀。由于安装不当，轴承局部受载较大（即偏载），将促使点蚀的提前发生。点蚀将导致轴承运转时产生噪声、振动及异常发热，直至丧失正常工作能力。

②塑性变形

对于工作转速很低或只做低速摆动的轴承，在过大的静载荷或冲击载荷作用下，当接触应力超过材料的屈服极限时，元件的工作表面将产生过度的塑性变形，形成压痕，导致轴承工作情况恶化，振动和噪声增大，运转精度降低，使轴承不能正常工作。

③磨损

在多尘条件下工作的滚动轴承，即使采用密封装置，滚动体和套圈仍有可能产生磨粒磨损，导致轴承各元件间的间隙增大，运转精度降低，直至轴承失效。圆锥滚子轴承的滚子大端与套圈挡边之间，推力球轴承中球与保持架、滚道之间都有可能发生滑动摩擦，若润滑不充分，也会发生黏着磨损，并引起表面发热、胶合，甚至使滚动体遭到低温回火。速度越高，发热及黏着磨损将越严重。

11.4.3　滚动轴承的计算准则

设计者在确定轴承的尺寸时，要针对其主要失效形式，按以下准则进行必要的计算。对于一般运转条件的轴承，为了防止疲劳点蚀的过早发生，以疲劳强度计算为依据，进行轴承的寿命计算。对于转速很低或只做低速摆动的轴承，要求控制塑性变形，以静强度为计算依据，进行轴承的静强度计算。对于工作转速较高的轴承,为了控制磨损和烧伤,除进行寿命计算外,还须校验轴承的极限转速。

11.5 滚动轴承的动载荷和寿命计算

轴承的滚动体有球和滚子两大类,分别称为球轴承和滚子轴承。滚子又有圆柱形、圆锥形、鼓形、滚针等几种,如图 11.2 所示。仅有一列滚动体的轴承称为单列球轴承或单列滚子轴承;有两列滚动体的轴承称为双列球轴承或双列滚子轴承。

套圈及滚动体一般是用强度高、耐磨性好的轴承钢(如 GCr9,GCr15)制造,热处理后工作表面硬度为 60 ~65 HRC。保持架多用低碳钢冲压制成,也有用有色金属(如黄铜)或塑料等制成的。

滚动轴承与滑动轴承相比,优点是:启动及运转时摩擦力矩小,转动灵活、效率高;润滑方法简便,易于更换;可采用预紧的方法,提高支承的刚度及回转精度。缺点是:抗冲击能力较差,使用寿命低于可形成流体润滑油膜的滑动轴承。因此,滚动轴承能在较广泛的载荷、转速及精度范围内工作,安装、维修都较方便,且价格低廉,应用广泛。

11.5.1 基本额定寿命

对单个轴承而言,其寿命是指该轴承任一元件首次出现疲劳裂纹扩展之前,一套圈相对于另一套圈运转的总转数或工作小时数。

大量实践表明,由于制造精度、材料的均质程度等的差异,即使是同样材料、相同尺寸、同一批生产出来的轴承(滚动轴承是批量组织生产的),在完全相同的条件下工作,它们的寿命也会极不相同。如图 11.8 所示的滚动轴承的寿命分布曲线可知,在一批轴承中,最长寿命是最短寿命的几倍,甚至几十倍。

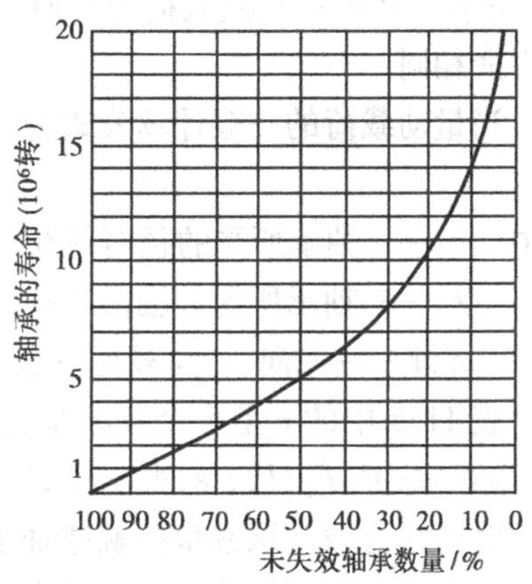

图 11.8 滚动轴承的寿命分布曲线

由于轴承寿命具有很大的离散性,通常规定:一组在相同条件下运转的近于相同的轴承,将其可靠度为 90% 时的寿命作为标准寿命。即将一批相同型号的轴承中,10% 的轴承发生点蚀破坏,而 90% 的轴承未发生点蚀破坏前的总转数(以 10^6 为单位)或工作小时数作为轴承的寿命,并把这个寿命称为基本额定寿命,用 L_{10} 表示。

11.5.2 基本额定动载荷

轴承的基本额定寿命(L_{10})与所受的载荷大小有关,工作载荷越大,轴承的寿命越短。所谓轴承的基本额定动载荷,就是使轴承的基本额定寿命恰好为 10^6 转时,轴承所能承受的载荷值,用字母 C 表示。它是衡量轴承承载能力的主要指标。C 值大,表明该类轴承抗疲劳点蚀的能力强。对于向心轴承,它指的是纯径向载荷,并称为径向基本额定动载荷,用 C_r 表示;对于推力轴承,它指的是纯轴向载荷,并称为轴向基本额定动载荷,用 C_a 表示;对于角接触球轴承或圆锥滚子轴承,它指的是使套圈间产生纯径向位移的载荷的径向分量。在轴承样本中,对每个型号的轴承,都给出了它的基本额定动载荷值 C,需要时可从中查取。

在较高温度(高于 120 ℃)下工作的轴承,应采用经过高温回火处理的高温轴承。但在轴承样本中,仅列出了在一般条件下工作的轴承的基本额定动载荷值。因此,对于在高温下工作的轴承,基本额定动载荷值 C 要修正为

$$C_t = f_t C \tag{11.2}$$

式中 C_t——高温轴承的基本额定动载荷;

C——轴承样本所列的同一型号轴承的基本额定动载荷;

f_t——温度系数,如表 11.4 所示。

表 11.4 温度系数 f_t

轴承工作温度/℃	≤120	125	150	175	200	225	250	300	350
温度系数 f_t	1.00	0.95	0.90	0.85	0.80	0.75	0.70	0.60	0.50

11.5.3 当量动载荷

滚动轴承的基本额定动载荷是在特定的运转条件下确定的。其载荷条件为向心轴承仅承受纯径向载荷 F_r,推力轴承仅承受纯轴向载荷 F_a。实际上,滚动轴承的受载情况,往往与确定基本额定动载荷时的特定条件不同。因此,为了计算轴承寿命,须将实际载荷换算成当量动载荷(用字母 P 表示),此载荷为一假定的载荷,在此载荷作用下的轴承寿命与实际载荷作用下的寿命相同。

当量动载荷的一般计算公式为

$$P = XF_r + YF_a \tag{11.3}$$

式中 F_r——轴承所受的径向载荷,N;

F_a——轴承所受的轴向载荷,N;

X,Y——径向、轴向载荷系数,其值如表 11.5 所示。

表 11.5 中的 e 是一个判断系数,用以估计轴向载荷的影响。试验表明,当轴承的载荷比值 $F_a/F_r \leqslant e$ 或 $F_a/F_r > e$ 时,其 X,Y 系数的值是不同的。

对于深沟球轴承或角接触球轴承,当 $F_a/F_r \leqslant e$ 时,$Y=0$,$P=F_r$,即轴向载荷对当量动载荷的影响可忽略不计。这两类轴承的 e 值,随 F_a/C_{or}(C_{or} 为轴承的基本额定静载荷,由手册查取)的增大而增大。F_a/C_{or} 反映轴向载荷的相对大小,它通过接触角的变化而影响 e 值。

对于只能承受纯径向载荷 F_r 的轴承(如 N,NA 类轴承),有

$$P = F_r \tag{11.4}$$

对于只能承受纯轴向载荷 F_a 的轴承(如 5 类轴承),有

$$P = F_a \tag{11.5}$$

以上求得的当量动载荷仅为一理论值,考虑到实际工作情况(如冲击力、不平衡作用力、惯性力以及轴挠曲或轴承座变形产生的附加力等)的影响,还要引入载荷系数 f_p(根据经验来定)进行修正,其值如表 11.6 所示。故实际计算时,轴承的当量动载荷为

$$P = f_p(XF_r + YF_a) \tag{11.6}$$

表11.5 滚动轴承当量动载荷计算的 X,Y 值

轴承类型		F_a/C_{or}①	e	单列轴承				双列轴承			
				$F_a/F_r \le e$		$F_a/F_r > e$		$F_a/F_r \le e$		$F_a/F_r > e$	
				X	Y	X	Y	X	Y	X	Y
		0.014	0.19				2.30				2.3
		0.028	0.22				1.99				1.99
		0.056	0.26				1.71				1.71
		0.084	0.28				1.55				1.55
深沟球轴承		0.11	0.30	1	0	0.56	1.45	1	0	0.56	1.45
		0.17	0.34				1.31				1.31
		0.28	0.38				1.15				1.15
		0.42	0.42				1.04				1.04
		0.56	0.44				1.00				1
		0.015	0.38				1.47		1.65		2.39
		0.029	0.4				1.40		1.57		2.28
		0.058	0.43				1.30		1.46		2.11
		0.087	0.46				1.23		1.38		2
	$\alpha = 15°$	0.12	0.47	1	0	0.44	1.19	1	1.34	0.72	1.93
角接触球轴承		0.17	0.50				1.12		1.26		1.82
		0.29	0.55				1.02		1.14		1.66
		0.44	0.56				1.00		1.12		1.63
		0.58	0.56				1.00		1.12		1.63
	$\alpha = 25°$	—	0.68	1	0	0.41	0.87	1	0.92	0.67	1.41
	$\alpha = 40°$	—	1.14	1	0	0.35	0.57	1	0.55	0.57	0.93
圆锥滚子轴承		—	$1.5\tan\alpha$②	1	0	0.4	$0.4\cot\alpha$	1	$0.45\cot\alpha$	0.67	$0.67\cot\alpha$
调心球轴承		—	$1.5\tan\alpha$	—	—	—	—	1	$0.42\cot\alpha$	0.65	$0.65\cot\alpha$
推力调心滚子轴承		—	$\frac{1}{0.55}$	—	—	1.2	1	—	—	—	—

注:①相对轴向载荷 F_a/C_{or} 中的 C_{or} 为轴承的径向基本额定静载荷,由手册查取。与 F_a/C_{or} 中间值的 e,Y 值可用线性内插法求得。

②由接触角 α 确定的各项 e,Y 值也可根据轴承型号在手册中直接查取。

表 11.6 载荷系数f_p

载荷性质	f_p	举 例
平稳运转或轻微冲击	1.0 ~ 1.2	电机、水泵、通风机、汽轮机等
中等冲击	1.2 ~ 1.8	车辆、机床、起重机、造纸机、冶金机械、内燃机等
强大冲击	1.8 ~ 3.0	破碎机、轧钢机、振动筛、工程机械、石油钻机等

11.5.4 滚动轴承的寿命计算公式

如图 11.9 所示为在大量试验研究基础上得出的代号为 6207 的轴承的载荷与寿命关系疲劳曲线,其方程为

$$P^{\varepsilon} \cdot L = 常数$$

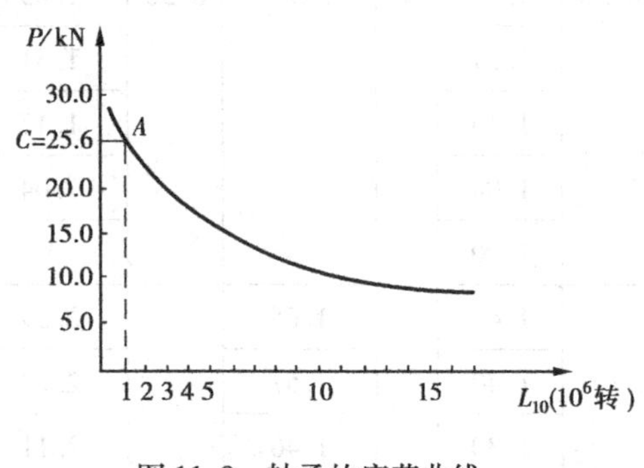

图 11.9 轴承的疲劳曲线

式中 P——当量动载荷,N;

L——滚动轴承的基本额定寿命,即L_{10},10^6r;

ε——寿命指数,对于球轴承,$\varepsilon = 3$;对于滚子轴承,$\varepsilon = 10/3$ 。

当$L = 1(10^6$ 转)时,轴承的载荷恰为基本额定动载荷C,对应疲劳曲线上的A $(1, C)$点。显然此点应满足曲线方程,即

$$C^{\varepsilon} \times 1 = P^{\varepsilon} \cdot L = 常数$$

由此可得载荷P作用下滚动轴承的寿命计算公式为

$$L = \left(\frac{C}{P}\right)^{\varepsilon} (10^6 r) \tag{11.7}$$

实际计算时,用小时数表示寿命比较方便。如令n代表轴承的转速(单位为 r/min),根据式(11.7)可得以小时数表示的轴承寿命计算公式为

$$L_h = \frac{10^6}{60n}\left(\frac{C}{P}\right)^{\varepsilon} h \tag{11.8}$$

当轴承的载荷P和转速n为已知,其预期计算寿命L_h'也已取定时,则根据式(11.8),可得出轴承应具有的基本额定动载荷为

$$C' = P \cdot \sqrt[\varepsilon]{\frac{60nL_h'}{10^6}} \text{ N} \tag{11.9}$$

选择时,由式(11.9)算出的C'值不能大于轴承手册中所选轴承的基本额定动载荷C值,即

$$C \geqslant C'$$

推荐的轴承预期计算寿命L_h'如表 11.7 所示。

表 11.7　推荐的轴承预期计算寿命 L'_h

机器类型	预期计算寿命 L'_h/h
不经常使用的仪器或设备如闸门开闭装置等	300 ~ 3 000
短期或间断使用的机械中断使用不致引起严重后果，如手动机械等	3 000 ~ 8 000
间断使用的机械中断使用后果严重，如发动机辅助设备、流水作业线自动传送装置、升降机、车间吊车、不常使用的机床等	8 000 ~ 12 000
每日 8 h 工作的机械（利用率不高），如一般的齿轮传动、某些固定电动机等	12 000 ~ 20 000
每日 8 h 工作的机械（利用率较高），如金属切削机床、连续使用的起重机、木材加工机械、印刷机械等	20 000 ~ 30 000
24 h 连续工作的机械，如矿山升降机、纺织机械、泵、电机等	40 000 ~ 60 000
24 h 连续工作的机械中断使用后果严重，如纤维生产或造纸设备、发电站主电机、矿井水泵、船舶螺旋桨等	100 000 ~ 200 000

例 11.1　一对深沟球轴承支承一农用水泵轴，转速 $n = 2\,900$ r/min，轴承的径向载荷 $F_r = 1\,770$ N，轴向载荷 $F_a = 720$ N，轴颈直径 $d = 35$ mm，轴承预期使用寿命 $L'_h = 6\,000$ h，试选择轴承型号。

解　由于轴承型号未定，C_{or}，e，X，Y 值都无法确定，必须试算。试算的方法有：

①预选某一型号的轴承。

②预选某一 e 值或某一 F_a/C_{or} 值。

由于此题轴径已知，故采用预选型号的试算方法。

预选 6 207 与 6 307 两种深沟球轴承。由轴承手册查得轴承数据如下：

6 207：$C = 20\,100$ N　　$C_{or} = 13\,900$ N　　$f_t = 1$

6 307：$C = 26\,200$ N　　$C_{or} = 17\,900$ N　　$f_t = 1$

计算步骤和结果列于下表：

计算项目	计算内容	计算结果	
		6 207	6 307
F_a/C_{or}	$F_a/C_{or} = 720/C_{or}$	0.052	0.04
e	查表	0.25	0.24
F_a/F_r	$F_a/F_r = 720/1\,770$	$0.407 > e$	$0.407 > e$
X，Y 值	查表 11.5	$X = 0.56$，$Y = 1.7$	$X = 0.56$，$Y = 1.8$
载荷系数 f_p	查表 11.6	1.1	1.1
当量动载荷 P	$P = f_p(XF_r + YF_a)$	2 437 N	2 516 N
计算额定动载荷 C'	$C' = \varepsilon\sqrt{\varepsilon\dfrac{L'_h \cdot 60n}{10^6}} \cdot P$	24 722 N	25 524 N
C' 值与 C 比较		$20\,100\text{ N} < C'$	$26\,200\text{ N} > C'$

结论是:选用6307深沟球轴承满足轴承的寿命要求,6207深沟球轴承则不能满足轴承的寿命要求。

11.5.5 滚动轴承的疲劳寿命与可靠度

如前所述,滚动轴承的寿命是离散分布的。由可靠性实验数据统计分析可知,凡是由于局部疲劳失效引起的全局功能失效的零件,都服从韦布尔分布。滚动轴承正属于此类零件,其接触疲劳寿命近似地服从二参数韦布尔分布(见第2章图2.19)。

上面介绍了可靠度为90%时,滚动轴承型号(尺寸)的选择方法。但在实用中,由于使用轴承的各类机械的要求不同,对轴承可靠度的要求也就随之变化。滚动轴承可靠度不为90%时,其型号(尺寸)可用以下方法来选择:

①根据某一可靠度R下的轴承预期寿命$L_{(1-R)}$,计算滚动轴承相应的基本额定寿命L'_{10}(即可靠度为90%时的寿命),其计算式为

$$L'_{10} = \frac{1}{\alpha_1} L_{(1-R)} \tag{11.10}$$

式中 α_1——滚动轴承寿命的可靠性系数,其值既可按如表11.8所示查取,也可按式(11.11)计算为

$$\alpha_1 = \left[\frac{\ln R}{\ln 0.9}\right]^{\frac{1}{m}} \tag{11.11}$$

式中 R——设计要求的轴承的可靠度;

m——韦布尔分布的形状参数,球轴承:$m = 10/9$;圆柱滚子轴承:$m = 3/2$;圆锥滚子轴承:$m = 4/3$。

由式(11.10)求出L'_{10}后,从轴承手册或样本中选择轴承型号,其额定寿命值L_{10}应大于L'_{10}。

表11.8 滚动轴承可靠性寿命修正系数α_1

R/%	50	80	85	90	92	95	96	97	98	99
$L_{(1-R)}$	L_{50}	L_{20}	L_{15}	L_{10}	L_8	L_5	L_4	L_3	L_2	L_1
球轴承	5.45	1.96	1.48	1.00	0.81	0.52	0.43	0.33	0.23	0.12
圆柱滚子轴承	3.51	1.65	1.34	1.00	0.86	0.62	0.53	0.44	0.33	0.21
圆锥滚子轴承	4.11	1.76	1.38	1.00	0.84	0.58	0.49	0.39	0.29	0.17

②根据某一可靠度下的轴承预期寿命$L_{(1-R)}$,计算相应的额定动载荷C'。将式(11.7)、式(11.10)可改写为

$$L_{(1-R)} = \alpha_1 \cdot \left(\frac{C'}{P}\right)^{\varepsilon} \tag{11.12}$$

由式(11.12)可求出相应的额定动载荷为

$$C' = \alpha_1^{-\frac{1}{\varepsilon}} \cdot P \cdot L_{(1-R)}^{\frac{1}{\varepsilon}} = Q \cdot P \cdot L_{(1-R)}^{\frac{1}{\varepsilon}} \tag{11.13}$$

式中 Q——额定动载荷的可靠性修正系数,其值既可按如表11.9所示查取也可计算为

$$Q = \alpha_1^{-\frac{1}{\varepsilon}} = \left[\frac{\ln 0.9}{\ln R}\right]^{\frac{1}{m\varepsilon}} \tag{11.14}$$

式中,指数 $1/(m\varepsilon)$:球轴承为3/10;圆柱滚子轴承为1/5;圆锥滚子轴承为9/40。

当可靠度 R 已确定时,由式(11.13)求出相应的额定动载荷 C' 值,再根据 C' 值从轴承手册中选择轴承型号,应满足 $C \geqslant C'$。

表11.9　滚动轴承额定动载荷的可靠性修正系数 Q

R/%	50	80	85	90	92	95	96	97	98	99
$L_{(1-R)}$	L_{50}	L_{20}	L_{15}	L_{10}	L_8	L_5	L_4	L_3	L_2	L_1
球轴承	0.568 3	0.798 4	0.878 1	1.000	1.073	1.241	1.329	1.451	1.641	2.024
圆柱滚子轴承	0.686 1	0.860 6	0.9170	1.000	1.048	1.155	1.209	1.282	1.391	1.600
圆锥滚子轴承	0.654 5	0.844 6	0.9071	1.000	1.054	1.176	1.238	1.322	1.450	1.697

例11.2　某传动系统中的单列圆柱滚子轴承,转速 n = 960 r/min,承受径向载荷 F_r = 6 000 N,有中等冲击。

1)试求当可靠度为95%,预期寿命 L' = 7 000 h时,轴承的额定动载荷 C' 值,并选择合适的轴承型号。

2)当可靠度变为80%时,所选轴承的寿命 L_{20} 是多少?

解　1)查表11.9,当 R = 95%时,Q = 1.155。

当量动载荷 $P = f_p F_r$,查表11.6,对中等冲击,取 f_p = 1.5,则

$$P = 1.5 \times 6\ 000\ \text{N} = 9\ 000\ \text{N}$$

对滚子轴承,取 ε = 10/3,由式(11.13)得

$$C' = Q \cdot P \cdot L_{(1-R)}^{\frac{1}{\varepsilon}} = 1.155 \times 9\ 000 \times 7\ 000^{\frac{3}{10}}\ \text{N} = 148\ 031\ \text{N}$$

查轴承手册,选用轴承型号为N313E(C_r = 170 000 N),满足 $C_r > C'$。

2)由式(11.8),求N313E轴承的额定寿命 L_{10},有

$$L_{10} = \frac{10^6}{60\ n}\left(\frac{C}{P}\right)^{\varepsilon} = \frac{10^6}{60 \times 960}\left(\frac{170\ 000}{9\ 000}\right)^{\frac{10}{3}}\ \text{h} = 311\ 600.7\ \text{h}$$

查表11.8,当 R = 80%时,α_1 = 1.65;由式(11.10)得

$$L_{20} = \alpha_1 \cdot L_{10} = 1.65 \times 311\ 600.7\ \text{h} = 514\ 141.15\ \text{h}$$

可靠度为80%时,N313E轴承寿命 L_{20} = 514 141.15 h。

11.5.6　向心推力轴承的载荷计算

(1)轴承压力中心位置

轴承反力的径向分力在轴心线上的作用点 O 称为轴承的压力中心(也称载荷中心),如图11.10所示。图中,a 的值可查轴承标准,也可确定为

$$a = \frac{B}{2} + \frac{D_m}{2}\tan\alpha$$

式中　D_m——滚动体中心圆直径,$D_m = (D+d)/2$;

d,D——轴承内径、外径;

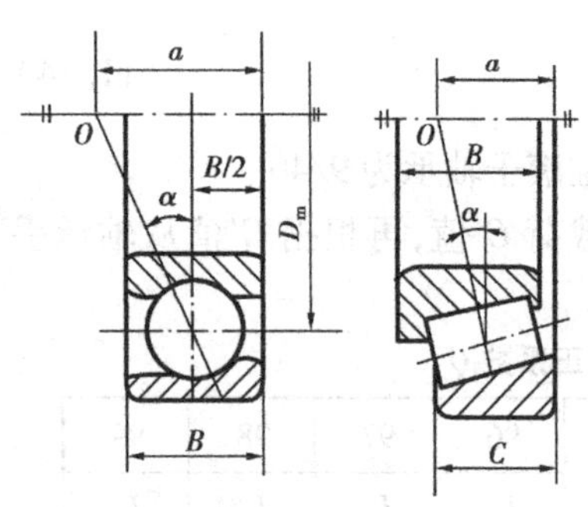

图 11.10 向心推力轴承的压力中心

B——轴承宽度；

α——接触角。

为了简化计算，常假定压力中心就在轴承宽度中点。但这样处理对于跨距较小的轴系误差较大，不宜采用。

(2)轴向载荷计算

角接触球轴承或圆锥滚子轴承（二者均属向心推力轴承）由于其结构上存在接触角 α，故即使在只承受径向载荷的情况下，也要产生派生的轴向力 S，S 值可根据径向力 F_r 由如表 11.10 所示计算，其方向根据轴承安装方式、支反力确定。为了保证正常工作，这类轴承通常是成对使用的。如图 11.11 所示为两种不同的安装方式，其中图 11.11(a)为面对面安装（正装），图 11.11(b)为背对背安装（反装）。图中人为进行了以下标记，即把派生轴向力的方向与外加轴向载荷的方向一致的轴承标记为 2，另一端标为轴承 1。特别要注意的是，若实际中轴承标记与上述一致，可直接套用推导的一系列公式；否则，依照相同方法推导相应公式。

表 11.10 派生轴向力 S 的确定

圆锥滚子轴承	角接触球轴承		
	7 000 C ($\alpha=15°$)	7 000 AC ($\alpha=25°$)	7 000 B ($\alpha=40°$)
$S = F_r/(2Y)^*$	$S = e \cdot F_r^{**}$	$S = 0.68\ F_r$	$S = 1.14\ F_r$

注：* Y 是对应表 11.5 中 $F_a/F_r > e$ 的 Y 值。

** e 值由表 11.5 查出。

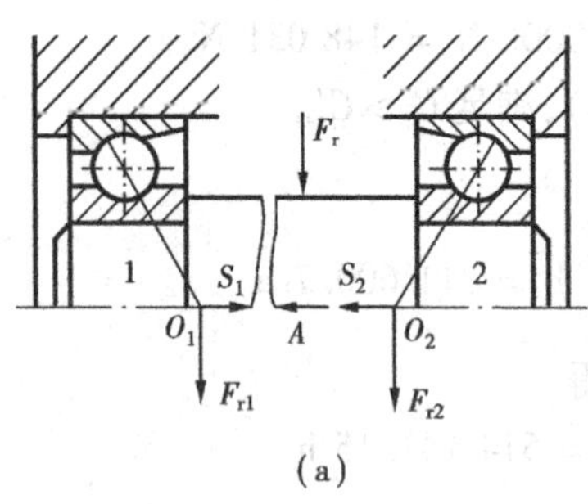

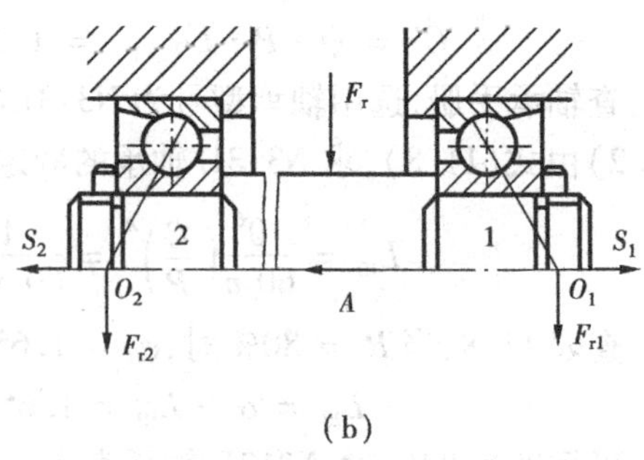

图 11.11 角接触球轴承轴向载荷的分析

在最终计算轴承的轴向载荷时，要按照轴承安装的方式，综合考虑左右轴承派生轴向力的大小和方向，以及外部作用在轴上的轴向力的大小和方向。现以如图 11.12(a)所示两个角接触球轴承正装为例进行分析。将左轴承标为 1、右轴承标为 2（与上述标记规定一致），设两轴承径向载荷 F_{r1}、F_{r2} 和轴向工作载荷 A 均为已知，就可根据轴的平衡条件，分析轴承 1，2 所受的轴向力 F_{a1} 和 F_{a2}。如图 11.12(b)所示为图 11.12(a)简化的轴向受力分析图。

如图 11.12(c)所示，当 $S_2 + A > S_1$ 时，则轴有向左窜动的趋势，轴承 1 被“压紧”，轴承 2 被“放松”。左轴承端盖（闷盖）对轴承 1 产生向右的轴向约束反力 S'_1（见图 11.12(c)中虚线）。根据力平衡条件，$S'_1 = (S_2 + A) - S_1$。被“压紧”的轴承 1 最终承受的轴向力 F_{a1} 等于

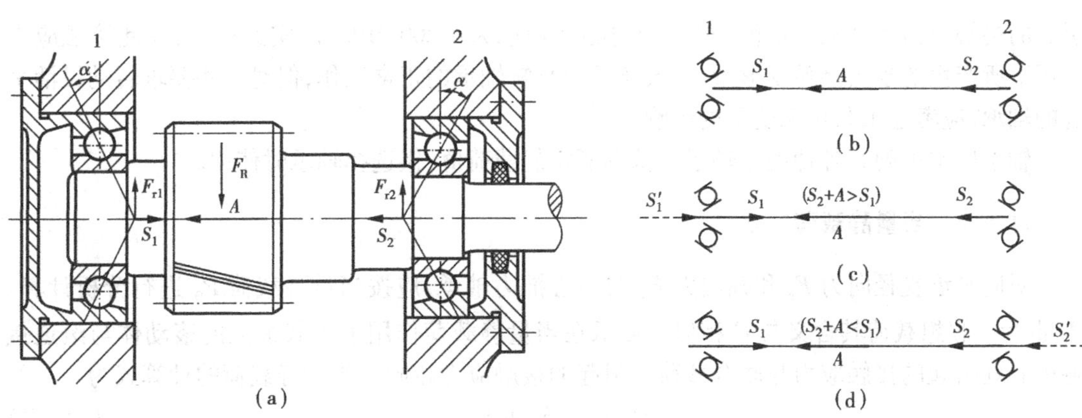

图 11.12　角接触球轴承的轴向力分析

S_1 和 S_1' 之和,即

$$F_{a1} = S_1 + S_1' = S_1 + [(S_2 + A) - S_1] = S_2 + A \tag{11.15a}$$

对于被"放松"的轴承 2,右轴承端盖(透盖)无轴向约束力,其最终承受的轴向力 F_{a2} 仅为其派生的轴向力 S_2,即

$$F_{a2} = S_2 \tag{11.15b}$$

如图 11.12(d)所示,当 $S_2 + A < S_1$ 时,则轴有向右窜动的趋势,轴承 2 被"压紧",轴承 1 被"放松"。故轴承 2 受到右轴承座向左的轴向约束反力(见图 11.12(d)中虚线)S'_2,且

$$S_2' = S_1 - (S_2 + A)$$

同理,轴承 2 最终所受的轴向力 F_{a2} 等于 S_2 和 S_2' 之和,即

$$F_{a2} = S_2 + S_2' = S_2 + [S_1 - (S_2 + A)] = S_1 - A \tag{11.16a}$$

而轴承 1 受到的轴向力为

$$F_{a1} = S_1 \tag{11.16b}$$

综上所述,计算向心推力轴承所受轴向力的方法可归纳如下:

①判明轴上全部轴向力(包括外加轴向力 A、左右轴承的派生轴向力 S_1,S_2)的方向,并依据轴向力平衡条件,判定被"压紧"和被"放松"的轴承。

②被"压紧"轴承的轴向力等于除本身的派生轴向力外,其余所有轴向力的代数和。

③被"放松"轴承的轴向力等于其本身的派生轴向力。

11.6　滚动轴承的静载荷计算

对于在工作载荷下基本上不回转的轴承(如起重机吊钩上用的推力轴承)、或者缓慢地摆动以及转速极低的轴承,其主要是防止滚动体与滚道接触处产生过大的塑性变形而失效。为了保证轴承平稳的工作,需要进行静载荷计算。

11.6.1　基本额定静载荷

GB/T 4662—1993 标准中,对每个型号的轴承规定了一个不许超过的静载荷,称为基本额定静载荷,用 C_o(C_{or} 或 C_{oa})表示。在该静载荷的作用下,受载最大的滚动体与滚道接触中心处引起的接触应力达到某一定值(如对于向心球轴承为4 200 MPa)。实践证明,在此接触应力作用下所产生的永久接触变形量,一般还不会影响轴承的正常工作,但对那些要求转动灵活平稳的轴承,应考虑永久接触变形的影响。

轴承样本中列有各种型号轴承的基本额定静载荷值,供选择轴承时使用。

11.6.2 当量静载荷

对同时承受径向力 F_r 和轴向力 F_a 的向心推力轴承,应按当量静载荷 P_0 进行分析计算。P_0 也为一假想载荷其含义与 C 相似。轴承在当量静载荷作用下受载最大的滚动体与滚道接触中心处引起的接触应力与联合载荷下引起的接触应力相同。当量静载荷的计算式为

$$P_0 = X_0 F_r + Y_0 F_a \tag{11.17}$$

式中 X_0——径向静载荷系数;

Y_0——轴向静载荷系数,参见有关手册。

11.6.3 静载荷校核计算

按轴承静载能力选择轴承的校核公式为

$$C_0 \geqslant S_0 P_0 \tag{11.18}$$

式中 S_0——轴承静强度安全系数,由如表11.11或表11.12所示选取。

表11.11 静强度安全系数 S_0(静止或摆动轴承)

轴承的使用场合	S_0
水坝闸门装置、大型起重吊钩(附加载荷小)	≥1
吊桥小型起重吊钩(附加载荷大)	≥1.5 ~1.6

表11.12 静强度安全系数 S_0(回转轴承)

使用要求或载荷性质	S_0	
	球轴承	滚子轴承
回转精度及平稳性要求高,或受冲击载荷	1.5 ~ 2	2.5 ~4
正常使用	0.5 ~ 2	1 ~3.5
回转精度及平稳性要求较低,没有冲击或振动	0.5 ~2	1 ~3

对转速很低的轴承,直接按静强度选择轴承。对转速不太低,外力变化大或受较大冲击载荷的轴承,先按当量动载荷选择轴承,再校核其静强度。

例11.3 如图11.13(a)所示,某斜齿圆柱齿轮轴系采用两个角接触球轴承反装支承。已知:轴上齿轮受圆周力 $F'_t = 2\ 200$ N,径向力 $F'_r = 900$ N,轴向力 $F'_a = 400$ N,齿轮分度圆直径 $d = 314$ mm,轴的转速 $n = 520$ r/min,运转中有中等冲击,轴承预期计算寿命 $L_h = 15\ 000$ h。初选左右轴承型号均为7207C,试验算轴承能否达到预期寿命的要求。

解 查手册,7207C 轴承的主要性能参数如下:$C_r = 30\ 500$ N,$C_{or} = 20\ 000$ N,初取 $e = 0.4$(由于轴承轴向力未确定)。

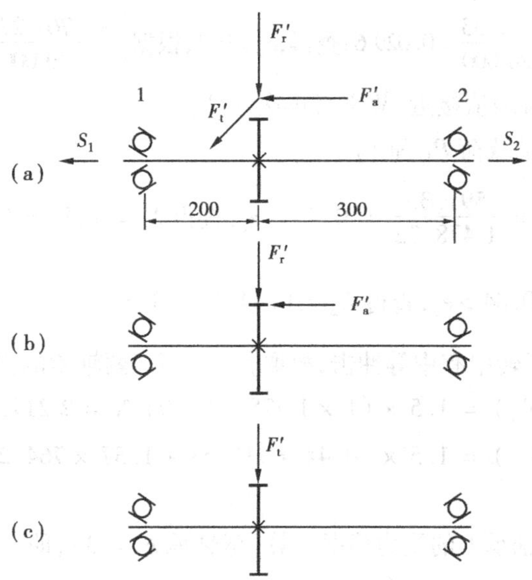

图11.13　轴承的受力

1)求两轴承的径向载荷 F_{r1} 和 F_{r2}

该轴系受力为一空间力系,可将其分解为垂直面(见图11.13(b))和水平面(见图11.13(c))两个平面力系。将左轴承标记为1、右轴承标记为2(与前面标记规定相反,式(11.15)、式(11.16)形式有变化)。由力分析可知,两轴承在垂直面和水平面上的支反力分别为

$$R_{1V} = \frac{F'_r \times 300 + F'_a \times \frac{d}{2}}{200 + 300} = \frac{900 \times 300 + 400 \times \frac{314}{2}}{500}\ \text{N} = 665.6\ \text{N}$$

$$R_{2V} = F'_r - R_{1V} = 900\ \text{N} - 665.6\ \text{N} = 234.4\ \text{N}$$

$$R_{1H} = \frac{300}{200 + 300} F'_t = \frac{300}{500} \times 2\,200\ \text{N} = 1\,320\ \text{N}$$

$$R_{2H} = F'_t - R_{1H} = 2\,200\ \text{N} - 1\,320\ \text{N} = 880\ \text{N}$$

由此可得径向载荷为

$$F_{r1} = \sqrt{R_{1V}^2 + R_{1H}^2} = \sqrt{665.6^2 + 1\,320^2}\ \text{N} = 1\,478.32\ \text{N}$$

$$F_{r2} = \sqrt{R_{2V}^2 + R_{2H}^2} = \sqrt{234.4^2 + 880^2}\ \text{N} = 910.68\ \text{N}$$

2)求两轴承的轴向力 F_{a1} 和 F_{a2}

对于70000C型轴承,应按表11.10、表11.5确定轴承的派生轴向力,但轴承的轴向力 F_a 未知,故初选 $e=0.4$,因此可估算得

$$S_1 = 0.4F_{r1} = 0.4 \times 1\,478.32\ \text{N} = 591.33\ \text{N}$$

$$S_2 = 0.4F_{r2} = 0.4 \times 910.68\ \text{N} = 364.27\ \text{N}$$

经分析,$F'_a + S_1 > S_2$,轴有向左窜动的趋势。由于两轴承为反装,故轴承2被“压紧”、轴承1被“放松”,两轴承所受的轴向力分别为

$$F_{a1} = S_1 = 591.33\ \text{N}$$

$$F_{a2} = F'_a + S_1 = 400\ \text{N} + 364.27\ \text{N} = 764.27\ \text{N}$$

由表11.5，根据$\frac{F_{a1}}{C_{or}}=\frac{591.33}{20\ 000}=0.029\ 6$，查得，$e_1=0.4$；根据$\frac{F_{a2}}{C_{or}}=\frac{764.27}{20\ 000}=0.038\ 2$，查得$e_2=0.41$。因为$e$的初选值和查表值接近，故不必再次计算。

3）求两轴承的当量动载荷P_1和P_2

由表11.5，根据$\frac{F_{a1}}{F_{r1}}=\frac{591.33}{1\ 478.32}=0.4=e_1$，查得$X_1=1, Y_1=0$。

根据$\frac{F_{a2}}{F_{r2}}=\frac{764.27}{910.68}=0.84>e_2$，查得$X_2=0.44, Y_2=1.37$。

由表11.6，因轴承运转中有中等冲击，故取$f_p=1.5$。两轴承的当量动载荷为

$$P_1=f_p(X_1F_{r1}+Y_1F_{a1})=1.5\times(1\times1\ 478.32+0)\ \text{N}=2\ 217.48\ \text{N}$$

$$P_2=f_p(X_2F_{r2}+Y_2F_{a2})=1.5\times(0.44\times910.68+1.37\times764.27)\ \text{N}=2\ 171.62\ \text{N}$$

4）验算轴承寿命

因为$P_1>P_2$，故按轴承1的受力情况验算（球轴承$\varepsilon=3$），即

$$L_h=\frac{10^6}{60n}\left(\frac{C}{P_1}\right)^{\varepsilon}=\frac{10^6}{60\times520}\times\left(\frac{30\ 500}{2\ 217.48}\right)^3=83\ 399.9\ \text{h}>15\ 000\ \text{h}$$

结论：所选轴承可满足寿命要求。

11.7　滚动轴承的组合结构设计

除了正确选择轴承类型和尺寸外，还需进行轴承的组合结构设计。轴承的组合结构设计主要是合理解决轴承的配置、配合、调整、预紧、装拆、定位与紧固、润滑与密封等问题。下面提出一些要点以供设计时参考。

11.7.1　滚动轴承的配置

一般来说，一个轴需要两个支点，每个支点可由一个或多个轴承组成。轴系在机器中必须有确定的位置，以保证工作时不发生轴向窜动，但同时为了补偿轴受热膨胀的伸长量，又应允许在适当范围内可以有微小的自由伸缩。常用的轴承配置方法有以下3种：

（1）双支点各单向固定（双固式）

当轴的跨距较小（$L\leqslant400$ mm）、工作温度不高（$t\leqslant70$ ℃）时，常采用双固式支承，两端支承各限制轴沿一个方向的轴向移动，如图11.14所示。为了补偿轴的受热伸长，轴承安装时，某一端的外圈和端盖间留有轴向补偿间隙（一般取0.25～0.4 mm，此间隙在结构图上不必画出）。这种配置常用两个反向安装（正装或反装）的角接触球轴承或圆锥滚子轴承，两个轴承各限制轴在一个方向的轴向移动，轴的热伸长靠轴承自身的游隙来补偿。间隙或游隙的大小，通常用一组垫片（见图11.15(a)）或调整螺钉（见图11.15(b)）来调节。

（2）一支点双向固定，另一端支点游动（固游式）

对于跨距较大（$L>400$ mm）且工作温度较高（$t>70$ ℃）的轴，由于热伸长量大，双固式不足以补偿，应采用固游式支承，如图11.16所示。作为固定端的轴承（一个或多个轴承），应

能承受双向轴向载荷,为了避免松脱,故其内外圈相对于轴和座孔都要双向固定。作为补偿轴自由伸缩的游动端支承(多为一个轴承),若使用的是内外圈不可分离型轴承,只需双向固定内圈,外圈在座孔中不能作任何的固定;若使用的是可分离型的圆柱滚子轴承或滚针轴承,则内外圈均要进行双向固定,靠滚子与套圈间的游动来补偿轴的伸缩。

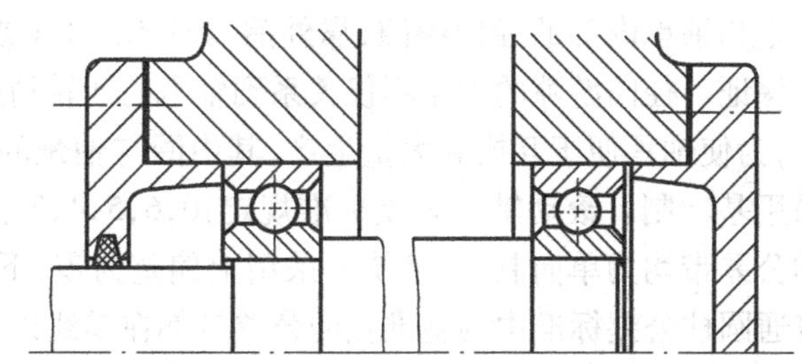

图11.14　采用深沟球轴承的双支点各单向固定

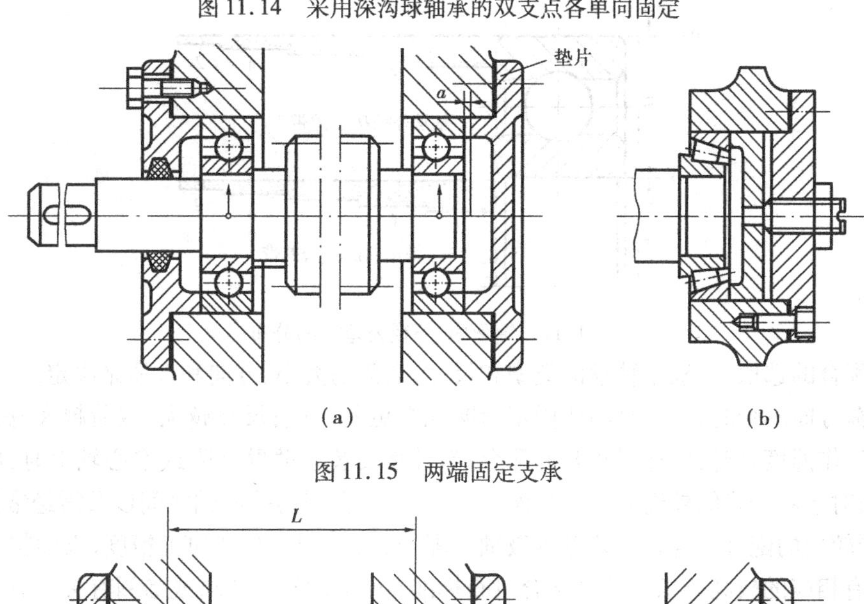

(a)　(b)

图11.15　两端固定支承

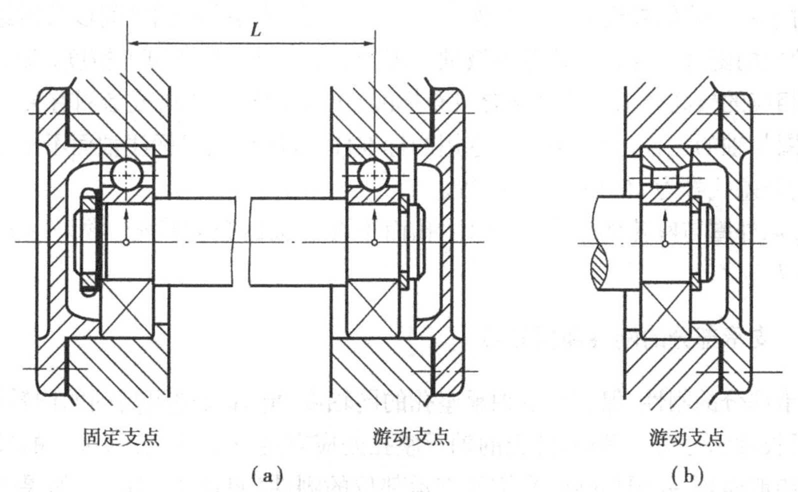

(a)　(b)

图11.16　一端固定一端游动支承

(3)两端游动支承(双游式)

对于安装一对人字齿轮的两根轴,由于人字齿轮本身有相互轴向限位作用,而两半轮齿螺旋角又存在制造误差,故其轴承组合结构应保证其中一根轴相对机座有固定的轴向位置(双固式或固游式),而另一根轴两端支承的轴承都必须是游动的,以防止轮齿卡死或人字齿的两半受力不均匀。

11.7.2 滚动轴承的配合

轴承套圈的周向固定和轴承内部的径向游隙,靠外圈与轴承座孔(或回转零件)之间、内圈与轴颈之间的配合来保证。径向游隙的大小不仅关系到轴承的回转精度,同时影响其寿命。

滚动轴承是标准件,为使轴承便于互换和大量生产,其内圈与轴颈的配合采用基孔制,外圈与轴承座孔的配合采用基轴制。滚动轴承公差标准规定:0,6,5,4,2 各公差等级的轴承的平均内径和平均外径的公差带均为单向制,而且统一采用上偏差为零,下偏差为负值的分布,如图 11.17 所示。而普通圆柱公差标准中的基准孔的公差带都在零线以上,因此,轴承内孔与轴颈的配合比圆柱公差规定的基孔制同类配合紧得多。

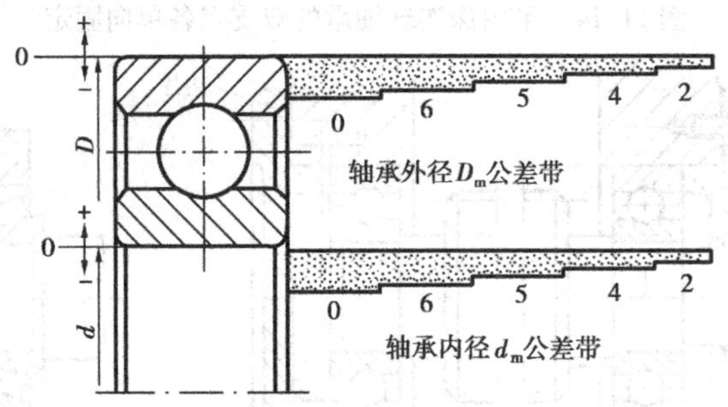

图 11.17 轴承内、外径公差带的分布

轴承配合的选取,应根据轴承的类型和尺寸、载荷的大小、方向和性质来决定。一般来说,当工作载荷方向不变时,转动套圈比固定套圈配合更紧一些;尺寸越大、载荷越大、振动强烈、转速高或工作温度高时,应选择越紧的配合;当轴承安装于薄壁外壳或空心轴上时,应采用较紧的配合;对于对开式的外壳与轴承外圈之间、游动的套圈与孔或轴之间以及需经常拆卸的场合,应选择较松的配合。与较高公差等级轴承配合的轴与孔,对其加工精度、表面粗糙度及形位公差都有相应的较高要求。选择配合可查标准 GB/T 275—1993,或参阅有关手册。

轴承内圈与轴的配合,由于轴承为选用的标准件,故图纸上只标注轴而不标注孔的公差代号,常采用的公差代号为 n6,m6,k6,js6 等。

同理,轴承外圈与座孔的配合,只标注孔而不标注轴的公差代号,常采用的公差代号为 K7,J7,H7,G7 等。

11.7.3 支承部分的刚性和同轴度

增加支承部分的刚性、保证两端轴承座孔的同轴度,能有效地提高轴的回转精度、减少振动和噪声、延长轴承寿命。例如,外壳的轴承座孔处应有足够的厚度;壁板上的轴承座的悬臂部分应尽可能地缩短,并用加强肋来增强支承部位的刚性(见图 11.18)。如果外壳是用轻合金或非金属制成的,安装轴承处应采用钢或铸铁制的套杯(见图 11.19)。

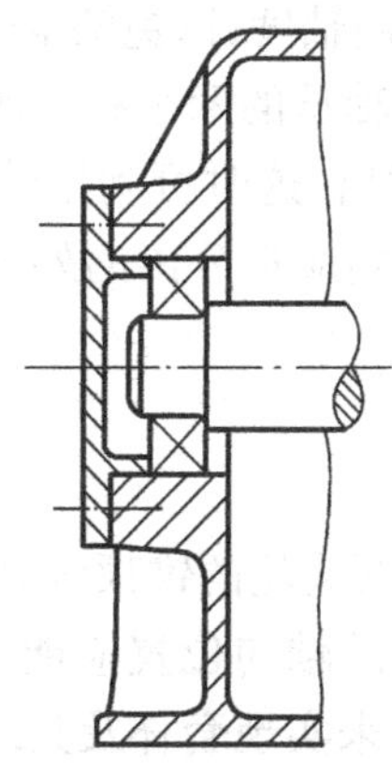

图 11.18　用加强肋增强轴承座孔刚性

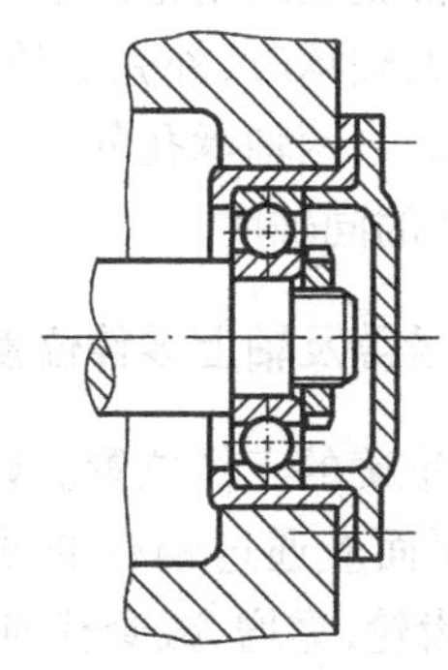

图 11.19　使用钢衬套的轴承座孔

同一支点采用两个轴承支承，不同安装方式的刚性是不同的。如图 11.20 所示为一对圆锥滚子轴承并列组合为一个支点的情况，由于正装（见图 11.20（a））时，两轴承压力中心间的距离 B_1 小于反装（见图 11.20（a））时的 B_2，故正装支承刚性较低、反装有较高的刚性。

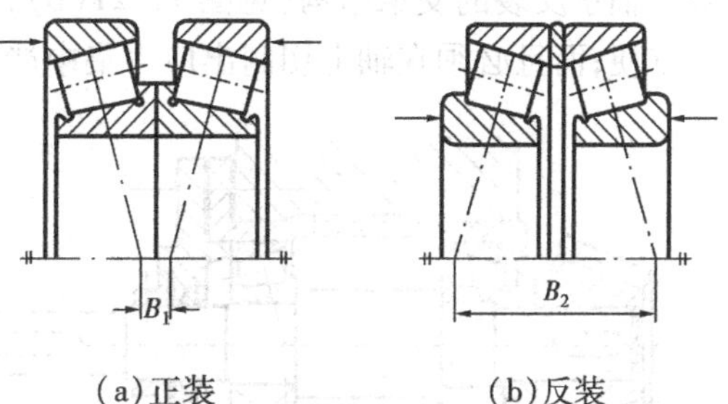

（a）正装　　（b）反装

图 11.20　一对圆锥滚子轴承组合支承方法

当一对向心推力轴承处于两支点时，应根据载荷的作用位置进行刚性分析。结论如表 11.13 所示。

表 11.13　向心推力轴承不同安装方式对轴系刚性的影响

安装形式	工作零件（作用力）位置	
	悬臂布置	简支布置
正装	l_1　l_{01}　A	B　l_1
反装	l_2　l_{02}　A	B　l_2
比较	$l_2 > l_1$，$l_{02} < l_{01}$，轴的最大弯矩 $M_{A2} < M_{A1}$，悬伸工作端 A 点挠度 $\delta_{A2} < \delta_{A1}$，反装刚性好	$l_1 < l_2$，轴的最大弯矩 $M_{B2} > M_{B1}$，工作点 B 处挠度 $\delta_{B2} > \delta_{B1}$，正装刚性好

对于同一根轴上两个支承的座孔，必须尽可能保证其同轴度，以免轴承内外圈间产生过大的偏斜。最好的办法就是采用整体结构的外壳，并把安装轴承的两个孔一次镗出。如在一根轴上装有不同尺寸的轴承时，外壳上的轴承孔也须一次镗出，这时可利用轴承盒（衬套）来安装尺寸较小的轴承。当两轴承孔分处于对开的外壳上时，则应把分离的外壳组合在一起进行镗孔，以保证两座孔的同轴度。

11.7.4 轴承游隙及轴上零件位置的调整

轴上零件要有准确的工作位置。如在锥齿轮传动中，两齿轮的锥顶应重合于一点；在蜗杆传动中，蜗轮中间平面应通过蜗杆的轴线，这些都要求轴的轴向位置应能调整。如图 11.21(a)所示中的圆锥齿轮，靠增、减套杯与箱体间的一组垫片来实现套杯及其组件的轴向位置调整，从而实现齿轮啮合位置的调整。端盖和套杯间的另一组垫片，则用来调整轴承的游隙。在采用轴承反装的支承结构（见图 11.21(b)）中，轴承的游隙是靠轴上的圆螺母来调整的，操作不方便；而且必须在轴上切制出应力集中严重的螺纹，削弱了轴的强度。

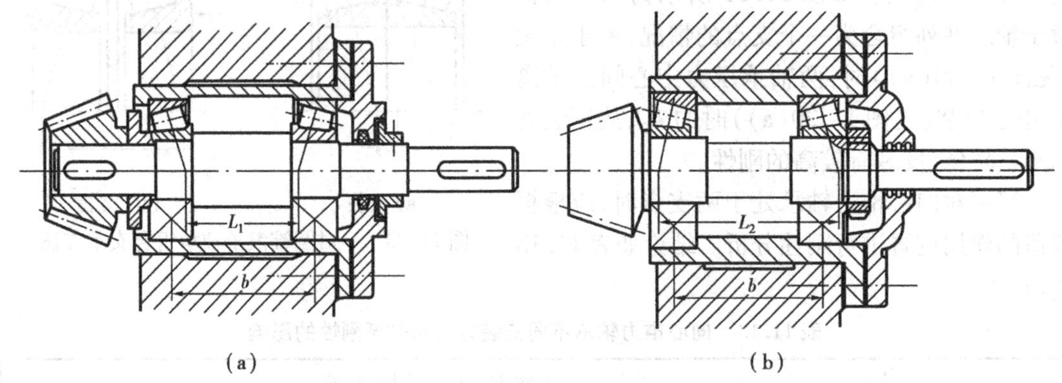

图 11.21 轴系位置和轴承游隙调整结构

11.7.5 滚动轴承的预紧

预紧轴承的目的主要是提高其回转精度、增加轴承装置的刚性，减小轴承的振动和噪声。轴承的预紧分为径向预紧和轴向预紧。轴向预紧是指采用某种方法在轴承中产生并保持一定的轴向力，使滚动体和内、外圈接触处产生预变形，从而减小轴承中的轴向游隙。径向预紧是利用轴承与轴颈的过盈配合，使轴承内圈膨胀，以减小径向游隙，并产生一定的预变形。

轴向预紧常采用的装置如下：

①夹紧一对圆锥滚子轴承的外圈而预紧（见图 11.22(a)）。

②两轴承外圈间装入压缩弹簧，该方法可得到稳定的预紧力（见图 11.22(b)）。

③在一对轴承中间装入长度不等的套筒而预紧，预紧力可通过调节两套筒的长度差来控制（见图 11.22(c)），这种装置刚性较大。

④正装时，夹紧一对磨窄了的外圈而预紧（见图 11.22(d)），反装时，可磨窄内圈并夹紧。在滚动轴承手册或样本中，可查到同型号成对安装的角接触球轴承的不同系列的预紧力及相应的内、外圈的磨窄量。

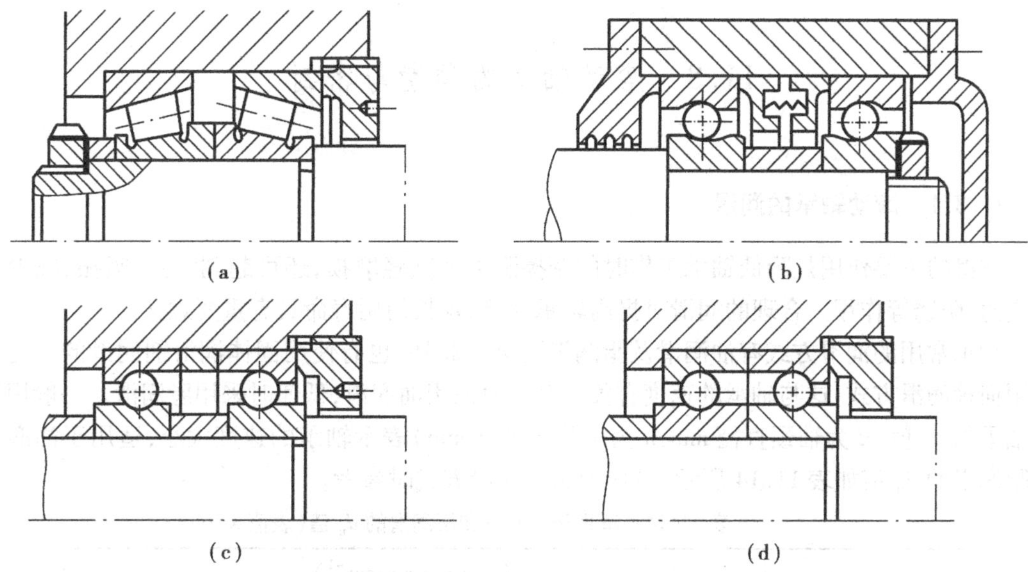

图 11.22　轴承的预紧结构

11.7.6　轴承的安装和拆卸

方便轴承拆卸是轴承组合结构设计面临的另一问题。轴承主要安装方法有锤打击入法、压力机压入法及温差装配法等。根据轴承的尺寸大小、轴承内圈与轴颈之间配合的过盈量来选择合适的安装方法。轴承的拆卸靠专用工具(如三爪)完成,如图 11.23(a)所示。在轴承组合结构设计时,为了使轴承在轴上准确定位,轴上应设计有相应的轴肩,但轴肩不宜过高,否则拆卸工具的钩头无法钩住内圈端面(见图 11.23(a))。当轴肩高度无法降低时,可在轴肩处开槽,以便放入拆卸工具(见图 11.23(b))。为了拆卸外圈,应留出拆卸高度 h(见图 11.23(c)),或在机座上作出能拧进拆卸螺钉的螺孔(见图 11.23(d))。

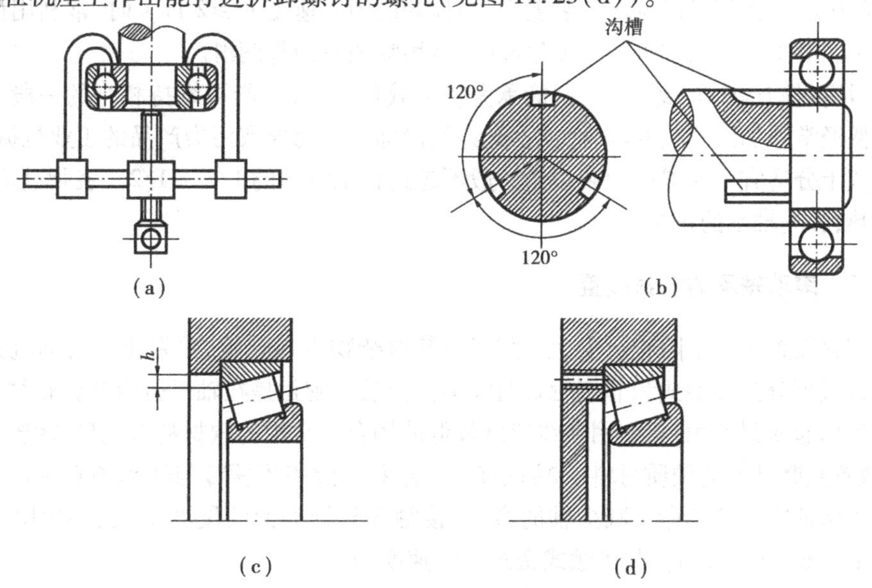

图 11.23　轴承的拆卸

11.8 滚动轴承的润滑与密封

11.8.1 滚动轴承的润滑

润滑的主要作用是降低轴承工作时的摩擦阻力和减轻磨损，还可起到散热、吸振、减少接触应力、防锈等作用。合理的润滑对提高轴承性能，延长使用寿命具有重要意义。

轴承常用的润滑方式有油润滑及脂润滑两类。此外，也有使用固体润滑剂润滑的。究竟选用何种润滑方式，这与轴承的速度有关。高速时采用油润滑，低速时采用脂润滑。一般用滚动轴承的 d_n 值（d 为轴颈直径 mm；n 为工作转速 r/min）表示轴承的速度大小，适用于油润滑和脂润滑的 d_n 值如表 11.14 所示，可作为选择润滑方式时参考。

表 11.14 适用于油润滑和脂润滑的 d_n 值（表值 $\times 10^4$）

轴承类型	d_n/(mm · r · min^{-1})				
	浸油润滑或飞溅润滑	滴油润滑	喷油润滑	油雾润滑	脂润滑
深沟球轴承 角接触球轴承 圆柱滚子轴承	≤25	≤40	≤60	>60	≤16
圆锥滚子轴承	≤16	≤23	≤30	—	≤10
推力球轴承	≤6	≤12	≤15	—	≤4

润滑油流动性好，故其润滑和冷却效果均较好。如采用浸油润滑，油面高度不应高于最下方滚动体的中心。在闭式齿轮传动装置中，当齿轮的圆周速度 $v \geq 2$ m/s 时，常利用齿轮飞溅起来的油来润滑轴承。当轴承的速度很高时，常用喷油或油雾润滑。

脂润滑密封结构简单，维护方便，能承受较大载荷，一次加脂可维持相当的一段时间。对于那些不便经常添加润滑剂的场合，或不允许润滑油流失而导致污染产品的工业机械来说，这种润滑方式十分适宜。润滑脂的装填量一般不超过轴承空间的 1/3 ~1/2。装脂过多，易于引起摩擦发热，影响轴承的正常工作。

11.8.2 滚动轴承的密封装置

轴承密封装置是为了阻止灰尘、水、酸气及其他杂物进入轴承，并阻止润滑剂流失而设置的。密封装置可分为接触式和非接触式两大类。接触式密封是在轴承盖内放置软材料与转动轴直接接触而起密封作用，只能用在线速度较低的场合。常用的软材料有毛毡、橡胶、皮革、软木，或者放置减摩性好的硬质材料（如加强石墨、青铜、耐磨铸铁等）与转动轴直接接触以进行密封。为了保证密封的寿命及减少轴的磨损，接触部分轴表面的硬度不低于 40HRC，表面粗糙度小于 R_a1.6 ~0.8 μm。非接触式密封不受速度的限制。

常用密封装置的结构、特点及应用如表 11.15 所示。

作为标准产品供应市场的密封轴承(如 60000-RZ 型、60000-2RS 型),其单面或双面带有防尘盖和密封圈,内部已填入润滑脂,无须再加其他的密封装置。其结构简单,使用日趋广泛。

表 11.15　常用密封装置的结构、特点及应用

接触式密封	非接触式密封		
毡圈密封(v 小于 4~5 m/s)	迷宫式密封(v <30 m/s)		立轴综合密封
	轴向曲路(只用于剖分结构)	径向曲路	
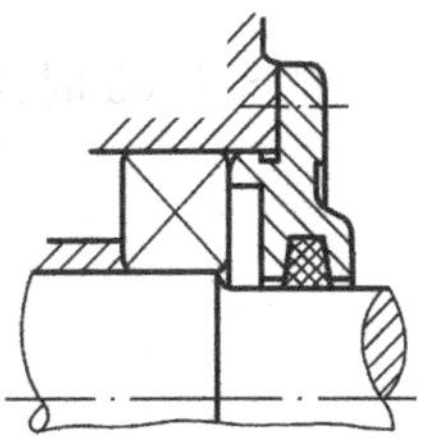	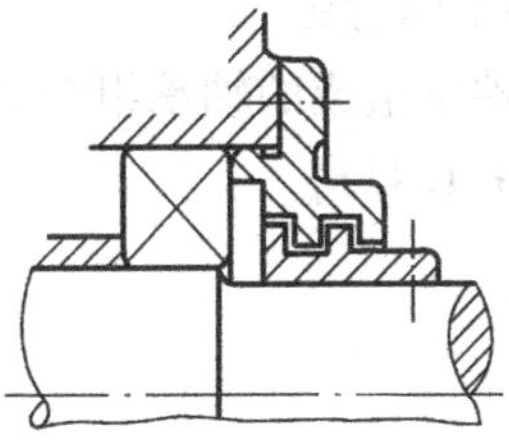	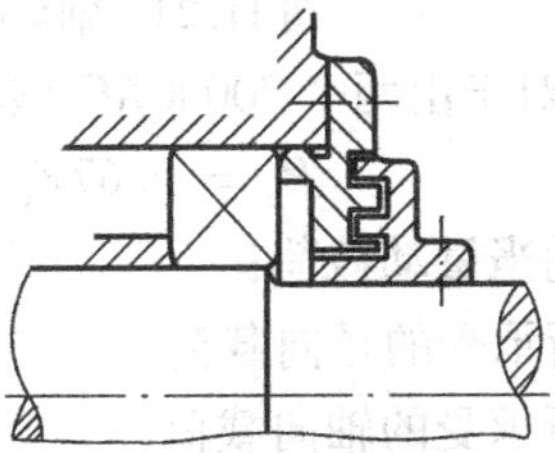	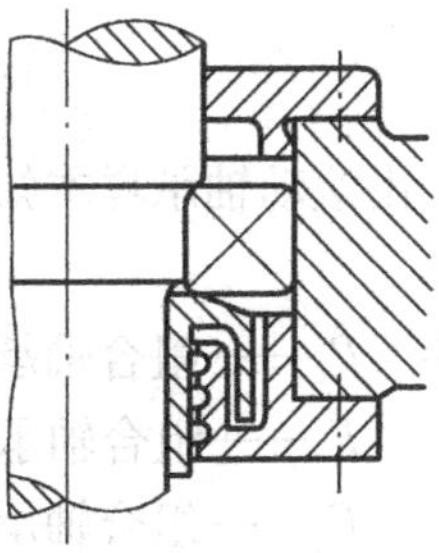
结构简单,压紧力不能调整。用于脂润滑	油润滑、脂润滑都有效,缝隙中填充脂		为防止立轴漏油,一般要采取两种以上的综合密封形式
唇形密封圈密封(v<10 ~15 m/s)	隙缝密封(v<5 ~6 m/s)	挡圈密封	甩油密封
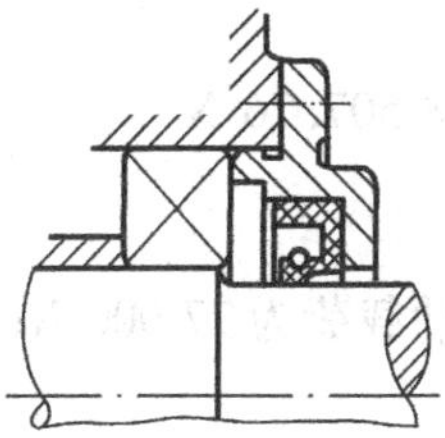	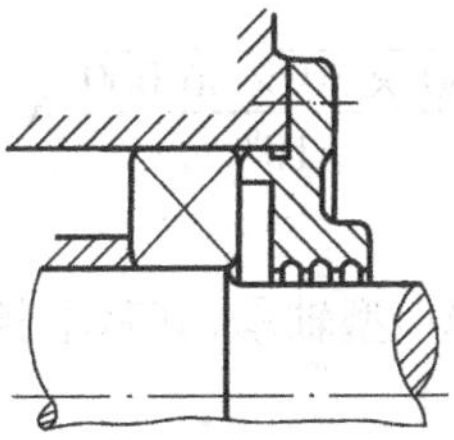	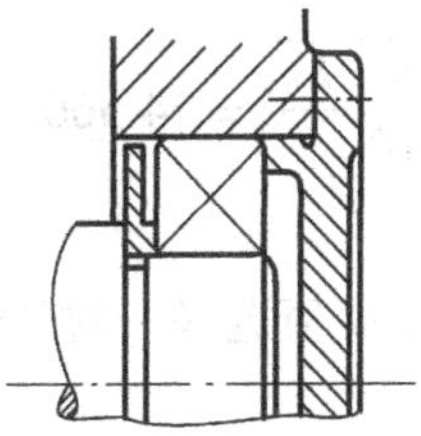	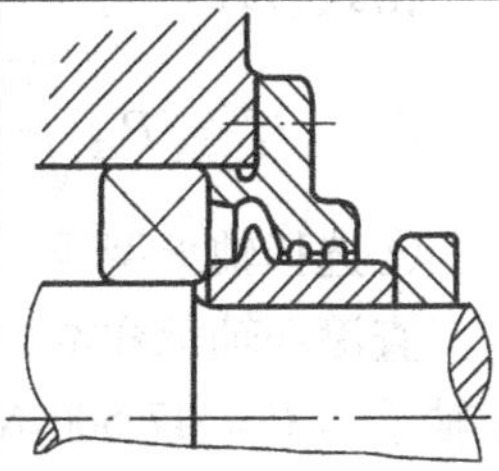
使用方便,密封可靠。耐油橡胶和塑料密封圈有 O,J,U 等形式,有弹簧箍的密封性能更好	结构简单,沟槽内填充脂,用于脂润滑或低速油润滑。盖与轴的间隙为 0.1~0.3 mm,槽宽 3~4 mm,深 4 ~5 mm	挡圈随轴回转,可利用离心力甩去油和杂物,最好与其他密封联合使用	甩油环靠离心力将油甩掉,再通过导油槽将油导回油箱

例 11.4　试选择如图 11.24 所示的支承蜗杆轴的轴承型号。两支点所受载荷为 F_{r1} = 1 500 N,F_{r2} = 2 500 N,A = 9 000 N。蜗杆装轴承处轴径 d = 45 mm,转速 n = 30 r/min,载荷平稳,设计寿命 5 年(每年按 300 个工作日计,设每日三班工作制)。

解　由于蜗杆传动效率低,发热严重,故选用固游式的支承方式。左支承点(标为 2)由两个向心推力轴承组合,并双向固定作为固定支点;右支承点(标为 1)的轴承为游动支点。由于支承 1 不受轴向力,且径向载荷不大,可选用深沟球轴承;支承 2 既受径向力,又受较大的轴向力，故支承2选用两个70000AC型角接触球轴承正装。

1）支点2轴承型号的选择

①计算支点2处组合轴承的当量动载荷

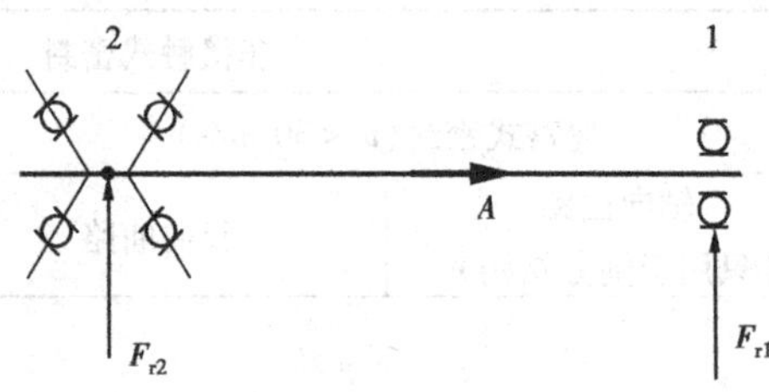

图11.24 轴承的配置方式

由滚动轴承样本知，对于由两个70000AC型轴承组成的轴承组合，当 $F_a/F_r > 0.68$ 时，有

$$P_c = 0.67F_r + 1.41F_a$$

式中 P_c——组合轴承的当量动载荷；

F_r——组合轴承所承受的径向载荷；

F_a——组合轴承所承受的轴向载荷。

因为 $\frac{F_{a2}}{F_{r2}}=\frac{9\ 000}{2\ 800}=3.21>0.68$，计入载荷系数（取 $f_p=1$）后，组合轴承当量动载荷为

$$P_{c2}=f_p(0.67F_{r2}+1.41F_{a2})=1\times(0.67\times2\ 800+1.41\times9\ 000)\ \text{N}=14\ 566\ \text{N}$$

②计算预期寿命 L_h'

$$L_h'=5\times300\times24\ \text{h}=36\ 000\ \text{h}$$

③计算组合轴承应具有的基本额定动载荷

由式（11.9）得

$$C'=P_{c2}\sqrt[\varepsilon]{\frac{60\cdot n\cdot L_h'}{10^6}}=14\ 566\times\sqrt[3]{\frac{60\times30\times36\ 000}{10^6}}\ \text{N}=58\ 507.76\ \text{N}$$

④选择轴承型号

查滚动轴承样本，根据 C' 值选择一对7309 AC型轴承，其基本额定动载荷为77 000 N（单个轴承为 $C=47\ 500$ N）。

2）支点1轴承型号的选择

因支点1为深沟球轴承，且仅承受径向载荷 F_{r1}，型号选择较容易（从略）。

11.9 滚动轴承设计禁忌

常见滚动轴承设计禁忌如表11.16所示。

表11.16　常见滚动轴承设计禁忌

设计应注意的问题	说　明
1. 定位轴肩圆角半径应小于轴承圆角半径 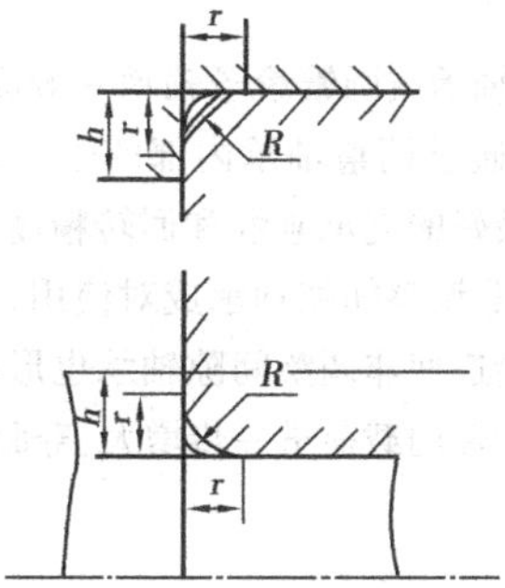	为了使轴承端面可靠地紧贴定位面，轴肩的过渡圆角半径必须小于轴承内圈的圆角半径。由于轴肩圆角半径过小时，应力集中加重，导致轴的疲劳强度降低，故可采用凹切圆角或加装轴肩衬环解决。轴承外圈若依靠轴承座孔的孔肩定位，孔间圆角半径也必须小于轴承外圈圆角半径
2. 轴承应便于装拆 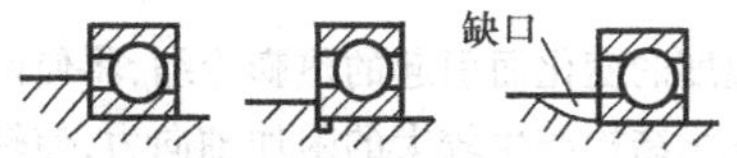 缺口 误　正　正 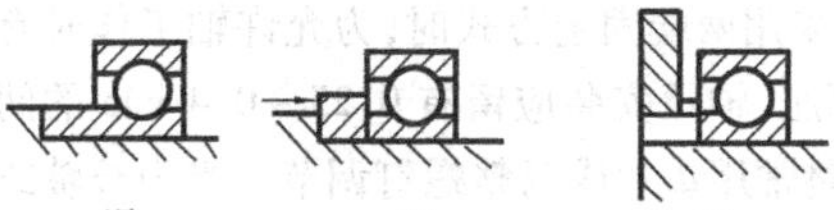 误　正　正  缺口 误　正　正　正	为避免装拆时损伤滚动轴承元件，安装和拆卸都不应使力作用于滚动体和内外圈滚道面上。从轴颈上拆卸轴承时，应施力于内圈；从轴承座中取出轴承时，则施力于外圈上。因此，轴承定位轴肩或孔肩的高度既要提供足够的支承面积，又要不妨碍轴承的拆卸。一般情况不应超过座圈厚度的2/3～3/4。如不得不超过上述界限时，应采取开设供轴承拆卸的缺口、槽孔或螺孔等措施
3. 应考虑角接触球轴承或圆锥滚子轴承布置方式对支承刚性的影响 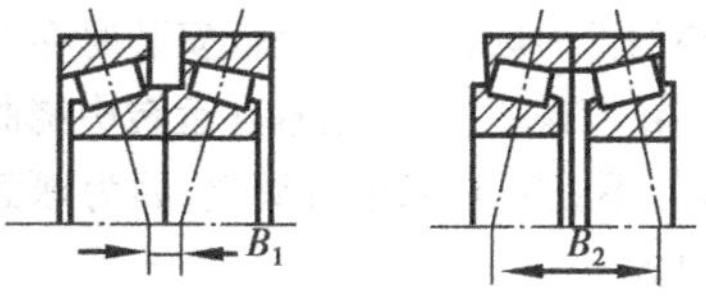 B_1　B_2 正安装（X型）　反安装（O型） 圆锥滚子轴承的并列组合 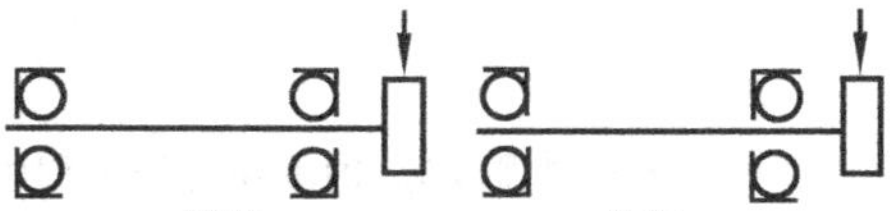 较差　较好 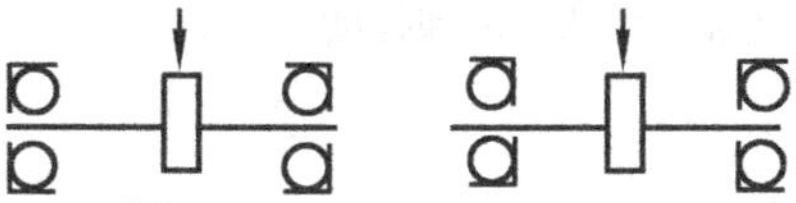 较好　较差 角接触轴承组合的刚性	当一对圆锥滚子轴承并列组合为一个支点时，反装方式两轴承反力在轴上的作用点距离 B_2 比正装时的 B_1 大，故反装时支承刚性较高，对轴的弯矩具有较高的抵抗能力。若可能发生轴弯曲或轴承不对中，就应选用刚性较小的正装方式。当一对角接触球轴承分别处于两支点时，若受力零件呈悬伸状，则反装刚性好；若当受力零件在两轴承之间时，正装刚性好

续表

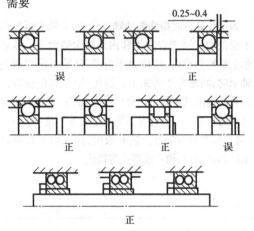

设计应注意的问题	说　明
4. 角接触球轴承不宜与非调整间隙轴承成对组合使用 误　　正 误　　正	角接触球轴承或圆锥滚子轴承一般成对使用，其目的是为了通过调整轴承内部的轴向载荷和径向间隙，获得最好的支承刚性和回转精度。若其与深沟球轴承等非调整间隙轴承成对使用，在调整轴向间隙时，则会迫使非调整间隙轴承也形成角接触状态，使其附加轴向载荷进一步增大、寿命缩短
5. 轴承的固定要考虑温度变化时轴的膨胀或收缩的需要 0.25~0.4 误　　正 正　　正　　误 正	由于工作温度的变化而引起的热膨冷缩，将使两端都固定的支承结构产生较大的附加轴向力，使轴承寿命缩短。普通工作温度下的短轴（跨距不超过400 mm）采用两端固定方式时，为允许轴工作时有少量热膨胀，轴承安装应留有0.25～0.4 mm的间隙，间隙量常用垫片或调整螺钉调节。当为长轴或工作温度较高时，宜采用一端固定、一端游动的支承方式，由游动端保证伸缩位移量。在长度很大的多支点轴上，一般应把中段上的某一个轴承用作固定轴承，以限定轴的位置，而其余的轴都应当是游动的
6. 带球面座垫的推力球轴承，不宜用于轴摆动大的场合	带球面座垫的推力球轴承，可补偿安装时存在的外壳配合面的角度误差；但是当轴在运转中挠曲变形或摆动大时，不宜靠它来进行调整，因为球面接触面的摩擦过大
7. 避免在轻合金或非金属箱体的轴承孔中直接安装轴承 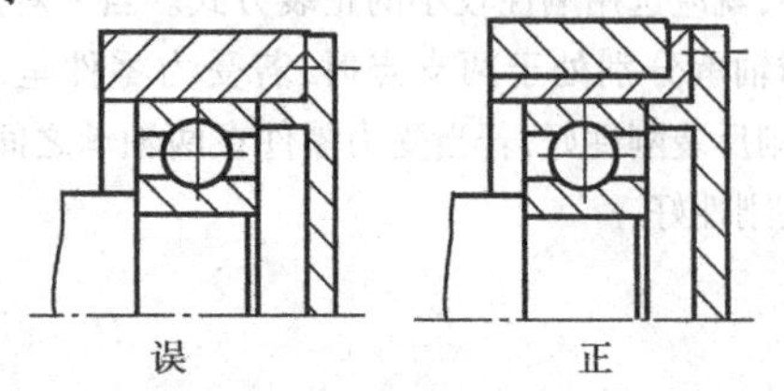 误　　正	因为这种箱体材料强度低，轴承在工作过程中容易产生变形而松动，所以应加钢制衬套与轴承配合，可增加支承的刚度和强度

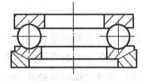

续表

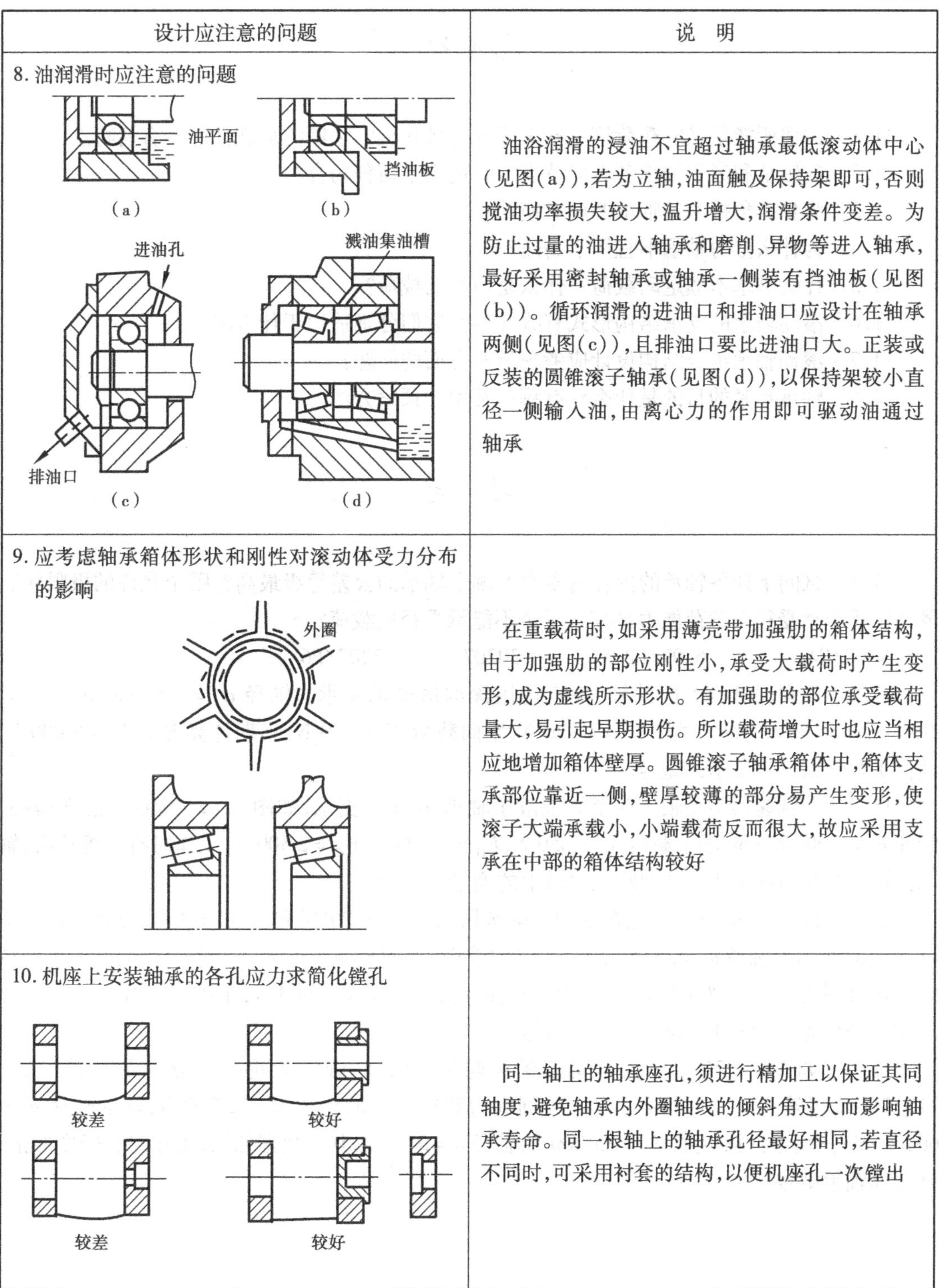

设计应注意的问题	说　明
8. 油润滑时应注意的问题	油浴润滑的浸油不宜超过轴承最低滚动体中心(见图(a)),若为立轴,油面触及保持架即可,否则搅油功率损失较大,温升增大,润滑条件变差。为防止过量的油进入轴承和磨削、异物等进入轴承,最好采用密封轴承或轴承一侧装有挡油板(见图(b))。循环润滑的进油口和排油口应设计在轴承两侧(见图(c)),且排油口要比进油口大。正装或反装的圆锥滚子轴承(见图(d)),以保持架较小直径一侧输入油,由离心力的作用即可驱动油通过轴承
9. 应考虑轴承箱体形状和刚性对滚动体受力分布的影响	在重载荷时,如采用薄壳带加强肋的箱体结构,由于加强肋的部位刚性小,承受大载荷时产生变形,成为虚线所示形状。有加强肋的部位承受载荷量大,易引起早期损伤。所以载荷增大时也应当相应地增加箱体壁厚。圆锥滚子轴承箱体中,箱体支承部位靠近一侧,壁厚较薄的部分易产生变形,使滚子大端承载小,小端载荷反而很大,故应采用支承在中部的箱体结构较好
10. 机座上安装轴承的各孔应力求简化镗孔	同一轴上的轴承座孔,须进行精加工以保证其同轴度,避免轴承内外圈轴线的倾斜角过大而影响轴承寿命。同一根轴上的轴承孔径最好相同,若直径不同时,可采用衬套的结构,以便机座孔一次镗出

思考题

11.1　按照所能承受的载荷滚动轴承可分为哪几类？它们的承载性能各有何特点？

11.2　球轴承和滚子轴承各有何特点？它适用于何种场合？

11.3　为什么角接触球轴承要成对使用？

11.4　为什么推力轴承不宜用于高速？

11.5　什么是基本额定动载荷？什么是当量动载荷？

11.6　滚动轴承的支承结构形式有哪几种？它们分别适用于什么场合？

11.7　滚动轴承组合结构设计应考虑哪些方面的问题？

11.8　轴承预紧的目的是什么？有哪些常用的预紧方法？

习　题

11.1　试问下列各轴承的内径有多大？哪个轴承的公差等级最高？哪个允许的极限转速最高？哪个承受径向载荷能力最高？哪个不能承受径向载荷？

N307/P4　　　6207/P2　　　30207　　　5207/P6

11.2　一农用机器中的某轴，决定选用深沟球轴承支承。轴径 $d = 35$ mm，转速 $n = 2\ 900$ r/min，轴承的径向载荷 $F_r = 1\ 970$ N，轴向载荷 $F_a = 720$ N，预期计算寿命 $L_h = 6\ 000$ h，载荷平稳。试选择轴承的型号。

11.3　某减速器主动轴用两个圆锥滚子轴承 30 312 支承，如图 11.25 所示。已知：轴的转速 $n = 1\ 000$ r/min，轴上载荷 $A = 650$ N，$F_{r1} = 3\ 800$ N，$F_{r2} = 2\ 300$ N，工作时有中等冲击，轴承预期寿命为 20 000 h。试判断该对轴承的型号是否合适。

11.4　根据工作条件，决定在轴的两端选用两个 $\alpha = 25°$ 的角接触球轴承，安装方式如图 11.11(b)所示。轴径 $d = 35$ mm，工作中有中等冲击，转速 $n = 1\ 600$ r/min，已知：两轴承的径向载荷分别为 $F_{r1} = 3\ 000$ N，$F_{r2} = 1\ 500$ N，轴上轴向载荷 $A = 900$ N，作用方向指向轴承 1，要求轴承寿命为 15 000 h。试选择轴承型号。

11.5　如图 11.26 所示为从动圆锥齿轮轴。已知：圆锥齿轮平均分度圆直径 $d_{m2} = 210.5$ mm，齿轮上的轴向力 $A = 970$ N，圆周力和径向力的合力 $R = 2\ 700$ N，轴的转速 $n = 600$ r/min，轴承的预期寿命 $L_h = 35\ 000$ h，轴径 $d = 35$ mm，其余数据如图，工作时有轻度冲击。试选择轴承型号。

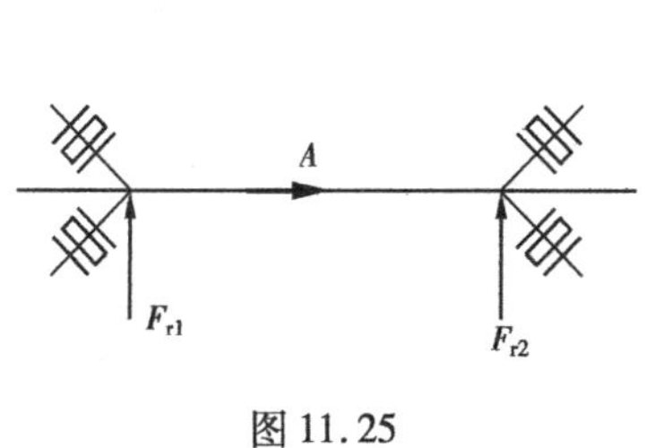

图11.25

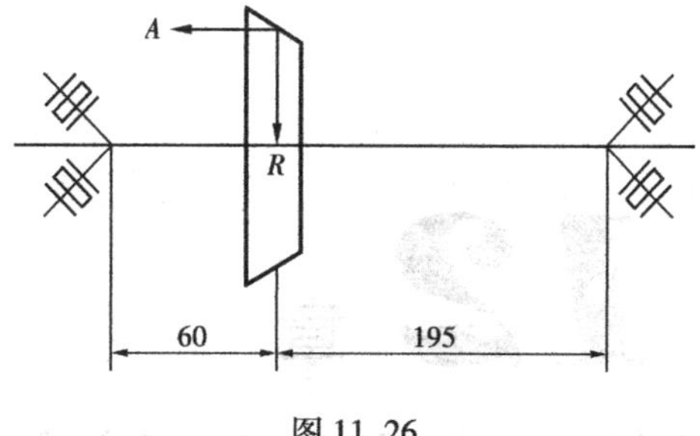

图11.26

第12章 联轴器、离合器及制动器

12.1 概　述

联轴器和离合器是机械传动中常用的部件。它们主要用来联接轴与轴(或联接轴与其他回转件),以传递运动与转矩,有时也可作安全装置。联轴器联接的两轴只有在机器停车后,经拆卸才能将其分离;而用离合器联接的两轴,可在机器运转中随时分离与接合。

制动器是用来降低运转速度或迫使机械停止运转的装置,有时也作限速用。

联轴器、离合器和制动器都是通用部件,种类繁多,多数已标准化。本章选择几种典型结构,介绍其有关知识,以便为选用标准件和自行设计。至于其他常用类型,可参阅有关手册。

12.2 联轴器

联轴器所联接的两轴,由于制造和安装误差、承载后的变形以及温度变化的影响等,往往不能保证严格的对中,而是存在着某种程度的相对位移。如图12.1所示,可能存在轴向位移x、径向位移y和角位移α,通常是这3种位移同时存在,称为综合位移。

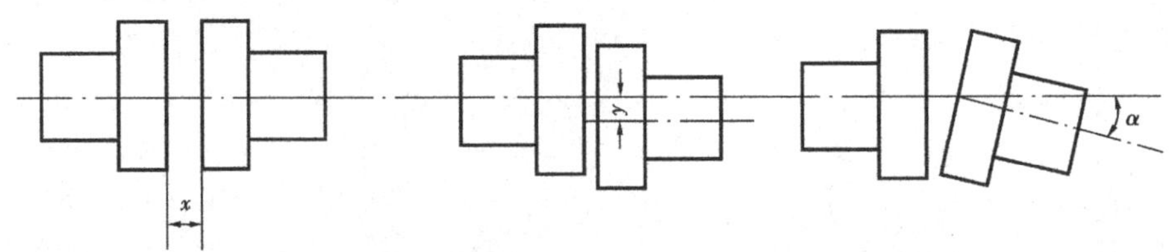

图12.1　联轴器所联接两轴的相对位移

要求设计联轴器时,要从结构上采取措施,使之具有适应一定范围的相对位移的性能。根据适应两轴位移能力的不同,可把联轴器分为刚性联轴器(无补偿能力)和挠性联轴器(有补偿能力)两大类。挠性联轴器又按是否具有弹性元件分为无弹性元件挠性联轴器和有弹性元件挠性联轴器。

12.2.1　刚性联轴器

刚性联轴器适用于两轴能严格对中，并在工作中不发生相对位移的场合。这类联轴器有套筒式、夹壳式和凸缘式等，这里只介绍较为常用的凸缘联轴器。

凸缘联轴器是把两个带有凸缘的半联轴器用键分别与两轴联接，然后用螺栓把两个半联轴器连成一体。这种联轴器有两种主要的结构形式：如图12.2(a)所示为利用一个半联轴器上的凸肩与另一半联轴器上的凹槽相配合实现对中；如图12.2(b)所示为利用铰制孔螺栓实现对中。前者靠两个半联轴器接合面间的摩擦传递转矩，装拆时，需要将轴做轴向移动；后者靠铰制孔用螺栓与孔的挤压与剪切传递转矩，装拆时，不需要轴做轴向移动。

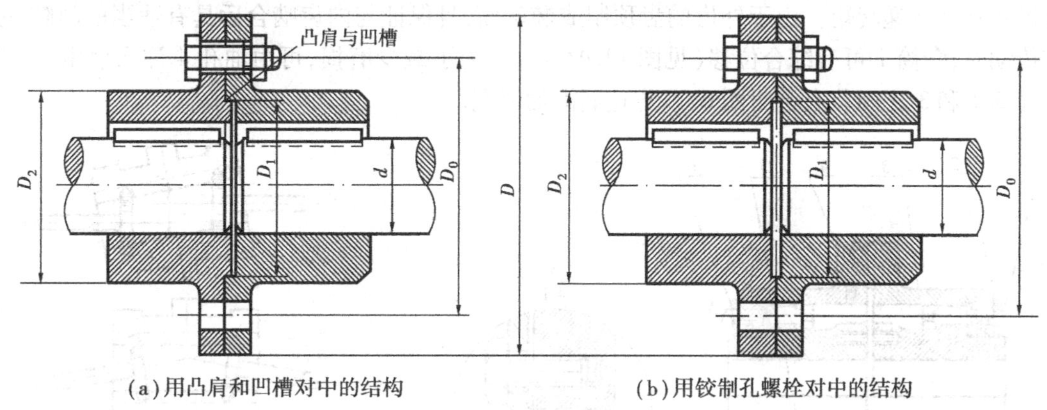

(a)用凸肩和凹槽对中的结构　　(b)用铰制孔螺栓对中的结构

图12.2　凸缘联轴器

常用凸缘联轴器的材料为灰铸铁、碳钢。按标准选定凸缘联轴器后，必要时应对联接两个半联轴器的螺栓进行强度校核。安装和工作时，对两轴对中性的要求很高，由于凸缘联轴器结构简单、成本低、可传递较大的转矩，故当转速低、无冲击、轴的刚性大、对中性较好时常采用。

12.2.2　无弹性元件挠性联轴器

这类联轴器是利用联轴器工作零件之间构成的动联接来补偿两轴的偏斜和位移，因此可用在两轴有相对位移和偏斜的场合。但因无弹性元件，故不能缓冲减振。常用的有以下3种：

(1)十字滑块联抽器

如图12.3所示，它是由两个在端面上开有凹槽的半联轴器1,3和一个两面带有凸牙的中间盘2组成。因凸牙可在凹槽中滑动，构成动联接，故可补偿安装及运转时两轴间的相对位移。

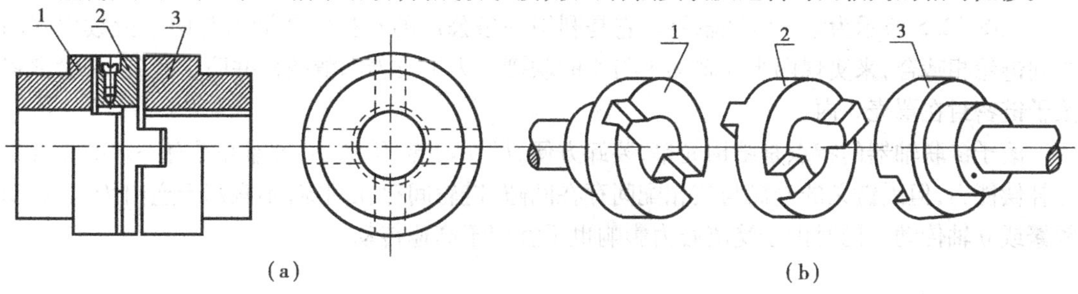

图12.3　十字滑块联轴器

这种联轴器零件常用45钢制作。为了耐磨及减摩，两半联轴器与中间盘组成移动副其表面须进行热处理提高其硬度，使用时应从中间盘的油孔中注油进行润滑。

因为两半联轴器与中间盘间不能发生相对转动，故主动轴与从动轴的角速度相等。但在两轴有偏斜的情况下工作时，由于中间盘为金属材料制造，其会产生很大的离心力，从而增大动载荷及磨损。因此，选用时应注意其工作转速不得大于规定值，一般用在转速 $n <$ 250 r/min，轴的刚度较大，且无剧烈冲击处。

(2) 齿式联轴器

如图12.4(a)所示，这种联轴器由两个带有内齿及凸缘的外套筒3和两个带有外齿的内套筒1所组成。两个内套筒1分别用键与两轴联接，两个外套筒3用螺栓5连成一体，依靠内外齿相啮合传递转矩。由于外齿的齿顶制成椭球面，且保证与内齿啮合后具有适当的间隙，故在传动时，套筒1可有综合位移(见图12.4(b))。为了减少磨损，可由油孔4注入润滑油，并在套筒1和3之间装有密封圈6，以防止润滑油泄漏。

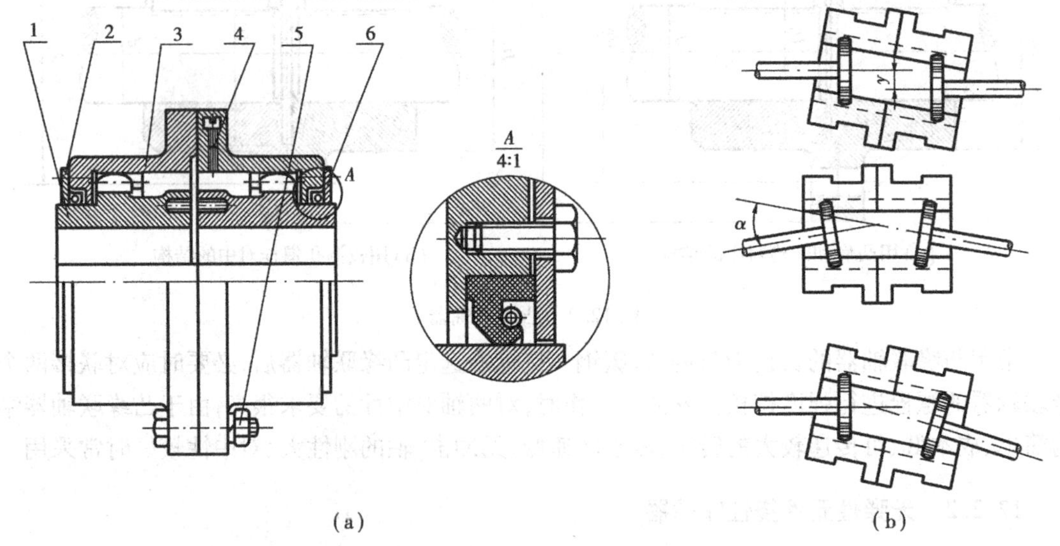

图12.4　齿式联轴器

齿式联轴器中，内齿和外齿的齿廓均为渐开线，啮合角为20°，齿数一般为30～80，材料一般为45钢或ZG 310-570。由于这种联轴器能传递很大转矩，允许有较大的偏移量，安装精度要求不高，但质量较大，成本较高，故在重型机械中广泛应用。

(3) 滚子链联轴器

如图12.5所示为滚子链联轴器。它是利用一条公用的双排链2同时与两个齿数相同的并列链轮相啮合，来实现两半联轴器1与4的联接。为了改善润滑条件并防止污染，一般都将滚子链密封在罩壳3内。

滚子链联轴器的特点是结构简单，装卸方便，尺寸紧凑，质量小，价廉并具有一定的综合位移补偿能力，但因链条的套筒与其相配间存在间隙，链轮间存在间隙，不宜用于逆向传动、启动频繁或立轴传动。同时由于受离心力影响也不宜用于高速传动。

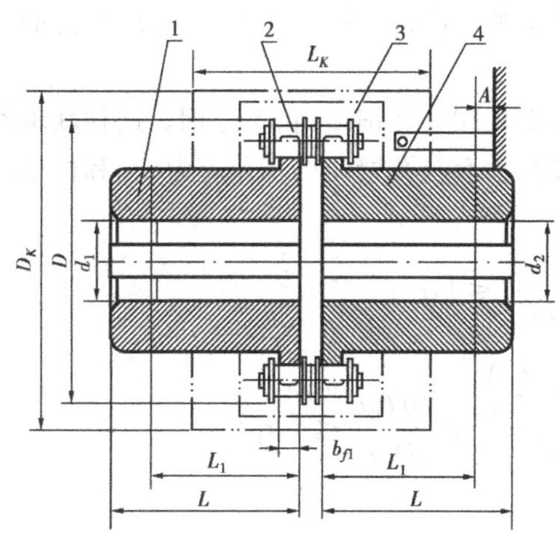

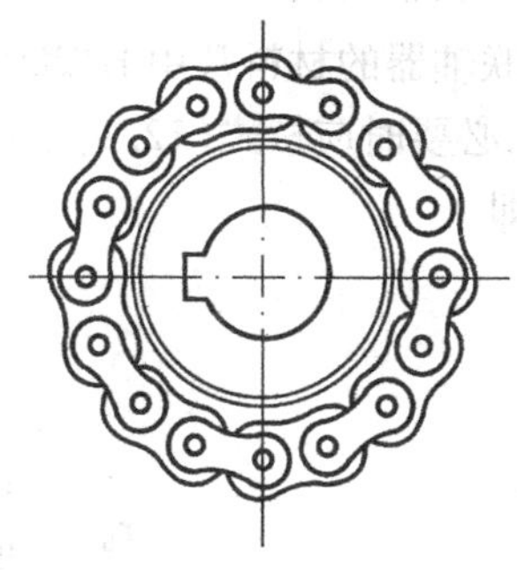

图 12.5　滚子链联轴器

12.2.3　有弹件元件挠性联轴器

这类联轴器因装有弹性元件，不仅可补偿两轴间的相对位移，而且具有缓冲和减振的能力。弹性元件所能储存的能量越多，则联轴器的缓冲能力越强；弹性元件的弹性滞后性能与弹性变形时零件间的摩擦功越大，则联轴器的减振性就越好。这类联轴器常用在变载荷、频繁启动和停车、经常正反转和两轴不能严格对中的场合。

制造弹性元件的材料有非金属和金属两类。非金属有橡胶、塑料等，其特点是质量小，价格便宜，有良好的弹性滞后性能，因此减振能力强。金属材料制成的弹性元件(主要是各种弹簧)具有强度高、尺寸小、寿命长的特点。

(1)弹性套柱销联轴器

这种联轴器的构造与凸缘联轴器相似，只是用套有弹性套的柱销代替了联接螺栓(见图 12.6)。弹性套的材料常用耐油橡胶，并制成截面形状如图中网纹部分所示，以提高其弹性。半联轴器与轴的配合孔可制成圆柱形或圆锥形。

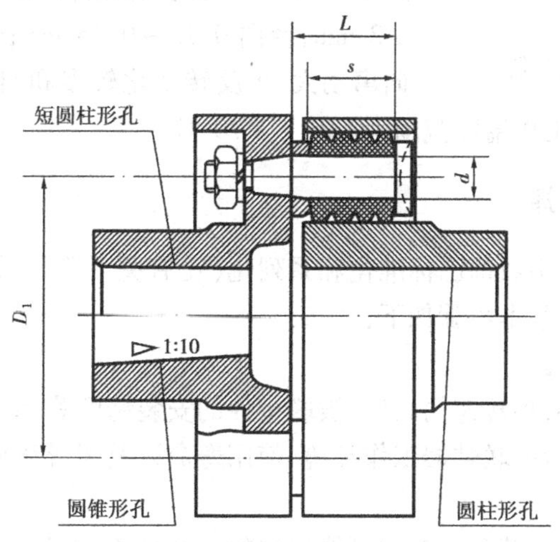

图 12.6　弹性套柱销联轴器

这种联轴器的工作温度应在 -20 ~ +70 ℃的范围内。视尺寸不同,它所允许的最大位移量为径向 0.2 ~0.6 mm;角度 30′ ~1°30′。

半联轴器的材料常用 HT200,35 钢或 ZG 270-500,柱销多用 35 号钢。这种联轴器可按标准选用,必要时应按式(12.1)、式(12.2)验算弹性套与孔壁间的挤压应力 σ_p 和柱销的弯曲应力 σ_b,即

$$\sigma_p = \frac{2T_C}{zdsD_1} \leqslant [\sigma_p] \tag{12.1}$$

$$\sigma_b = \frac{M}{W} = \frac{\left(\frac{2T_C}{zD_1} \times \frac{L}{2}\right)}{0.1d^3} = \frac{10T_C L}{zD_1 d^3} \leqslant [\sigma_b] \tag{12.2}$$

式中 T_C——计算转矩,N · mm;

z——柱销数目;

D_1——柱销中心分布圆直径,mm;

$[\sigma_p]$——许用应力,对橡胶弹性套,$[\sigma_p]$ =2 MPa;

$[\sigma_b]$——柱销的许用弯曲应力,$[\sigma_b]=0.25\sigma_s$,σ_s 为柱销材料的屈服极限,MPa;

d,s,L——如图 12.6 所示,mm。

这种联轴器制造容易、装拆方便、成本较低,但弹性套易磨损、寿命较短。它适用于联接载荷平稳、需正反转或启动频繁、传递中小转矩的场合。

(2)弹性柱销联轴器

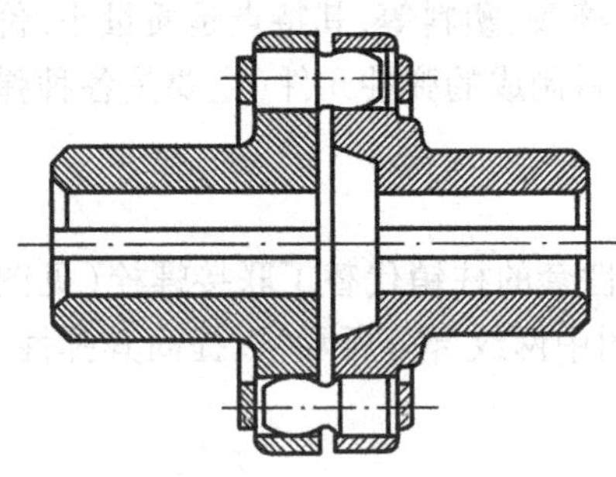

图 12.7 弹性柱销联轴器

如图 12.7 所示,这种联轴器是用若干个非金属(胶木、尼龙)柱销,置于两半联轴器凸缘孔中以实现两半联轴器的联接。为了防止柱销脱落,在半联轴器的外侧,用螺钉固定了挡板。

这种联轴器与弹性套柱销联轴器很相似,但传递转矩的能力很大,结构更为简单,安装、制造方便,耐久性好。视尺寸不同,它们允许的最大位移量为轴向 ±0.5 ~ ±3 mm,径向 0.15 ~0.25 mm;角度≤30′。它适用于轴向窜动大、正反转变化较多和启动频繁的场合。由于尼龙柱销对温度较敏感,故工作温度范围为 -20 ~ +70 ℃。

12.2.4 联轴器的选择

常用的联轴器目前大多数都已标准化和系列化(见有关手册)。设计者的任务是选用,而不是设计。选用联轴器的基本步骤如下:

(1)选择联轴器的类型

根据传递载荷的大小,轴转速的高低,被联接件的安装精度等,参考各类联轴器特性,选择合适的类型。同时,还应考虑联轴器工作环境、使用寿命以及润滑和密封等条件。

(2)计算转矩

由于机器启动时的动载荷和运转中可能出现的过载现象,因此,应当按轴上的最大转矩作为计算转矩 T_C。计算转矩为

$$T_C = KT \tag{12.3}$$

式中　T——名义转矩；

K——工作情况系数，如表12.1所示。

(3)**确定联轴器的型号**

根据计算转矩 T_C 及所选的联轴器类型，在联轴器的标准中按照式(12.4)的条件选定联轴器的型号，即

$$T_C \leqslant [T_C] \tag{12.4}$$

表12.1　工作情况系数 K

工作机		K			
		原动机			
分类	工作情况及举例	电动机、汽轮机	四缸和四缸以上内燃机	双缸内燃机	单缸内燃机
Ⅰ	转矩变化很小，如发电机、小型通风机、小型离心机	1.3	1.5	1.8	2.2
Ⅱ	转矩变化小，如透平压缩机、木工机床、运输机	1.5	1.7	2.0	2.4
Ⅲ	转矩变化中等，如搅拌机、增压泵、有飞轮的压缩机、冲床	1.7	1.9	2.2	2.6
Ⅳ	转矩变化和冲击载荷中等，如织布机、水泥搅拌机、拖拉机	1.9	2.1	2.4	2.8
Ⅴ	转矩变化和冲击载荷大，如造纸机、挖掘机、起重机、碎石机	2.3	2.5	2.8	3.2
Ⅵ	转矩变化大并有强烈冲击载荷，如压延机、无飞轮的活塞泵、重型初轧机	3.1	3.3	3.6	4.0

(4)**校核最大转速**

被联接轴的转速 n 不应超过所选联轴器的许用转速$[n]$，即

$$n \leqslant [n] \tag{12.5}$$

(5)**协调轴孔直径**

多数情况下，标准给出了每一型号联轴器轴孔的直径系列。被联接两轴的直径及轴孔长度和类型可以是相同的，也可以是不相同的，如主动轴端为圆柱形，从动轴端为圆锥形。

此外，还应规定部件相应的安装精度，必要时应对联轴器的主要零件工作能力进行校核。

例12.1　试选择一齿轮减速器的输入轴与电动机轴相联接的联轴器。电动机型号为Y200L2-6，额定功率 $P=22$ kW，满载转速 $n=970$ r/min，电动机轴径 $d_1=55$ mm，减速器输入轴径 $d_2=50$ mm，工作机为刮板运输机。

解　1)选择联轴器的类型

因工作机转矩变化不大，但有一定冲击载荷，安装时又不易保证严格对中，所以应选用挠性联轴器。由于输入轴转速较高，动载荷较大，但转矩较小，可选用传递转矩不大的弹性套柱

销联轴器。

2)计算联轴器的计算转矩

由于工作机为刮板运输机,原动机为电动机,查表12.1取$K=1.5$。

名义转矩为

$$T=9\ 550\frac{P}{n}=9\ 550\times\frac{22}{970}\ \text{N}\cdot\text{m}=216.6\ \text{N}\cdot\text{m}$$

由式(12.3)得计算转矩为

$$T_C=KT=1.5\times216.6\ \text{N}\cdot\text{m}=324.9\ \text{N}\cdot\text{m}$$

3)确定联轴器的型号

查设计手册,弹性套柱销联轴器TL7型的$[T_C]=500\ \text{N}\cdot\text{m}$,大于$T_C=324.9\ \text{N}\cdot\text{m}$,但其适应轴孔直径最大为50 mm,因此只有选TL8型,其$[T_C]=710\ \text{N}\cdot\text{m}$,更大于$T_C$,其轴孔直径系列中含50 mm和55 mm,因此合适。由于型号已选大,故不必验算强度。

TL8型的$[n]=2\ 400$ r/min(材料为铸铁时),大于工作转速$n=970$ r/min。

联轴器标记:

主动端:Y型轴孔(长圆柱形),A型(一个)键槽,$d_1=55$ mm,$L=112$ mm。

从动端:J型轴孔(短圆柱形),A型(一个)键槽,$d_1=50$ mm,$L=84$ mm。

标记为TL8联轴器$\frac{\text{YA55}\times112}{\text{JA50}\times84}$GB 4323—84。

12.3 离合器

离合器在机器运转中可将传动系统随时分离或接合。按离合方法不同,可分为操纵离合器和自动离合器两大类。按操纵方法,可分为有机械操纵离合器、液压(操纵)离合器、气压(操纵)离合器和电磁(操纵)离合器。离合器的接合元件主要有牙嵌式和摩擦式。牙嵌式结构简单,传递转矩大,主、从动轴可同步转动,尺寸小;但嵌合时有刚性冲击,只能在静止或两轴转速差不大时(如<100~150 r/min)接合。摩擦式离合较平稳,两轴能在任何不同速度下接合,过载时可自行打滑;但主动轴和从动轴不能严格同步,接合时产生摩擦热,摩擦元件易磨损。

设计和选用离合器时,应根据使用条件和要求,考虑各种离合器的结构及特点,参照设计手册和规范进行。

12.3.1 牙嵌离合器

牙嵌离合器是嵌合式离合器的一种形式,两半离合器端面上有相同的凸牙(见图12.8)。其中,一个(图中左部)半离合器固定在主动轴上;另一个半离合器用导键(或花键)与从动轴联接,并由操纵机构使其做轴向移动,以实现离合器的分离与接合。为使两半离合器能够对中,在主动轴端的半离合器上固定一个对中环,从动轴可在环内自由转动。

牙嵌离合器常用的牙形如图12.9所示。三角形牙(见图12.9(a)、(b))用于传递小转矩的低速离合器;矩形牙(见图12.9(e))无轴向分力,但不便于接合与分离,磨损后无法补偿,故

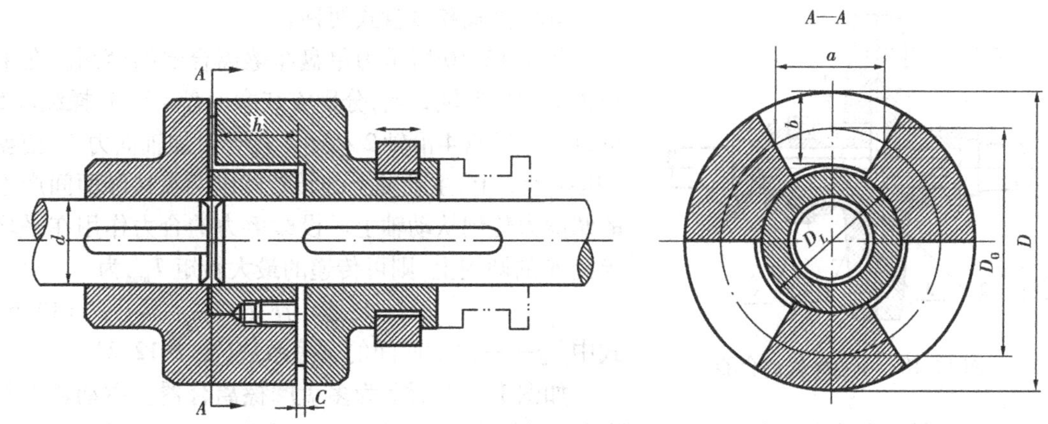

图12.8　牙嵌离合器

使用较少;梯形牙(见图12.9(c))的强度高,能传递较大的转矩,能自动补偿牙的磨损与间隙,从而减少冲击,故应用较广;锯齿形牙(见图12.9(d))强度高,但只能传递单向转矩,用于特定的工作条件处;如图12.9(f)所示的牙形主要用于安全离合器;如图12.9(g)所示为牙形的纵截面。牙数一般取为3~60。

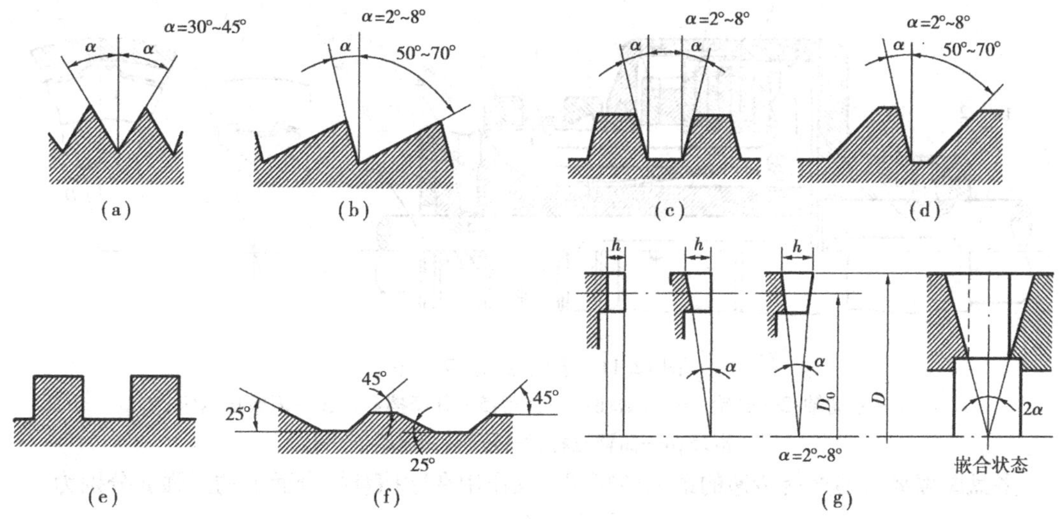

图12.9　各种牙型图

牙嵌离合器的主要尺寸可从有关手册中查取,必要时验算牙齿工作面的挤压强度和牙根部的弯曲强度。

牙嵌离合器的材料常用表面渗碳的低碳钢,硬度为56~62 HRC;或采用表面淬火的中碳钢,硬度为48~54 HRC;不重要的和静止状态接合的离合器,可用HT200制造。

当将两半离合器分别用平键固定在主动轴和从动轴上,就构成了牙嵌联轴器。这是一种无弹性元件挠性联轴器,允许轴向位移。

12.3.2　圆盘摩擦离合器

圆盘摩擦离合器是在主动摩擦盘转动时,由主、从动盘的接触面间产生的摩擦来传递转矩的。有单盘式和多盘式两种。

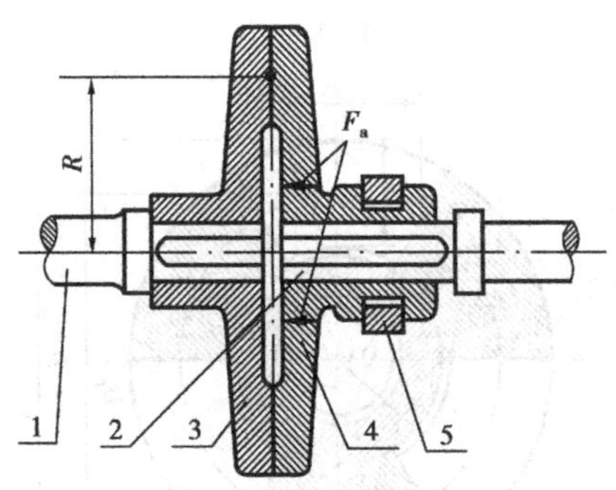

图 12.10 单盘摩擦离合器

如图 12.10 所示为单盘摩擦离合器的简图。在主动轴 1 和从动轴 2 上，分别安装摩擦盘 3 和 4，操纵环 5 可以使摩擦盘 4 沿轴 2 移动。接合时加轴向力 F_a 使盘 4 压在盘 3 上，主动轴上的转矩即由两盘接触面间产生的摩擦力传到从动轴上。设摩擦力的合力作用在平均半径 R 的圆周上，则可传递的最大转矩 T_{max} 为

$$T_{max} = fF_aR \tag{12.6}$$

式中 f——接触面间的摩擦系数(见表 12.2)。

如图 12.11 所示为多盘摩擦离合器。主动轴 1 与鼓轮 2、从动轴 3 与套筒 4 均通过键相联接。摩擦盘分内、外两组(见图 12.11 中的 5 和 6)。内摩擦盘组与套筒、外摩擦盘组与鼓轮分别采用类似导向花键的联接。当操纵机构控制滑环 7 左移时，压下曲臂压杆 8，通过压板 9 将所有内、外摩擦盘紧压在调节螺母 10 上，使离合器接合；当滑环右移时，曲臂压杆被弹簧抬起，内、外摩擦盘松开，使离合器分离。螺母 10 可调节摩擦盘之间的间隙和压力。

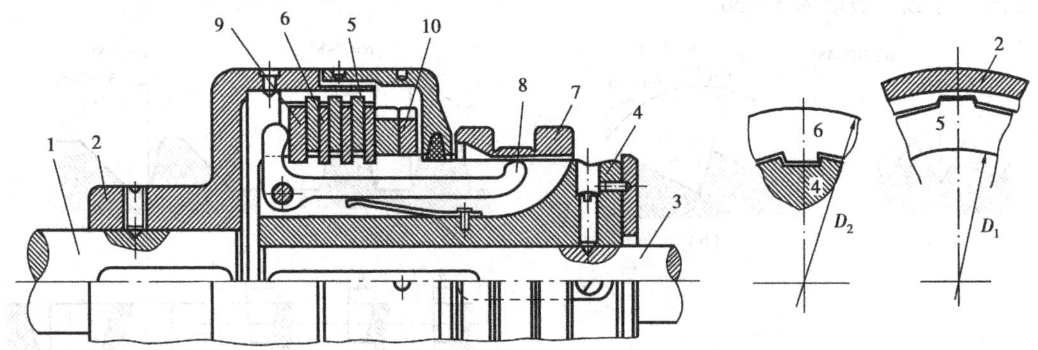

图 12.11 多圆盘摩擦离合器

1—主动轴；2—鼓轮；3—从动轴；4—套筒；5—外摩擦盘组；6—内摩擦盘组；
7—滑环；8—曲臂压杆；9—压板；10—调节螺母

多盘摩擦离合器所能传递的最大转矩 T_{max} 及作用在摩擦盘接合面上的压强 p 分别为

$$T_{max} = zfF_a \times \frac{D_2 + D_1}{4} \geqslant KT \tag{12.7}$$

$$p = \frac{4F_a}{\pi(D_2^2 - D_1^2)} \leqslant [p] \tag{12.8}$$

式中 D_1, D_2——摩擦盘接合面的内径和外径；

z——接合面的数目；

F_a——轴向压力；

f——摩擦系数，如表 12.2 所示；

$[p]$——许用压强，如表 12.2 所示。

表 12.2　常用摩擦面材料的摩擦系数 f 和许用压强 $[p]$

摩擦面材料	摩擦系数 f		许用压强 $[p]$/MPa	
	干式	湿式	干式	湿式
淬火钢-淬火钢	0.15 ~ 0.20	0.05 ~ 0.10	0.2 ~ 0.4	0.6 ~ 1.0
铸铁-铸铁或钢	0.15 ~ 0.25	0.06 ~ 0.12	0.2 ~ 0.4	0.6 ~ 1.0
青铜-钢或铸铁	0.15 ~ 0.20	0.06 ~ 0.12	0.2 ~ 0.4	0.6 ~ 1.0
铁基粉末冶金-铸铁或钢	0.30 ~ 0.40	0.10 ~ 0.12	0.12 ~ 0.3	2.0 ~ 3.0
石棉-铸铁或钢	0.25 ~ 0.40	0.08 ~ 0.12	0.15 ~ 0.3	0.4 ~ 0.6

设计时，选定摩擦面材料后，根据结构要求，初步定出摩擦接合面的直径 D_1 和 D_2。对浸入润滑油中工作的油式（湿式）摩擦离合器，取 $D_1=(1.5\sim2)d$，$D_2=(1.5\sim2)D_1$，d 为轴径；对干式摩擦离合器，取 $D_1=(2\sim3)d$，$D_2=(1.5\sim2.5)D_1$。然后利用式（12.8）求出轴向压力 F_a，利用式（12.7）求出所需的摩擦接合面数目 z。因为 z 增加过大时，传递转矩并不能随之成正比增加，且影响离合灵活性，故一般对油式取 $z=5\sim15$，对干式取 $z=1\sim6$。并限制内外摩擦盘总数不大于 25 ~ 30。

12.3.3　自动离合器

自动离合器主要有以下 3 种：

①当传递转矩达到某一定值时，能自动分离的离合器，由于这种离合器有防止过载的安全作用，故称为安全离合器。

②当轴的转速达到某一转速后能自行接合，或超过某一转速后能自行分离的离合器，由于这种离合器是利用离心力的原理工作的，故称为离心离合器。

③根据主、从动轴间相对速度差的不同，实现接合或分离的称为超越离合器。

常用的安全离合器有剪断式、嵌合式和摩擦式 3 种；离心离合器有自动接合型和自动分离型两种；超越离合器只能传递单向转矩，也称定向离合器。各种自动离合器的结构、材料和应用参见有关手册。

12.4　制动器

在车辆、起重机等机械中，广泛采用各种制动器。它是利用在摩擦副中产生的摩擦来实现制动的目的。为了减小制动力矩和结构尺寸，常将制动器安装在高速轴上。

按照工作状态，制动器可分为常闭式和常开式两种。常闭式是靠弹簧或重力使其经常处于抱闸状态，机械设备工作时松闸，如起重机的起升机构即属于常闭式制动器。常开式与其相反，制动器经常处于松闸状态，抱闸时需要施加外力，如各种车辆的制动器就是常开式。按照结构特征，制动器又可分为块式制动器、带式制动器和盘式制动器。制动器大多已标准化，选择时主要应考虑工作性质和条件、制动力矩及安装空间大小等，根据各类制动器结构特点来确定相应型号，并做必要的计算。

12.4.1　制动力矩

根据被制动对象的不同，机械制动可分为水平制动和垂直制动两种基本类型。对于水平

制动，被制动的主要是惯性力矩，如车辆的制动。当给定制动时间为 t 时，制动力矩 T 为

$$T = \frac{(GD^2)(n_1 - n_2)}{375t} \tag{12.9}$$

式中 T——制动力矩，N·m；

GD^2——换算到制动轴上的总等效飞轮矩（包括转动和平动两部分），$N \cdot m^2$；

n_1, n_2——制动前后制动轴的转速，r/min，要求完全制动时 $n_2 = 0$；

t——制动时间，s。

对于垂直制动，被制动的主要是垂直负载，如提升设备的制动。因有较大的安全系数，故可略去惯性质量。制动力矩 T 为

$$T = \frac{GD\eta K}{2i} \tag{12.10}$$

式中 T——制动力矩，N·m；

G——重物与吊具重力之和，N；

D——提升卷筒直径，m；

i——制动轴到卷筒轴间的传动比，$i = n_{制}/n_{卷}$；

K——制动安全系数，对起重机械的提升机构，$K = 1.5 \sim 2.5$；

η——制动轴到卷筒轴间的传动效率。

12.4.2 块式制动器

块式制动器又称为闸瓦式制动器，在起重运输设备中应用较广，多为常闭式。通常用弹簧紧闸，当电动机启动时，通过与其串联的电磁铁自动松闸。

如图 12.12 所示为一常闭式长行程电磁液压制动器。主弹簧 2 拉紧制动臂 3 与制动瓦 1，使制动器紧闸。当驱动装置 5 中的电磁线圈通电时，推杆 4 向上推开制动臂 3，使制动器松闸。这种制动器已标准化，使用时可根据制动力矩确定相应型号。

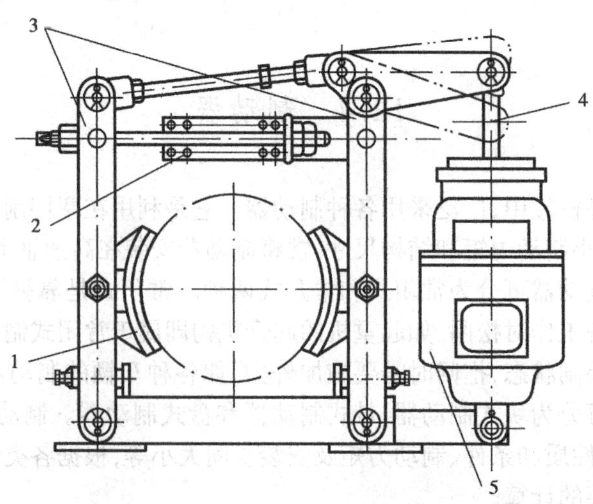

图 12.12 长行程电磁液压制动器

1—制动瓦；2—主弹簧；3—制动臂；4—推杆；5—驱动装置

12.4.3　盘式制动器

盘式制动器沿制动盘轴向施力，制动轴不受弯矩，径向尺寸小，制动性能稳定。常用的盘式制动器有钳盘式、全盘式及锥盘式 3 种。

如图 12.13 所示为一钳盘式制动器外形图，制动块 2 压紧制动盘 1 而制动。由于制动块与制动盘接触面很小，在盘中所占的中心角一般仅为 30°～50°，故这种盘式制动器又称为点盘式制动器。为了不使制动轴受到径向力和弯矩，钳盘式制动缸应对称布置，制动力矩较大时，可采用多对制动缸组合安装。这种制动器的优点是体积小，质量轻；惯量小，动作灵敏，调节油压可改变制动力矩。它多用在大型矿井提升机上。

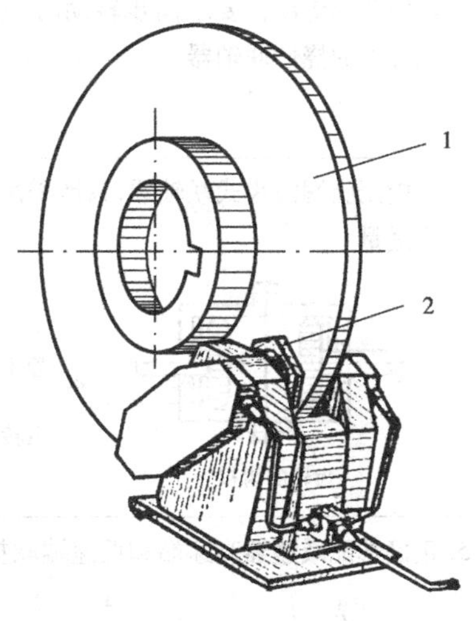

图 12.13　点盘式制动器

1—制动盘；2—制动块

全盘式制动器有单盘式和多盘式，其特点是结构紧凑，摩擦面积大，制动力矩大，但散热条件差，装拆不够方便。它多用在电动机上。

锥盘式制动器是全盘式的变型，制动盘呈锥形。它多用在制动电机上。

盘式制动器尚无国家标准，设计计算时可参考有关设计手册。

12.5　联轴器、离合器及制动器设计或选用及禁忌

常见联轴器、离合器及制动器设计或选用禁忌如表 12.3 所示。

表 12.3　常见设计禁忌

设计应注意的问题	说　明
1. 高速旋转的联轴器不能有凸出在外的凸起物 误　　正	高速时，若联接螺栓的头、螺母或其他凸出物等从凸缘部分凸出，不仅增大增加功耗，还容易危及人身安全，故要考虑使凸出物埋入联轴器凸缘的防护边中
2. 对于经常装拆及载荷较大、有冲击振动的场合，宜用圆锥形轴孔的联轴器 不宜　　适宜	虽然采用圆柱形轴孔制造比较方便，选用与轴的适当配合，可获得良好的对中精度，但其装拆不便，多次装拆后，过盈量减少，影响配合性质。圆锥形轴孔的制造虽然较困难，但可避免圆柱形轴端因采用过盈配合给装拆工作带来的困难，且其采用圆锥面配合，依靠轴向压紧力产生过盈联接，保证有较高的对中精度

续表

设计应注意的问题	说　明
3. 轴的两端传动件要求同步转动时,不宜使用有弹性元件的挠性联轴器	在轴的两端上被驱动的是车轮等一类的传动件,要求两端同步转动,否则会产生动作不协调或发生卡住。如果采用联轴器和中间轴传动,则联轴器一定要使用无弹性元件的挠性联轴器,否则会由于弹性元件使两端变形不同,达不到同步的要求
4. 不能用脂润滑齿式联轴器,只能采用油润滑,加油应适量 静止时的油面 运转时的油面 齿轮的齿根	由于润滑脂被齿挤出来后不会自动流回齿的摩擦面上,故不能用脂润滑齿式联轴器。润滑油在运转时由于离心力的作用均匀分布在外周的所有齿上,停止时油集中在下部,因此,在任何情况下都不要将油加到密封部,否则会造成漏油被甩出
5. 正确选配减速器高速端和低速端联接用联轴器 4 1 2 3　4 3 2 1 误　正 1—十字滑块联轴器;2—减速器; 3—弹性套柱销联轴器;4—电动机	在机械传动系统中,减速器的输入轴和输出轴均需联轴器联接。十字滑块联轴器由于无缓冲减振作用,工作易磨损。在安装有径向误差时,有较大的离心力,不适用于转速较高的两轴联接,因而不宜将其布置在减速器的高速轴端,而弹性套柱销联轴器也不宜布置在减速器的低速轴端,因为低速轴端受力大,致使联轴器尺寸大且不能充分发挥其缓冲吸振的优点
6. 在转速差大的场合时,不宜采用牙嵌式离合器	转速差大的接合时,会产生相当大的冲击,引起振动和噪声,特别是在负载下高速接合,有可能使凸牙因受冲击而断裂
7. 要求分离迅速的场合,不宜采用油润滑的摩擦盘式离合器 碟形	由于润滑油具有黏性,使主、从动摩擦盘之间容易粘连,致使不宜迅速分离,造成拖滞现象。若必须采用摩擦盘式离合器时,应采用干摩擦盘式离合器,并将内摩擦盘制成碟形,松脱时由于内盘的弹力作用可迅速与外盘分离
8. 在高温情况下,不宜采用多盘式摩擦离合器	多盘式摩擦离合器虽能在结构很小的情况下,传递很大的转矩,但对于在高温环境工作的离合器,在使用频繁时会产生大量的热,容易导致损坏

续表

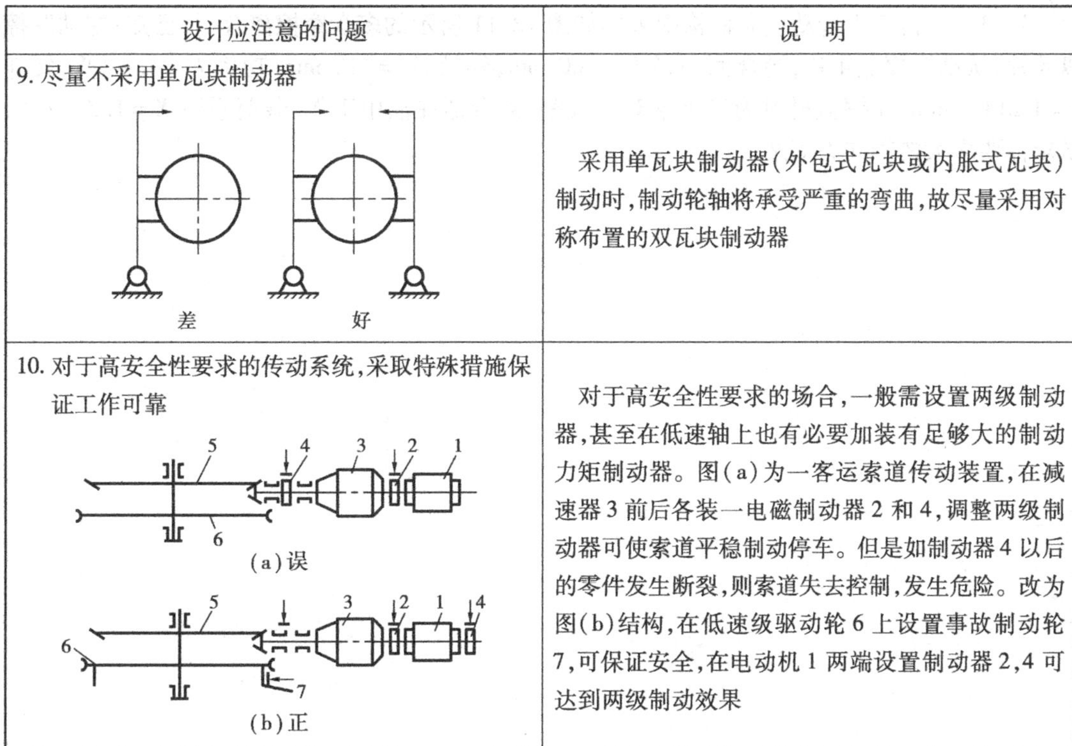

设计应注意的问题	说　明
9. 尽量不采用单瓦块制动器 差　　　好	采用单瓦块制动器(外包式瓦块或内胀式瓦块)制动时,制动轮轴将承受严重的弯曲,故尽量采用对称布置的双瓦块制动器
10. 对于高安全性要求的传动系统,采取特殊措施保证工作可靠 (a)误 (b)正	对于高安全性要求的场合,一般需设置两级制动器,甚至在低速轴上也有必要加装有足够大的制动力矩制动器。图(a)为一客运索道传动装置,在减速器 3 前后各装一电磁制动器 2 和 4,调整两级制动器可使索道平稳制动停车。但是如制动器 4 以后的零件发生断裂,则索道失去控制,发生危险。改为图(b)结构,在低速级驱动轮 6 上设置事故制动轮 7,可保证安全,在电动机 1 两端设置制动器 2,4 可达到两级制动效果

思考题

12.1　联轴器、离合器和制动器的功用有何异同?各用在什么场合?

12.2　刚性联轴器和挠性联轴器有何差别?各举例说明它们适用于什么场合。

12.3　试比较牙嵌离合器和摩擦离合器的特点和应用。

12.4　块式制动器与盘式制动器有何不同?各适用于什么场合?

12.5　你能否设计一种安全离合器或定向离合器?

12.6　选择联轴器的类型时要考虑哪些因素?确定联轴器的型号是根据什么原则?

习　题

12.1　离心水泵与驱动电动机之间采用弹性套柱销联轴器联接。已知:传递功率为 22 kW,转速为 970 r/min;被联接的两个轴端直径分别为 $d_1=40$ mm,$d_2=42$ mm。试选择联轴器的型号。如原动机改用单缸内燃机时,原先选择的型号是否需要改变?

12.2　已知:电动机功率 $P=15$ kW,转速 $n=1\ 460$ r/min,电动机轴的直径 $d_1=42$ mm,减速器输入轴端直径 $d_2=45$ mm。试选择电机与减速器之间联轴器的类型与型号(载荷有中等冲击）。

12.3　一机床主传动换向机构中采用如图12.11所示的多盘摩擦离合器，已知：主动摩擦盘5片，从动摩擦盘4片，接合面内径 $D_1=60$ mm，外径 $D_2=110$ mm，功率 $P=4.4$ kW，转速 $n=1\ 214$ r/min，摩擦盘材料为淬火钢对淬火钢，离合器在油中工作，载荷系数 $K=1.3\sim1.5$，试求需要多大的轴向力 F_a？

第 13 章 螺纹联接及销联接

螺纹联接是利用螺纹零件工作的一种可拆联接，应用非常广泛。销联接也是较常见的一种可拆联接。

13.1 螺纹联接的类型

13.1.1 基本类型

螺纹可分为外螺纹(如螺栓)和内螺纹(如螺母)，它们共同组成螺旋副。起联接作用的螺纹，称为联接螺纹；起传动作用的螺纹，称为传动螺纹。螺纹的其他分类方法，常用螺纹的类型、特点、应用，螺纹的主要参数请查阅有关设计手册。螺纹紧固件大都为标准件，常见的有螺栓、双头螺柱、螺钉、紧定螺钉、螺母及垫圈等。螺纹联接的基本类型及其结构、特点和应用如表 13.1 所示。本章以螺栓联接为例，阐述螺纹联接的受力分析和强度计算，其基本结论也适用于双头螺柱和螺钉联接。

按单个螺栓主要受力状况的不同，螺栓联接可分为受拉螺栓联接和受剪螺栓联接两种(见表 13.1)。

表 13.1 螺纹联接的主要类型

类型	结构	特点和应用	主要尺寸关系
螺栓联接	普通螺栓联接(受拉螺栓联接) [图：e, d_0, d, l_1, a]	在被联接件上，只需加工通孔而无须螺纹孔，且通孔与螺栓杆之间有间隙，故通孔的加工精度要求低，结构简单，装拆方便。使用时不受被联接件材料的限制，通常用于两被联接件较薄的工作场合	螺纹伸出长度 $a \approx (0.2 \sim 0.3)d$ 螺纹余留长度 l_1 静载荷：$l_1 \geq (0.3 \sim 0.5)d$ 变载荷：$l_1 \geq 0.75d$ 冲击弯曲载荷：$l_1 \geq d$

续表

类　型	结　构	特点和应用	主要尺寸关系
螺栓联接	铰制孔用螺栓联接（受剪螺栓联接） 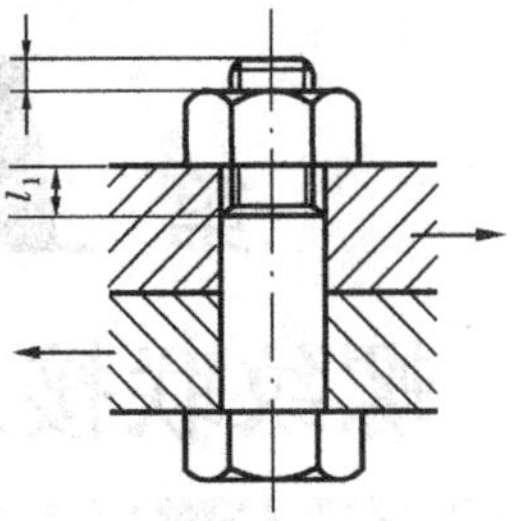	铰制孔和螺栓杆之间多采用基孔制过渡配合。能精确固定被联接件相对位置，并能承受横向载荷，但对孔的加工精度要求较高	螺纹伸出长度 a 同上 螺栓轴线到被联接件边缘的距离 $e = d + (0.3 \sim 0.6)$ mm 通孔直径 $d_0 \approx 1.1d$ 螺纹余留长度 l_1 尽可能小
双头螺柱联接	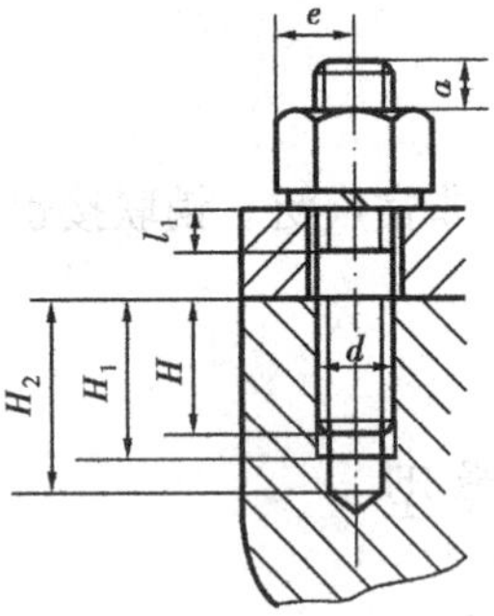	适用于结构上不能采用螺栓联接的场合。如被联接件之一太厚不宜制成通孔、材料较软且需要经常拆装的场合。双头螺柱一端旋紧在较厚的被联接件的螺孔中，拆卸时，不必拆下螺柱	螺纹旋入深度，当螺纹孔零件为 钢或青铜 $H \approx d$ 铸铁 $H \approx (1.25 \sim 1.5)d$ 铝合金 $H \approx (1.5 \sim 2.5)d$ 螺纹孔深度 $H_1 \approx H + (2 \sim 2.5)P$ 钻孔深度 $H_2 \approx H_1 + (0.5 \sim 1)d$ l_1, e, a 值同螺栓联接 式中，P 为螺距
螺钉联接	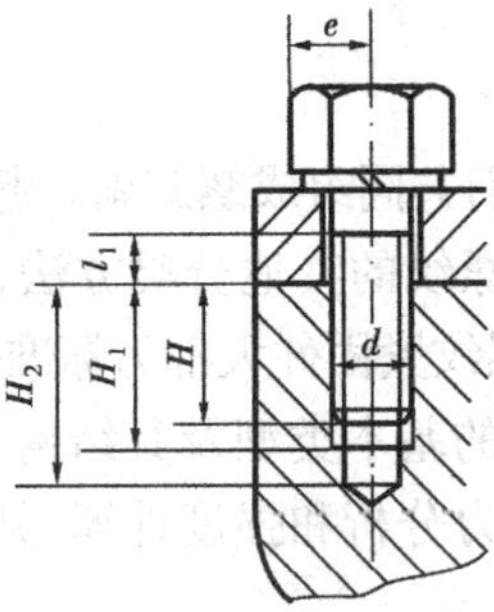	不用螺母，与双头螺柱联接相比，其结构简单、紧凑。应用场合与双头螺柱联接相似，但不宜经常装拆，以免损坏被联接件的螺纹孔	
紧定螺栓联接	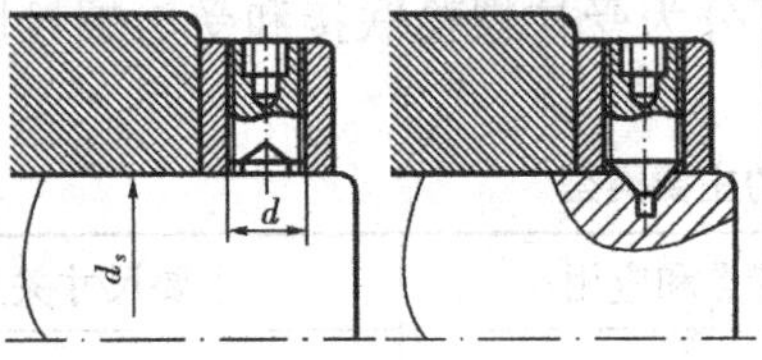	利用拧入零件螺纹孔中的螺钉末端顶住另一零件的表面或相应的凹坑，以固定两个零件的相对位置，并可传递不大的力或力矩	$d \approx (0.2 \sim 0.3)d_s$ 转矩大时取大值，d_s 为轴颈

13.1.2　螺纹联接件的性能等级和材料

国家标准规定，螺纹联接件按材料的力学性能分级。螺栓、螺钉、螺柱性能等级及材料如表 13.2 所示，在性能等级标记中，小数点前的数字代表材料的抗拉强度极限的 1/100（$\sigma_B/100$），小数点后的数字代表材料的屈服极限（σ_s 或 $\sigma_{0.2}$）与抗拉强度极限（σ_B）之比值的 10 倍。螺母性能等级如表 13.3 所示，性能等级标记的数字粗略表示螺母能承受的最小应力 σ_{min} 的 1/100。当有防蚀或导电要求时，螺纹联接件可用铜及其合金材料，或其他有色金属。

近年来还发展了高强度塑料螺栓、螺母。选用时,应保证所选螺母的性能等级应不低于与其相配螺栓(螺柱)的性能等级。螺纹联接件常用材料的疲劳极限如表 13.4 所示。

表 13.2 螺栓、螺钉和螺柱的性能等级及材料

性能等级(标记)	3.6	4.6	4.8	5.6	5.8	6.8	8.8	9.8	10.9	12.9
抗拉强度极限 σ_B/MPa	300	400		500		600	800	900	1 000	1 200
屈服极限 σ_s(或 $\sigma_{0.2}$)/MPa	180	240	320	300	400	480	640	720	900	1 080
硬度/HBS_{min}	90	114	124	147	152	181	238	2	304	366
推荐材料	低碳钢	低碳钢或中碳钢					低碳合金钢、中碳钢淬火并回火		中碳钢,低、中碳合金钢,合金钢,淬火并回火	合金钢淬火并回火

注:规定性能等级的螺栓、螺母在图纸上只标出性能等级,不标材料牌号。

表 13.3 螺母的性能等级及材料

性能等级(标记)	4	5	6	8	9	10	12
螺母保证最小应力 σ_{min}/MPa	510 ($d \geqslant 16 \sim 39$)	520 ($d \geqslant 3 \sim 4$,右同)	600	800	900	1 040	1 150
推荐材料	易切削钢,低碳钢		低碳钢或中碳钢	中碳钢		中碳钢,低、中碳合金钢、淬火并回火	
相配螺栓、螺钉、螺柱性能等级	3.6,4.6,4.8 ($d>16$)	3.6,4.6,4.8 ($d \leqslant 16$);5.6,5.8	6.8	8.8	8.8 ($d>16 \sim 39$);9.8($d \leqslant 16$)	10.9	12.9

注:1. 均指粗牙螺纹螺母。

2. 性能等级为 10,12 的硬度最大值为 38 HRC,其余性能等级的硬度最大值为 30 HRC。

表 13.4 螺纹联接件常用材料疲劳极限/MPa

钢号	10	Q235	35	45	40Cr
弯曲疲劳极限	160~220	170~220	220~300	250~340	320~440
拉压疲劳极限	120~150	120~160	170~220	190~250	240~340

13.2 螺纹联接的预紧和防松

13.2.1 螺纹联接的预紧

绝大多数螺纹联接在装配时都必须拧紧,因此,联接在承受工作载荷之前,就受到预紧力的作用。预紧的目的在于增强联接的可靠性、紧密性,防止受载后被联接件间出现缝隙或相对滑移。适当选用较大的预紧力,可提高螺纹联接的可靠性和螺栓的疲劳强度。对于有较高紧密性要求的联接(如汽缸盖、齿轮箱等),预紧更为重要。但过大的预紧力,不仅增大联接的结构尺寸,螺栓偶然过载时也会断裂。因此,既要保证联接有一定的预紧力,又不使螺纹联接件过载,对于重要的联接,装配时要控制预紧力的大小。预紧力的大小通过控制拧紧力矩来实现。

拧紧螺母时(见图 13.1),要克服螺旋副的螺纹阻力矩 T_1 和螺母的承压面上的摩擦阻力矩 T_2。因此,拧紧力矩为 $T = T_1 + T_2$。由第 6 章式(6.6)可知,有

$$T_1 = \frac{F'd_2}{2}\tan(\psi + \rho_V)$$

而

$$T_2 = f_C F' \times \frac{1}{3} \times \frac{D_1^3 - d_0^3}{D_1^2 - d_0^2}$$

式中 F'——预紧力;

d_2——螺纹中径;

ψ——螺纹升角;

ρ_V——螺纹副当量摩擦角;

f_C——螺母与被联接件承压面间的摩擦系数;

D_1, d_0——承压面的外径和内径。

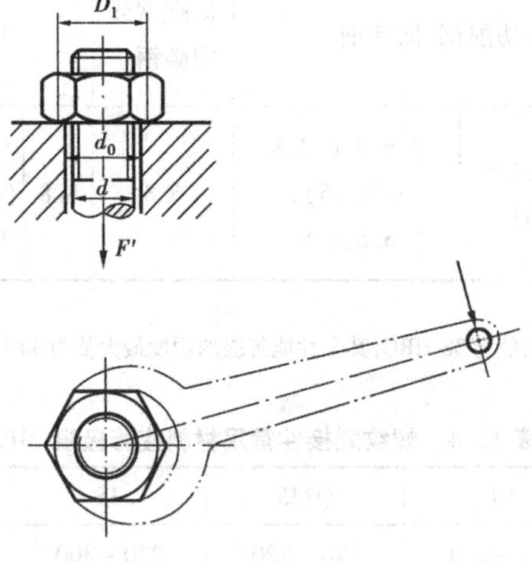

图 13.1 螺旋副拧紧力矩

由此可得

$$T = \frac{1}{2}\left[\frac{d_2}{d} \times \tan(\psi + \rho_V) + \frac{2f_C}{3d} \times \frac{D_1^3 - d_0^3}{D_1^2 - d_0^2}\right] \times F'd = k_t F'd \tag{13.1}$$

式中 k_t——拧紧力矩系数,其值为 0.1~0.3,一般取 $k_t \approx 0.2$。

控制预紧力有多种方法。通常是借助测力矩扳手或定力矩扳手(见图 13.2)拧紧实现,其准确性较差。采用测量拧紧时螺栓伸长量的方法,可获得高的控制精度。对于大型联接,还可用液力拉伸或加热的方法,使螺栓伸长到需要的变形量,再把螺母拧到与被联接件相贴合。近年来,还发展了利用微机通过轴力传感器拾取数据,并画出预紧力与所加拧紧力矩对应关系曲

线的方法，来控制预紧力。

由于摩擦系数的不稳定，加在扳手上的力难于准确控制，拧紧时有时出现将螺栓拧断的现象。因此，对于重要的联接，不宜用小于 M12 ~ M16 的螺栓，必须使用时，应严格控制其拧紧力矩。

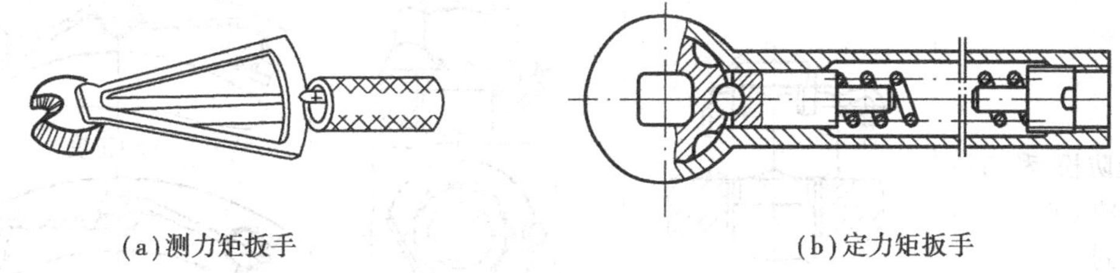

(a)测力矩扳手　　(b)定力矩扳手

图 13.2　控制拧紧力矩用的扳手

13.2.2　螺纹联接的防松

螺纹联接件采用单线普通螺纹，在静载荷和温度变化不大的情况下，满足自锁条件($\psi < \rho_V$)具有自锁性。同时，拧紧后螺母、螺栓头部的承压面处的摩擦也有防松作用，故联接不会自行松脱。但在冲击、振动或变载荷下，螺旋副间的摩擦力可能减小或瞬间消失，这种情况多次重复，就会导致联接松脱。在高温或温度变化较大的情况下，由于螺栓与被联接件的材料会发生蠕变和应力松弛，联接经常会出现松脱现象。

螺纹联接一旦出现松脱，将影响机器的正常运转，甚至发生严重事故。所以，在设计螺纹联接时，必须考虑防松问题。

防松的根本问题在于防止螺旋副在受载时发生相对转动。防松方法和装置很多，按其工作原理可分为摩擦防松、机械防松和破坏螺旋副运动关系防松，常用的防松方法如表 13.5 所示。摩擦防松简单、方便，机械防松则更为可靠，二者可联合使用。破坏螺旋副运动关系的防松方法，拆卸后联接件不能重复使用。

表 13.5　螺纹联接常用的防松方法

防松方法及原理	防松装置结构及特点			
摩擦防松：预紧力使得螺纹副中产生不随外载荷变化而变化的压力，利用摩擦原理，因而始终有摩擦力矩防止相对转动。压力可随螺旋副轴向或径向压紧而产生	对顶螺母	弹簧垫圈	金属自锁螺母	尼龙圈锁紧螺母
	两螺母对顶拧紧，螺栓旋合段受拉、两螺母受压，从而使螺纹副轴向压紧	拧紧螺母后，垫圈被压平，其弹性反力使螺纹副轴向压紧	利用螺母末端非圆形收口或开缝后径向收口的弹性变形径向箍紧螺栓	利用螺母末端嵌有的尼龙圈径向箍紧螺栓

续表

防松方法及原理	防松装置结构及特点		
机械防松：利用便于更换的金属元件约束螺旋副	开口销与六角开槽螺母	止动垫片	串联钢丝
	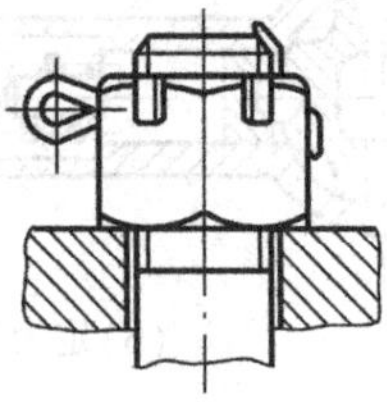	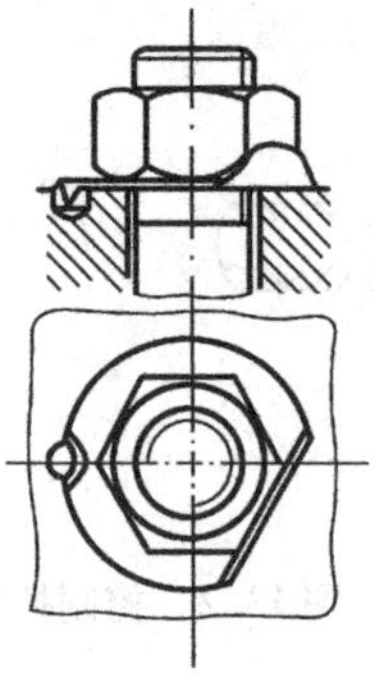	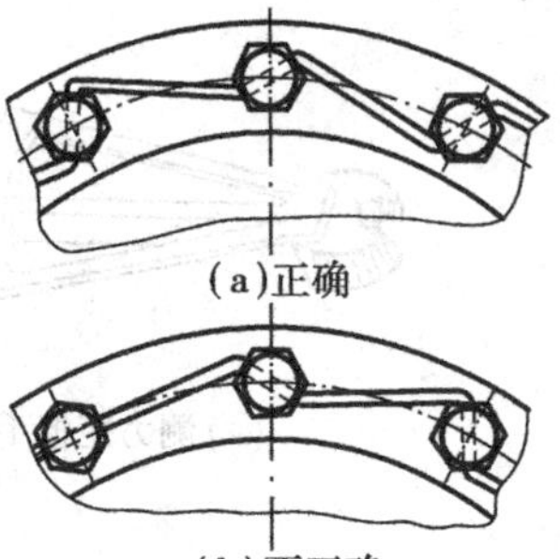 (a)正确 (b)不正确
	利用开口销使螺栓螺母相互约束	垫片约束螺母而自身又联接在被联接件上（此时螺栓另有约束）	用低碳钢丝穿入各螺钉头部的孔中，使其相互制约而防松。必须注意钢丝的穿入方向
破坏螺旋副运动关系防松：把螺纹副转换为非螺纹副，从而限制相对运动	焊住	冲点	黏结
	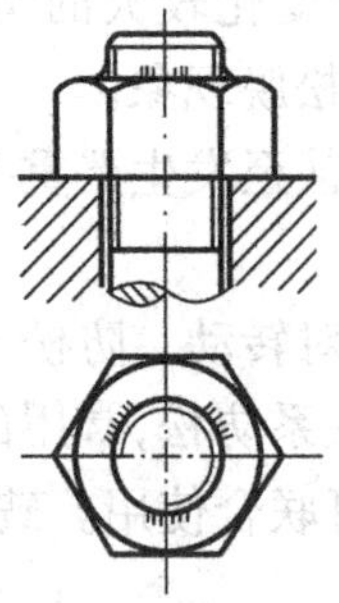	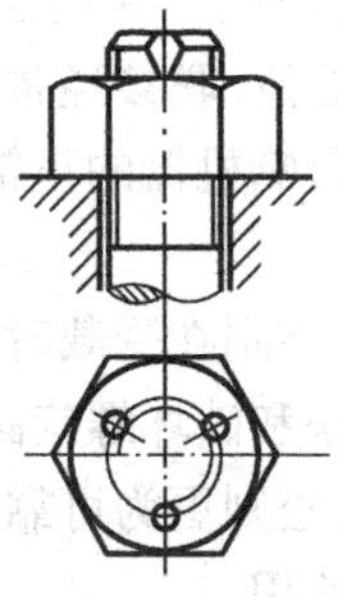	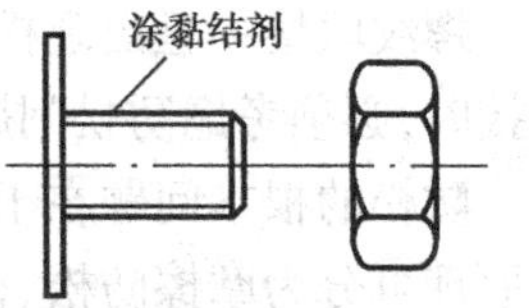 涂黏结剂

13.3 单个螺栓联接的受力分析和强度分析

13.3.1 受拉螺栓联接

为了降低成本，螺栓联接一般选用标准联接件来实现。因此，主要面临螺栓直径的选择或校核其危险截面强度两类问题。螺栓其他部分和螺母、垫圈的尺寸，都是根据等强度条件及使用经验规定的，通常都不需要强度计算，可按螺栓螺纹的公称直径从标准中选定。

静载荷作用螺栓的失效，多为螺纹部分的塑性变形和断裂。变载荷螺栓的失效多为螺栓杆有应力集中部位的疲劳断裂，其失效统计如图13.3所示。若联接经常装拆或螺纹精度较低，也可能出现滑扣现象。

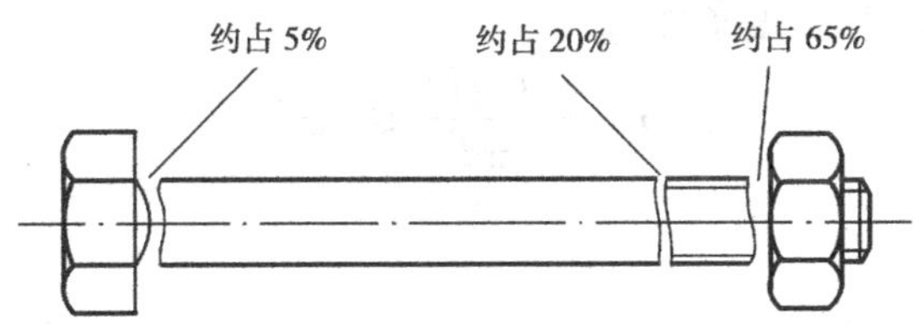

图 13.3　变载荷受拉螺栓的失效统计

(1)**受拉松螺栓联接**

由于松螺栓在联接装配时，螺母不拧紧，故在承受工作载荷前，螺栓不受轴向拉力。如图 13.4 所示的起重滑轮螺栓联接，工作时，由于螺栓只受轴向工作拉力 F，故螺栓危险截面的拉伸强度条件为

$$\sigma = \frac{F}{A} = \frac{F}{\pi d_1^2/4} \leqslant [\sigma] \tag{13.2}$$

或

$$d_1 \geqslant \sqrt{\frac{4F}{\pi[\sigma]}} \tag{13.3}$$

式中　A——危险截面面积，近似取 $A = \pi d_1^2/4$，d_1 为螺纹小径；

$[\sigma]$——松联接螺栓的许用应力，按如表 13.7(a)所示计算。

(2)**受拉紧螺栓联接**

紧螺栓联接装配时，螺母需要拧紧，这种联接应用广泛，常见以下两种情况：

1)采用普通螺栓联接(即只受预紧力的紧螺栓联接)

如图 13.5 所示为一紧螺栓联接，横向载荷 F_R 靠被联接件接合面间的摩擦力来传递。此时，螺栓只受预紧力 F'(已知 F_R，求 F' 的公式见式(13.17))和螺纹副摩擦力矩 $T_1 = F'\tan(\psi + \rho_v) d_2/2$。相应分别产生拉应力 $\sigma = \dfrac{4F'}{\pi d_1^2}$和切应力 $\tau_T = \dfrac{16T_1}{\pi d_1^3}$，螺栓处于拉伸和扭转的复合应力状态。对于 M10 ~ M68 普通螺纹的钢制螺栓，近似满足 $\tau = 0.5\sigma$。由于螺栓材料是塑性的，根据第四强度理论，计算应力为

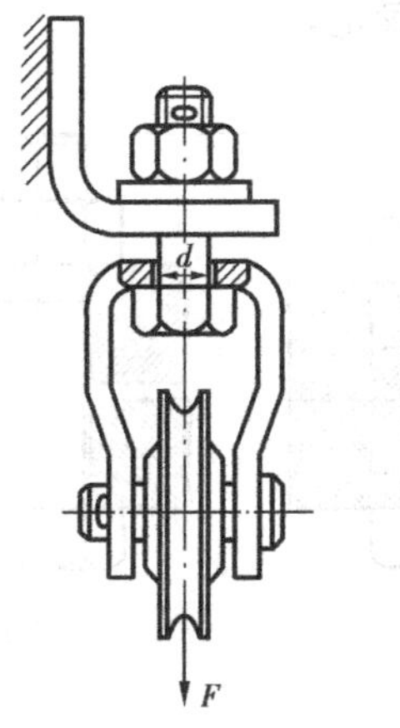

图 13.4　起重滑轮的松螺栓联接

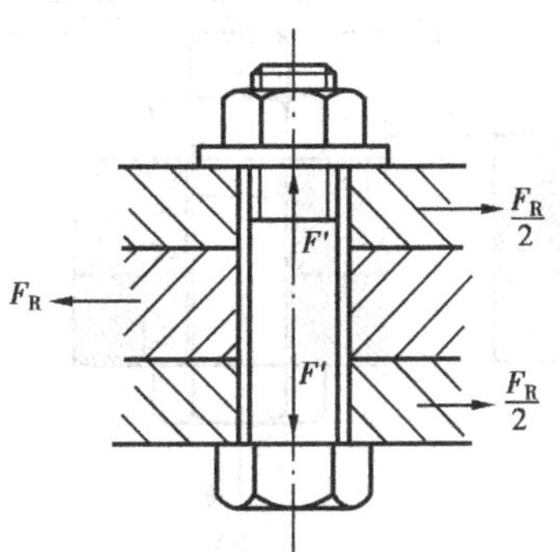

图 13.5　只受预紧力的紧螺栓联接

$$\sigma_{ca} = \sqrt{\sigma^2 + 3\tau_T^2} = \sqrt{\sigma^2 + 3(0.5\sigma)^2} \approx 1.3\sigma \tag{13.4}$$

故螺栓危险截面的拉伸强度条件为

$$\sigma_{ca} = \frac{1.3F'}{\frac{\pi d_1^2}{4}} \leqslant [\sigma] \tag{13.5}$$

或

$$d_1 \geqslant \sqrt{\frac{4 \times 1.3F'}{\pi[\sigma]}} \tag{13.6}$$

式中 $[\sigma]$——紧联接螺栓的许用拉应力,按如表 13.7(a)所示计算。

由此可知,这种情况下,螺栓的强度仍可按纯拉伸计算,但需要将所受的拉力(预紧力)增大 30%,以考虑扭转剪应力的影响。

这种靠摩擦力传递横向载荷的受拉螺栓联接,结构简单,装配方便。但为了产生足够的摩擦力,所需的预紧力 F'较大。例如,当 $z=1, m=1, f_s=0.15, k_f=1.2$ 时,由式(13.17)可知,$F'\geqslant 8F_R$,故螺栓直径较大,而且在冲击振动或变载荷下不够可靠。为了避免上述缺点,可用各种减载零件来承受横向载荷,如图 13.6 所示。其联接强度按减载零件的剪切、挤压强度条件计算,而螺纹联接只保证联接,不再承受工作载荷,因此预紧力不必很大。

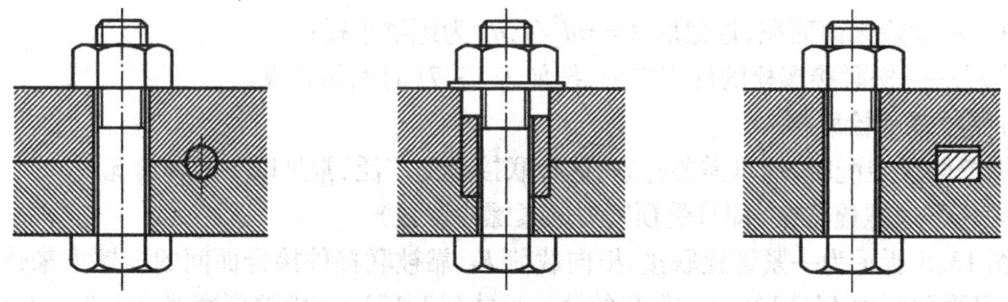

图 13.6 承受横向载荷的减载零件

2)采用铰制孔用螺栓联接(即同时受预紧力和工作拉力的紧螺栓联接)

如图 13.7 所示,联接拧紧后,螺栓受预紧力 F',工作时还受到轴向工作拉力 F。由于螺栓和被联接件的弹性变形,螺栓所受的总拉力 F_0 并不等于预紧力 F'和工作拉力 F 之和。当应变在弹性范围内时,可通过螺栓联接的受力与变形分析来确定。

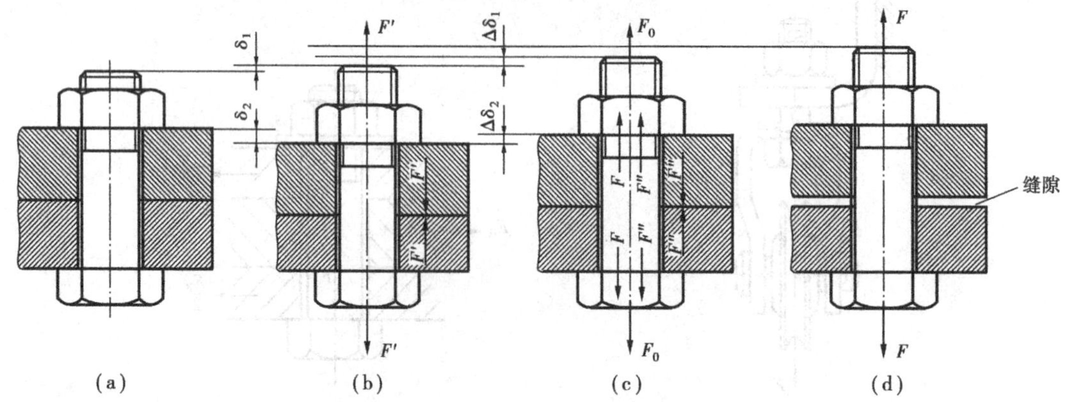

图 13.7 螺栓与被联接件的受力与变形

如图 13.7(a)所示为螺母刚好拧到与被联接件接触,此时,螺栓与被联接件均不受力,因而都不产生变形。如图13.7(b)所示为螺母已拧紧，但尚未承受工作载荷，此时，螺栓受预紧力F'的拉伸作用，伸长量为δ_1，而被联接件在F'作用下被压缩，压缩量为δ_2。如图13.7(c)所示为螺栓受工作载荷时的情况，这时，螺栓进一步受拉伸，伸长量增加$\Delta\delta_1$，总伸长量为$\delta_1+\Delta\delta_1$，相应的拉力就是螺栓的总拉力F_0，与此同时，被联接件随着螺栓的伸长而被放松，其压缩量减少了$\Delta\delta_2$。根据变形协调条件，有$\Delta\delta_1=\Delta\delta_2$成立，因而，被联接件总压缩量为$\delta_2-\Delta\delta_2=\delta_2-\Delta\delta_1$，而其压缩力由$F'$减至$F''$，$F''$称为残余预紧力。工作拉力$F$和残余预紧力$F''$一起作用在螺栓上，故螺栓的总拉力为

$$F_0 = F + F'' \tag{13.7}$$

上述的螺栓和被联接件的受力与变形关系还可以用线图表示(见图13.8)。令c_1，c_2分别表示螺栓和被联接件的刚度。如图13.8(a)所示的左半部分和右半部分分别为拧紧后螺栓和被链接件的受力与变形关系图。由图可知，$c_1=F'/\delta_1$，$c_2=F'/\delta_2$。为便于分析，将两部分合并成如图13.8(b)所示。如图13.8(c)所示为螺栓受工作载荷后的情况，由图可知，$F_0=F+F''$即式(13.7)。

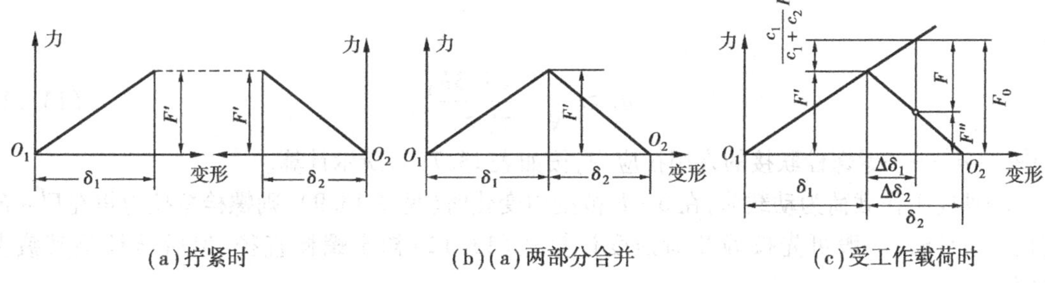

图13.8　螺栓和被联接件的受力变形线图

表13.6　螺栓的相对刚度

被联接钢板间所用垫片类别	$c_1/(c_1+c_2)$
金属垫片(或无垫片)	0.2~0.3
皮革垫片	0.7
铜皮石棉垫片	0.8
橡胶垫片	0.9

将$\Delta\delta_1=(F_0-F')/c_1=(F+F''-F')/c_1$和$\Delta\delta_2=(F'-F'')/c_2$代入变形协调条件$\Delta\delta_1=\Delta\delta_2$，并整理得

$$F'' = F' - \frac{c_2}{c_1+c_2}F \tag{13.8}$$

$$F' = F'' + \frac{c_1}{c_1+c_2}F \tag{13.9}$$

$$F_0 = F' + \frac{c_1}{c_1+c_2}F \tag{13.10}$$

式(13.10)为螺栓总拉力的另一表达式，即螺栓总拉力值F_0与螺栓的相对刚度$c_1/(c_1+c_2)$有关。当$c_2\gg c_1$时，$F_0\approx F'$；当$c_2\ll c_1$时，$F_0\approx F'+F$。

螺栓相对刚度的大小与螺栓和被联接件的结构尺寸、材料以及垫片、工作载荷的作用位置等因素有关，可通过计算或实验确定。一般设计时，可参考如表 13.6 所示选取。

如图 13.7(d)所示为螺栓工作载荷过大，联接出现不允许的缝隙。实际中，应使 $F''>0$，以保证联接的刚性或紧密性。以下数据可供选择 F''时参考：对于一般联接，工作载荷稳定时，$F''=(0.2\sim0.6)F$；工作载荷不稳定时，$F''=(0.6\sim1.0)F$。对于紧密性有要求的联接，$F''=(1.5\sim1.8)F$。地脚螺栓联接时，$F''\geqslant F$。

设计时，首先根据联接受载情况，求出螺栓工作拉力 F；其次，根据联接的工作要求，选择残余预紧力 F''，为保证 F''所需的预紧力 F'，可由式(13.9)求出。最后，按式(13.7)或式(13.10)求螺栓的总拉力 F_0，求得 F_0 后，即可进行螺栓强度计算。考虑到螺栓在 F_0 的作用下，可能需要补充拧紧，故仿前将螺栓的总拉力 F_0 增加 30% 以考虑扭转切应力的影响。因此螺栓危险截的拉伸强度条件为

$$\sigma_{ca}=\frac{1.3F_0}{\frac{\pi d_1^2}{4}}\leqslant[\sigma] \tag{13.11}$$

或

$$d_1\geqslant\sqrt{\frac{4\times1.3F_0}{\pi[\sigma]}} \tag{13.12}$$

式中　$[\sigma]$——紧螺栓联接的许用拉应力，按如表 13.7(a)所示计算。

若轴向工作载荷为动载荷，在 $0\sim F$ 范围内变化时(见图 13.9)，则螺栓总拉力将在$F'\sim F_0$变化。设计时，一般可先按静载荷强度计算式(13.12)初定螺栓直径，然后再校核其疲劳强度。

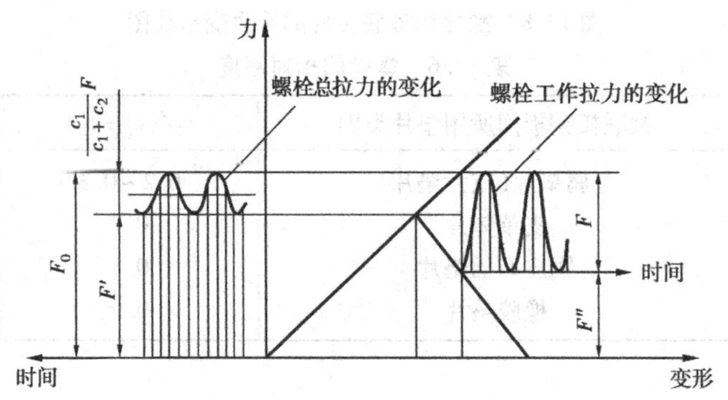

图 13.9　工作载荷变化时螺栓总拉力的变化

由于影响变载荷零件疲劳强度的主要因素是应力幅，故这里的螺栓疲劳强度的校核公式为

$$\sigma_a=\frac{\frac{1}{2}\cdot\frac{c_1}{c_1+c_2}F}{\frac{\pi d_1^2}{4}}=\frac{2Fc_1}{\pi d_1^2(c_1+c_2)}\leqslant[\sigma_a] \tag{13.13}$$

式中　$[\sigma_a]$——螺栓的许用应力幅，MPa，按如表 13.7 所示计算。

13.3.2　受剪螺栓联接

如图 13.10 所示的铰制孔用螺栓联接中，螺栓杆与孔壁间为过渡配合。在横向工作载荷的作用下，联接失效的主要形式为螺栓杆被剪断、螺栓杆或孔壁被压溃。因此应分别按剪切及挤压强度计算。这种联接所需预紧力很小，故可不考虑预紧力、摩擦力和力矩的影响。

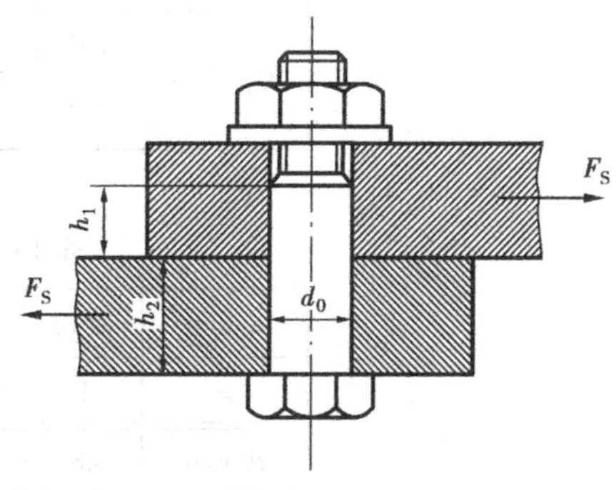

图 13.10　受剪螺栓联接

螺栓杆的剪切强度条件为

$$\tau = \frac{F_S}{\pi d_0^2/4} \leqslant [\tau] \qquad (13.14)$$

计算时，假设螺栓杆与孔壁表面上的压力均匀分布，螺栓杆与孔壁的挤压强度条件为

$$\sigma_p = \frac{F_S}{d_0 h} \leqslant [\sigma_p] \qquad (13.15)$$

式中　F_S——螺栓所受的工作剪力，N；

d_0——螺栓剪切面直径，mm；

h——受压高度，取 h_1，h_2 的小者，mm；

$[\tau]$——螺栓许用切应力，MPa；

$[\sigma_p]$——螺栓或孔壁的许用挤压应力，MPa。

13.3.3　许用应力

受拉螺栓联接的许用应力如表 13.7 所示，受剪螺栓联接的许用应力如表 13.8 所示。

表 13.7(a)　受拉螺栓联接的许用应力及安全系数

<table>
<tr><td rowspan="2">螺栓的受载荷情况</td><td rowspan="2">许用应力</td><td colspan="5">紧联接</td><td>松联接</td></tr>
<tr><td colspan="4">不控制预紧力时的安全系数 S</td><td>控制预紧力时的安全系数 S</td><td>安全系数 S</td></tr>
<tr><td rowspan="2">静载</td><td rowspan="2">$[\sigma]=\frac{\sigma_S}{S}$</td><td>直径</td><td>M6 ~ M16</td><td>M16 ~ M30</td><td>M30 ~ M60</td><td>不分直径</td><td>不分直径</td></tr>
<tr><td>碳钢
合金钢</td><td>4 ~ 3
5 ~ 4</td><td>3 ~ 2
4 ~ 2.5</td><td>2 ~ 1.3
4 ~ 2.5</td><td>1.2 ~ 1.5</td><td>1.2 ~ 1.7</td></tr>
<tr><td rowspan="3">变载</td><td rowspan="2">按最大应力
$[\sigma]=\frac{\sigma_S}{S}$</td><td>碳钢</td><td>10 ~ 6.5</td><td></td><td>6.5 ~ 10</td><td rowspan="2">1.2 ~ 2.5</td><td rowspan="3"></td></tr>
<tr><td>合金钢</td><td>7.5 ~ 5</td><td></td><td>5 ~ 7.5</td></tr>
<tr><td>按循环应力幅
$[\sigma_a]=\frac{\varepsilon\sigma_{-1}}{S_a K_\sigma}$</td><td colspan="4">$S_a = 2.5 \sim 5$</td><td>$S_a = 1.5 \sim 2.5$</td></tr>
</table>

注：σ_{-1}—材料在拉(压)对称循环下的疲劳极限，MPa；ε—尺寸系数；K_σ—有效应力集中系数。

表 13.7(b) 螺纹有效应力集中系数 K_σ

抗拉强度 σ_B/MPa		400	600	800	1 000
K_σ	车制螺纹	3	3.9	4.8	5.2
	滚压螺纹	较上值减少 20% ~30%			

表 13.7(c) 螺纹尺寸系数 ε

d/mm	≤12	16	20	24	32	40
ε	1	0.88	0.81	0.75	0.67	0.65
d/mm	48	56	64	72	80	
ε	0.59	0.56	0.53	0.51	0.49	

表 13.8 受剪螺栓联接的许用应力及安全系数

		受剪		挤压	
		许用应力	S_τ	许用应力	S_p
静载	钢	$[\tau]=\sigma_s/S_\tau$	2.5	$[\sigma_p]=\sigma_s/S_p$	1.25
	铸铁			$[\sigma_p]=\sigma_B/S_p$	2 ~2.5
变载	钢	$[\tau]=\sigma_s/S_\tau$	3.5 ~3	按静载降低 20% ~30%	
	铸铁				

13.4 螺栓组联接的受力分析

多数情况下,螺纹联接件都是成组使用的,其中螺栓联接最具代表性。设计时,通常根据被联接件的结构和联接所受载荷,确定联接的传力方式、螺栓数目和布置形式。为了减少螺栓规格和使联接结构工艺性良好,通常在同一螺栓组中,应采用相同的螺栓材料、直径和长度。

螺栓组联接受力分析的目的是找出受力最大的螺栓,并求出所受的力,以便进行螺栓联接强度计算。为了简化计算,通常假设各螺栓的拉伸刚度或剪切刚度(即各螺栓的材料、直径和长度)及预紧力均相同;螺栓组的对称中心与联接接合面形心重合;受载后,联接接合面仍保持为平面。下面对 4 种基本受载情况分别进行讨论。

13.4.1 受轴向载荷 F_Q 的螺栓组联接

如图 13.11 所示为压力容器螺栓组联接,轴向载荷 F_Q 作用线与螺栓轴线平行,并通过螺栓组的对称中心。设螺栓数目为 z,各螺栓平均受载,则每个螺栓所受的轴向工作载荷 F 为

$$F=\frac{F_Q}{z} \tag{13.16}$$

此外，螺栓还受预紧力 F' 的作用。本章 13.3 节已说明，其总拉力 F_0 并不等于 F 和 F' 之和，故由式(13.16)求出 F 后，应按式(13.7)或式(13.10)求出 F_0，并按 F_0 计算螺栓的强度。

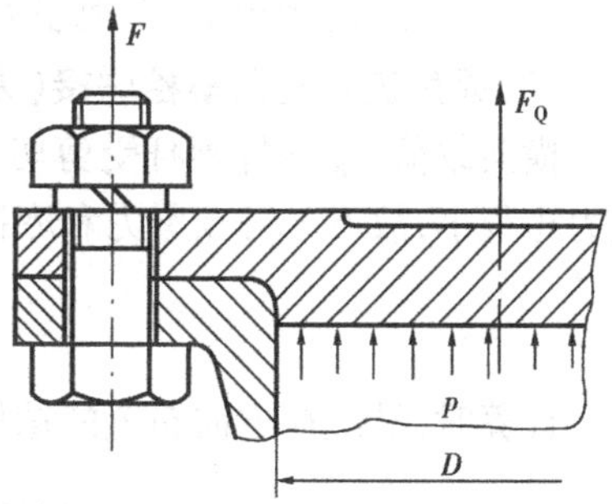

图 13.11　压力容器螺栓组联接

13.4.2　受横向载荷 F_R 的螺栓组联接

如图 13.12 所示为受横向载荷 F_R 的螺栓组联接，F_R 作用线与螺栓轴线垂直，并通过螺栓组的对称中心。如前所述，载荷可通过两种方式传递。

(1)采用普通螺栓联接(见图 13.12(a))

横向载荷 F_R 靠联接拧紧后，接合面间产生的摩擦力来传递，设螺栓所需的预紧力为 F'，为使被联接件之间不发生相对滑动，应有

$$f_S F' m z \geqslant k_f F_R \text{ 或 } F' \geqslant \frac{k_f F_R}{f_S m z} \tag{13.17}$$

式中　f_S——接合面间的摩擦系数，如表 13.9 所示；

m——接合面数(见图 13.12 中，$m=2$)；

z——螺栓数；

k_f——可靠性系数，$k_f=1.1\sim1.3$。

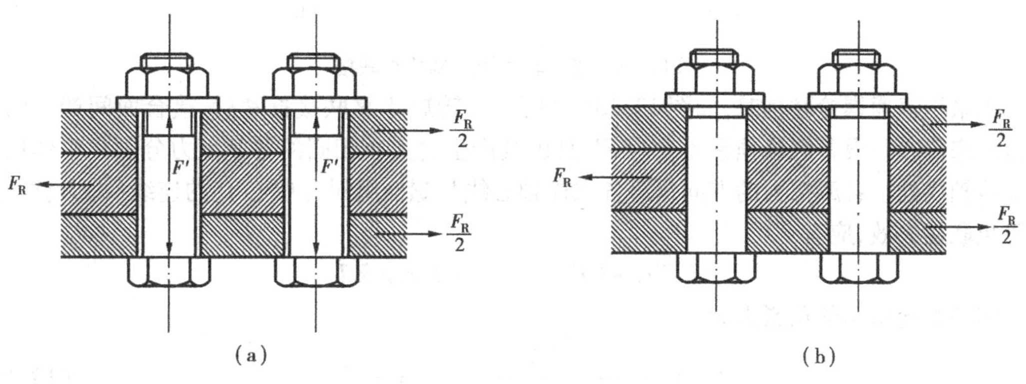

图 13.12　受横向载荷螺栓组联接

表 13.9　联接接合面间的摩擦系数

被联接件	接合面的表面状态	摩擦系数 f_S
钢或铸铁零件	干燥的机加工表面	0.10～0.16
	有油的机加工表面	0.06～0.10
钢结构件	轧制，经钢丝刷清理浮锈	0.30～0.35
	涂富锌漆	0.35～0.40
	经喷砂处理	0.45～0.55
铸铁对砖料、混凝土或木材	干燥表面	0.40～0.45

由式(13.17)求出 F'后，按式(13.5)或式(13.6)计算螺栓强度。

(2)采用铰制孔用螺栓联接(见图13.12(b))

横向载荷 F_R 靠螺栓杆受剪切和螺栓杆与孔壁间的挤压来传递。由于这种联接所需的拧紧力矩很小，故不考虑预紧力和摩擦力的影响，每个螺栓所受的横向工作剪力 F_S 均为

$$F_S = \frac{F_R}{z} \tag{13.18}$$

计算时，沿载荷方向布置的螺栓不宜超过6个，避免受力严重不均现象的发生。

13.4.3 受旋转力矩 T 的螺栓组联接

如图13.13所示，旋转力矩 T 作用在联接接合面内，在 T 的作用下，底板有绕通过螺栓组对称中心 O，并与接合面相垂直的轴线转动的趋势。为了防止底板转动，可采用普通螺栓联接，也可采用铰制孔螺栓联接。其单个螺栓受力和受横向载荷的情况相同。

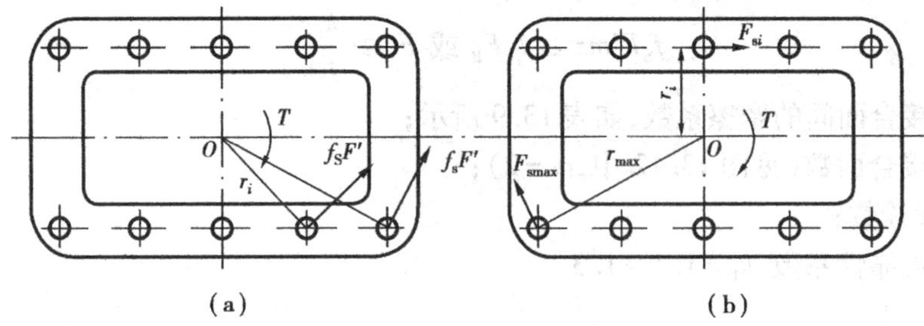

图13.13 受旋转力矩的螺栓组联接

当采用普通螺栓联接时，如图13.13(a)所示。转矩 T 靠联接拧紧后，接合面间产生的摩擦力矩来传递。设各螺栓预紧力均为 F'，且由其产生的大小相同的各摩擦力分别集中作用在各螺栓轴线处。各摩擦力的方向垂直各螺栓轴心线与螺栓组对称中心 O 的连线(即力臂 r_i)。为防止联接失效，应有

$$f_S F' r_1 + f_S F' r_2 + \cdots + f_S F' r_z \geqslant k_f T$$

则各螺栓所需的预紧力为

$$F' \geqslant \frac{k_f T}{f_S(r_1 + r_2 + \cdots + r_z)} = \frac{k_f T}{f_S \sum_{i=1}^{z} r_i} \tag{13.19}$$

由式(13.19)求出 F'后，按式(13.5)或式(13.6)进行强度计算。

如图13.13(b)所示，当采用铰制孔螺栓联接时，各螺栓受到剪切和挤压作用。各螺栓所受横向工作剪力的方向，垂直于其轴心线与螺栓组对称中心 O 的连线(即力臂 r_i)。假设底板为刚体，受载后接合面仍保持为平面，忽略联接中的预紧力和摩擦力的影响，根据底板静力平衡条件得

$$F_{S1} r_1 + F_{S2} r_2 + \cdots + F_{Sz} r_z = \sum_{i=1}^{z} F_{Si} r_i = T \tag{13.20}$$

由于变形为弹性变形，各螺栓的剪切变形量与其轴线到螺栓组对称中心 O 的距离成正比。设各螺栓的剪切刚度相同，有

$$\frac{F_{Si}}{r_i}=\frac{F_{Smax}}{r_{max}} \text{或} F_{Si}=F_{Smax}\frac{r_i}{r_{max}} \tag{13.21}$$

将式(13.21)代入式(13.20),得受力最大的螺栓的工作剪力为

$$F_{Smax}=\frac{Tr_{max}}{r_1^2+r_2^2+\cdots+r_z^2}=\frac{Tr_{max}}{\sum_{i=1}^{z}r_i^2} \tag{13.22}$$

式中　F_{Si},F_{Smax}——第 i 个螺栓和受力最大螺栓的工作剪力；

r_i,r_{max}——第 i 个螺栓和受力最大螺栓轴线到螺栓组对称中心 O 之距离。

13.4.4　受翻转力矩 M 的螺栓组联接

如图 13.14(a)所示为一受翻转力矩的底板螺栓组联接。M 作用在通过 x—x 轴并垂直于联接接合面的对称平面内。M 作用前,底板受力如图 13.14(b)所示。由于各螺栓受预紧力 F' 相同,故其有均匀的伸长。M 作用后,底板受力如图 13.14(c)所示,底板在 M 作用下绕自身轴线 O—O 倾转一个角度。假定受载前后接合面仍保持为平面。受载后,在轴线 O—O 左侧,螺栓被进一步拉伸,地基则被放松;而在 O—O 右侧,螺栓被放松,地基被进一步压缩。

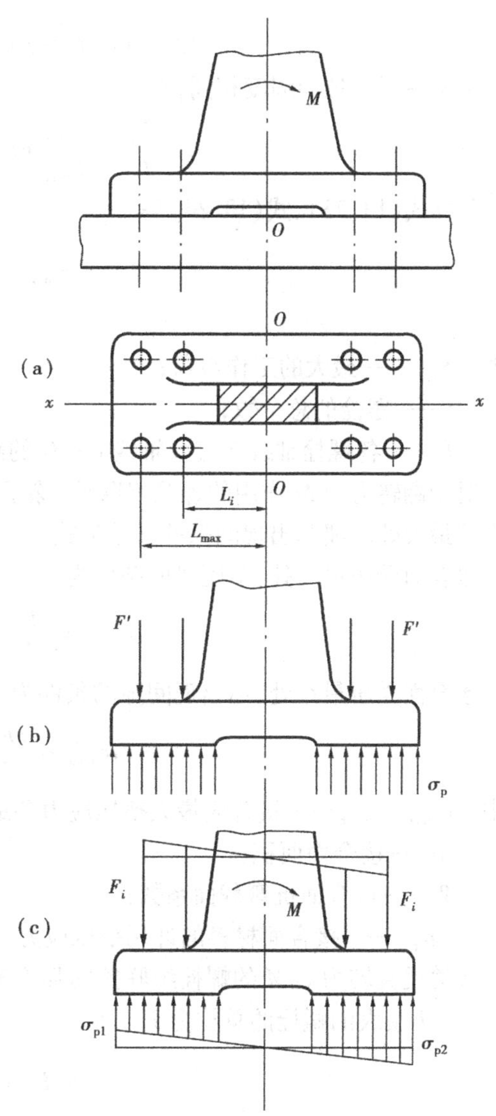

图 13.14　受翻转力矩

如图 13.15 所示,上述过程可用螺栓组中单个螺栓-地基的螺栓组联接受力变形图来分析。为简便起见,地基与底板间的分布力用各螺栓中心的集中力表示。图中斜线 O_1A 表示螺栓的受力-变形线;斜线 O_2A 表示地基的受力-变形线。M 作用前,螺栓和地基的工作点均为 A 点,底板受到螺栓和地基的合力为零。当底板受到 M 作用后,在轴线 O—O 左侧,螺栓和地基的工作点分别移到了 B_1 与 C_1 点,所以两者作用于底板上的合力方向向下、大小等于工作载荷 F_1。同理,在轴线 O—O 右侧,螺栓与地基的工作点分别移到了 B_2 与 C_2 点,两者作用于底板上的合力方向向上、大小等于工作载荷 F_2。于是,底板两侧所有的合力形成一个力偶,该力偶矩与翻转力矩 M 平衡,即

$$M=\sum_{i=1}^{z}F_iL_i \tag{13.23}$$

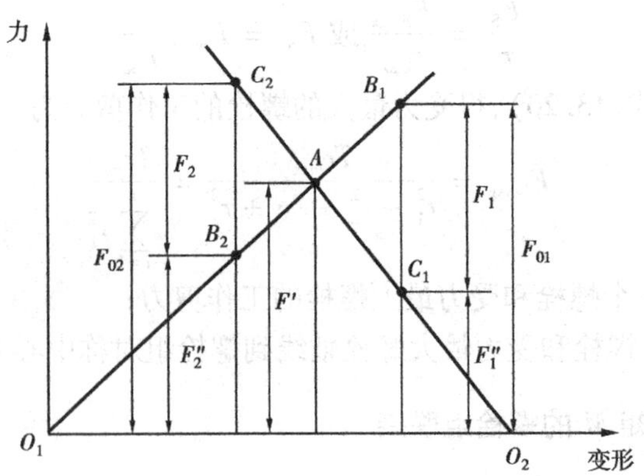

图 13.15 单个螺栓-地基的受力变形图

由于各螺栓拉伸刚度相同,有

$$\frac{F_i}{L_i}=\frac{F_{max}}{L_{max}} \text{或} F_i=F_{max}\frac{L_i}{L_{max}} \tag{13.24}$$

联立式(13.23)、式(13.24)得

$$F_{max}=\frac{TL_{max}}{\sum_{i=1}^{z}L_i^2} \tag{13.25}$$

式中 F_{max}——最大的工作载荷;

z——螺栓的总个数;

L_i——各螺栓轴线至底板轴线 $O—O$ 的距离,其中最大值为 L_{max}。

对于翻转力矩 M 作用的螺栓组联接,除了对螺栓进行强度计算外,还应避免被联接接合面受压最大处压溃和出现间隙的失效形式。

接合面受压最大处,不压溃的条件为

$$\sigma_{pmax}\approx\frac{zF''}{A}+\frac{M}{W}\leqslant[\sigma_p] \tag{13.26}$$

接合面受压最小处,不出现间隙的条件为

$$\sigma_{pmin}\approx\frac{zF''}{A}-\frac{M}{W}>0 \tag{13.27}$$

式中 $\sigma_{pmax},\sigma_{pmin}$——接合面最大挤压应力和最小挤压应力;

A——接合面面积;

W——接合面抗弯截面系数;

$[\sigma_p]$——接合面材料的许用挤压应力,如表 13.10 所示。

计算受翻转力矩 M 的螺栓组联接的强度时,根据式(13.10)由预紧力 F'、最大工作载荷 F_{max} 求受力最大的螺栓的总拉力 F_0,即

$$F_0=F'+\frac{c_1}{c_1+c_2}F_{max} \tag{13.28}$$

然后按式(13.11)或式(13.12)进行强度校核。

表13.10　联接接合面材料的许用挤压应力$[\sigma_p]$

材　料	钢	铸　铁	混凝土	砖(水泥浆缝)	木　材
$[\sigma_p]$/MPa	$0.8\sigma_s$	$(0.4 \sim 0.5)\sigma_B$	2.0~3.0	1.5~2.0	2.0~4.0

注:1. σ_s为材料屈服极限,MPa;σ_B为材料强度极限,MPa。

2. 当联接接合面的材料不同时,应按强度较弱者选取。

3. 联接承受静载荷时,$[\sigma_p]$取表中较大值;承受变载荷时,取较小值。

工程实际中,螺栓组联接受载状态通常是以上4种基本受载情况的不同组合。但不论实际受载状态如何复杂,都可利用静力分析方法,将复杂的受载状态分解成上述的情况。因此,只要分别计算出螺栓组在这些基本受载情况下,每个螺栓的工作载荷,然后将它们按矢量合成,便可得到每个螺栓总的工作载荷,从而进行相应的强度计算。

13.5　提高螺栓联接强度的措施

研究影响螺栓联接强度的因素和提高联接强度的措施,对提高螺栓联接的可靠性具有重要意义。由于受拉螺栓联接的强度主要取决于螺栓的强度,因此,以下说明也针对螺栓而言。

影响螺栓强度的因素很多,主要涉及螺纹牙载荷分配、应力幅、应力集中、附加应力及材料的机械性能等方面。下面就来分析各种因素对螺栓强度的影响和提高强度的措施。

13.5.1　改善螺纹牙上载荷分布不均的现象

即使制造和装配精确的螺栓和螺母,传力时各旋合圈螺纹牙的受力也是不均匀的。如图13.16(a)所示,当联接受载时,螺栓受拉,螺距增大;而螺母受压,螺距减小。这种螺距变化差主要靠各旋合圈螺纹牙的变形来补偿。由于为弹性变形,故受力与变形量成正比。由图可知,从螺母支承面算起,第一圈螺纹变形最大,因而受力也最大,以后各圈依次递减。旋合圈数越多,受力不均匀程度越显著(见图13.16(b)),第8~10圈以后的螺纹牙基本上不受力。因此,采用圈数过多的厚螺母,并不能提高联接强度。为改善螺纹牙受力状况,可采用悬置螺母结构(见图13.17(a))的受拉螺母,其螺纹牙变形性质由原受压变形变为与螺栓螺纹相同受拉变形,从而减小螺距变化差,可提高螺栓疲劳强度达40%。采用内斜螺母(见图13.17(b)),可使螺栓螺纹牙受力面自上而下逐渐外移,因此,螺栓旋合段下部螺纹牙(原受力最大)受力容易变形,从而把力向上转移到原受力较小的牙上,可提高螺栓疲劳强度达20%。采用环槽螺母(见图13.17(c)),螺母下部受拉且弹性较大,故可提高螺栓疲劳强度达30%。这些结构特殊的螺母,由于制造成本高,只有在重要或大型的联接中才使用。

有色金属材料软、弹性模量低,故钢螺栓配有色金属螺母,可使螺纹牙受力分配得以改善,提高螺栓疲劳强度可达40%。

将类似螺旋弹簧的钢丝螺套(见图13.18),旋入(旋入后将安装柄根在缺口处折断)轻合金或有色金属螺纹孔中,然后再旋上螺栓,不仅减轻螺纹牙受力不均,而且具有缓冲减振的作用,可提高螺栓疲劳强度。

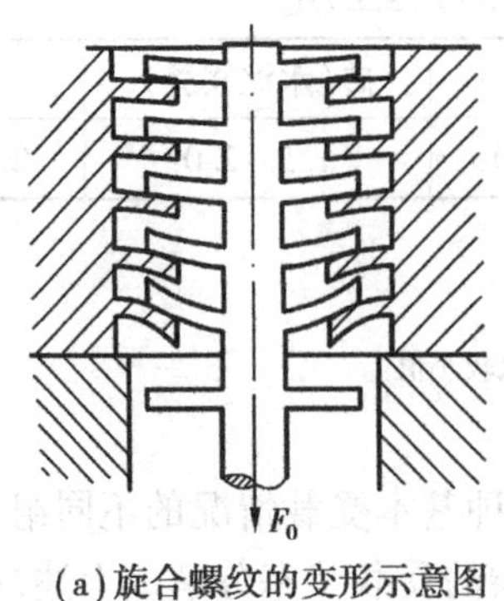

(a)旋合螺纹的变形示意图

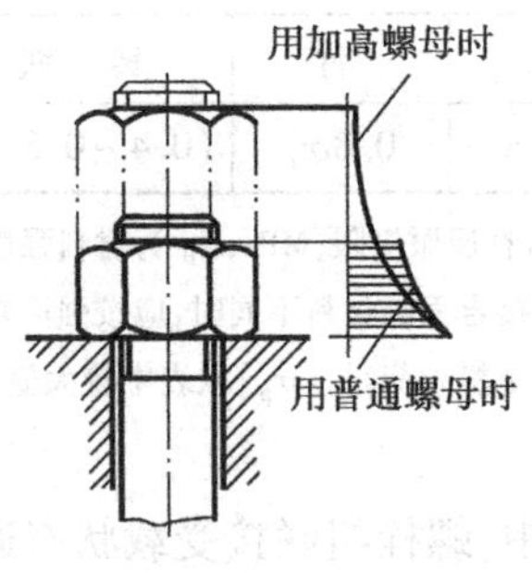

(b)螺纹牙受力分配

图 13.16 螺纹牙的受力

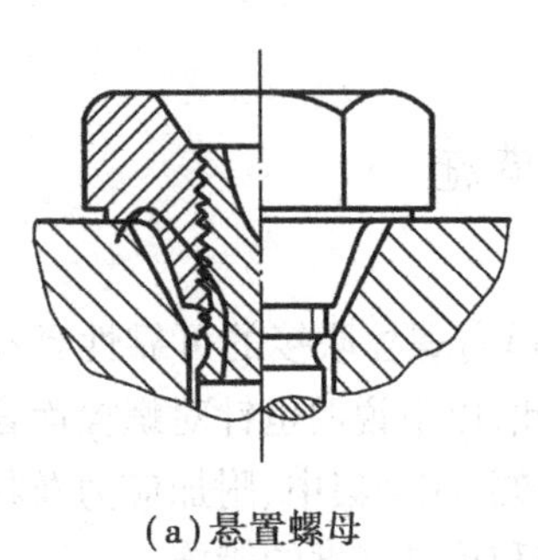

(a)悬置螺母

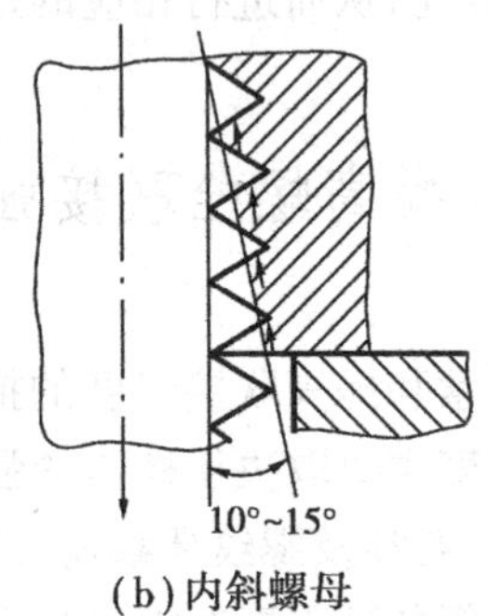

(b)内斜螺母

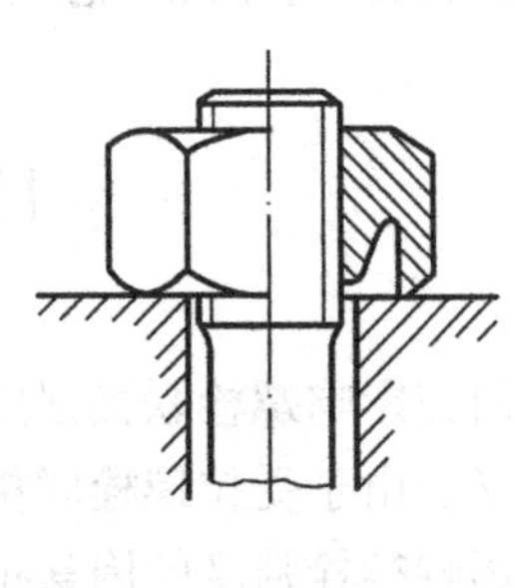

(c)环槽螺母

图 13.17 使螺纹牙受力分配均匀的螺母结构

13.5.2 降低影响螺栓疲劳强度的应力幅

在变载荷作用下,当螺栓最大应力一定时,应力幅越小,疲劳强度越高。在工作载荷 F 和残余预紧力 F'' 不变的情况下,减小螺栓刚度或增大被联接件刚度都能达到减小应力幅的目的(见图 13.19),但预紧力应随之增大。

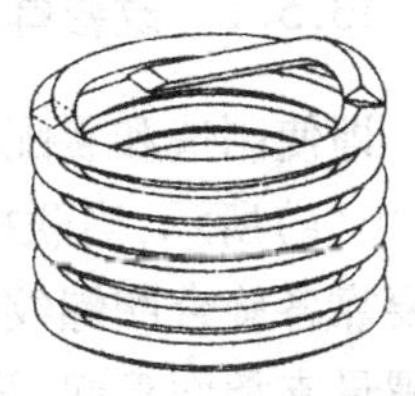

图 13.18 钢丝螺套

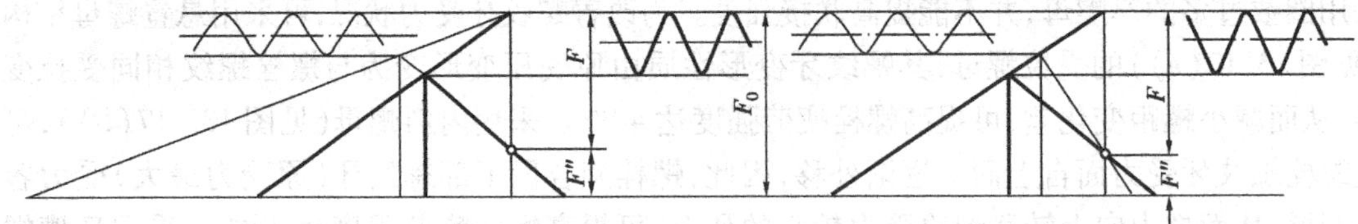

图 13.19 减小螺栓应力幅的措施

为了减小螺栓的刚度,可适当增大螺栓的长度,或采用如图 13.20 所示的腰状杆螺栓或空心螺栓。在螺母下安装弹性元件(见图 13.21),可取得与腰状杆螺栓或空心螺栓相似的效果。

为了增大被联接件的刚度,不宜采用刚度小的垫片。如图 13.22 所示的两种有紧密性要求的联接,从提高螺栓疲劳强度的角度考虑,以用密封环为佳。

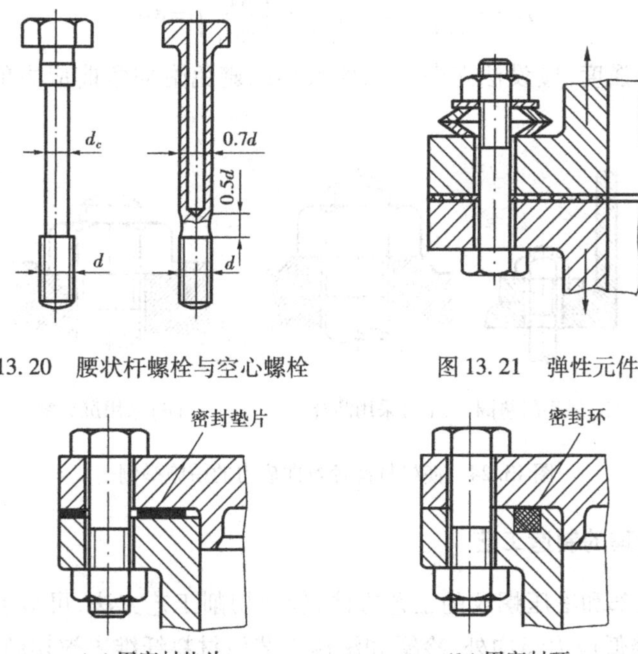

图 13.20　腰状杆螺栓与空心螺栓　　图 13.21　弹性元件

(a)用密封垫片　　(b)用密封环

图 13.22　两种密封方案的比较

13.5.3　减小应力集中的影响

螺纹的牙根、收尾以及螺栓头部与杆交接处，由于存在截面尺寸突变，故均有应力集中，是产生断裂的危险部位。尤其在旋合螺纹的牙根处，杆部受拉而螺纹牙受弯曲和剪切，存在受力不均，应力集中更严重。适当增大牙根过渡圆角半径以减小应力集中，可提高螺栓疲劳强度达20% ~40%。在螺纹收尾处开退刀槽，在螺栓头部与杆部联接处加大过渡圆角半径或切制卸载槽，都有良好效果。

13.5.4　避免或减小附加弯曲应力

制造和装配存在误差或设计不当，会使螺栓受到附加弯曲应力(见图 13.23)。以被联接件承压面倾斜为例，若偏距 $e=d_1$，则附加弯曲应力为

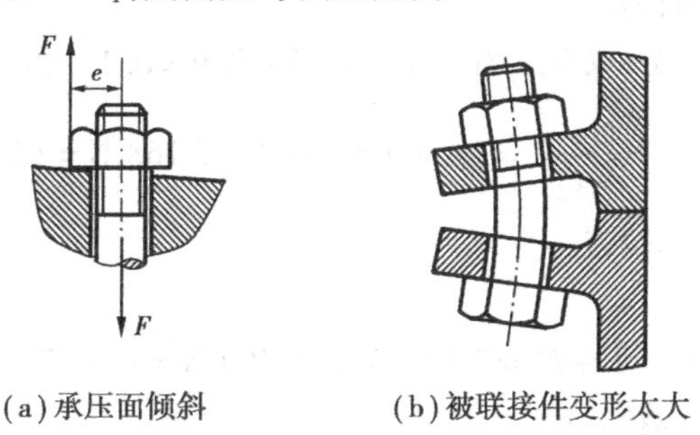

(a)承压面倾斜　　(b)被联接件变形太大

图 13.23　引起附加应力的原因(举例)

$$\sigma_b = \frac{32F \cdot e}{\pi d_1^3} = \left(\frac{8e}{d_1}\right) \cdot \left[\frac{4F}{\pi d_1^2}\right] = 8\sigma$$

严重降低了螺栓强度,应设法避免。几种减小或避免附加弯曲应力的结构如图 13.24 所示。

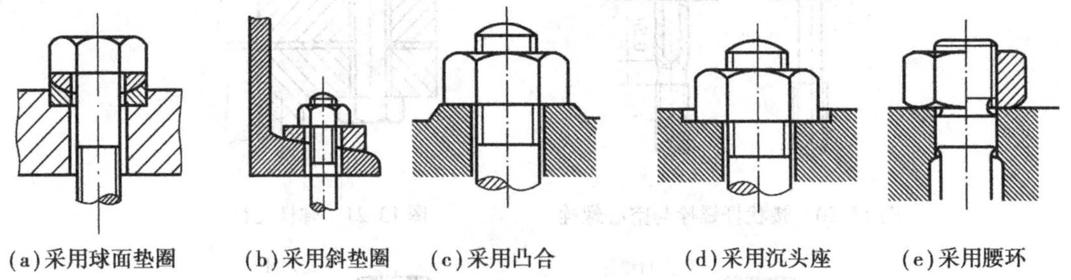

(a)采用球面垫圈　(b)采用斜垫圈　(c)采用凸合　(d)采用沉头座　(e)采用腰环

图 13.24　使栓杆减免弯曲应力的措施举例

13.5.5　采用合理的制造工艺

采用冷镦螺栓头部和滚压螺纹的工艺方法,较之切削工艺方法,可显著提高螺栓疲劳强度。这是因为除可降低应力集中外,冷镦和滚压工艺使材料纤维未被切断,金属流线走向合理,而且有冷作硬化的作用,表层有残余压应力。实践证明,滚压螺纹的疲劳强度比车制螺纹高 30% ~40%;热处理后再滚压,效果更好。

例 13.1　如图 13.11 所示为一压力容器的螺栓组联接。已知:容器的工作压力 $p=0\sim12$ MPa,容器内径 $D=78$ mm,$z=8$,采用橡胶垫片。试确定此压力容器的联接螺栓直径。

解　1)受力分析

①计算每个螺栓所受的最大轴向工作载荷 F,得

$$F = \frac{\pi D^2 p}{4z} = \frac{\pi \times 78^2 \times 12}{4 \times 8}\text{N} = 7\ 168\ \text{N}$$

故螺栓工作载荷在 0 ~7 168 N 变化。

②选取残余预紧力 F''。

这类压力容器有较高紧密性要求,根据 $F''=(1.5\sim1.8)F$,取残余预紧力为

$$F'' = 1.6F = 11\ 469\ \text{N}$$

③各螺栓预紧力 F'的计算。

对橡胶垫片 $c_1/(c_1+c_2)=0.9$,$c_2/(c_1+c_2)=1-0.9=0.1$。由式(13.9)得

$$F' = F'' + \frac{c_2}{c_1+c_2}F = 11\ 469\ \text{N} + 0.1 \times 7\ 168\ \text{N} = 12\ 186\ \text{N}$$

④计算单个螺栓最大总拉力。

由式(13.7)得

$$F_0 = F + F'' = 7\ 168\ \text{N} + 11\ 469\ \text{N} = 18\ 637\ \text{N}$$

2)按静强度公式初定螺栓直径

①按表 13.7(a),螺栓承受变载荷,$[\sigma]=\sigma_s/S$;选螺栓材料为 35 钢,性能等级为 5.6,由表 13.2 得,$\sigma_B=500$ MPa。设螺栓直径 d 为 M16 ~M30,由表 13.7(a)取 $S=6.5$,故

$$[\sigma]=\frac{\sigma_s}{S}=\frac{300}{6.5}=46.15\ \text{MPa}$$

②初定螺栓直径。

按式(13.12)计算,得

$$d_1\geqslant\sqrt{\frac{4\times1.3F_0}{\pi[\sigma]}}=\sqrt{\frac{4\times1.3\times18\ 637}{\pi\times46.15}}\text{mm}=25.854\ \text{mm}$$

查手册,取M30粗牙普通螺栓,$d_1=26.211\ \text{mm}>25.854\ \text{mm}$。此结果与原估直径相符,故选螺栓直径 $d=30mm$。

3)校核螺栓疲劳强度

①求应力幅。

由式(13.13)得

$$\sigma_a=\frac{c_1}{c_1+c_2}\times\frac{2F}{\pi d_1^2}=0.9\times\frac{2\times7\ 168}{\pi\times26.211^2}\text{MPa}=5.98\ \text{MPa}$$

②确定许用应力幅。

查表13.7(a),$[\sigma_a]=\varepsilon\sigma_{-1}/(S_aK_\sigma)$,$S_a=2.5\sim5$。取 $S_a=4$,查表13.4,35钢的 $\sigma_{-1}=170\sim220\ \text{MPa}$,取 $\sigma_{-1}=180\ \text{MPa}$。查表13.7(b),$\sigma_B=500\ \text{MPa}$ 时,$K_\sigma=3.45$。查表13.7(c),当 $d=30\ \text{mm}$ 时,$\varepsilon=0.69$。故

$$[\sigma_a]=\frac{0.69\times180}{4\times3.45}\text{MPa}=9.0\ \text{MPa}$$

所以 $\sigma_a<[\sigma_a]$,故合格。

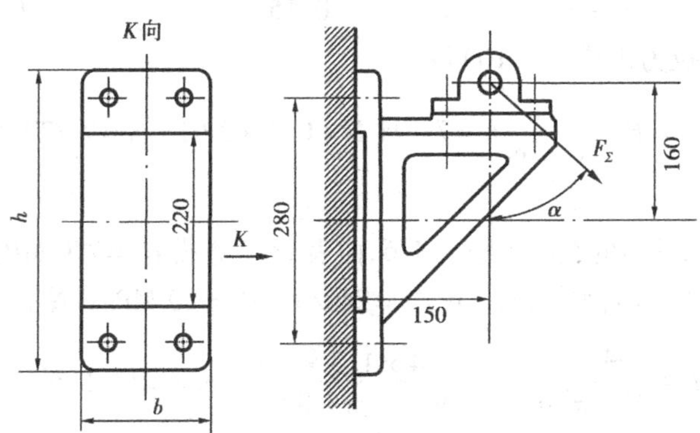

图13.25 托架底板螺栓组联接

例13.2 如图13.25所示为一固定在钢制立柱上的铸铁托架。已知:$F_\Sigma=5\ 000\ \text{N}$,其作用线与垂直线的夹角 $\alpha=50°$,底板高 $h=340\ \text{mm}$,宽 $b=150\ \text{mm}$。试设计托架的螺栓组联接。

解 1)采用普通螺栓联接。取螺栓数 $z=4$,对称布置。

2)受力分析

①计算螺栓组联接所受的载荷。

在 F_Σ 的作用下,螺栓组联接承受轴向载荷、横向载荷和翻转力矩的作用。

轴向载荷为

$F_Q=F_\Sigma\cdot\sin\alpha=5\ 000\times\sin50°\ \text{N}=3\ 830\ \text{N}$

横向载荷为 $F_R = F_\Sigma \cdot \cos 50° = 3\ 214\ \text{N}$

翻转力矩为 $M = F_Q \times 160 + F_R \times 150 = 1\ 094\ 900\ \text{N} \cdot \text{mm}$

②在轴向载荷 F_Q 的作用下,各螺栓所受的工作拉力为

$$F_1 = \frac{F_Q}{z} = \frac{3\ 830}{4}\ \text{N} = 958\ \text{N}$$

③在翻转力矩 M 的作用下,上面两螺栓受到加载作用,而下面两螺栓受到减载作用,故上面的螺栓受力较大,所受载荷由式(13.25)得

$$F_{\max} = \frac{ML_{\max}}{\sum_{i=1}^{z} L_i^2} = \frac{1\ 094\ 900 \times 140}{4 \times 140^2}\ \text{N} = 1\ 955\ \text{N}$$

因此,上面的螺栓所受到轴向工作载荷为

$$F = F_1 + F_{\max} = 958\ \text{N} + 1\ 955\ \text{N} = 2\ 913\ \text{N}$$

④在横向载荷的作用下,底板可能产生滑动。由式(13.8)和式(13.17),可得到底板与立柱不产生相对滑动的条件为

$$f_S\left(zF' - \frac{c_2}{c_1 + c_2} \cdot F_Q\right) \geqslant k_f F_R$$

由表 13.9 查得 $f_S = 0.15$;由表 13.6 取 $\frac{c_1}{c_1 + c_2} = 0.2$,则 $\frac{c_2}{c_1 + c_2} = 1 - 0.2 = 0.8$;取 $k_f = 1.2$,则各螺栓所需的预紧力为

$$F' \geqslant \frac{1}{z}\left(\frac{k_f F_R}{f_S} + \frac{c_2}{c_1 + c_2} F_Q\right) = \frac{1}{4} \times \left(\frac{1.2 \times 3\ 214}{0.15} + 0.8 \times 3\ 830\right)\text{N} = 7\ 194\ \text{N}$$

⑤螺栓所受的总拉力由式(13.10)得

$$F_0 = F' + \frac{c_1}{c_1 + c_2} F = 7\ 194\ \text{N} + 0.2 \times 2\ 913\ \text{N} = 7\ 777\ \text{N}$$

3)确定螺栓直径

选择材料为 Q235、螺栓的性能等级为 4.6,由表 13.2 查得 $\sigma_s = 240\ \text{MPa}$。拧紧时不控制预紧力,按表 13.7(a),暂取 $S = 3$,则$[[\sigma] = \sigma_s / S = 240/3\ \text{MPa} = 80\ \text{MPa}$。按式(13.12)计算,得

$$d_1 \geqslant \sqrt{\frac{4 \times 1.3 F_0}{\pi[\sigma]}} = \sqrt{\frac{4 \times 1.3 \times 7\ 777}{\pi \times 80}}\ \text{mm} = 12.685\ \text{mm}$$

查手册,选 M16 粗牙普通螺纹 $d = 16\ \text{mm}$(小径 $d_1 = 13.835\ \text{mm} > 12.685\ \text{mm}$)。按表 13.7(a)可知,预取的安全系数是适当的。

4)校核螺栓组联接接合面的工作能力

①联接接合面下端不压溃的校核,由式(13.26)有

$$\sigma_{p\max} = \frac{1}{A}\left(zF' - \frac{c_2}{c_1 + c_2} F_Q\right) + \frac{M}{W}$$

$$= \frac{1}{150(340 - 220)} \times (4 \times 7\ 194 - 0.8 \times 3\ 830)\ \text{MPa} + \frac{1\ 094\ 900}{\frac{150}{6 \times 340}(340^3 - 220^3)}\ \text{MPa}$$

$$= 1.948\ \text{MPa}$$

查表 13.10 有

$$[\sigma_p]=0.5\sigma_B=0.5\times 250=125\ \text{MPa}\gg 2.080\ \text{MPa}$$

故联接接合面下端不会压溃。

②联接接合面上端不出现间隙的校核，由式(13.27)有

$$\sigma_{\text{pmin}}=\frac{1}{A}\left(zF'-\frac{c_2}{c_1+c_2}F_Q\right)-\frac{M}{W}=0.908\ \text{MPa}$$

故接合面上端不会产生间隙。

螺栓公称直径确定后，螺栓的类型、长度、精度以及相应螺母和垫圈的结构尺寸，可根据底板厚度、螺栓在立柱上的固定方法及防松装置等全面考虑后参考有关标准定出，此处从略。

13.6　销联接

销用于固定零件之间的相对位置时，称为定位销(见图 13.26)，它是组合加工和装配的重要辅助零件。销也可用于联接，称为联接销(见图 13.27)，可传递不大的载荷。销还可用作安全装置的过载剪断元件，称为安全销(见图 13.28)。

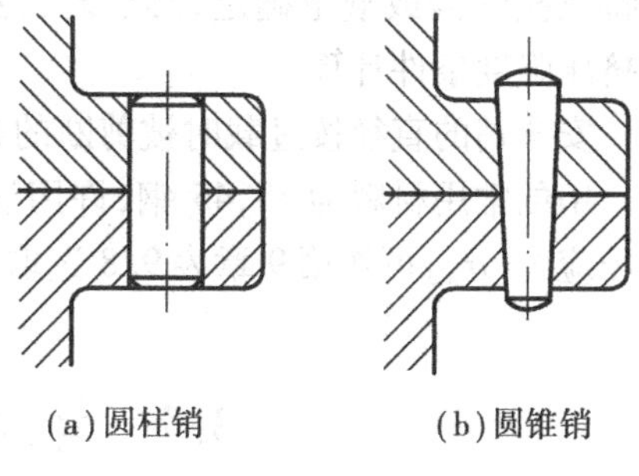
(a)圆柱销　　(b)圆锥销

图 13.26　定位销

销有多种类型，如圆柱销、圆锥销、槽销等，均已标准化。

如图 13.26(a)所示，圆柱销靠过盈配合固定在销孔中，多次装拆会降低其定位精度和可靠性。圆柱销的直径偏差有 n8，m6，h8 和 h11 4 种，以满足不同的使用要求。如图 13.26(b)所示，圆锥销有 1∶50 的锥度，在垂直于销轴线的载荷作用下可自锁，安装方便，定位精度高，可多次装拆而不影响定位精度。

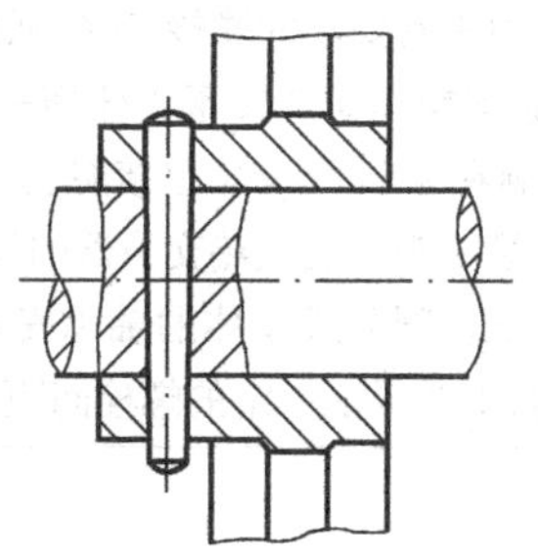
图 13.27　联接销图

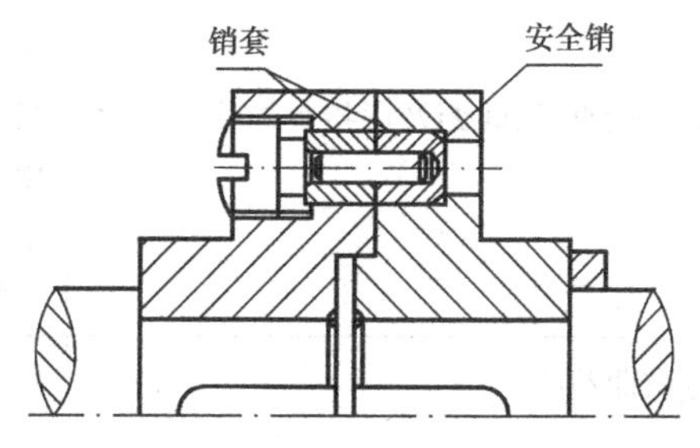

图 13.28　安全销

如图 13.29 所示，内螺纹圆锥销和螺尾圆锥销可用于盲孔或拆卸困难的场合。开尾圆锥销可保证销在冲击、振动或变载下不致松脱。

槽销(见图 13.30)用弹簧钢滚压或模锻而成，常有 3 条纵向沟槽，槽销打入销孔后，由于材料的弹性，销挤紧在销孔中，不易松脱，能承受振动和变载荷。销孔无须铰制，加工方便，可多次装拆。

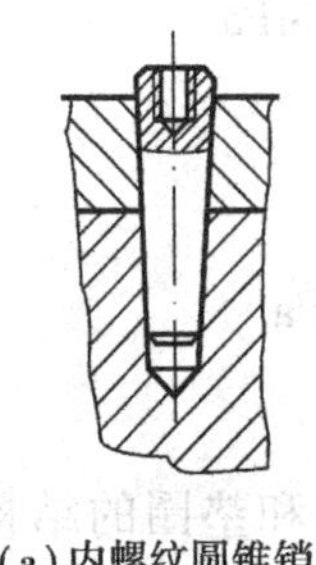
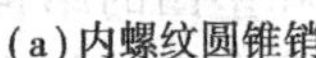

(a)内螺纹圆锥销

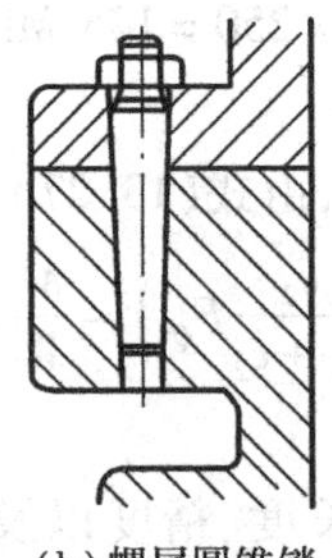

(b)螺尾圆锥销

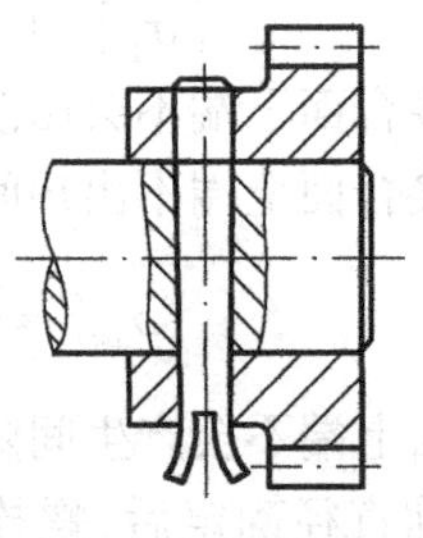

(c)开尾圆锥销

图 13.29　几种特殊结构的圆柱销

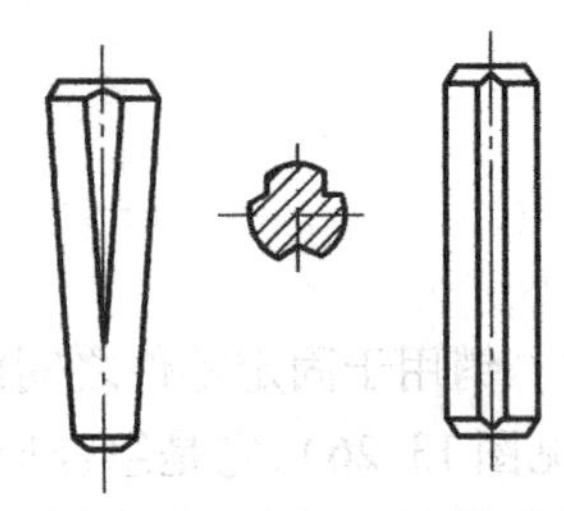

图 13.30　槽销

定位销通常不受或只受很小的载荷，故不做强度校核计算，其直径可按结构或经验确定，同一面上的定位销一般不少于两个。销装入每一被联接件内的长度，为销直径的 1 ~2 倍。

联接销的类型可根据工作要求选定，其尺寸可根据联接的结构特点按经验或规范确定，必要时再进行强度校核，一般按剪切和挤压强度条件计算。

安全销的直径按过载时被剪断的条件确定。

销的常用材料为 35，45 钢，许用切应力 $[\tau] = 80$ MPa，许用挤压应力 $[\sigma_p]$ 可按第 9 章表 9.8 选取。

13.7　螺纹联接和销联接设计禁忌

常见螺纹联接和销联接设计禁忌如表 13.11 所示。

表 13.11　常见设计禁忌

设计应该注意的问题	说　明
1. 法兰结构的螺栓直径、间距及联接处厚度要选择适当	对于有压力密封要求的联接，螺栓强度、法兰的刚度、螺栓的紧固操作 3 个要素中任何一个要素不适当，都会影响在密封面全长上接触压力的均匀性。化工设备的管接头法兰或热交换器的设计要执行规定的有关标准。剖分式箱体的轴承安装处，为了防止发生泄漏，也要保证一定的螺栓间距
2. 避免螺杆受弯曲载荷	螺栓承受附加弯曲载荷时，强度将受到严重削弱。当两个零件高度不等、使压板倾斜时，在螺杆中引起弯曲应力，在螺母下放一球面垫圈，压板端部设计为球面，可避免产生弯曲应力

续表

设计应该注意的问题	说　明
3. 紧定螺钉只能加在不承受载荷的方向上 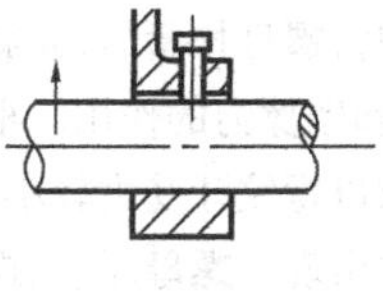 较差 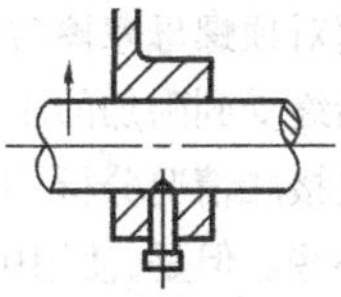　　较好	使用紧定螺钉进行轴向定位止动时，要在不受轴的载荷作用的方向进行紧定，否则会简单的压坏，不起紧定作用。当轴承受变载荷时，用紧定螺钉止动是不合适的
4. 受挤压(剪切)螺栓杆部应有较大的接触长度 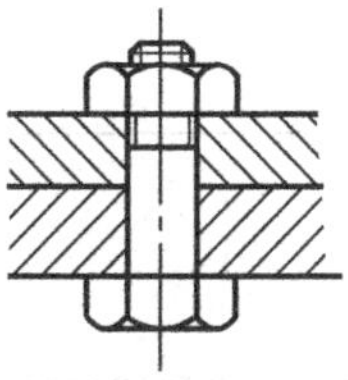 F_S　F_S 一般 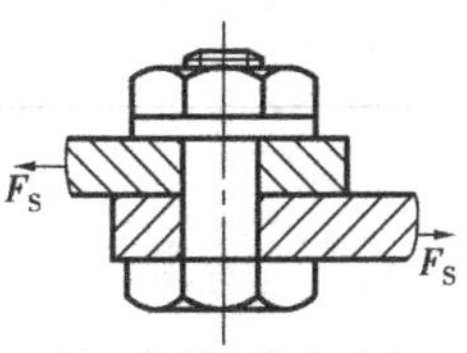　　好	螺栓螺纹部分在螺母支撑面以下的余留长度和伸出螺母的高度，都应按标准选取。采用配合螺栓联接时，余留螺纹长度应尽可能小，可采用补偿垫圈容纳螺纹收尾，以使被联接部分的孔壁全长都与螺栓杆接触。当两被联接件厚度不等时，将螺母与较厚被联接件布置在同侧
5. 对于较深螺纹孔，应在零件上设计相应的凸台 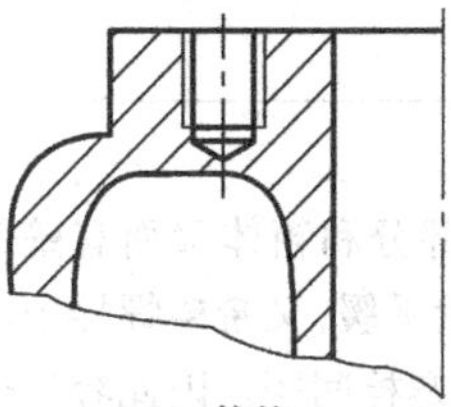 较差 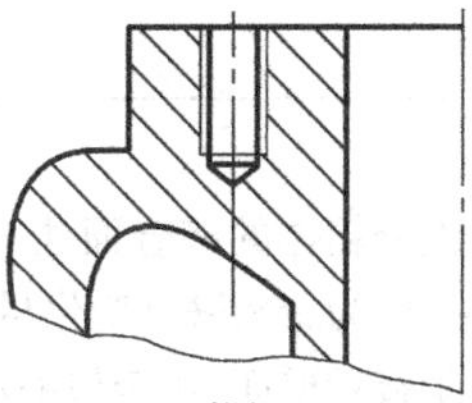　　较好 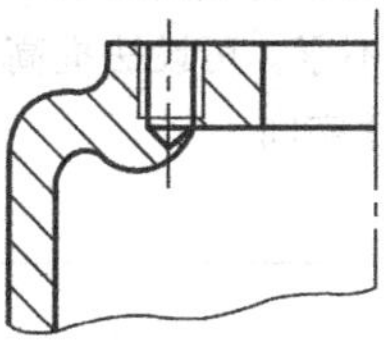 较差 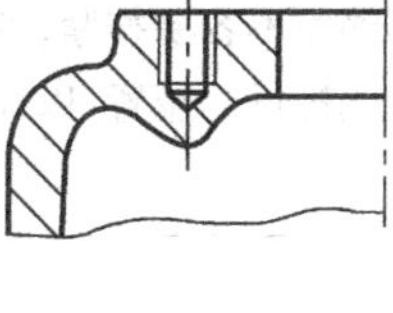　　较好	对于较深的螺孔需要有凸台结构，为了防止由于凸台错位而造成螺孔穿通，设计时要留出一定的余量
6. 螺孔的孔边要倒角 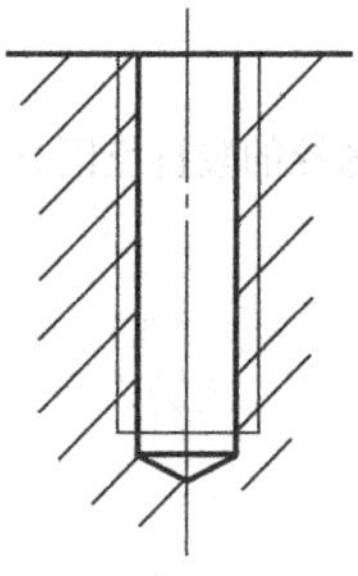 较差 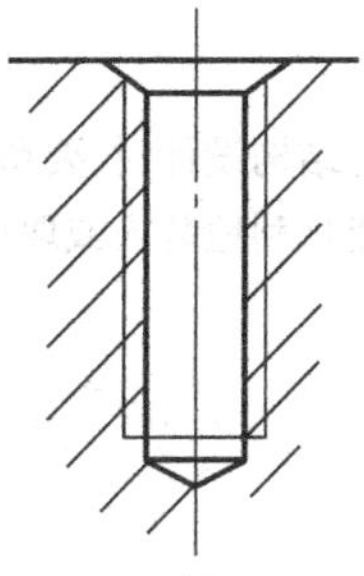　　较好	螺纹孔孔边的螺纹容易碰伤，碰后伤产生装拆困难，需要对螺孔的孔边倒角

续表

设计应该注意的问题	说　明
7. 对顶螺母高度不同时,不要装反 误　　正	采用对顶螺母摩擦防松时,螺母拧紧后,使旋合螺纹间始终受到附加的压力和摩擦力的作用。根据旋合螺纹接触情况分析,下螺母螺纹牙受力较小,其高度可小些。但是,使用中常出现下螺母厚、上螺母薄的情况,这主要是由于扳手的厚度比螺母厚,不容易拧紧,通常为了避免装错,两螺母的厚度取相等为最佳方案
8. 防松的方法要确实可靠 误　　正	用钢丝穿入各螺钉头部的孔内,将各螺钉串起来,以达到防松的目的时,必须注意钢丝的穿入方向
9. 考虑螺母拧紧时有足够的扳手空间 较差　　较好	剖分箱体的接合面法兰部分和箱体壁面有壁厚差。因为希望壁厚变化尽量平缓,又希望螺栓中心尽量接近壁面,还希望缩小螺栓间距。因此容易造成锪孔非常深,或由于螺母太靠近壁面而扳手空间不够而不容易拧紧,甚至拧不紧。可设法提高螺钉头或螺母的位置,以加大扳手空间
10. 要保证螺栓的安装与拆卸的空间 误　　正	进行结构设计时,要留出螺栓的装拆空间,以保证螺栓能顺利地装入或取出

续表

设计应该注意的问题	说　明
11. 对称结构零件,定位销不宜布置在对称位置 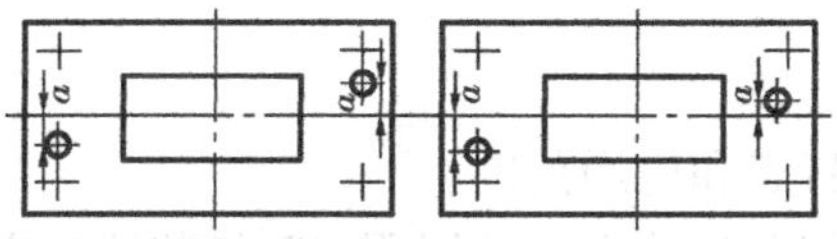 误　　正	对称结构的零件,为保持与其他零件准确的相对位置,不允许反转 180°安装,故定位销不宜布置在对称的位置
12. 相配零件的销孔应同时加工 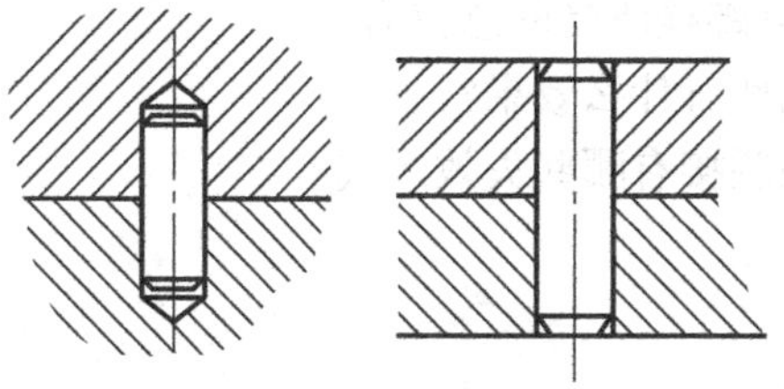 误　　正	对相配零件的销孔,一般采用配钻、铰的加工方法,以保证孔的精度和可靠的对中性。用划线定位,分别加工的方法不能满足要求
13. 淬火零件的销孔也应配作 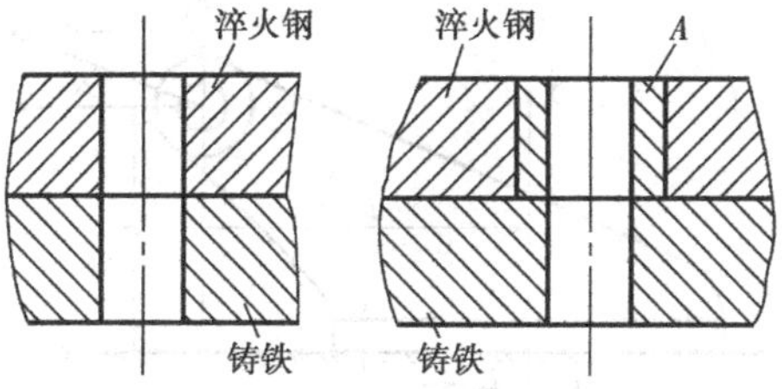 淬火钢　铸铁　误 淬火钢　A　铸铁　正	淬火零件的销孔必须配作,但淬火后不能配钻、铰,可在淬火件上先作一个较大的孔(大于销直径),淬火后,在孔中装入由软钢制造的环形件 A,此环与淬火钢件作过盈配合,再在件 A 孔中进行配钻、铰(配钻以前,件 A 的孔小于销径)
14. 必须保证销钉容易拔出 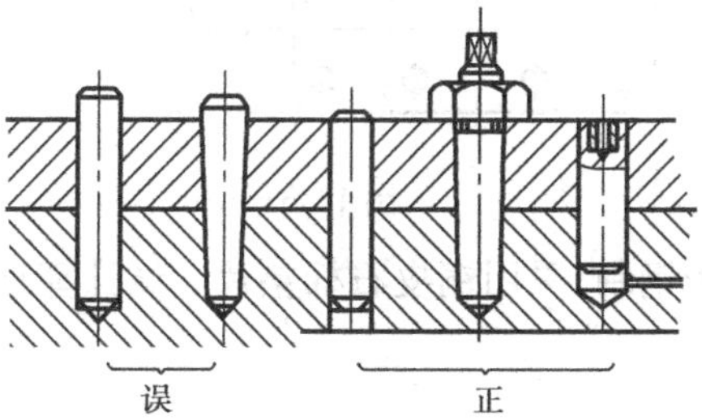 误　　正	定位销必须容易由销孔中拔出,取出销钉的方法有把销钉孔制成通孔,采用带螺纹尾的销(有内螺纹和外螺纹等),对盲孔,为避免孔中封入空气引起装拆困难,应该有通气孔
15. 联接销传力时避免产生不平衡力 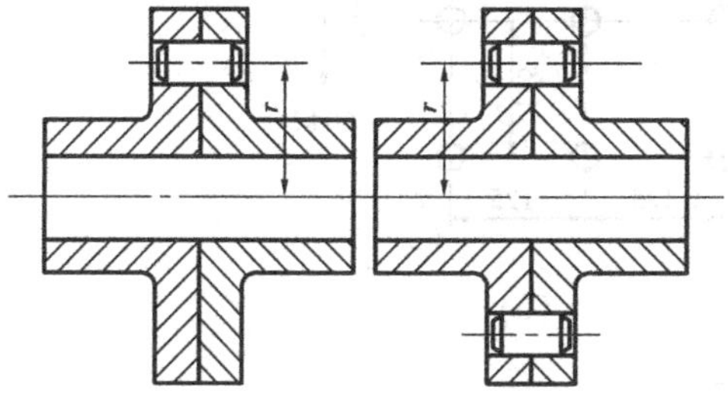 较差　　较好	如图所示的柱销联轴器,当用一个柱销传力时,销受力为 $F=\frac{T}{r}$(T 为所传转矩),此力对轴产生弯曲作用;当用一对柱销时,每个销钉受力为 $F'=\frac{T}{2r}$,而且二力组成一个力偶,对轴无弯曲作用

思考题

13.1　螺纹联接有哪些主要类型？简述它们的特点和应用范围。

13.2　螺纹联接松脱的原因何在？防松的根本问题是什么？常用哪些防松装置？它们的防松原理是什么？

13.3　在受轴向载荷的紧螺栓联接中，如何计算螺栓所受的总拉力？

13.4　将承受变载荷的螺栓的光杆部分做得细些有什么效果？

13.5　销有哪几种类型？各用于何种场合？销联接有哪些失效形式？

习　题

13.1　如图13.31所示底板螺栓组联接受外力 $F_{\sum}$ 的作用，$F_{\sum}$ 作用在包含 x 轴并垂直于底板接合面平面内。试分析底板螺栓组的受力情况，并判断哪个螺栓受力最大。

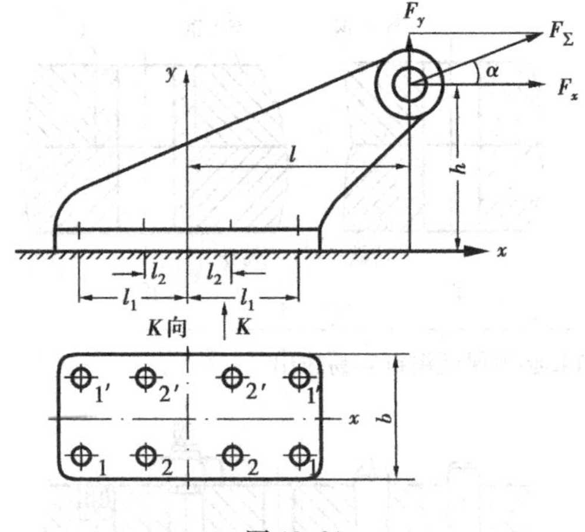

图13.31

13.2　一个托架的底板用6个螺栓联接在机架上（见图13.32）。现提出图示的两种螺栓布置方案。托架载荷与螺栓组垂直对称线的距离为250 mm，大小为60 kN。设采用铰制孔用螺栓，试分析哪种布置方案的螺栓直径较小。为什么？

13.3　一液压缸盖螺栓组联接（见图13.11），知缸内工作压力 p 为0～1.0 MPa，液压缸内径 $D=250$ mm，螺栓数 $z=12$。缸盖与缸体均为钢制，采用铜皮石棉垫片。试计算缸盖螺栓直径。

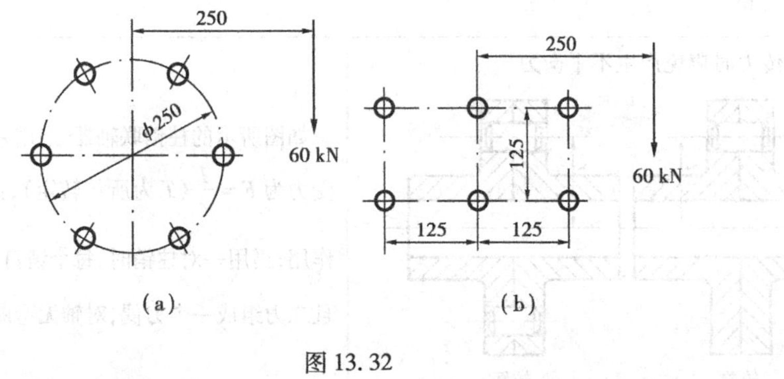

图13.32

第14章 弹簧

弹簧是机械行业中广泛应用的一种弹性元件，出现的时间较早，种类也较多。圆柱螺旋弹簧具有制造简便，成本低的优点，因此在机械行业中得到了广泛应用。本章着重介绍各种弹簧的特点及其适用场合，并以圆柱螺旋弹簧为例，对弹簧设计的基本理论、方法、步骤及注意事项进行讨论。

14.1 概　述

弹簧是机械和电子行业中广泛使用的一种弹性元件。弹簧在受载时能产生较大的弹性变形，将机械功或动能转化为变形势能，而卸载后弹簧的弹性变形消失，恢复原形，从而将变形势能转化为机械功或动能。

广义上，凡是利用材料的变形，实现机械功、动能和变形势能之间相互转化的元件都可称为弹簧，因此，也有人认为古代的弓、弩是最早出现的弹簧。

全国科学技术名词审定委员会对弹簧的定义是：利用材料的弹性和结构特点，使变形与载荷之间保持规定关系的一种弹性元件。

弹簧在现代机械行业、电子行业以及其他行业都得到了广泛应用，其主要用于以下5方面：

①测量力或力矩，如弹簧秤和测力仪中的弹簧等，此类弹簧要求具有稳定的载荷-变形性能。

②紧压和复位，如订书机的控制弹簧，换向阀的复位弹簧等，此类弹簧常要求在某变形范围内作用力变化不大。

③减振和缓冲，如汽车、火车车架与车轮之间的减振弹簧，以及各种缓冲器用的弹簧等，此类弹簧具有较大的弹性变形，以便吸收较多的冲击能量；有些弹簧在变形过程中能依靠摩擦消耗部分能量达到减振和缓冲的效果。

④储存及输出能量，如机械钟表弹簧，发条玩具弹簧等，此类弹簧既要求有较大的弹性，又要求有稳定的作用力。

⑤振动发声，如口琴、手风琴的簧片等。

按照所承受的载荷不同,弹簧可分为拉伸弹簧、压缩弹簧、扭转弹簧及弯曲弹簧4种。而按照弹簧的形状不同,弹簧又可分为螺旋弹簧、环形弹簧、碟形弹簧、平面涡卷弹簧及板簧等。弹簧的基本类型如图14.1、图14.2所示。此外,随着工程材料和制造工艺的发展,为满足对弹簧性能的特殊要求,还研制了空气弹簧、橡胶弹簧、记忆合金弹簧及橡胶-金属复合弹簧等。

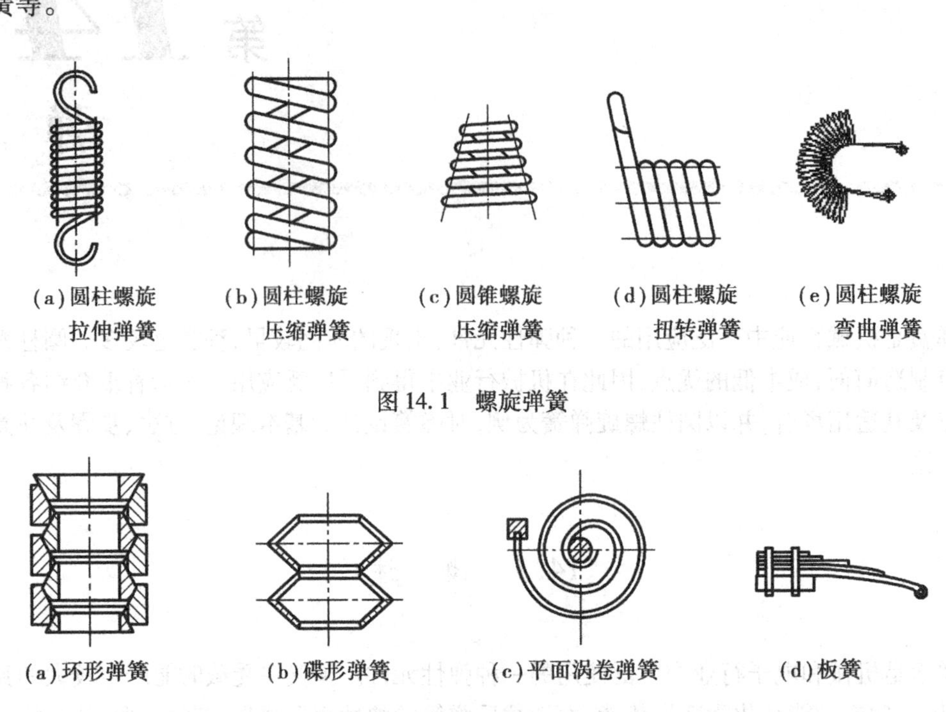

(a)圆柱螺旋拉伸弹簧　(b)圆柱螺旋压缩弹簧　(c)圆锥螺旋压缩弹簧　(d)圆柱螺旋扭转弹簧　(e)圆柱螺旋弯曲弹簧

图14.1　螺旋弹簧

(a)环形弹簧　(b)碟形弹簧　(c)平面涡卷弹簧　(d)板簧

图14.2　其他形状弹簧

螺旋弹簧是用弹簧丝卷绕制成,由于制造简便,成本低,故应用最广。按其形状,可分为圆柱形、圆锥形等;按其弹簧丝截面形状,可分为圆形截面、矩形截面、扁形截面等。在一般机械中,最为常见的是圆柱螺旋弹簧。故本章主要讲述圆柱螺旋弹簧的结构形式和设计方法,其他类型的弹簧可参考有关机械设计手册。

14.2　圆柱螺旋弹簧的结构、制造、材料及许用应力

14.2.1　圆柱螺旋弹簧的结构形式

(1)圆柱螺旋压缩弹簧

如图14.3所示,圆柱螺旋压缩弹簧在自由状态时,各圈之间均应留有一定的间距δ,以保证弹簧在受压时,有产生相应变形的可能。同时,为了保证弹簧在受载后还能保持一定的弹性,设计时还应考虑在最大载荷作用下,各圈之间仍应留有一定的间距δ_1,δ_1的大小一般推荐为

$$\delta_1 = 0.1d \geqslant 0.2\ \text{mm}$$

式中 d——弹簧丝的直径,mm。

为使弹簧受压时不至于歪斜,通常压缩弹簧的两个端面圈应与邻圈无间隙并紧,工作时只起支承作用,不参与变形,故称为死圈。死圈的圈数取决于弹簧的工作(有效)圈数,当弹簧的工作圈数 $n \leqslant 7$ 时,弹簧每端的死圈约为0.75圈;当弹簧的工作圈数 $n>7$ 时,每端的死圈为1～1.75圈。

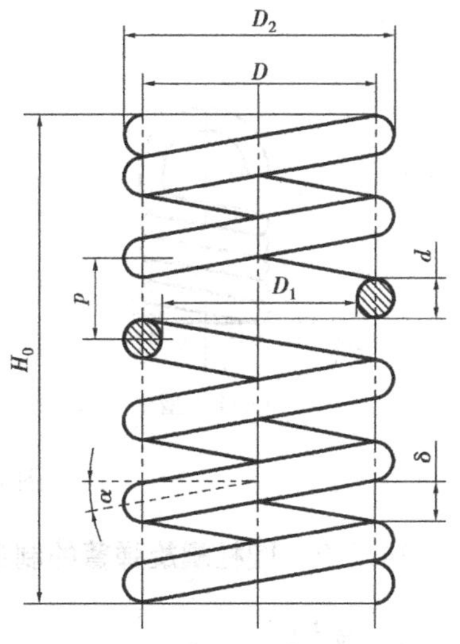

图14.3 圆柱螺旋压缩弹簧

压缩弹簧的制造方法分冷卷和热卷两种,采用不同制造方法卷制的弹簧其端部结构形式自然有所差异,即使采用同种制造方法卷制的弹簧其端部结构也有所不同。以冷卷压缩弹簧为例,如图14.4所示的YⅠ型两个端面圈均与邻圈并紧且磨平,磨平部分不少于圆周长的3/4,端头厚度一般不小于弹簧丝直径 d 的1/8;YⅡ型两端圈并紧但不磨平。其他端部结构的形式和代号可参考有关国家标准。

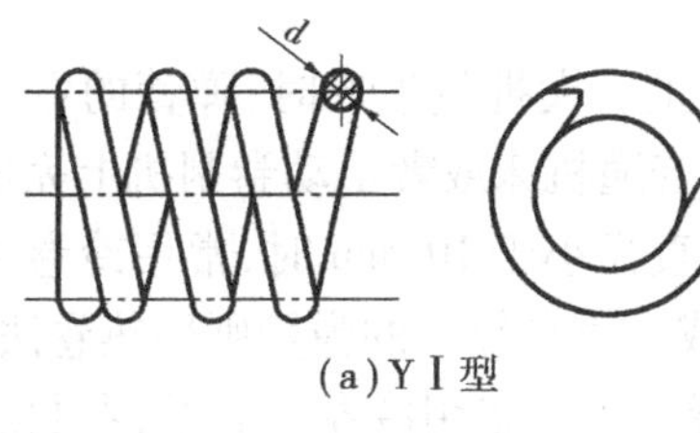

(a)YⅠ型

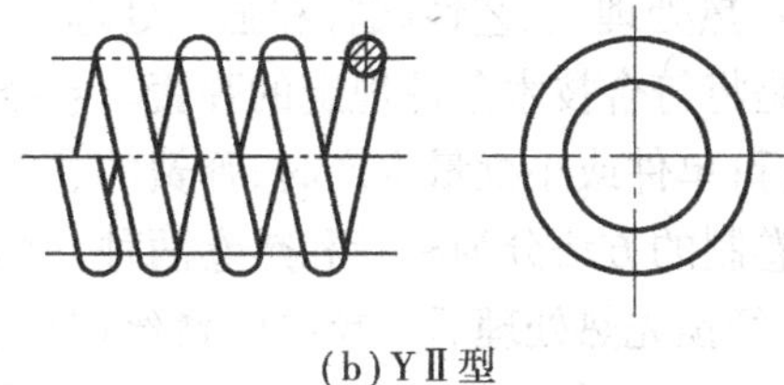

(b)YⅡ型

图14.4 圆柱螺旋压缩弹簧端部结构

(2)圆柱螺旋拉伸弹簧

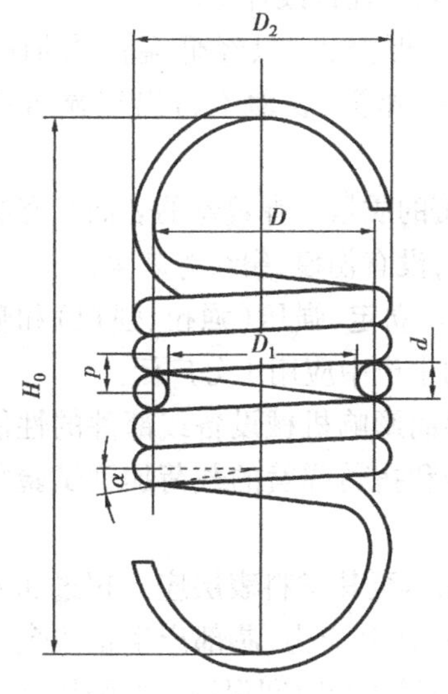

图14.5 圆柱螺旋拉伸弹簧

如图14.5所示,拉伸弹簧卷制时已使各圈相互并紧,即自由状况时拉伸弹簧各圈之间的间距 $\delta=0$。为了增加弹簧的刚性,同时节省轴向的工作空间,多数拉伸弹簧在卷制的过程中,同时使弹簧丝绕自身轴线扭转。这样制成的拉伸弹簧,各圈相互之间具有一定的压紧力可保证自由状况时各圈相互压紧,同时弹簧丝中也产生了一定的预应力,故称为有预应力的拉伸弹簧。只有当外加的拉力大于初拉力 F_0 时,有预应力的拉伸弹簧各圈之间才开始相互分离。

拉伸弹簧端部制有挂钩,以便安装和加载。挂钩的形式有很多种,如图14.6所示。其中,半圆钩环型(LⅠ型,见图14.6(a))和圆钩环型(LⅡ型,见图14.6(b))的挂钩由弹簧丝直接制成,制造方便,但这两种挂钩过渡处弯曲应力较大,故只适用于弹簧丝直径 $d \leqslant 10$ mm 的弹簧中;可调式拉伸挂钩(LⅢ型,见图14.6(c))具有带螺旋块的挂钩,不与弹簧丝连成一体,适用于受力较大的场合。此外,为减少挂钩过渡处的弯曲应力,可采用端部弹簧圈直径逐渐减少的方式来改进挂钩。更多拉伸弹簧端部结构形式可参考有关国家标准。

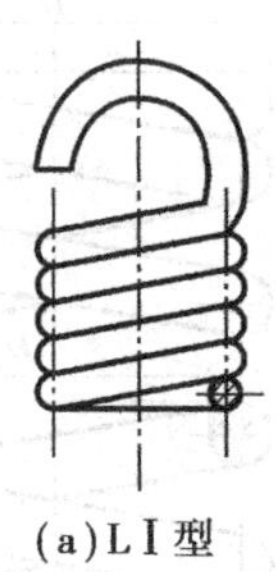

(a)LⅠ型

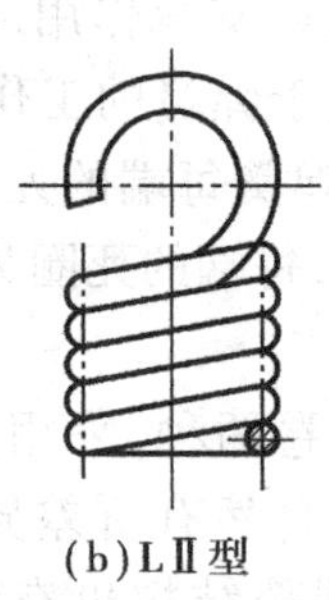

(b)LⅡ型

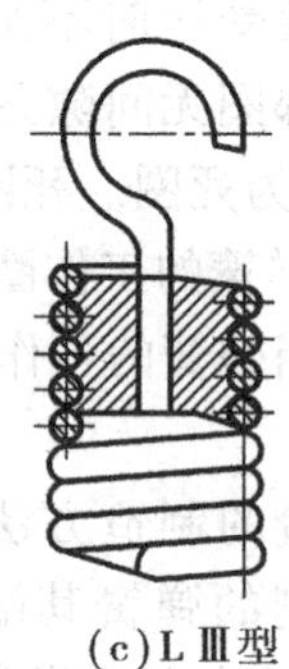

(c)LⅢ型

图 14.6 圆柱螺旋拉伸弹簧端部结构

14.2.2 圆柱螺旋弹簧的制造、材料及许用应力

(1)制造

螺旋弹簧的制造过程包括卷制、两端面加工(指压缩弹簧)或挂钩的制作(指拉伸弹簧和扭转弹簧)、热处理、工艺性试验和强化处理。

卷制是将符合技术条件规定的弹簧丝卷绕在芯棒上。大批量生产时,弹簧的卷制在自动机床上进行;单件或小批量生产时,弹簧的卷制则常在普通机床或者手动卷制机上完成。

弹簧卷制的方法分为冷卷和热卷两种。当弹簧丝直径小于 10 mm 时,常用冷卷法。冷卷时,一般用经预先热处理后冷拉的弹簧丝在常温下卷成。直径较大的弹簧则用热卷法,热卷的温度根据弹簧丝直径的粗细在 800 ~ 1 000 ℃加以选择。不论采用冷卷或热卷,卷制后应视具体情况对弹簧的节距作必要的调整。

对于重要的压缩弹簧,为了保证两端的承压面与弹簧轴线垂直,应在专用的磨床上磨平端面圈;对于拉伸及扭转弹簧,为了保证便于联接和加载,两端应制作挂钩或杆臂。

完成上述工序后,均应对弹簧进行热处理。冷卷弹簧不再淬火,只经低温回火消除内应力。热卷弹簧须经淬火和中温回火处理。经热处理后的弹簧,表面不得出现显著的脱碳层。

此外,弹簧还需要进行表面检验和工艺性试验,以鉴定弹簧的质量。弹簧丝的表面状态决定了弹簧的持久强度和抗冲击强度,所以弹簧丝表面必须光洁,没有伤痕、裂纹等缺陷。

弹簧制成后,为提高弹簧的承载能力,可再进行强化处理。立定、强压(强拉、强扭)和喷丸处理在螺旋弹簧或其他类型的弹簧(如碟形弹簧、板簧等)的生产中应用十分广泛。

成品弹簧必须立定,以免弹簧在正常工作时发生永久变形而影响机械设备或部件的性能和正常工作。立定处理一般是将压缩弹簧压并,或将拉伸弹簧和扭转弹簧的载荷加到试验载荷或图纸规定的载荷,经反复数次的加载和卸载。

强压(强拉、强扭)处理,以压缩弹簧为例,是把压缩弹簧压缩至其材料表层应力超过屈服点状态下,保持一段时间,使表层产生与工作应力方向相反的负残余应力,芯部产生正残余应力,以达到强化或稳定工作尺寸的目的,也可用几十次短暂压缩代替长时间保压。经强压处理的弹簧,承载能力有所提高。但不宜在高温、变载荷及有腐蚀性介质的条件下工作,因为在上述情况下,强压处理产生的残余应力是不稳定的。

喷丸处理是以高速弹丸流喷射弹簧表面,使弹簧表层产生塑性变形,从而形成一定厚度的、有较高残余应力存在的表面强化层。由于材料表层残余应力的存在,当弹簧承受变载荷时,可抵消一部分变载荷作用下的最大拉应力,从而提高其疲劳寿命。

(2)**材料及许用应力**

弹簧在机械中常承受具有冲击性的变载荷,所以弹簧材料应具有高的弹性极限、疲劳极限、一定的冲击韧性、塑性和良好的热处理性能等。通常,弹簧按其载荷性质分为3类:Ⅰ类受变载荷作用次数在10^6次以上或很重要的弹簧,如内燃机气门弹簧、电磁制动器弹簧;Ⅱ类受变载荷次数在$10^3 \sim 10^5$次或受冲击载荷的弹簧或受静载荷的重要弹簧,如调速器弹簧、安全阀弹簧、一般车辆弹簧;Ⅲ类受变载荷作用次数在10^3次以下的,即基本上受静载荷的弹簧,如摩擦式安全离合器弹簧等。几种常用弹簧材料的力学性能及许用应力如表14.1和表14.2所示。

表14.1 弹簧材料及其许用应力

材料及代号	许用切应力 $[\tau]$/MPa			许用弯曲应力 $[\sigma_b]$/MPa		弹性模量 E/MPa	切变模量 G/MPa	推荐使用温度/℃	推荐使用硬度/HRC	特性及用途
	Ⅰ类弹簧	Ⅱ类弹簧	Ⅲ类弹簧	Ⅱ类弹簧	Ⅱ类弹簧					
碳素弹簧钢丝 B,C,D级 65Mn	$0.3\sigma_B$	$0.4\sigma_B$	$0.5\sigma_B$	$0.5\sigma_B$	$0.625\sigma_B$	$0.5 \leqslant d \leqslant 4$ 207 500 ~ 205 000 $d>4$ 200 000	$0.5 \leqslant d \leqslant 4$ 83 000 ~ 80 000 $d>4$ 80 000	-40 ~ 130		强度高,尺寸大则不易淬透,用于小尺寸弹簧。65Mn用作重要弹簧
60Si2Mn 60Si2MnA	480	640	800	800	1 000	200 000	80 000	-40 ~ 200	45 ~ 50	弹性好,回火稳定性好,易脱碳,用于重载弹簧
50CrVA	450	600	750	750	940			-40 ~ 210		疲劳强度高,淬透性和回火稳定性好,用于变载弹簧
不锈钢丝 1Cr18Ni9 1Cr18Ni9Ti	330	440	550	550	690	197 000	73 000	-200 ~ 300		耐腐蚀,耐高温,工艺性好,用于小尺寸弹簧

注:1. 钩环式拉伸弹簧因钩环过渡部分存在附加应力,其许用切应力取表中数值的80%。

2. 对重要的,其损坏会引起整个机械损坏的弹簧,其许用切应力$[\tau]$应适当降低。如受静载荷的重要弹簧,可按Ⅱ类选取许用应力。

3. 经强压、喷丸处理的弹簧,许用切应力可提高约20%。

4. 极限切应力可取为Ⅰ,Ⅱ类 $\tau_{\lim} \leqslant 0.5\sigma_B$,Ⅲ类 $\tau_{\lim} \leqslant 0.56\sigma_B$。

5. 碳素弹簧钢丝按力学性能分为B,C,D级,其抗拉强度σ_B如表14.2所示。

1)碳素弹簧钢

含碳量为0.6%~0.9%,如65,70,85等碳素弹簧钢。这类钢价格低廉,供应充足,容易获得,热处理后具有较高的强度、适宜的韧性和塑性。缺点是弹性极限低,多次重复变形后容易失去弹性,且不能在高于130 ℃的温度下正常工作。当弹簧丝直径大于12 mm时,不易淬透,故仅用于小尺寸的弹簧。

2)合金弹簧钢

承受变载荷、冲击载荷或工作温度较高的弹簧,须采用合金弹簧钢,常用的有硅锰弹簧钢和铬钒钢。硅锰弹簧钢因加入了硅,可显著提高弹性极限并提高回火稳定性,从而得到良好的力学性能;铬钒钢的强度和韧性优良,耐疲劳和抗冲击,但价格较贵,多用于重要场合。

3)有色金属合金

在潮湿、酸性或其他腐蚀性介质中工作的弹簧,宜采用有色金属合金,如硅青铜、锡青铜等。其缺点是热处理效果不好,力学性能差,常用于制造化工设备中的弹簧,很少用于一般机械设备。

表14.2 弹簧钢丝的抗拉强度 σ_B/MPa

碳素弹簧钢丝(摘自GB/T 4357—1989)							
钢丝直径 d/mm	级别			钢丝直径 d/mm	级别		
	B	C	D		B	C	D
0.08	2 400~2 800	2 740~3 140	2 840~3 240	2.50	1 420~1 710	1 660~1 960	1 760~2 060
0.20	2 150~2 550	2 400~2 790	2 690~3 090	3.00	1 370~1 670	1 570~1 860	1 710~1 960
0.50	1 860~2 260	2 200~2 600	2 550~2 940	3.50	1 320~1 620	1 570~1 810	1 660~1 910
1.00	1 660~2 010	1 960~2 360	2 300~2 690	4.00	1 320~1 620	1 520~1 760	1 620~1 860
1.20	1 620~1 960	1 910~2 250	2 250~2 550	4.50	1 320~1 570	1 520~1 760	1 620~1 860
1.60	1 570~1 860	1 810~2 160	2 110~2 400	5.00	1 320~1 570	1 470~1 710	1 570~1 810
1.80	1 520~1 810	1 760~2 110	2 010~2 300	6.00	1 220~1 470	1 420~1 660	1 520~1 760
2.00	1 470~1 760	1 710~2 010	1 910~2 200	6.30	1 220~1 470	1 420~1 610	—
2.20	1 420~1 710	1 660~1 960	1 810~2 110	13.00	1 030~1 220	1 220~1 420	—

65Mn弹簧钢丝					
d/mm	1~1.2	1.4~1.6	1.8~2	2.2~2.5	2.8~3.4
σ_B	1 800	1 750	1 700	1 650	1 600

注:1. B,C级碳素弹簧钢丝直径范围为0.08~13 mm,D级直径范围为0.08 ~6.00 mm。

2. B,C,D分别适用于低、中、高应力弹簧。

选择弹簧材料时,除应综合考虑弹簧的重要程度、载荷大小、载荷性质和循环特性、周围介质,以及加工、热处理和经济性等因素之外,同时也要参考现有类似机械设备中弹簧的材料,选择较为合用的材料。一般情况下应优先考虑采用碳素弹簧钢丝,因为其价格低廉,容易获得。

14.3　圆柱螺旋压缩(拉伸)弹簧的设计计算

14.3.1　几何参数计算

如图14.3、图14.5所示,普通圆柱螺旋压缩(拉伸)弹簧的主要几何参数有:弹簧丝直径 d、外径 D_2、内径 D_1、中径 D、节距 P、螺旋升角 α、自由高度(压缩弹簧)或长度(拉伸弹簧)H_0,以及有效圈数 n、总圈数 n_1。

将弹簧沿中径展开,可得一升角为 α、底边长为 πD、对边(高)长为 P 的斜面,易知弹簧的螺旋升角为

$$\alpha = \arctan \frac{P}{\pi D} \tag{14.1}$$

式中　P——弹簧节距,mm;

D——弹簧中径,mm。

对圆柱螺旋压缩弹簧,α 取值范围一般为5°~9°。弹簧的旋向可采用右旋,也可采用左旋,无特殊要求时,一般都采用右旋。在组合弹簧中各层弹簧的旋向为左右相同,外层一般为右旋。

普通圆柱螺旋压缩弹簧和拉伸弹簧的几何参数计算公式如表14.3所示,计算所得弹簧丝直径 d、中径 D 以及有效圈数 n 等应根据如表14.5所示给出的标准数据系列值进行圆整。

表14.3　圆柱螺旋压缩弹簧和拉伸弹簧的几何参数计算公式

参数名称和代号	计算公式		备　注
	压缩弹簧	拉伸弹簧	
弹簧丝直径 d	由强度计算公式确定		按表14.5取标准值
弹簧中径 D	$D = Cd$		按表14.5取标准值
弹簧内径 D_1	$D_1 = D - d$		
弹簧外径 D_2	$D_2 = D + d$		
旋绕比 C	$C = \frac{D}{d}$		一般 $4 \leqslant C \leqslant 16$
螺旋升角 α	$\alpha = \arctan \frac{P}{\pi D}$		对压缩弹簧,推荐 $\alpha = 5° \sim 9°$
有效圈数 n	由变形条件计算确定		一般 $n \geqslant 2$
总圈数 n_1	冷卷:$n_1 = n + (2 \sim 2.5)$ YⅡ热卷:$n_1 = n + (1.5 \sim 2)$	$n_1 = n$	拉伸弹簧 n_1 的尾数为$\frac{1}{4}$,$\frac{1}{2}$,$\frac{3}{4}$和整圈,推荐用$\frac{1}{2}$圈

续表

参数名称和代号	计算公式		备 注
	压缩弹簧	拉伸弹簧	
自由高度或长度 H_0	两端圈磨平 $n_1=n+1.5$ 时，$H_0=np+d$ $n_1=n+2$ 时，$H_0=np+1.5d$ $n_1=n+2.5$，$H_0=np+2d$ 两端圈不磨平 $n_1=n+2$ 时，$H_0=np+2d$ $n_1=n+2.5$ 时，$H_0=np+3.5d$	LⅠ型 $H_0=(n+1)d+D_1$ LⅡ型 $H_0=(n+1)d+2D_1$ LⅢ型 $H_0=(n+1.5)d+2D_1$	
工作高度或长度 H_n	$H_n=H_0-\lambda_n$	$H_n=H_0+\lambda_n$	λ_n 为变形量
节距 p	$p=(0.28\sim0.5)D$	$p=d$	
轴向间距 δ	$\delta=p-d$	$\delta=0$	
展开长度 L	$L=\dfrac{\pi Dn_1}{\cos\alpha}$	$L\approx\pi Dn+L_h$	L_h 为钩环展开长度
压缩弹簧长细比 b	$b=\dfrac{H_0}{D}$		两端固定，$b<5.3$，一端固定一端自由转动，$b<3.7$，两端自由转动，$b<2.6$

14.3.2 特性曲线

弹簧应具有经久不变的弹性，不允许产生塑性变形。因此，在设计弹簧时，一定要设法保证弹簧在弹性极限范围内工作。在此范围内工作的弹簧，当承受轴向载荷 F 时，弹簧将产生相应的弹性变形，如图 14.7(a)所示。为了表示弹簧的载荷与变形之间的关系，取横坐标表示弹簧的变形，纵坐标表示弹簧承受的载荷，通常载荷与变形成线性关系（注：某些特殊设计的弹簧，如不等距弹簧、变径弹簧、平面涡卷弹簧，它们的载荷与变形成非线性关系），这种用于表示弹簧承受载荷与其变形之间关系的曲线称为弹簧的特性曲线。

圆柱螺旋压缩弹簧的特性曲线如图 14.7(b)所示。图中，H_0 为弹簧未受载时的自由高度；F_{min}是使弹簧可靠地稳定在安装位置所施加的初始载荷，同时也是最小工作载荷，在 F_{min}作用下，弹簧从自由高度 H_0 被压缩到 H_1，相应的弹簧压缩变形量为 λ_{min}；F_{max}是弹簧的最大工作载荷，在其作用下，弹簧高度为 H_2，弹簧压缩变形量为 λ_{max}；F_{lim}是弹簧的极限工作载荷，在其作用下，弹簧高度为 H_{lim}，弹簧压缩变形量为 λ_{lim}，弹簧丝应力达到了材料的弹性极限；$h=\lambda_{max}-\lambda_{min}$，称为弹簧的工作行程，在加载过程中弹簧所储存的能量为变形能，即为图中 h 所指示的四边形部分的阴影面积。

等节距的圆柱螺旋压缩弹簧的特性曲线为一直线，即

$$\frac{F_{min}}{\lambda_{min}}=\frac{F_{max}}{\lambda_{max}}=\cdots=\text{常数}$$

圆柱螺旋拉伸弹簧的特性曲线如图 14.8 所示。按卷制的方法不同,拉伸弹簧分为无预应力和有预应力两种。无预应力的拉伸弹簧其特性曲线与压缩弹簧的特性曲线相同,如图 14.8(b)所示;有预应力的拉伸弹簧特性曲线如图 14.8(c)所示,有一段初始变形量 x,F_0 为使具有预应力的拉伸弹簧开始变形时所需要的初拉力。因此,在同样的轴向载荷 F 作用下,有预应力的拉伸弹簧产生的变形小于无预应力的拉伸弹簧。

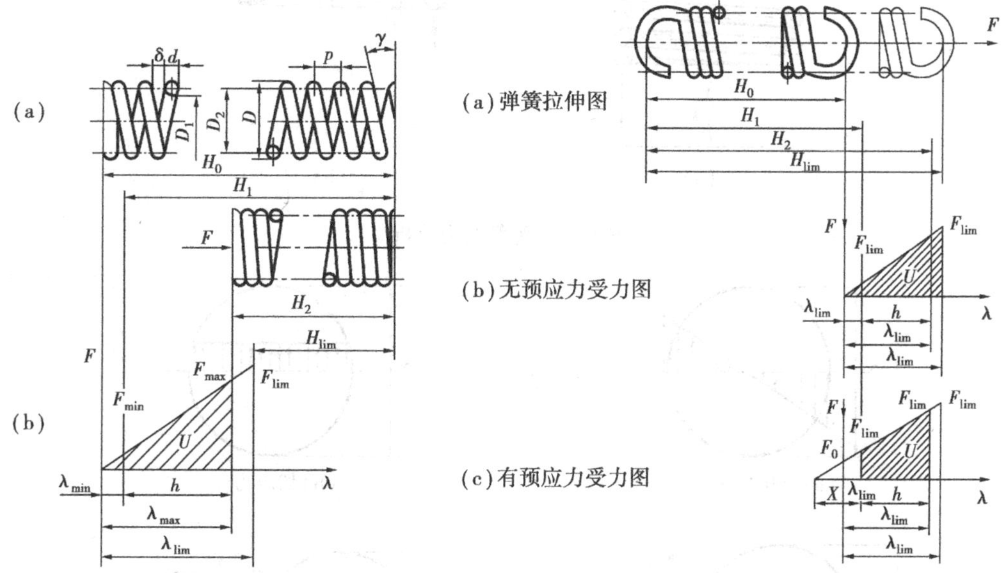

图 14.7 圆柱螺旋压缩弹簧特性曲线　　图 14.8 圆柱螺旋拉伸弹簧的特性曲线

压缩弹簧、无预应力拉伸弹簧的最小工作载荷通常取为 $F_{min} \geqslant 0.2F_{lim}$,有预应力的拉伸弹簧 $F_{min} > F_0$;弹簧的工作载荷应小于极限载荷,通常取 $F_{max} \leqslant 0.8F_{lim}$。因此,为保持弹簧的线性特性,弹簧的工作变形量应取为$(0.2 \sim 0.8)\lambda_{lim}$。

在弹簧的工作图中,应绘制弹簧的特性曲线,作为检验和试验时的依据。此外,在设计弹簧时,利用特性曲线分析受载和变形的关系也较为方便。

(1)**应力**

圆柱螺旋压缩弹簧和拉伸弹簧的外载荷(轴向力)均沿弹簧的轴线作用,它们的应力和变形计算是相同的,现以弹簧丝截面为圆形的圆柱螺旋压缩弹簧为例进行分析。

如图 14.9 所示为一圆柱螺旋压缩弹簧,轴向力 F 作用在弹簧的轴线上,图中 D 为弹簧中径,d 为弹簧丝直径。由于弹簧的螺旋升角 α 相对较小($\alpha < 9°$),可认为通过弹簧轴线的截面就是弹簧丝的法截面。现假设在某点将弹簧切开去除其中一部分,而以内力来代替去除部分的影响。由力的平衡可知,在该点截面上作用着剪力 F 和扭矩 T。其中,扭矩为

$$T = \frac{FD}{2}$$

如果不考虑弹簧丝的弯曲,按直杆计算,以 W_T 表示弹簧丝的抗扭截面系数(见图 14.10(a)),则扭矩 T 在截面上引起的最大扭切应力为

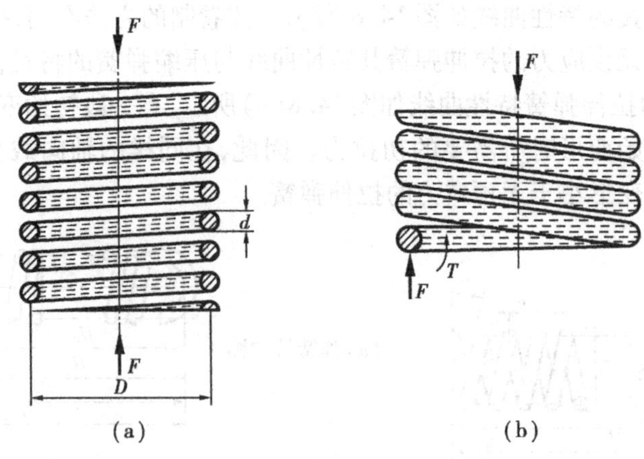

图 14.9　弹簧受力分析

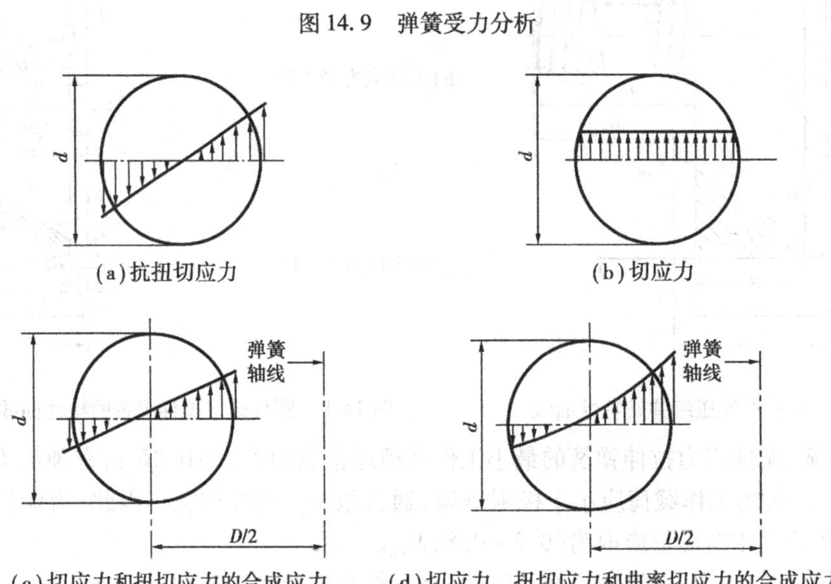

图 14.10　螺旋弹簧应力

$$\tau_{\mathrm{T}}=\frac{T}{W_{\mathrm{T}}}=\frac{F\dfrac{D}{2}}{\dfrac{\pi d^3}{16}}=\frac{8FD}{\pi d^3}$$

若剪力引起的切应力为均匀分布(见图 14.10(b)),则其大小为

$$\tau_{\mathrm{F}}=\frac{4F}{\pi d^2}$$

应用叠加原理,可将扭矩和剪力引起的切应力相加得到弹簧丝的最大切应力(见图 14.10(c)),其最大切应力应发生在内侧,即靠近弹簧轴线的一侧,其大小为

$$\tau=\frac{8FD}{\pi d^3}+\frac{4F}{\pi d^2}=\frac{8FD}{\pi d^3}\left(1+\frac{d}{2D}\right)$$

令 $C=\dfrac{D}{d}$代入上式,则

$$\tau = \frac{8FC}{\pi d^2}\left(1 + \frac{0.5}{C}\right) \tag{14.2}$$

式中 C——旋绕比(或弹簧指数),是弹簧设计的重要参数,通常 C 值为 4 ~ 16,可根据弹簧丝直径 d 按如表 14.4 所示选取。

令 $K_s = 1 + \frac{0.5}{C}$,

则
$$\tau = K_s \frac{8FC}{\pi d^2} \tag{14.3}$$

式中 K_s——切应力倍增系数,可根据常用的 C 值从如图 14.11 所示中查取。

表 14.4 常用旋绕比 C 值

d/mm	0.2 ~ 0.4	0.45 ~ 1	1.1 ~ 2.2	2.5 ~ 6	7 ~ 16	18 ~ 42
C	7 ~ 14	5 ~ 12	5 ~ 10	4 ~ 9	4 ~ 8	4 ~ 6

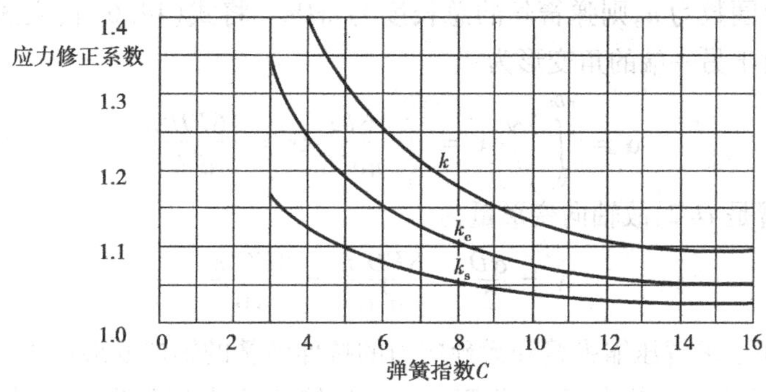

图 14.11 应力修正系数

更精确的研究表明,由于弹簧丝升角和曲率的影响,弹簧丝截面的应力分布应如图 14.10(d)所示。现引入一个曲度系数 K,K 值可根据 C 值查图 14.11 或计算为

$$K = \frac{4C - 1}{4C - 4} + \frac{0.615}{C} \tag{14.4}$$

则弹簧丝截面内侧的最大应力及其强度条件为

$$\tau = K\frac{8FC}{\pi d^2} \leqslant [\tau] \tag{14.5}$$

式中 $[\tau]$——弹簧材料的许用切应力,MPa。

式(14.5)用于弹簧设计时确定弹簧丝的直径 d。

(2)变形

在轴向载荷作用下,弹簧将产生轴向变形量 λ。为推导出螺旋弹簧轴向变形量的计算公式,现以由两个相邻横剖面组成的弹簧丝单元体为研究对象,如图 14.12 所示。该单元体从直径为 d 的弹簧丝上截取,长度为 dx。单元体表面上一线段 ab 与弹簧丝轴线平行,弹簧受载变形后,ab 转过角度 γ 到达新的位置 ac。根据扭转胡克定律,得

$$\gamma = \frac{\tau}{G} = \frac{8FD}{\pi d^3 G} \tag{14.6}$$

式中 G——弹簧材料的切变模量,MPa;

τ——其值由式(14.5)求出,取 $K=1$。

易知,$bc=\gamma \mathrm{d}x$,一个横剖面相对另一个横剖面转过的角度 $\mathrm{d}\alpha$ 为

$$\mathrm{d}\alpha = \frac{2\gamma \mathrm{d}x}{d} \tag{14.7}$$

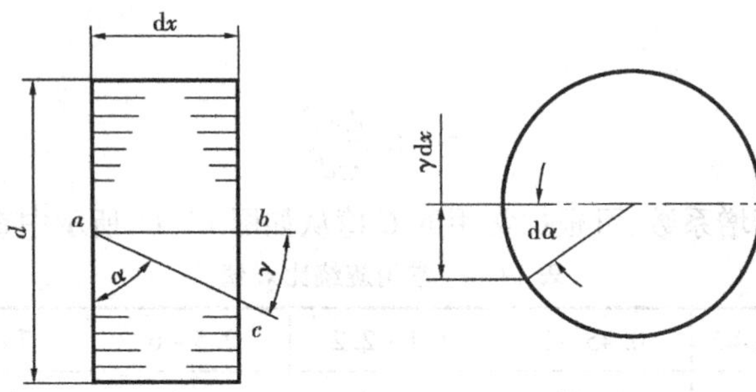

图 14.12 单位长度弹簧的变形

若弹簧的有效圈数为 n,则弹簧丝的总长度为 πDn。将式(14.6)代入式(14.7)并积分,则弹簧丝一端相对于另一端的角变形为

$$\alpha = \int_0^{\pi Dn} \frac{2\gamma}{d}\mathrm{d}x = \int_0^{\pi Dn} \frac{16FD}{\pi d^4 G}\mathrm{d}x = \frac{16FD^2 n}{d^4 G} \tag{14.8}$$

轴向载荷 F 的力臂是 $D/2$,故轴向变形量为

$$\lambda = \frac{\alpha D}{2} = \frac{8FD^3 n}{d^4 G} = \frac{8FC^3 n}{dG} \tag{14.9}$$

式(14.9)适用于求解压缩弹簧和无预应力的拉伸弹簧的轴向变形量 λ。对于有预应力的拉伸弹簧,由于需要克服初拉力 F_0 后弹簧才开始拉伸变形,故其轴向变形量的计算公式应为

$$\lambda = \frac{8(F - F_0)C^3 n}{dG} \tag{14.10}$$

拉伸弹簧的初拉力及初应力取决于弹簧材料、弹簧丝直径、旋绕比和加工方法。用不需淬火的弹簧丝制成的拉伸弹簧,均有一定的初拉力。如不需要初拉力时,各圈间应留有间隙。经淬火后的弹簧,没有初拉力。初拉力 F_0 可计算为

$$F_0 = \frac{\pi d^3 \tau_0}{8KD} \tag{14.11}$$

式中 τ_0——初应力,MPa;可按经验式(14.12)计算,即

$$\tau_0 = \frac{G}{100C} \tag{14.12}$$

使弹簧产生单位变形量所需要的载荷称为弹簧刚度 k_F(也称为弹簧常数),(N/mm),即

$$k_F = \frac{F}{\lambda} = \frac{d^4 G}{8D^3 n} = \frac{dG}{8C^3 n} \tag{14.13}$$

对于有预应力的拉伸弹簧,其刚度的计算公式为

$$k_F = \frac{\Delta F}{\Delta \lambda} = \frac{d^4 G}{8D^3 n} = \frac{dG}{8C^3 n}$$

式中 ΔF——载荷改变量;

$\Delta\lambda$——变形改变量。

刚度表示使弹簧产生单位变形所需要的载荷，是表示弹簧性能的主要参数之一。弹簧的刚度越大，使其变形所需要的力也就越大，弹簧的弹力也就越大。从式(14.13)可知，刚度 k_F 与 C 的三次方成反比，因此，C 值的大小对 k_F 的影响很大，所以合理选择 C 值就能控制弹簧的弹力。当其他条件相同，旋绕比 C 越小，弹簧的刚度越大，若 C 值过小，则会使弹簧卷制困难，并在弹簧内侧引起过大的应力。若 C 值过大，则弹簧易颤动。故 C 值应为 4 ~ 16，常用的范围为 $C=5\sim8$。此外，k_F 的大小还与弹簧材料的切变模量 G、弹簧丝直径 d、有效圈数 n 有关，设计时应综合考虑这些因素的影响。

14.3.3　圆柱螺旋弹簧的设计

设计弹簧时应满足以下要求：有足够的强度、符合载荷-变形特性曲线的要求（即刚度条件）、不侧弯等。通常的已知条件为最大工作载荷 F_{max} 和相应的变形量 λ_{max}，以及结构要求（如安装空间对弹簧尺寸的限制）。参照下述步骤计算出弹簧丝直径 d、弹簧中径 D、有效圈数 n、弹簧的螺旋角 α 和展开长度 L 等尺寸。求弹簧丝直径 d 时，因为许用应力$[\tau]$和旋绕比 C 都和 d 有关，故常需采用试算法。

圆柱螺旋弹簧的具体设计方法和步骤如下：

①根据工作条件，选择弹簧材料，估取弹簧丝直径 d，并由表 14.1 或表 14.2 确定弹簧丝的许用切应力。

②根据结构尺寸要求初定弹簧中径 D。

③根据所选中径和弹簧丝直径计算旋绕比 C，通常 C 的取值范围为 5 ~ 8，并根据式(14.4)计算出曲度系数 K。

④试算弹簧丝直径 d'，由式(14.5)可得

$$d' \geqslant 1.6\sqrt{\frac{F_{max}KC}{[\tau]}} \tag{14.14}$$

当弹簧材料选用碳素弹簧钢丝或65Mn 弹簧钢丝时，因钢丝的许用应力取决于 σ_B，而 σ_B 又与弹簧钢丝的直径有关（见表 14.2）。故设计时要先估算一个 d 值，试算后，将试算的 d' 和估算的 d 值相比较。如果两者相等或者很接近，即可按标准圆整为邻近的标准弹簧钢丝直径 d。如果两者相差较大，则应参考计算结果重估 d 值和重新试算 d'，直到得到满意的结果。计算结果按表 14.5 所示圆整。

表 14.5　圆柱螺旋弹簧尺寸系列（摘自 GB/T 1358—1993）

弹簧材料直径 d/mm	第一系列	0.1	0.12	0.14	0.16	0.2	0.25	0.3	0.35	0.4	0.45
		0.5	0.6	0.7	0.8	0.9	1	1.2	1.6	2	2.5
		3	3.5	4	4.5	5	6	8	10	12	16
		20	25	30	35	40	45	50	60	70	80
	第二系列	0.08	0.09	0.18	0.22	0.28	0.32	0.55	0.65	1.4	
		1.8	2.2	2.8	3.2	5.5	6.5	7	9	11	
		14	18	22	28	32	38	42	55	65	

续表

弹簧中径 D/mm		0.4	0.5	0.6	0.7	0.8	0.9	1	1.2	1.4	1.6	1.8	2	2.2	2.5	2.8	3
		3.2	3.5	3.8	4	4.2	4.5	4.8	5	5.5	6	6.5	7	7.5	8	8.5	9
		10	12	14	16	18	20	22	25	28	30	32	35	38	40	42	45
		48	50	52	55	58	60	65	70	75	80	85	90	95	100	105	110
		115	120	125	130	135	140	145	150	160	170	180	190	200	210	220	230
		240	250	260	270	280	290	300	320	340	360	400	450	500	600	650	700
有效圈数 n/圈	压缩弹簧	2	2.25	2.5	2.75	3	3.25	3.5	3.75	4	4.25	4.5	4.75				
		5	5.5	6	6.5	7	7.5	8	8.5	9	9.5	10	10.5				
		11.5	12.5	13.5	14.5	15	16	18	20	22	25	28	30				
	拉伸弹簧	2	3	4	5	6	7	8	9	10	11	12	13				
		14	15	16	17	18	19	20	22	25	28	30	35				
		40	45	50	55	60	65	70	80	90	100						
自由高度 H_0/mm	压缩弹簧	4	5	6	7	8	9	10	11	12	13	14	15	16	17		
		18	19	20	22	24	26	28	30	32	35	38	40	42	45		
		48	50	52	55	58	60	65	70	75	80	85	90	95	100		
		105	110	115	120	130	140	150	160	170	180	190	200	220	240		
		260	280	300	320	340	360	380	400	420	450	480	500	520	550		
		580	600	620	650	680	700	720	750	780	800	850	900	950	100		

注:1. 本标准适用于一般用途圆柱螺旋(压缩、拉伸、扭转)弹簧。

2. 设计时优先采用第一系列。

3. 拉伸弹簧有效圈数除按表中规定外,由于两钩环相对位置不同,其尾数还可为 0.25,0.5,0.75。

⑤根据变形条件求出弹簧工作圈数 n,由式(14.9)和式(14.10)可得:

对压缩弹簧或无预应力的拉伸弹簧为

$$n = \frac{dG\lambda_{max}}{8F_{max}C^3} \tag{14.15}$$

对有预应力的拉伸弹簧为

$$n = \frac{dG\lambda_{max}}{8(F_{max} - F_0)C^3} \tag{14.16}$$

⑥计算弹簧的其他尺寸,如 D_1,D_2 和 H_0,并检查是否符合安装要求。如果不符合,则应修改有关参数重新设计,通常可取多个不同的 C 值进行计算,从中选择较好的方案。需要注意的是,弹簧的弹簧丝直径 d、中径 D、有效圈数 n 和自由高度 H_0 应符合表14.5 给出的标准尺寸系列。

⑦检验弹簧的稳定性。

对于长度较大的压缩弹簧,当轴向载荷达到一定值时会产生侧向弯曲而失去稳定性,这种情况是绝对不允许发生的，如图 14.14(a)所示。为了避免出现失稳现象，对于弹簧丝截面为圆形的弹簧，建议其长细比 $b=\dfrac{H_0}{D}$ 按下列规定选取：

a. 两端固定时，$b<5.3$。

b. 一端固定，另一端自由转动时，$b<3.7$。

c. 两端自由转动时，$b<2.6$。

如果所选取的弹簧 b 值大于上述规定，需要进行稳定性验算，应满足稳定条件为

$$F_c = C_B k_F H_0 > F_{max} \tag{14.17}$$

式中 F_c——稳定时的临界载荷；

C_B——不稳定系数，可从如图 14.13 所示中查取；

F_{max}——弹簧的最大载荷。

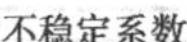

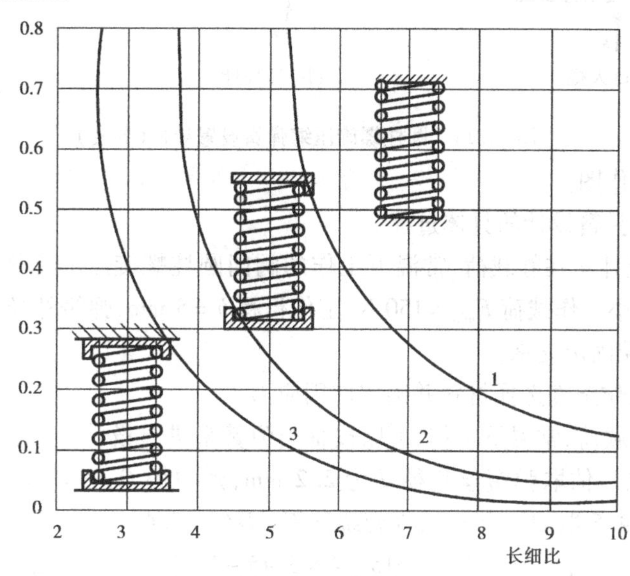

图 14.13 不稳定系数线图

1—两端固定；2——端固定，另一端自由转动；3—两端自由转动

如不满足稳定性条件，则要重新选取参数，改变 b 值，提高 F_c 直到大于 F_{max} 以保证弹簧不发生失稳现象。如果因为安装空间的限制，不能改变弹簧的参数，则可采用在内侧加导杆或在外侧加导套的方法，如图 14.14 所示。导杆(套)和弹簧间的间隙 c 值按如表 14.6 所示的规定选取。

表 14.6 导杆(导套)与弹簧间的间隙

中径 D/mm	≤5	>5~10	>10~18	>18~30	>30~50	>50~80	>80~120	>120~150
间隙 c/mm	0.6	1	2	3	4	5	6	7

⑧结构设计。

根据表 14.3 计算出弹簧的全部有关尺寸参数，并确定弹簧的相关结构，如弹簧丝的截面结构、拉伸弹簧的钩环类型等。

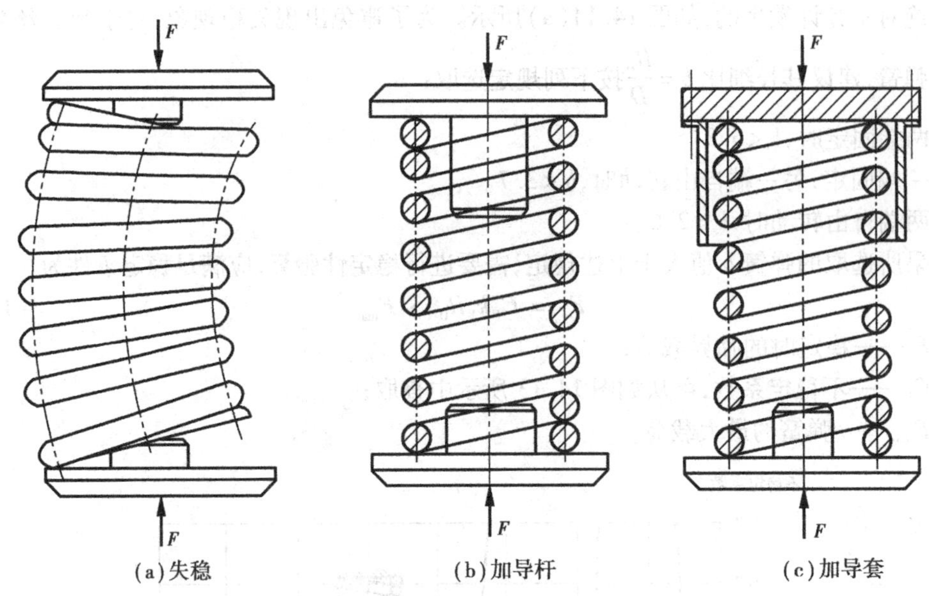

图 14.14 圆柱螺旋压缩弹簧设置导杆(导套)

⑨绘制弹簧工作图。

下面举例说明弹簧设计的具体过程。

例 14.1 试设计一在静载荷、常温下工作的阀门圆柱螺旋压缩弹簧。已知:最大工作载荷 $F_{max}=200$ N,最小工作载荷 $F_{min}=150$ N,工作行程 $h=5$ mm,弹簧外径 D_2 不大于 16 mm,工作介质为空气,两端固定支承。

解 1)根据工作条件选择材料并确定许用应力

根据弹簧在静载荷、常温下工作,可以按Ⅲ类弹簧来进行设计。因其尺寸较小,故可选用碳素弹簧钢丝 C 级。估取弹簧丝直径 d 为 2.2 mm,则中径 $D=D_2-d=16\text{ mm}-2.2\text{ mm}=13.8\text{ mm}$,根据表 14.5 取 $D=12$ mm,则旋绕比 $C=D/d=5.45$,由式(14.4)可知,曲度系数为

$$K=\frac{4C-1}{4C-4}+\frac{0.615}{C}=\frac{4\times5.45-1}{4\times5.45-4}+\frac{0.615}{5.45}=1.28$$

查表 14.2 取 $\sigma_B=1\ 660$ MPa,由表 14.1 可知,$[\tau]=0.5\sigma_B=830$ MPa。

2)根据强度条件计算弹簧丝直径

由式(14.14)可得

$$d'\geqslant1.6\sqrt{\frac{F_{max}KC}{[\tau]}}=1.6\sqrt{\frac{220\times1.28\times5.45}{830}}\text{ mm}=2.18\text{ mm}$$

因弹簧丝直径的试算值 d' 和估取值 d 十分接近,故可取 $d=2.2$ mm,则 $D_2=D+d=12\text{ mm}+2.2\text{ mm}=14.2\text{ mm}<16\text{ mm}$,满足安装空间对弹簧尺寸限制的要求。

3)根据刚度条件

计算弹簧有效圈数 n 为

$$k_F=\frac{\Delta F}{\Delta\lambda}=\frac{F_{max}-F_{min}}{h}=\frac{220-150}{5}\text{ N/mm}=14\text{ N/mm}$$

由表 14.1 得钢的切变模量 $G=82\ 000$ MPa,则由式(14.13)可得弹簧有效圈数为

$$n=\frac{dG}{8C^3k_F}=\frac{2.2\times82\ 000}{8\times5.45^3\times14}=9.70$$

取 $n=10$ 圈,计算该弹簧的实际刚度为

$$k_F=\frac{dG}{8C^3n}=\frac{2.2\times82\ 000}{8\times5.45^3\times10}\ \text{N/mm}=13.93\ \text{N/mm}$$

4)求取弹簧的几何尺寸

由表 14.3 可得

节距:$p=(0.28\sim0.5)D=3.36\sim6$ mm,取 $p=4$ mm

总圈数:$n_1=n+(2\sim2.5)=12\sim12.5$,查表 14.5 取 $n_1=12.5$。

自由高度(两端并紧,磨平):$H_0=pn+(1.5\sim2)d=53.3\sim56.6$ mm,取 $H_0=56.6$ mm。

螺旋角:$\alpha=\arctan\frac{p}{\pi D}=\arctan\frac{4}{\pi\times12}=6.30°$

展开长度:$L=\frac{\pi Dn_1}{\cos\alpha}=\frac{\pi\times12\times12.5}{\cos6.30°}\ \text{mm}=474.10\ \text{mm}$

5)验算稳定性

$$b=\frac{H_0}{D}=\frac{56.6}{12}=4.72$$

如前所述,对于两端固定的压缩弹簧,其长细比 $b<5.3$,故所设计弹簧满足稳定性要求。

6)绘制弹簧工作图

(略)。

例 14.2 试设计一具有预应力的圆柱螺旋拉伸弹簧(见图 14.8(c))。已知:弹簧中径 $D\approx10$ mm,外径 $D_2\leqslant15$ mm。要求:当弹簧变形量为 6 mm 时,拉力为 160 N;当弹簧变形量为 15 mm 时,拉力为 320 N。

解 1)选择材料并确定其许用应力

假设此弹簧为一般工作情况,按Ⅱ类弹簧来进行设计。现选用弹簧丝 65Mn,并根据 $D_2-D=5$ mm,估取弹簧丝直径 $d=3$ mm。查表 14.2 可得 $\sigma_B=1\ 600$ MPa,再由表 14.1 可得 $[\tau]=0.8\times0.4\times\sigma_B=512$ MPa。

2)根据强度条件计算弹簧丝直径

根据条件弹簧中径 $D\approx10$ mm,外径 $D_2\leqslant15$ mm 及估取的弹簧丝直径 $d=3$ mm,查表 14.5 初取中径 $D=12$ mm,则旋绕比 $C=D/d=12/3=4$。

则曲度系数为

$$K=\frac{4C-1}{4C-4}+\frac{0.615}{C}=\frac{4\times4-1}{4\times4-4}+\frac{0.615}{4}=1.40$$

$$d'\geqslant1.6\sqrt{\frac{F_{\max}KC}{[\tau]}}=1.6\sqrt{\frac{320\times1.4\times4}{512}}\ \text{mm}=2.99\ \text{mm}$$

与估算弹簧丝直径 $d=3$ mm 很接近,故可取弹簧丝直径 $d=3$ mm,弹簧外径 $D_2=D+d=12\ \text{mm}+3\ \text{mm}=15$ mm,满足安装空间对弹簧尺寸限制的要求。

3)根据刚度条件计算弹簧工作圈数 n

弹簧刚度为

$$k_F=\frac{F_2-F_1}{\lambda_2-\lambda_1}=\frac{320-160}{15-6}\ \text{N/mm}=17.78\ \text{N/mm}$$

查表 14.1 得 $G=82\ 000$ MPa,弹簧有效圈数为

$$n=\frac{d^4G}{8D^3k_F}=\frac{3^4\times 82\ 000}{8\times 12^3\times 17.78}=27.02$$

查表 14.5 确定弹簧有效圈数为 28 圈,此时弹簧的刚度为

$$k_F=\frac{d^4G}{8D^3n}=\frac{3^4\times 82\ 000}{8\times 12^3\times 28}\ \text{N/mm}=17.16\ \text{N/mm}$$

4)验算

①弹簧初拉力为

$$F_0=F_1-k_F\lambda_1=160\ \text{N}-17.16\times 6\ \text{N}=57.04\ \text{N}$$

由式(14.11),初应力为

$$\tau_0=\frac{8KF_0D}{\pi d^3}=\frac{8\times 1.4\times 57.04\times 12}{\pi\times 3^3}\ \text{MPa}=90.38\ \text{MPa}$$

由式(14.12),当 $C=4$ 时,初应力的推荐值为

$$\tau_0=\frac{G}{100C}=\frac{82\ 000}{100\times 4}\ \text{MPa}=205\ \text{MPa}$$

初应力 $\tau_0=90.39$ MPa 小于推荐值,合适。

②极限工作应力 $\tau_{\lim}$

取 $\tau_{\lim}=0.5,\sigma_B=0.5\times 1\ 600\ \text{MPa}=800\ \text{MPa}$

③极限工作载荷

$$F_{\lim}=\frac{\pi d^3\tau_{\lim}}{8KD}=\frac{\pi\times 3^3\times 800}{8\times 1.4\times 12}\ \text{N}=504.90\ \text{N}$$

5)进行结构设计

选定两端钩环,并按表 14.3 计算出全部尺寸(略)。

14.4 圆柱螺旋扭转弹簧

14.4.1 概述

圆柱螺旋扭转弹簧的外形和压缩(拉伸)弹簧相似(见图 14.1(d)),但其承受的是绕弹簧轴线的外加力矩,常用于压紧、储能或传递扭矩,如使门上铰链复位、电机中保持电刷的接触压力等。为了便于固着或加载,它的两端带有杆臂或挂钩,如图 14.15 所示为 N Ⅲ型中心臂扭转弹簧,其他类型结构的扭转弹簧可参考有关国家标准或设计手册。

扭转弹簧圈与圈之间应有一定的间距 δ_0,以免载荷作用时,圈与圈之间存在摩擦而影响其特性曲线。扭转弹簧的旋向应与外加力矩的方向一致,这样可保证位于弹簧内侧的最大工作应力(压应力)与卷制时产生的残余应力(拉应力)反向,可提高承载能力。扭转弹簧受载后,平均直径会缩小,所以对于装在心轴上的扭转弹簧,为避免受载后弹簧“抱轴”,心轴和弹簧内径间必须留有足够的间隙。

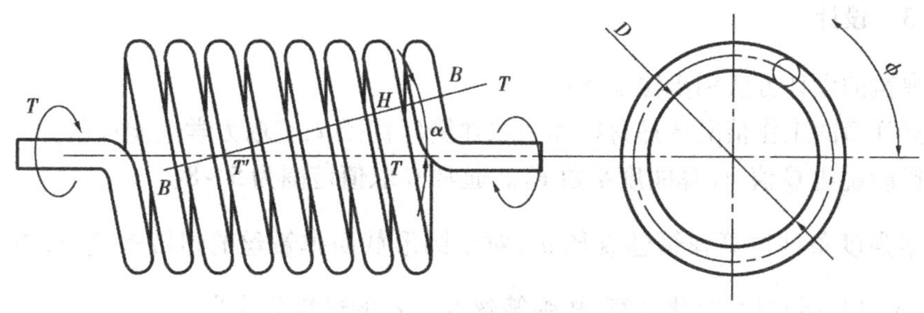

图14.15　圆柱螺旋扭转弹簧

14.4.2　应力及变形

当扭转弹簧受外加力矩 T 时，取弹簧丝的任意截面 B-B，力矩 T 对此截面作用的载荷为一引起弯曲应力的弯矩 M 和一引起扭转切应力的扭矩 T'。由图14.15所示几何关系易知，$M = T\cos\alpha$，$T' = T\sin\alpha$。由于弹簧的螺旋升角 α 很小，可认为弹簧丝只承受弯矩 M，其值等于外加力矩 T；而扭矩 T' 对弹簧丝的影响可以忽略不计。应用曲梁受弯的理论，可求得圆截面弹簧丝的最大弯曲应力（单位：MPa）及强度条件为

$$\sigma = K_1 \frac{M}{W} = K_1 \frac{32T}{\pi d^3} \leqslant [\sigma_b] \tag{14.18}$$

式中　K_1——曲度系数，对圆形截面弹簧丝，$K_1 = \dfrac{4C-1}{4C-4}$，常用 C 值为4～16；

W——圆形截面弹簧丝的抗弯截面系数，$W = \dfrac{\pi d^3}{32}$，mm^3；

T——扭转弹簧所承受力矩，N·mm；

D——弹簧丝直径，mm；

$[\sigma_b]$——弹簧丝的许用弯曲应力，MPa。可查表14.1确定。

扭转弹簧承受外加力矩后，产生的变形为扭转角 φ。与圆柱螺旋压缩（拉伸）弹簧相似，圆柱扭转弹簧的扭转角与载荷 T 成正比。由梁受弯时的偏转角方程式可求得弹簧扭转角 φ（单位：(°)）的计算公式为

$$\varphi \approx \frac{180TDn}{EI} \tag{14.19}$$

式中　E——材料的弹性模量，见表14.1；

I——弹簧丝截面的惯性矩，mm^4，对于圆形截面，$I = \dfrac{\pi d^4}{64}$；

D——弹簧的中径，mm；

N——弹簧的有效圈数。

扭转刚度为

$$k_T = \frac{T}{\varphi} = \frac{EI}{180Dn} \tag{14.20}$$

式中　k_T——弹簧的扭转刚度，N·mm/(°)。

14.4.3 设计

扭转弹簧的设计方法和步骤如下：

①根据弹簧的工作情况选择材料和估取弹簧丝直径 d,查取力学性能数据。

②选择旋绕比 C 值,计算曲度系数 K_1。通常 C 取值范围为 5 ~ 8。

③根据强度条件试算弹簧丝直径 d',对于圆形截面弹簧丝的扭转弹簧,可将 $W=\frac{\pi d^3}{32}\approx 0.1d^3$ 代入式(14.18)进行简化计算,故弹簧丝直径 d' 的试算公式为

$$d' \geqslant \sqrt[3]{\frac{K_1 T_{\max}}{0.1[\sigma_b]}} \tag{14.21}$$

同压缩(拉伸)弹簧类似,当选用碳素弹簧钢丝或 65Mn 弹簧钢丝时,应按照前述压缩(拉伸)弹簧设计方法检查弹簧丝直径的估取值和试算值是否相近。如果两者数值接近,即可将 d' 按表 14.5 圆整为标准直径 d,并按 d 计算弹簧的其他尺寸。如果两者相差较大,须重新设计。

④计算弹簧的基本几何参数。需要注意的是,为保证高精度扭转弹簧的正常工作,圈与圈之间应有一定的间距 δ_0,防止圈间摩擦而影响特性曲线。

⑤按刚度条件计算扭转弹簧的有效圈数,即

$$n = \frac{EI\varphi}{180TD} \tag{14.22}$$

⑥计算弹簧的扭转刚度。

⑦计算最大和最小扭转角。

⑧计算自由高度 H_0,因扭转弹簧各圈之间有间距 δ_0,故自由高度计算公式为

$$H_0 = n(d+\delta_0) + H_h \tag{14.23}$$

式中 H_h——挂钩或臂杆的轴向长度。

⑨计算弹簧丝展开长度 L。

扭转弹簧的展开长度可参考表 14.3 中拉伸弹簧展开长度的公式进行计算,即

$$L \approx \pi Dn + L_h \tag{14.24}$$

式中 L_h——用于制造挂钩或杆臂的弹簧丝长度。

⑩绘制弹簧工作图。

例 14.3 试设计一圆柱螺旋扭转弹簧。已知:该弹簧用于受力平稳的一般机构中,安装时的预加扭矩 $T_1\approx 2$ N·m,工作扭矩 $T_2=6$ N·m,工作时的扭转角 $\varphi=\varphi_{\max}-\varphi_{\min}=40°$。

解 1)选择材料并确定许用弯曲应力

根据该弹簧用于受力平稳的一般机构,可按Ⅱ类弹簧进行设计,现选用碳素弹簧钢丝 C 级,估取弹簧丝直径 $d=4.5$ mm,由表 14.2 得 $\sigma_B=1\ 520$ MPa,则 $[\sigma_b]=0.5,\sigma_B=760$ MPa。

2)选择旋绕比并计算曲度系数 K_1

旋绕比 C 的常用取值范围为 5 ~ 8,则中径 $D=Cd=22.5\sim 36$ mm,查表 14.5 初定 $D=35$ mm,则 $C=D/d=35/4.5=7.78$。曲度系数为

$$K_1=\frac{4C-1}{4C-4}=\frac{4\times 7.78-1}{4\times 7.78-4}=1.11$$

3）根据强度条件试算弹簧丝直径

$$d' \geqslant \sqrt[3]{\frac{K_1 T_{\max}}{0.1[\sigma_b]}} = \sqrt[3]{\frac{1.11 \times 6 \times 10^3}{0.1 \times 760}} \text{ mm} = 4.44 \text{ mm}$$

估取值与试算值接近，故保持 $d = 4.5$ mm 不变。

4）计算弹簧的基本几何参数

外径：$D_2 = D + d = 35 + 4.5 = 39.5$ mm

内径：$D_1 = D - d = 35 - 4.5 = 30.5$ mm

取间距 $\delta_0 = 0.5$ mm，则

节距：$P = d + \delta_0 = 4.5 \text{ mm} + 0.5 \text{ mm} = 5 \text{ mm}$

螺旋升角：$\alpha = \arctan \dfrac{P}{\pi D} = \arctan \dfrac{5}{\pi \times 35} = 2.60°$

5）按刚度条件计算弹簧的有效圈数

查表 14.1 得，$E = 2 \times 10^5$ MPa，则

$$I = \frac{\pi d^4}{64} = \frac{\pi \times 4.5^4}{64} \text{ mm}^4 = 20.13 \text{ mm}^4$$

有效圈数为

$$n = \frac{EI\varphi}{180TD} = \frac{2 \times 10^5 \times 20.13 \times 40}{180 \times (6-2) \times 10^3 \times 35} = 6.39$$

取 $n = 6.5$ 圈。

6）计算弹簧的扭转刚度

$$k_{\mathrm{T}} = \frac{EI}{180Dn} = \frac{2 \times 10^5 \times 20.13}{180 \times 35 \times 6.5} \text{ N} \cdot \text{mm/(°)} = 98.32 \text{ N} \cdot \text{mm/(°)}$$

7）计算最大及最小扭转角

由式（14.20）得

$$\varphi_{\max} = \frac{T_{\max}}{k_{\mathrm{T}}} = \frac{6 \times 10^3}{98.32} = 61.03°$$

则 $\varphi_{\min} = \varphi_{\max} - \varphi = 61.03 - 40 = 21.03°$

8）计算自由高度 H_0

取 $H_{\mathrm{h}} = 40$ mm，则

$$H_0 = n(d + \delta_0) + H_{\mathrm{h}} = 6.5 \times (4.5 + 0.5) \text{mm} + 40 \text{ mm} = 72.5 \text{ mm}$$

9）计算弹簧丝展开长度 L

取 $L_{\mathrm{h}} = H_{\mathrm{h}} = 40$ mm，则

$$L = \pi Dn + L_h = \pi \times 35 \times 6.5 \text{ mm} + 40 \text{ mm} = 754.7 \text{ mm}$$

10）绘制弹簧工作图

（略）。

14.5 其他类型弹簧简介

14.5.1 碟形弹簧

碟形弹簧是用金属板料或锻压坯料制成的截锥形截面垫圈式弹簧，为无底碟状，如图14.16所示。当它受到沿周边均匀分布的轴向力 F 作用时，内锥高度 h_0 变小，相应地产生轴向变形 λ。

碟形弹簧的特点如下：

①刚度大，缓冲吸振能力强，承受大载荷时变形小，特别适合应用于受载方向安装尺寸小的场合。

②具有变刚度特性，可通过适当选择压平时的变形量和厚度之比，得到不同的特性曲线。

③同样的碟形弹簧采用不同的组合方式，可获得在很大范围内变化的弹簧特性。

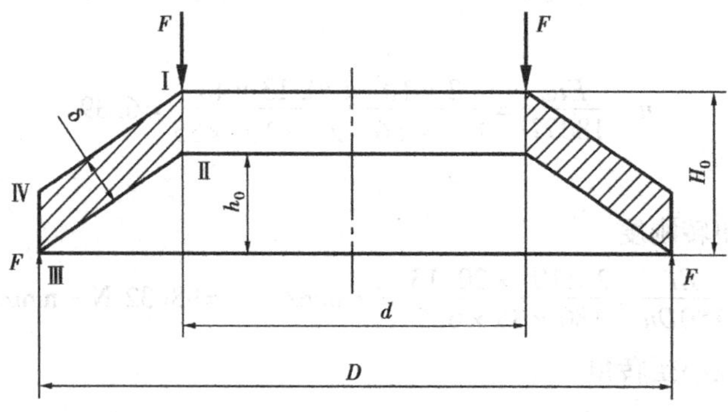

图14.16 碟形弹簧

碟形弹簧常用作重型机械、飞机的强力缓冲器，也可用于离合器、减压阀、安全阀中，还可用作自动化控制机构的储能元件。如图14.17所示为用于离合器中的碟形弹簧。

碟形弹簧的缺点是如果高度和板厚出现较小误差时，特性曲线都会受到很大影响。因此，碟形弹簧用作高精度控制弹簧时，对材料和制造工艺（如加工精度、热处理）等的要求比较严格，制造困难。

14.5.2 环形弹簧

环形弹簧由多个带有内锥面的外圆环和带有外锥面的内圆环配合而成，如图14.2(a)所示。

环形弹簧受轴向载荷时，外圆环和内圆环沿配合圆锥相对滑动，此时在接触表面产生了很大的摩擦力。加载时，轴向载荷由表面压力和摩擦力平衡，因此相当于起到减少了轴向载荷的作用，即增加了弹簧的刚度。卸载时，摩擦力迟滞了弹簧弹性变形的恢复，相当于减少了弹簧的作用力。环形弹簧由摩擦力转化为热能所消耗的功，相当于加载过程所做功的60%～70%。因此，环形弹簧的缓冲减振能力很高，单位体积材料的储能能力比其他类型的弹簧大。

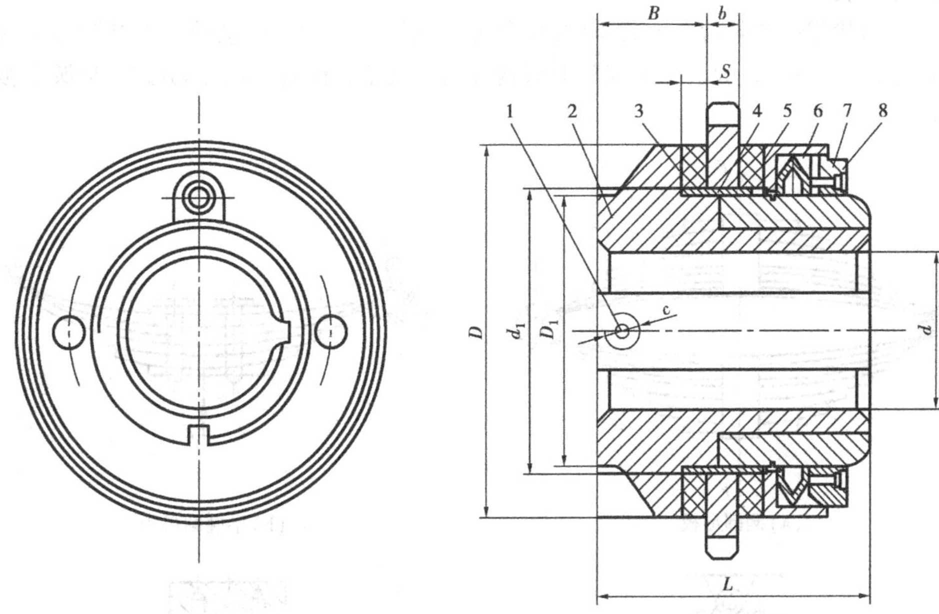

图 14.17　干式单片圆盘离合器

1—紧固螺钉;2—轴套;3—摩擦衬面层;4—衬套;5—加压盘;

6—碟形弹簧;7—调节螺母;8—锁紧块

为防止横向失稳,环形弹簧一般安装在导向圆筒或导向心轴上,弹簧和导向装置间应留有一定的间隙。

环形弹簧用于空间尺寸受限制而又需要吸收大量能量,以及需要相当衰减力即要求强力缓冲的场合,其轴向载荷大多在 2 t 以上至 100 t。例如,用于铁路车辆的联接部分、受强大冲击的机械缓冲装置、大型管道的吊架、大容量电流遮断器的固定端支撑以及大炮的缓冲弹簧和飞机的制动弹簧等。

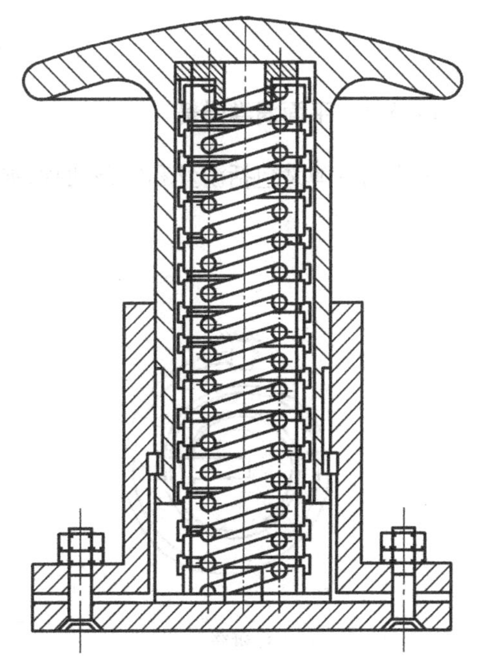

图 14.18　环形弹簧与圆柱螺旋弹簧组合用于缓冲器

在承受特别巨大冲击载荷的场合,还可采用由两套不同直径同心安装的组合环形弹簧,或是由环形弹簧与圆柱螺旋压缩弹簧组成的组合弹簧,如图 14.18 所示。

为防止圆锥面的磨损、擦伤,一般都在接触表面上涂布石墨润滑脂。

14.5.3　板簧

板簧由单片钢板或多片钢板叠合构成。由于板与板之间具有摩擦力,板簧具有较大的缓冲、减振能力和较高的刚度,广泛用于汽车、拖拉机和铁路车辆的悬架装置。

板簧按形状和传递载荷的方式不同,可分为椭圆形、半椭圆形、悬臂式半椭圆形和四分之一椭圆形等,如图 14.19 所示。半椭圆形板簧多用于汽车和铁路车辆,四分之一椭圆形板簧多用于一般机械装置。

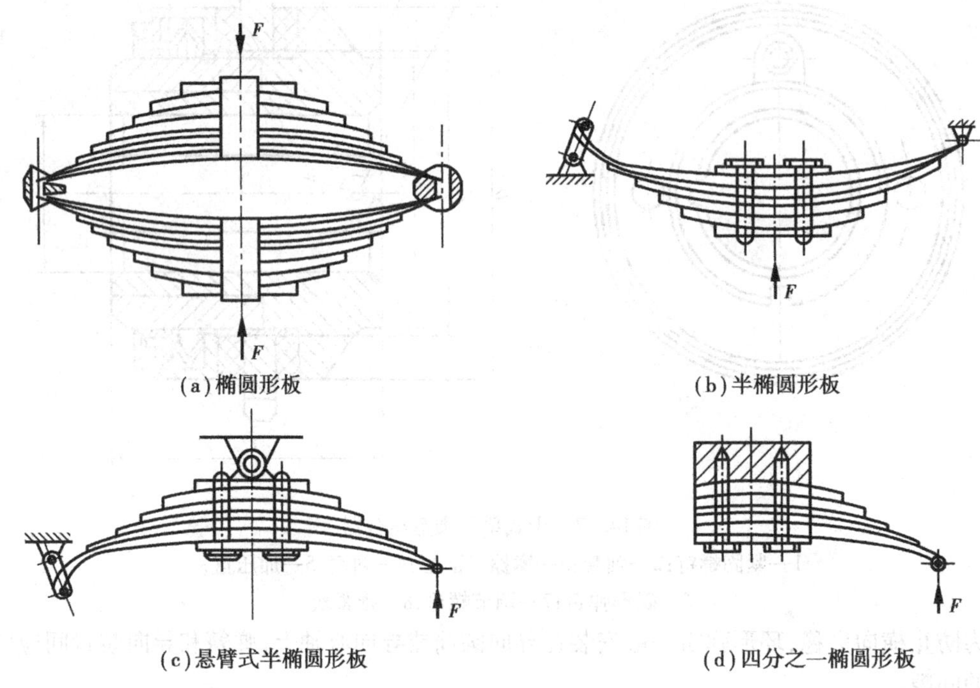

图 14.19　板簧

14.5.4　平面涡卷弹簧

平面涡卷弹簧包括游丝和发条两种,如图 14.20 所示。

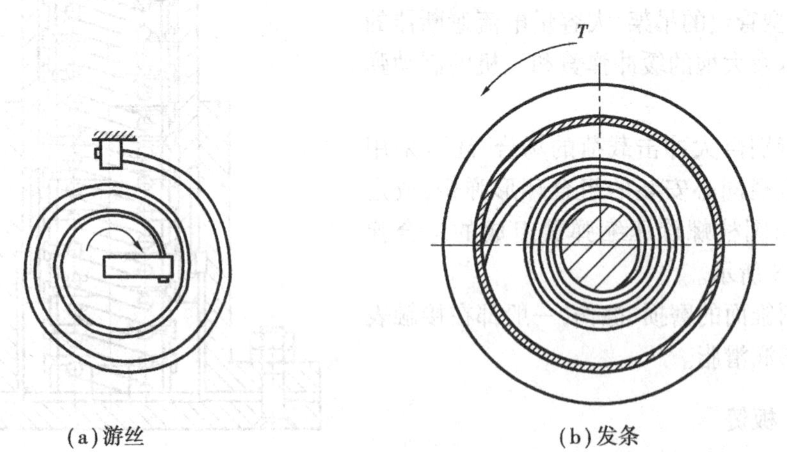

图 14.20　平面涡卷弹簧

游丝是由小尺寸青铜合金或不锈钢等金属带材盘绕而成,用作承受转矩后产生弹性恢复力矩的弹性元件,可用作测量元件(测量游丝)或压紧元件(压紧游丝),主要用于钟表、百分表和压力表等装置。

发条是用带料绕成的平面涡卷弹簧,可在垂直轴的平面内形成转动力矩,储存能量。当外力对发条弹簧做功后(上紧发条),这部分功就转变为发条的弹性变形能,当发条工作时,其逐渐释放变形能,从而驱动机构运转。

发条工作可靠,维护简单,广泛用于计时仪器和时控装置中,如钟表、记录仪器,家用电器,也可用作玩具的动力源。

14.5.5　**橡胶弹簧**

前述的弹簧都是以金属材料为弹性元件制成。目前,在工程实际应用中,还出现了采用其他材料为弹性元件的弹簧。如图14.21所示的橡胶弹簧就是其中之一。

橡胶弹簧的优点:弹性模量小,可得到较大的弹性变形,且容易实现理想的非线性特性;同时橡胶弹簧还具有较高的内阻,这对于突然冲击、高频振动的吸收以及隔音具有良好的效果;橡胶弹簧的形状不受限制,各个方向的刚度可根据需要自由选择,能同时承受多向载荷,因而可使结构设计简化,制造、安装、拆卸和维护较简便。因此橡胶弹簧在机械工程中的应用日益普遍,主要用于机器防振机架和车辆的减振装置等。它的主要缺点是耐高低温和耐油性比金属弹簧差,且要精确计算弹性特性比较困难。

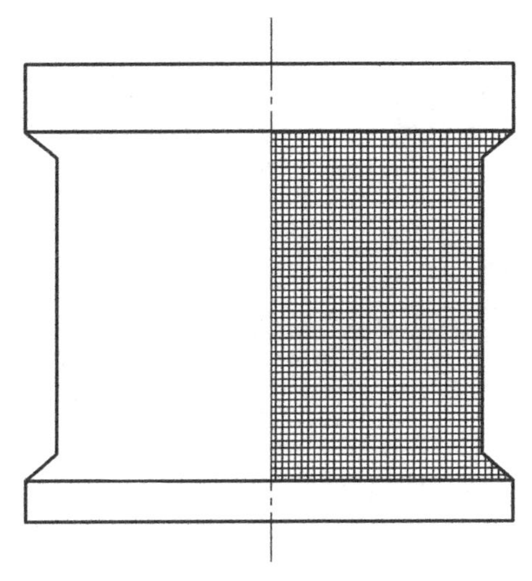

图14.21　橡胶弹簧

我国橡胶弹簧使用的材料有天然橡胶、丁腈橡胶、氯丁橡胶等。

目前还出现了橡胶-金属螺旋复合弹簧,该类型弹簧与橡胶弹簧相比具有较大的刚度,与金属弹簧相比具有较大的阻尼性。因此,橡胶-金属螺旋复合弹簧具有承载能力大、减振性强、耐磨损等优点,主要用于矿山机械和重型车辆的悬架装置中。

思考题

14.1　试分析自行车座垫弹簧、枪栓弹簧和定力矩扳手的弹簧各起什么作用。

14.2　常用的弹簧材料有哪些?简述弹簧材料应具有的性质。

14.3　旋绕比 C 对弹簧性能有何影响?设计时应如何选取 C 值的大小?

习　题

14.1　试设计阀门圆柱螺旋压缩弹簧。已知:阀门开启时承受 220 N 的载荷,关闭时承受 150 N 的载荷,工作行程 $h=5$ mm,弹簧外径≤16 mm,两端固定。

14.2　试设计在一般载荷条件下工作的圆柱螺旋拉伸弹簧。已知:拉力 $F_1=180$ N 时,拉伸变形量 $\lambda_1=7.5$ mm;$F_2=340$ N 时,$\lambda_2=17$ mm;并要求中径 $D\approx18$ mm,外径 $D_2\leqslant22$ mm。

14.3　试设计一 NⅢ型圆柱螺旋扭转弹簧。最大工作扭矩 $T_{max}=7$ N·m,最小工作扭矩 $T_{min}=2$ N·m,工作扭转角 $\varphi=\varphi_{max}-\varphi_{min}=50°$,载荷循环次数 N 为 10^5 次。

第15章 机器的传动系统

15.1 概　述

在第1章绪论中已经提及,传动系统是指将原动机产生的机械能传送到机器的执行部分(工作机)的中间装置。以传递动力为主的传动,称为动力传动;以传递运动为主的传动,称为运动传动。前者对传动能力有一定的要求,后者对传动精度有较高要求。

传动系统的主要任务是实现以下各项中的某项或某几项:

①把原动机输出的转速降低或提高,以适合执行部分的需要。例如,汽车的传动系统将内燃机输出的转速经过变速箱变速后传递给驱动轮,以满足不同的行驶速度。

②把原动机输出的旋转运动,转变为执行部分所要求的运动。例如,牛头刨床的主传动系统将电动机的旋转运动转变为刨头的直线运动。

③实现由一台原动机驱动若干相同或不同的执行机构。例如,车床的传动系统,使一台电动机同时驱动车床主轴做旋转运动,以及进给机构做直线往复运动,并能调节二者的速度。

广义地说,传动系统除传动部分外,还包括操纵部分及相应的辅助部分,而后者是实现机器自动化的关键环节。因此,传动系统设计是现代机械设计的重要组成部分。

传动系统可分为机械传动、液(气)力传动和电力传动。本章主要讨论机械传动系统。

机械的传动系统可按下面3种方式进行分类。

15.1.1 按传动比是否变化分类

机械的传动系统按传动比是否变化分类如表15.1所示。

表15.1 按传动比变化情况分类

传动分类	说　明	传动举例
定传动比传动	输入与输出转速对应,适用于工作机工况固定,或其工况与原动机工况对应变化的场合	带、链、摩擦轮传动,齿轮、蜗杆传动

续表

<table>
<tr><th colspan="2">传动分类</th><th>说　明</th><th>传动举例</th></tr>
<tr><td rowspan="3">变传动比传动</td><td>有级变速</td><td>一个输入转速对应若干输出转速，且后者按某种数列排列，适用于原动机工况固定而工作机有若干种工况的场合</td><td>齿轮变速箱、电力传动、液压传动</td></tr>
<tr><td>无级变速</td><td>一个输入转速对应于某一范围内无限多个输出转速，适用于工作机工况极多或最佳工况不明的情况</td><td>各种机械无级变速器、流体黏性传动、电力传动</td></tr>
<tr><td>按周期性规律变速</td><td>输出角速度是输入角速度的周期性函数，用来实现函数传动及改善某些机构的动力特性</td><td>非圆齿轮、凸轮、连杆机构、组合机构</td></tr>
</table>

15.1.2　按传动的工作原理分类

机械的传动系统按传动的工作原理分类如表 15.2 所示。

表 15.2　按工作原理分类

<table>
<tr><th colspan="4">传动类型</th><th>说　明</th></tr>
<tr><td rowspan="13">机械传动</td><td rowspan="3">摩擦传动</td><td colspan="2">摩擦轮传动*</td><td>圆柱形、槽形、圆锥形、圆柱圆盘形</td></tr>
<tr><td colspan="2">挠性摩擦传动</td><td>带传动：V 带、平带、齿形带
钢绳传动</td></tr>
<tr><td colspan="2">摩擦式无级变速传动</td><td>定轴的（无中间体的、有中间体的）
动轴的（行星及封闭行星式）
有挠性元件的</td></tr>
<tr><td rowspan="10">啮合传动</td><td rowspan="4">齿轮传动</td><td>圆柱齿轮传动</td><td>啮合形式：内啮合、外啮合、齿条齿轮啮合
齿形曲线：渐开线，单、双圆弧，摆线
齿向曲线：直齿，螺旋（斜）齿</td></tr>
<tr><td>圆锥齿轮传动</td><td>啮合形式：内啮合、外啮合、平顶及平面齿轮
齿向曲线：直齿、斜齿、弧线齿</td></tr>
<tr><td>动轴轮系</td><td>渐开线齿轮行星传动
少齿差行星传动：摆线针轮、谐波传动</td></tr>
<tr><td>非圆齿轮传动</td><td>可实现主、从动轴间传动比按周期性变化的函数关系</td></tr>
<tr><td colspan="2">蜗杆传动</td><td>圆柱蜗杆传动、环面蜗杆传动、锥蜗杆传动</td></tr>
<tr><td colspan="2">挠性啮合传动</td><td>链传动：套筒滚子链、套筒链、弯板链、齿形链
带传动：同步带</td></tr>
<tr><td colspan="2">螺旋传动</td><td>摩擦形式：滑动、滚动、静压
头数：单头、多头</td></tr>
<tr><td colspan="2">连杆传动</td><td>曲柄滑块机构、曲柄摇杆机构、双曲柄机构、曲柄导杆机构</td></tr>
<tr><td colspan="2">凸轮传动</td><td>直动和摆动从动件</td></tr>
<tr><td colspan="2">组合传动</td><td>齿轮-连杆、齿轮-凸轮、凸轮-连杆、液压连杆机构</td></tr>
</table>

续表

<table>
<tr><th colspan="2">传动类型</th><th>说　明</th></tr>
<tr><td rowspan="4">流体传动</td><td>气压传动</td><td rowspan="2">运动形式:往复运动、往复摆动、旋转
速度变化:恒速、有级变速、无级变速</td></tr>
<tr><td>液压传动</td></tr>
<tr><td>液力传动</td><td>液力变矩器,液力偶合器</td></tr>
<tr><td>液体黏性传动</td><td>与多片摩擦离合器相似,借改变摩擦片间的油膜厚度与压力,以改变油膜的剪切力进行无级变速传动</td></tr>
<tr><td rowspan="2">电力传动</td><td>交流电力传动</td><td>恒速、可变速(调压、变频等)</td></tr>
<tr><td>直流电力传动</td><td>恒速、可变速(调磁通、调压等)</td></tr>
</table>

注:＊摩擦轮传动的设计计算,可参见文献[34]。

15.1.3　按传动系统与整台机器的结构联系分类

除以上两种分类方法外,按照传动系统与整台机器的结构联系,又可分为以下两类:

①传动系统在机器中是一个相对独立的部件(组件),如减速器,升速器,变速器等。这类传动系统便于实现标准化或系列化,由专门工厂进行成批生产。通过联轴器(或离合器),它的输入端与原动机相联,输出端与机器的执行部分(工作机)相联。

减速器的作用是降低转速,增大转矩,应用十分广泛。目前,市场上已有多种标准的减速器。学生通过学习本课程,应该具有独立设计(或选择)减速器的能力。

升速器的作用是提高转速,在机械工业中也有应用。例如,风力发电装置中,升速器将桨叶的转速提高,以满足发电的需要。有的减速器逆向工作,可成为升速器。需要指出,升速传动对制造误差的敏感性增大,动态性能降低,效率降低。进行升速齿轮传动计算时,其使用系数要适当加大,具体按第7章表7.6选取。显然,具有自锁性的减速传动(如蜗杆传动)不能逆向工作。

变速器广泛用于各种移动式机器(汽车、拖拉机等)中,起换挡的作用。

②机器的传动系统难以制成一个独立的部件,它与执行部分有紧密的结构联系。各种金属切削机床(车床、铣床、滚齿机等)均属此类。车床的传动路线和传动系统如图15.12和图15.13所示。对于这种情况,传动系统设计是机器总体方案设计的主要内容之一。学生通过本课程和专业机械设计课程的学习,即可获得整机设计的初步能力。

15.2　选择传动类型的基本依据

传动系统的基本任务是传递动力和保证工作机实现预期的运动。例如,工作机的运动是简单的旋转运动,则传动系统比较简单,只需选择表15.2中一种合理的传动,使原动机输出转速与工作机的输入转速相匹配即可。又如,工作机的执行构件(如机械手、缝纫机等)的运动需要实现位置要求、实现函数要求、实现轨迹要求、实现急回要求、实现停歇要求或相互间的动作配合要求时,则传动系统就比较复杂,要根据工作机的运动和动力的要求来确定传动系统方案并进行具体设计。这时,传动系统可能是表15.2中几种传动的组合,必要时还要包含连杆机构、凸轮机构和间歇机构等。

选择传动类型时,应综合考虑以下条件:

(1)工作机或执行构件的工况

工作机的种类繁多,工况也比较复杂,要考虑其转矩 T(或力 F)、转速 n(或线速 v)、功率 P 等主要参数间的相互关系及变化规律,确定系统的状态是稳定状态还是非稳定状态。非稳定状态工况往往伴随着动力效应;要确定工作机的载荷是静载还是动载荷,动载荷又分为周期载荷、冲击载荷和随机载荷。要合理选择载荷系数,用静载荷的设计方法解决动载荷问题。

(2)原动机的机械特性和调速性能

要考虑原动机的启动特性、平稳性、过载能力、调速范围等方面的性能。在一般情况下,采用二次原动机,其中以电动机应用最为广泛。在野外工作的机器或移动式机械最好采用一次原动机(内燃机等);在有条件的地方,可利用风力、水力等作为动力源。

(3)对传动的尺寸、质量和布置方面的要求

在一般情况下,尽量使传动系统尺寸小、质量轻,方便安装。

(4)工作环境的要求

要根据工作环境选择传动类型。在环境污染严重的场合,尽量选择闭式传动,同时还需要考虑腐蚀、温度等环境因素。

(5)技术经济要求

在满足使用要求的前提下,尽量降低成本,提高性能价格比。

(6)操作和控制方式

当工作机的工况多变、动作无固定规律、利用率不高时,一般采用人工操纵方式。当工作机的动作有规律,或按预定的程序多次重复,或需连续工作时,应采用自动控制。当控制精度要求高时,应采用闭式自动控制,通过反馈,适时消除(减小)误差。

(7)其他要求

要符合国家的技术政策和环境保护等要求。

上述条件不能全部满足时,应根据情况全面分析,解决主要矛盾,使机器尽可能做到经济、适用、美观。

15.3 常用机械传动的特点、性能和选择原则

如表 15.3 所示为各种机械传动的特点和性能,选择的基本原则如下:

①对小功率传动,在满足工作性能的前提下,应选用结构简单、费用低的传动装置。

②对大功率传动,应优先选用传动效率高的传动装置,以节约能源、降低运转和维修费用。

③当工作机要求变速时,当其调速比与原动机的调速比相适应时,可采用定传动比装置;当原动机的调速比不能适应工作机的调速比时,则应采用变速传动比装置;除非工作机要求连续无级调速,尽量采用有级变速传动。

④当载荷变化频繁,且可能出现过载时,应装设过载保护装置。

⑤当工作机要求与原动机严格同步时,应采用无滑动的传动装置。

⑥传动装置的选用必须与制造技术水平相适应,尽可能选用专业厂家生产的标准元件或部件。

表 15.3　机械传动的特点和性能

类　别	摩擦轮传动	带传动	链传动
特　点	运转平稳、噪声小、可在运行中平稳地调整传动比；有过载保护作用；结构简单 轴和轴承上的作用力很大，有滑动，工作表面磨损较快	工作平稳、噪声小，能缓和冲击，吸收振动；摩擦型带传动有过载保护作用；结构简单，成本低，安装要求不高 外廓尺寸较大；摩擦型带传动有滑动，不能用于分度链；由于带的摩擦起电，不宜用于易燃易爆的地方；轴和轴承上的作用力大，带的寿命较短	传动比恒定；链条组成件间形成的油膜能够吸振，对恶劣环境有一定的适应能力，工作可靠；作用在轴上的载荷小 运转的瞬时速度不均匀，高速时不如带传动平稳（齿形链较好）；链条因磨损产生伸长以后，容易振动，因而需增设张紧和减振装置
功率 P/kW	$P_{max}=300$ 通常≤20	尼龙片基复合平带　500 V 带　700 同步带　100	$P_{max}=5\ 000$ 通常≤100
速度 v/($m \cdot s^{-1}$)	受发热限制，发热使轴承能力降低，磨损增大，传递功率减小 通常≤25	受带与带轮间产生气垫、带体发热和离心力的限制 尼龙片基复合平带 60 普通 V 带　25 ~ 30 窄 V 带　40 ~ 50 同步带　50	受链条啮入链轮时的冲击、链条磨损和销轴胶合的限制 30 ~ 40 通常≤20
效率 η	圆柱摩擦轮 0.85 ~ 0.92 槽摩擦轮　0.88 ~ 0.90 圆锥摩擦轮 0.85 ~ 0.90	平带　0.94 ~ 0.98 V 带　0.90 ~ 0.94 同步带　0.96 ~ 0.98	滚子链： v≤10 m/s 时　0.95 ~ 0.97 v > 10 m/s 时　0.92 ~ 0.96 齿形链　0.97 ~ 0.98
单级传动比 i	受外廓尺寸的限制 通常≤7 ~ 10 有卸载装置≤15 仪器、手传动≤25	受小带轮的包角和外廓尺寸的限制 平带　≤4 ~ 5 V 带　≤7 ~ 10 同步带≤10	受小链轮包角的限制 通常≤8 工作条件良好可达 10
寿　命	取决于材料的强度和抗磨损能力	普通 V 带　3 500 ~ 5 000 h （优质 V 带可达 20 000 h） 窄 V 带 20 000 h	与制造质量有关 15 000 h
应用举例	摩擦压力机、摩擦绞车、机械无级变速器以及各种仪器等	金属切屑机床、锻压机床、输送机、通风机、农业机械、纺织机械和办公机械等	农业机械、石油机械、矿山机械、运输机械、起重机械和纺织机械

续表

类　别	齿轮传动	蜗杆传动	螺旋传动
特　点	承载能力和速度范围大；传动比恒定，采用行星传动可获得很大传动比，外廓尺寸小，工作可靠，效率高，非圆齿轮可实现变传动比传动； 制造和安装精度要求高，精度低时，运转有噪声；无过载保护作用	结构紧凑，单级传动能得到很大的传动比；传动平稳，无噪声；单头蜗杆传动可自锁。 传动比大、滑动速度低时效率低；中、高速传动需用昂贵的减磨材料（如青铜）；制造精度要求高；刀具费用贵。 钢制蜗杆蜗轮副已开始使用	将旋转运动变为直线运动，能以较小的转矩得到很大的轴向力；结构简单，传动平稳，无噪声；滑动螺旋可制成自锁机构。 工作速度（直线运动速度）一般都很低
功率 P /kW	各种齿轮的 圆柱齿轮： 直齿　750 斜齿和人字齿　50 000 圆弧齿　6 000 圆锥齿轮： 直齿　1 000 曲线齿　15 000 摆线针轮传动　250 谐波传动　2 200	P_{max} 通常只用到 50	
速度 v /(m·s^{-1})	受动载荷和噪声的限制 圆柱齿轮： 7 级精度　≤25 5 级精度以上的斜齿轮 15～130 实验室已达　300 圆锥齿轮： 直齿轮≤5 曲线齿 5～40	受发热条件限制 精密传动时，滑动速度 $v_n=15$，个别可达 35	
效率 η	与速度和制造精度有关 圆柱齿轮： 直齿　0.95～0.98 斜齿和螺旋齿 0.96～0.99 圆锥齿轮： 直齿　0.95～0.98 曲线齿　0.96～0.98	与螺旋升角、滑动速度和制造精度有关 自锁蜗杆　0.4～0.45 单头蜗杆　0.7～0.75 双头蜗杆　0.75～0.82 三头以上蜗杆　0.8～0.92 环面蜗杆　0.85～0.95	滑动螺旋　0.3～0.6 滚动螺旋　≥0.90 静压螺旋　0.99

续表

类　别	摩擦轮传动	带传动	链传动
单级传动比 i	受结构尺寸限制 一般　≤10 摆线针轮传动　11～87 谐波传动　50～500	$8 \leqslant i \leqslant 100$ 分度机构可达1 000	
寿　命	取决于齿轮材料的接触和弯曲疲劳强度以及抗胶合和抗磨损的能力	制造精度、润滑良好时,寿命较长;低速传动磨损显著,寿命较短	滑动螺旋磨损较快,滚动螺旋和静压螺旋寿命较长
应用举例	金属切削机床、汽车、起重运输机械、冶金、矿山机械以及仪器等	金属切削机床(特别是分度机构)、起重机、冶金和矿山机械等	螺旋压力机、千斤顶,金属切削机床的传导螺旋和传力螺旋,汽车、拖拉机的转向机构,微调和微位移机构

15.4　减速器

15.4.1　减速器的主要类型和结构

减速器是指原动机与工作机之间独立的闭式传动装置,用来降低转速并相应地增大转矩。

减速器的种类很多,这里只讨论齿轮传动、蜗杆传动的减速器。按传动和结构特点来分类,有以下3种:

①齿轮减速器。主要有圆柱齿轮减速器、圆锥齿轮减速器和圆锥-圆柱齿轮减速器。

②蜗杆减速器。主要有圆柱蜗杆减速器、环面蜗杆减速器、锥蜗杆减速器和蜗杆-齿轮减速器。

③行星齿轮减速器。主要有渐开线直齿圆柱齿轮行星减速器。

此外还有摆线针轮减速器、谐波齿轮减速器等。

以上几种减速器已有标准产品系列,只需根据工作要求选用。下面主要介绍齿轮减速器和蜗杆减速器。

(1)齿轮减速器

齿轮减速器的特点是效率高,工作耐久,维护简便,因而应用范围很广。

齿轮减速器按其齿轮传动的级数可分为单级、两级、三级和多级;按其轴线在空间的相互配置可分为立式和卧式;按其运动简图的特点可分为展开式、同轴式和分流式。

单级圆柱齿轮减速器(见图15.1(a)),为了避免外廓尺寸过大,其最大传动比一般为$i_{max}=8\sim10$;当i大于10时,就应采用两级减速器。

两级圆柱齿轮减速器应用很广,常用于$i=8\sim50$,高、低速级的中心距总和$a_{\sum}=250\sim4\,000$ mm的情况下。其运动简图可以是展开式、分流式或同轴式。

展开式两级圆柱齿轮减速器是两级减速器中最简单、应用最广泛的一种(见图15.1(b))。它的齿轮相对于支承位置不对称,当轴产生弯曲变形时,载荷在齿轮轮齿上分布不均匀,因此轴应具有较大的刚度，并使齿轮远离输入或输出轴。一般用在中心距总和 $a_{\sum} \leqslant 1\ 700$ mm 的情况下。

分流式两级圆柱齿轮减速器有高速级分流（见图 15.1(e)）及低速级分流（见图 15.1(h)）两种。根据使用经验，两者中以高速级分流的性能较好，应用较广。分流式减速器的外伸位置可由任意一边伸出，便于进行机器的总体配置。分流式的齿轮均制成斜齿，一边右旋，另一边左旋，以抵消轴向力。此时，应使其中的一根轴能做稍许轴向游动，以免卡死齿轮。

同轴式两级齿轮减速器的径向尺寸紧凑，但轴向尺寸较大（见图 15.1(g)）。由于中间轴较长，轴在受载时的挠曲较大，因而沿齿宽上的载荷集中现象较严重。同时由于两级齿轮的中心距必须一致，因此高速级齿轮的承载能力难以充分利用。而且位于减速器中间部分的轴承润滑也比较困难。此外，减速器的输入轴端和输出轴端位于同一轴线的两端，给传动装置的总体布置带来了一些限制。当要求输入轴端和输出轴端必须放在同一轴线上，采用这种减速器却极为方便。这种减速器常用于中心距总和 $a_{\sum} \leqslant 1\ 700$ mm 的情况下。

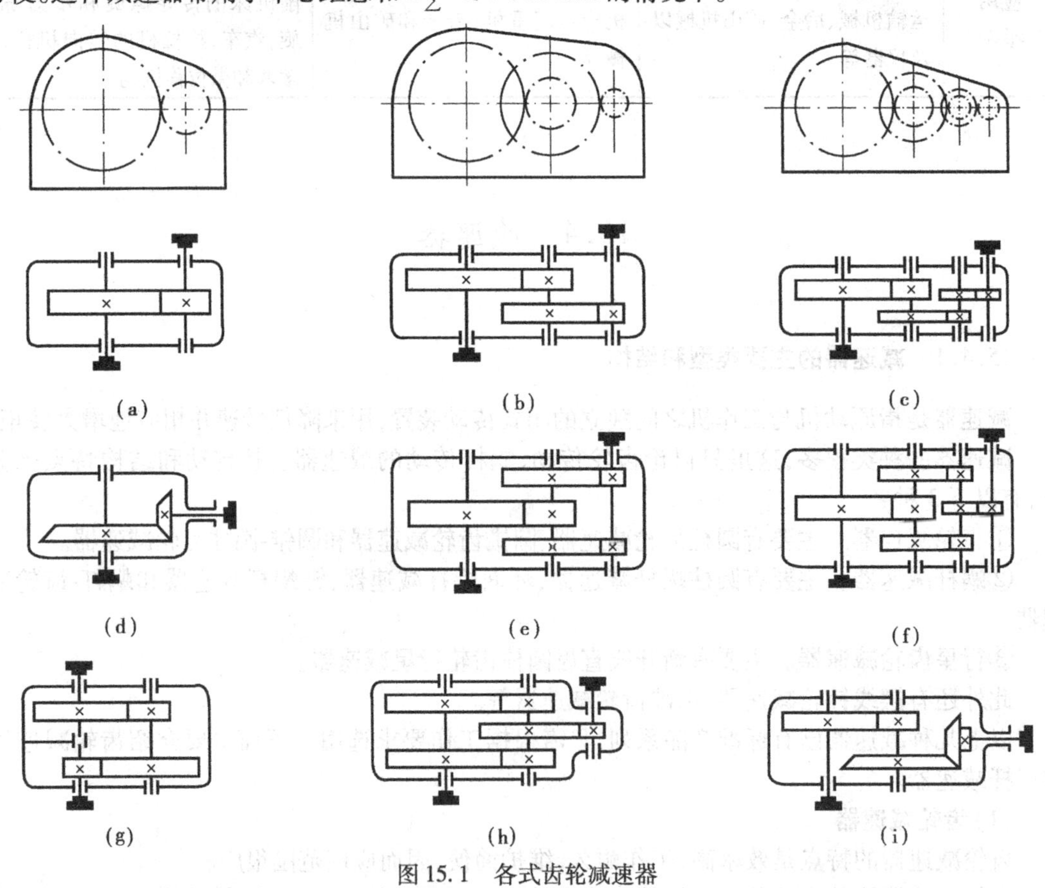

图 15.1　各式齿轮减速器

(2)蜗杆减速器

蜗杆减速器的特点是在外廓不大的情况下，可获得大的传动比，工作平稳，噪声较小，但效率较低。其中，应有最广的是单级蜗杆减速器（见图 15.2(a)—(c)），两级蜗杆减速器（见图 15.2(d)）则应用较少。

(3)蜗杆-齿轮减速器

这类减速器在绝大多数情况下，都是把蜗杆传动作为高速级，故称为蜗杆-齿轮减速器（见图 15.2(e)）。因为在高速级时，蜗杆传动的效率较高，故它所适用的传动比一般为 50～130，最高可达 250。

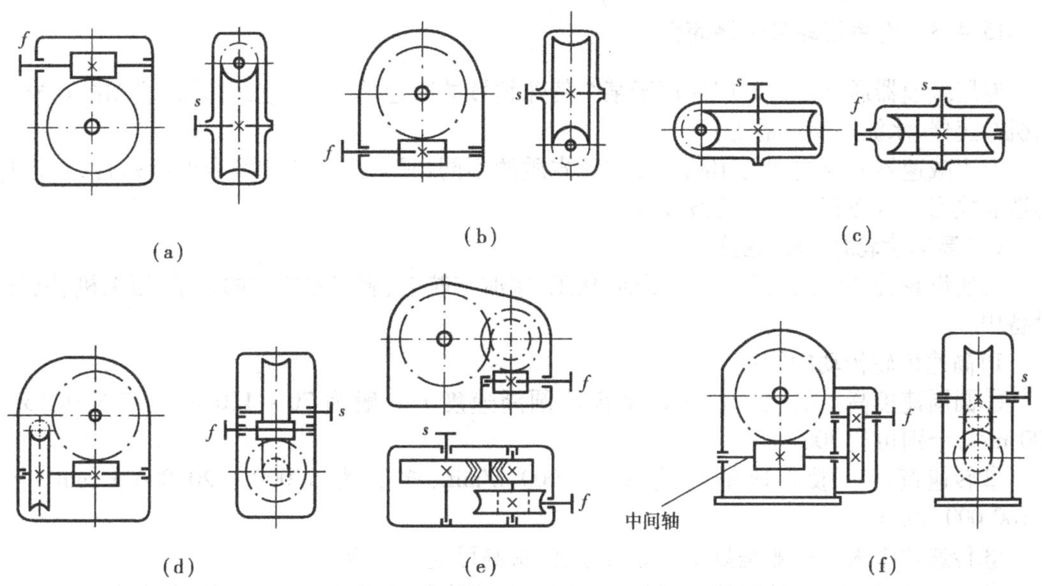

图 15.2 各式蜗杆减速器

15.4.2 通用齿轮减速器

通用减速器是指标准化的减速器,由专业厂家生产,使用时只要根据所需传动功率、转速、传动比、工作条件和机器的总体布置等具体要求,从生产目录或有关手册选择即可。

通用减速器的参数都有标准系列,如中心距 a、传动比 i 等。常用的有 ZDY,ZLY,ZSY 等渐开线圆柱齿轮减速器;NGW 型行星齿轮减速器;WD 型圆柱蜗杆减速器。

下面简要介绍一下渐开线圆柱齿轮减速器的代号。

例如:

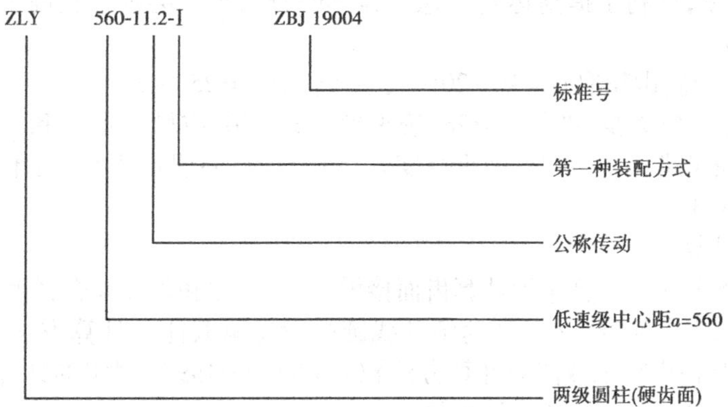

其中,Z—圆柱,D—单级,L—两级,S—三级,Y—硬齿面。

标准减速器的选择方法是:根据设计要求及结构布置选择减速器的类型及型号。通常,标准减速器的承载能力表中的许用功率(或许用转矩)是在某一特定工作条件下计算出来的。当工作条件(如原动机类型、工作载荷性质、环境温度、工作运转持续率、冷却方式、尖峰载荷等)与它不同时,则应根据所选用的标准减速器使用说明书选用合适的修正系数,然后得出计算功率。

15.4.3 专用齿轮减速器简介

专用减速器通常是指专门应用于某个特殊领域的减速器,如航空减速器、船舶减速器、起重机减速器、水泥磨减速器等。

专用减速器的结构和通用减速器并无本质的不同,只是由于应用场合的特殊性,在设计、制造和检测等方面都有一些特殊要求。

(1)高速齿轮减(增)速器

高速齿轮传动广泛用于发电、石油、化工、宇航与航空、舰船等部门的透平、压缩机、风机等设备中。

1)高速齿轮传动的特点

①圆周速度高。如燃气轮机透平齿轮圆周速度 v 一般为 70 ~ 120 m/s,有时达 150 ~ 200 m/s,个别可达300 m/s。

②转速高。一般高速轴转速 $n>3\ 000$ r/min,多数为 5 000 ~ 20 000 r/min,个别达100 000 r/min。

③传递功率大。一般是数千至数万千瓦,最高已达 10^5 kW。

④要求高可靠度。长期持续运行,寿命长,如可靠度99%以上,寿命 10^5 h 以上。

⑤要求运转平稳、噪声低、振动小。

因高速齿轮有较高的特殊要求,除选用优质高强度合金钢并严格控制材料和热处理的内在质量外,必须采用3 ~6 级的较高制造精度,齿轮需要进行修形;严格控制转子的残余不平衡量;须作转子横向临界转速分析,箱体应有良好的刚性;采用强制喷油润滑冷却及可靠的运行监测手段等。

2)主要参数的选择

①压力角 α_n。α_n 小时,端面重合度大,有利于提高传动平稳性。α_n 大时,齿根弯曲强度高,轴承径向载荷大。采用软齿面时,常用 $\alpha_n=14.5°\sim 20°$;采用硬齿面时,常取 $\alpha_n=20°\sim25°$。

②模数 m_n。在满足齿根弯曲强度的条件下,应尽量选用较小的模数,增大齿数,提高重合度,降低齿面滑动率,有利于提高运转平稳性,降低噪声,较少磨损和提高抗胶合能力。一般 m_n 最大不超过 10。

③螺旋角 β。单斜齿轮取 $\beta=8°\sim20°$,人字齿轮取 $\beta=25°\sim35°$。

④齿数 z_1。z_1 不宜太少,推荐 $z_1\geqslant28$,透平齿轮 $z_1>30$,应尽量使 z_1 和 z_2 互质。

⑤主要啮合质量指标。通常端面重合度 $\varepsilon_\beta\geqslant1.3\sim1.4$;纵向重合度:单斜齿 $\varepsilon_\beta\geqslant2.2$,人字齿每半边 $\varepsilon_\beta\geqslant3.3$。

3)承载能力计算

高速齿轮的承载能力计算包括计算齿面接触、齿根弯曲和齿面胶合强度3 部分。其中,齿面接触强度和齿根弯曲强度可按《高速渐开线圆柱齿轮承载能力计算方法》(ZB/TJ 17006—1990)或《渐开线圆柱齿轮承载能力计算方法》(GB 3480—1997)规定的计算方法计算。胶合强度校核是高速齿轮必不可少的设计步骤。

轮齿修形可有效地避免轮齿误差、受载变形所引起的冲击和噪声,使载荷沿齿宽均布。修形方法见有关设计手册。

4)减(增)速器的结构

减速器结构如图 15.3 所示,采用液体动压滑动轴承。为了减少外部动载荷对轮齿啮合的影响,大功率的齿轮传动常采用空心轮齿和套轴(弹性轴)结构,二者用花键联接。其功率传递路线为:套轴 1—花键套 6—小齿轮 4—大齿轮 9—花键套 12—套轴 7。

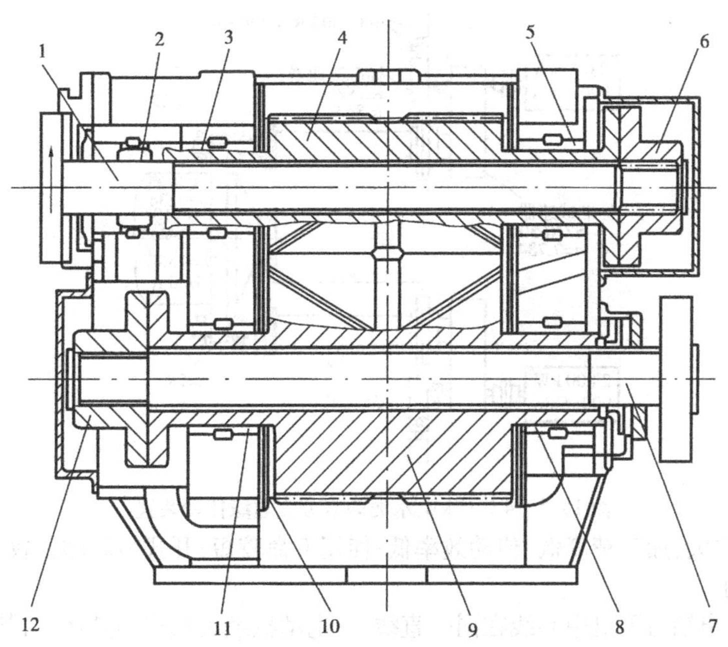

图15.3　44 000 kW透平齿轮减速器

1—小齿轮套轴;2—径向可倾瓦轴承;3,5—径向三油楔轴承;4—小齿轮;6,12—花键套;
7—大齿轮套轴;8,11—径向椭圆瓦轴承;9—大齿轮;10—挡油板

(2)**水泥磨齿轮减速器**

水泥磨的功率可高达8 000 kW,但磨筒转速仅11 ~25 r/min,传动比大,属典型的低速重载传动。

1)边缘传动

边缘传动是由小齿轮通过固定在筒体端部的大齿圈带动磨机转动(见图15.4)。当传动功率较大时,可采用双分支边缘传动。如图15.5所示为4 050 kW筒形磨双分支边缘传动的典型结构图。

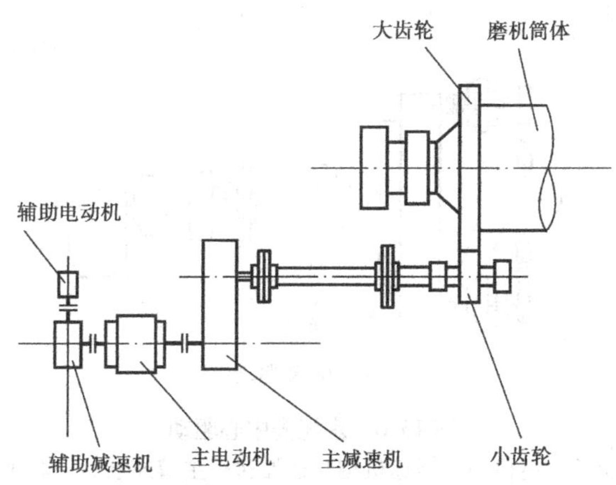

图15.4　水泥磨边缘单传动装置

与其他传动形式相比,边缘传动的造价最低,制造容易、简单,故使用较普遍。其缺点是:大齿圈的承载能力得不到充分利用;小齿轮和大齿圈难以达到与保持良好的接触;密封及润滑

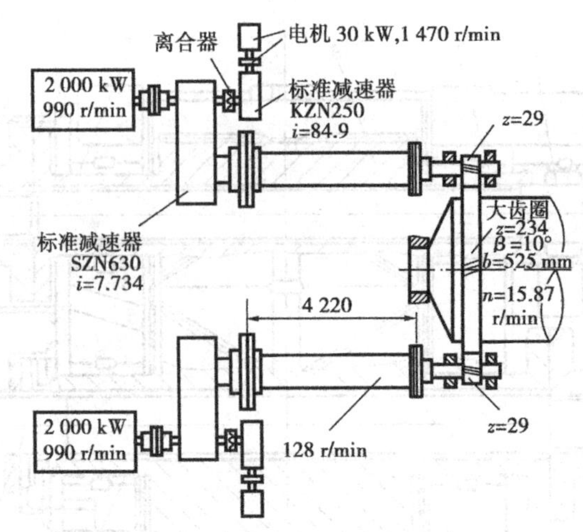

图 15.5　4 050 kW 水泥磨双分支边缘传动装置

条件差;润滑损失大;加工精度低;传动效率低;使用寿命较短;开式齿轮磨损较快。

2)中心传动

减速器的输出轴与磨机中心线在同一直线上,电动机经由减速器减速后,其输出端通过联轴器直接与磨筒联接,这种传动称为中心传动。根据其配置形式不同,减速器可分为侧轴式、同轴式和中心双驱动式(见图 15.6)等。侧轴式减速器结构简单,制造安装、维护容易,多用于中、小磨机传动。采用高强度齿轮、国外最大功率已达到 4 050 kW。目前使用较普遍的是同轴式结构(见图 15.6(b)),用于大功率磨机,采用二级分流传动,齿轮尺寸因采用功率分流相应减小,结构紧凑,传动功率和效率高,结构也随制造水平的提高而不断简化。

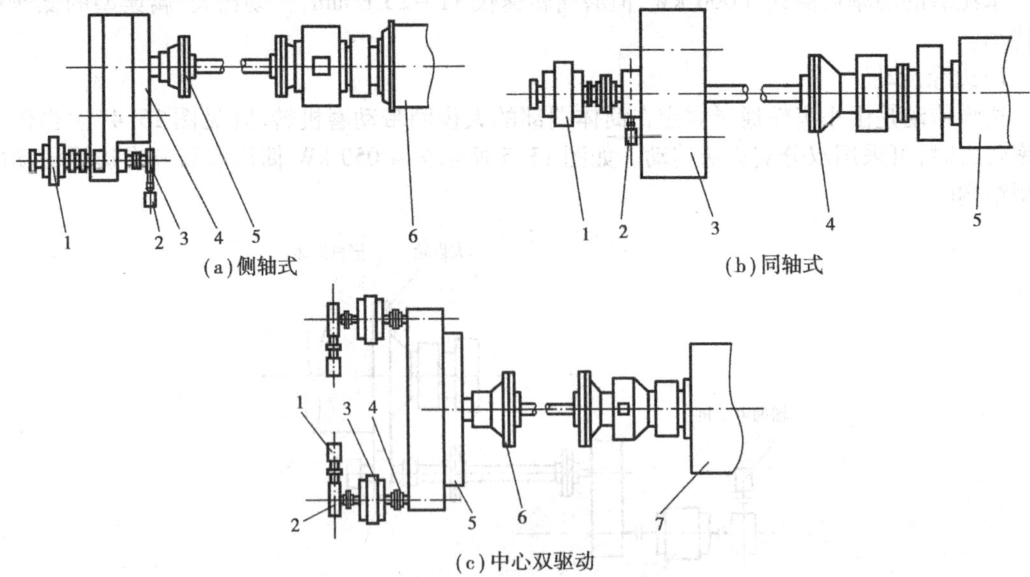

图 15.6　水泥磨中心驱动

(a)1—主电机;2—电机;3—慢速机构减速器;4—主减速器;5—联轴器;6—磨筒

(b)1—主电机;2—慢速机构;3—主减速器 4—膜片联轴器;5—磨筒

(c)1—异步电动机;2—齿轮蜗杆减速器;3—同步电动机;

4—弹性圆柱销联轴器;5—双传动主减速器;6—膜片联轴器;7—磨筒

同轴式二级分流传动的高速级为斜齿轮传动，低速级为人字齿轮传动。实现两支流的均载，是设计的关键。常用的均载方式有输出大齿轮弹性悬浮结构、弹性轴结构和齿轮自位结构等。弹性轴均载结构如图 15.7 所示，均载由弹性扭转轴来实现，其原理与图 15.3 类似。其功率传递路线为：第一级小齿轮 2—第一级大齿轮 3—弹性轴 4—齿形联轴器 5—第二级小齿轮 6—第二级大齿轮 7。

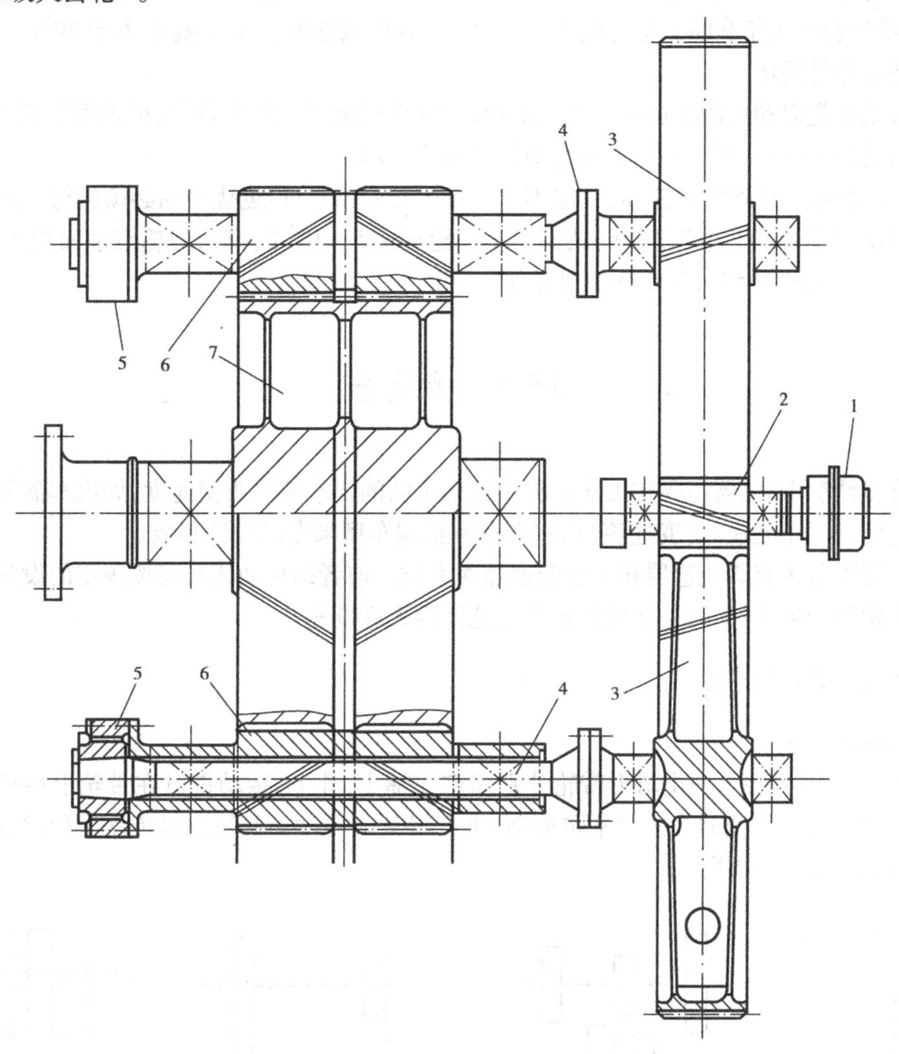

图 15.7　二级分流减速器的均载装置

1—齿形联轴器；2—第一级小齿轮；3—第一级大齿轮；4—弹性轴；
5—齿形联轴器；6—第二级小齿轮；7—第二级大齿轮

15.4.4　减速器性能的检测

减速器的运行性能主要有额定功率、额定转速、额定转矩、传动效率、平稳性、噪声、振动、温度、齿面接触率、短时超载能力等。

减速器检测分空载试验，一般在 750 ~ 1 500 r/m 下进行。正、反两方向运转时间不少于 1 ~ 2 h。要求运转平稳，没有冲击、异常振动和噪声，各联接不松动，各密封部位不漏油、不渗油，轴承、油温的升温不超过减速器标准的规定（齿轮减速器为 25 ℃）。

负载试验在空载实验合格后进行。成批生产的减速器应按一定比例（如 10%，如不合格，再试 20%，若仍不合格，应全部试验）。负载试验应在额定转速和额定载荷下运转，通常分为 25%，50%，75%，100%这 4 级加载，每级试验 2 h（达到热平衡后）。要求转速、转矩、效率、齿面接触率均达到标准规定值；升温不超过 60 ~ 80 ℃，油池最高温度不得超过 100 ℃。齿面接触率为：沿齿长不大于 90%（齿轮减速器）、65%（蜗杆减速器）；沿齿高不大于 70%。负载试验不允许有零件损坏。

超载试验是启动后依次加载 120%，150%，180%的额定载荷下进行，前两种加载为3 min，后一种加载为 1 min。要求各零件在超载时不发生破坏。

严格按照标准生产的减速器，一般不进行疲劳寿命试验，但创优产品必须进行。齿轮减速器要求在额定载荷下工作 7 200 h（或高速小齿轮运转 5×10^7 次）后，齿轮点蚀面积小于 2%，磨损量小于模数的 1.5%，且无其他损坏现象。

15.5 变速器

在许多情况下，机器需要在工作过程中根据不同的要求随时改变速度，如汽车需要经常改变行车速度。汽车变速器（变速箱）由汽车厂家根据车型来专门设计制造。

变速器可分为有级变速器和无级变速器两大类。前者的传动比只能按预定的设计要求通过操纵机构分级调速；后者可在设计预定的范围内无级调速。

15.5.1 有级变速器

（1）塔轮变速

如图 15.8（a）所示，两个塔形带轮分别固定在轴Ⅰ，Ⅱ上，传动带可在带轮上移换到 3 个不同的位置。这种变速器多采用平带传动，也可用 V 带传动。其特点是传动平稳，结构简单。但尺寸较大，变速不方便。

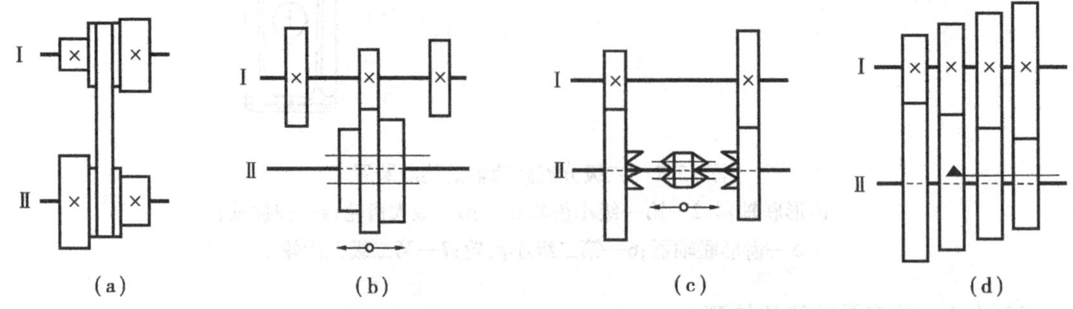

图 15.8 常用有级变速器

（2）滑移齿轮变速

如图 15.8（b）所示，3 个齿轮固联在轴Ⅰ上，一个三联齿轮由导向花键联接在轴Ⅱ上。通过滑移三联齿轮进行变速。变速方便，结构紧凑，传动效率高，应用广泛。但不能在运转中变速，大型齿轮滑移困难，不能用斜齿轮。这种变速方式应用很广，如图 15.13 所示。

(3)**离合器式齿轮变速**

如图 15.8(c)所示,固定在轴Ⅰ上的两个齿轮与空套在轴Ⅱ上的两个齿轮保持经常啮合。轴Ⅱ上装有牙嵌式离合器。当离合器向左或向右移动并与齿轮接合时,齿轮才通过离合器带动轴Ⅱ同步转动。

这种变速方式齿轮不移动,可采用斜齿轮或人字齿轮,传动平稳;若采用摩擦式离合器,可在运转中变速。但由于齿轮始终处于啮合状态,磨损严重,传动效率低,发热较高,变速器所占空间较大。

(4)**拉键式变速**

如图 15.8(d)所示,有 4 个齿轮固定联接在轴Ⅰ上,另 4 个齿轮空套在轴Ⅱ上,两组齿轮成对地处于常啮合状态。轴Ⅱ上装有拉键,当拉键沿轴向移动到不同位置时,可使轴Ⅰ上的某一齿轮与轴Ⅱ上的对应齿轮传递载荷,从而得到不同的传动比。这种变速方式结构比较紧凑,但拉键的强度、刚度通常较低,因此不能传递较大的转矩。

15.5.2　无级变速器

(1)**摩擦式无级变速器**

根据有无中间机件,摩擦无级变速器可分为直接接触的和间接接触的两大类。根据各类变速器中摩擦面形状的不同,又有圆盘的、圆锥的、球面的、环柱体的等数种不同类型。

摩擦无级变速器的基本形式如表 15.4 所示。

15.4　**摩擦无级变速器**

直接接触的摩擦无级变速器		
圆盘式	圆锥式	球面式
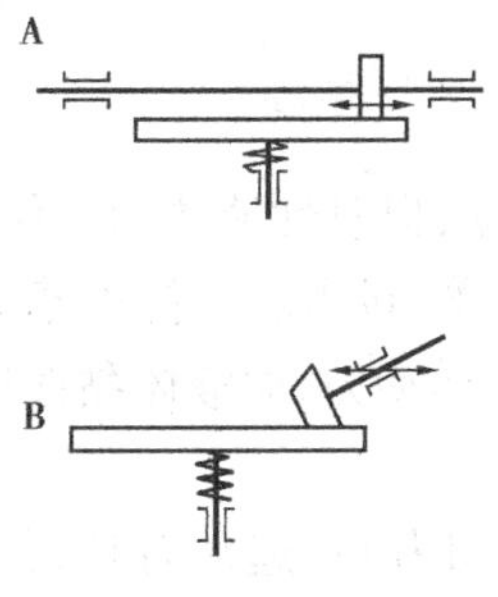 A B	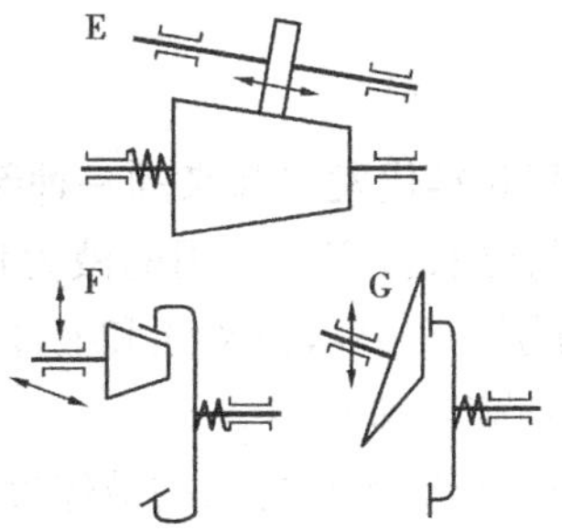 E F　G	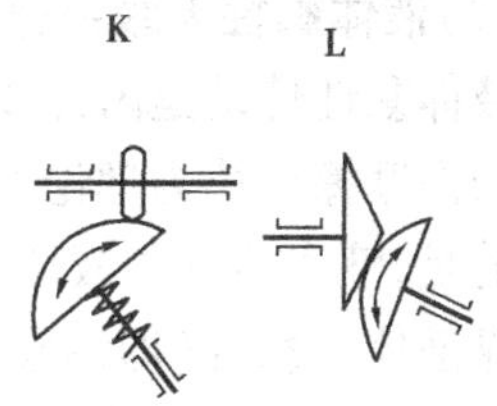 K　L
利用中间机件的间接接触的摩擦无级变速器		
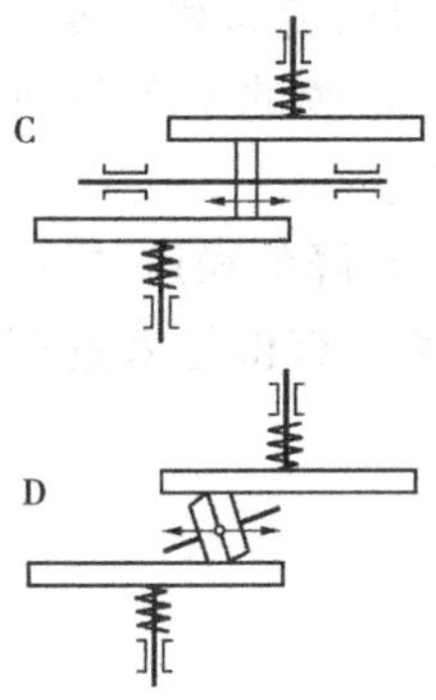 C D	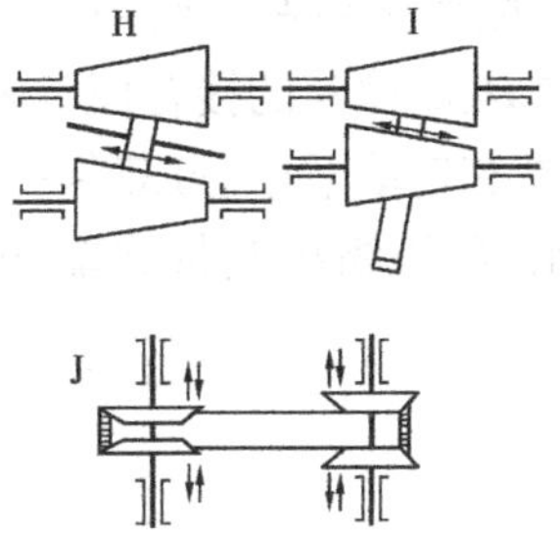 H　I J	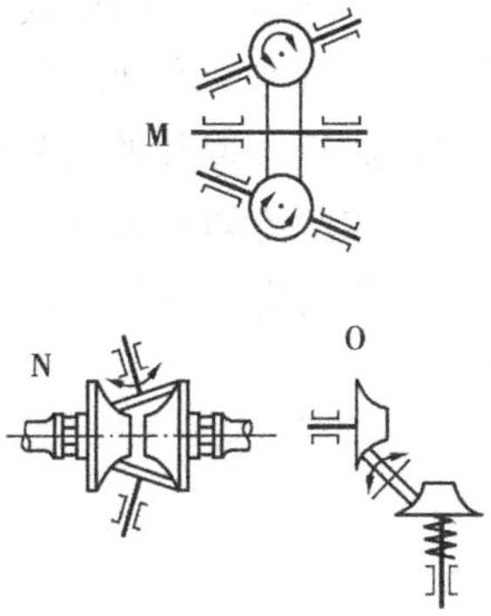 M N　O

变速器中某一元件沿箭头方向移动或摆动,即可实现无级变速。

表 15.4 中,J 式变速器是由分装在两个花键轴上的两对可动圆锥和联接圆锥的中间机件所组成。在调速时,两对圆锥能各沿其花键轴同步地分离和靠拢的移动,因而可以改变中间机件在圆锥轮上的位置而实现调速(见图 15.9),中间机件可由块带、三角带、链或钢环等组成,分别称为块带无级变速器、三角带无级变速器、链条无级变速器和钢环无级变速器。

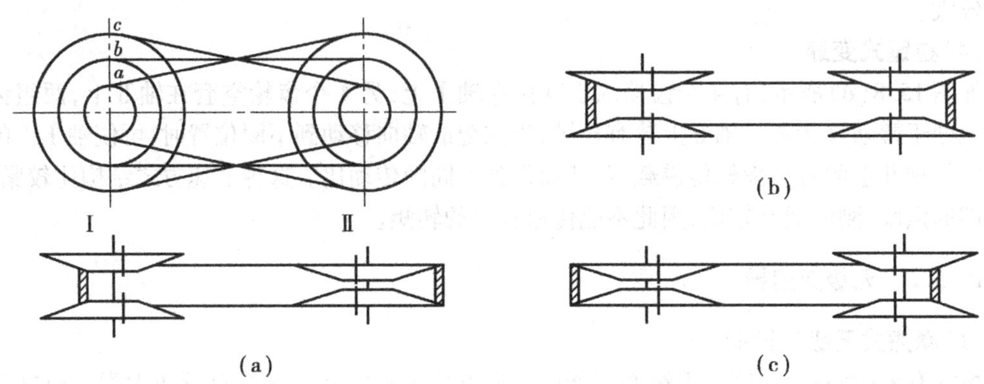

图 15.9 有中间机件的可动圆锥式摩擦无级变速器工作原理

输出轴的最高转速与最低转速之比称为调速范围,用 R 表示,即

$$R=\frac{n_{zmax}}{n_{zmin}}$$

调速范围的大小是评定无级变速器的技术指标之一。无级变速器的结构和计算可参看有关资料[34]。

(2)液体黏性无级变速器

液体黏性传动是国外 20 世纪 70 年代发展起来的一种新的传动,以黏性液体为工作介质,以牛顿内摩擦定律为理论基础。与已获得广泛应用的液力传动一样,同属液体传动范畴。所不同的是,液力传动和液压传动分别是依靠液体动能和液体压力传递动力,而液体黏性传动则是依靠液体的黏性(即油膜剪切力)来传递动力。

液黏调速器是黏性传动的一种,靠摩擦片之间的液体黏性(剪切力)传递动力和调节转速与力矩。其结构示意图如图 15.10 所示。输入轴和输出轴分别与一组摩擦片相联。工作液体在主动片和被动片之间形成油膜,主动片和被动片存在转速差。动力的传递和速度的调节靠油膜的内摩擦力来实现。传递力矩的大小取决于液体的动力黏度 η、油膜的厚度 h(即摩擦片之间的间隙)、摩擦片的内外径 d 和 D、摩擦片的接合面数 z 和转速差。

由于黏性传动能无级变速,并具有启动平稳、过载保护、节约能源、降低噪声、提高原动机寿命等一系列优点,因而在风机、水泵、压缩机及带式输送机等设备上获得越来越多广泛地应用。

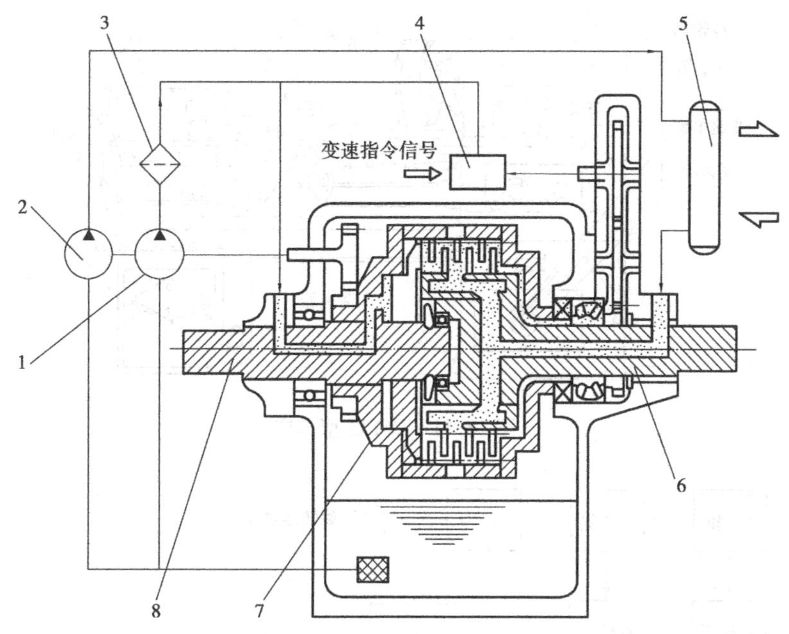

图 15.10　液体黏性无级变速器

1—工作油泵;2—润滑油泵;3—滤油器;4—速度控制器;
5—冷却器;6—输出轴;7—环形液压缸;8—输入轴

15.6　车床的传动系统

在各类机器中,机床的传动系统是最为复杂的,这是因为:一是机床通常有两个执行部分。例如,车床的执行部分是安装工件、做旋转运动的主轴,以及夹持车刀、做直线运动的刀架。在车螺纹零件时,二者还须满足一定的运动关系。又如,滚齿机的执行部分是安装被切屑轮坯、做旋转运动的工作台,以及安装滚刀、做旋转运动的刀架,二者还需满足范成运动的关系。二是为了满足不同的加工需求,机床必须实现多级调速。

机床的功能决定了它的传动系统不可能制成一个独立部件,交由专门厂家生产。传动系统设计,是机床整机设计的重要组成部分。

机床的传动系统尽管复杂,它仍然是由本书介绍的各种传动装置所组成的运动链。下面只对 C6132 型普通车床的传动系统进行综合分析。

15.6.1　C6132 型普通车床的组成

C6132 型普通车床的外形结构如图 15.11 所示。它由床身、床头箱、变速箱、挂轮箱、进给箱、光杆、丝杠、溜板箱、刀架和尾架等主要部件组成。

15.6.2　C6132 型普通车床的传动路线

C6132 型普通车床的传动路线如图 15.12 所示。

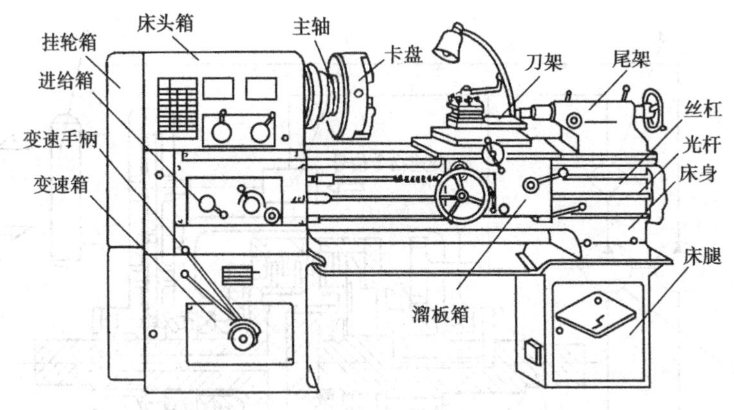

图 15.11　C6132 型车床

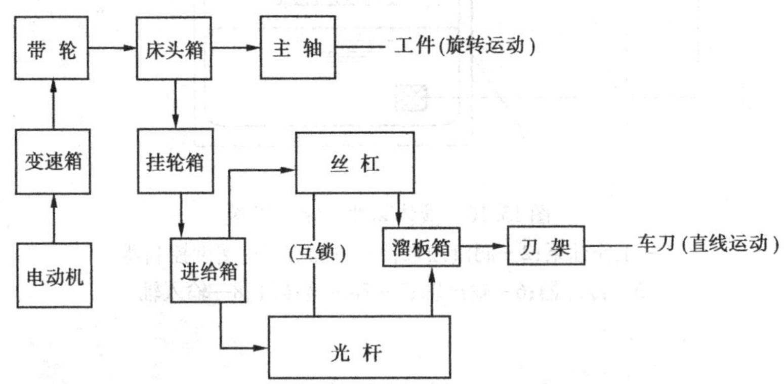

图 15.12　C6132 型普通车床传动路线示意图

从传动路线图可知，C6132 型普通车床的原动机为电动机(二次能源)；传动系统由变速箱、带传动、床头箱、挂轮箱、进给箱和丝杠传动(或光杆传动)等组成。床头箱实现了主运动和进给运动的分流，进给箱实现了丝杠传动和光杆传动(齿条、齿轮传动)的运动分流；溜板箱和刀架还可实现手动操作。

15.6.3　C6132 型普通车床的传动系统

C6132 型普通车床的传动系统如图 15.13 所示。

(1)主运动系统的运动分析

主运动是由电动机与主轴之间的传动系统来实现的。其传动路线可用传动链表示为

$$\text{电动机}—\text{I}—\begin{Bmatrix}\dfrac{33}{22}\\[2ex]\dfrac{19}{34}\end{Bmatrix}—\text{II}—\begin{Bmatrix}\dfrac{34}{32}\\[2ex]\dfrac{28}{29}\\[2ex]\dfrac{22}{45}\end{Bmatrix}—\text{III}\,\frac{\phi176}{\phi200}—\text{IV}—\begin{Bmatrix}M_1\\[1ex]\dfrac{27}{63}-\text{V}\dfrac{17}{58}\end{Bmatrix}—\text{主轴VI}$$

传动链中每一传动路线都对应着主轴的一种转速，通过不同齿轮的啮合，主轴可有多种不同的转速。

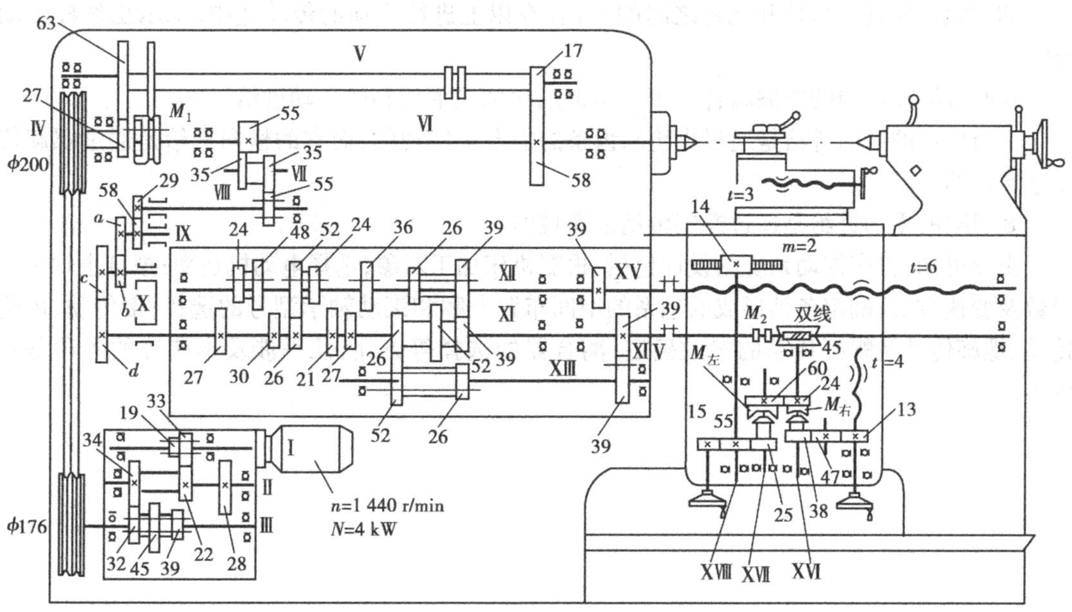

图 15.13　C6132 型普通车床的传动系统图

(2)进给运动系统的运动分析

进给运动的传动链以主轴为起始点,其传动链为

$$\text{主轴Ⅵ}-\left\{\begin{matrix}\dfrac{55}{35}\\ \dfrac{55}{35}\cdot\dfrac{35}{55}\\ (\text{变向机构})\end{matrix}\right\}-\text{Ⅶ}-\frac{29}{58}-\text{Ⅸ}-\frac{a}{b}\cdot\frac{c}{d}-\text{Ⅺ}-\left\{\begin{matrix}\dfrac{27}{24}\\ \dfrac{21}{24}\\ \dfrac{27}{36}\\ \dfrac{30}{48}\\ \dfrac{26}{52}\end{matrix}\right\}-\text{Ⅻ}-\left\{\begin{matrix}\dfrac{39}{39}\cdot\dfrac{52}{26}\\ \dfrac{26}{52}\cdot\dfrac{52}{26}\\ \dfrac{39}{39}\cdot\dfrac{26}{52}\\ \dfrac{26}{52}\cdot\dfrac{26}{52}\\ (\text{倍增机构})\end{matrix}\right\}-\text{ⅩⅣ}-$$

$$\text{光杆}-\frac{2}{45}-\text{ⅩⅥ}-\left\{\begin{matrix}\dfrac{24}{60}-\text{ⅩⅦ}-M_{左}-\dfrac{25}{55}-\text{ⅩⅧ}-\text{齿轮、齿条}(z=14,m=2)-\text{纵向进给}\\ M_{右}-\dfrac{38}{47}\cdot\dfrac{47}{13}-\text{横向进给丝杠}(t=4)-\text{横向进给}\end{matrix}\right.$$

从 C6132 型普通车床的传动系统图的运动链中可知:

①在变速箱和床头箱中,采用了滑移齿轮有级变速机构。

②在变速箱和床头箱之间采用带传动,既可变速,又可起减振作用。

③轴Ⅶ上的滑移齿轮($z=55$),与轴Ⅵ上的齿轮($z=55$)直接啮合,或与轴Ⅷ上的齿轮($z=35$)啮合,可起主轴变向的作用。

④在挂轮箱中有 a 和 b,c 和 d 两对齿轮,变换它们的齿数可协调主轴和进给系统之间的运动关系。

⑤在轴Ⅷ上有一滑移齿轮($z=39$),它不可能与轴ⅩⅤ和轴ⅩⅣ上两个不同的齿轮($z=

39)同时啮合,实现了丝杠和光杆之间的互锁(在以上进给运动的传动链中,未示出丝杠传动路线)。

⑥通过溜板箱内的摩擦离合器 $M_{左}$ 和 $M_{右}$,可实现溜板箱的自动进给。

⑦溜板箱的纵向进给是通过齿轮和齿条的啮合来实现的,而它的横向进给是通过螺旋传动来实现的。

⑧刀架的手动进给是通过螺旋传动来实现的。

由此可知,机床传动系统的设计包括:根据机床加工对象,选择电动机功率;拟订主轴变速级数及变速方式;确定各轴形成的轴系的空间布置方案和滚动轴承型号的选择;带传动、齿轮传动、螺旋传动及蜗杆传动的参数确定;离合器的选择等方面,几乎涉及本课程的各项基本内容。

附　录

附表1　圆角的有效应力集中系数k_σ和k_τ值

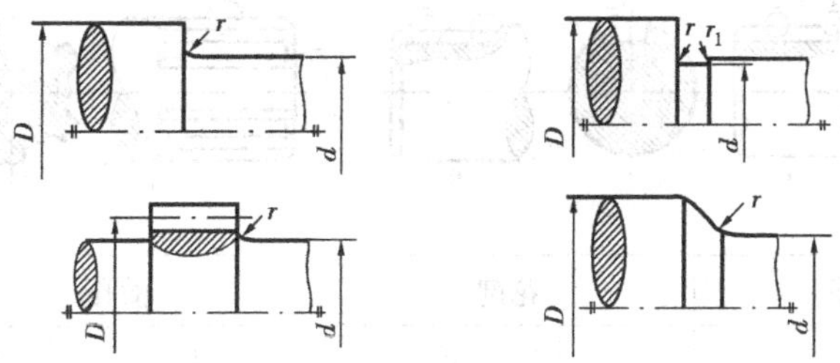

$\frac{D}{d}$	$\frac{r}{d}$	k_σ						k_τ			
		σ_B/MPa						σ_B/MPa			
		≤500	600	700	800	900	>1 000	≤700	800	900	≥1 000
$\frac{D}{d}\leq 1.1$	0. 02	1. 84	1. 96	2. 08	2. 20	2. 35	2. 50	1. 36	1. 41	1. 45	1. 50
	0. 04	1. 60	1. 66	1. 69	1. 75	1. 81	1. 87	1. 24	1. 27	1. 29	1. 32
	0. 06	1. 51	1. 51	1. 54	1. 54	1. 60	1. 60	1. 18	1. 20	1. 23	1. 24
	0. 08	1. 40	1. 40	1. 42	1. 42	1. 46	1. 46	1. 14	1. 16	1. 18	1. 19
	0. 10	1. 34	1. 34	1. 37	1. 37	1. 39	1. 39	1. 11	1. 13	1. 15	1. 16
	0. 15	1. 25	1. 25	1. 27	1. 27	1. 30	1. 30	1. 07	1. 08	1. 09	1. 11
$1.1<\frac{D}{d}\leq 1.2$	0. 02	2. 18	2. 34	2. 51	2. 68	2. 89	3. 10	1. 59	1. 67	1. 74	1. 81
	0. 04	1. 84	1. 92	1. 97	2. 05	2. 13	2. 22	1. 39	1. 45	1. 48	1. 52
	0. 06	1. 71	1. 71	1. 76	1. 76	1. 84	1. 84	1. 30	1. 33	1. 37	1. 39
	0. 08	1. 56	1. 56	1. 59	1. 59	1. 64	1. 64	1. 22	1. 26	1. 30	1. 31
	0. 10	1. 48	1. 48	1. 51	1. 51	1. 54	1. 54	1. 19	1. 21	1. 24	1. 26
	0. 15	1. 35	1. 35	1. 38	1. 38	1. 41	1. 41	1. 11	1. 14	1. 15	1. 18

续表

$\frac{D}{d}$	$\frac{r}{d}$	k_σ						k_τ			
		σ_B/MPa						σ_B/MPa			
		≤500	600	700	800	900	>1 000	≤700	800	900	≥1 000
$1.2<\frac{D}{d}\leq 2$	0.02	2.40	2.60	2.80	3.00	3.25	3.50	1.80	1.90	2.00	2.10
	0.04	2.00	2.10	2.15	2.25	2.35	2.45	1.53	1.60	1.65	1.70
	0.06	1.85	1.85	1.90	1.90	2.00	2.00	1.40	1.45	1.50	1.53
	0.08	1.66	1.66	1.70	1.70	1.76	1.76	1.30	1.35	1.40	1.42
	0.10	1.57	1.57	1.61	1.61	1.64	1.64	1.25	1.28	1.32	1.35
	0.15	1.41	1.41	1.45	1.45	1.49	1.49	1.15	1.18	1.20	1.24

附表2 螺纹、键槽、花键、横孔及蜗杆的有效应力集中系数 k_σ 和 k_τ 值

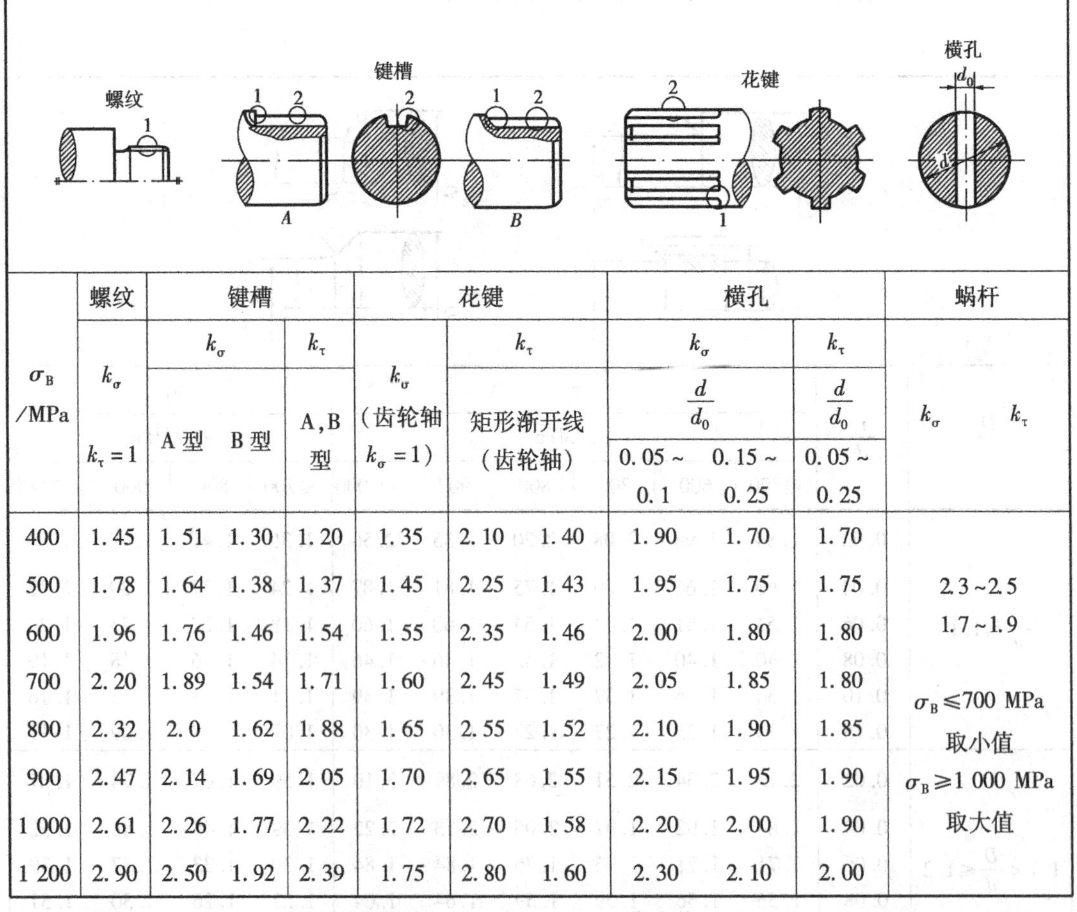

σ_B /MPa	螺纹	键槽			花键			横孔			蜗杆
	k_σ ($k_\tau=1$)	k_σ		k_τ	k_σ (齿轮轴 $k_\sigma=1$)	k_τ		k_σ		k_τ	k_σ k_τ
		A型	B型	A,B型		矩形	渐开线（齿轮轴）	$\frac{d}{d_0}$ 0.05~0.1	0.15~0.25	$\frac{d}{d_0}$ 0.05~0.25	
400	1.45	1.51	1.30	1.20	1.35	2.10	1.40	1.90	1.70	1.70	2.3~2.5 1.7~1.9 $\sigma_B\leq$700 MPa 取小值 $\sigma_B\geq$1 000 MPa 取大值
500	1.78	1.64	1.38	1.37	1.45	2.25	1.43	1.95	1.75	1.75	
600	1.96	1.76	1.46	1.54	1.55	2.35	1.46	2.00	1.80	1.80	
700	2.20	1.89	1.54	1.71	1.60	2.45	1.49	2.05	1.85	1.80	
800	2.32	2.0	1.62	1.88	1.65	2.55	1.52	2.10	1.90	1.85	
900	2.47	2.14	1.69	2.05	1.70	2.65	1.55	2.15	1.95	1.90	
1 000	2.61	2.26	1.77	2.22	1.72	2.70	1.58	2.20	2.00	1.90	
1 200	2.90	2.50	1.92	2.39	1.75	2.80	1.60	2.30	2.10	2.00	

注：表中数值为标号1处的有效应力集中系数，标号2处 $k_\sigma=1$，k_τ = 表中值。

附表3　配合零件的综合影响系数 K_σ 和 K_τ 值

K_σ—弯曲										
直径/mm		≤30			50			≥100		
配　合		r6	k6	h6	r6	k6	h6	r6	k6	h6
材料强度 σ_B/MPa	400	2.25	1.69	1.46	2.75	2.06	1.80	2.95	2.22	1.92
	500	2.5	1.88	1.63	3.05	2.28	1.98	3.29	2.46	2.13
	600	2.75	2.06	1.79	3.36	2.52	2.18	3.60	2.70	2.34
	700	3.0	2.25	1.95	3.66	2.75	2.38	3.94	2.96	2.56
	800	3.25	2.44	2.11	3.96	2.97	2.57	4.25	3.20	2.76
	900	3.5	2.63	2.28	4.28	3.20	2.78	4.60	3.46	3.00
	1 000	3.75	2.82	2.44	4.60	3.45	3.00	4.90	3.98	3.18
	1 200	4.25	3.19	2.76	5.20	3.90	3.40	5.60	4.20	3.64

注:1. 滚动轴承内圈配合为过盈配合 r6。

2. 中间尺寸直径的综合影响系数可用插入法求得。

2. 扭转 $K_\tau = 0.4 + 0.6K_\sigma$。

附表4　强化表面的表面状态系数 β 值

表面强化方法	芯部材料的强度 σ_B/MPa	表面系数 β		
		光　轴	有应力集中的轴	
			k_σ≤1.5	k_σ≥1.8~2
高频淬火	600~800	1.5~1.7	1.6~1.7	2.4~2.8
	800~1 100	1.3~1.5	—	—
渗氮	900~1 200	1.1~1.25	1.5~1.7	1.7~2.1
渗氮淬火	400~600	1.8~2.0	3	—
	700~800	1.4~1.5	—	—
	1 000~1 200	1.2~1.3	2	—
喷丸处理	600~1 500	1.1~1.25	1.5~1.6	1.7~2.1
滚子辗压	600~1 500	1.1~1.3	1.3~1.5	1.6~2.0

附表5 加工表面的表面状态系数β值

加工方法	材料强度 σ_B/MPa		
	400	800	1 200
磨光(R_a0.4 ~ R_a0.2 μm)	1	1	1
车光(R_a3.2 ~ R_a0.3 μm)	0.95	0.90	0.80
粗加工(R_a25 ~ R_a6.3 μm)	0.85	0.80	0.65
未加工表面(氧化铁层等)	0.75	0.65	0.45

附表6 尺寸系数ε_σ和ε_τ

毛坯直径/mm	碳钢		合金钢	
	ε_σ	ε_τ	ε_σ	ε_τ
>20 ~ 30	0.91	0.89	0.83	0.89
>30 ~ 40	0.88	0.81	0.77	0.81
>40 ~ 50	0.84	0.78	0.73	0.78
>50 ~ 60	0.81	0.76	0.70	0.76
>60 ~ 70	0.78	0.74	0.68	0.74
>70 ~ 80	0.75	0.73	0.66	0.73
>80 ~ 100	0.73	0.72	0.64	0.72
>100 ~ 120	0.70	0.70	0.62	0.70
>120 ~ 140	0.68	0.68	0.60	0.68

参考文献

[1] 邱宣怀. 机械设计[M]. 北京:高等教育出版社,1997.
[2] 濮良贵,纪名刚. 机械设计[M]. 北京:高等教育出版社,1996.
[3] 彭文生,等. 机械设计[M]. 武汉:华中理工大学出版社,1996.
[4] 沈继飞. 机械设计[M]. 上海:上海交通大学出版社,1994.
[5] 唐蓉城,陆玉. 机械设计[M]. 北京:机械工业出版社,1993.
[6] 何小柏. 机械设计[M]. 重庆:重庆大学出版社,1996.
[7] 吴宗泽. 高等机械设计[M]. 北京:清华大学出版社,1989.
[8] 濮良贵,陈庚梅. 机械设计教程[M]. 西安:西北工业大学出版社,1995.
[9] 濮良贵. 机械零件学习指南[M]. 西安:高等教育出版社,1987.
[10] 王昆,等. 机械设计基础课程设计[M]. 西安:高等教育出版社,1995.
[11] 杨可桢,程光蕴. 机械设计基础[M]. 北京:高等教育出版社,1989.
[12] 陈秀宁. 机械设计基础[M]. 杭州:浙江大学出版社,1994.
[13] 安东尼·埃斯波西托. 机械设计基础[M]. 何之庾,编译. 北京:机械工业出版社,1986.
[14] 刘惟信. 机械最优化设计[M]. 北京:清华大学出版社,1995.
[15] 陈立周. 机械优化设计方法[M]. 北京:冶金工业出版社,1997.
[16] 王国彪. 机械优化设计方法、微机程序与应用[M]. 北京:机械工业出版社,1994.
[17] 余俊. 优化方法程序库 OPB-1[M]. 北京:机械工业出版社,1989.
[18] 刘惟信. 机械可靠性设计[M]. 北京:清华大学出版社,1996.
[19] 王超,王金等. 机械可靠性工程[M]. 北京:冶金工业出版社,1992.
[20] 王启,王文博等. 常用机械零部件可靠性设计[M]. 北京:机械工业出版社,1996.
[21] 温诗铸,杨沛然. 弹性流体动力润滑[M]. 北京:清华大学出版社,1992.
[22] Huang changhua, Wen shizhu, Huang Ping. Multilevel solution of EHL of concentrated contacts in spiroid gears[J]. Journal of tribology, 1993, 115(3): 481-486.
[23] Dowson D. Thin Film in Tribology[M]. Elsevier, 1993: 3-12.
[24] 刘家浚. 材料磨损原理及其耐磨性[M]. 北京:清华大学出版社,1993.
[25] ASME. Wear of Materials[M]. New York: 1983.
[26] 温诗铸. 纳米摩擦学[M]. 北京:清华大学出版社,1998.

[27] 卜炎. 螺纹联接设计与计算[M]. 北京:高等教育出版社,1995.
[28] 紧固件连接设计手册编写委员会. 紧固件连接设计手册[M]. 北京:国防工业出版社,1990.
[29] 中国标准出版社. 中国国家标准分类汇编:机械卷 1 ~ 6 卷[M]. 北京:中国标准出版社,1993.
[30] 徐灏主. 新编机械设计师手册:上册[M]. 北京:机械工业出版社,1995.
[31] 汪恺. 机械设计标准应用手册:第二卷[M]. 北京:机械工业出版社,1997.
[32] 余梦生,吴宗泽. 机械零部件手册:选型、设计、指南[M]. 北京:机械工业出版社,1996.
[33] 蔡春源. 新编机械设计手册[M]. 沈阳:辽宁科学技术出版社,1993.
[34] 现代机械传动手册编委会. 现代机械传动手册[M]. 北京:机械工业出版社,1995.
[35] 现代机械工程手册电机工程手册编委会. 机械工程手册:机械零部件设计卷[M]. 北京:机械工业出版社,1997.
[36] 张英会,等. 弹簧手册[M]. 北京:机械工业出版社,1997.
[37] 齿轮手册编委会. 齿轮手册[M]. 北京:机械工业出版社,1994.
[38] 尼曼. 机械零件[M]. 余梦云,张海明,等,译. 北京:机械工业出版社,1991.
[39] J. E. Shigley. Mechanical Engineering Design[M]. McGraw-Hill Book Company,1989.
[40] R. E. Mott. Machine Elements in Mechanical Design[M]. Merrill,1992.
[41] 国安技术监督局. 中国国家标准目录总汇[M]. 北京:中国标准出版社,2000.
[42] 国安技术监督局发布. GB/T 3480—1997 渐开线圆柱齿轮承载能力计算方法[S]. 北京:中国标准出版社,1998.
[43] 全国钢标准化技术委员会. GB/T 4357—1989 碳素弹簧钢丝[M]. 北京:中国标准出版社,1990.
[44] 全国弹簧标准化技术委员会. GB/T 1358—1993 圆柱螺旋碳素尺寸系列[M]. 北京:中国标准出版社,1993.
[45] 全国弹簧标准化技术委员会. GB/T 23935—2009 圆柱螺旋弹簧设计计算[M]. 北京:中国标准出版社,2009.
[46] 濮良贵,纪名刚. 机械设计[M]. 8 版. 北京:高等教育出版社,2006.
[47] 杨可桢,程光蕴. 机械设计基础[M]. 5 版. 北京:高等教育出版社,2006.
[48] 黄华梁,彭文生. 机械设计基础[M]. 4 版. 北京:高等教育出版社,2007.
[49] 黄平,朱文坚. 机械设计教程[M]. 北京:清华大学出版社,2011.
[50] 数字化手册编委会. 机械设计手册:新编软件版 2008[M]. 北京:化学工业出版社,2008.